B.C.Info

아날로그·디지털

풍부한 예제회로를 통한
회로설계 마스터!

제 3 판

PSpice

Version 17.2 기초와 활용

최 평·목형수·조용범·백동철 공저

v17.2 DEMO
무료 다운로드

머리말

오늘날의 전기·전자산업의 급속한 발전은 시간과 장비의 싸움이고, 더 이상 Know-how가 아닌 Know-where의 시대임을 절감케 하고 있다. 머리 속에서 그린 회로를 중요부분만 정량적인 계산을 하여 시제품을 만들고 시험하고, 그 결과를 근거로 하여 반복적인 수정작업을 거치는 방식은 더 이상 경쟁력이 없다는 것을 컴퓨터시대에 사는 우리는 누구나 잘 알고 있다. 컴퓨터의 성능향상으로 몇 년 전까지만 해도 실현이 불가능한 이론들이 우리 눈앞에 현실로 나타나고 있고, 회로 시뮬레이션 소프트웨어도 이제는 전문가가 아닌 어느 누구라도 실제 업무에 당당히 사용할 수 있고, 사용해야만 하는 상황에 이르렀다. 시제품을 만들기 전에 대부분의 검증을 컴퓨터를 통하여 빠른 시간 내에 마칠 수 있고, 이론적인 기술에 실험적인 결과를 통한 설계회로의 타당성의 근거를 마련할 수 있는 시뮬레이션 소프트웨어는 더 이상 사치품이 아닌 하드웨어 설계자의 기본적인 도구로써 자리잡고 있는 것이다.

회로 시뮬레이션 소프트웨어의 대명사인 SPICE 프로그램이 1972년 미국 버클리 캘리포니아대학에서 개발된 이래 여러 종류의 SPICE 소프트웨어가 저마다의 특성을 가지고 사용되고 발전되어 왔으나, 현재 아날로그/디지털 혼합회로 분야에서는 PSpice가 가장 광범위하게 사용되고 있다.

1984년 DOS용으로 시작된 PSpice는 1992년 Windows 버전을 기점으로 현업에 종사하는 회로 설계자에게 한층 더 쉽게 회로를 입력하고 시뮬레이션 된 결과를 다양하게 얻을 수 있어서 최근에는 선진국에서뿐만 아니라 국내에서도 활발히 사용되고 있는 실정이다.

그러나 국내에는 이를 자유자재로 충분히 잘 사용하는 경우는 아직까지 미흡한 실정이다. 그 이유는 기본적으로 필요한 어느 정도의 시뮬레이션 소프트웨어에 대한 기본지식, 시뮬레이션 소프트웨어의 본질적인 특성에 대한 이해부족, 특히 점점 더 custom화 되어 가고 있는 부품의 모델링에 대한 장벽 때문이다. 더욱이 이러한 문제

점을 해결할 수 있는 적절한 수준의 관련 교재의 부재는 또 하나의 큰 원인이라 하겠다. 50여권이 넘는 관련원서는 초보자 및 일반인에게는 너무나 많은 시간과 노력을 요구하고 있기 때문이다.

본서는 PSpice를 처음 사용하는 분이라도 교재순서를 따라가다 보면 어느 순간 중요 기능 및 특성을 자연스럽게 파악하여, 바로 자신의 회로를 스스로 시뮬레이션 할 수 있도록 노력하였다. 나열식 기능설명을 탈피하기 위해 예제회로를 통하여 각 분야별 중요 기능 및 시뮬레이션시 주의해야 할 사항을 습득하게 했으며, 나인플러스 IT에서 무료 다운로드 받은 평가판 소프트웨어를 통해 독자가 직접 사용하면서 배울 수 있게 하였다.

마지막으로 본서의 출판을 위해 OrCAD 17.2 평가판 소프트웨어 및 기술자료를 제공해 준 미국 Cadence사, 국내 대리점인 나인플러스IT(주) 그리고 아낌없는 조언을 해주신, 현업에서 이미 사용 중인 많은 분들께 다시 한 번 감사드리는 바이다.

2021년 7월 저자 일동

목차 | CONTENTS

PSpice v17.2

PART III
기본회로설계

PART IV
아날로그·디지털 회로 실습

PART V
APPENDIX

PSpice 기초와 활용 v17.2

PART I

PSpice 시작

CHAPTER 1 PSpice 시작

1.1 PSpice란?

전기, 전자 및 디지털 회로 등을 설계할 경우에는 회로 특성을 평가할 수 있는 정확한 방법이 필수적이다. 이러한 회로를 직접 제작하여 실험할 수도 있지만, 이렇게 할 경우 회로 구성 및 특성해석에 많은 시간과 계측장비 및 경비가 필요하기 때문에 실제로 회로를 제작하기 전에 컴퓨터를 이용하여 계산하고, 측정, 평가하는 과정을 거치는 것이 현재 회로설계 및 제작 시에 반드시 필요한 필수적인 사항이 되었다. 이러한 과정을 컴퓨터 시뮬레이션이라 한다.

SPICE(Simulation Program with Integrated Circuit Emphasis)는 컴퓨터를 이용하여 전기, 전자, 디지털회로의 해석 및 설계를 위해 1972년 미국 버클리의 캘리포니아대학에서 개발한 시뮬레이션 프로그램이다. SPICE의 개발에 의해 트랜지스터의 동작점, 과도특성 해석 및 주파수응답해석 등의 전기, 전자회로에 대한 복잡하고 다양한 해석이 가능케 되었고, 모든 회로에 공통으로 사용하는 저항, 콘덴서, 인덕터 등의 수동소자와 다이오드, 트랜지스터, FET 등의 능동소자에 대한 모델을 자료화함으로써 거의 모든 회로에 대한 시뮬레이션을 손쉽게 수행할 수 있게 되었다. 이로 인하여 산업계에서 회로설계 검증용으로, 고교, 대학 등 교육기관의 교육용으로 폭넓게 사용하고 있다.

최근까지도 SPICE는 단지 워크스테이션 이상의 중, 대형 컴퓨터에서만 사용할 수 있었지만, 1984년에 MicroSim사에서 PSpice(Professional Simulation Program with Integrated Circuit Emphasis)를 소개하면서 PC에서도 사용할 수 있게 되어, 회로해석에 컴퓨터의 이용을 더욱 확대하는 계기를 마련하였다. 1992년에 PSpice v5.2 버전이 소개되면서 윈도우즈에서 동작하는 것이 가능해졌다. 시뮬레이션을 수행하고자 하는 회로를 단지 그림으로 그려 처리하는 GUI 기능이 첨가되면서 초보자도 쉽게 접근할 수 있게 되어 보급이 활성화되었으며, 1993년에 기능이 강화된 PSpice v6.0이, 1995년에 PSpice v6.2, V6.3, 1996년에 v7.1이, 1998년 중에 v8.0이 발표되었다. 1998년에 회로의 작성 및 Layout의 대명사로 널리 알려진 OrCAD사에서 PSpice를 인수하여 Schematic(회로작성)

부분을 대폭 강화한 ORCAD PSpice Release 9.0을 발표하였고, 1999년 4월 이후 OrCAD PSpice Release 9.1이 사용되었다. 2000년 cadence사에서 OrCAD사를 합병하여 보다 기능을 강화한 OrCAD family PSpice v9.2를 2001년 7월에 발표하였다. OrCAD family PSpice v9.2에서는 OrCAD와 PSpice가 별도의 프로그램으로 설치하여 사용하였으나, 2003년 하반기에는 OrCAD의 기능과 PSpice의 기능을 실제적으로 한 프로그램에서 사용하는 OrCAD v10.5이 발표되었고, 2007년 6월에 OrCAD v16.0이 발표되으며, 2009년 11월 OrCad v16.3, 2016년 v17.2가 발표되었다.

1.2 PSpice의 버전(Version)

OrCAD 17.2 데모 버전(OrCAD 17.2 Demo Version) : Cadence사에서 사용자들의 편의를 위해 무료로 배포하는 버전으로 다음과 같은 구성으로 이루어져 있다.

- Capture : 회로작성, Schematic 관련
- Capture CIS : 회로작성, Schematic, Component Information System(CIS)
- PSpice A/D : 아날로그와 디지털회로 시뮬레이션
- OrCAD Layout : PCB 디자인 관련
- SPECTRA 6U : PCB Autorouting 관련

아날로그와 디지털회로의 시뮬레이션 기능만을 위해서는 회로작성을 위한 Capture와 시뮬레이션 부분을 담당하는 PSpice A/D만 사용하며, Capture CIS, OrCAD Layout과 SPECTRA는 단지 도면작성을 통한 PCB 설계를 위한 것으로 PSpice계열의 시뮬레이션 소프트웨어와는 무관하기 때문에 본 책에서는 그 내용을 다루지 않는다.

데모 버전용 PSpice A/D의 기능은 단일 회로 안에 사용 가능한 노드의 수를 64개, 사용 가능한 subcircuit의 수를 20개, 최대로 사용할 수 있는 부품 수를 25개(트랜지스터로 환산할 경우 : 10개, OP앰프의 경우엔 2~3개), 디지털 부품인 경우 65개 정도로 제한하고 있지만 비교적 복잡한 회로의 시뮬레이션도 가능하기 때문에 학교 및 산업체 여러 곳에서 폭넓게 사용하고 있다. 이 책에 소개하고 있는 모든 예제는 바로 이 OrCAD 17.2 데모 버전으로 만들어졌으며, 이 버전의 제약사항을 정리하면 다음과 같다.

- •Node 수 : 64개
- •Transistor 수 : 10개
- •디지털 부품 수 : 65개
- •Model Editor의 사용은 다이오드로 제한
- •Stimulus generation은 sine waves (analog)와 clocks (digital)만 가능
- •Sample library는 39개의 analog parts와 134개의 digital parts만 제공
- •Demo Version으로 실행한 시뮬레이션 데이터만을 화면에 display 가능

상업용 버전(Full Version) : 상업용으로 판매하는 버전으로 노드 수나 사용 가능한 부품수의 제한이 거의 없고, 다양한 라이브러리를 제공하는 등의 강력한 기능을 갖고 있으며, 상세 자료를 얻으려면 www.npit.co.kr, www.cadence.com 등을 참조하기 바란다.

1.3 PSpice 및 예제프로그램의 설치

1.3.1 OrcCad 설치환경

■ OrCad v17.2이 요구하는 주요 사양

- •Intel® Pentium® 4 혹은 AMD Athlon XP 2000(multi-core CPU)
- •2GB이상 메모리, 가상 메모리일 경우 2배 소요
- •10 GB 하드드라이브 공간
- •16-bit color 이상, 1024x768 resolution ; 1280x1024 Color quality 32 bit graphics 권장
- •Microsoft Windows 2003, XP, Window vista Enterprise(32bit)
- •CD ROM Drive, Ethernet, Three-button Microsoft-compatible mouse

1.3.2 Orcad v17.2 Demo 다운로드 및 예제프로그램

본 책은 OrCAD Demo version 17.2과 예제 프로그램에 대해 다루고 있다.. Pspice v17.2 및 예제프로그램의 설치에 앞서 내용을 살펴보면 다음과 같다. Pspiice v17.2 데모 버전은 나인플러스

(www.npit.co.kr)에서 회원 등록 후 다운로드 할 수 있다. 로그인 인 후 OrCAD DEMO 17.2를 클릭하면 아래와 같은 아이콘이 나타나며 다운로드 버튼을 누른다. 여기에서 OrCAD Demo 16.6은 32 bits, OrCAD Demo 17.2는 64bits용으로 만일 32bit의 PC를 활용할 경우에는 OrCAD Demo 16.6을 선택하여 수행한다. 기능상으로 사용법에는 큰 차이가 없기 때문에 본 책을 내용을 참조하여 사용하는 것이 가능하다.

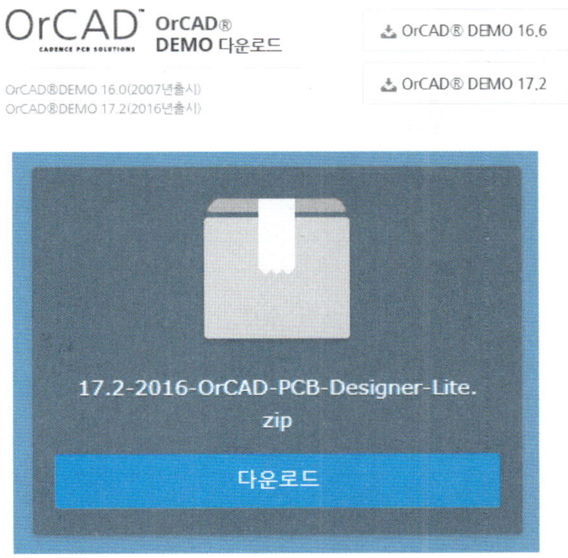

17.2_2016_OrCAD-PCB-Designer-Lite.zip 파일을 다운로드 한 후 unzip을 수행하면 17.2_2016_OrCAD-PCB-Designer-Lite의 폴더가 만들어진다.

1.3.3 Orcad 17.2 데모 프로그램 설치하기

먼저 아래의 그림에서처럼 7.2_2016_OrCAD-PCB-Designer-Lite 폴더 안에 있는 setup.exe를 클릭하여 설치 프로그램을 실행한다.

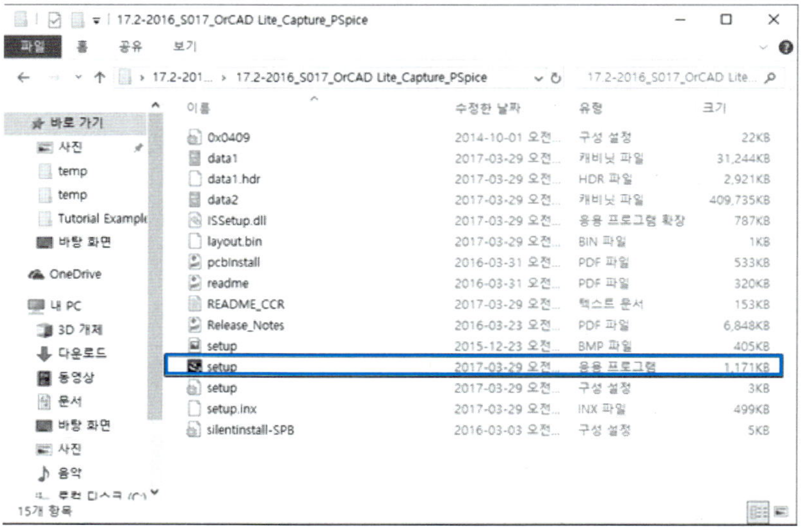

프로그램을 설치하기 위해서는 setup.exe를 실행한 후 정해진 순서에 따라 데이터를 입력한 후 Next 혹은 Yes 버튼을 클릭하여 진행한다.

다음과 같은 화면에서 '예'를 클릭한다.

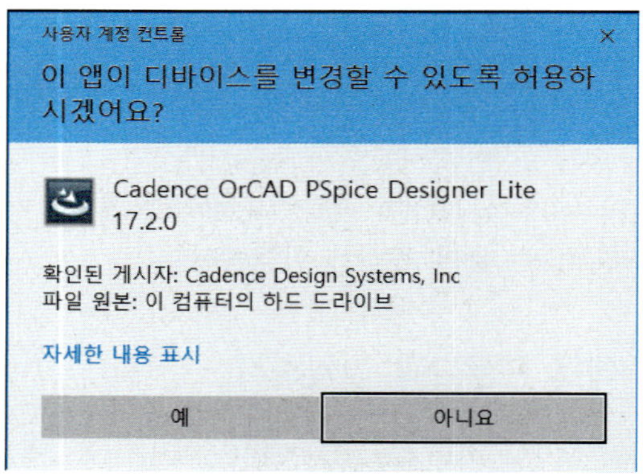

자동으로 아래와 같은 화면이 나타나면 5초 후 Cadence OrCAD Pspice Designer Lite 17.2 윈도우 창이 나타난다.

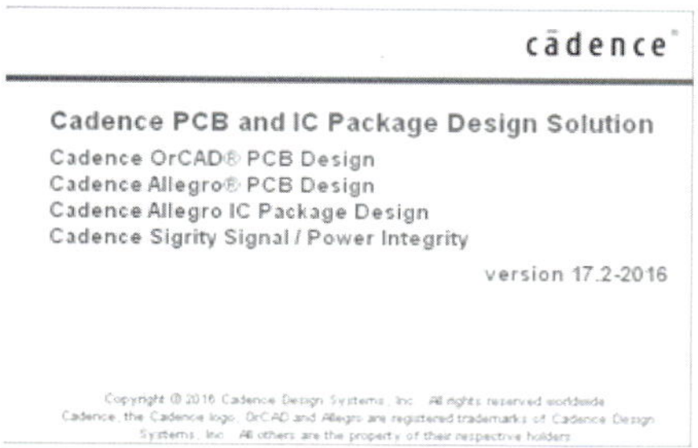

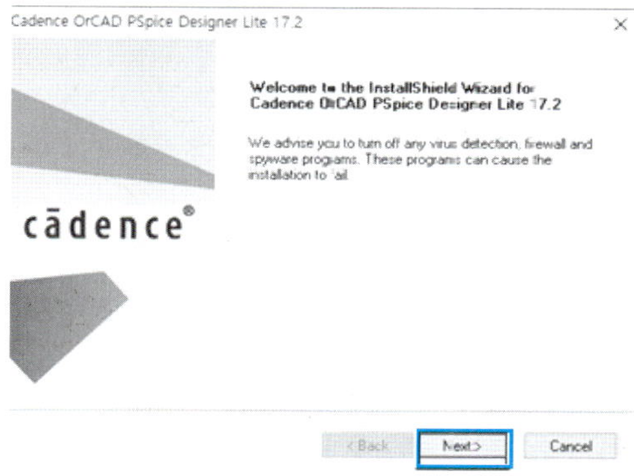

위의 화면에서 관련제품을 선택하게 되어 있지만 데모버전으로 제공하는 OrCAD의 제품 종류는 다음과 같다.

- OrCAD Unison EE : Capture, PSpice A/D
- OrCAD Unison PCB : Capture, Layout, PCB,
- OrCAD Unison Ultra : Capture, PSpice A/D, PCB, Spectrra
- OrCAD Capture CIS : Component Information System(선탁 사양)

PSpice를 이용한 시뮬레이션을 위해서 OrCAD Unison EE만을 사용하면 데모버전에서는 OrCAD에서 제공하는 각종 기능을 사용자에게 홍보하기 위하여 OrCAD Unison Ultra와 OrCAD Capture CIS Option을 자동으로 선택하게 되어 있다. Casdence 사에서 되지만 데모용으로 제공하는 소프트웨어가 OrCAD Unison Ultra 및 OrCAD Capture CIS의 내용으로 되어 있기 때문에 이를 설치한 후 Capture와 PSpice A/D 부분만을 사용하기로 한다.

Next 버튼을 클릭한 후 I accept the terms of license agreement를 선택한 후 Next 버튼을 클릭한다.

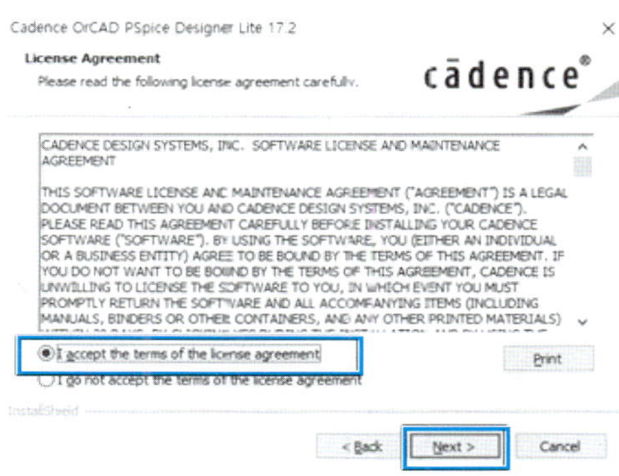

오른쪽의 화면에서 Only for me를 선택한 후 Next를 클릭한다.

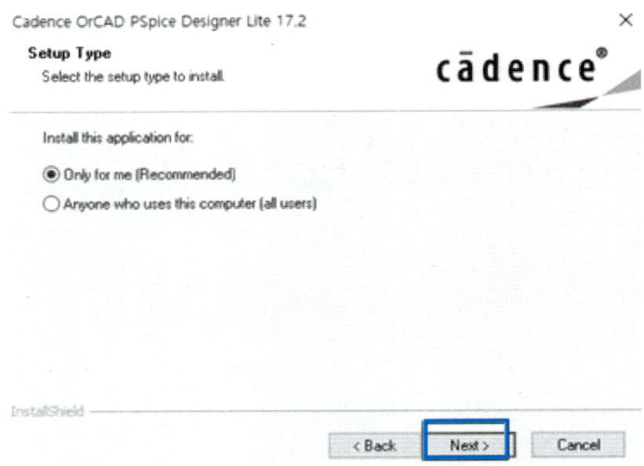

OrCAD 데모 프로그램은 디렉토리를 C 드라이버(또는 원하는 하드디스크 드라이버)에 만들어서 설치하게 되어 있고 설치 중에 드라이버나 디렉토리는 변경할 수 있다.

또한 설치 중 현재 설치되어 있지 않은 다른 프로그램의 설치를 요구할 경우에는 Yes 버튼을 클릭하여 설치하도록 한다.

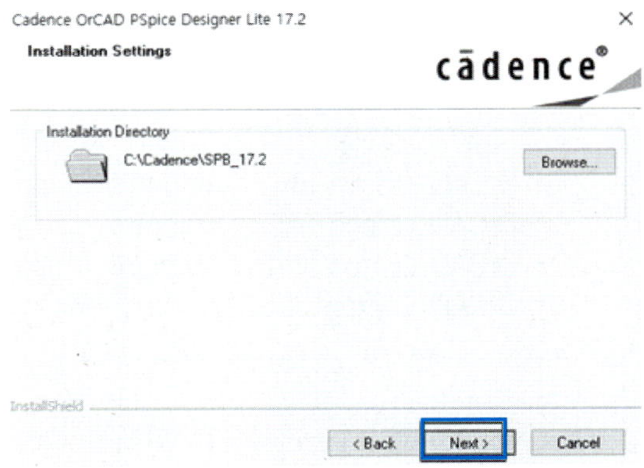

Install을 클릭하여 Demo 프로그램을 설치한다.

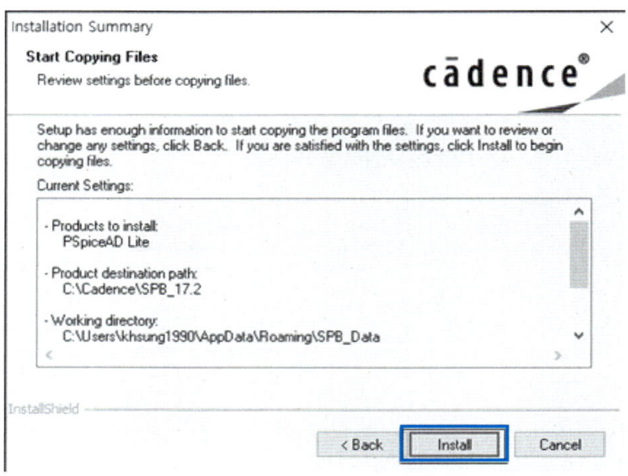

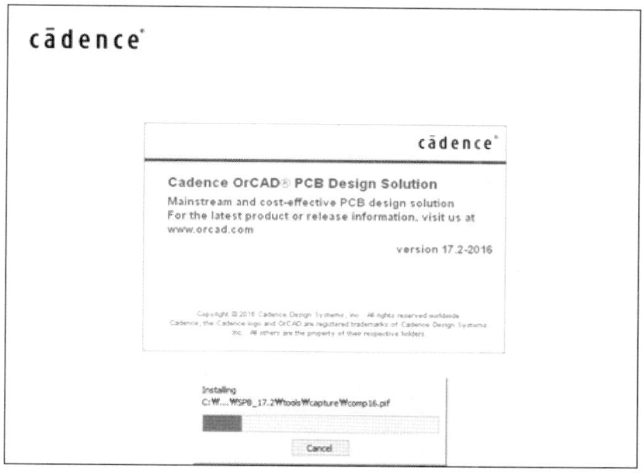

설치가 완료되면 SPB_17.2 폴더가 만들어지며 tools 폴더 안에 Capture PSpice, layout, Spectrra 등의 폴더들이 존재한다.

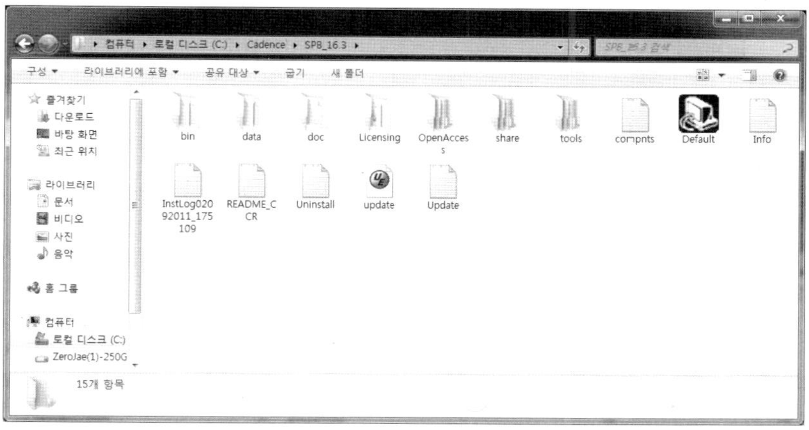

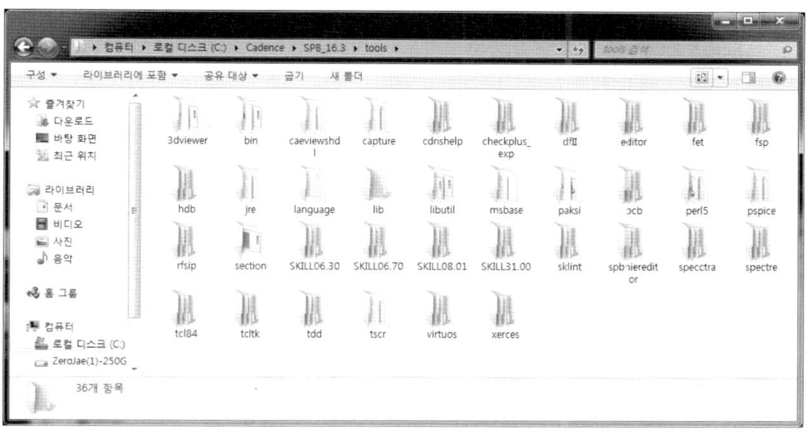

위와 같이 아이콘이 생성되면 설치작업을 성공적으로 마치게 된다.

설치한 프로그램을 실행하려면 시작부분을 클릭하여 Capture CIS 아이콘을 선택하여 실행한다. 설치가 완료된 후 이 과정을 통하여 프로그램이 성공적으로 설치되었는지 확인할 필요가 있다.

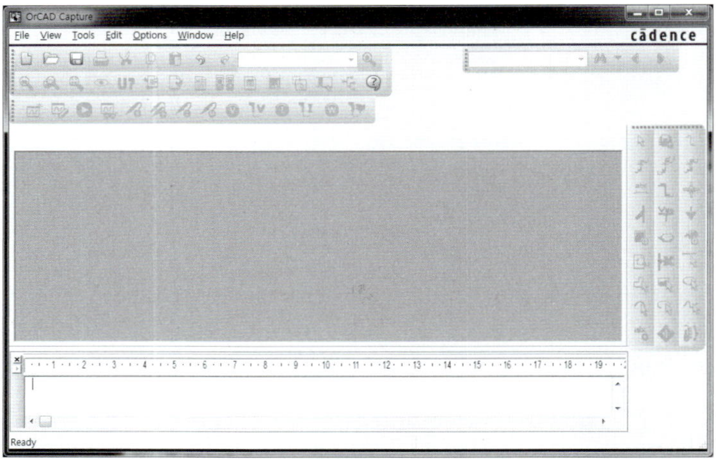

1.3.4 예제프로그램 설치

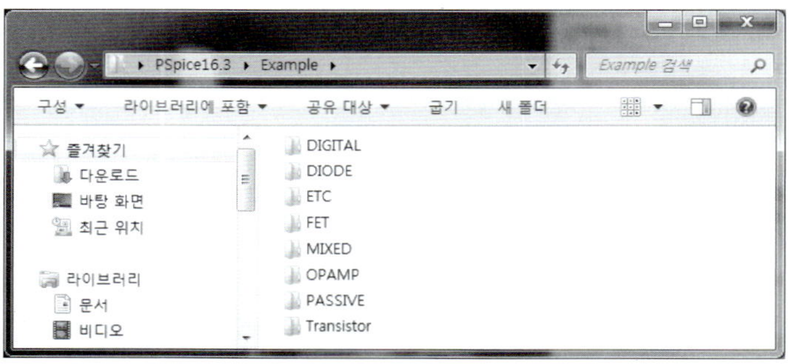

예제프로그램이 들어있는 Example 폴더를 클릭하면 Digital, Diode, Fet, Mixed, Opamp, Passive, Transistor 폴더가 나타나고 각 폴더에는 다음의 예제 프로그램이 포함되어 있다.

- Digital : 디지털 논리회로 관련 예제 (94개)
- Diode : 다이오드를 이용한 회로 관련 예제 (42개)
- Fet : FET(Field Effect Transistor)를 이용한 회로 관련 예제 (21개)
- Mixed : Analog – Digital Mixed 회로 관련 예제 (21개)
- Opamp : Opamp를 이용한 회로 관련 예제 (242개)
- Passive : Analog 회로 관련 예제 (61개)
- Transistor : Transistor를 이용한 회로 관련 예제 (133개)
- Etc : 기타 응용회로 (7개)

우선 예제프로그램을 설치하기 위해서는 복두출판사 홈페이지의 자료실에 접속하여 PSpice 용 Example 폴더를 하드디스크의 적당한 위치로 복사한다. 이 책에서는 C:₩Cadence₩SPB17.2₩tools₩user에 설치한다.

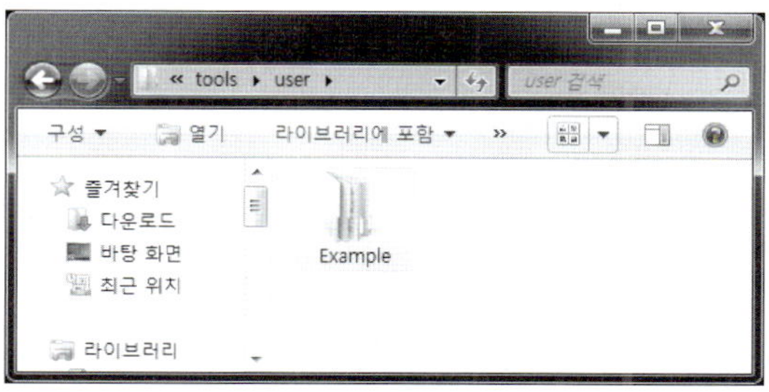

예제 프로그램은 읽기전용(Read only) 파일이기 때문에 이를 불러서 실행할 경우 파일을 쓸 수 없다는 메시지가 뜨면서 실행시킬 수가 없다. 따라서 일단 읽기전용(Read only) 파일을 읽기와 기록(Read/Write)이 가능한 파일로 바꾸어야 하며, 그 과정을 설명하면 다음과 같다.

❶ Example 폴더를 선택한 후, 마우스의 오른쪽 버튼을 이용하여 속성(R)을 선택하여, 특성항목의 읽기전용을 마우스로 클릭하여 해제한 후 적용버튼을 누른다.

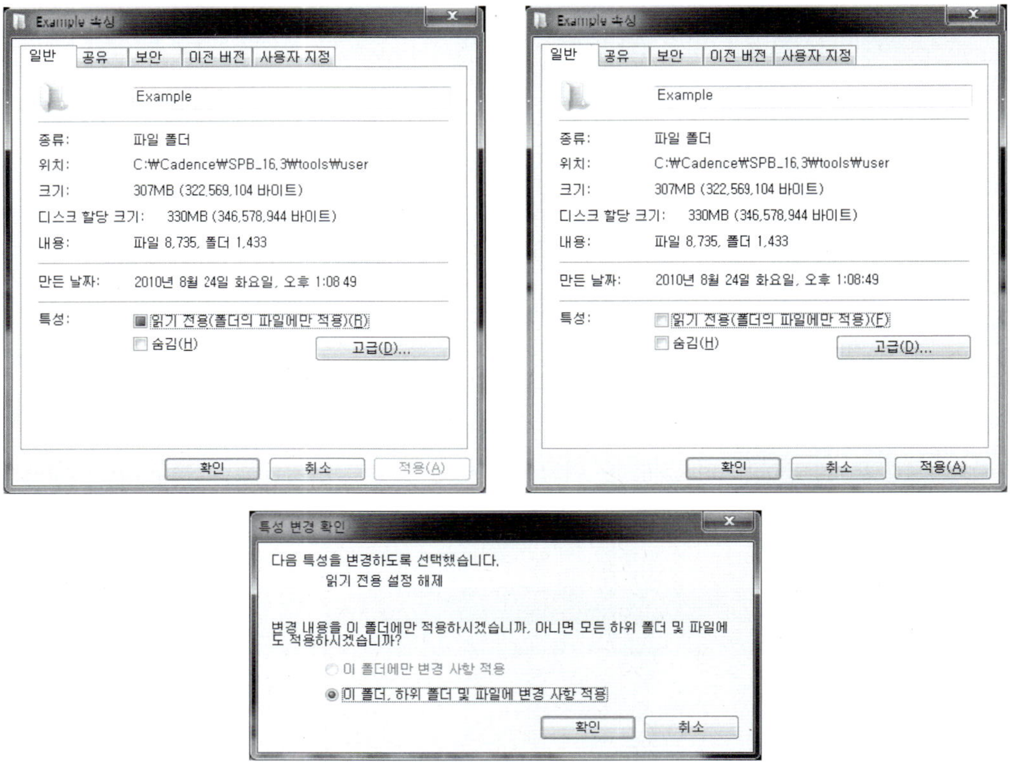

❷ 특성 변경 확인 화면창이 나타나면 현재폴더, 하위폴더 및 파일에 적용 항목을 선택한 후 확인 버튼을 클릭한다.

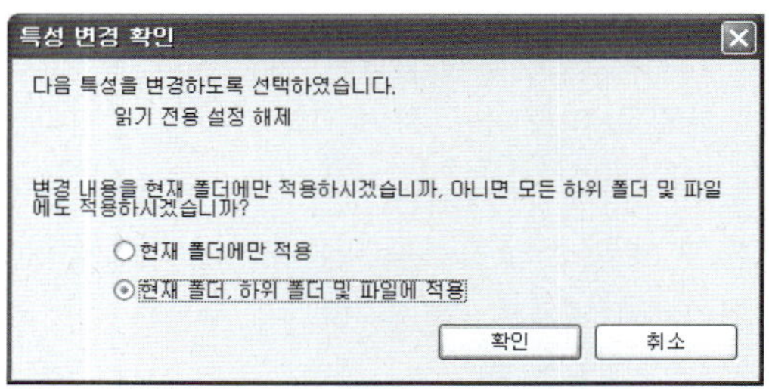

1.3.5 PSpice 및 예제 프로그램의 동작확인

지금까지 설치한 Orcad 17.2 데모 버전과 예제 프로그램의 동작확인을 예제 프로그램 중 digital 폴더에 있는 DT001 예제를 이용하여 확인하기로 한다.

❶ 설치한 Orcad 17.2 데모 버전 프로그램 중 Capture CIS Demo(capture.exe)를 실행한다.

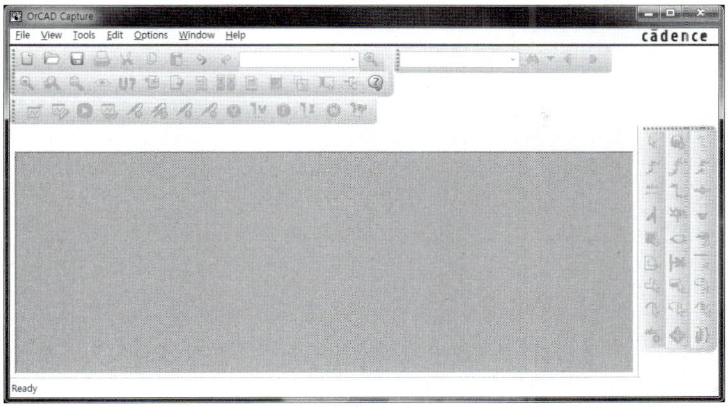

❷ File/Open/Project를 선택한다.

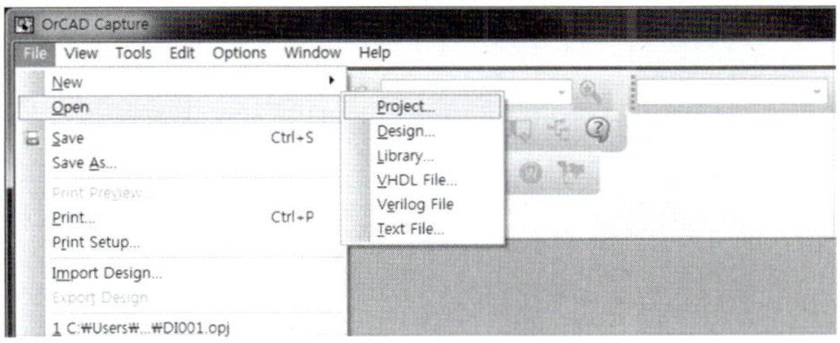

❸ Diode 폴더 내의 D1001.opj를 선택한 후 열기를 누른다.

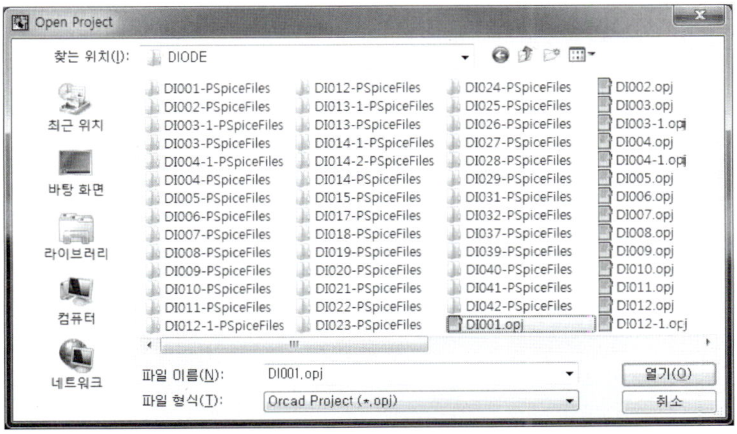

❹ 해당 예제를 열면 OrCAD 프로그램은 서버와 통신하면서 라이선스 유효성을 입증하고 마치면 예제가 실행 가능해진다.

❺ d1001의 해당 윈도우가 뜨면 그 윈도우 안의 Page1을 클릭한다.

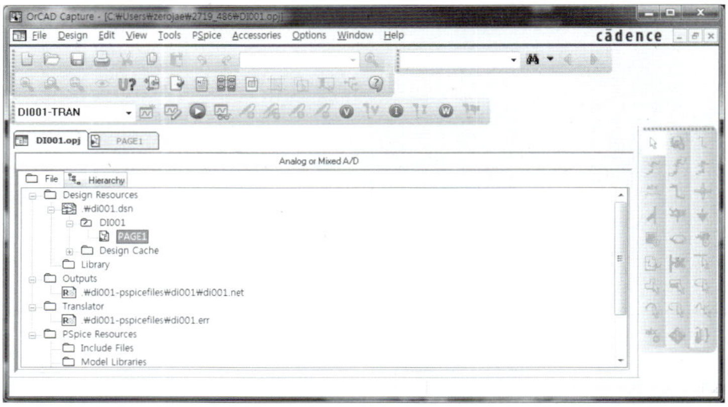

❻ 아래 그림과 같이 Schematic 윈도우가 뜨면 PSpice/ Run을 실행한다.

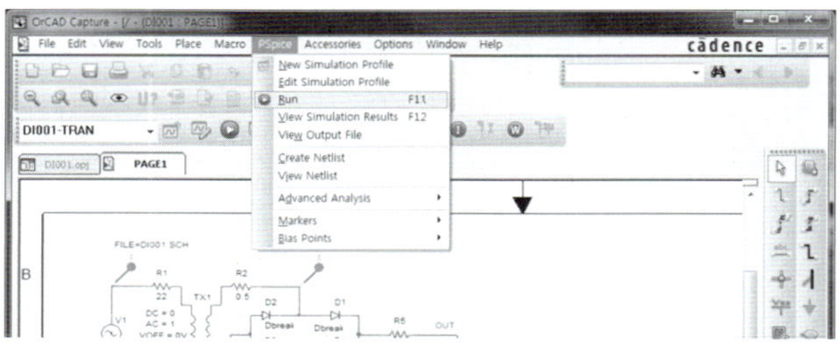

❼ Probe 윈도우가 뜨면서 파형이 아래와 같이 나타나면 성공적으로 PSpice가 설치된 것을 의미하며, 아울러 예제프로그램도 정상적으로 동작한다는 것을 확인할 수 있다

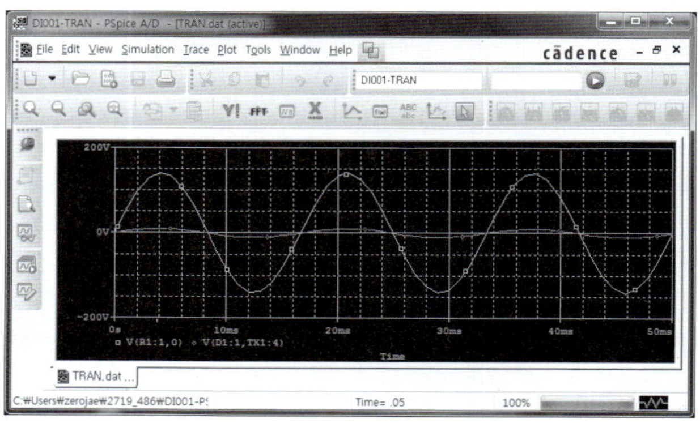

CHAPTER 2

PSpice 입문

2.1 PSpice 기본 아이콘(Icon)

윈도우즈상에서 설치한 OrCAD 17.2 버전 중 PSpice와 관련한 파일을 화면에 나타내면 아래와 같다. 3개의 서브디렉토리와 실행파일, Capture와 PSpice 폴더 안의 실행파일에 대한 각 기본 아이콘에 대하여 살펴보면 다음과 같다.

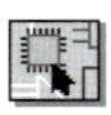
capture

시뮬레이션 할 회로를 그리는데 사용하는 Schematic Capture Program
- 부품 symbol을 배치하고 연결 (회로작성)
- 부품의 값 및 다른 속성을 정의
- 입력전원의 정의
- 원하는 해석 설정
- 회로의 각 관측점에 marking 가능

pspice

시뮬레이션 동안 실제 계산을 수행하고 시뮬레이션 결과를 그림으로 나타내는데 사용하는 프로그램
- DC, AC, transient analyses와 같은 기본적인 해석 수행
- Parametirc, Monte Carlo, sensitivity와 같은 multi-run analysis 수행
- 시뮬레이션 결과를 해석하기 위한 post-simulation 해석 수행

stmed

입력신호원(Source)로 사용할 사용자가 정의하는 파형의 생성을 위해 제공하는 프로그램(데모 버전은 교류정현파 전원 및 디지털 클럭만 가능함)
- 시뮬레이션 동안 회로 테스트를 위한 time-based signal 생성
- single-frequency FM 등
- digital stimuli : 디지털 클럭, complex pulse, bus sequence 등

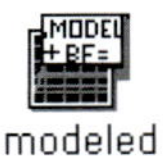

표준부품이 아닌 소자(다이오드, 트랜지스터, FET, OP-앰프 등)의 PSpice 패라미터(Parameter)를 설정할 수 있도록 제공하는 프로그램
(데모 버젼은 다이오드만 가능)

Capture, PSpice, Stimulus Editor, Model Editor 등의 아이콘은 각각의 독립적인 수행이 가능한 stand-alone 타입이며, 시뮬레이션 할 회로의 작성 및 수정, 해석의 선택 및 각종 시뮬레이션에 관련한 파라미터의 설정은 Capture상에서 할 수 있다.

2.2 PSpice 프로그램의 구성

2.2.1 OrCAD PSpice 프로젝트 관리자

OrCAD PSpice를 이용한 회로의 작성 및 시뮬레이션은 Capture를 이용한 회로의 작성부터 시작한다. 즉 Capture의 도구를 이용하여 부품을 입력하거나 기존의 회로로부터 수정작업을 통해 시뮬레이션 할 회로를 작성한다. OrCAD Capture를 이용한 회로작성은 크게 OrCAD 본래의 기능을 유지한 도면작성과 PCB 등의 작업을 위한 것과 새로이 추가된 시뮬레이션용 PSpice A/D 구동을 위한 것으로 구분된다. 각각의 경우에 대한 윈도우의 메뉴나 라이브러리가 다르기 때문에 이를 정확히 이해하고 사용해야 한다.

PSpice의 프로그램 구성을 알아보기 위해 먼저 Capture(Capture.exe)를 실행하면 아래와 같은 Capture CIS - Demo Edition 윈도우가 생성된다.

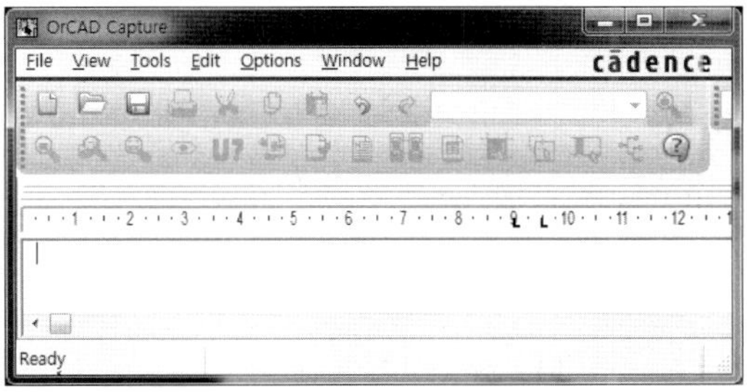

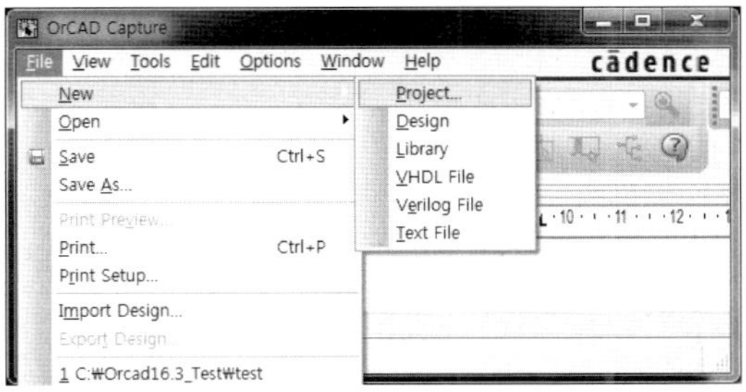

새로운 파일이나 회로작성법에 대해서는 추후 논의하기로 하고, 우선 OrCAD Capture 상의 File/Open/Project를 실행하여 ..SPB_17.2/tools/Pspice/ Capture_Samples/ anasim/example 디렉토리에 있는 example.opj라는 OrCAD 프로젝트 파일을 불러들인다.

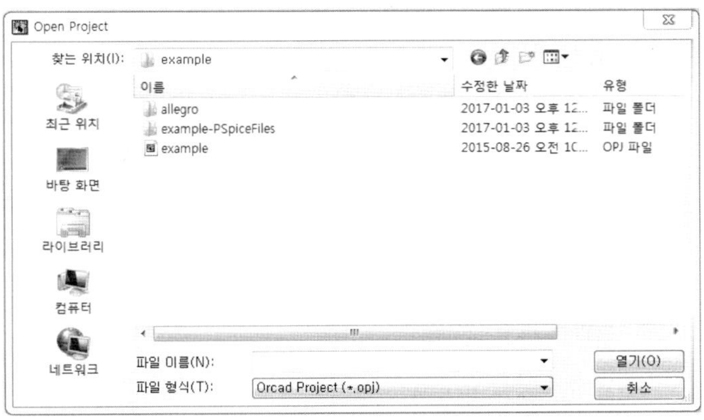

OrCAD 내의 프로젝트 파일은 회로의 작성/ PCB 등을 위한 것, 즉 PSpice와 무관한 파일과 회로 시뮬레이션을 할 수 있는 PSpice용 프로젝트 파일로 구분된다. 2개의 프로젝트 파일은 확장자가 xxx.opj로 동일하나 회로에 사용한 library가 다르며, open했을 때 OrCAD Capture 윈도우의 메뉴도 서로 다르다. 회로의 작성/PCB용 프로젝트 파일을 open한 경우에는 PSpice 시뮬레이션을 전혀 수행할 수 없음을 주의해야 한다.

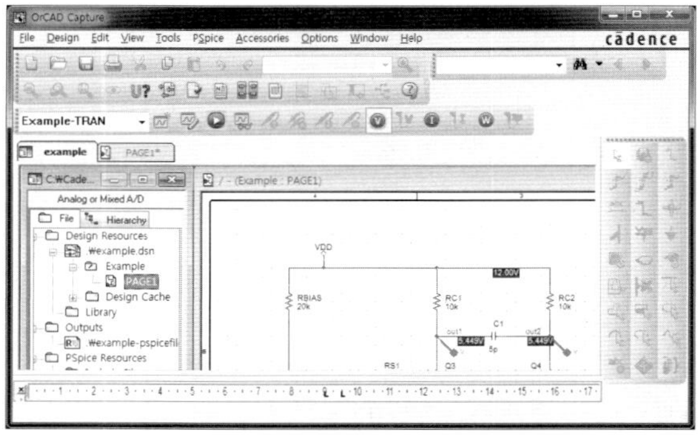

이를 바로 확인할 수 있는 방법은 프로젝트 파일을 open한 경우 반드시 ***.opj 윈도우에 Analog or Mixed A/D라는 Title Bar가 화면에 나타나고, 회로의 작성/ PCB용인 경우에는 PCB라는 Title Bar가 화면에 나타난다. 참고로 OrCAD PSPice Lite Edition 프로그램에서 제공하는 PCB용의 예제 파일은 데모 프로그램 안의 Capture 폴더 안에, PSpice용 프로젝트 예제파일은 PSpice 폴더 안의 서브디렉토리에 존재한다. 본 책은 PSpice만을 다루기 때문에 PCB용은 PCB 전용 OrCAD 관련 서적을 참조하기 바란다.

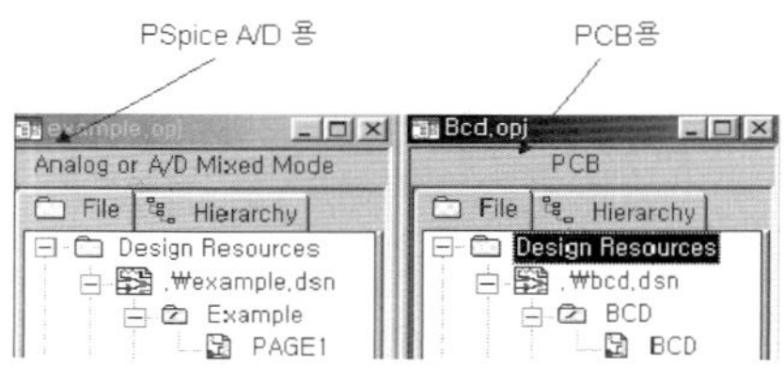

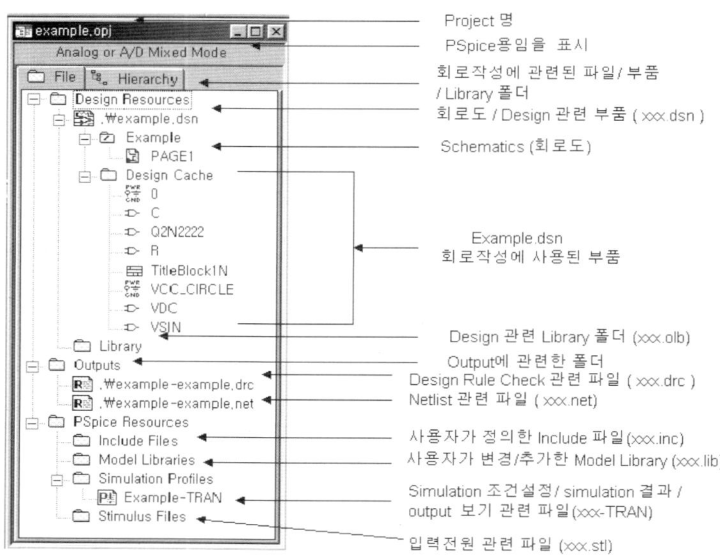

PSpice A/D Project Manager

회로를 작성하고 시뮬레이션하여 결과를 확인하기 위해서는 Capture를 이용한 설계(Design), PSpice를 이용한 계산 및 해석(PSpice)과 설계자에게 결과를 알려주는 출력(Output) 등의 단계를 수행해야 한다. 이 과정에서 여러 종류의 파일이 생성되고, 많은 정보가 만들어지는데 이를 관리하는 것이 바로 PSpice A/D 프로젝트 관리자(Project Manager)이다. 프로젝트 관리자는 xxx.opj의 확장자로 표시되며, 설계에 관련된 자료를 모은 설계 관련 자료 폴더(Design Resources), Capture 작업 중에 발생하는 각종 출력을 나타내 출력(Outputs) 폴더, PSpice 관련 자료 폴더(PSpice Resources)의 3개의 폴더를 갖는다.

Design Resources

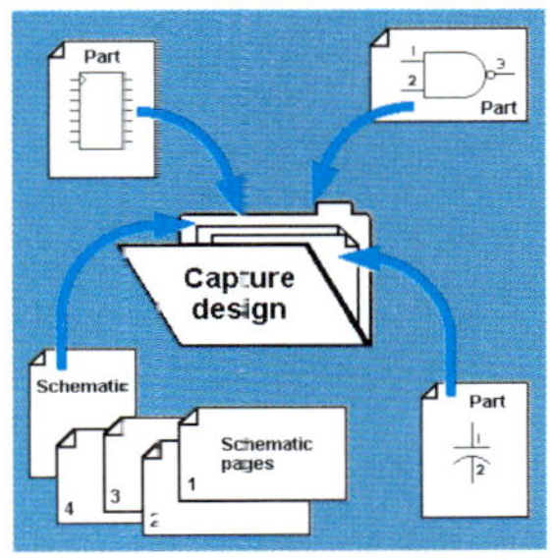

Design Resources 폴더는 회로 설계와 관련한 하나 혹은 그 이상의 회로도 정보와 설계 캐시(Design cache), 회로작성에 사용한 라이브러리 크게 3부분으로 구성된다. 캐시는 라이브러리와 같이 설계에 사용한 모든 부품을 나타내며, 설계 캐시와 회로면을 포함한 회로도는 xxx.dsn 확장자를 갖는 하나의 파일로 저장한다.

이 때 회로도를 schematic이라 하며, 계층 구조를 통해 다른 회로도와 연결될 경우, 즉 여러 회로도면으로 연결될 경우 각 회로도면을 Schematic page라 한다. 각 회로도면은 오프-페이지 커넥터(Off-Page Connector)에 의해 다른 회로도면과 연결된다. 회로도면은 Schematic Page Editor를 통해서 표시하고 편집할 수 있으며, 프로젝트 관리자상의 해당 파일을 2번 마우스로 클릭함으로써 실행 가능하다.

Symbol에 관련한 라이브러리는 xxx.olb의 확장자를 가지며, 회로 설계용 라이브러리와 시뮬레이션용 PSpice용 라이브러리로 구분된다. 회로작성용 라이브러리를 사용할 경우 시뮬레이션이 불가능하기 때문에 시뮬레이션을 위해서는 반드시 PSpice 라이브러리를 사용해야 한다. 라이브러리는 그 종류별로 분류하고 있으며, 라이브러리 안의 각 부품을 Part라 한다. 회로를 작성할 경우 바로 라이브러리 안의 부품(Part)를 사용하게 된다. PSpice 라이브러리는 symbol과 관련한 라이브러리 외에 부품의 전기적인 특성 정보를 표현한 모델 라이브러리(Model Library)가 필요하다. Model Library의 확장자는 xxx.lib이며 각 부품의 사양, 전기적인 특성 등의 정보를 포함하고 있으며 Text Editor로 편집 가능하다.

Outputs

회로도를 작성한 후 각 부품참조(Reference Designator)가 유일할 수 있도록 부품참조를 갱신하며 (PSpice용 회로일 경우 자동으로 갱신함) 각 부품 및 Net의 속성을 변경한 후 작성한 회로가 전기회로 규칙에 부합되는지의 여부를 Design Rule Check(DRC)를 통해 검증한다. 이 때 Rule Check의 결과를 xxx.drc에 회로의 연결상태를 xxx.net 파일이 생성된다. 각 파일은 Text Editor를 통해 확인할 수 있으며, 해당 파일을 2번 마우스로 클릭함으로써 실행 가능하다.

■ PSpice Resources

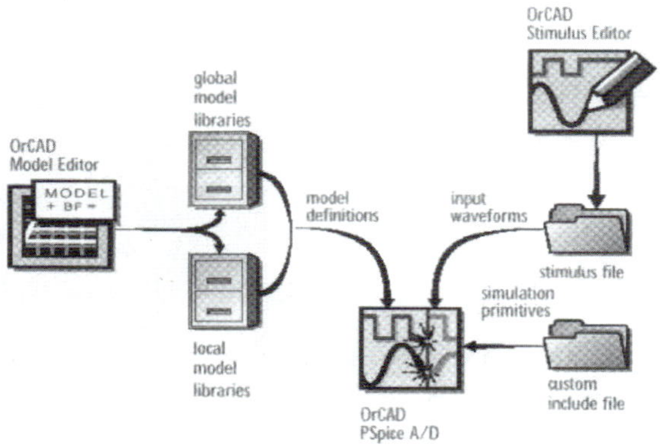

PSpice 관련 자료 폴더에는 사용자가 정의하여 사용하는 Include 파일을 포함하는 폴더, 사용자가 정의한 Model Library 관련 폴더, 시뮬레이션 조건/결과 보기 등과 관련된 Simulation Profile 폴더, 회로 시뮬레이션시 입력전원을 미리 파일로 만들어 사용하는 Stimulus 폴더 등으로 구성되어 있다. Inclue 파일의 확장자는 xxx.inc, Model Library는 xxx.lib, Stimulus 파일의 확장자는 xxx.stl로 표시한다. Simulation Profile 폴더 내의 파일은 xxx-TRAN, xxx-AC, xxx-DC와 같이 표시되는데 파일명 뒤에 attach되는 이름은 수행한 해석의 종류를 의미한다. 즉 TRAN은 과도상태해석, AC는 교류해석, DC는 직류해석임을 나타낸다. 이 파일을 마우스의 오른쪽 버튼을 이용하여 클릭하면 해당 Profile의 시뮬레이션 수행, 시뮬레이션 결과 보기, 출력파일 보기, 시뮬레이션 조건설정 편집을 수행할 수 있고, 만일 마우스의 왼쪽 버튼으로 2번 클릭할 경우에는 자동적으로 시뮬레이션 조건 설정 편집 모드로 진행하게 된다.

2.2.2 OrCAD PSpice의 해석 수행과정

Capture에서의 회로해석은 회로의 설계와 작업 환경의 설정으로부터 시작한다. 설계 환경은 Design Template와 Design Properties의 설정에 의해 글자체, 제목 블럭, 페이지 크기, 그리드 참조, 계층구조 등을 지정한다. 작업 환경의 설정은 색상, 그리드 표시 여부, 팬과 줌, 선택 버튼, 기타 등의 작업에 관련된 환경을 설정한다. 설계와 작업 환경을 설정한 후, 회로도 작성 도구를 사용하여 회로도면을 그린다.

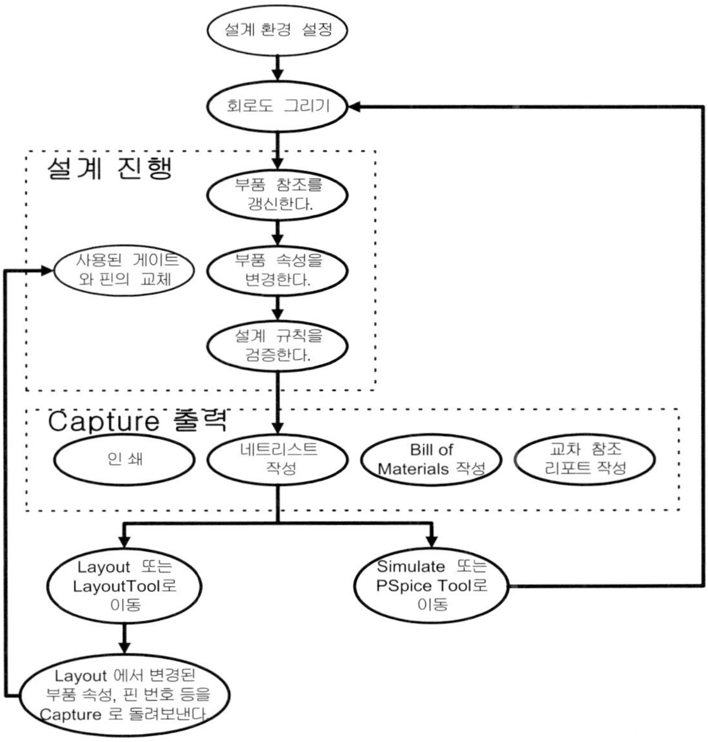

회로도 작성에는 반드시 시뮬레이션을 위한 PSpice Library 부품을 사용하여 부품 배치 및 배선을 통해 작성한다. 회로도를 작성한 후, 각 부품 참조가 유일할 수 있도록 부품 참조를 갱신하며 각 부품 및 네트의 속성을 변경한다. 또 설계가 기초 설계와 전기 규칙에 부합하는지의 여부를 Design Rule Check를 통해 검증한다. 설계 검증을 통해 에러를 찾아 수정하며 에러가 더 이상 생기지 않을 때, Capture 출력을 통해 OrCAD의 PCB, PSpice 등과 다른 EDA 툴과 정보를 교환할 수 있다. Capture 출력은 프린트로 인쇄하여 보관할 수 있고 Netlist를 작성하여 다른 EDA 툴과 정보를 교환할 수 있다. 또 각 부품에 대한 목록을 위해 BOM(Bill of Material)을 작성하고 모든 부품 또는 부품 참조와 부품 값을 포함하는 목록을 위해 교차 참조 목록을 작성한다.

Netlist 작성으로 PSpice A/D 부분으로 이동하고 PSpice A/D는 아날로그 회로, 디지털 회로, 아날로그/디지털 혼합회로에 대한 시뮬레이션을 수행하며 잘못된 결과에 대해서는 Capture의 회로 그리기를 통해 수정한다.

2.3 PSpice Capture의 시작

Capture는 tools ₩Capture 디렉토리에 있는 Capture.exe의 아이콘을 더블 클릭하거나 윈도의 시작메뉴에서 Orcad 17.2 Demo 프로그램 그룹 내에 있는 Capture CIS Demo 아이콘을 클릭하여 시작할 수 있다. Capture에는 프로젝트 관리자(Proejct Manager), 편집기(Editor), Session Log 등 3가지 윈도우가 있으며, 동시에 여러 개의 프로젝트 관리자 윈도 또는 편집기 윈도우를 사용할 수 있다. OrCAD는 Capture, Simulate, Express, PCB, Pspice A/D 등 모든 프로그램이 독립적으로 구성되어 있어 사용할 때마다 각각의 프로그램을 실행시켜야 한다. OrCAD는 또한 다른 windows의 프로그램과 같이 온라인 도움말을 사용할 수 있다. 도움말은 F1을 눌러 온라인 도움말 화면이 나타나도록 하여 특정 주제를 선택하는 방법과 Help 메뉴에서 Help Topic 명령을 이용하여 사용할 수 있다.

2.4 PSpice Capture의 기본

Capture를 실행하면 세션 프레임(Session Frame) 윈도우가 나타난다. 이 세션 프레임 윈도우는 회로의 설계, 작성 및 처리 작업을 진행하며, 경우에 따라 프로젝트 관리자(Project Manager) 윈도우, Schematic Page Editor 또는 Part Editor, 세션 로그(Session Log) 윈도우를 사용할 수 있다. 세션 프레임 윈도우는 일반적인 windows 응용 프로그램과 비슷한 모양을 하고 있다. 제어메뉴 박스(Control Menu Box)는 윈도우의 닫기, 크기의 변경, 응용 프로그램의 교체 등을 할 때 사용되며, 복원 버튼(Restore Button)은 윈도우를 크기를 원래의 크기로 복원하는데 사용된다. 아이콘 버튼(Icon Button)은 윈도우를 닫고 아이콘화 하는데 사용되며, 타이틀 바(Title bar)에는 실행중인 응용프로그램을 표시한다. 메뉴바(Menu bar)는 각종 명령을 수행하기 위한 메뉴를 나타내며, 각 메뉴를 클릭하면 서브메뉴(Sub Menu)가 나타나 명령들을 선택할 수 있게 된다. 또한 툴바(tool bar)는 각종 명령에 대한 단축 버튼으로 자주 사용하는 명령들을 쉽게 사용할 수 있도록 하며 마우스의 단추를 클릭하여 작업을 수행할 수 있다. 툴바에 희미하게 나타난 버튼은 현재 상황에서 사용할 수 없음을 나타낸다.

○ 제어메뉴박스(Control Menu Box)

윈도우의 닫기, 크기변경, 응용프로그램의 교체 등을 할 때 사용

○ 복원 버튼(Restore Button)

원래의 윈도우 크기로 복원

○ 타이틀 바(Title Bar)

실행중인 응용 프로그램명을 표시

○ 아이콘화 버튼

윈도우를 닫고 아이콘화 함.

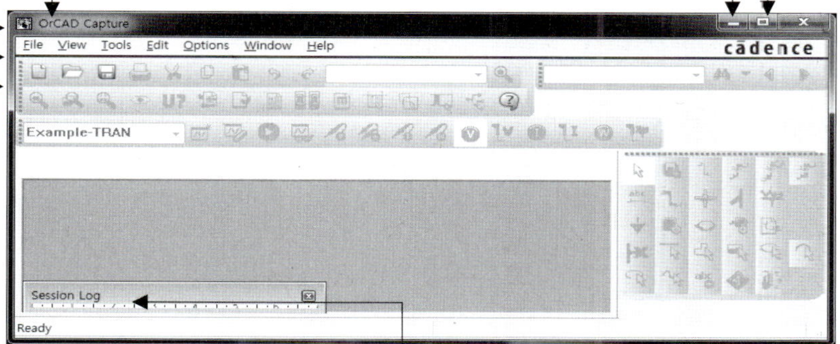

○ 상태라인(Status Line)

현재 윈도의 정보를 표시함.

○ 세션윈도우(Session Window)

지금까지 진행된 모든 작업의 정보를 나타냄.

○ 툴바(tool Bar)

각종 명령에 대한 단축 버튼임.

○ 메뉴바(Menu Bar)

메뉴를 나타내며, 각 메뉴를 클릭하면 Sub menu가 나타남

화면의 왼쪽 아래에 나타난 상태라인(Status Line)은 현재 윈도우의 상태를 나타내는 것이며, 그 위에 있는 세션 윈도우는 지금까지 진행된 모든 작업의 정보가 기록되어 있다. 세션윈도우에 기록된 내용은 파일로 저장할 수 있으며, 파일의 기본 이름은 SESSION .TXT이다. Capture에서는 모든 문서들이 개별 윈도우로 처리된다. 열 수 있는 윈도우의 수는 컴퓨터의 자원이 허용되는 한 제한이 없으며, 각각의 윈도우에서 따로따로 작업할 수 있다.

2.4.1 프로젝트 관리자(Project Manager)

프로젝트 관리자 윈도우에는 설계자료 정보와 레포트, 참조 프로젝트(referenced project), 시뮬레이션 자료 등이 표시되며, 설계자료 안에 설계에 포함된 회로정보 및 설계 카시(design cache)와

라이브러리가 같이 표시된다. 하나의 프로젝트는 하나의 설계만 가질 수 있으나 하나의 설계에는 하나 이상의 회로도가 포함될 수 있으며, 하나의 회로도에는 하나 이상의 회로도면이 포함될 수 있다.

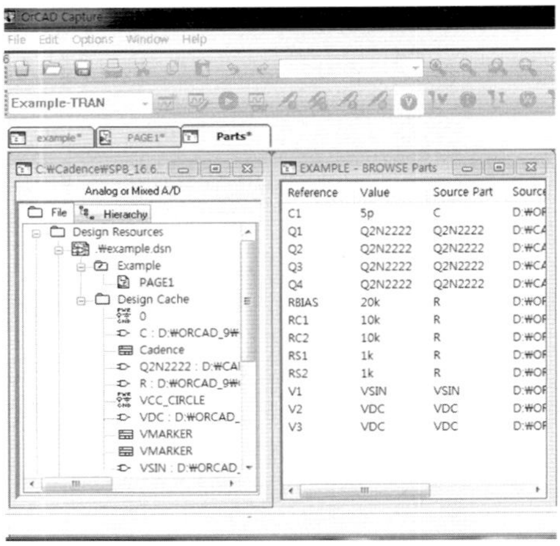

회로도는 계층구조를 통해 다른 회로도와 연결되고 회로도면은 오프-페이지 커넥터(Off-Page Connector)에 의해 다른 회로도면과 연결된다. 프로젝트 관리자에서는 라이브러리와 그에 포함된 부품도 관리하며 Annotate를 통해 부품 번호를 갱신하고 DRC (Design Rule Check)에 의한 설계 규칙 위반을 검사한다. 또 네트리스트를 생성하고 설계에 대한 레포트를 작성하는 툴을 제공한다. 프로젝트 관리자는 두 개의 윈도우로 구분되는데, 좌측의 윈도우는 프로젝트 관리 폴더 윈도로 설계자료, 보고서, 참조 프로젝트, 시뮬레이션 자료 등의 정보가 있으며, 설계자료에는 설계 정보 및 라이브러리가 포함된다. 오른쪽의 윈도우는 찾아보기(Browse) 윈도이며 윈도우를 열기 위해서는 커서를 반드시 설계관리자 윈도에 있는 회로도의 회로도면(xxx.dsn)을 선택하고 Edit 메뉴의 Browse 명령이나 Edit 메뉴의 Find 명령으로 찾는다.

1) 프로젝트 관리자 폴더(Project Manager Folder)

프로젝트 관리자 윈도에는 프로젝트에 관한 자료 정보를 여러 개의 폴더로 묶어 나타낸다. 이러한 폴더에는 설계에 관련된 자료를 모은 설계 자료 폴더(Design Resources Folder)와 Capture 작업 중에 발생하는 각종 출력을 나타내는 Output 폴더로 나누어진다. 설계 자료 폴더에는 설계 폴더와 라이브러리 폴더로 나누어지며 설계 폴더에는 회로도면이 포함된 회로 폴더와 설계 캐쉬 폴더가 있다. 프로젝트 관리자 윈도우의 기능은 윈도우 파일관리자의 기능과 유사하다. 마우스의 커서를 설계나 회로도의 객체에 놓고 마우스의 왼쪽 단추를 더블 클릭함으로 화면상의 구조를 확장 또는 축소시킬 수 있다. 회로도면상에서 마우스의 왼쪽 단추를 더블 클릭하게 되면 회로도면 편집기 윈도우가 나타나고 선택한 회로도면이 열리게 된다. 회로도는 파일폴더 아이콘으로 표시되고 회로도면(예: Example)은 페이지 아이콘으로 표시된다.

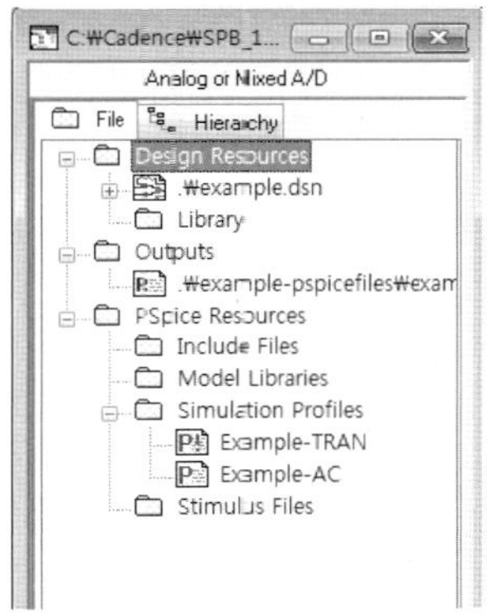

프로젝트 관리자에서 폴더의 왼쪽 옆에 있는 (+)와 (-) 표시를 클릭하여 폴더의 내용을 확인할 수 있다. 회로도면 폴더 내에 있는 회로도면을 2번 클릭하면 회로도면 편집기 윈도우에 회로도면을 열거나 이미 열려있는 회로도면을 활성화시킬 수 있다. 각 프로젝트에는 자신의 프로젝트 관리자 윈도우를 열어 관리하며 하나의 프로젝트 관리자 윈도우에서 다른 프로젝트 관리자 윈도우로 폴더 또는 파일 등을 마우스로 끌어서 옮기거나 Ctrl키를 누름과 동시에 마우스를 끌어 같은 폴더 또는 파일을 복사할 수 있다.

프로젝트 관리자 윈도우에는 파일(File)과 계층구조(Hierarchy)에 대한 프로젝트 자료 정보를 제공한다. 파일 탭을 선택하면 프로젝트 관리자 윈도우에는 모든 프로젝트의 폴더, 회로 폴더 그리고 회로 도면 등이 나타나며, 계층구조 탭을 선택하면 프로젝트 관리자 윈도우에 프로젝트의 회로 폴더와 회로도면 사이의 계층 구조 관계가 표시된다.

2) 찾아보기 윈도우(Browse Window)

찾아보기 윈도우는 프로젝트 관리자 윈도우의 우측에 위치하며 Edit 메뉴의 Browse 명령이나 Edit 메뉴의 Find 명령으로 찾거나 선택된 항목을 표시한다. 찾는 항목은 부품(Parts), 네트(Nets), 평면 네트리스트(Flat Netlists), 계층구조 포트(Hierarchical Ports), 오프-페이지 커넥터(Off-Page Connectors), 제목 블록(Title Blocks), 북마크(Bookmarks), DRC 표시기(DRC Markers) 등을 각각 선택하여 찾을 수 있다. Browse 명령과 Find 명령은 설계 구조 윈도우에서 선택된 모든 회로도와 회로도면에 적용된다. 찾아보기 윈도우에서 표시된 항목을 2번 클릭하게 되면 회로도면 편집기 윈도우에 그 객체를 포함하고 있는 회로도면이 나타나고 그 객체는 선택된 상태로 된다.

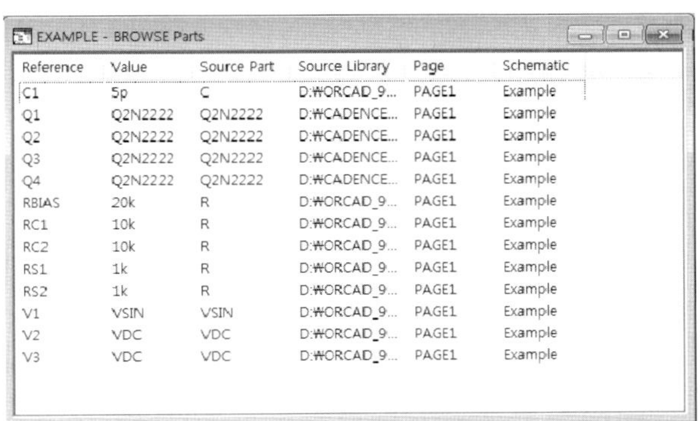
EXAMPLE - BROWSE Parts

Reference	Value	Source Part	Source Library	Page	Schematic
C1	5p	C	D:₩ORCAD_9...	PAGE1	Example
Q1	Q2N2222	Q2N2222	D:₩CADENCE...	PAGE1	Example
Q2	Q2N2222	Q2N2222	D:₩CADENCE...	PAGE1	Example
Q3	Q2N2222	Q2N2222	D:₩CADENCE...	PAGE1	Example
Q4	Q2N2222	Q2N2222	D:₩CADENCE...	PAGE1	Example
RBIAS	20k	R	D:₩ORCAD_9...	PAGE1	Example
RC1	10k	R	D:₩ORCAD_9...	PAGE1	Example
RC2	10k	R	D:₩ORCAD_9...	PAGE1	Example
RS1	1k	R	D:₩ORCAD_9...	PAGE1	Example
RS2	1k	R	D:₩ORCAD_9...	PAGE1	Example
V1	VSIN	VSIN	D:₩ORCAD_9...	PAGE1	Example
V2	VDC	VDC	D:₩ORCAD_9...	PAGE1	Example
V3	VDC	VDC	D:₩ORCAD_9...	PAGE1	Example

2.4.2 회로도면 편집기(Schematic Page Editor)

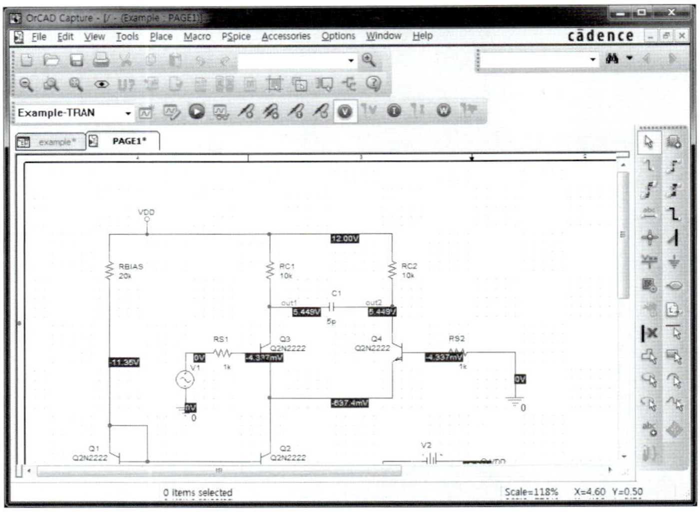

회로도면 편집기(Schematic Page Editor) 윈도우는 회로도면을 표시하고 편집한다. 본 윈도우에서는 부품, 와이어, 버스 등 입력할 수 있을 뿐만 아니라 그래픽 또는 문자들을 입력할 수 있으며, 이러한 입력은 툴 파렛트(Tool Palette)를 통해 수행할 수 있다. 회로도면 편집기의 사용법에 대한 상세한 내용은 추후 다루기로 한다.

2.4.3 부품 편집기(Part Editor)

부품 편집기(Part Editor) 윈도우에서는 부품을 작성하고 편집할 수 있으며, 프로젝트 관리자 윈도우상에서 부품을 선택한 후 Edit/Part를 실행하면 된다. 부품 편집기의 View 메뉴에서 부품(Part)을 선택하거나 패키지(Package)를 선택할 수 있으며, 부품과 심벌을 작성하고 편집하여 새로운 라이브러리나 기존의 라이브러리에 저장할 수 있다. 또 전원과 접지의 심벌, 페이지간 커넥터(Off-page Connector) 심벌, 계층구조 포트(Hierarchical Port) 심볼, 제목 블럭 등을 작성하고 편집할 수 있다. 부품 편집기에는 툴 파렛트가 있으며 여기에는 부품과 기호를 작성하는 도구와 부품에 핀을 입력하는 도구가 포함되어 있다. 부품 편집기는 심벌 편집기(Symbol Editor)와 매우 유사하다. 심벌 편집기에 Pin and Pin Array 툴 파렛트 단추가 없는 것이 두 편집기의 차이점이다. 부품 편집기에서 새로운 부품을 작성하려면 프로젝트 관리자 윈도에서 File 메뉴를 열어 New의 서브 메뉴 중에서 Library를 선택하여 새로운 부품의 이름을 기입한다. 또 기존의 부품을 편집하려면 File 메뉴에서 Open 서브 명령 중에서 Library를 열어 기존의 라이브러리를 선택한다. 이 때의 파일명은 xxx.olb의 확장자를 갖는다.

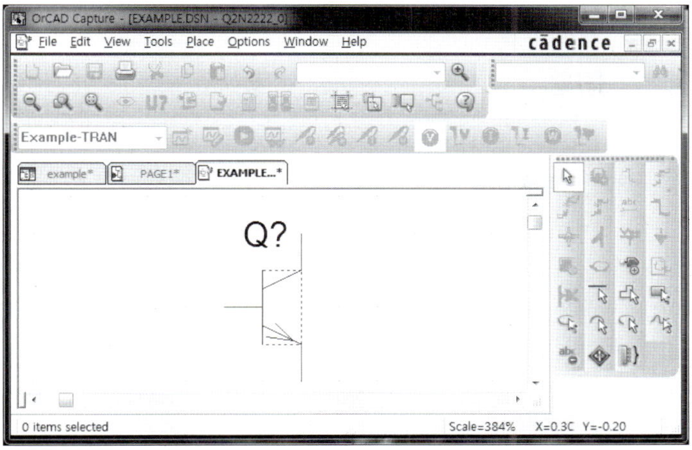

2.4.4 PSpice 모델 편집기(PSpice Model Editor)

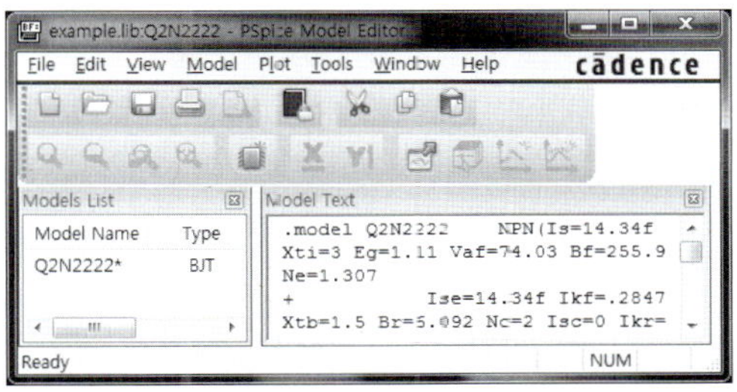

PSpice 모델 편집기(PSpice Model Editor) 윈도우에서는 부품의 특성을 작성하고 편집할 수 있으며, 프로젝트 관리자 윈도우상에서 해당 부품을 선택한 후 Edit/PSpice Mdoel을 실행하면 된다. 모델 Editor를 이용하여 PSpice에서 제공하는 부품의 특성을 변경하는 것이 가능하며, 이의 사용에 대해서는 추후에 설명하기로 한다. 이 때 편집하는 파일명의 확장자는 xxx.lib이다.

2.4.5 Session Log

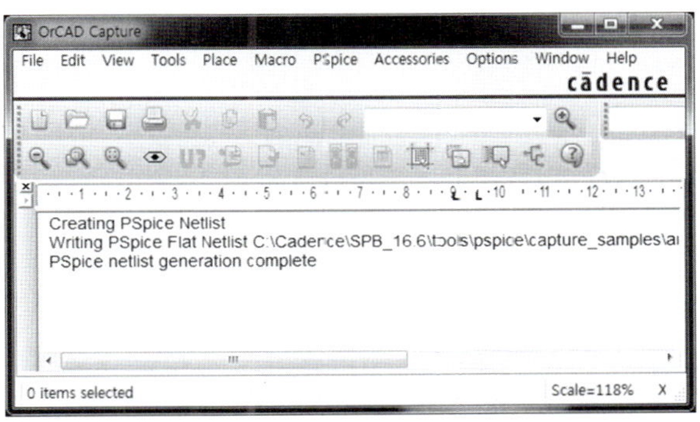

Session log에는 Capture의 작업 과정에서 발생한 모든 내용과 메시지가 기록된다. Edit 메뉴의 Find 명령을 통해 Session Log에서 정보를 찾을 수 있으며, Session Log의 내용을 파일로 저장할 수 있다. 기본 파일 이름은 Session Log.이며 ASCII 파일 형태로 저장된다. Session Log의 내용을 삭제하려면 Edit 메뉴에서 Clear Session Log 명령을 선택하거나 CTRL+DEL 키를 동시에 누른다.

2.4.6 툴바(Tool Bar)

툴바는 자주 사용하는 명령들을 쉽게 사용할 수 있도록 버튼화시켜 마우스 단추의 클릭에 의해 작업을 수행할 수 있게 한다. 툴바가 흐릿해지면 그 버튼은 사용할 수 없으며 작업의 종류에 따라 변하게 된다. 툴바 중에는 선택된 객체와 관계없이 사용할 수 있는 것과 선택된 객체에만 적용되는 것들이 있다. 툴바는 View 메뉴에서 Toolbar를 선택하여 툴바를 감추거나 보이도록 할 수 있다.

New	새로운 설계 및 라이브러리를 작성한다. File 메뉴에서 New 명령과 동일하다.
Open	기존의 설계 또는 라이브러리를 연다. File 메뉴에서 Open 명령과 동일하다.
Save	현재 사용 중인 회로도면 또는 부품을 저장한다. File 메뉴의 Save 명령과 동일하다.
Print	현재 사용중인 회로도면 또는 부품을 인쇄한다. File 메뉴의 Print 명령과 동일하다.
Cut	선택된 객체를 문서에서 삭제하고 클립보드에 저장한다. Edit 메뉴의 Cut 명령과 동일하다.
Copy	선택된 객체를 클립보드에 저장한다. Edit 메뉴의 Copy 명령과 동일하다.
Paste	클립보드에 저장되어 있는 내용을 문서에 붙인다. Edit 메뉴의 Paste 명령과 동일하다.
Undo	가장 최근에 실행한 명령을 취소한다. Edit 메뉴의 Undo 명령과 동일하다.
Redo	가장 최근에 실행한 명령을 다시 실행한다. Edit 메뉴의 Redo 명령과 동일하다.
Zoom In	회로도면의 화면을 확대한다. View 메뉴에서 Zoom을 선택하고 In을 다시 선택하는 것과 동일하다.
Zoom Out	회로도면의 화면을 축소한다. View 메뉴에서 Zoom을 선택하고 Out를 다시 선택하는 것과 동일하다.
Zoom Area	회로도면 또는 부품의 영역을 지정하여 전체화면 크기로 확대한다. View 메뉴에서 Zoom을 선택하고 Area를 다시 선택하는 것과 동일하다.
Zoom All	문서상의 객체가 한 화면에 보이도록 한다. View 메뉴에서 Zoom을 선택하고 All을 다시 선택하는 것과 동일하다.

Zoom All	문서상의 객체가 한 화면에 보이도록 한다. View 메뉴에서 Zoom을 선택하고 All을 다시 선택하는 것과 동일하다.
Annotate	선택된 회로도면의 부품에 부품 참조를 갱신한다. Tools 메뉴의 Annotate 명령과 동일하다.
Back Annodate	선택된 회로도면의 갱신된 부품 참조를 처음상태로 초기화한다. Tools 메뉴의 Back Annotate 명령과 동일하다.
Design Rule Check	선택된 회로도면에서 설계 규칙 위반 여부를 검사한다. Tools 메뉴의 Design Rule Check 명령과 동일하다.
Create Netlist	선택된 회로도면에서 네트리스트를 생성한다. Tools 메뉴의 Create Netlist 명령과 동일하다.
Cross Reference	선택된 회로도면의 교차 참조 레포트를 생성한다. Tools 메뉴의 Cross Reference 명령과 동일하다.
Bill of Material	선택된 회로도면에서 Bill of Material을 생성한다. Tools 메뉴의 Bill of Material 명령과 동일하다.
Snap-to-Grid	회로도 작성 중 부품의 위치를 격자(Grid)위에 올 수 있도록 설정한다.
Project Manager	사용 중인 설계도면의 설계 관리자 윈도우를 나타내며 설계 내용에 대한 개요를 표시한다. Window 메뉴에서 번호를 선택하여 설계 관리자 윈도우를 선택하는 것과 동일하다.
Help Topics	온라인 도움말 윈도우를 연다. Help 메뉴의 Help Topics 명령과 동일하다.

2.4.7 툴 파렛트(Tool Palette)

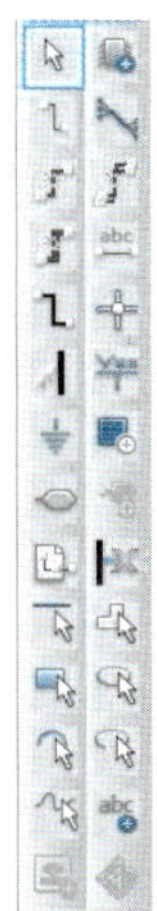

툴 파렛트는 툴바와 마찬가지로 자주 사용하는 명령들을 쉽게 사용할 수 있도록 버튼화 시켜 마우스 단추의 클릭에 의해 작업을 수행할 수 있게 한다. 툴 파렛트에는 두 가지 종류가 있는데, 하나는 회로도면 편집기(Schematic Page Editor) 윈도에서 사용하는 것이고 다른 하나는 부품 편집기(Part Editor)에서 사용하는 것이다. 툴 파켓트에 있는 버튼이 희미해지면 그 버튼은 사용할 수 없게 되고 설계 작업에 따라 사용할 수 있는 버튼이 결정된다.

1) 회로도면 편집기용 툴 파렛트

회로도면 편집기용 툴 파렛트에는 두 개 그룹의 도구가 있는데, 하나는 전기 및 전자 회로를 그리는 도구이며 다른 하나는 일반적인 그리기 도구이다. 그리기 도구를 사용하여 그린 그림은 회로도면이나 화면에는 나타나지만 네트리스트로는 나타나지 않는다. 이들 도구에 대한 자세한 설명은 추후 설명을 참조하기 바란다.

전기/전자회로 작성 도구 버튼

버튼	설명
Selection	선택 버튼으로 객체를 선택한다.
Part	라이브러리에서 부품을 선택하여 회로도면에 입력한다. Place 메뉴의 Part 명령과 동일하다.
Wire	와이어를 그린다. 와이어는 기본적으로 90도의 정수 배로 그릴 수 있으며 Shift 키를 누르면 임의의 각도의 와이어를 그린다. Place 메뉴의 Wire 명령과 동일하다.
Net Alias	와이어와 버스에 별명을 둔다. Place 메뉴의 Net Alias 명령과 동일하다.
Bus	버스를 그린다. 버스는 기본적으로 90도의 정수 배로 그릴 수 있으며 Shift 키를 누르면 임의의 각도의 버스를 그린다. Place 메뉴의 Bus 명령과 동일하다.
Junction	접합점을 만든다. Place 메뉴의 Junction 명령과 동일하다.
Bus Entry	버스 엔트리들을 입력한다. Place 메뉴의 Bus Entry 명령과 동일하다.
Power	전원 심벌을 입력한다. Place 메뉴의 Power 명령과 동일하다.
Ground	접지 심벌을 입력한다. Place 메뉴의 Ground 명령과 동일하다.
Hierarchical Block	계층 구조의 블록을 그린다. Place 메뉴의 Hierarchical Block 명령과 동일하다.
Hierarchical Port	회로도면 위에 계층 구조의 포트를 입력한다. Place 메뉴의 Hierarchical Port 명령과 동일하다.
Hierarchical Pin	계층 구조의 블록에 계층 구조의 핀을 입력한다. Place 메뉴의 Hierarchical Pin 명령과 동일하다.
Off-Page Connector	오프-페이지 커넥터를 입력한다. Place 메뉴의 Off-Page Connector 명령과 동일하다.
No Connect	핀에 연결 없음의 심벌을 입력한다. Place 메뉴의 No Connect 명령과 동일하다.

그리기 도구 버튼

버튼	설명
Line	선을 그린다. Place 메뉴의 Line 명령과 동일하다.
Polyline	폴리라인을 그린다. Shift 키를 누르면 임의의 각도의 폴리파인을 그린다. Place 메뉴의 Polyline 명령과 동일하다.

Rectangle	직사각형 또는 정사각형을 그린다. Shift 키를 누르면 정사각형이 그려진다. Place 메뉴의 Rectangle 명령과 동일하다.
Ellipse	타원 또는 원을 그린다. Shift 키를 누르면 원이 그려진다. Place 메뉴의 Ellipse 명령과 동일하다.
Arc	원호를 그린다. Place 메뉴의 Arc 명령과 동일하다.
Text	문자를 입력한다. Place 메뉴의 Text 명령과 동일하다.

2) 부품 편집기용 툴 파레트

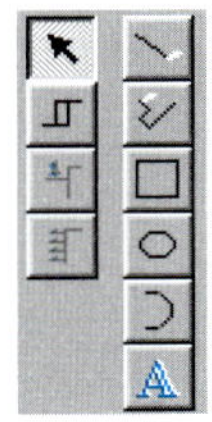

부품 편집용 툴 파렛트 역시 두 개의 그룹으로 나누는데, 하나는 IEEE 심벌과 같은 부품의 형태나 핀을 입력하는 전기/전자 회로 그리기 도구이며, 다른 하나는 기본적인 그리기 도구이다. Selection과 그리기 도구는 Schematic Page Editor에서 설명한 내용과 동일하다.

IEEE Symbol	품에 IEEE 심벌을 입력한다. Place 메뉴의 IEEE Symbol 명령과 동일하다.
Pin	부품에 핀을 입력한다. Place 메뉴의 Pin 명령과 동일하다.
Pin Array	부품에 여러 개의 핀을 입력한다. Place 메뉴의 Pin Array 명령과 동일하다.

2.5 OrCAD PSpice 설계

한 프로젝트에 속하는 모든 회로도면과 라이브러리 부품들을 설계(Design)라고 하며 하나의 파일로 저장된다. 설계는 프로젝트 관리자(Project Manager)에 의해 관리되고, 프로젝트는 하나의 설계와 라이브러리 그리고 설계와 관련된 출력 파일 등으로 구성된다. 설계는 하나 또는 그 이상의 회로도로 구성되며 설계 캐시(Design Cache)와 같이 표시된다. OrCAD PSpice 회로 설계는 설계환경의 설정에서부터 시작된다. 설계 환경은 Design Template와 Design Properties의 설정에 의해 글자체, 제목 블럭, 페이지 크기, 그리드 참조, 계층구조 등을 지정한다. 작업 환경의 설정은 색상, 그리드 표시여부, 팬과 줌, 선택 버튼, 기타 등의 작업에 관련된 환경을 설정한다.

2.5.1 설계의 시작

1) 프로젝트, 라이브러리, PSpice Library 시작

새로운 프로젝트(Project), 설계(Design), 라이브러리(Library), VHDL 파일, Text File, PSpice Library 등을 시작한다. PSpice와 관련한 메뉴는 프로젝트(Project), 라이브러리(Library), TextFile, PSpice Library이고, 설계를 선택할 경우에는 회로설계에만 관련한 PCB 윈도우가 동작함으로 PSpice용 회로를 작성할 경우에는 설계(Design) 메뉴를 선택하지 말아야 하며, VHDL 파일 메뉴도 마찬가지임을 명심해야 한다.

(1) 새로운 프로젝트의 시작

❶ 어떠한 Capture 윈도(프로젝트 관리자, 회로도면 편집기, 부품 편집기, 또는 Session Log)의 File 메뉴에서 New를 클릭한 후 Project(단축키는 ALT-F, N, P)를 선택한다.

❷ New Project 이름의 대화상자가 열린다. New Project 대화상자에 있는 Name Text 문자 상자에 새로운 프로젝트 이름을 반드시 입력한다.

❸ 새로운 프로젝트를 저장할 위치를 알면 Location 문자상자에 경로를 입력하고 그렇 지 않으면 Browse 버튼을 눌러 경로를 설정한다.

❹ Create New Project Using이라는 그룹박스에서 프로젝트 형태를 설정한다.

그룹박스에 있는 프로젝트의 종류는 다음과 같다.

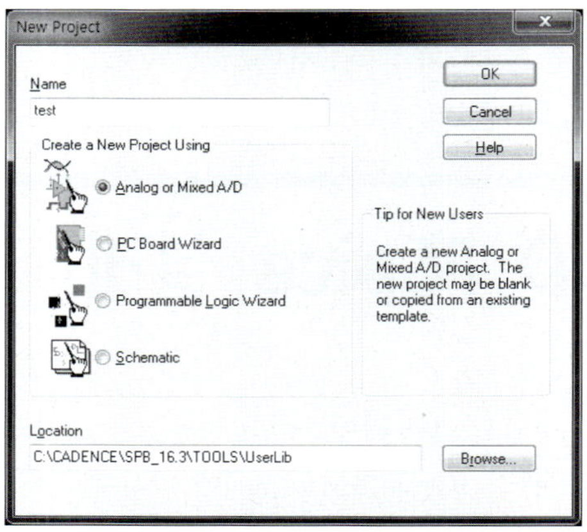

- Analog or Mixed A/D – 아날로그 또는 아날로그/ 디지털 혼합 회로를 설계하기 위해 OrCAD PSpice를 사용하려는 프로젝트.
- PC Board Wizard – PCB를 설계하기 위해 OrCAD Layout를 사용하려는 프로젝트.
- Programmable Logic Wizard – PLD 내에 포함되는 회로를 설계하기 위해 OrCAD Express를 사용하려는 프로젝트.

- Schematic – 위의 세 가지 프로젝트에 포함되지 않는 단순 회로도면을 작성하기 위한 프로젝트.

❺ 새로운 프로젝트 관리자 윈도우에서 새로운 설계가 test.dsn이란 이름으로 열리고 설계 밑에는 SCHEMATIC1이란 이름의 회로도와 그 회로도에 포함된 PAGE1이란 회로도면, 그리고 설계캐시가 포함된다.

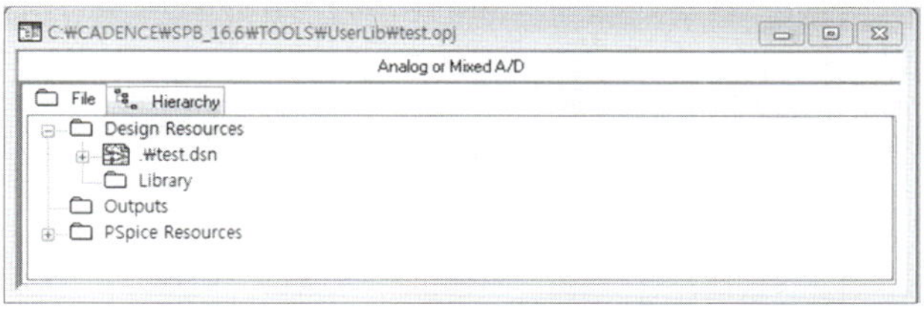

(2) 새로운 라이브러리의 시작

❶ Capture 윈도의 File 메뉴에서 New를 클릭한 후 Library(단축키는 ALT-F, N, L)을 선택한다.

❷ 프로젝트 관리자 윈도우에 라이브러리가 열리면서 커서가 그 지점으로 이동한다. 마우스의 오른쪽 버튼을 클릭하면 pop-up 메뉴가 나타나고, 사용자의 의도에 따라 메뉴를 선택하여 사용한다.

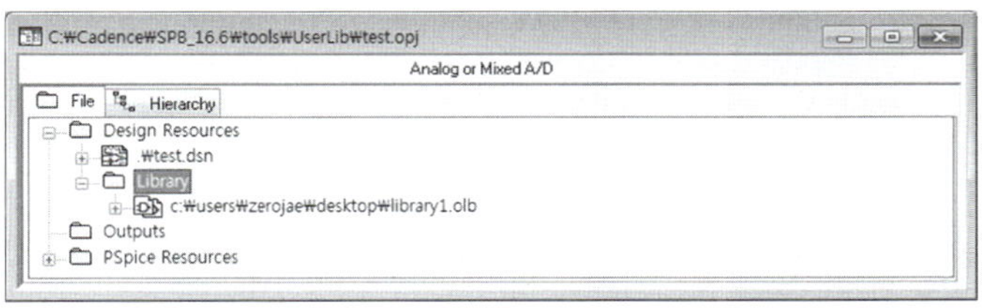

(3) 새로운 PSpice 라이브러리의 시작

❶ PSpice용 project를 생성 혹은 불러들인 후 Capture 윈도의 File 메뉴에서 New를 클릭한 후 PSpice Library를 선택한다.

❷ PSpice Model Editor가 동작하며, 이를 통하여 PSpice용 라이브러리의 특성을 바꾸거나 입력할 수 있다.

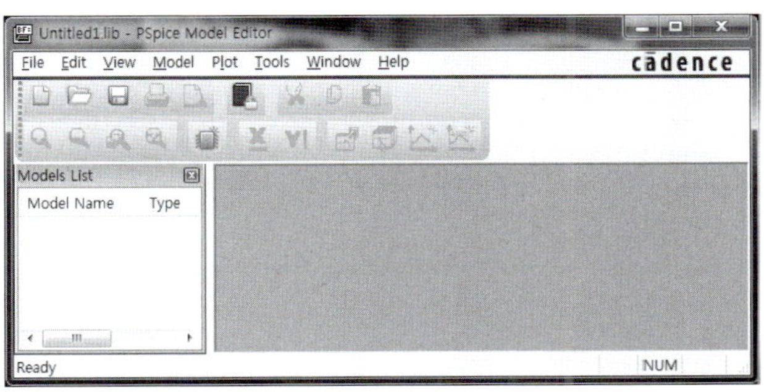

2) 기존의 프로젝트, 설계, 라이브러리 파일 열기

(1) 기존의 프로젝트 열기(반드시 PSpice용 Project 파일을 선택한다.)

❶ 임의의 Capture 윈도(설계 관리자, Schematic Page Editor, Part Editor 또는 Session Log)의 File메뉴에서 Open을 클릭한 후 Project(단축키는 ALT-F, O, P)를 선택한다.

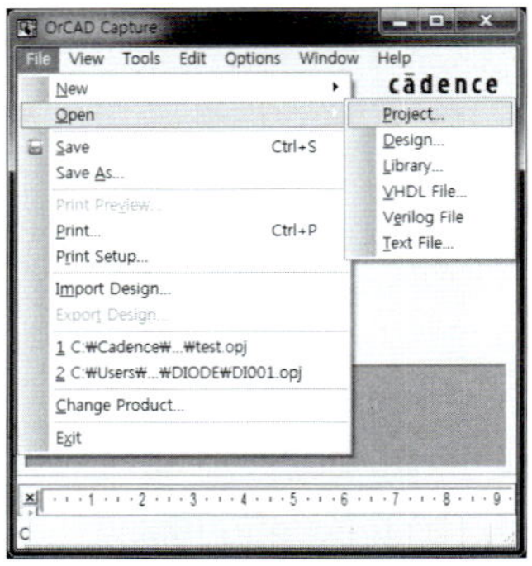

❷ Open Project 대화상자가 열리고 대화상자의 프로젝트 상자에 있는 프로젝트를(***.OPJ) 선택하거나 문자 상자에 프로젝트의 입력을 선택한 후 Open 버튼을 눌러 프로젝트를 시작한다.

❸ 파일 이름 문자 상자에 열고자하는 설계가 표시되지 않을 경우

- Drive 상자에서 새로운 드라이브를 선택한다.
- 디렉토리 상자를 선택하거나 한 단계 위의 디렉토리로 이동한다.
- 파일형식에서 다른 파일의 종류를 선택한다.
- 파일 이름 문자상자에서 열고자 하는 파일의 이름과 확장자를 입력한다.

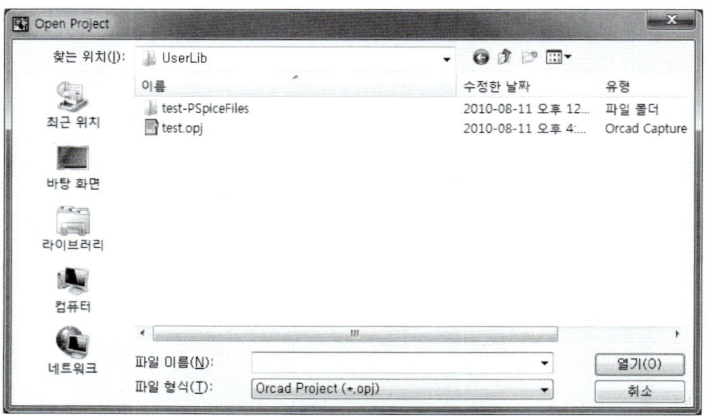

(2) 기존의 설계 열기(반드시 PSpice용 Design을 택한다.)

❶ Capture 윈도의 File 메뉴에서 Open을 클릭한 후 Design(단축키는 ALT-F, O, D)을 선택한다.

❷ Open Design 대화상자가 열리고 대화상자에 있는 설계(***.DSN)를 선택하거나 문자상자에 설계의 파일명을 입력을 선택한 후 Open 버튼을 눌러 설계를 연다.

❸ OrCAD PSpice 9.1 이전에 만든 설계 파일을 열기 위해서는 파일 형식 대화창에 SDT Schematic (xxx.sch)을 선택한다.

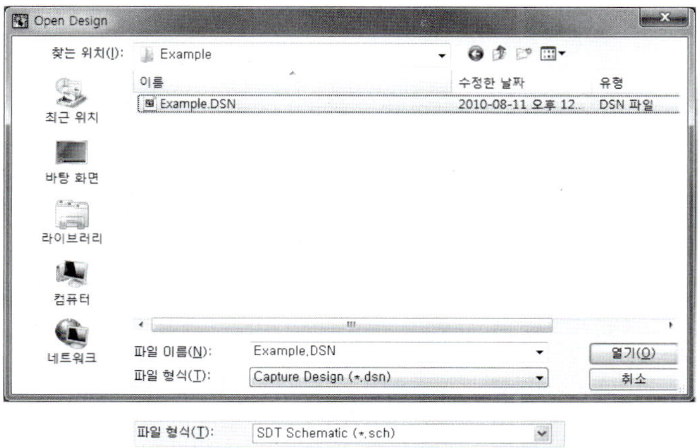

(3) 기존의 회로도면 열기

❶ 프로젝트 관리자 윈도에서 파일 탭을 선택하고 회로도 폴더 아이콘을 2번 클릭한다. 이것은 회로도면을 나타낼 수 있도록 폴더를 확장하는 것이다.

❷ 회로도면 아이콘을 2번 클릭하여 회로도면을 연다.

(4) 기존의 라이브러리 열기

❶ Capture 윈도의 File 메뉴에서 Open을 클릭한 후 Library(단축키는 ALT-F, O,L)을 선택한다.

❷ Open Library 대화상자가 열리고 대화상자에 있는 라이브러리(***.CLB)를 선택하거나 문자 상자에 라이브러리 이름을 입력한 후 Open 버튼을 클릭한다. 이 때 반드시 tools/PSpice/library/ 폴더 안의 xxx.olb 혹은 xxx.lib를 선택해야 한다.

➤ Symbol Library를 선택한 경우(abm.olb)

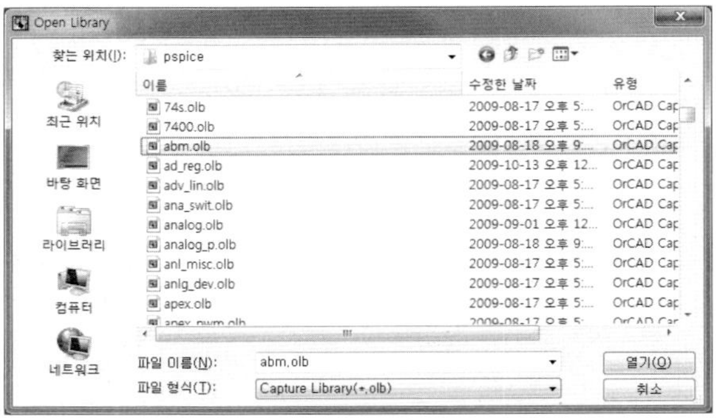

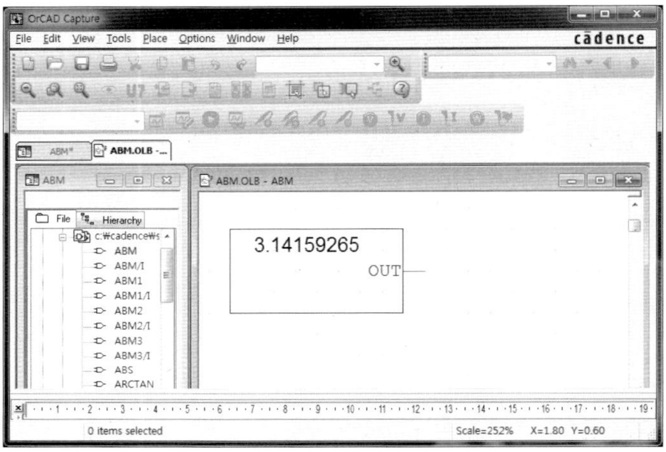

➤ Model Library를 선택한 경우(eval.lib)

(5) 기존의 PSpice Library 파일의 시작

❶ Capture 윈도의 File 메뉴에서 Open을 클릭한 후 PSpice Library를 선택한다.

❷ Open 대화상자가 열리고 대화상자에 있는 ***.lib 파일을 선택하거나 문자상자에 Lib 파일 이름을 입력한 후 Open 버튼을 클릭하며 Model Editor 윈도우가 동작한다.
이 때 반드시 Orcadlite/Capture/library/PSpice 폴더 안의 xxx.lib를 선택한다.

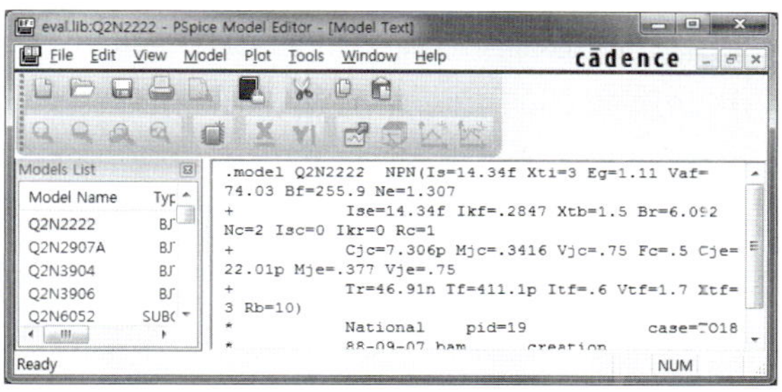

3) 프로젝트, 설계, 라이브러리의 저장

Capture에서는 새로운 프로젝트, 기존의 프로젝트, 설계 또는 라이브러리 등을 저장할 수 있다.

❶ 프로젝트 관리자의 File 메뉴에서 Save(단축키는 CTRL-S)를 선택한다. 기존의 프로젝트, 설계 또는 라이브러리일 경우 각각 저장되고 프로젝트 관리자는 작업을 계속 할 수 있도록 계속 열려 있다.

❷ 프로젝트, 설계 또는 라이브러리가 처음 또는 새로운 이름으로 저장될 경우에는 File 메뉴의 Save As 명령과 마찬가지로 다른 이름으로 저장(Save As) 대화상자를 나타낸다.

❸ 파일 이름(File Name) 문자상자에 설계의 이름을 입력한 후 저장(OK) 버튼을 누른다.

❹ 프로젝트, 설계 또는 라이브러리를 복사하기 위해서는 프로젝트 관리자의 File 메뉴에서 Save As를 선택한 후, 다른 이름으로 저장(Save As) 대화상자가 나타나며, 파일 이름(File Name) 문자상자에 이름을 입력한 후 저장(OK) 버튼을 누른다.

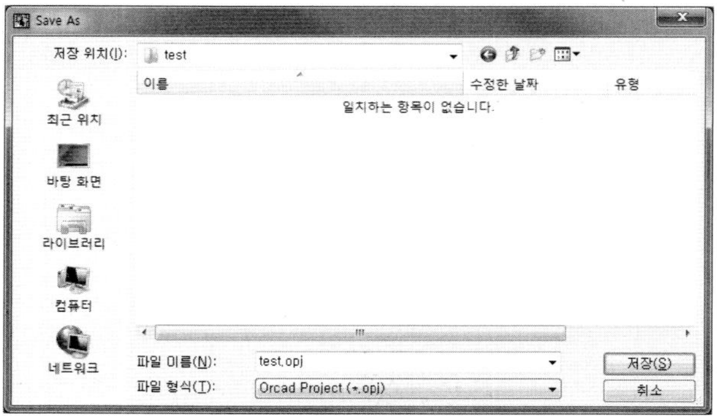

4) 설계 종료

프로젝트 관리자가 활성화되어 있을 때 프로젝트를 종료하며 Capture의 종료없이 프로젝트를 종료할 수 있다.

(1) 프로젝트 종료

프로젝트 관리자의 File 메뉴에서 Close(단축키는 ALT-F, C)를 선택한다. 프로젝트를 저장하지 않았다면 Save Files In Project 대화상자가 나타나고 수정했던 내용을 저장할 것인가를 묻는다.

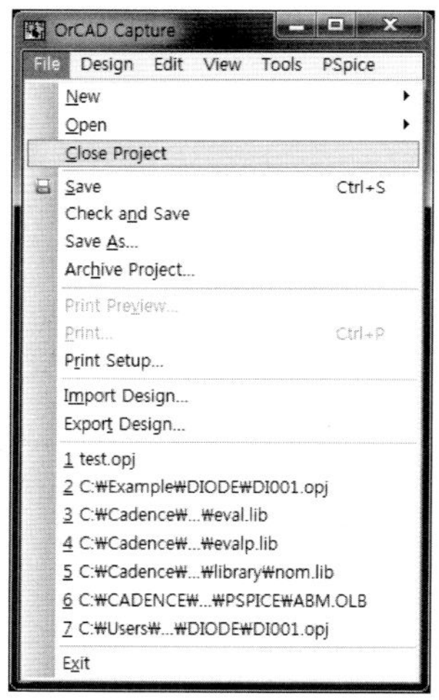

- Yes – 프로젝트 내의 열린 문서를 저장할 때 선택
- Yes All – 프로젝트 내의 모든 문서를 저장할 때 선택
- No – 열린 문서를 저장하지 않고 종료할 때 선택
- No All – 모든 열린 문서를 저장하지 않고 종료할 때 선택
- Cancel – 프로젝트 종료 명령을 취소할 때 선택

(2) Capture 종료

프로젝트 관리자의 File 메뉴에서 Exit (단축키는 ALT-F, X)를 선택한다. 프로젝트를 저장하지 않았다면 Save Files In Project 대화상자가 나타나고 수정했던 내용을 저장할 것인가를 묻는다.

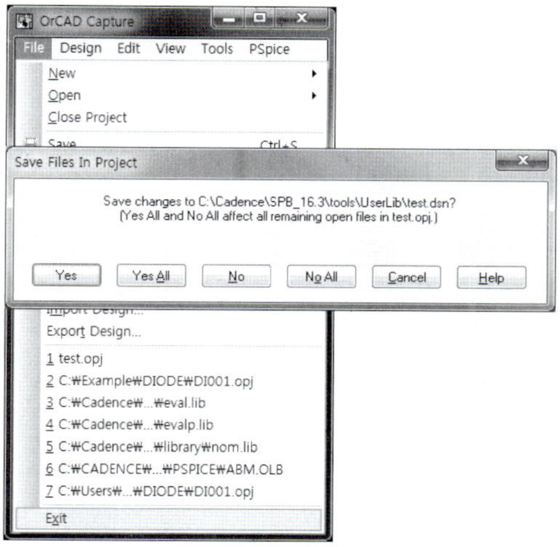

2.5.2 설계환경 설정

Capture에서는 여러 가지 설계 환경을 제공한다. Options 메뉴에 있는 명령을 이용하여 다음과 같은 내용을 설정할 수 있다.

- Preferences를 사용하여 사용자에 적합한 작업환경을 설정한다.
- Design Template를 사용하여 새로운 설계의 기본 설정치를 작성한다.

이 기본 설정치는 설정내용이 다른 시스템으로 옮겨도 적용된다.

- Design Properties를 사용하여 개별 설계에서의 설계 템플릿(template)을 변경한다.
- Schematic Page Properties를 사용하여 개별 회로도면에서의 설계 템플릿을 변경한다.

Capture에서 어떤 윈도를 사용하든지 Options 메뉴에는 Preferences 명령과 Design Template 명령이 있으며, Options 메뉴에는 현재 사용하고 있는 윈도에 관련된 명령이 포함되어 있다. Preference 대화상자에서 설정한 내용은 사용자 작업환경을 결정하며, CAPTURE.INI 파일에 저장되어 Capture의 한 세션에서 다음 세션으로 넘어가더라도 계속 유지된다. 이것은 사용자가 원하는 색상, 그리드 표시 옵션, 팬(Pan)과 줌(Zoom) 옵션 등을 설정하면 다른 시스템에서 설계 작업을 하여도 설정내용은 변하지 않는다. Design Template 대화상자에서 설정한 내용은 사용자가 사용하는 모든 설계의 기본 특성을 결정한다. 새로운 설계는 현재의 설계 템플릿(Template)을 그대로 적용하기 때문에 새로운 설계를 작성하기 전에 설계 템플릿을 검사하는 것이 바람직하다. 일단 설계를 시작하면 Options 메뉴에서 Design Properties를 선택하거나 회로도면 편집기에서 Schematic Page Properties를 선택하여 특정한 특성을 변경할 수 있다.

1) Preferences 설정

Preference 대화상자에서 설정된 옵션들은 Capture의 수행에 영향을 준다.

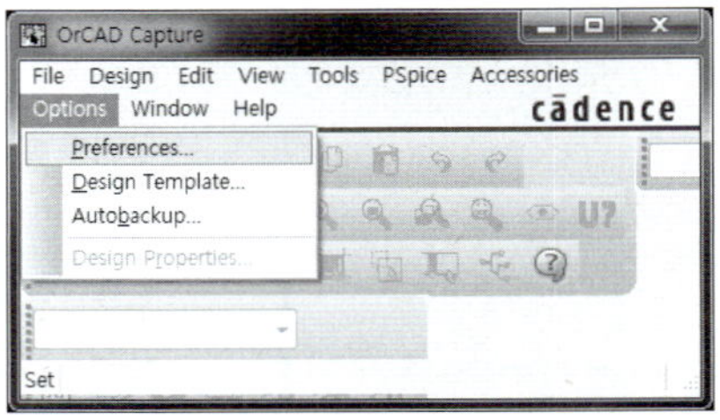

■ Colors/Print

Capture에 사용되는 계층구조 블럭 및 포트, 와이어, 문자, 제목 블럭 등의 특정 객체에 대한 색상을 설정한다. 선택된 색상은 프린트할 수 있으며, 배경 및 그리드의 색상을 변경할 수 있다.

■ Grid Display

그리드를 선 또는 점으로 표시, 화면에 표시 또는 인쇄시 인쇄할 것인가의 여부, 객체를 입력할 때 커서의 위치를 그리드에 따라 움직일 것인가의 여부 등을 설정한다. 그리드 표시 옵션은 회로도면 편집기와 부품 편집기에 독립적으로 설정된다.

■ Pan and Zoom

Capture 작업시 자동이동(Autoscrolling) 방식 및 화면의 확대 축소 비율을 설정한다. 팬과 줌 옵션은 회로도면 편집기와 부품 편집기에 독립적으로 설정된다.

■ Select

객체 선택에 있어서 객체가 선택용 사각형에 완전하게 포함되어야 할 것인지 선택용 사각형에 걸리기만 해도 될 것인지를 설정하며, 끌기 동작의 수행에서 고해상도로 표시할 수 있는 객체의 최대수와 툴 파렛트(Tool Palette)의 표시 여부를 설정한다. 선택 옵션은 회로도면 편집기와 부품 편집기에서 독립적으로 설정된다.

■ Miscellaneous

채우기, 선의 형태와 넓이, 그래픽 객체에 대한 색상, 프로젝트 관리자와 세션 로그에서의 글자체를 설정한다. 또한 Capture, OrCAD Layout, PSpice 등의 툴과 상호 연결할 수 있도록 한다.

■ Text Editor

어떤 keyword가 표시될 것인지를 결정하며 문서 편집기에서 글자체 및 탭 등을 설정한다.

(1) 색상 설정

Preferences의 대화상자에서 Colors/Print 탭을 이용하여 각종 회로도면의 객체를 표시하는 색상을 설정한다.

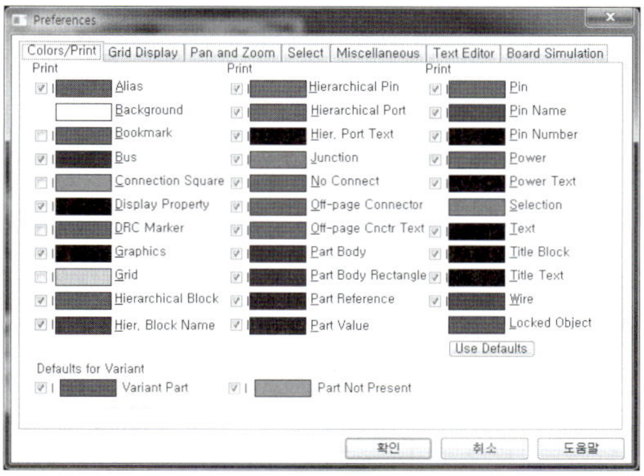

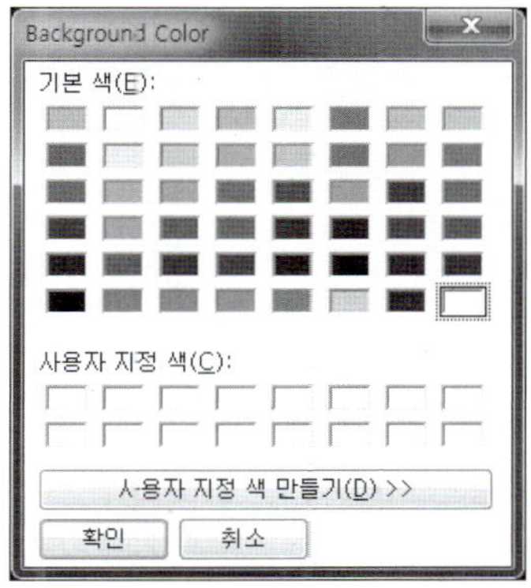

❶ Option 메뉴에서 Preference(단축키는 ALT -O, P)를 선택하고 Color/Print 탭을 선택한다. 각 객체의 색상을 프린트할 때에는 왼쪽의 체크 박스에 마우스를 클릭한다.

❷ 객체의 색상 변경을 할 때에는 색상 변경을 원하는 항목을 택하여 마우스의 왼쪽 단추를 클릭하면 Color Palette 윈도가 열린다.

❸ 새로운 색상을 선택하고 확인(OK) 버튼을 클릭하며 Color Palette 윈도가 사라지고 색상이 선택된다.

❹ Color/Print Preference 윈도에서 확인(OK) 버튼을 클릭하며 객체에 대한 색상 설정이 끝나게 된다.

(2) 그리드 조정

회로도면 편집기와 부품 편집기에 독립적으로 그리드를 화면에 표시할 것인지 또는 인쇄시 인쇄할 것인지의 여부를 설정하며 그리드에 선을 사용할 것인지 점을 사용할 것인지를 결정한다. 또한 각 편집기에서 마우스 커서가 그리드를 따라 움직일 것인지의 여부를 설정한다.

❶ Option 메뉴에서 Preference(단축키는 ALT-O, P)를 선택하고 Grid Display 탭을 선택한다.

❷ 회로도면 편집기와 부품 편집기에 대해 각각 다음과 같은 내용을 설정한다.

■ 그리드의 표시 여부

- Displayed : 화면에 그리드를 표시한다.

■ 그리드의 형태

- Dots : 그리드를 점으로 표시한다.
- Lines : 그리드를 선으로 표시한다.

■ 그리드의 이동

- Pointer snap to grid : 마우스의 커서의 이동시 가장 가까운 그리드로 스냅(Snap)한다.

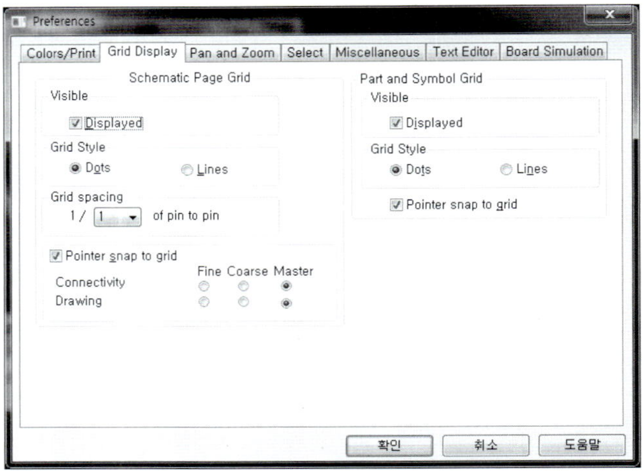

❸ Grid Display Preference 윈도에서 확인(OK) 버튼을 클릭하며 그리드 설정이 끝나게 된다.

(3) 팬(Pan)과 줌(Zoom) 설정

커서가 화면의 끝부분 근처로 이동하면 문서의 다른 부분이 표시되어 화면 표시가 변경되는 것을 팬닝(panning)이라 한다. 화면을 변경되는 거리 또는 위치를 설정할 수 있다. 화면을 확대하거나 축소할 수 있는 확대 계수(Zoom Factor)를 설정할 수 있으며, 회로도면 편집기와 부품 편집기에 각각 설정한다.

❶ Option 메뉴에서 Preference(단축키는 ALT-O, P)를 선택하고 Pan and Zoom 탭을 선택한다.

❷ 회로도면 편집기와 부품 편집기에 대해 각각 다음과 같은 내용을 설정한다.

■ 확대 계수(Zoom Factor)

- Zoom Factor : 확대(zoom in) 또는 축소(zoom out)할 때의 윈도에 표시되는 객체의 확대 또는 축소 비율

■ Auto Scroll Percent

- Auto Scroll Percent : 화면의 넓이 또는 높이의 비율을 입력하여 객체가 움직이면 화면이 이에 따라 이동하도록 한다.

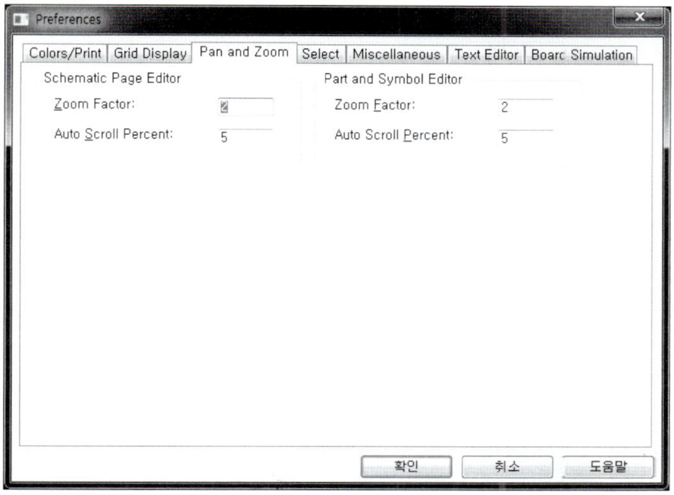

❸ Pan and Zoom Preference 윈도에서 확인(OK) 버튼을 클릭하며 팬과 줌 설정이 끝나게 된다.

(4) 선택 옵션 설정

객체 선택에 있어서 객체가 사각형 형태의 선택영역에 완전하게 포함되어야 할 것인지 선택용 사각형에 일부 포함되어도 선택될 것인지를 설정하며, 끌기 동작의 수행에서 고해상도로 표시할 수 있는 객체의 최대수와 툴 파렛트(Tool Palette)의 표시 여부를 설정한다. 선택 옵션은 회로도면 편집기와 부품 편집기에 각각 설정된다.

❶ Option 메뉴에서 Preference를 선택하고 (단축키는 ALT, O, P) Select 탭을 선턱한다.

❷ 회로도면 편집기와 부품 편집기에 대해 각각 다음과 같은 내용을 설정한다.

■ 지역 선택

- Intersecting : 객체가 선택용 사각형에 일부 포함되어도 선택된다.
- Fully Enclosed : 객체가 선택용 사각형에 완전하게 포함되어야 선택된다.

■ 끌기 동작의 수행에서 고해상도로 표시할 수 있는 객체의 최대 숫자

- Maximum number of objects to display at high resolution while dragging : 여기서 한 수보다 많은 객체에 대해 끌기 동작을 수행하면 객체들 대신 사각형의 틀만 표시된다.

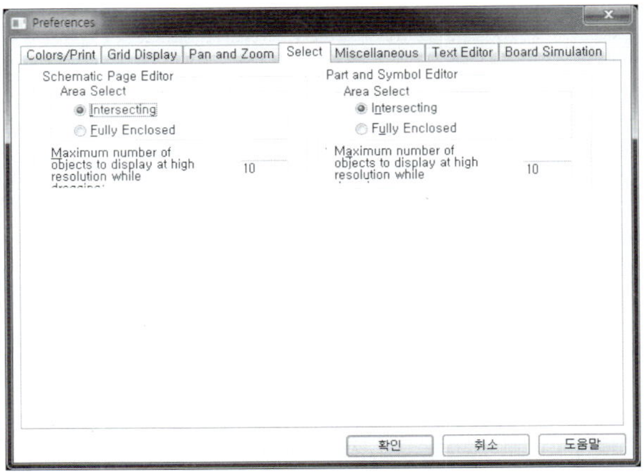

❸ Select Preference 윈도에서 확인(OK) 버튼을 클릭하며 선택 옵션 설정이 끝나게 된다.

(5) 보조 옵션 설정

회로도면 편집기와 부품 편집기에서 작성한 그래픽의 채우기, 선의 형태와 넓이 등을 설정하며, 회로도면 편집기의 기본 선 색상을 설정한다. 또한 프로젝트 관리자와 세션 로그에서의 글자체를 설정한다. 또한 Capture, OrCAD Layout, OrCAD Express, PSpice 등과 상호 연결할 수 있는 Intertool Communication 옵션을 설정한다.

❶ Option 메뉴에서 Preference(단축키는 ALT, O, P)를 선택하고 Miscellaneous 탭을 선택한다.

❷ 회로도면 편집기와 부품 편집기에 대해 각각 다음과 같은 내용을 설정한다.

■ Schematic Page Editor

- Fill Style : 폴리라인 도구를 이용하여 폐쇄 도형, 사각형, 타원 등에 사용하는 채우기 무늬를 설정한다.
- Line Style and Width : 선, 폴리라인, 사각형, 타원, 원호 등에 사용하는 선의 유형과 굵기를 설정한다.
- Color : 회로도면 편집기에서 사각형, 타원, 폐쇄 도형 등과 같은 그래픽 개체에 사용되는 색상을 설정한다.

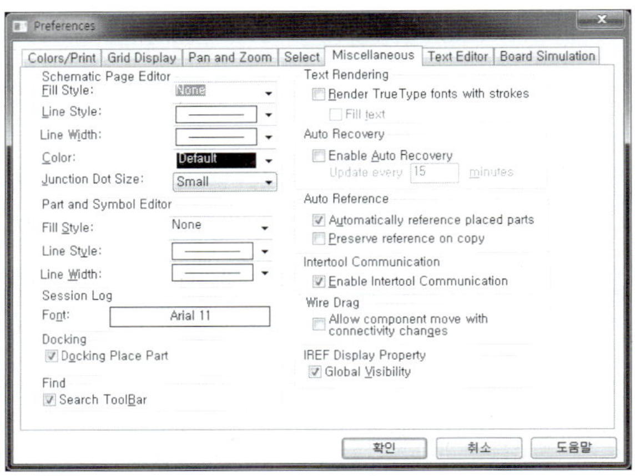

Part and Symbol Editor

- Fill Style : 폴리라인 도구를 이용하여 폐쇄 도형, 사각형, 타원 등에 사용하는 채우기 무늬를 설정한다.
- Line Style and Width : 선, 폴리라인, 사각형, 타원, 원호 등에 사용하는 선의 유형과 굵기를 설정한다.

프로젝트 관리자 및 Session Log의 글자체

- Session Log Font : 프로젝트 관리자와 세션 로그에서 사용할 글자체를 선택한다. 글자체를 클릭하면 Project Manager and Session Log Font 대화상자가 나타난다. 대화상자에서 글꼴, 글꼴 유형 및 크기 등을 선택한다.

Text Rendering

- Render True Type of fonts with strokes : 화면의 회로도면에 나타나는 문자 및 프린터 되는 문자 등을 선택한다. 이 옵션을 선택하면 회로도면을 빠른 속도로 프린트할 수 있다.

Auto Recovery

- Enable Auto Recovery : 프로젝트를 수행하는 중 자동으로 저장할 수 있도록 선택한다. 저장 간격은 5분에서 120분까지이다.

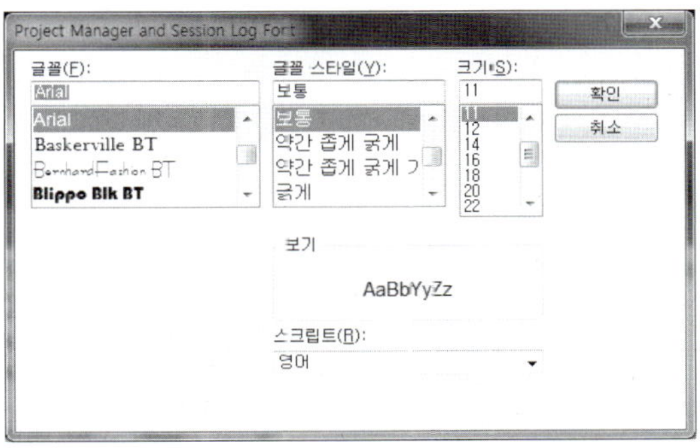

Auto Reference

- Automatically reference placed parts : 부품을 그릴 때 부품의 참조번호가 자동으로 할당하는 것을 선택한다.

Intertool Communication 옵션

- Enable intertool communication : Capture에서 OrCAD Layout와 OrCAD Express, PSpice 등과 같은 소프트웨어를 사용할 수 있도록 설계 정보를 교환할 수 있게 설정한다.

❸ Miscellaneous Preference 윈도에서 확인(OK) 버튼을 클릭하며 보조 옵션 설정이 끝나게 된다.

(6) 문자 편집기 옵션 설정

Capture의 문자 편집기 옵션은 keyword의 자동 표시, 주석 또는 인용장 등을 설정한다. 또한 글자체, 탭 간격, 그리고 강조특성들을 선택한다.

❶ Option 메뉴에서 Preference(단축키는 ALT, O, P)를 선택하고 Text Editor 탭을 선택한다.

❷ 문자 편집기에 대해 다음과 같은 내용을 설정한다.

■ Syntax Highlighting

- Comments : Comment 문의 색상을 설정한다.
- Quoted Strings : 인용 문장의 색상을 설정한다.
- Identifiers : Identifier의 색상을 설정한다.

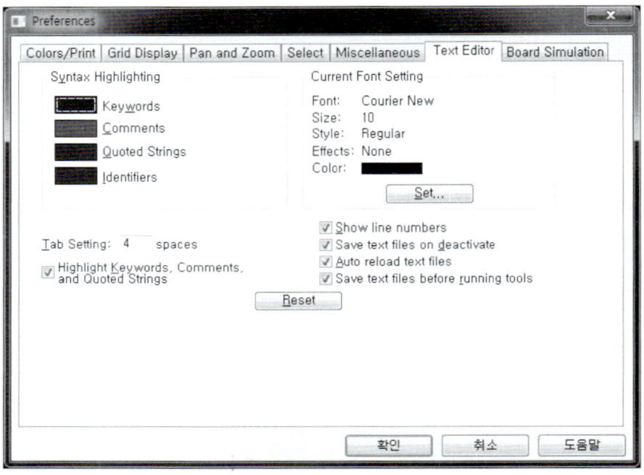

■ Current Font Setting

현재 설정된 글자체에 대한 정보를 보여준다. Set 버튼을 클릭하면 Editor Font 대화상자가 나타나고 대화상자에서 글꼴, 글꼴유형, 크기, 효과, 5색상 등을 설정한다.

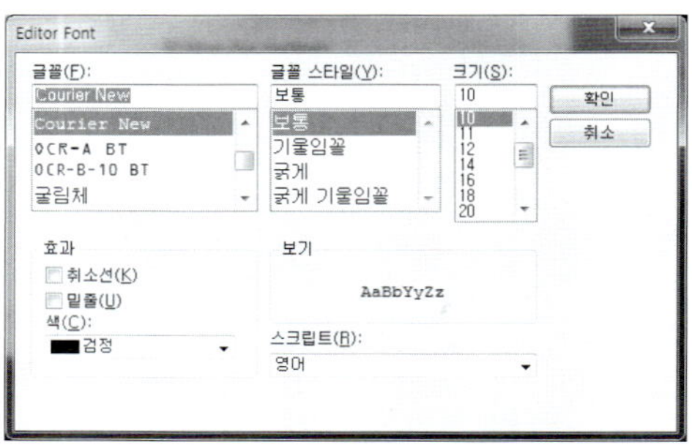

• Tab Spacing : 문자 편집기의 탭 간격을 설정한다.
• Highlight Keywords, Comments, and Quoted String : 키워드, Comment, 인용 문장 등에 대한 강조표시를 설정한다.
• Show line numbers : 문자 편집기의 줄 번호를 표시한다.

❸ Text Editor Preference 윈도에서 Reset 버튼을 클릭하면 설정한 옵션들을 Capture의 처음 상태로 설정한다. 확인(OK) 버튼을 클릭하며 보조 옵션 설정이 끝나게 된다.

2) Design Template 설정

Design Template 대화상자에서 설정한 옵션은 모든 새로운 설계와 기존의 설계에 첨가하는 회로도와 회로도면의 기본 설정값으로 된다. 개별 설계 또는 회로도면에서 일부 옵션을 변경할 수 있다.

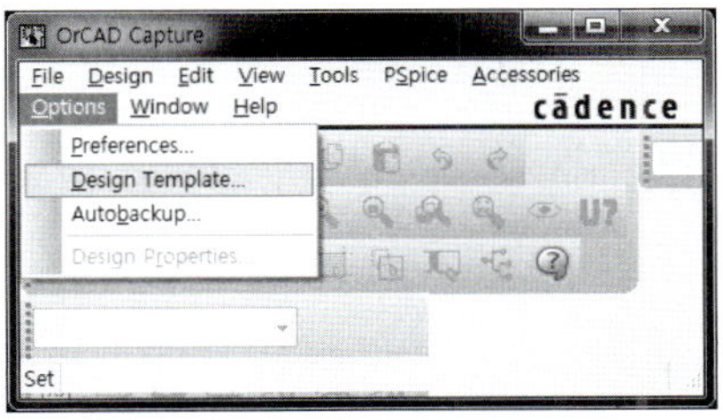

■ Fonts

부품 참조(Part References)와 부품값과 같은 문자를 포함하고 있는 회로도 객체에 대한 글자체를 설정한다.

■ Title Block

제목 블럭(Title Block)을 포함하는 라이브러리의 경로 및 파일명과 제목 블럭 영역에 표시될 문자를 설정한다. 이 설정 내용은 새로운 설계와 마찬가지로 기존 설계의 새로운 회로도면에 적용된다.

■ Page Size

회로도면의 넓이와 높이, 핀간 거리 등 사용하는 단위를 인치 또는 밀리미터로 지정한다.

■ Grid Reference

수평과 수직 양 방향에서 표시될 그리드 참조의 수, 그리드 참조가 숫자 또는 알파벳을 사용할 것인지, 회로도면에서 그리드 참조를 오름차순 또는 내림차순으로 표시할 것인지, 그리드 참조 셀의 넓이를 결정한다. 그리고 외곽선, 그리드 참조, 제목 블럭을 표시하거나 감추도록 설정한다. 이러한 설정 내용은 새로운 설계와 마찬가지로 기존 설계에서의 새로운 회로도면(Schematic Page)에 적용된다.

■ Hierarchy

Primitive Property가 기본값으로 설정되어 있는 계층구조 블럭과 부품 인스턴스(Part Instance)에 대하여 Capture가 이들을 primitive(첨부된 회로도에 종속되지 않음) 또는 nonprimitive(첨부된 회로도에 종속되어 있음)로 다룰 것인지를 설정한다.

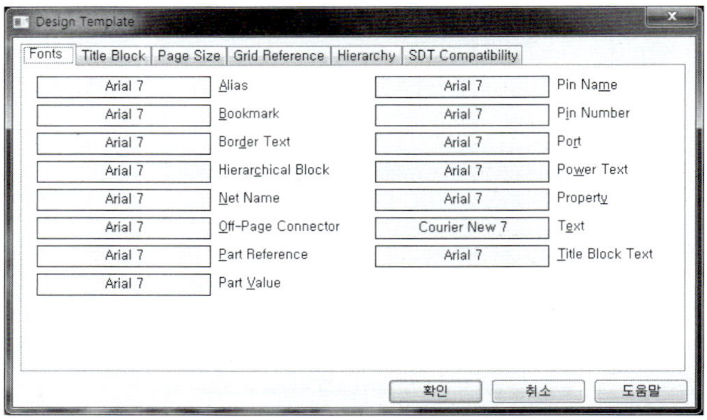

■ SDT Compatibility

SDT 형식으로 설계를 저장할 때, Capture의 속성들이 SDT 부품의 어느 영역에 대응할 것인지를 설정한다.

(1) 서체 설정

새로운 설계의 각 회로도면 객체에 사용할 문자의 서체를 설정한다. 여기에서 설정된 서체는 기존의 설계에는 영향을 끼치지 않는다.

❶ Option 메뉴에서 Design Template(단축키는 ALT-O, D)를 선택하고 Fonts 탭을 선택한다.
❷ 각 항목에 버튼에 마우스의 왼쪽 단추를 클릭하면 표준 윈도 Font 대화상자가 나타난다.
❸ 이 대화상자에서 글꼴, 글꼴 유형, 크기, 언어 등을 선택한 후 확인(OK) 버튼을 클릭한다.
❹ Design Template 윈도에서 확인(OK) 버튼을 클릭하며 서체 설정이 끝나게 된다.

(2) 제목 블럭 내용 설정

제목 블럭에는 기본과 선택의 두 가지 형태가 있다. 기본 제목 블럭은 Design Template 대화상자의 제목 블럭 탭에서 설정한다. 제목 블럭 탭에서 Title, Organization Name, Organization Address, Document Number, Revision, CAGE Code 영역에 문자를 입력하고 심벌의 라이브러리 이름과 제목 블럭 이름을 입력하면 회로도면의 오른쪽 하단에 기본 제목 블럭이 생긴다. 여기에서 입력한 정보는 툴 메뉴에 있는 명령들을 사용하여 레포트로 작성된다. 제목 블럭 설정은 새로운 설계와 기존 설계의 새 회로도면에 적용되며 Schematic Page Properties 대화상자의 Grid Reference 탭에서 기본 제목 블럭을 기존의 회로도면에 나타낼 것인지 여부를 설정한다.

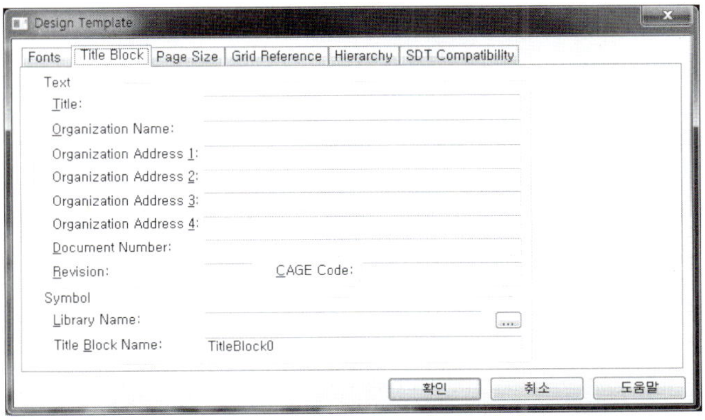

Place 메뉴의 Title Block 명령을 이용하여 회로도면의 임의의 위치에 선택 제목 블럭을 몇 개든 표시할 수 있다. 선택 제목 블럭은 제목 블럭 심벌의 속성값으로 입력한 정보를 표시한다. Capture는 CAPSYM.OLB 라이브러리에 기본 제목 블럭 심벌을 둔다. 또한 제목 블럭을 사용자에 맞게 만들어 설계 관리자 Design 메뉴의 New Symbol 명령을 사용하여 라이브러리에 저장할 수 있다.

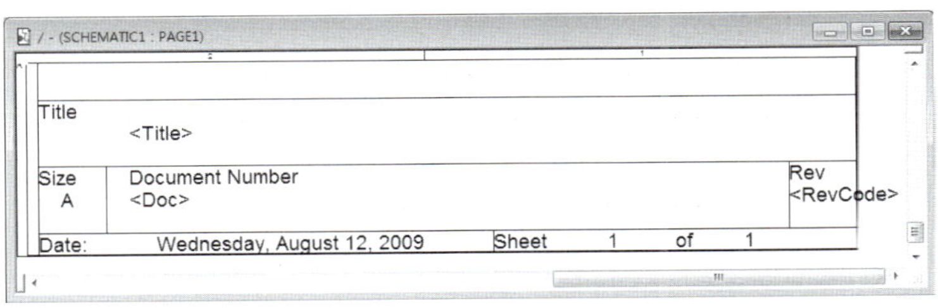

❶ Option 메뉴에서 Design Template(단축키는 ALT-O, D)를 선택하고 Title Block 탭을 선택한다.

❷ Text영역에서 Title, Organization Name, Organization Address, Document Number, Revision, CAGE Code에 표시하고자 하는 문자를 입력한다.

❸ 심벌 영역에서 라이브러리 이름과 제목 블럭 이름을 입력한다.

❹ Design Template 윈도에서 확인(OK) 버튼을 클릭하며 제목 블럭 설정이 끝나게 된다.

(3) 회로도면 규격 설정

새로운 설계에 대해 기본 단위, 회로도면의 높이와 넓이, 핀 사이의 기본 간격 등을 인치와 밀리미터로 설정한다. Pin-to-Pin Spacing 문자상자는 핀 사이의 기본 간격을 설정하는데, 이것은 부품 편집기에서 부품의 핀 간격을 결정한다. 이것은 그리드의 간격(그리드의 점 또는 선 사이의 간격)을 결정한다. 기본 단위를 인치로 설정하며 페이지의 크기는 A, B, C, D, E, Custom로 표시되고 밀리미터로 설정하며 A4, A3, A2, A1, A0, Custom의 설정된다.

❶ Option 메뉴에서 Design Template(단축키는 ALT-O, D)를 선택하고 Page Size 탭을 선택한다.

❷ 다음의 내용을 설정한다.

■ 단위(Units)

- Inches : 기본 단위를 인치로 설정한다.
- Millimeters : 기본 단위를 밀리미터로 설정한다.

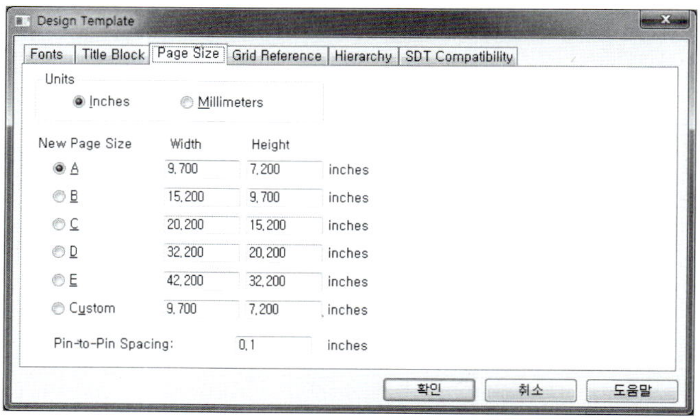

■ 새로운 페이지 크기(New Page Size)

- 인치 : 페이지의 크기는 A, B, C, D, E, Custom으로 나눈다.
- 밀리미터 : 페이지의 크기는 A4, A3, A2, A1, A0, Custom으로 나눈다.

■ 핀간 간격

- Pin-to-Pin Spacing : 핀과 핀 사이의 간격을 설정한다. 이 값은 Part Editor에서 부품의 핀 간격, 그리드의 간격을 결정한다.

❸ Design Template 윈도에서 확인(OK) 버튼을 클릭하며 회로도면 규격 설정이 끝나게 된다.

(4) 그리드 참조 설정

수평과 수직 그리드 참조를 위해 각 방향으로 표시될 그리드 참조의 수, 그리드 참조가 숫자 또는 알파벳으로 표시할 것인지, 회로도면에서 그리드 참조를 오름차순 또는 내림차순으로 표시할 것인지, 그리드 참조 셀의 넓이를 설정한다. 그리고 외곽선, 그리드 참조, 제목 블럭을 표시하거나 감추도록 설정한다. 이 탭에서 설정된 내용은 새로운 설계와 기존 설계에서의 새로운 회로도면에 적용된다.

❶ Option 메뉴에서 Design Template(단축키는 ALT-O, D)를 선택하고 Grid Reference 탭을 선택한다.

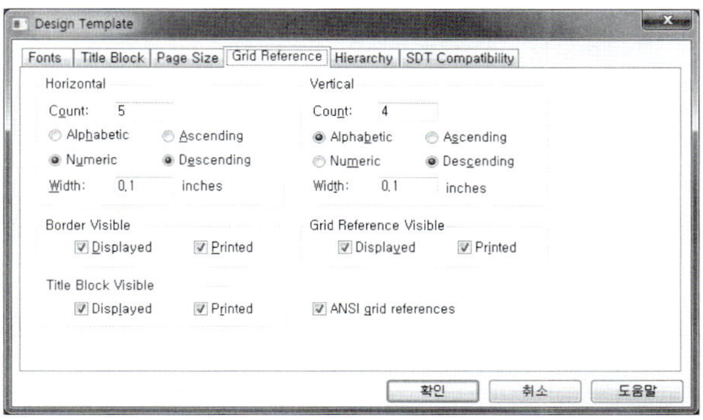

❷ 다음 내용을 설정한다.

■ 수평(Horizontal)과 수직(Vertical)

- Count : 그리드 참조의 수를 설정한다.
- Alphabetic : 그리드 참조가 알파벳으로 표시된다.
- Numeric : 그리드 참조가 숫자로 표시된다.
- Ascending : 회로도면에서 오름차순으로 표시된다.
- Descending : 회로도면에서 내림차순으로 표시된다.
- Width : 그리드 참조 셀의 넓이를 설정한다.

■ 외곽선 나타냄(Border Visible)

- Displayed : 화면에 외곽선이 표시된다.
- Printed : 인쇄시 외곽선이 인쇄된다.

■ 그리드 참조 나타냄(Grid Reference Visible)

- Displayed : 화면에 그리드 참조가 표시된다.
- Printed : 인쇄시 그리드 참조가 인쇄된다.

■ 제목 블럭 나타냄(Title Block Visible)

- Displayed : 화면에 제목 블럭이 나타난다.
- Printed : 인쇄시 제목 블럭이 인쇄된다.

■ ANSI 그리드 참조(ANSI Grid Reference)

- ANSI Grid Reference : ANSI 표준에 맞추어 그리드 참조를 표시한다.

❸ Design Template 윈도에서 확인(OK) 버튼을 클릭하며 그리드 참조 설정이 끝나게 된다.

(5) 계층구조 옵션 설정

Primitive Property가 기본값으로 설정되어 있는 계층구조 블럭과 부품 인스턴스(Part Instance)에 대하여 Capture가 이들을 primitive(첨부된 회로도에 종속되지 않음) 또는 Nonprimitive(첨부된 회로도에 종속되어 있음)로 다룰 것인지를 설정한다.

❶ Option 메뉴에서 Design Template(단축키는 ALT-O, D)를 선택하고 Hierarchy 탭을 선택한다.

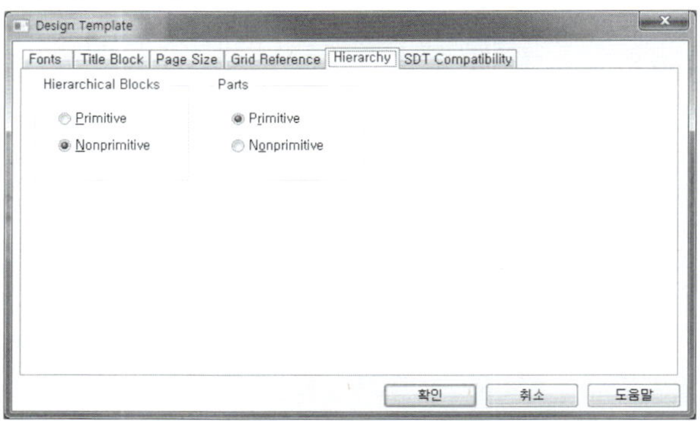

❷ 다음 내용을 설정한다.

■ 계층구조 블럭(Hierarchical Block)

- Primitive : 계층구조 블럭을 Primitive로 설정한다.
- Nonprimitive : 계층구조 블럭을 Nonprimitive로 설정한다.

■ **부품(Parts)**

- Primitive : 부품을 Primitive로 설정한다.
- Nonprimitive : 부품을 Nonprimitive로 설정한다.

Design Template 윈도에서 확인(OK) 버튼을 클릭하며 계층구조 옵션 설정이 끝나게 된다.

(6) OrCAD SDT와 호환성 설정

SDT 형식으로 설계를 저장할 때, Capture의 속성들이 어느 SDT 부품에 속할 것인지를 설정한다. 이 부품 영역 정보를 사용하는 네트리스트에 매핑할 수 있다. SDT Compatibility 윈도에서 좌측에 나타낸 부품 영역은 SDT 부품 영역이며, 우측에 문자상자로 나타낸 부품 영역에서 Capture의 어느 속성을 어느 SDT 부품 영역에 매핑할 것인지를 설정한다.

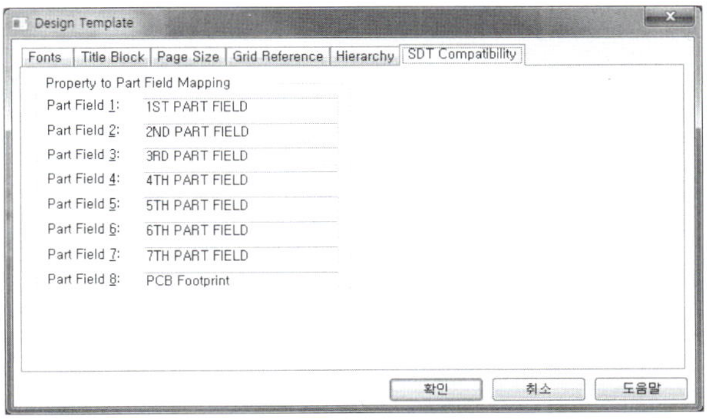

❶ Option 메뉴에서 Design Template(단축키는 ALT-O, D)를 선택하고 SDT Compatibility 탭을 선택한다.

❷ 다음 내용을 설정한다.

■ **부품 영역 매핑(Part Field to Property Mapping)**

Part Field 1 - 8 : 8개의 SDT 부품 영역에 대해 Capture의 속성들을 매핑한다.

❸ Design Template 윈도에서 확인(OK) 버튼을 클릭하며 OrCAD SDT 호환성 설정이 끝나게 된다.

2.5.3 PSpice의 시뮬레이션 설정(Simulation Settings)

OrCAD PSpice에서의 시뮬레이션 설정은 해석(Analysis), 포함파일(Include File), 라이브러리(Library), Stimulus, 시뮬레이션 조건 설정, Data Collection, Probe Window가 있다. 시뮬레이션의

원활한 수행을 위해서는 이에 대한 기본적인 지식을 필요로 하기 때문에 본 절에서는 이에 대해 살펴보기로 한다. PSpice의 시뮬레이션 설정을 위해서는 Capture 윈도우의 PSpice를 선택한 후 최초의 경우에는 New Simulation Profile을 기존 파일을 수정하는 경우에는 Edit Simulation Settings을 선택한다.

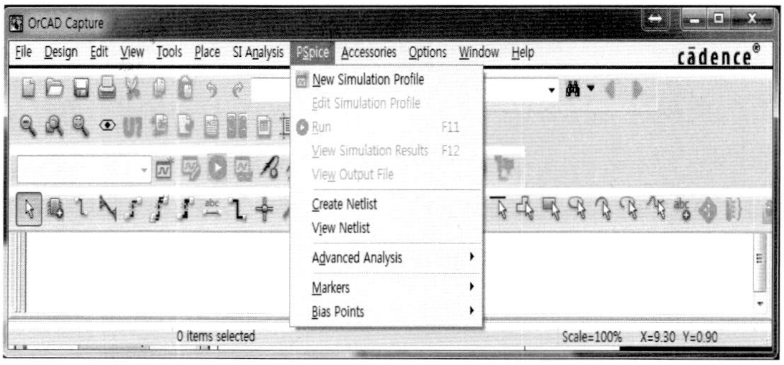

PSpice/New Simulation Profile을 선택하는 경우에는 New Simulation이라는 명칭의 대화창이 생성되고 Simulation Profile의 파일명을 입력한 후 Create 버튼을 클릭한다.

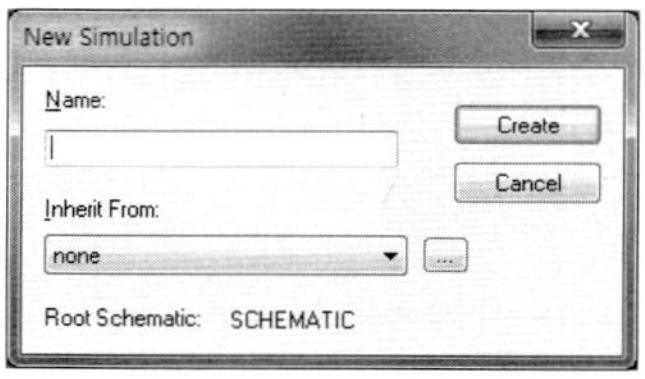

1) General

현재는 General 항목을 선택한 경우로서 Simulation, Input, Output, Notes의 항목으로 구분된다.

- Simulation : 시뮬레이션 설정 파일명을 나타낸다.

- Input : 입력파일 관련 사항을 표시함.
  - Project Name : 프로젝트 관리자 파일명을 표시함.
  - Schematic filename : 회로도의 파일명을 표시함.
  - Schematic : 회로도명을 표시함.
- Output : PSpice 출력파일 관련 사항을 표시함.
  - Output : PSpice output 파일명을 표시하고, 수정이 가능한 text file임. 파일의 확장자는 xxx.out으로 표시함.
  - Waveform data filename : 파형분석을 위한 데이터 파일명을 표시함. 파일의 확장자는 xxx.dat 이며, binary 형식이기 때문에 text editor로는 볼 수 없고, PSpice A/D를 통해서만 결과를 확인할 수 있다.
- Note : Simulation Setting 관하여 사용자가 나타내고 싶은 사항을 입력한다.

2) 해석의 설정

해석의 설정은 크게 Analysis Type, 해석의 Options의 선택에 의해서 결정된다. 저장 개시 시간, 최대 step size와 Ouput 파일에 포함될 내용을 선택하는 Output File Options은 Analysis Type 항목을 Time Domain(Transient)를, Options중 General Settings를 선택한 경우이고 다른 해석 종류와 Options를 선택할 경우에는 다른 입력조건이 제공된다. 이 내용에 대해서는 추후 예를 통하여 설명하기로 한다.

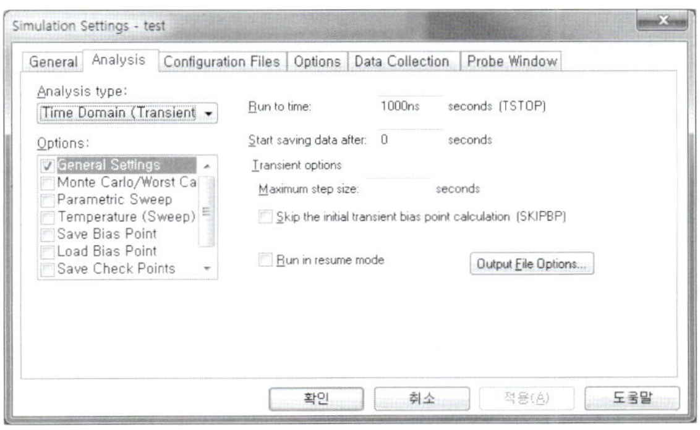

(1) Analysis type

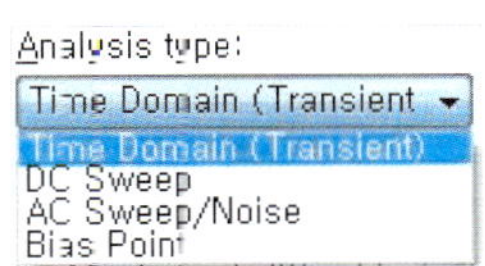

시뮬레이션 해석의 종류를 선택한다. 기본적인 해석으로 Time Domain (Transient), DC Sweep, AC Sweep/Noise, Bias Point 기능이 제공되며, 각각의 Analysis Type을 선택하면 Options의 내용이 그 기능에 맞게 바뀌도록 되어있다.

Time Domain(Transient)

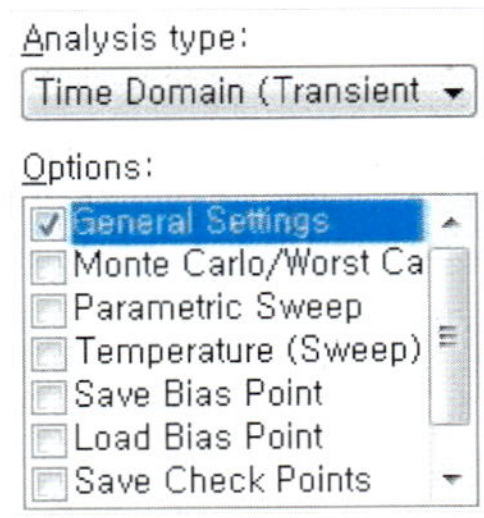

시간을 증가시켜 가면서 회로의 전압, 전류, 디지털 회로의 논리상태 등의 과도상태를 계산한다.

Time Domain(Transient)와 관련한 Options 항목에는 General Settings, Monte Carlo/Worst Case, Parametric Sweep, Temperature (Sweep), Save Bias Point, Load Bias Point의 기능이 제공된다.

- General Settings : Time Domain(Transient)와 관련하여 시간에 대한 회로의 전압, 전류, 디지털 회로의 논리상태 등의 과도상태를 계산한다.
- Monte Carlo/Worst-Case : 어떤 영역 안에서 모든 소자의 모델 파라미터를 임의로 랜덤하게 변화시켜 가면서 그 변화에 따른 회로의 응답을 계산한다.
- Parametric Sweep : 글로벌 파라미터(Global Parameter), 모델의 파라미터, 소자의 값 혹은 동작온도를 정해진 순서에 따라 변화시키면서 특정한 기본해석을 반복한다.
- Temperature (Sweep) : 동작온도를 정해진 순서에 따라 변화시켜 가면서 특정한 기본 해석을 반복한다.
- Save Bias Point : 현재 회로의 바이어스 포인트에 대한 데이타를 파일로 저장한다.
- Load Bias Point : 이전에 계산하여 저장한 바이어스 포인트(Bias Point)에 대한 데이터 파일을 Load 한다.

DC Sweep

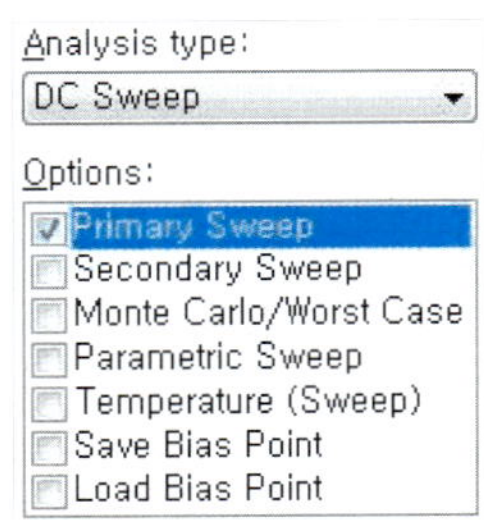

전원전압, 모델의 파라미터를 변화시키면서 회로의 전압, 전류, 디지탈 회로의 논리상태 등을 계산한다.

DC Sweep과 관련한 Options 항목에는 Primary Sweep, Secondary Sweep, Monte Carlo/Worst Case, Parametric Sweep, Temperature (Sweep), Save Bias Point, Load Bias Point의 기능이 제공된다.

- Primary Sweep : Sweep할 첫 번째 변수의 조건을 입력하여 DC Sweep 해석을 수행한다.
- Secondary Sweep : Sweep할 첫 번째 변수의 조건을 입력하여 DC Sweep 해석을 수행한다. 이때 Primary Sweep 변수가 일정한 가운데 Secondary sweep이 진행되는 Nested 구조를 지닌다.
- Monte Carlo/Worst-Case : 어떤 영역 안에서 모든 소자의 모델 파라미터를 임의로 랜덤하게 변화시켜 가면서 그 변화에 따른 회로의 응답을 계산한다.
- Parametric Sweep : 글로벌 파라미터(Global Parameter), 모델의 파라미터, 소자의 값 혹은 동작온도를 정해진 순서에 따라 변화시키면서 특정한 기본해석을 반복한다.
- Temperature(Sweep) : 동작온도를 정해진 순서에 따라 변화시켜 가면서 특정한 기본해석을 반복한다.

- Save Bias Point : 현재 회로의 바이어스 포인트에 대한 데이터를 파일로 저장한다.
- Load Bias Point : 이전에 계산하여 저장한 바이어스 포인트(Bias Point)에 더한 데이터 파일을 Load 한다.

■ AC Sweep/Noise

바이어스 포인트(Bias Point) 주위에서 회로를 선형화 한 다음 소신호 해석(Small-signal Analysis)를 수행한다. 즉 전원의 주파수를 증가시켜 가면서 회로의 전압, 전류의 크기와 위상을 계산하여 보드 선도를 출력한다. (Frequency Response) 또한 Noise 해석을 수행한다.

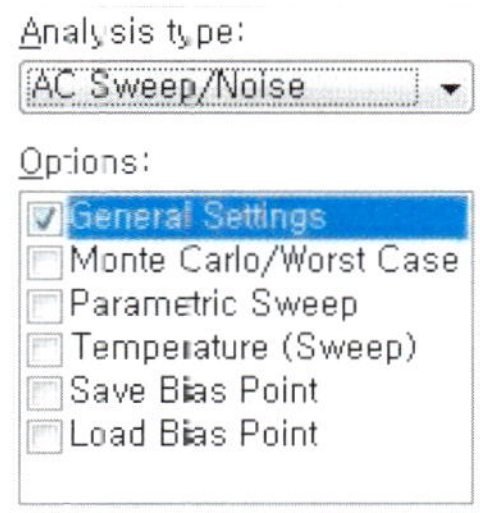

- General Settings : 입력신호의 주파수의 범위, 데이터 개수, 노이즈 해석을 위한 입출력 변수 등을 입력토록 하여 기본적인 교류/Niose 해석을 수행한다.
- Monte Carlo/Worst-Case : 어떤 영역 안에서 모든 소자의 모델 파라미터를 임의로 랜덤하게 변화시켜 가면서 그 변화에 따른 회로의 응답을 계산한다.
- Parametric Sweep : 글로벌 파라미터(Global Parameter), 모델의 파라미터, 소자의 값 혹은 동작온도를 정해진 순서에 따라 변화시키면서 특정한 기본해석을 반복한다.
- Temperature(Sweep) : 동작온도를 정해진 순서에 따라 변화시켜가면서 특정한 기본해석을 반복한다.

■ Bias Point

바이어스 포인트 데이터를 계산하고 output 파일에 출력한다.

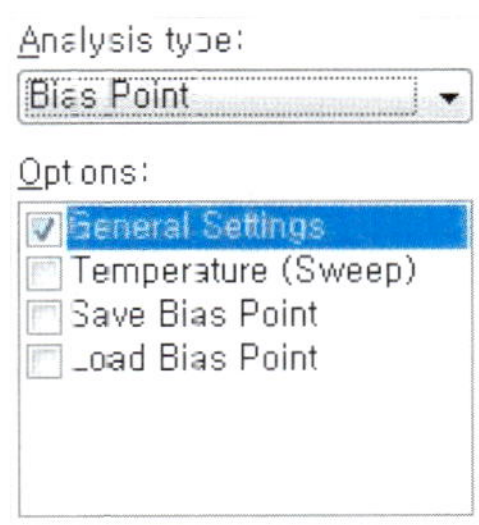

- General Settings : 바이어스 포인트 데이터를 위한 동작점에서의 전압, 전류와 같은 기본적인 해석을 수행한다.
- Temperature(Sweep) : 동작온도를 정해진 순서에 따라 변화시켜가면서 특정한 기본해석을 반복한다.
- Save Bias Point : 현재 회로의 바이어스 포인트에 대한 데이터를 파일로 저장한다.
- Load Bias Point : 이전에 계산하여 저장한 바이어스 포인트(Bias Point)에 대한 데이터 파일을 Load 한다.

(2) Options에 따른 입력 데이터 입력

위에서 언급한 바와 같이 Analysis Type에 따라 해당되는 Options의 내용이 달라짐을 알 수 있다. Options의 내용에 따라 시뮬레이션 해석을 위해 사용자가 입력해야 할 조건이 다른데 이를 요약하여 설명하면 다음과 같다.

Transient/General Settings

- Run to time : 시뮬레이션 종료시간을 입력한다.
- Start saving data after : 시뮬레이션 개시 후 데이터를 저장하는 시간을 입력한다.
- Maximum Step : 과도상태 해석의 수치계산을 위한 최대 step size를 입력한다.
- Skip the initial ~ : 선택할 경우 인덕터, 커패시터 등의 초기치를 무시하고 계산한다.
- Output File Options... : 출력파일에 저장할 데이터의 시간간격, 퓨리에 해석, 반도체, 비선형 전원의 바이어스 포인트 데이터의 저장 유무를 선택한다.

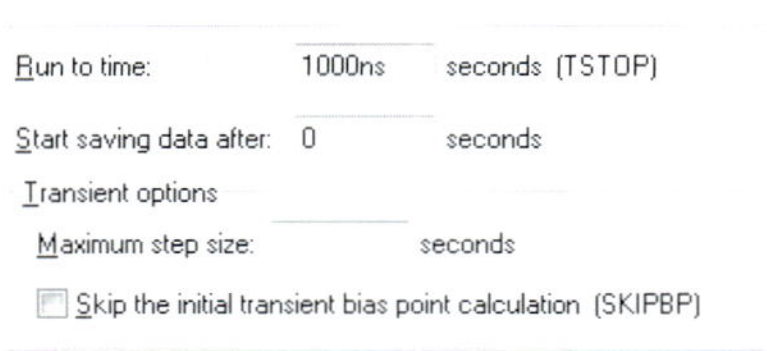

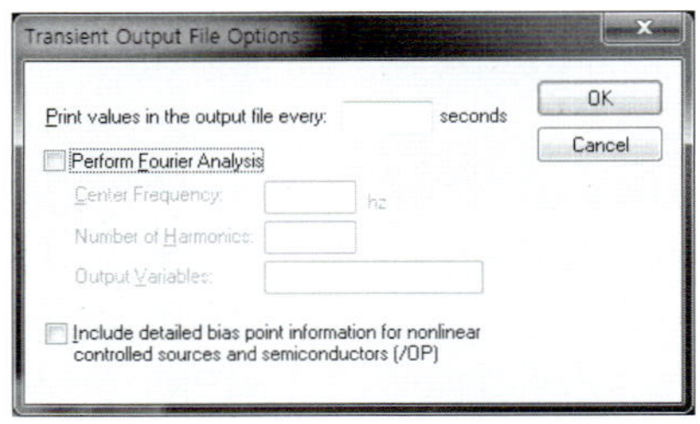

AC Sweep/General Settings

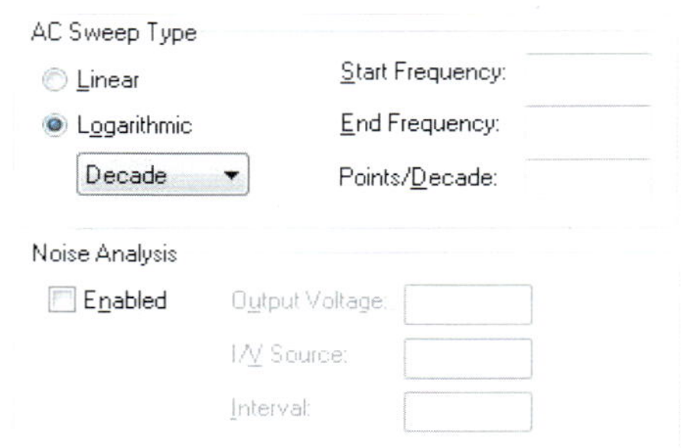

- AC/Sweep Type : 입력교류신호의 주파수 sweep을 선형 혹은 지수 형태로 할 것인가를 선택한다.

  Start Frequency : 시작 주파수를 입력함.

  End : 끝점 주파수를 입력함.

  Points : Total 데이터 수 혹은 Decade, Octave당의 데이터수를 입력함.

- Noise Analysis : Noise 해석의 Enable 여부를 선택한다.

  Output Voltage : Noise 출력 전압 노드를 입력함.

  I/V Source : Source 명을 입력함.

Bias Point/General Settings

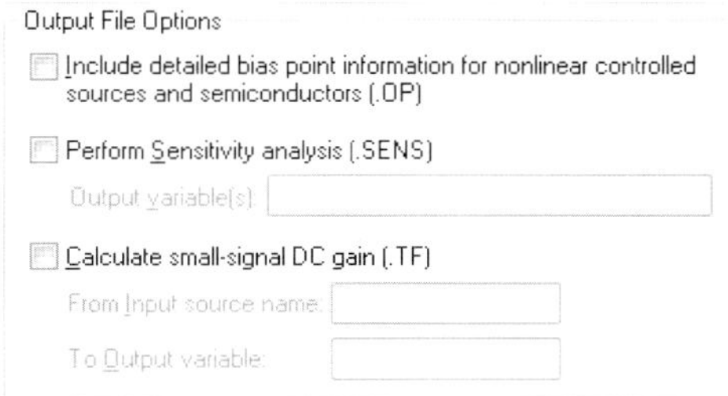

- Include detailed bias point ~ : 비선형 제어전원이나 반도체 소자를 위한 상세한 바이어스 포인트 계산 결과를 출력함.
- Perform Sensitivity analysis : 민감도 해석(Sensitivity analysis)를 수행함.

  Output : 해석할 출력변수를 입력한다.
- Calcultate small-signal DC gain : 입, 출력에 대한 전달함수를 계산한다.

  From Input source : 입력 전원를 입력한다.

  To Output variable : 출력 변수를 입력한다.

Monte Carlo/Worst-Case

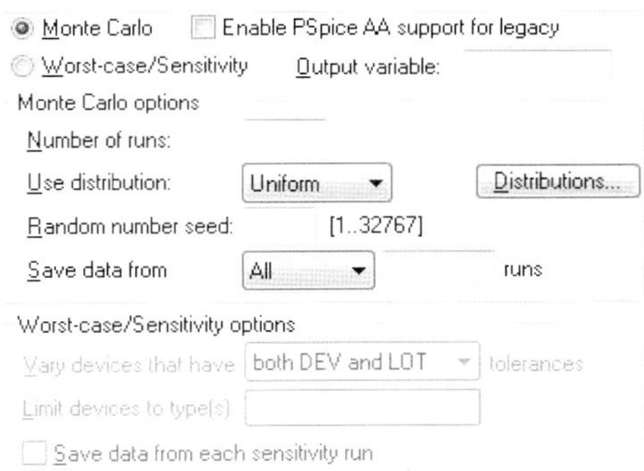

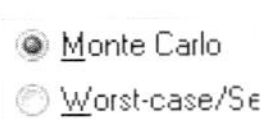

: Monte Carlo 혹은 Worst-case/Sensitivity 해석의 사용 여부를 선택한다.

: 해석할 출력 변수를 입력한다.

- Monte Carlo options : Monte Carlo 해석을 위한 options을 입력한다.

  Number of : 수행 횟수의 입력

  Use : 사용할 통계분포의 종류를 선택(Uniform, Gaussian)

Random Number : Random Number를 입력

Save data from : 다수실행해석 결과의 저장 방법 결정

- Worst-Case/Sensitivity options : Worst-case 및 민감도 해석을 위한 options를 입력한다.

  Vary devices ~ : Tolerances의 종류를 선택한다.

  Limit devices to : limit 값을 입력한다.

  Save data from ~ : 다수실행해석에서 각 수행시마다 데이터를 저장할 것인가를 선택한다.

Parametric Sweep/Primary Sweep/Secondary Sweep

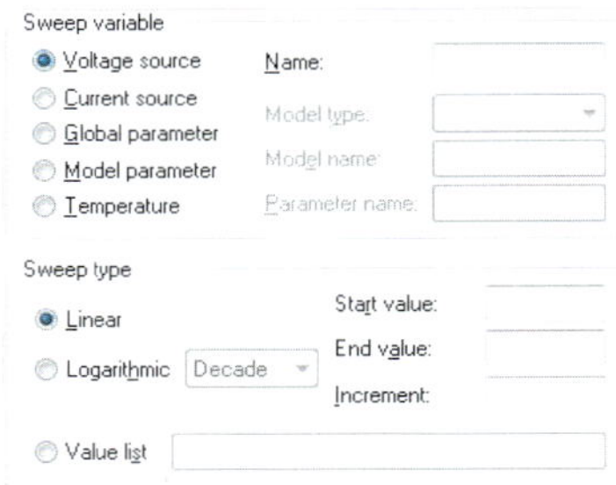

- Sweep variable : sweep할 변수에 대한 관련 사항과 변수명을 입력한다. sweep 변수의 종류로는 전압원, 전류원, global parameter, 모델 파라미터, 온도 등이 있으며, 전압원 전류원일 때는 Name, Global parameter를 선택한 경우에는 Parameter, Model parameter를 선택한 경우에는 Model Type, Model, Parameter가 active 되어 이에 입력해야 하며, Temperature를 선택하면 모든 입력항목이 disable된다.
- Sweep Type : sweep type에는 Linear와 Logarithmic이 있으며, 그 선택여하에 따라 입력 항목이 다르다.

  .Linear를 선택한 경우

    Start value : 시작값을 입력함.

    End Value : 끝 값을 입력함.

    Increment : 가감분을 입력함.

  .Logarithmic을 선택한 경우

    Start value : 시작값을 입력함.

    End Value : 끝 값을 입력함.

    Increment/Decade : Decade 당의 가감분을 입력함.

Value List를 선택한 경우에는 해당 입력란에 해석하기를 원하는 변수값을 직접 입력한다. 이때 값의 분리는 space bar를 이용한다.

■ Temperature (Sweep)

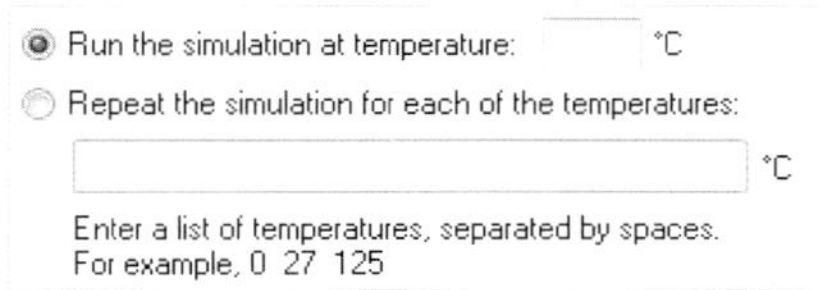

- Run the simulation at temperature : 해석시의 온도를 설정한다.
- Repeat the simulation for each of the temperatures : 해석할 온도의 list를 입력한다.

이 때 값의 분리는 space bar를 이용하며, 다수실행을 실시한다.

■ Save Bias Point

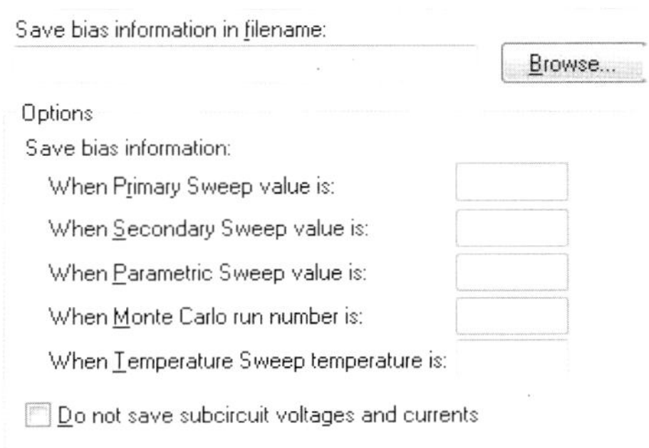

바이어스 포인트 해석 결과 파일의 저장을 위한 조건을 설정한다. 저장할 파일명을 입력하고, 디렉토리의 선택은 Browse를 이용한다. 각 해석의 종류에 따라서 정보를 입력할 수 있는데 Options의 대화창을 통하여 입력한다.

■ Load Bias Point

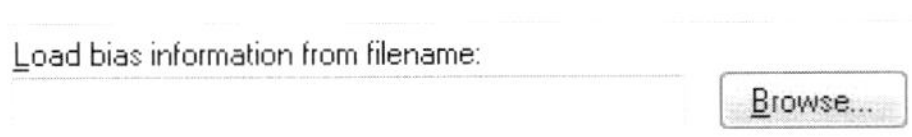

저장되어 있는 바이어스 포인트 해석 결과 파일을 Load한다.

3) Include/ LIbrary/ Stimulus Files

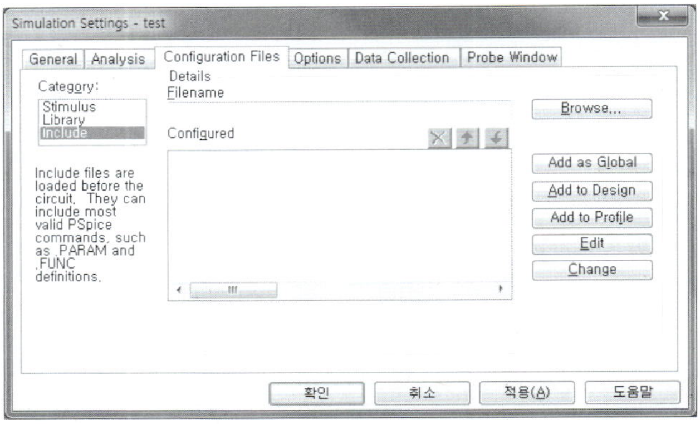

시뮬레이션 수행시 Include/Library/Stimulus할 파일을 선택하거나 직접 입력한다. Add as Global은 PSpice 해석을 수행하는 모든 파일에 Add to Design은 선택한 설계회로에만 적용된다.

4) Options

PSpice에서는 여러 가지 해석에 대한 시뮬레이션 계산을 위한 파라미터를 제한하고 설정하는 여러 가지 조건을 제공하고 있다. 시뮬레이션 해석 후에 결과를 저장하는 output 파일에 시뮬레이션에 대한 어떤 정보를 저장하느냐의 여부에 대해 선택을 하는 것이고 수치를 입력하는 Options는 시뮬레이션의 결과에 대한 정확도와 해석알고리즘의 계산 스텝사이즈 및 반복계산 횟수를 결정하는 역할을 수행한다. 회로가 복잡해지거나 반도체 소자를 시뮬레이션에 사용하게 되면 해석에러(Converge Error)가 종종 발생하여 난감할 경우나 해석시간이 상당히 오래 걸리는 경우가 발생하게 되는데 이 때는 수치를 입력하는 Options 값을 변경하여 이를 피할 수 있다. 지금 당장은 이해하기가 어렵겠지만 한번 가벼운 마음으로 읽어보고 실제 이러한 문제가 발생했을 때 자세히 공부하도록 권고한다. Options는 Analog Simulation, Gate-level Simulation, Output file Category 구분되며 각각의 경우에 대하여 살펴보면 다음과 같다.

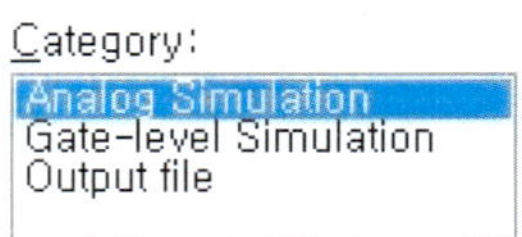

(1) Analog Simulation Options

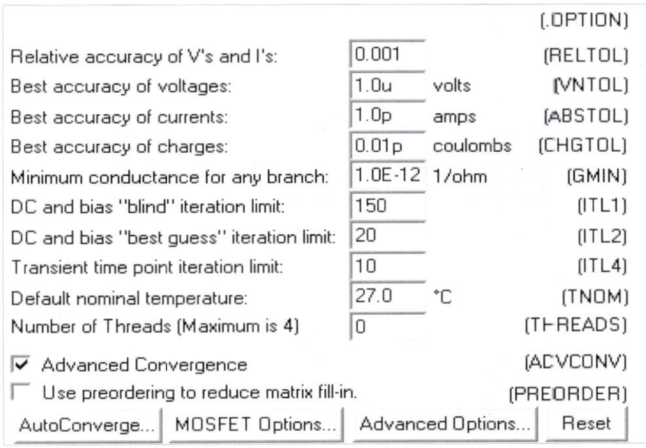

〈표 2-1〉 Analog Options

Option	Default	의 미
RELTOL	0.001	전압과 전류의 상대적 accuracy
VNTOL	1uV	최소 전압 제한치
ABSTOL	1pA	최소전류 계산치
CHGTOL	0.01pC	최소전하 계산치
GMIN	1p	최소 컨덕턴스
ITL1	40	DC and bias point blind iteration limit
ITL2	20	DC and bias point educated guess iteration limit
ITL4	10	과도해석시의 반복 제한치
TNOM	27	기본 온도
PREPRDER		Matrix Fill-In 삭감을 위한 Preorder 사용
THREADS	Number of cores/2	maximum number of threads. Set to 0 for engine default. THREADS=1 implies single-thread.
ADVCONV		Enables all convergence algorithms, such as Pseudo Tran, STEPGMIN, and step sources. CN by default.

MOSFET Options... : Analog Simulation Option 중 MOSFET의 파라미터 설정에 관한 Options

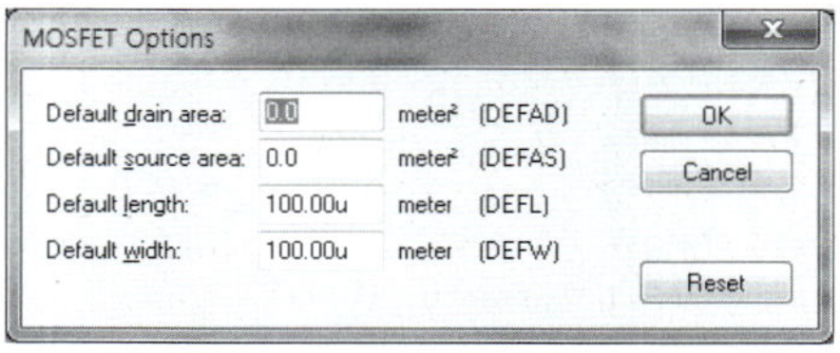

〈표 2-2〉 MOSFET Options

Option	Default	의 미
DEFAD	0	MOSFET default drain area(AD)
DEFAS	0	MOSFET default source area(AS)
DEFL	100u	MOSFET default length(L)
DEFW	100u	MOSFET default width(W)

Advanced Options... : 수치계산 및 Matrix 연산을 위한 Options

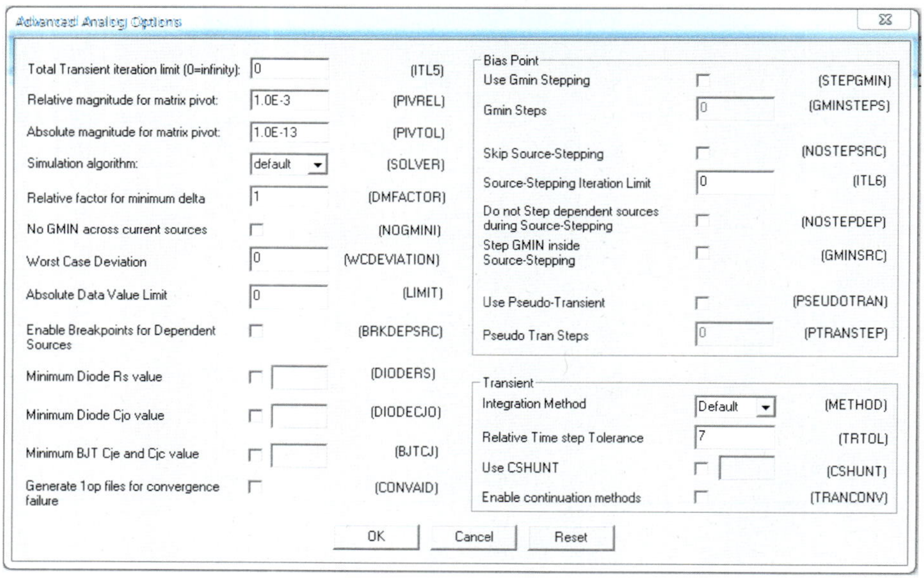

〈표 2-3〉 Advanced Analog Options

Options	Default	의 미
ITL5	0	Total iteration limit (0=무한대)
PIVREL	1m	matrix solution을 pivot하기 위한 상대적 크기
PIVTOL	100.0f	matrix solution을 pivot하기 위한 절대적 크기
DMFACTOR		Sets the relative factor for minimum delta.
NOGMINI		GMIN을 현재 소스에 추가하지 않도록 지정
WCDEVIATION	0.001	Worst-case 해석 시 적용되는 편차
LIMIT	1.0E-12	the absolute voltage limit.
BRKDEPSRC		Sets automatic break-points for behavioral sources.
STEPGMIN		개선된 Convergence GMIN 사용
GMINSTEPS	40	적분에서 GMIN stepping size
ITL6	150.0	StepSources의 iteration 당 step의 최대 수
NOSTEPDEP		StepSource 동안 dependent source를 무시
GMINSRC		source-stepping 단계에서 GMIN 가능
PSEUDOTRAN		Bias-point Convergence Enhancement
METHOD		Transient analysis 동안 적분 방법
TRTOL	7	transient analysis 동안 적분 계산 시 오차 범위

(2) Gate-Level Simulation Options

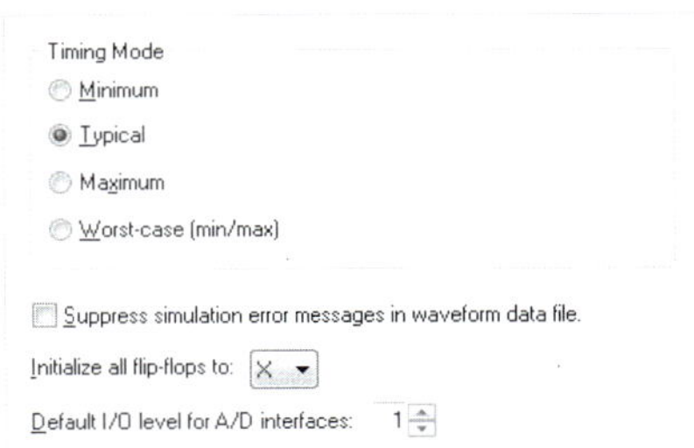

- Timing Mode : 시뮬레이션 시 Gate의 delay Minimum, Typical, Maximum, Worst-case (min/max) 4단계의 delay 정도중 하나를 설정함.
- Initialize all flip-flops : 모든 플립플롭의 초기치를 0, 1, X (don't care) 중에서 설정함.
- Default I/O level for A/D interface : I/O level을 1, 2, 3, 4 단계에서 하나를 설정함.

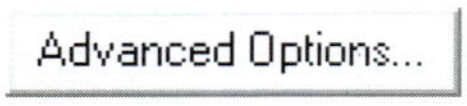

: Gate-Simulation Options중 Advanced Options을 입력한다.

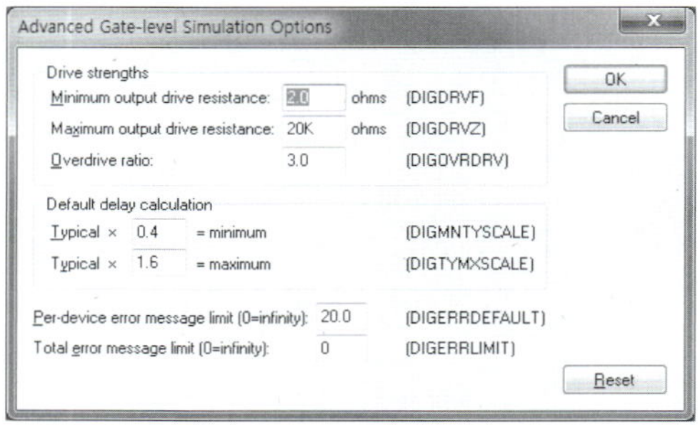

〈표 2-4〉 Gate-Level Advanced Options

Option	Default	의 미
DIGDRVF	2	최소 드라이브 저항(디지털)
DIGDRVZ	20K	최대 드라이브 저항(디지털)
DIGOVRDRV	3	드라이브 저항의 비
DIGMNTYSCALE	.4	typical delay로부터 minimum delay를 유도하는데 사용하는 scale factor
DIGTYMXSCALE	1.6	typical delay로부터 minimum delay를 유도하는데 사용하는 scale factor
DIGERRDEFAULT	20	디지털 constraint 소자에 대한 에러 제한치
DIGERRLIMIT	0	최대 디지털 에러 메시지 제한치

(3) Output File Options

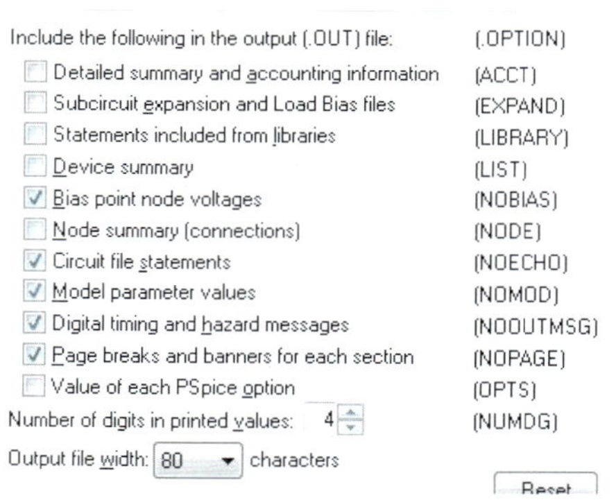

PSpice의 결과에 대한 정확도는 값을 입력하는 Options 중에서 RELTOL, VNTOL, ABSTOL, CHGTOL의 설정에 의해 좌우된다. 그 중에서도 계산되는 모든 전압, 전류에 대한 상대적인 정확도를 결정하는 RELTOL이 가장 중요한 변수인데 0.001(0.1%)가 default 값이다. VNTOL, ABSTOL, CHGTOL은 각각 전압, 전류, 전하/자속에 대한 가장 좋은 정확도를 의미하며 RELTOL과 다음의 관계에 의해 정확도가 결정된다.

```
Voltage Accuracy= MAX(RELTOL × Voltage, VNTOL)
Current Accuracy= MAX(RELTOL × Current, ABSTOL)
Charge Accuracy= MAX(RELTOL × Charge, CHGTOL)
Flux Accuracy= MAX(RELTOL × Flux, 0.1 Weber/m2)
```

〈표 2-5〉 Output File Options

Options	의 미
ACCT	모든 해석 후에 해석에 대한 정보의 summary 및 accounting information을 output 파일에 저장
EXPAND	subcircuit 확장에 의해 생성된 소자를 나열한다.
LIBRARY	library 파일을 사용한 라인을 나열한다.
LIST	사용소자를 나열한다.
NOBIAS	바이어스포인트 계산결과를 표시하지 않는다.
NODE	노드 연결상태 정보를 표시한다.
NOECHO	입력파일을 표시하지 않는다.
NOMOD	모델 파라미터 및 온도를 표시하지 않는다.
NOOUTMSG	시뮬레이션 조건을 표시하지 않는다.
NOPAGE	output 파일의 주요부분에 banner를 표시하지 않는다.
NOPRBMSG	Probe data 파일에 시뮬레이션 조건을 기입하지 않는다.
NOREUSE	parametric 해석과 같이 여러 번 시뮬레이션을 수행할 경우 automatic saving이나 바이어스포인트의 restoring을 억제한다.
NOPTS	모든 options 값을 표시한다.

PSpice에서 제공하는 default 값을 가지고 계산할 경우에는 다음과 같다.

```
(Voltage accuracy default)= MAX(0.1% of voltage, 1uV)
(Current Accuracy default)= MAX(0.1% of current, 1pA)
(Charge Accuracy default)= MAX(0.1% of charge, 0.01pC)
(Flux Accuracy default)= MAX(0.1% of flux, 0.1Weber/ m2)
```

위의 수식에서 알 수 있듯이 PSpice의 계산에서 가장 문제가 되는 곳은 전압이나 전류가 부호를 바꾸는 영(zero)부분의 계산인데 이곳의 계산시간이 시뮬레이션 전체 시간의 대부분을 차지하며 convergence error가 가장 많이 발생한다. 일반적으로 PSpice에서는 12차의 크기를 사용하는데 만일 kA 단위의 전류를 시뮬레이션 할 때 RELTOL= 0.01%, ABSTOL=1pA를 선택할 경우 kA단위가

1pA의 12차 이상이 됨으로 convergence error가 발생할 소지가 있다. 따라서 전류나 전압의 order에 따라 ABSTOL과 VNTOL을 조절할 필요가 있다.

```
ABSTOL = 1uA ; kiloampere range
ABSTOL = 1mA; megaampere range
VNTOL = 1uV; kilovolt range
```

대부분의 경우 RELTOL=0.001(0.1%)를 선택하면 필요이상 정확한 해석을 수행하는 것으로 시뮬레이션을 좀더 빨리 수행하려면 RELTOL=0.01(1%) 혹은 RELTOL=0.005 (0.5%)를 선택한다. 이 경우 RELTOL=0.001(0.1%)보다 약 1.5배 정도 시뮬레이션 속도가 향상된다. RELTOL=0.01(1%) 이상 입력하는 것은 시뮬레이션 결과에 오류가 발생할 경우가 있기 때문에 그 이상 입력하지 않도록 주의해야 한다.

5) Data Collection

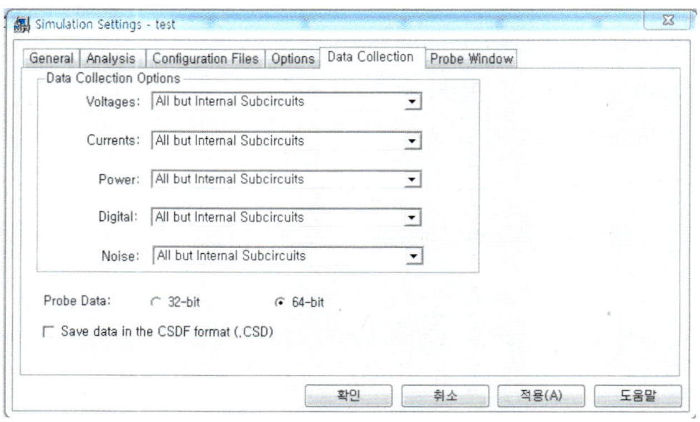

Data Collection은 시뮬레이션 수행시 저장할 데이터를 지정하는 것으로 회로상의 전압(Voltages), 전류(Currents), 전력(Power), 디지털논리(Digital), 노이즈(Noise) 항목에 각각 지정할 수 있다. 각 항목의 선택할 수 있는 항목은 다음과 같다.

- At Markers Only : Marker에 의해 Schematics 화면상에 표시한 노드(전압, 전류) 데이터만을 저장한다.
- All : 전체회로에 대한 모든 데이타를 저장한다.
- All But Internal Subcircuit : Subcircuit 안쪽에 존재하는 노드를 제외한 모든 노드의 데이터를 저장한다.
- None : 데이터를 저장하지 않는다.
- Save data in the CSDF Format [.CSD] : 선택하면 Probe용 데이터를 binary 대신 Text format으로 저장한다. (Demo version에서는 사용할 수 없다.)

6) Probe Window

- Display Probe window when profile is opened : profile을 open할 때 Probe window을 표시한다.
- Display Probe window
  - during simulation : 시뮬레이션이 진행되는 동안 probe window를 표시한다.
  - after simulation has completed : 시뮬레이션이 끝난 후에 Probe Window를 표시한다.

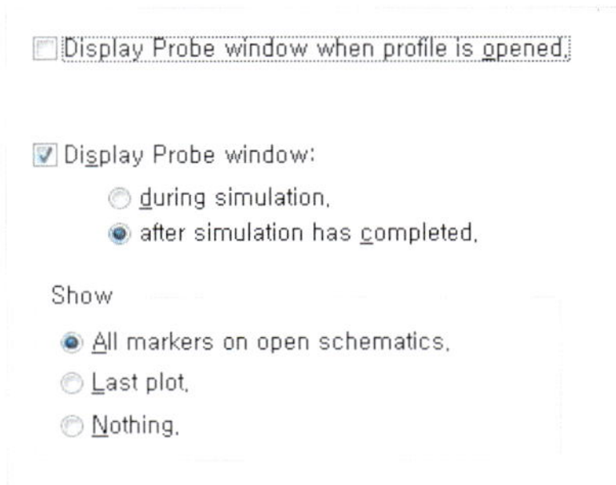

- All Markers on open schematics : Schematics 화면상에 표시한 모든 marker의 전압, 전류를 자동으로 Probe 화면에 표시한다.
- Last Plot : 자동적으로 가장 최근의 probe session을 재실행한다.
- Nothing : 어떤 파형도 Probe 화면에 표시하지 않는다.

2.5.4 회로도 그리기

OrCAD PSpice를 이용하여 시뮬레이션을 수행하기 위해서는 4가지의 기본 단계를 거쳐야 한다.

❶ 필요한 소자(R, L, C, 전원, 접지, 다이오드, 트랜지스터 등)를 라이브러리로부터 가져와 Capture 상의 화면에 배치한다.

❷ Place/Wire 혹은 Shift+W의 명령을 이용하여 소자 각각을 연결한다.

❸ 전원을 포함한 각 소자의 파라미터를 입력한다.

❹ 시뮬레이션(DC, AC, Transient 등) 타입을 설정한 후 실행한다.

1) 소자(Part) 가져오기(Retrieving)

먼저 Capture상의 메뉴를 통해 소자를 가져오기 위해서는 툴 바에 있는 왼쪽에 나타낸 것과 같은 버튼을 클릭하거나 Place 메뉴를 선택한 후 Part 서브메뉴를 선택하고 또는 Shift+P의 단축키를 이용한다.

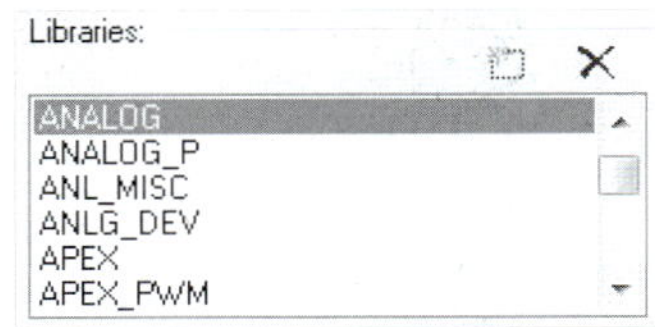

Place/Part가 실행되면 위와 같이 Place Part라는 대화상자가 나타나게 된다. 소자에 대한 이름을 알고 있는 경우에는 Part부에 입력할 수도 있지만 소자의 명칭을 정확히 알 수 없는 경우에는 Library 윈도우의 라이브러리를 클릭하면 해당 라이브러리의 Part가 Part 상자의 화면에 나타난다.

Place Part의 대화상자에는 Part 입력부, Library 선택부, 선택한 Part의 Symbol 표시부 외에 Add Library 버튼, Remove Library 버튼, Part Research 버튼 등이 제공되는데, Part부에는 현재 선택한 소자명이 표시되고, Library부에는 PSpice에서 제공하는 라이브러리의 종류가 표시부에는 선택한 Part의 Symbol을 보여준다. 만일 Libraries에 Design Cache 밖에 없는 경우에는 Add Library 버튼을 이용하여 라이브러리를 추가하면 된다.

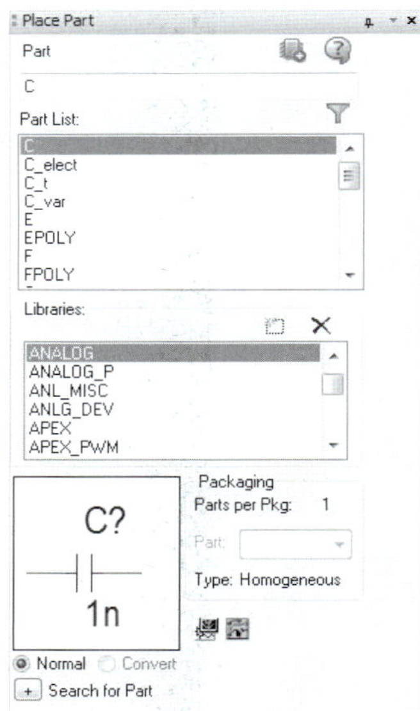

원하는 소자를 정확히 가져오기 위해서는 우선 PSpice에서 어떤 소자를 제공하고 있으며, 어느 심벌 라이브러리 그룹으로 분류되어 있는지를 알아야 한다. 표 2-6에 PSpice v17.2에서 제공하는 소자(Part)를 Symbol 라이브러리 그룹별로 나타내었다.

〈표 2-6〉 PSpice에서 제공하는 소자(Part)

심벌 라이브러리	기능설명	소자명(Part)	소자 기능
analog.olb	아날로그 소자	C	Capacitor
		C_var	Variable capacitor
		E	Voltage-controlled voltage source
		EPOLY	Voltage-controlled voltage source
		F	Current-controlled current source
		FPOLY	Current-controlled current source
		G	Voltage-controlled current source
		GPOLY	Voltage-controlled current source
		H	Current-controlled voltage source
		HPOLY	Current-controlled voltage source
		L	Inductor
		R	Resistor
		R-var	Variable resistor
		T	Transmission line
		Tlossy	Transmission line
		XFRM_LINEAR	Inductor coupling (Trasformer)
analog_p.olb	아날로그 Passive 소자	C	Capacitor
		C_var	Variable capacitor
		L	Inductor
		R	Resistor
		R-var	Variable resistor
breakout.olb	상용하는 판매하는 소자가 아닌 PSpice에서 제공하는 파라미터를 갖는 소자	ADC 10break	A/D Converter 10bits
		ADC 12break	A/D Converter 12bits
		ADC 8break	A/D Converter 8bits
		Bbreak	GaAs FET
		Cbreak	Capacitor
		DAC 10break	D/A Converter 10bits
		DAC 12break	D/A Converter 12bits
		DAC 8break	D/A Converter 8bits
		Dbreak	Diode
		Dbreak3	3-terminal diode
		DbreakCR	Current regulator diode
		DbreakW	Voltage-variable capacitance Diode
		DbreakZ	Zener diode
		JbreakN	N-channel JFET
		JbreakP	P-channel JFET
		kbreak	Core
		Lbreak	Inductor
		MbreakN	N-channel MOSFET
		MbreakN3	N-channel MOSFET
		MbreakN4	N-channel MOSFET
		MbreakP	P-channel MOSFET
		MbreakP3	P-channel MOSFET
		MbreakP4	P-channel MOSFET
		POT	Potentiometer
		QbreakL	pnp transistor
		QbreakN	npn transistor

		QbreakN3	npn transistor
		QbreakN4	npn transistor
		QbreakP	pnp transistor
		QbreakP3	pnp transistor
		QbreakP4	pnp transistor
		QDarBreakN	npn darlington transistor
		QDarBreakP	pnp darlington transistor
		RAM8kx1break	RAM 8k x 1
		RAM8kx8break	RAM 8k x 8
		Rbreak	Resistor
		ROM8kx8break	ROM 8k x 8
		Sbreak	Voltage-controlled switch
		Wbreak	Current-controlled switch
		XFRM_NONLINEAR	Nonlinear transformer
		ZbreakN	N type IGBT
source.olb	전압원, 전류원 디지털 입력관련	DigClock	Digital Clock
		FileStim1	Digital Stimulus 1bit (Form File)
		FileStim16	Digital Stimulus 16bits(Form File)
		FileStim2	Digital Stimulus 2bit (Form File)
		FileStim32	Digital Stimulus 32bits(Form File)
		FileStim4	Digital Stimulus 4bits(Form File)
		FileStim8	Digital Stimulus 8bits (Form File)
		IAC	AC current source
		IDC	DC current source
		IEXP	Exponential decay current source
		IPULSE	Pulse current source
		IPWL	Piecewise linear current source
		IPWL_ENH	Enhanced piecewise linear current source
		IPWL_F_RE_FOREVER	File-input piecewise linear current source(Forever)
		IPWL_F_RE_N_TIMES	File-input piecewise linear current source(N번 반복)
		IPWL_FILE	File-input piecewise linear current source
		IPWL_F_RE_FOREVER	Piecewise linear current source (Forever)
		IPWL_F_RE_N_TIMES	Piecewise linear current source (N번 반복)
		ISFFM	Single frequency FM current source
		ISIN	Transient sine current source
		ISRC	Simple current source
		STIM1	Digital Stimulus - 1bit
		STIM16	Digital Stimulus - 16bits
		STIM4	Digital Stimulus - 4bits
		STIM8	Digital Stimulus - 8bits
		VEXP	Exponential decay voltage source
		VPULSE	Pulse voltage source

		VPWL	Piecewise linear current source
		VPWL_ENH	Enhanced piecewise linear current source
		VPWL_F_RE_FOREVER	File-input piecewise linear current source(Forever)
		VPWL_F_RE_N_TIMES	File-input piecewise linear current source(N번 반복)
		VPWL_FILE	File-input piecewise linear current source
		VPWL_F_RE_FOREVER	Piecewise linear current source(Forever)
		VPWL_F_RE_N_TIMES	Piecewise linear current source (N번 반복)
		VSFFM	Single-Frequency FM voltage source
		VSIN	Transient sine voltage source
		VSRC	Simple voltage source
eval.olb	상용으로 판매하는 소자 중에서 몇 개 만을 샘플로 제공하는 소자	2N1595	SCR
		2N5444	Triac
		54152A	Multiplxer/ Data Selector 8x1 line
		555D	Mixed A/D 555 timer(CMOS)
		CD4016B	Analog Switch
		D1N4148	Switching Diode
		D1N4002	Power Diode
		DIN750	Zener diode
		IRF150	N-channel MOSFET
		IRF9140	P-channel MOSFET
		IXGH40N60	N-channel IGBT
		J2N3819	N-channel JFET
		J2N4393	N-channel JFET
		K3019PL_3C8	Ferroxcube Pot core
		K502T300_3C8	Ferroxcube Pot core
		K528T500_3C8	Ferroxcube Pot core
		KRM8PL_3C8	Ferroxcube Pot core
		LF411	JFET input op amp
		LM111	6-connection op amp
		LM324	5-connection op amp
		UA741	linear op amp
		MBD101	Switching Diode
		MV2201	Voltage-variable capacitance diode
		Q2N2222	npn transistor
		Q2N2907A	pnp transistor
		Q2N3904	npn transistor
		Q2N3906	pnp transistor
		PAL20RP4B	24-pin PAL
		A4N25	Optocoupler
		K3019PL 3C8	Nonlinear, magnetic core
		K502T300 3C8	Nonlinear, magnetic core
		KRM8PL 3C8	Nonlinear, magnetic core
		Sw_tClose	Switch : closes at tclose=?

		Sw_tOpen	Switch : opens at tsw=?
		각종 TTL Series 130종	74xxx Series
special.slb	특수용도	CD4000_PWR	CD4000 Power Supply
		DIGIFPWR	Digital interface power supply
		ECL_100K_PWR	Digital ECL interface power supply
		ECL_10K_PWR	Digital ECL interface power supply
		IC1	Set initial condition for a node
		IC2	Set initial condition between nodes
		INCLUDE	Specify a PSpice include file
		LIB	Specify a Pspice library file
		NODESET1	Initial guess for the voltage at a node
		NODESET2	Initial guess for the voltage between nodes
		PARAM	Specify pre-determined parameter
		PRINT1	.PRINT "symbol" - single node
		PRINTDGTLCHG	.PRINT "symbol" - for digital output variables
		TITLEBLK	Title block for all borders
		UNKNOWN	unknown symbol
		VIEWPOINT	Voltage viewpoint
		WATCH1	.WATCH "symbol" - 1-terminal form
		VPRINT1	.PRINT "symbol" - single node
		VPRINT2	.PRINT "symbol" - double node
		VPLOT1	.PLOT "symbol" - single node
		VPLOT2	.PLOT "symbol" - double node
		IPRINT	.PRINT "symbol" - current
		IPLOT	.PLOT "symbol" - current
abm.slb	Expression Function	ABM	no inputs, V out
		ABM1	1 input, V out
		ABM2	2 input, V out
		ABM3	3 input V out
		ABM/I	no input, I out
		ABM1/I	1 input I out
		ABM2/I	2 input I out
		ABM3/I	3 input I out
	Basic Components	CONST	constant
		SUM	adder
		MULT	multiplier
		GAIN	gain block
		DIFF	substractor
	Limiters	LIMIT	hard limiter
		GLIMIT	limiter with gain
		SOFTLIM	soft limiter
	Chebyshev Filters	LOPASS	lowpass filter
		HIPASS	highpass filter
		BANDPASS	bandpass filter

		BANDREJ	band reject (notch) filter
	적분기 미분기	INTEG DIFFER	integrator differentiator
	Table look-ups	TABLE FTABLE	lookup table frequency lookup table
	Laplace Transform	LAPLACE	Laplace Expression
	Math Function	ABS SQRT PWR PWRS LOG LOG10 EXP SIN COS TAN ATAN ARCTAN	절대치 square root abs(x)의 exponential x의 exponential ln(x) log(x) exponential sin(x) cos(x) tan(x) $tan^{-1}(x)$ $tan^{-1}(x)$
sourcestm.olb	Stimulus 전원	Digstim1 Digstim16 Digstim2 Digstim32 Digstim4 Digstim8 ISTIM VSTIM	Digital Stimulus 1bit Digital Stimulus 16bits Digital Stimulus 2bits Digital Stimulus 32bits Digital Stimulus 4bits Digital Stimulus 8bits Current Source Stimulus Voltage Source Stimulus

표 2-6에 나타낸 것과 같이 PSpice에서 제공하는 소자는 확장자가 .olb로 되어 있는 심벌 라이브러리 그룹으로 분류되어 있다.(abm.olb analog.olb, analog_p.olb breakout .olb, eval .olb, source.olb, sourcstm.olb, special.olb) 당장은 모든 소자에 대한 내용을 이해하기는 어렵겠지만 앞으로 예제를 통하여 가능한 한 중요한 소자 및 기능에 대하여 살펴보기로 하고, 가벼운 마음으로 읽어주기를 부탁한다.

일단 소자를 선택하게 되면 마우스의 왼쪽 버튼을 클릭하여 드로우잉 보드상에 배치한다. 다음 절에서는 부품의 배치에 대하여 알아보도록 하자.

(2) 드로우잉 보드에 소자 배치하기(Placing)

이제 라이브러리에서 가져온 소자를 Schematics 상에 위치시키는 방법과 회전하여 배치하는 방법에 대하여 살펴보도록 하자.

■ 배치하기(Placing)

먼저 회로작성 Tool Bar 중 부품 가져오기에 해당하는 버튼을 클릭한 후 Place Part 대화상자가 나타나면 해당 Libraries와 부품(Part)를 선택한 후 Capture 화면상에 부품을 배치한다.

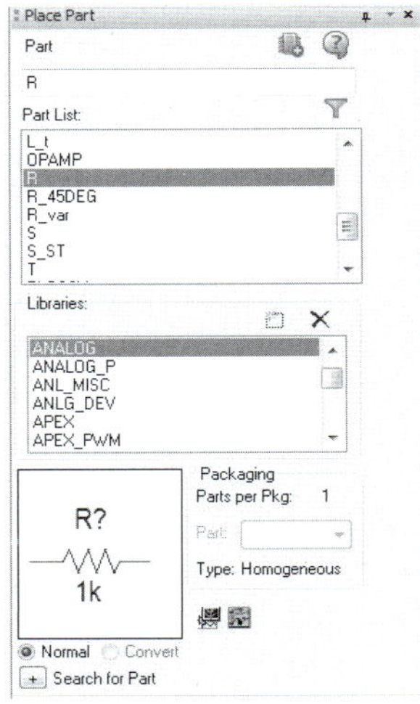

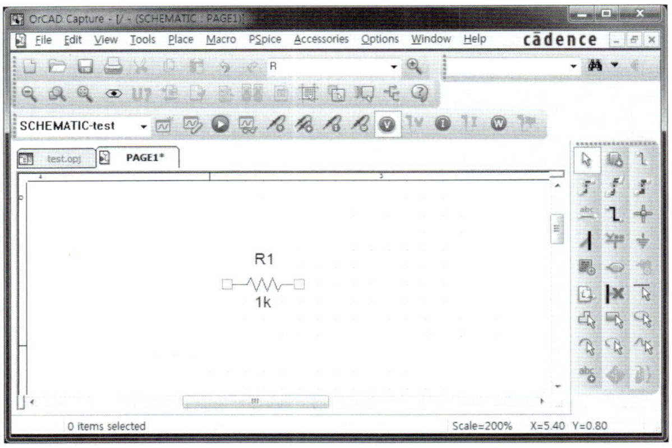

■ 회전하기(Rotation)

소자의 방향이 맞지 않을 경우에는 R 혹은 Edit/Rotate 명령을 사용하여 방향을 전환한다. 명령을 한 번 수행할 때마다 90도씩 시계반대방향으로 회전한다. Reference Designator (R1, R2, ..._)만을 회전시킬 경우 마우스의 왼쪽 버튼으로 2번 클릭하여 Property Editor를 실행한 후 Display Properties 대화상자의 선택부분 중 Rotation(0°, 90°, 180°, 270°)을 선택한 후 OK 버튼을 누르면 된다. 또 한 방법은 소자를 마우스의 왼쪽 버튼을 이용하여 선택한 후 마우스의 오른쪽 버튼을 누르면 나타나는 메뉴 중 Rotate를 선택하면 된다.

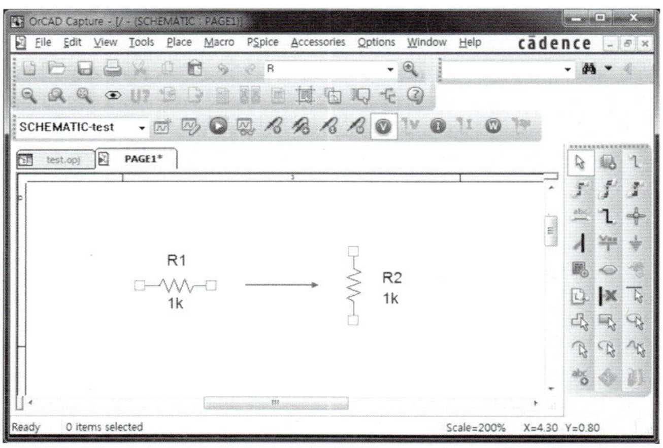

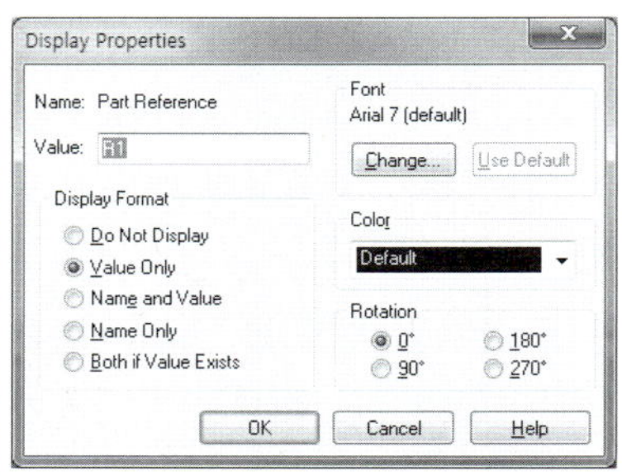

■ 대칭 이동시키기(Mirror)

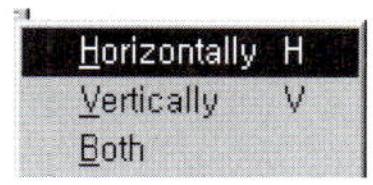

소자를 좌우대칭 이동할 경우에는 Edit/Mirror 명령을 이용하여 수행한다. Edit/Mirror에는 Horizontally, Vertically, Both의 3가지 방향을 선택할 수 있으며 단축키로는 Edit / Mirror / Horizontally는 H, Edit / Mirror/ Vertically는 V를 사용한다. 또한 방법은 소자를 마우스의 왼쪽 버튼을 이용하여 선택한 후 마우스의 오른쪽 버튼을 누르면 나타나는 메뉴 중 Mirror Horizontally / Mirroe Vertically를 선택하면 된다.

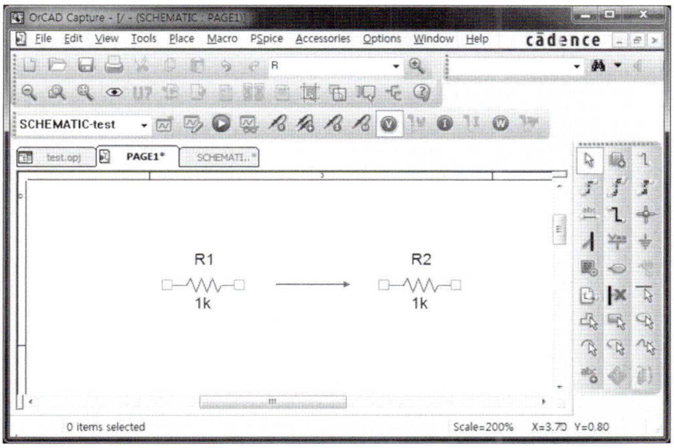

(3) Capture Schematics 상에서 소자 삭제하기(Delete)

Capture Schematics 상에서 소자를 삭제하려면 먼저 마우스를 이용하여 삭제할 소자를 선택하거나 마우스의 왼쪽 버튼을 가지고 소자 주위에 박스를 그림으로써 삭제할 소자를 선택한다. 이 때 선택된 소자는 점선으로 된 box와 함께 붉은색으로 바뀌게 된다. 선택이 완료되면 "Del"키를 누르거나 Edir/Cut 혹은 Edit/Delete 명령을 이용하여 삭제한다. 또한 방법은 소자를 마우스의 왼쪽 버튼을 이용하여 선택한 후 마우스의 오른쪽 버튼을 누르면 나타나는 메뉴 중 Delete를 선택하면 된다.

(4) 소자들 간의 선 연결하기(Wiring)

Schematics상에 필요한 소자를 모두 가져온 후에는 선을 연결하여 회로를 완성하여야 한다. 선을 그리는 작업을 위해서는 왼쪽에 나타낸 툴바 또는 W 혹은 Place /Wire 명령을 사용한다. 일단 명령이 실행되면 마우스의 위치를 표시하는 화살표가 +로 바뀌고, 이를 이용하여 결선작업을 수행한다. 선의 방향을 변경할 때는 Space Bar나 마우스의 왼쪽 버튼을 누른다. 결선 작업이 모두 완료되면"Esc"키를 사용하여 선연결 모드에서 빠져나간다. 선을 정확히 연결된 것을 보장하기 위해서 선을 다 연결한 후 각 노드에 junction을 배치하도록 한다.

(5) 소자값 변경하기

각 소자는 일반적으로 참조 지정자(Reference Designator), 저항 심벌, 소자값으로 구분된다. 참조 지정자는 만일 회로에 저항이 여러 개 사용될 경우 각 저항에 일종의 형명과 일련번호를(R1, R2, R3, R4, ……) 붙여주는 역할을 수행하고 가져온 순서대로 자동으로 일련번호가 붙게 된다. PSpice에서는 각 소자별로 형명을 부여하고 있는데 이를 살펴보면 표 2-7과 같다.

〈표 2-7〉 소자의 형명

소 자 명	형명	소 자 명	형명
Capacitor	C	Inductor	L
Diode	D	Resistor	R
Voltage-controlled voltage source	E	Independent voltage source	V
Current-controlled current source	F	GaAs MOSFET	B
Voltage-controlled current source	G	JFET	J
Current-controlled voltage source	H	MOSFET	M
Independent current source	I	BJT	Q
		IGBT	Z

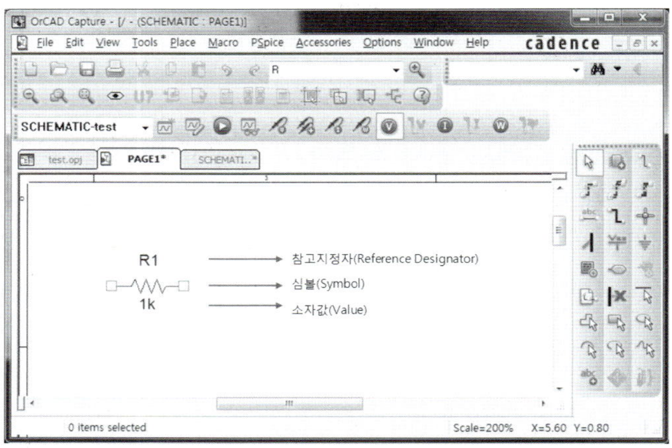

또한 그림에 표시된 소자값 1k는 디폴트(Default)로 주어진 저항값을 의미하고 사용자 임의로 변경이 가능하지만 표 2-8에 나타낸 것과 같이 PSpice에서 사용하는 스케일(Scale)과 단위(Unit)에 주의해야 한다.

PSpice에서 단위는 입력하지 않아도 자동으로 인식된다. 소자값을 변경하는 방법에는 소자를 마우스로 직접 클릭하여 입력하는 방법과 Schematics상의 소자값을 클릭하여 입력하는 방법 2가지가 제공된다.

〈표 2-8〉 스케일(Scale)과 단위(Unit)

스케일(Scale)	단위(Unit)	스케일(Scale)	단위(Unit)
F	1E-15	G	1E9
P	1E-12	T	1E12
N	1E-9	V	volt
U	1E-6	A	ampere
MIL	25.4E-6	HZ	hertz
M	1E-3	ohm	Ω
K	1E3	H	henry
MEG	1E6	F	farad
		DEG	degree

■ 방법1

❶ 값을 변경하고자 하는 소자를 마우스로 2번 클릭하면 Property Editor가 나타나게 된다. Property Editor는 소자의 전반적인 정보를 보여주고, 편집할 수 있으며, 소자값을 변경할 경우에는 Scroll Bar를 이용하여 Value 부분의 값을 변경한다.

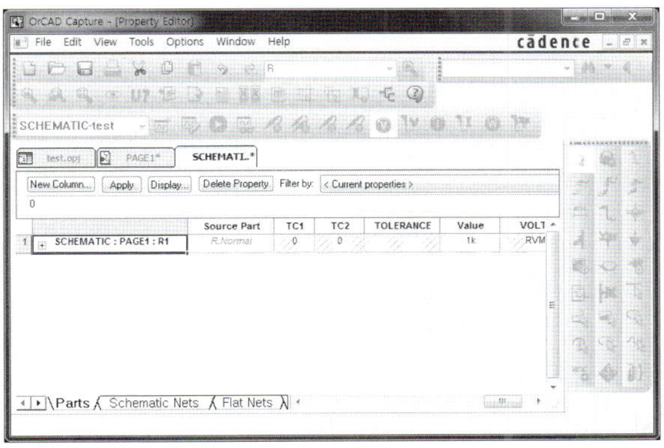

❷ Value 값을 원하는 값으로 입력한 후 Apply 버튼을 클릭한다.

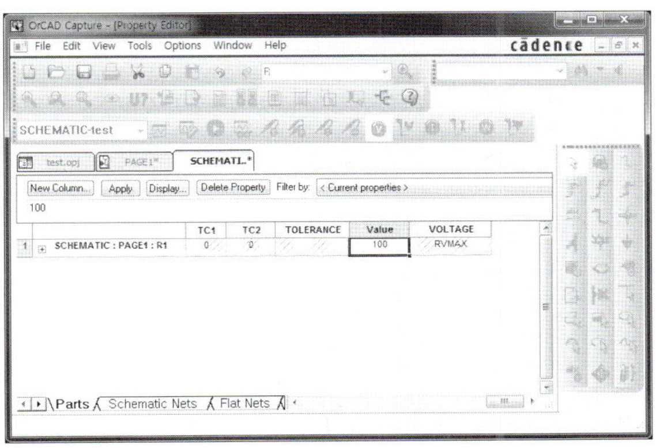

❸ Property Editor를 종료한다.

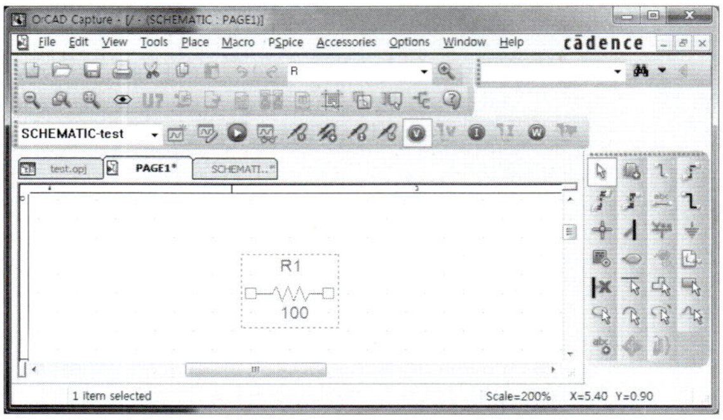

■ 방법 2

❶ 저항 소자의 값을 마우스로 2번 클릭한다.

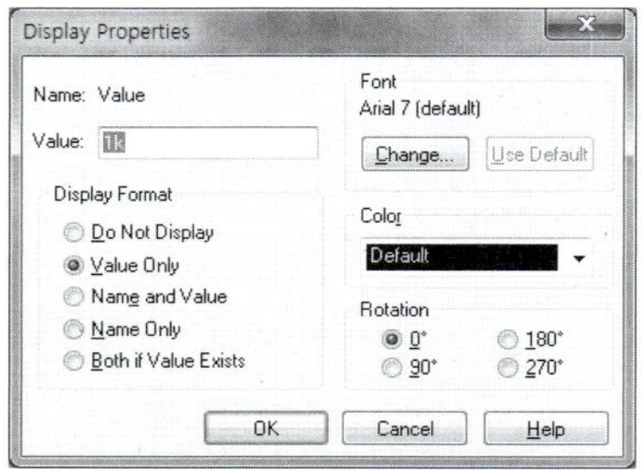

❷ 원하는 값을 입력한다.

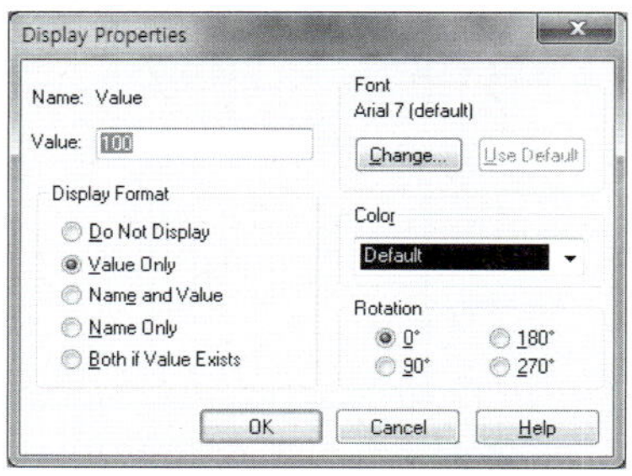

❸ OK 버튼을 클릭한다.

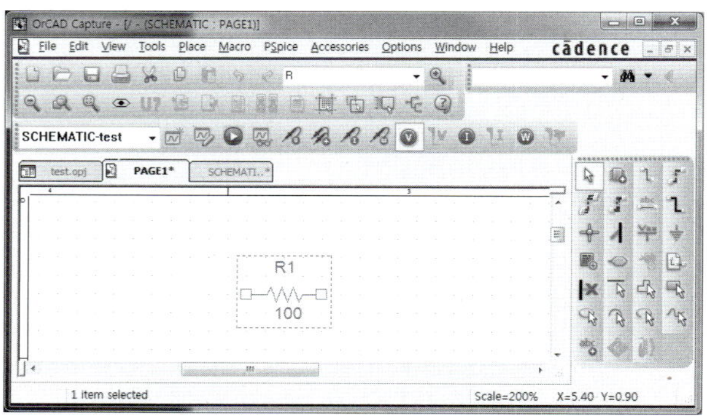

2.5.5 회로의 작성 연습 및 실행

OrCAD PSpice를 이용한 회로의 작성 및 시뮬레이션은 Capture를 이용한 회로의 작성부터 시작한다. 회로의 작성을 위해서는 Capture의 schematics 윈도우가 준비되어 있어야 가능하다.

■ 새로운 Capture schematics 생성하기

❶ OrCAD Capure를 실행한 다음 Capture 윈도우의 File/New/Project를 선택한다.

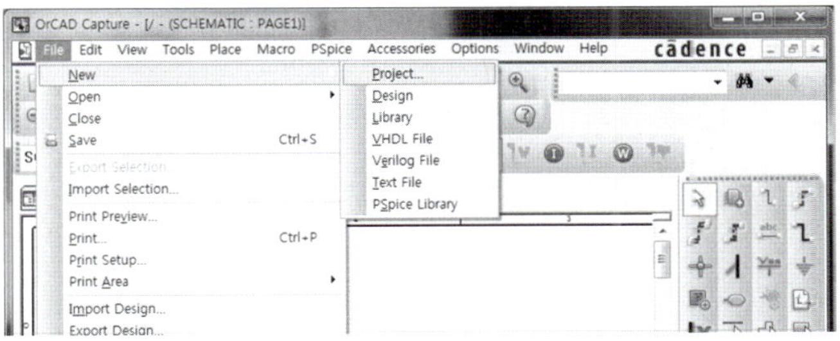

❷ New Project 윈도우가 나타나면 Name 대화창에 Project manager 이름을 입력한 후 OK 버튼을 클릭한다. 이 때 반드시 Analog or Mixed A/D를 선택해야 하며, Project manager 파일을 저장할 디렉토리를 Location 대화창에 직접 입력하거나 Browse를 통해 선택한다.

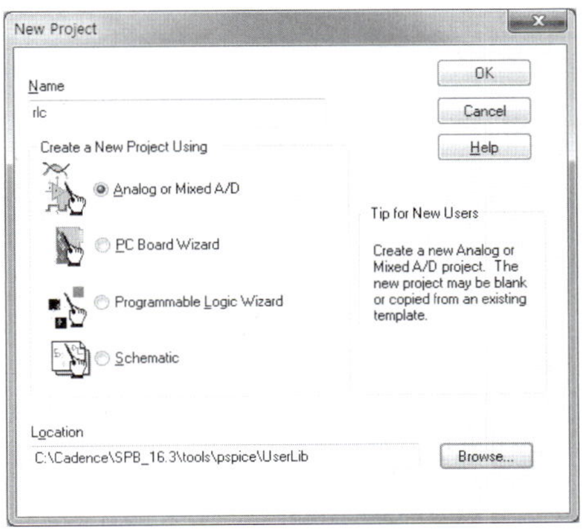

❸ Analog or Mixed A/D 대화창은 회로작성시 이전의 작성한 회로를 참조할 것인가의 여부를 묻는다. 만일 참조하려면 Create based upon an existing project를 선택하지 않을 경우에는 Create a blank project를 선택한 후 OK 버튼을 클릭한다.

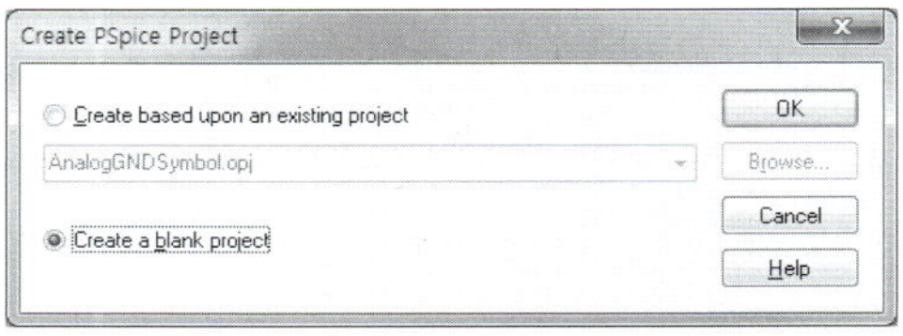

❹ Anlog Mixed-Mode Project Wizard의 라이브러리 선택을 완료한 후 마침 버튼을 클릭하면 Project manager의 내용을 나타내는 윈도우와 Schematic 윈도우가 생성되며, Schematic 윈도우에 시뮬레이션 할 회로를 작성한다.

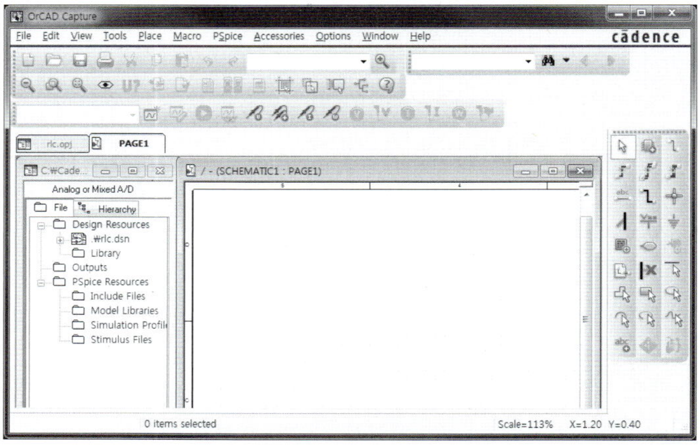

❺ Place/Part를 실행하여 회로작성이나 시뮬레이션시 사용할 라이브러리를 선택한다. default로 design cache가 선택되고, 사용자의 선택에 따라 analog.olb, source.olb, sourcestm.olb, special.olb, abm.olb, analog_p.olb, breakout.olb, eval.olb 중 일부 혹은 전부를 선택하여 ADD 버튼을 누르면 사용할 라이브러리가 추가적으로 정의된다. 데모 버전의 부품수는 비교적 그 수가 적기 때문에 일반적으로 모든 라이브러리를 선택하더라도 회로 작성 및 시뮬레이션 수행이 무난하다.

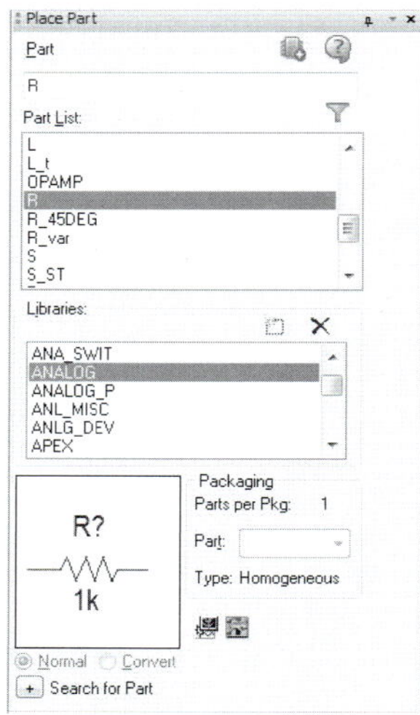

1) 아날로그 회로 시뮬레이션

OrCAD Capture Schematics를 통한 회로의 작성과 실행에 대한 전반적인 사항에 더하여 알아보기 위해 아래와 같은 R-L-C 회로를 예제로 하여 살펴보기로 하자.

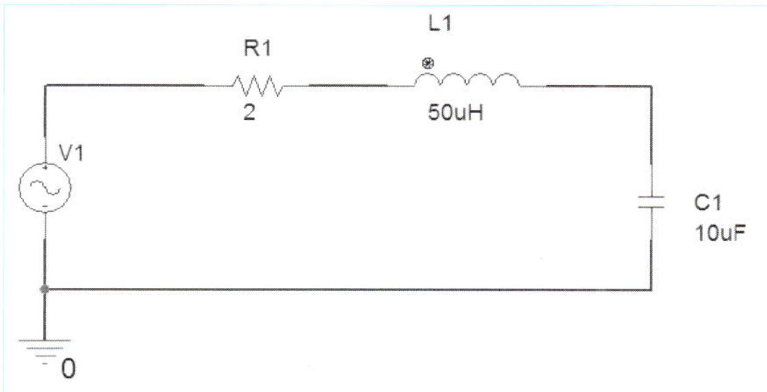

(1) 부품 가져오기

■ 저항(Resistor) 가져오기

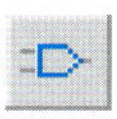

❶ 부품 가져오기 Tool Bar를 클릭하거나 Place/Part를 선택한다. 혹은 P를 입력한다.

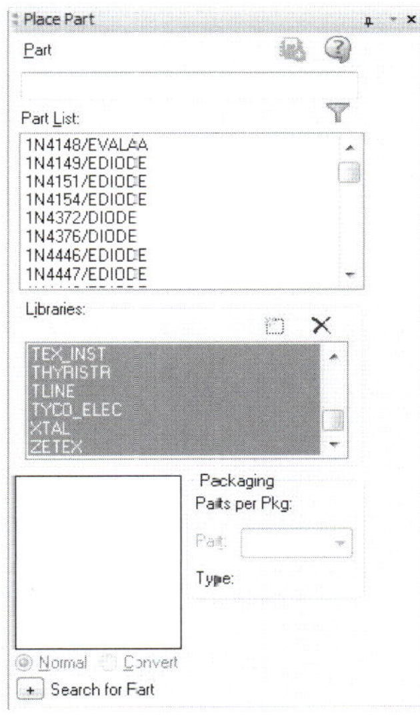

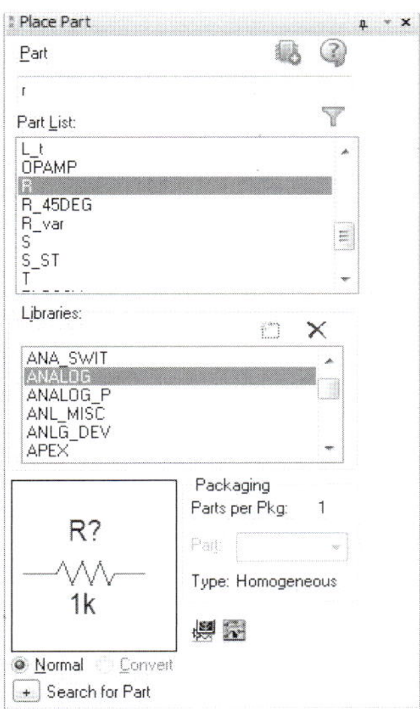

❷ Libraries 중 ANALOG를 선택한다.

❸ 라이브러리의 ANALOG의 R을 선택한 후 OK를 클릭한다.

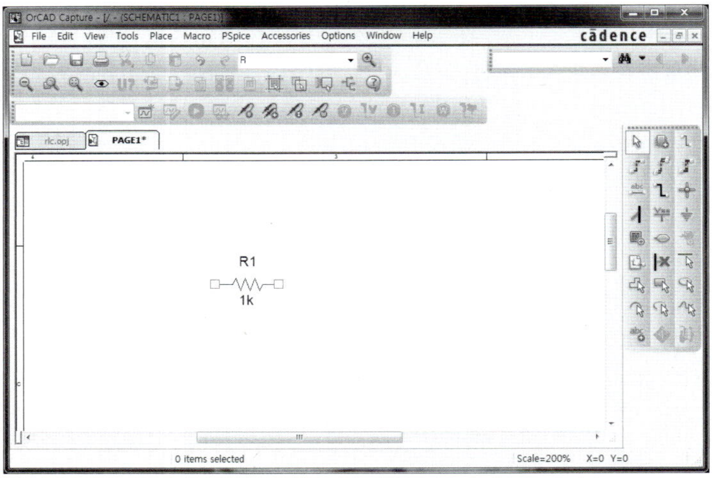

■ 인덕터(Inductor) 가져오기

단축키(P)를 사용하여 인덕터를 가져오도록 하자.

❶ 단축키 P를 사용한다.

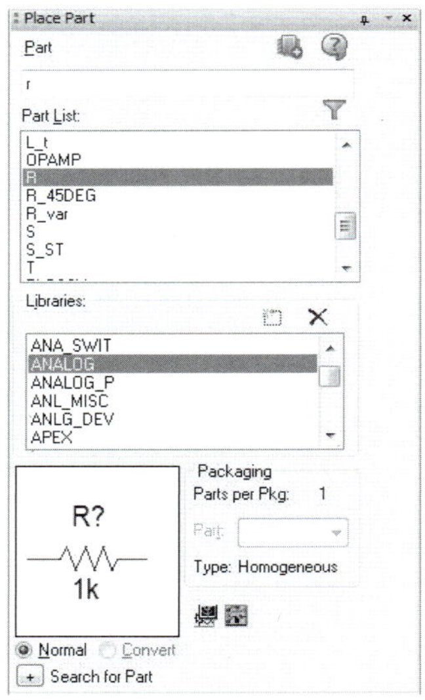

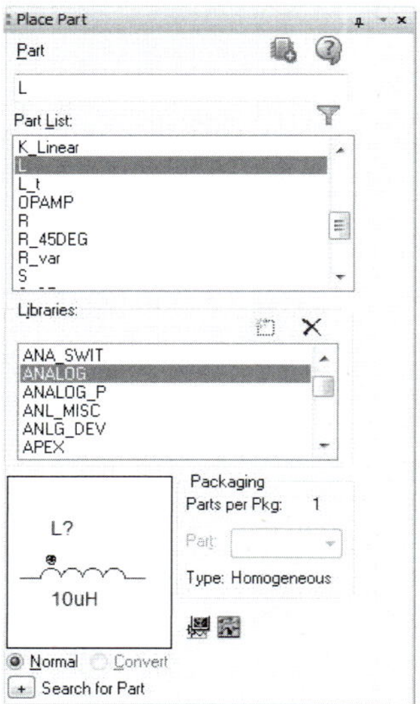

❷ 라이브러리 중의 ANALOG, Part의 L을 선택한 후 OK 클릭한다.

■ 커패시터(Capacitor) 가져오기

이번에는 Tool Bar를 사용하지만 Place Part 윈도우에 Part명을 직접 입력하여 소자를 가져오는 방법을 사용해보자.

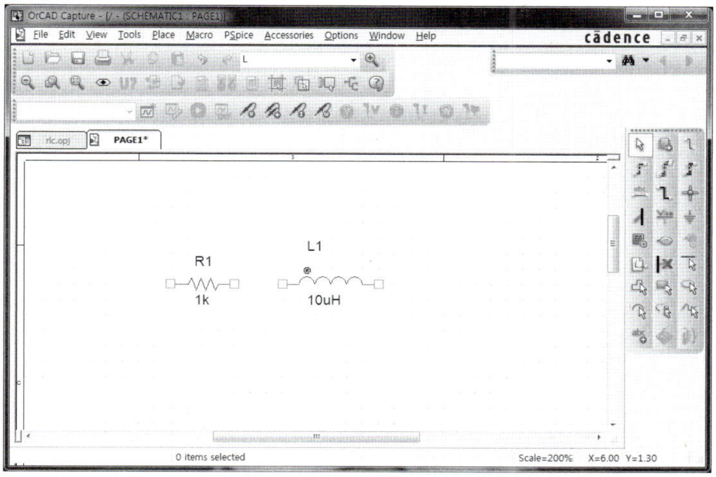

❶ Tool Bar를 클릭한다.

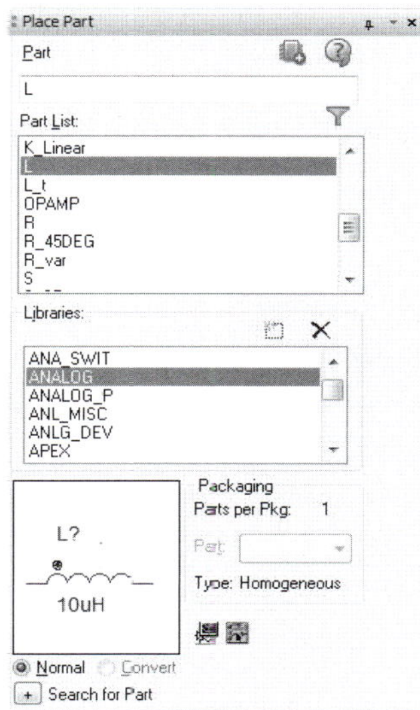

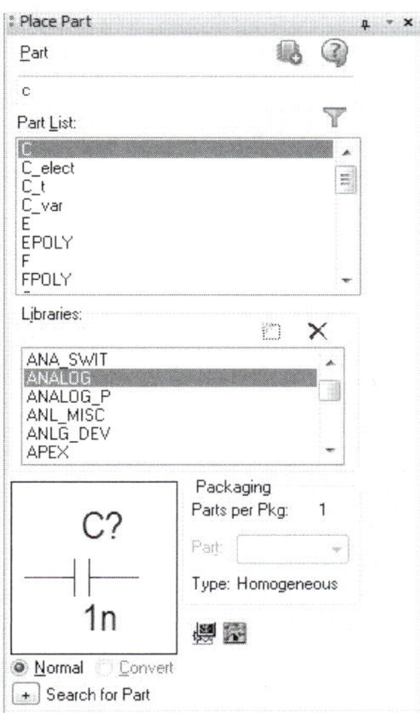

❷ Part 대화상자 부분에 C를 입력함.

❸ OK 클릭하고 부품의 방향을 맞추기 위해 R를 이용하여 회전시킨 후 Schematic 상에 배치한다.

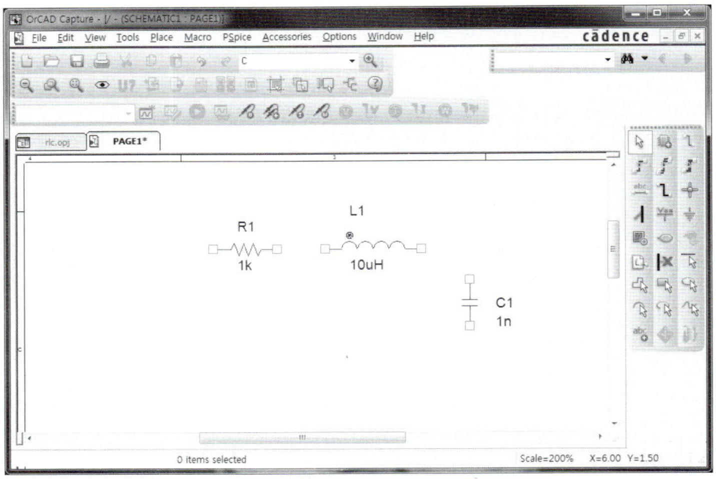

■ 교류전원(VSIN) 가져오기

❶ 단축키 P를 사용한다.

❷ 라이브러리 중의 SOURCE, Part의 VSIN을 선택한 후 OK 버튼을 클릭한다.

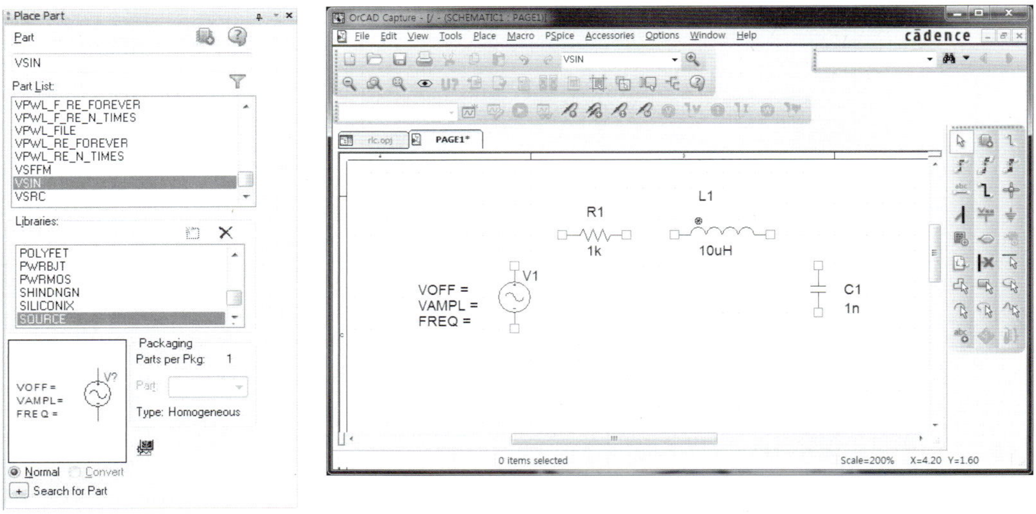

■ 아날로그 접지(GND) 가져오기

❶ Tool Bar를 사용하거나 Place / Ground를 실행한다.

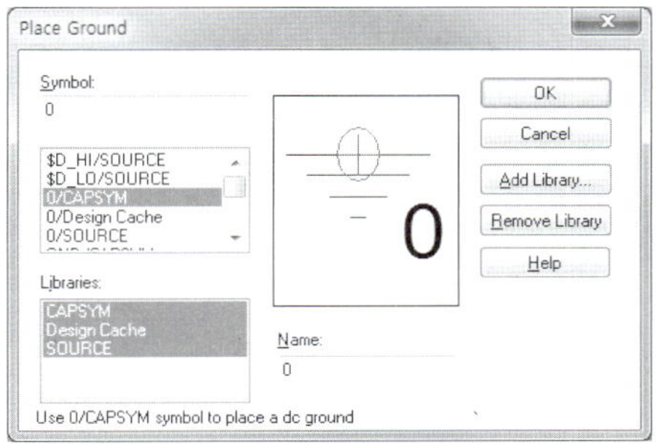

❷ 라이브러리 중의 CE, Symbol의 0을 선택한 후 OK 버튼을 클릭한 후 Schematic 상에 배치한다. 만일 Source library가 없는 경우에는 Add Library 버튼을 이용하여 추가해야 한다. 이 때 반드시 Pspice 폴더에 있는 라이브러리를 선택한다. OrCAD PSpice에는 다양한 접지를 제공하지만 시뮬레이션을 수행하기 위해서는 반드시 SOURCE 내의 접지를 선택해야 하며 부품에 0의 노드번호가 항상 붙어 다니기 때문에 이를 가진 다른 접지와의 구분이 가능하다.

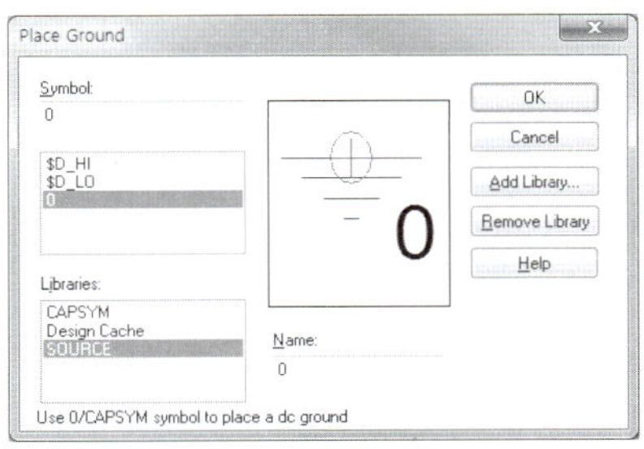

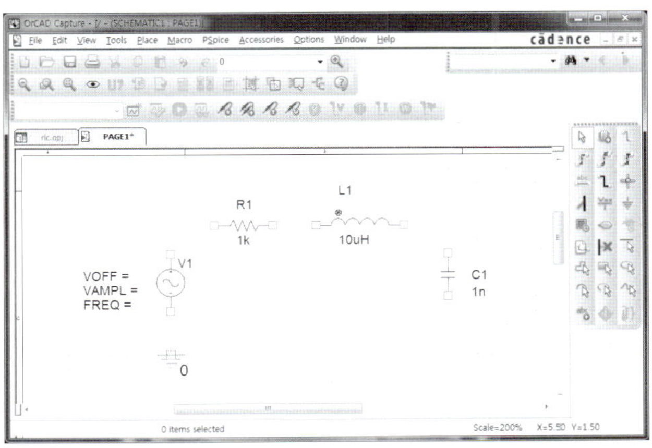

(2) 선 연결하기

Tool Bar를 클릭하거나 Place/Wire를 선택 또는 W의 단축키를 이용하여 부품 사이에 선을 연결한다.

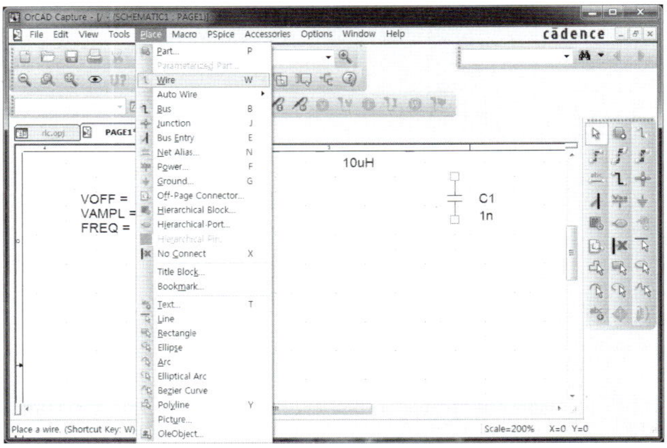

➤ 선그리기 완료 화면

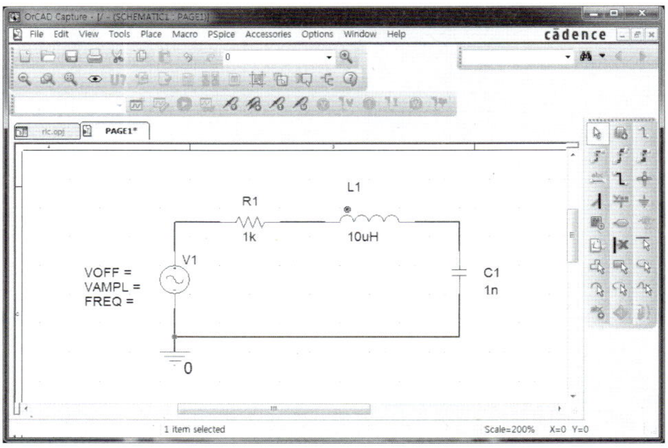

(3) 소자값 및 교류전원 파라미터(Parameter) 입력하기

■ 저항값 입력하기

❶ 저항 심벌을 2번 클릭하여 Property Editor을 실행한다.

❷ Value=2를 입력한 후 Apply 버튼을 클릭한다.

❸ Window 메뉴를 이용하여 Property Editor 윈도우에서 schematic 윈도우로 전환한다.

➤ Attribute를 이용한 저항값 입력 화면

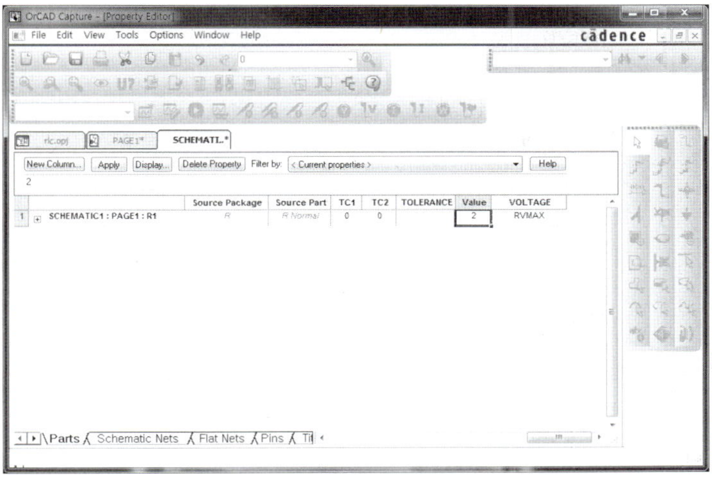

■ 인덕터 값 입력하기

❶ 인덕터 값을 2번 클릭한다.

❷ Display Properties 윈도우의 Value 대화상자에 50uH를 입력한다.

❸ OK를 클릭한다.

➤ Display Properties를 이용한 L값 입력 화면

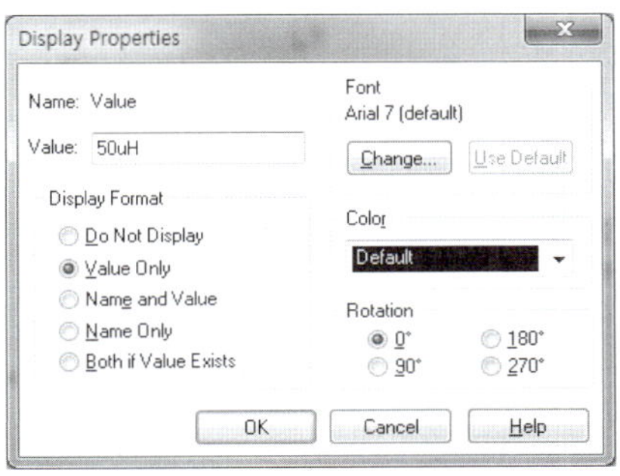

■ 커패시터 값 입력하기

❶ 커패시터 값을 2번 클릭한다.

❷ Display Properties 윈도우의 Value 대화상자에 10uF를 입력한다.

❸ OK를 클릭한다.

➤ Display Properties를 이용한 C값 입력 화면

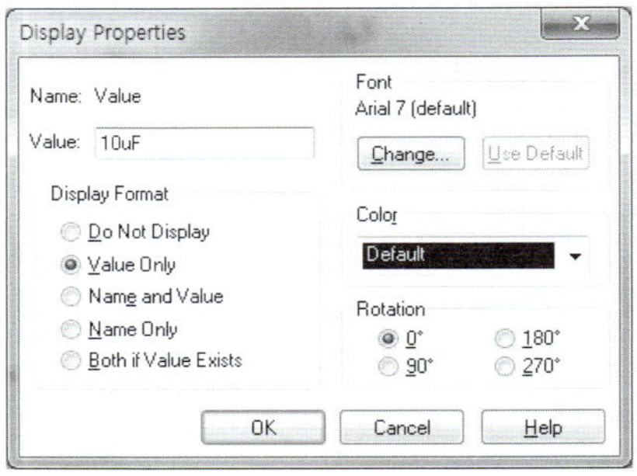

■ 교류전원 파라미터 입력

교류전원(VSIN)의 파라미터 입력은 저항, 인덕터, 커패시터의 값을 입력하는 것보다는 다소 복잡하다.

❶ 파라미터를 입력하기 위해서는 우선 심벌을 2번 클릭하면 다음과 같은 Property Editor가 나타난다.

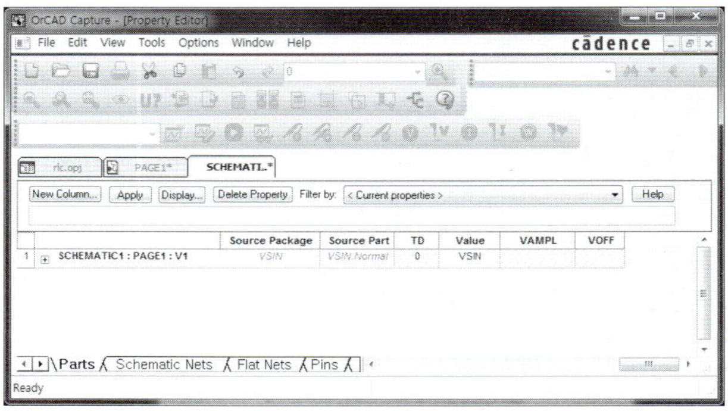

〈표 2-9〉 교류전원의 파라미터(Parameter)

속성(Attribute)	용 도
DC=	- DC 전원 - DC 해석을 수행할 경우에만 사용 - 크기를 입력
AC=	- AC 전원 - AC 해석을 수행할 경우에만 사용 - 크기를 입력
VOFF=dc offst voltage VAMPL=ac peak amplitude FREQ=frequency TD=0time delay DF=0damping factor PHASE=0phase	- 과도해석에서 사용 - 일반적인 교류전압원 - 디폴트(default)로 DF=0 TD=0 PHASE=0

❷ 대화상자에 입력할 파라미터들을 정리하면 표 2-9와 같다.'DC='은 직류해석,'AC='은 교류해석을 수행할 때 입력하는 파라미터이고 그 나머지는 과도해석에서 사용하는 파라미터이다. 직류해석, 교류해석에 대하여는 추후에 살펴보기로 하고 지금은 단지 과도해석에만 국한하여 설명한다. 예를 들어 전압의 피크치가 100V이고, 주파수가 60Hz인 교류정현파 전원을 만들기 위해서는 다음과 같은 파라미터 입력이 필요하다.

$$V = 100 \cdot \sin(2 \cdot \pi \cdot 60 \cdot t) \quad \Rightarrow$$

- VOFF = 0V
- VAMPL = 100V
- FREQ = 60Hz
- TD = 0
- DF = 0
- PHASE = 0 (degree)

파라미터의 입력을 완료한 그림은 다음과 같다.

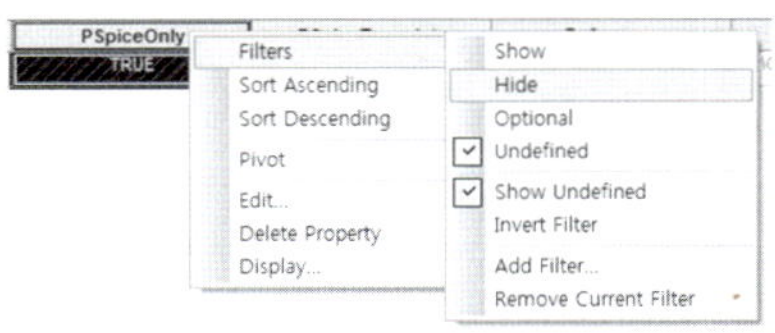

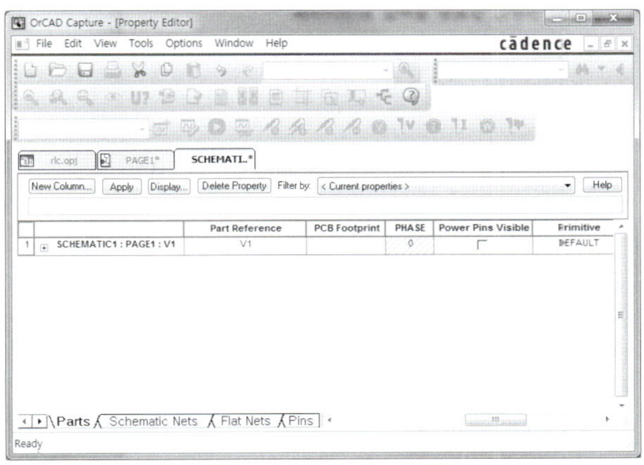

그림과 같은 결과를 얻기 위해서는 Filter항목에서 Orcad-PSpice를 선택해야 하고, 각 항목을 선택한 후 마우스의 오른쪽 버튼을 누른 후 Filters의 메뉴중 Hide를 선택하면 Display 되지 않는다. Pivot을 선택한 경우에는 항목 배열이 가로축, 세로축으로 번갈아 가면서 항목을 배열해 준다.

➤ VSIN의 파라미터 입력화면

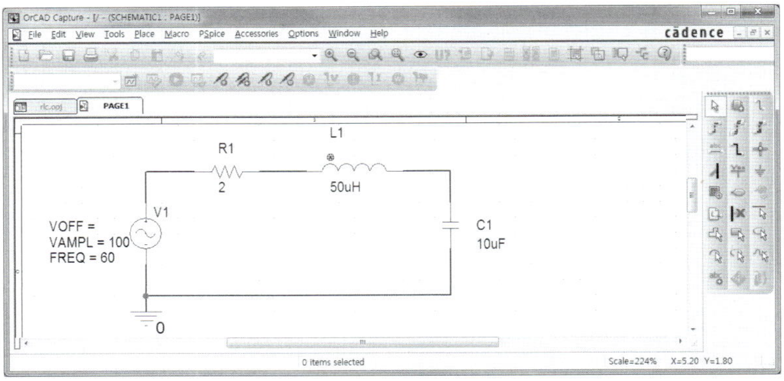

(4) 시뮬레이션 조건 설정하기

시뮬레이션할 회로의 작성 및 파라미터의 입력을 완료하면 이제 해석하고자 하는 시뮬레이션의 선택 및 그에 따른 시뮬레이션을 위한 파라미터 설정 과정이 필요하다.

■ Simulation Profile 만들기

시뮬레이션을 처음 실행할 경우에는 PSpice의 New Simulation Profile을 선택하여 Simulation Profile을 생성해야 한다. 이미 Simulation Profile의 파일이 존재하고 이를 수정할 경우에는 PSpice의 Edit Simulation Settings를 실행한다.

❶ Tool Bar를 클릭하거나 PSpice/New Simulation Profile을 선택한 후 Simulation Profile 명을 입력한 후 Create 버튼을 클릭한다.

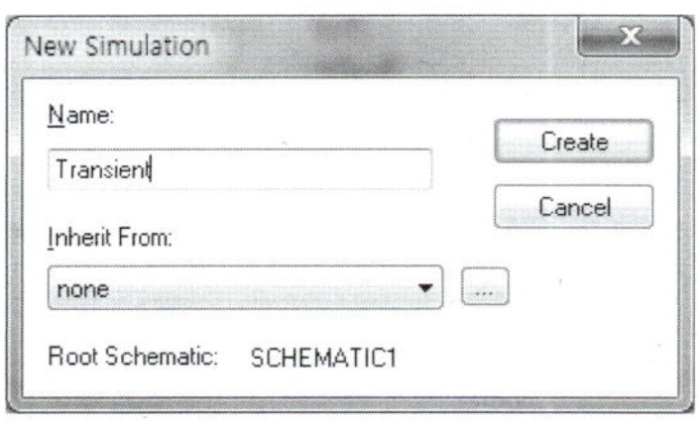

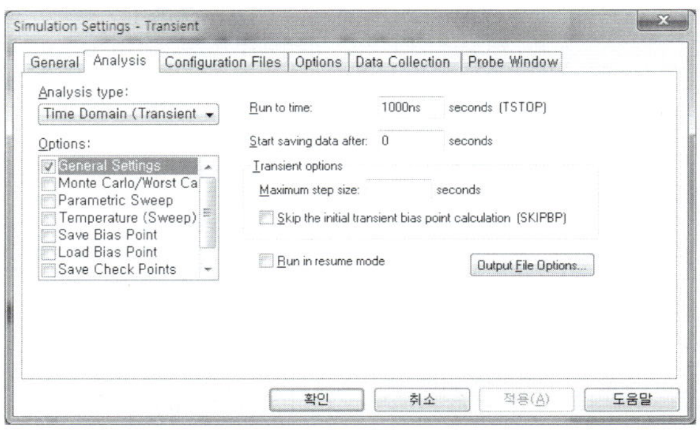

❷ 여러 가지 해석에 대한 내용은 다음 절에서 상세히 다루도록 하고, 과도해석(Transient Analysis) 부분만을 다루기로 한다. 과도해석을 선택하려면 먼저 아래 그림에서처럼 선택 박스를 마우스로 클릭하여 선택한다.

❸ 과도해석의 조건을 설정하기 위해서는 Analysis type은 Time Domain(Transient)를 선택하고, 그에 따른 Options 중 General Settings을 선택한다.

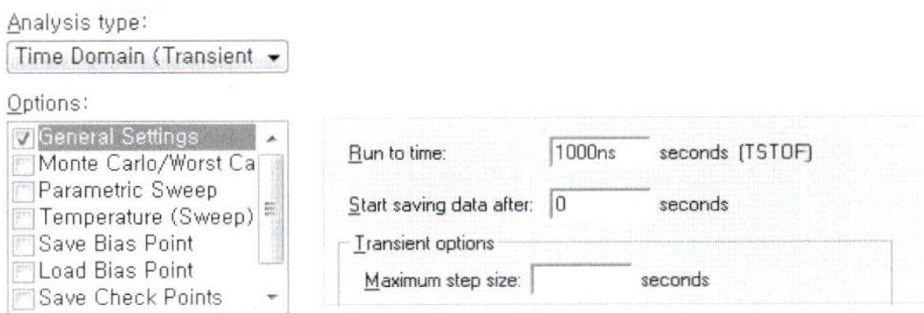

❹ 각 박스에 시뮬레이션에 필요한 값을 입력하거나 선택하여야 하는데 Run To Time은 반드시 입력하여야 한다.

Final Time에는 시뮬레이션이 끝나는 시간을 입력하며 기본단위는 초(sec)이다.

Starting saving data after 항목은 데이터를 저장하지 않는 시간을 설정하는 것으로 만일 10ms를 입력하면 0초부터 10ms 동안 데이터를 저장하지 않는다. 주로 정상상태에 관심이 있고, Probe용 데이터 파일의 크기를 줄일 때 사용하며, 일반적으로 default 값인 0의 상태로 둔다.

Maximum step은 회로방정식을 수치적으로 해석할 때 PSpice가 취하는 시뮬레이션 최대 스텝 사이즈(step size)를 입력하는 것으로 일반적으로는 비어 있는 상태로 둔다.

SKIPBP의 항목은 시뮬레이션에서 사용되는 커패시터(C), 인덕터(L) 등의 초기치를 사용하지 않고 skip할 것인가를 선택한다.

❺ 확인 버튼을 클릭한다.

(5) 실행하기

■ 실행하기

❶ 시뮬레이션의 실행하기 위해서는 PSpice/Run을 선택하거나 Tool Bar를 클릭한다.

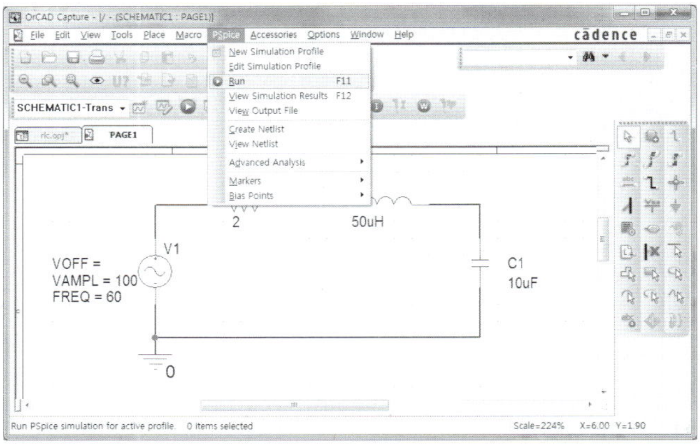

❷ 이로써 PSpice의 두 번째 아이콘인 PSpice A/D가 동작하며, 화면에 아래와 같은 시뮬레이션 실행사항과 결과를 보여주는 PSpice A/D Lite 윈도우가 나타난다.

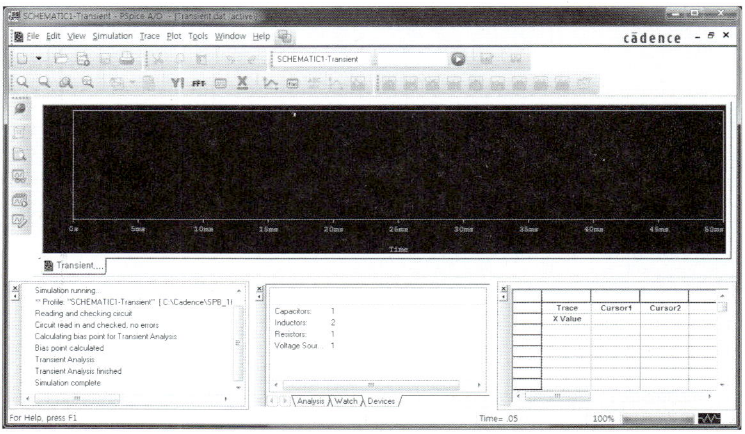

❸ 계산이 진행되면서 시뮬레이션 진행사항이 Pspice A/D의 Output 윈도우의 하단부 왼쪽면에 나타나며, Schematics 윈도우상에서의 Simulation Profile에서 설정한 파라미터에 따라 PSpice A/D가 동작한다. 오른쪽 하단의 윈도우에는 시뮬레이션 계산 시간 스텝과 시뮬레이션 경과 시간, 시뮬레이션 완료 시간을 표시하는 Status 윈도우가 나타난다. 각 윈도우를 화면에 나타내거나 표시하지 않을 수 있는데 이의 설정은 각 윈도우에 마우스를 배치하고 오른쪽 버튼을 누른 후 Hide 명령을 실행하거나 View/Output Window, View/Simulation Status Window의 명령을 이용한다.

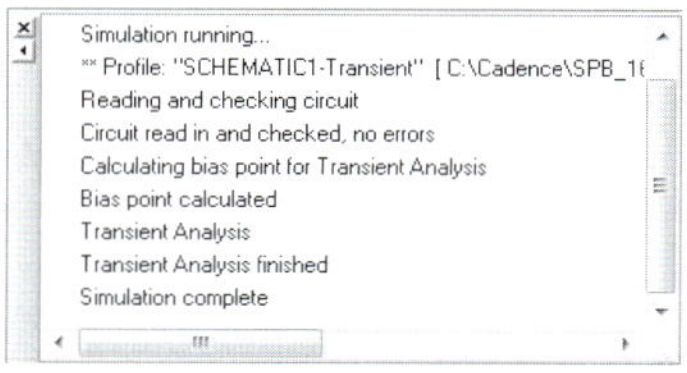

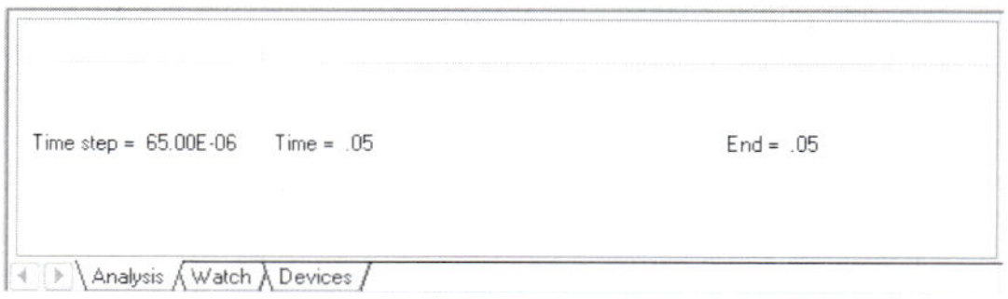

Probe Setup의 파라미터는 OrCAD Capture Schematics상에서 설정하는데 이의 설정을 위해서는 한 경우에는 PSpice/Edit Simulation Settings를 실행한 다음 Probe Window 버튼을 선택한다. 이를 실행하면 아래 그림과 같이 Probe Setting과 관련한 윈도우가 화면에 나타난다. Probe Setup의 파라미터를 설정한 예의 의미를 살펴보면 다음과 같다.

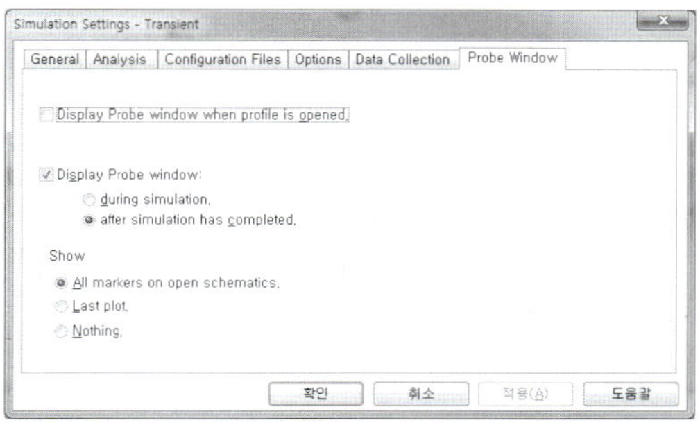

시뮬레이션 후에 자동으로 Probe window를 동작시킨다.

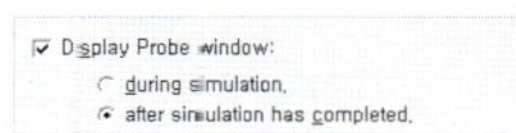

Probe가 동작할 때 schematics상에 표시된 모든 marker의 파형을 자동으로 화면에 표시한다.

■ 파형보기

❶ 이제 시뮬레이션 결과를 plot하는 과정에 대하여 살펴보도록 하자. 파형을 그리기 위해서는 Trace/Add Trace를 선택하거나 왼쪽의 Tool Bar를 선택한다.

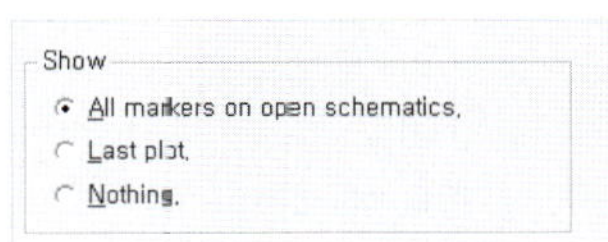

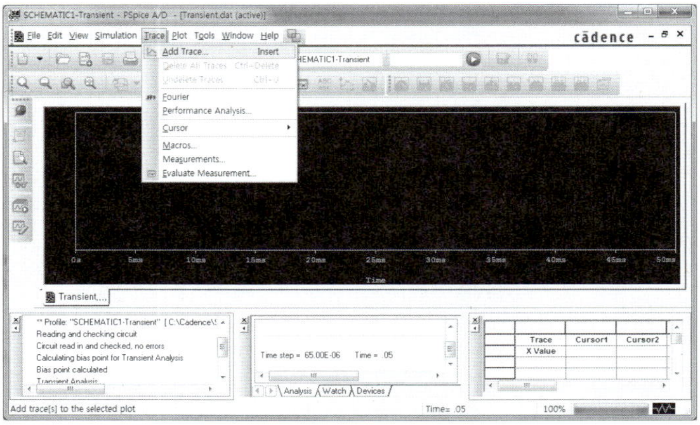

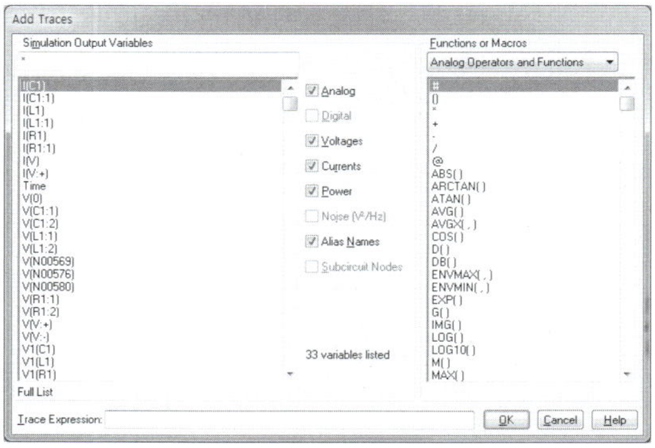

❷ 교류전원전압을 Plot하려면 마우스를 이용하여 V(V1:+)를 한 번 클릭하거나 Simulation Output Variables 박스 안에 입력한 후 OK 버튼을 클릭한다.

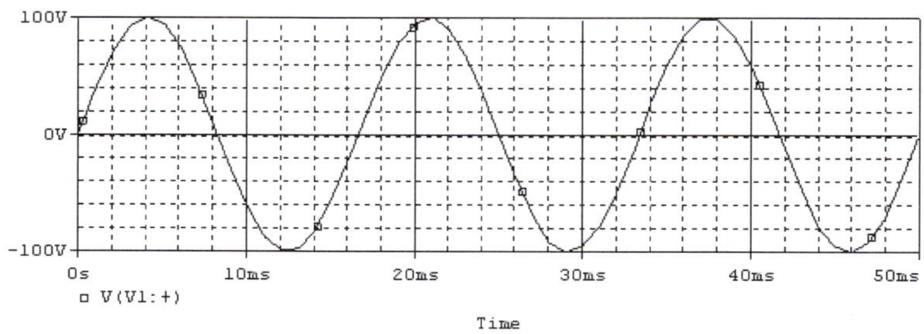

Tool Bar를 계속 선택하거나 Trace/Add를 계속해서 실행하면 파형이 화면에 연속해서 나타나게 된다. 하지만 이 명령에 의해 회로의 원하는 부분에 대한 파형을 그리기 위해서는 반드시 각 소자의 전압, 전류에 대한 변수의 표현 방법 즉 노드명(Node Names)에 대하여 알아야 한다.

A. 전압변수

전압 변수는 소자 양단의 전압을 나타내는 것이 아니라 항상 접지에 대한 절대 전압을 의미한다. 아래 그림에서 알 수 있듯이 V(V1:+), V(V1:-), V(L1:1), V(L1:2) 전압변수는 회로 내의 모든 지점의 절대전압을 의미한다. 만일 L1양단의 전압을 표시하려면 V(L1:1)- V(L1:2)라고 입력하면 된다. 이는 또 Trace Expression에서는 노드 전압, 전류를 이용한 연산이 가능함을 의미한다.

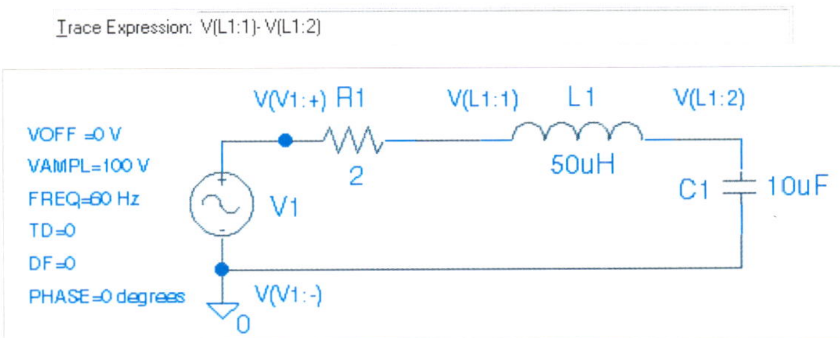

PSpice의 모든 소자의 단자에는 번호가 부여되는데 L을 예를 들면 다음과 같다.

소자를 회전하여 위치시킬 때는 각 단자의 번호가 좌, 우, 위, 아래로 이동하게 됨으로 소자의 왼쪽과 위쪽이 항상 1번이 아니라는 사실을 명심하기 바란다.

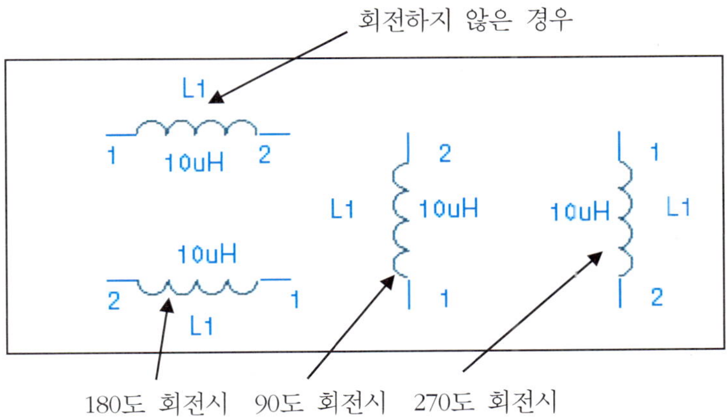

B. 전류변수

전류는 각 소자의 단자중 1번으로 들어가는 전류를 의미한다. I(C1), I(L1), I(R1), I(V1)의 방향을 회로에 나타내면 다음과 같다.

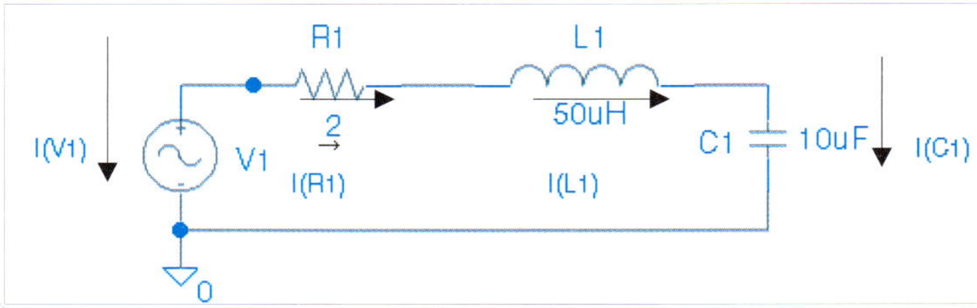

따라서 소자를 회전시킨 경우에는 1번 단자가 어느 쪽에 있느냐에 따라서 plot하는 전류의 극성이 바뀔 수 있음에 주의해야 한다.

(6) Marker를 사용한 파형보기

앞에서 살펴본 바와 같이 Probe 윈도우의 Trace/Add를 이용하여 원하는 파형을 그리기 위해서는 각 소자의 전압, 전류에 대한 변수명과 극성을 정확히 알고 있어야 한다. 만일 회로에서 사용된 저항수가 많은 경우에는 각 변수의 리스트만 보고 원하는 곳의 파형을 정확히 그리기에는 어려움이 따른다. PSpice에서는 이러한 점을 해결할 수 있는 기능을 가지고 있는데, 즉 보고자 하는 전압, 전류를 Marker를 이용하여 Schematics상에서 미리 표시한 후 시뮬레이션을 수행하면 시뮬레이션을 마친 후 자동으로 선택한 곳의 파형을 그려주는 기능인데 Schematics상의 Marker를 사용한다. 지금부터 Marker를 사용한 파형보기에 대하여 살펴보기로 한다.

■ 회로의 작성

먼저 Schematics상에서 R-L-C의 값을 각각 1ohm, 1mH, 1000uF으로 다음과 같이 정한 회로를 작성한다.

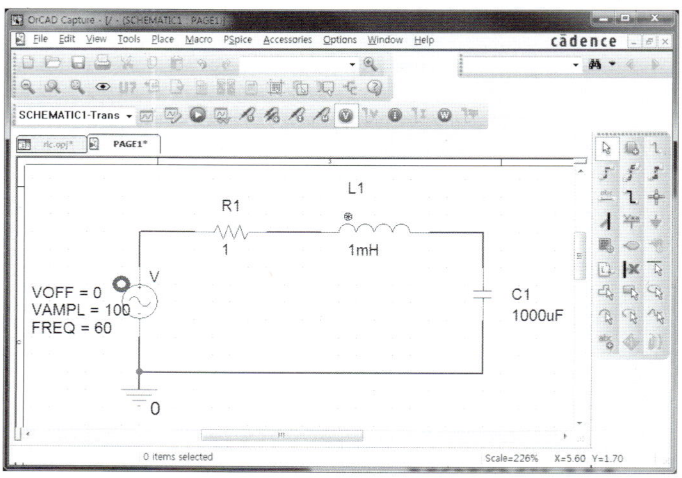

Marker의 지정

Schematics상의 PSpice 메뉴 중에서 Markers를 선택한다. Marker에는 접지에 대한 절대전위를 나타내는 Voltage Level과 상대적인 전위차를 나타내는 Voltage Differential, 전류를 지정하는 Current into Pin, 사용전력의 크기를 나타내는 Power dissipation과 dB, 위상, 실효분, 무효분 등을 나타내는 Advanced가 있다.

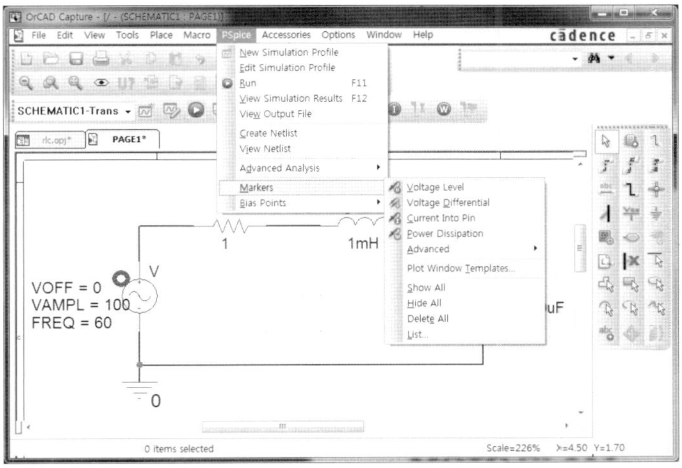

전원전압, L1양단의 전압, C1에 흐르는 전류를 지정해 보도록 하자. 전원전압 지정에는 Voltage Level, L1 양단전압의 지정에는 Voltage Differential을 C1에 흐르는 전류는 Current into Pin을 각각 사용한다.

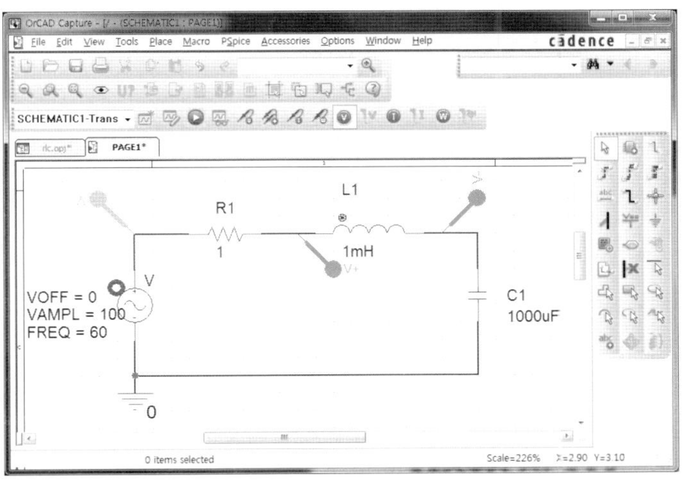

■ Probe Setup의 설정

PSpice/Edit Simulation Settings/Probe Window를 선택한 후 Show 박스 안에서 All makers on open schematics를 선택한다.

■ 실행하기

과도해석의 시뮬레이션 조건을 다음과 같이 설정한 후 PSpice/Run를 실행한다. 시뮬레이션이 모두 완료되면 Marker에 의해 지정한 곳의 파형이 PSpice A/D Probe 윈도우에 나타난다.

Schematics 윈도우상에서 Marker의 위치를 바꾸면 PSpice A/D Probe에 나타나는 파형도 자동으로 바뀐다. 이는 마치 오실로스코프의 Probe와 같은 역할을 수행한다고 할 수 있다. 또한 Marker를 추가로 지정하면 다시 실행하지 않아도 Probe 화면에 파형이 자동으로 추가되며, 삭제할 경우에도 마찬가지이다. 이처럼 Marker가 회로의 검증이나 특성 평가할 때 편리한 기능이므로 많이 사용하도록 하자.

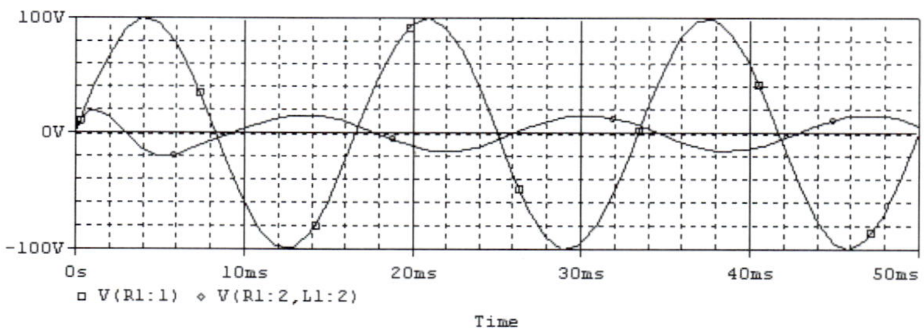

2) 디지털회로 시뮬레이션

이번에는 ORCAD PSpice를 이용하여 디지털회로를 어떻게 시뮬레이션을 하는가를 이해하기 위해 NAND GATE 응용회로를 가지고 회로작성법, 시뮬레이션 조건설정, 파형보기 등에 대해 살펴보도록 하자.

이미 아날로그 시뮬레이션에서 Schematics에 대한 대부분의 기능을 연습하였기 때문에 중복된 사항에 대한 언급은 가급적 하지 않고 서로 다른 부분에 대한 사항을 자세히 언급하겠다. 잘 모르는 사항에 대해서는 다시 아날로그 시뮬레이션 부분을 참조하기 바란다.

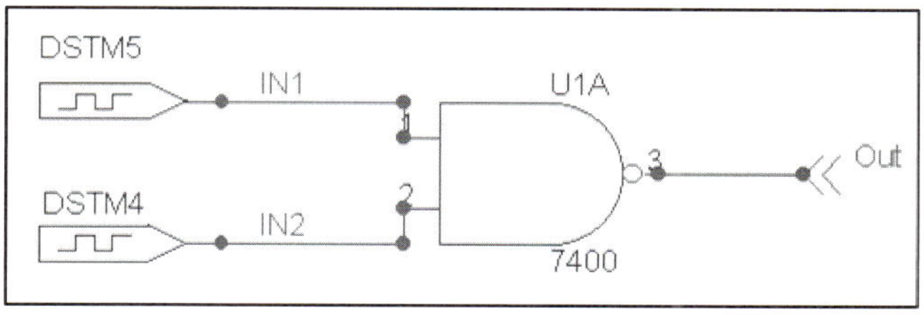

(1) 부품 가져오기

■ 7400 가져오기

❶ Tool Bar 혹은 Place/Part를 선택한다. (혹은 P 입력)

❷ Place Part 대화상자에 7400을 써 넣는다. 혹은 add library를 실행한 다음 Libraries 중 Eval.olb를 선택한 후 7400을 선택한다.

❸ OK를 클릭한다. 혹은 Enter키를 누른다.

❹ 드로우잉 보드의 적당한 곳에 위치시킨다.

➤ 7400을 배치한 화면

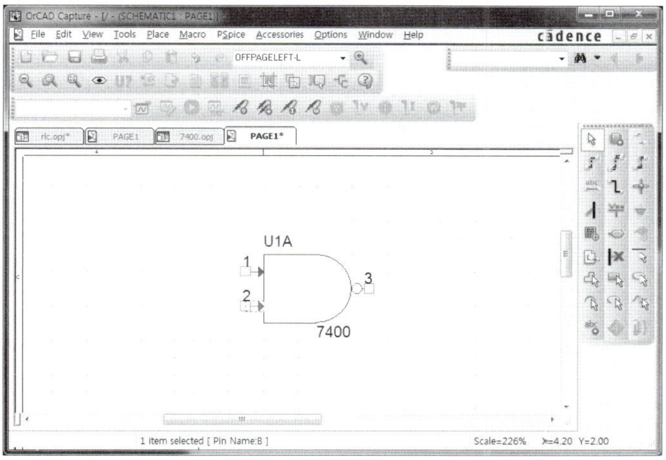

■ 디지털 입력(stim1) 가져오기

❶ Place/Part 선택 (혹은 P 입력)

❷ Place Part 대화상자에 Digstim1을 써 넣는다. 혹은 Libraries의 Source.olb를 선택한 후 Digstim1을 선택한다.

❸ OK를 클릭한다. 혹은 Enter 키를 누른다.

❹ 드로우잉 보드의 적당한 곳에 위치시킨다.

Digstim1은 1비트 디지털 입력을 말하며, Digstim4인 경우에는 4비트, Digstim8인 경우에는 8비트 디지털 입력을 말한다.

➤ Digstim1을 배치한 화면

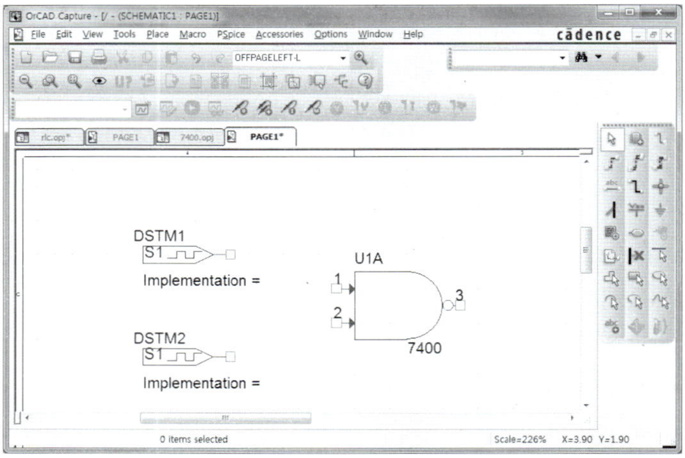

■ Off-Page Connector 가져오기

❶ Place/Off-Page Connector 선택 (혹은 툴바 입력)

❷ Place Off-Page Connector 대화상자가 나타나면 OFFPAGELEFT-L을 선택한다.

❸ OK를 클릭한다. 혹은 Enter 키를 누른 후 보드에 아래 그림과 같이 위치시킨다.

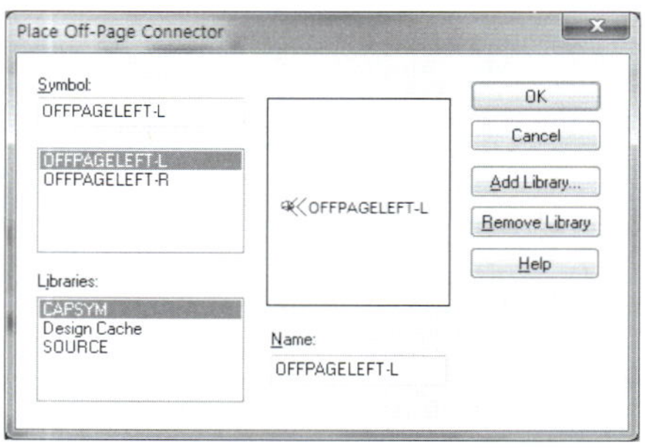

➤ Off-Page Connector를 배치한 화면

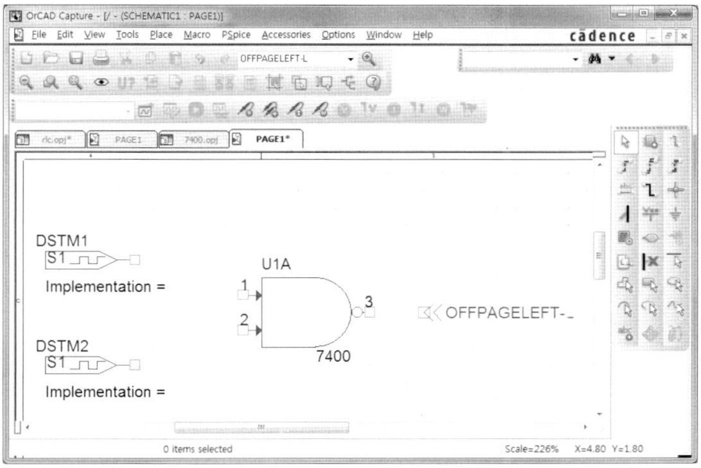

(2) 선그리기

Tool Bar나 Place/Wire를 선택하거나 W의 단축키를 사용하여 부품 사이에 선을 연결한다. 시작점에서 마우스의 왼쪽 끝을 클릭하고 이동하면 선이 그려진다. 이 때 선그리기 모드에서 완전히 빠져나갈 경우에는 ESC키를 누르면 된다.

➤ 선그리기 완료 화면

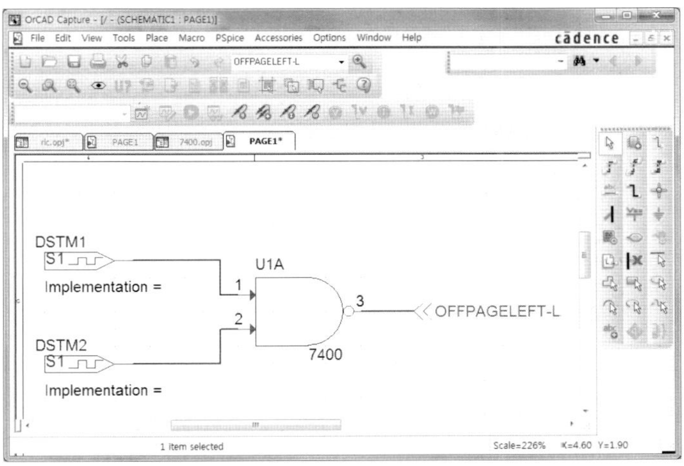

(3) 파라미터 설정하기

■ 디지털 입력 DSTM1, DSTIM2 설정

❶ DSTM1을 마우스로 클릭하여 선택한 후 마우스의 오른쪽 클릭하여 Edit Pspice Stimulus를 선택하면 Stimulus Editor 윈도우가 나타난다.

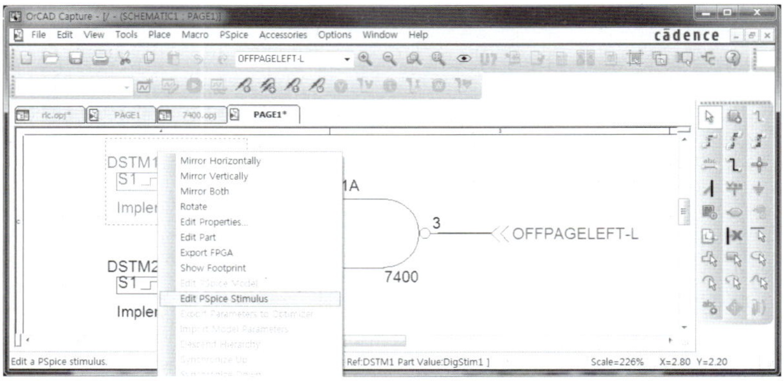

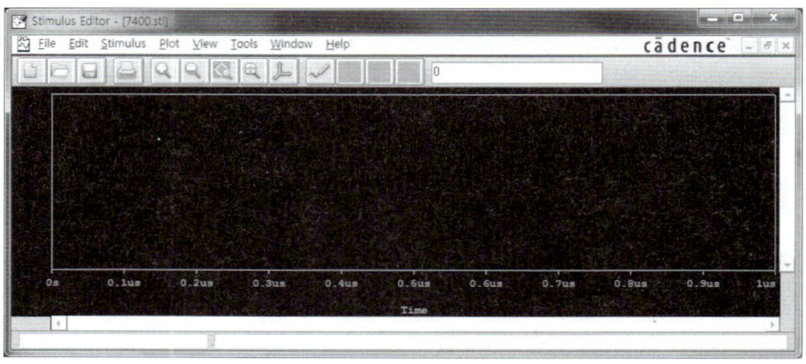

❷ Stimulus Editor 윈도우에서 Stimulus/New를 선택한다.

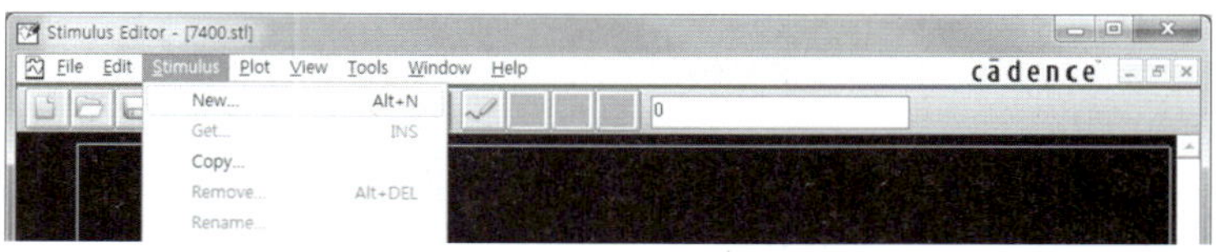

❸ New Stimulus 윈도우가 나타나면 Digital 항목의 clock을 선택한 후 Name 부분에 IN1을 입력한 후 OK 버튼을 누른다. Stimulus 기능은 입력할 파형을 화면을 통해 미리 생성하여 입력하는 기능으로 데모 버전으로는 아날로그 신호 중 정현파와 디지털 신호 중 clock만 생성할 수 있다.

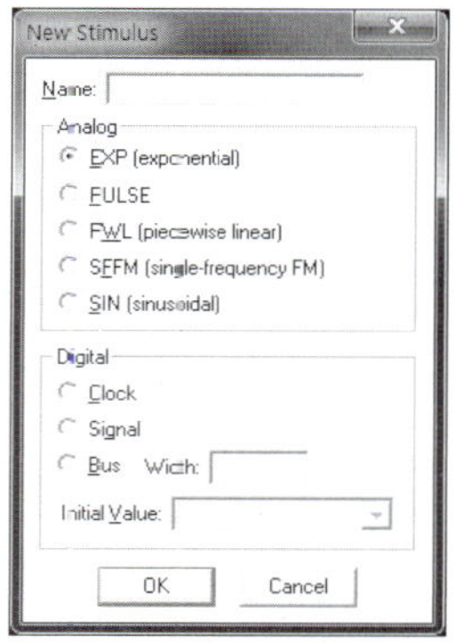

❹ Clock Attribute 화면이 나타나면 Period and on time을 선택한 후

Period [sec] : 20ms

On time[sec] : 10ms

Initial value : 0

Time delay[sec] :0

을 입력한 후 OK 버튼을 누른다.

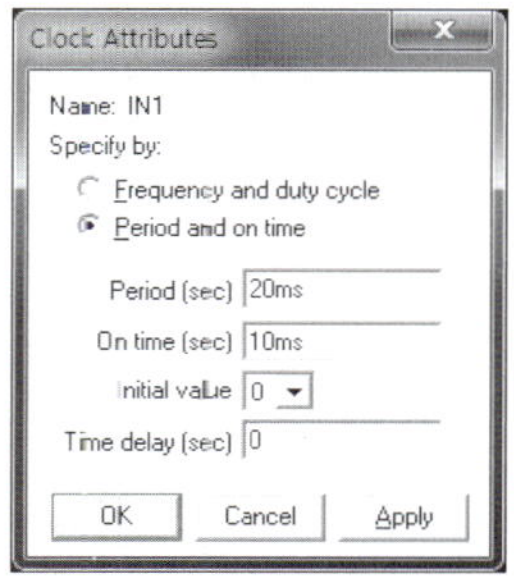

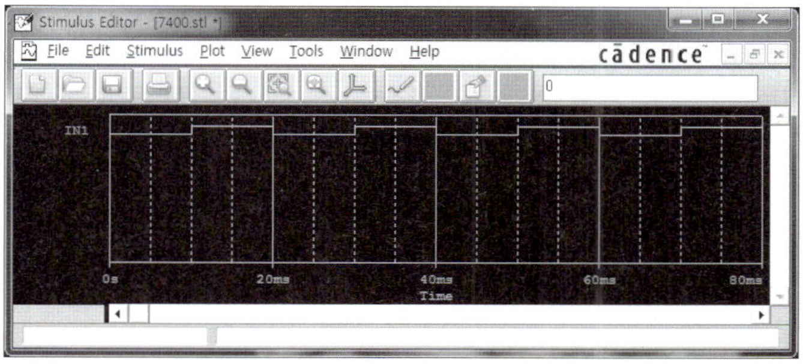

❺ 다시 Stimulus Editor 윈도우의 Stimulus/New를 실행하여 IN2라는 이름을 입력한 후 Clock Attribute에

Period [sec] : 40ms

On time[sec] : 20ms

Initial value : 0

Time delay[sec] :0

을 입력한다.

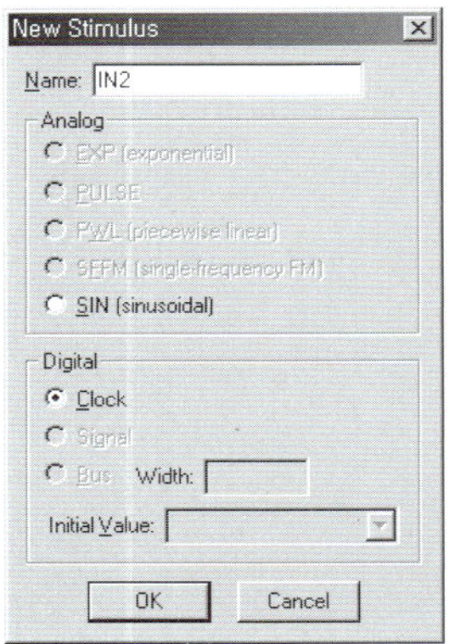

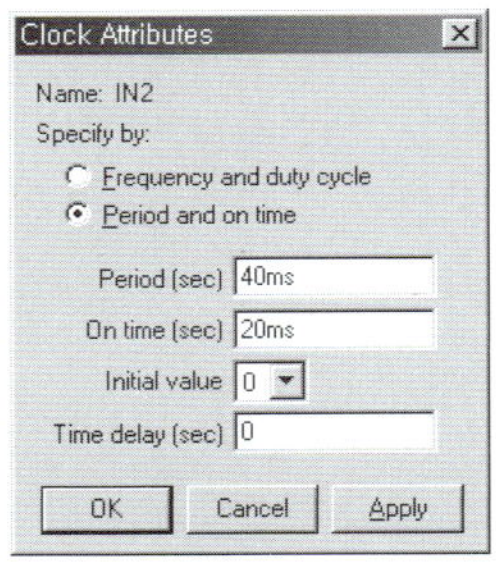

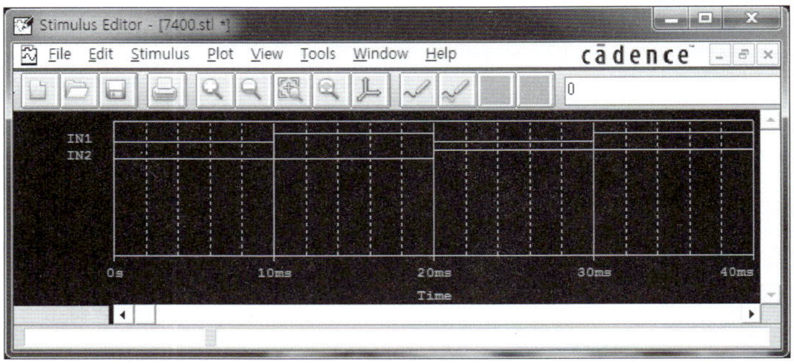

❻ Stimulus Editor 윈도우의 메뉴중 File /Save를 실행한다.

❼ Capture CIS - Demo 윈도우로 다시 돌아가서 DSTIM1 부품의 Implementation=을 클릭하여 파형명 IN1을 입력하고, DSTIM2에는 IN2를 입력한다.

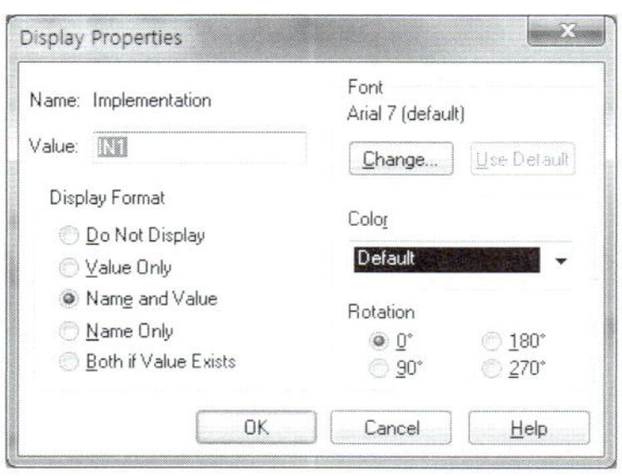

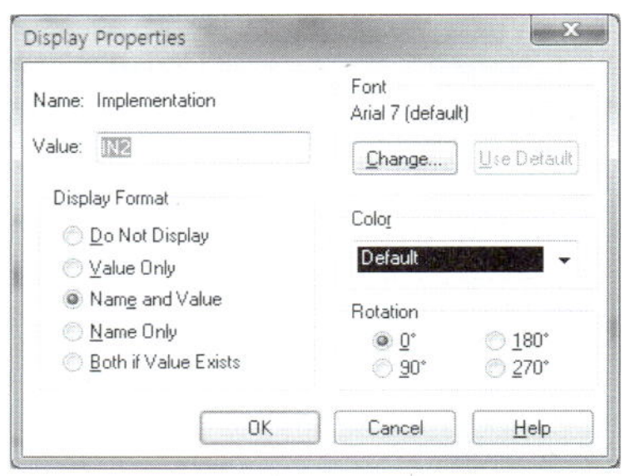

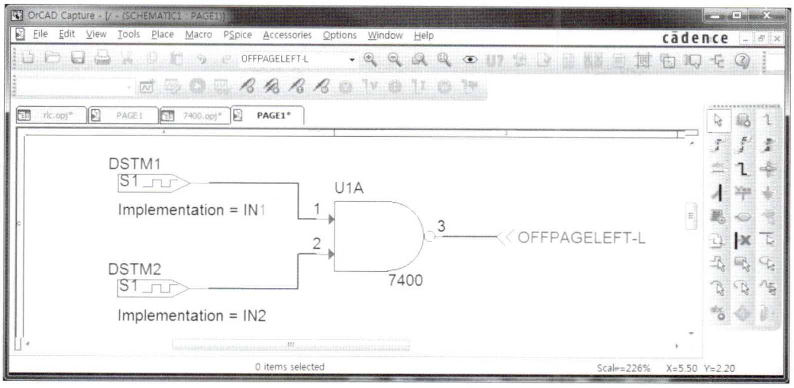

■ Off-Page Connector에 이름 부여하기

❶ Off-Page Connector를 마우스로 2번 클릭한다. 혹은 마우스로 1번 클릭하여 부품이 빨간색으로 바뀌면 Edit/Properties를 선택한다.

❷ Display Properties 대화상자의 Value에 OUT이라고 써 넣은 뒤 OK를 클릭하거나 Enter 키를 누른다.

■ 노드에 노드명 부여하기

❶ 왼쪽의 툴바를 클릭하거나 Place/Net Alias를 선택한다.

❷ Place Net Alias 대화상자에 IN1이라고 써넣은 뒤 OK를 클릭하거나 Enter키를 누른다.

❸ 같은 방법으로 IN2를 기입한다.

➤ IN1/IN2/OUT 노드명을 부여한 화면

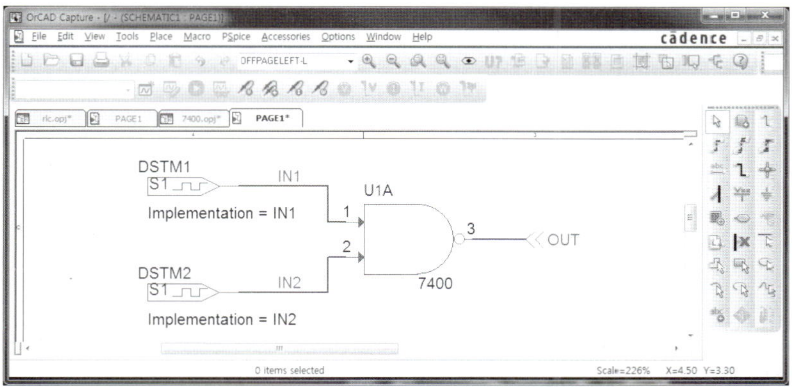

(4) 시뮬레이션 조건 설정하기

디지털 회로인 경우에는 아날로그 해석에서와 같이 여러 형태의 해석은 없고 통상 과도해석을 하는 것이 일반적이다.

❶ PSpice/New Simulation Profile을 선택한 후, Analysis Setup 대화상자가 화면에 나타나면 Transient 해석을 선택한다.

➤ Analysis/Setup의 실행화면

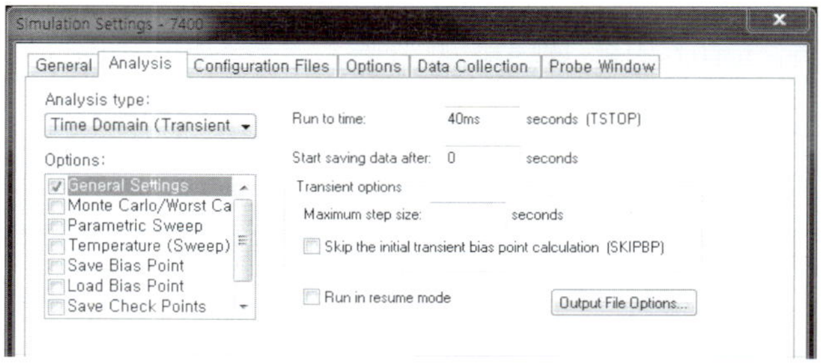

❷ Transient를 클릭한 후 다음과 같이 Run to time = 40ms를 입력한다. Maximum step값을 1ms 정도 입력한다. 시뮬레이션 시간이 오래 걸리므로 입력신호의 주파수에 따라 적절히 조절한다. 현재 예제로 사용한 회로의 입력 최소주기는 20ms이므로 Maximum step을 1ms로 해도 해석에는 별 무리가 없다. Final Time은 입력 신호에 대한 정의가 40ms까지이므로 이 값을 입력한다.

❸ OK를 클릭하거나 Enter키를 리턴한다.

❹ Simulation Settings의 대화상자에서 확인 버튼을 클릭한다.

(5) Marker 설정하기

■ Marker 설정

아날로그회로의 시뮬레이션 예제에서 살펴본 것과 같이 Marker는 파형을 그릴 때 상당히 편리한 기능이다. 디지털회로에서는 전압과 전류대신에 논리 레벨이 중요하므로 PSpice /Markers/ Voltage Level을 이용하여 Probe에서 그릴 파형을 지정하도록 하자.

❶ PSpice /Markers/ Voltage Level을 선택한다.

❷ 선택한 Marker를 가지고 2개의 입력신호와 출력신호가 연결된 노드에 배치한다.

➤ Markers 배치 화면

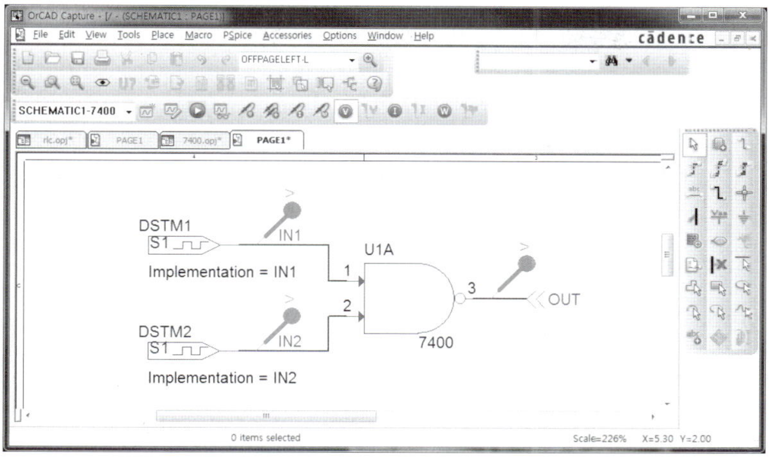

Probe Window설정하기

Markers를 이용할 경우에는 반드시 Probe Setup에서 Marker를 사용한다는 항목을 선택해야 한다.

❶ PSpice/ edit Simulation Profile을 선택한다. Probe window의 여러 항목 중에서 Show 박스 내의 All markers on open schematics를 선택한다.

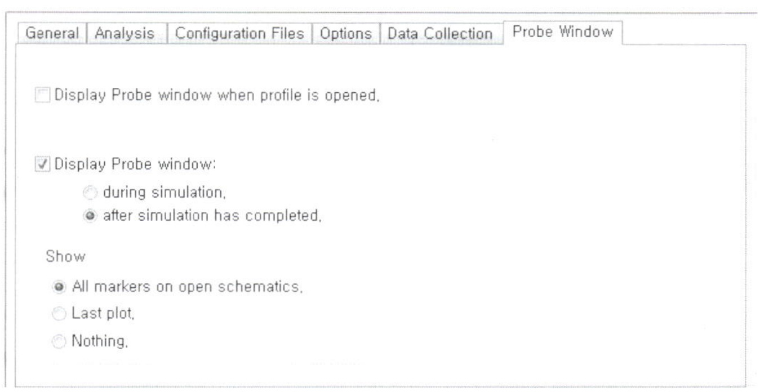

❷ OK를 클릭한다.

(6) 실행하기

■ 실행하기

PSpice/Run을 선택하면 시뮬레이션을 실행할 수 있다.

➤ PSpice A/D 실행 및 결과 화면

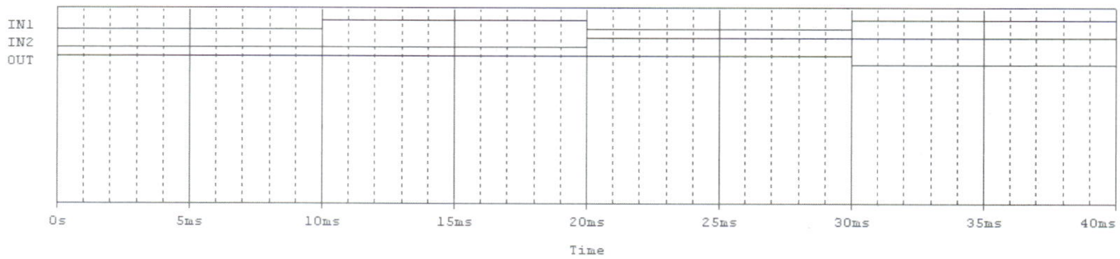

■ 파형 분석하기

IN2	IN1	OUT
0	0	1
0	1	1
1	0	1
1	1	0

위의 결과에서 입력(IN1)과 입력(IN2), 출력(OUT)을 진리표로 만들면 다음과 같다. NAND GATE 진리표와 동일한 결과를 얻음을 확인할 수 있다.

3) 아날로그, 디지털 혼합회로 시뮬레이션

아날로그와 디지털 혼합회로의 예제로 ADMIX.prj 파일을 작성하고 실행해 보자.

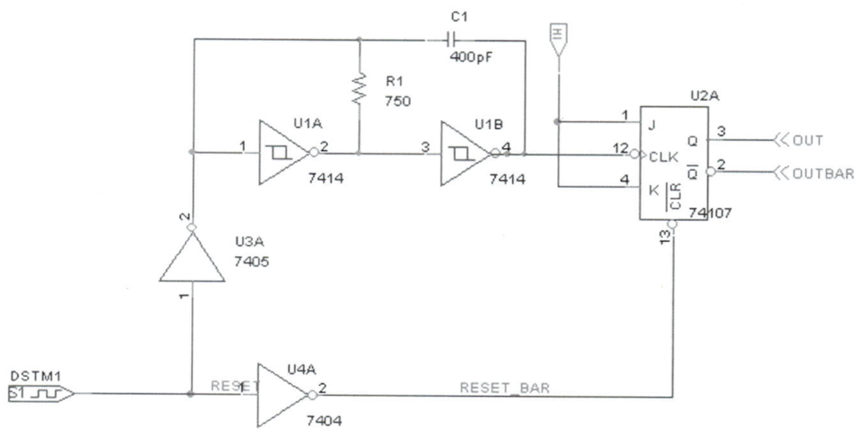

이 회로는 발진회로로서 시스템 클럭을 만드는데 사용한다.

(1) 부품 가져오기

■ 7414 가져오기

❶ Tool Bar를 클릭하거나 Place/Part 선택한다.(혹은 P 입력)

❷ Place Part 대화상자에서 Libraries중 eval.olb를 선택하고 7414를 써 넣거나 선택한다.

❸ OK를 클릭한다. 혹은 Enter키를 누른다.

❹ 드로우잉 보드의 적당한 곳에 위치시킨다.

➤ 7414를 배치한 화면

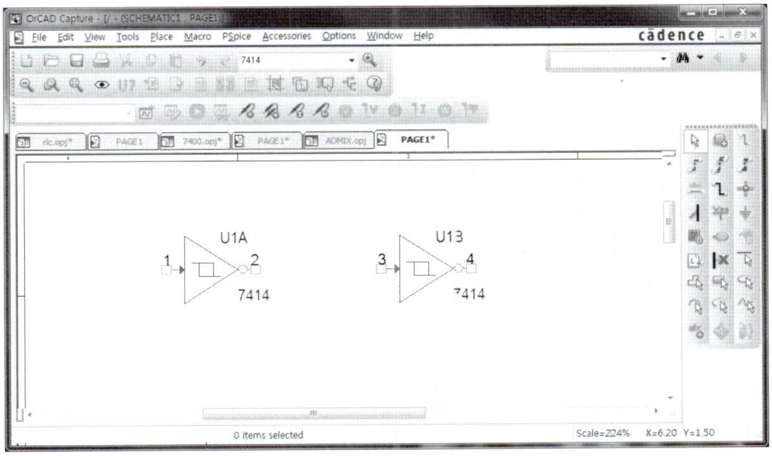

■ 74107 가져오기

❶ Tool Bar를 클릭하거나 Place/Part 선택한다.(혹은 P 입력)

❷ Place Part 대화상자에서 Libraries중 eval.olb를 선택하고 74107을 써 넣거나 선택 한다.

❸ OK를 클릭한다. 혹은 Enter키를 누른다.

❹ 드로우잉 보드의 적당한 곳에 위치시킨다.

➤ 74107을 배치한 화면

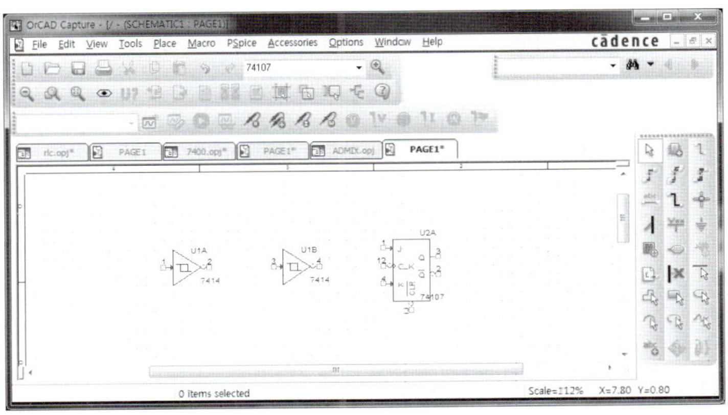

7405 배치하기

❶ Tool Bar를 클릭하거나 Place/Part 선택한다.(혹은 P 입력)

❷ Place Part 대화상자에서 Libraries중 eval.olb를 선택하고 7405를 써 넣거나 선택한다.

❸ OK를 클릭한다. 혹은 Enter키를 누른다.

❹ 드로우잉 보드의 적당한 곳에 위치시킨다.

➤ 7405를 배치한 화면

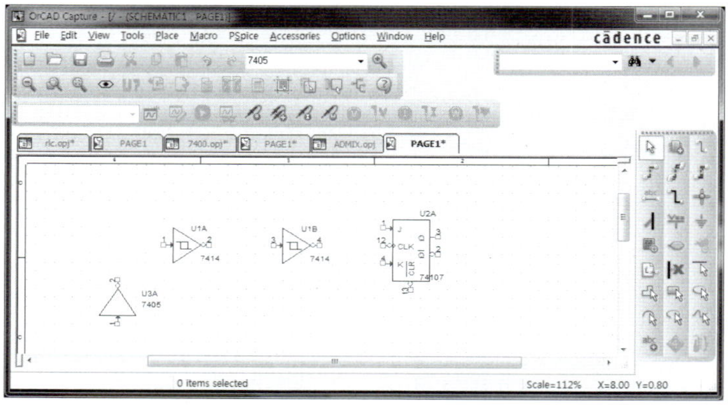

7404 가져오기

❶ Tool Bar를 클릭하거나 Place/Part 선택한다.(혹은 P 입력)

❷ Place Part 대화상자에서 Libraries중 eval.olb를 선택하고 7404를 써 넣거나 선택한다.

❸ OK를 클릭한다. 혹은 Enter키를 누른다.

❹ 드로우잉 보드의 적당한 곳에 위치시킨다.

➤ 7404 배치 화면

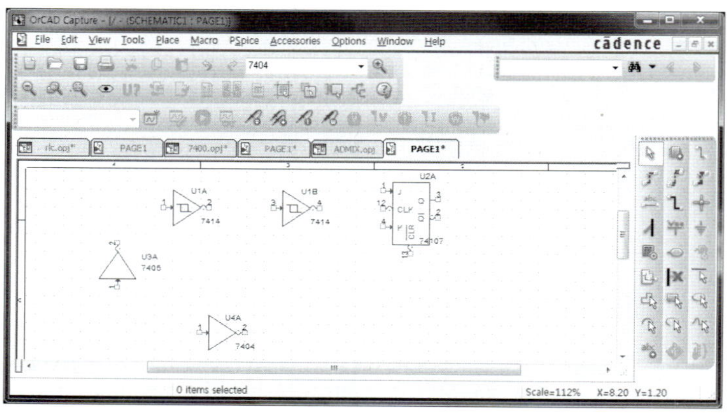

■ 저항 가져오기

❶ Tool Bar를 클릭하거나 Place/Part 선택한다.(혹은 P입력)

❷ Place Part 대화상자에서 Libraries중 analog.olb를 선택하고 R을 써 거나 선택한다.

❸ OK를 클릭한다. 혹은 Enter키를 누른다.

❹ 드로우잉 보드의 적당한 곳에 위치시킨다.

➤ 저항 배치 화면

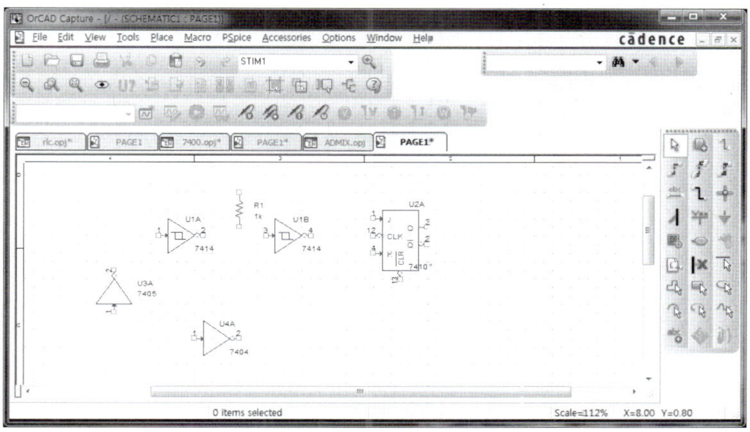

■ 커패시터 가져오기

❶ Tool Bar를 클릭하거나 Place/Part 선택한다.(혹은 P입력)

❷ Place Part 대화상자에서 Libraries중 analog.olb를 선택하고 C를 써 넣거나 선택한다.

❸ OK를 클릭한다. 혹은 Enter키를 누른다.

❹ 드로우잉 보드의 적당한 곳에 위치시킨다.

➤ 커패시터 배치 화면

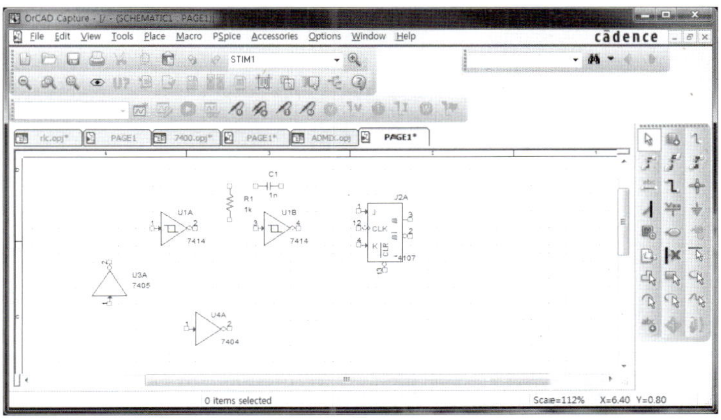

■ 디지털 입력 가져오기

❶ Place/Part 선택 (혹은 P 입력)

❷ Place Part 대화상자에 stim1을 써 넣는다. 혹은 Libraries의 Source.olb를 선택한 후 stim1을 선택한다.

❸ OK를 클릭한다. 혹은 Enter키를 누른다.

❹ 드로우잉 보드의 적당한 곳에 위치시킨다.

➤ 디지털 입력 배치 화면

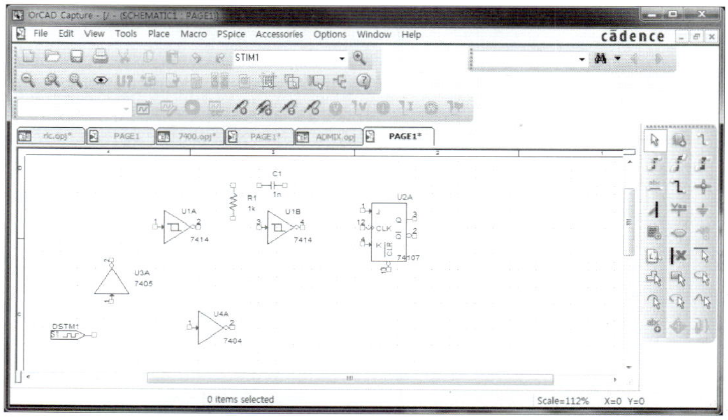

■ 디지털 입력(논리 1) 입력하기

❶ Tool Bar를 클릭하거나 Place/Power를 선택한다.

❷ Place Power 대화상자에서 Libraries중 Source.olb를 선택하고 $D_HI를 써넣거나 선택한다.

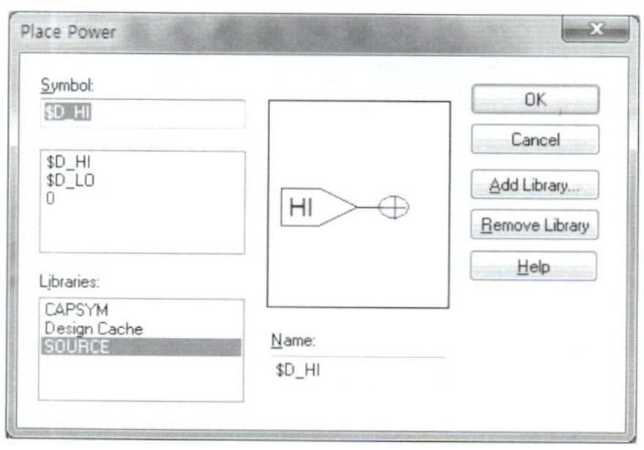

❸ OK를 클릭한다. 혹은 Enter키를 누른다.

❹ 드로우잉 보드의 적당한 곳에 위치시킨다.

➤ HI 배치 화면

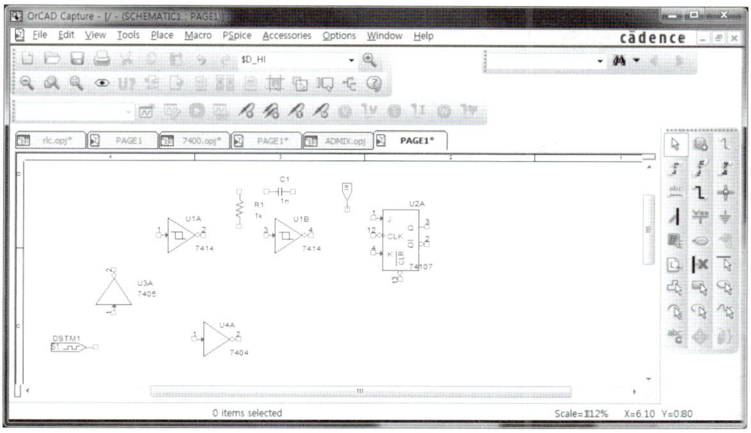

Off-Page Connector 가져오기

❶ Place/Off-Page Connector 선택 (혹은 툴바 입력)

❷ Place Off-Page Connector 대화상자가 나타나면 OFFPAGELEFT-L을 선택한다.

❸ OK를 클릭한다. 혹은 Enter 키를 누른 후 보드에 아래 그림과 같이 위치시킨다.

➤ Off-Page Connector 배치화면

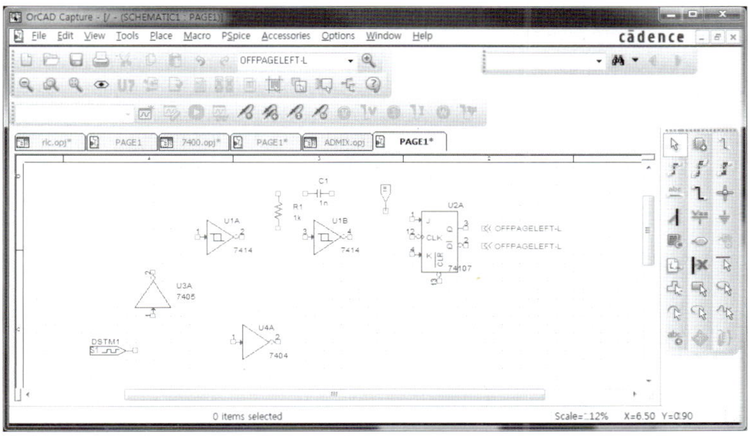

(2) 선그리기

Tool Bar를 선택하거나 Place/Wire를 선택 또는 W의 단축키를 사용하여 부품 사이에 선을 연결한다. 이 때 부품과 부품 사이가 확실히 연결될 수 있도록 해야 하고 이의 확인은 부품의 리드선에 junction의 유무로 가능하다.

➤ 선그리기 완료 화면

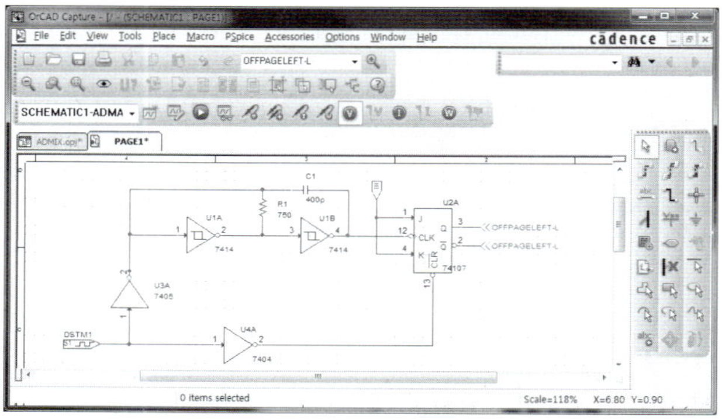

(3) 파라미터 설정하기

■ 노드에 노드명 부여하기

❶ 왼쪽의 툴바를 클릭하거나 Place/Net Alias를 선택한다.

❷ Place Net Alias대화상자에 RESET라고 써 넣은 뒤 OK를 클릭하거나 Enter키를 리턴한다.

❸ 같은 방법으로 RESET_BAR를 기입한다.

➤ RESET/RESET_BAR 노드명을 입력한 화면

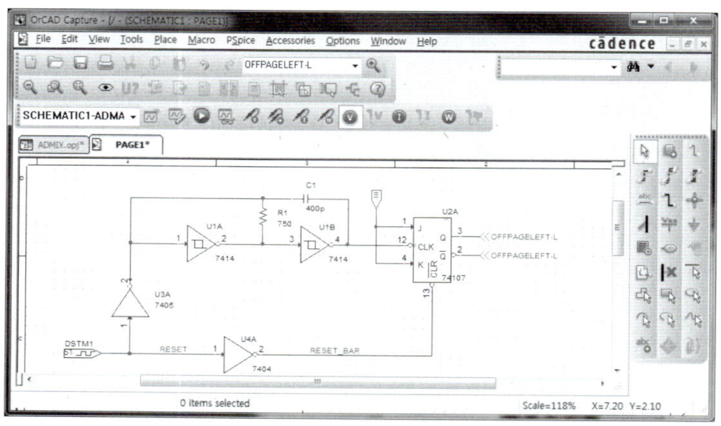

■ Off-Page Connector에 이름 입력하기

❶ Off-Page Connector를 마우스로 2번 클릭한다. 혹은 마우스로 1번 클릭하여 부품이 빨간색으로 바뀌면 Edit/Properries를 선택한다.

❷ 대화상자에 Off-Page Connector에 이름을 써 넣은 뒤 OK를 클릭하거나 Enter키를 리턴한다.

➤ Off-Page Connector에 이름을 입력한 화면

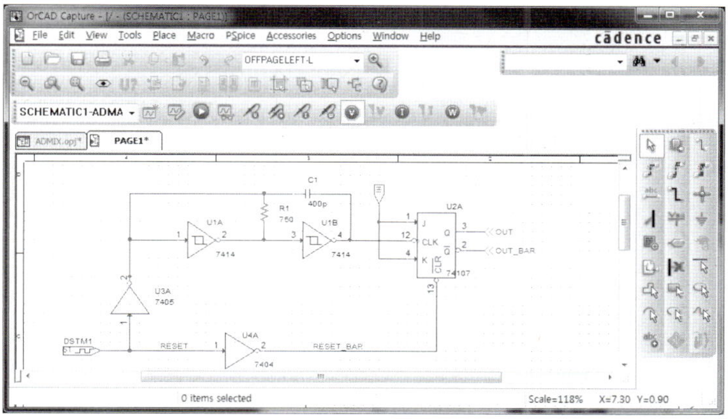

■ 디지털 입력 DSTIM1 설정

❶ DSTM1을 마우스로 2번 클릭한다. 혹은 마우스로 1번 클릭하여 부품이 빨간색으로 바뀌면 Edit/Properties를 선택하여 Property Editor를 동작시킨다.

❷ COMMAND1 0s 1

COMMAND2 100ns 0

❸ OK를 클릭한다.

➤ Dstm1의 파라미터 설정 화면

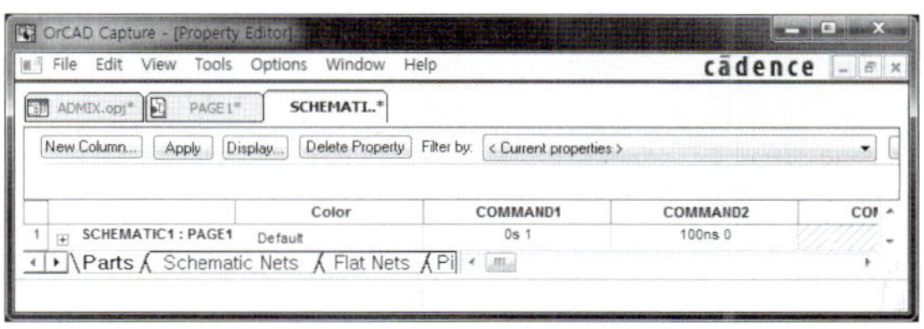

■ 저항값 변경하기

❶ R1을 마우스로 2번 클릭한다. 혹은 마우스로 1번 클릭하여 부품이 빨간색으로 바뀌면 Edit/Properties를 선택한다.

❷ 대화상자에 R1=750을 써넣은 뒤 OK를 클릭하거나 Enter키를 리턴한다.

■ C1값 변경하기

❶ C1을 마우스로 2번 클릭한다. 혹은 마우스로 1번 클릭하여 부품이 빨간색으로 바뀌면 Edit/Properties를 선택한다.

❷ 대화상자에 C1=400pF를 써넣은 뒤 OK를 클릭하거나 Enter키를 리턴한다.

(4) 시뮬레이션 조건 설정하기

❶ PSpice/New Simulation Profile을 선택하고 파일명을 입력한다.
Analysis의 Time Domain(Transient), Options의 General을 선택한다.

❷ Transient를 클릭한 후 Run to Time = 10us를 입력한다.

❸ OK를 클릭하거나 Enter키를 리턴한다.

❹ 대화상자에서 Close를 클릭한다.

(5) Marker 설정하기

■ Marker 설정

❶ PSpice/Markers/Voltage Level을 선택한다.

❷ 선택한 Marker를 가지고 2개의 입력신호와 출력신호가 연결된 노드에 배치한다.

➤ Markers 배치 화면

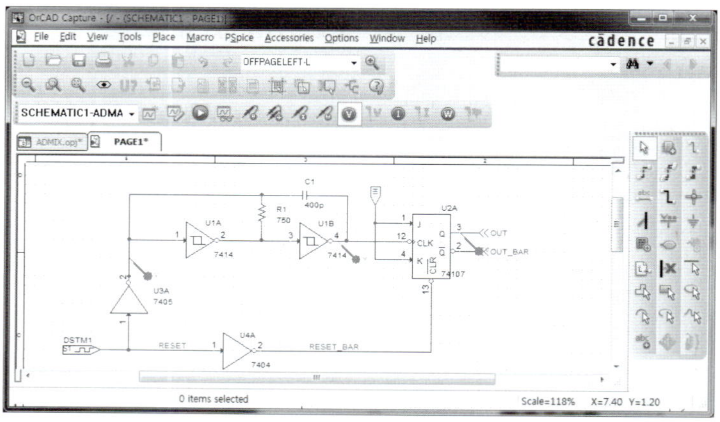

(6) 실행하기

■ 실행하기

PSpice/Run을 선택하면 시뮬레이션을 실행할 수 있다.

➤ PSpice A/D 실행 결과 화면

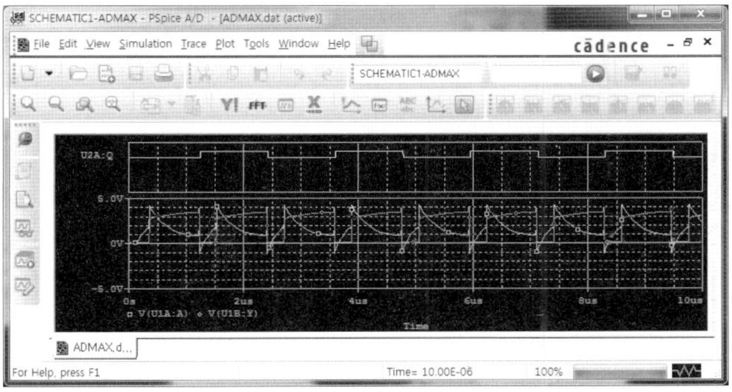

2.6 PSpice A/D 사용법

일반적으로 시뮬레이션의 목적은 설계한 회로의 동작 확인 및 특성평가이다. 따라서 설계한 회로를 검증할 수 있는 도구가 필요한데 실험을 통해 검증할 경우에는 오실로스코프와 같은 계측기가 필요하다. PSpice A/D는 시뮬레이션 결과를 그림으로 나타내는데 사용하는 프로그램으로 다양한 기능을 갖는 디지털 메모리 오실로스코프에 해당한다고 할 수 있다. PSpice A/D는 대개 회로 시뮬레이션과 더불어 수행되지만, 시뮬레이션을 다시 수행하지 않고도 PSpice A/D 상에서 전에 저장한 데이터를 그릴 수 있도록 stand -alone mode를 제공할 뿐만 아니라 PSpice A/D 상에서 시뮬레이션 조건을 변경하고 새로운 시뮬레이션을 수행할 수 있는 Interactive 기능을 갖추고 있다. PSpice A/D를 사용하여 얻을 수 있는 결과를 소개하면 다음과 같다.

- 시뮬레이션 조건을 재설정하고 재계산을 수행할 수 있다.
- Output File과 결과 파일을 Capture를 거치지 않고 확인할 수 있다.
- 회로 내의 전압, 전류 및 디지털 회로의 상태를 그림으로 나타낸다.
- FFT(Fast Fourier Transform)을 계산하고 화면에 그 결과를 표시한다.
- 여러 파형의 사칙연산 등 여러 가지의 복잡한 연산이 가능하다.
- 커서(Cursor) 기능을 이용하여 파형의 크기, 주파수, 위상, 시간 등을 알 수 있다.
- 여러 번 수행한 시뮬레이션 결과를 한 번에 표시할 수 있다.
- 그림 안에 문자 및 포인터(Pointer)의 입력이 가능하다.

본 절에서는 OrCAD Capture 기본사용법에 대한 사항을 기초로 하여 PSpice A/D의 편리하고도 다양한 기능에 대하여 살펴보기로 하자.

2.6.1 PSpice A/D 윈도우

PSpice A/D 윈도우에 대하여 살펴보기 위해 pulse.prj 회로를 작성하고 일단 시뮬레이션을 수행해 보자. pulse.prj 회로는 기본 R-L-C 회로에 5kHz의 펄스전원을 가했을 경우이며, 펄스전원은 여러 예제에서 많이 사용하는 전원임으로 작성하는 방법에 대하여 먼저 살펴보기로 한다.

펄스전원을 작성하기 위해서는 source.slb의 VPULSE를 불러내어 pulse.dsn의 schematics에 나타낸 것과 같이 위치시킨다. VPULSE의 심벌을 마우스로 2번 클릭하면 앞에서 설명한 바와 같이 다음과 같은 속성에 관한 윈도우가 화면에 나타난다. VPULSE는 구형파, 삼각파, 톱니파 등의 파형을 갖는 전원을 만들어 낼 수 있으나, 5kHz, 50% 듀티의 펄스전원을 예로 하여 설명하도록 하자. 입력값은 아래의 그림과 같고, 각 입력항이 무엇을 의미하는지를 이해하면 된다.

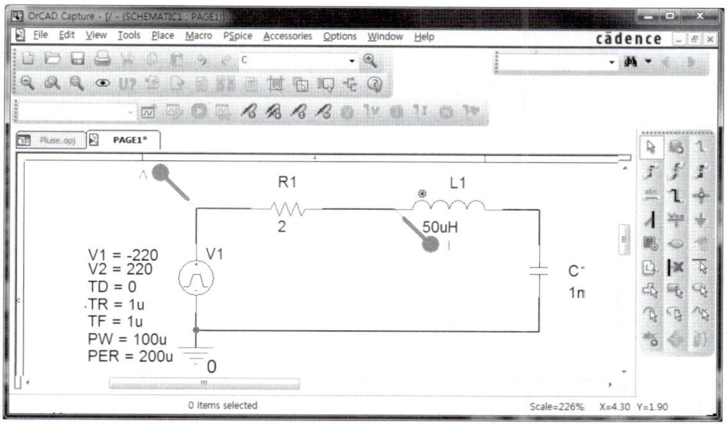

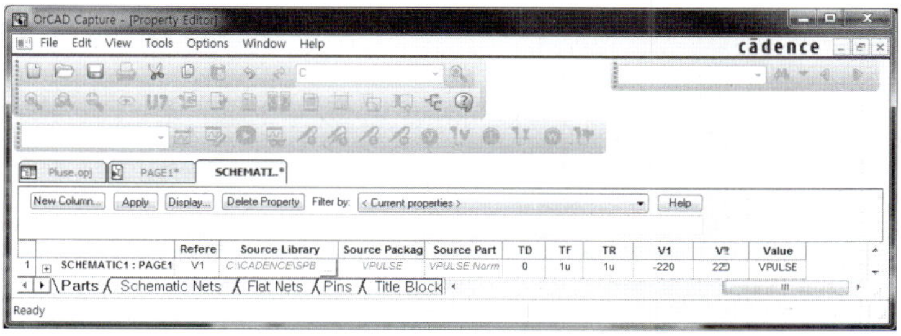

Pulse 입력 : V1=-220V / V2=220V / TD=0 / TF=TR=1us / PW=100u / PER=200u

Transient Setup: Run to Time = 400us

속성(Attriute)	용 도
DC=	· DC 전원 : DC 해석을 수행할 경우에만 사용 · 크기를 입력
AC=	· AC 전원 : AC 해석을 수행할 경우에만 사용 · 크기를 입력
V1=: initial V2=: pulse voltage TD=: delay time TR=: rise time TF= : fall time PW=: pulse width PER=: period	· 과도해석에만 사용 · Pulse 전원, 삼각파, 톱니파 전원으로 사용

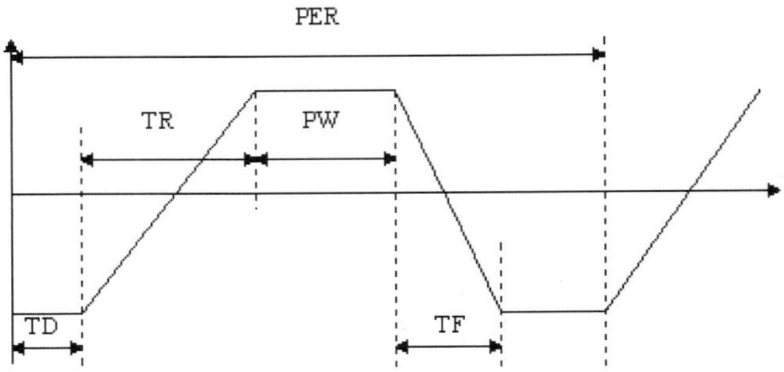

회로작성을 완료한 후 시뮬레이션을 수행하면 Marker에 의해 지정된 전압과 전류가 화면에 나타난다. 전류 Marker를 사용할 때 반드시 부품의 리드선에 정확히 위치시켜야 하며 Error 메시지가 계속 뜰 경우에는 파일을 일단 Save 한 후 다시 시도한다.

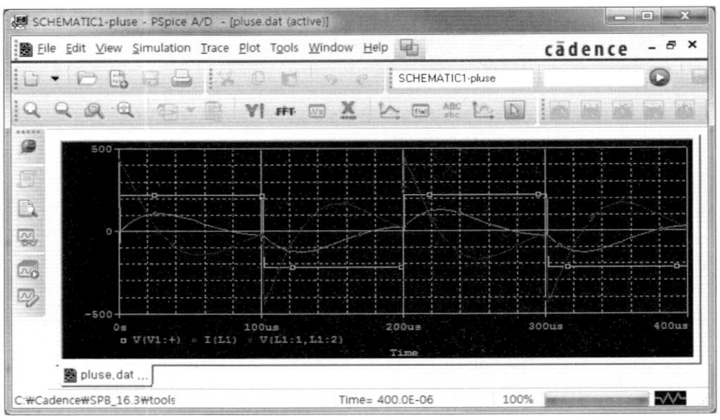

□ V(V1:+) ◇ I(L1)

PSpice A/D 윈도우의 x축은 특별한 x축 변수의 선택이 없는 한 시간을 나타내며, y축은 파형의 크기를 표시한다. PSpice A/D 윈도우 아래에 나타난 기호 및 변수는 각각의 파형을 설명하는 것으로 V(V1:+)는 전원 V1의 +단자의 전압을, I(L1)은 L1의 1번 단자로 유입하는 전류를 의미한다. 현재 y축에는 단위가 표시되어 있지 않은데 이는 전압과 전류를 동시에 나타내었기 때문이며, 만일 전압, 혹은 전류를 따로 그렸을 경우에는 전압을 표시할 때는 V, 전류를 표시할 때는 A의 단위가 화면에 나타난다.

2.6.2 파형 첨가하기(Adding a Trace)

PSpice A/D 윈도우에 파형을 첨가하는 방법에는 Capture상에서 Marker를 사용하는 방법과 PSpice A/D 윈도우 안의 메뉴에 있는 Trace/Add Trace를 이용하는 방법이 있다

1) Tool Bar 혹은 Trace/Add Trace에 의한 방법

Tool Bar 혹은 Trace/Add Trace에 의한 방법은 회로의 조성연습 및 실행에서 설명한 파형보기에서와 동일한 방법이다. Trace/Add의 명령실행어 의해 Add Traces 윈도우를 연 후 원하는 노드 전압 혹은 전류를 선택하면 된다. 이 방법은 회로의 구성을 정확히 이해하고 있어야만 하는 단점이 있다.

2) Marker에 의한 방법

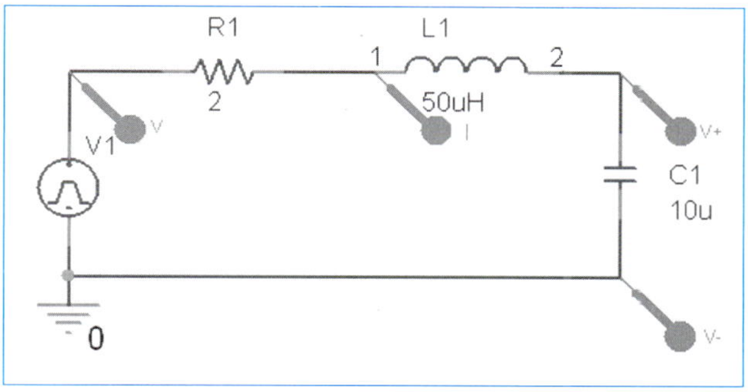

Capture 상에서 Voltage Differencial을 선택하여 C1 양단에 지정하면 시뮬레이션을 다시 실행할 필요없이 PSpcie A/D 화면에 C1의 양단전압이 첨가된다.

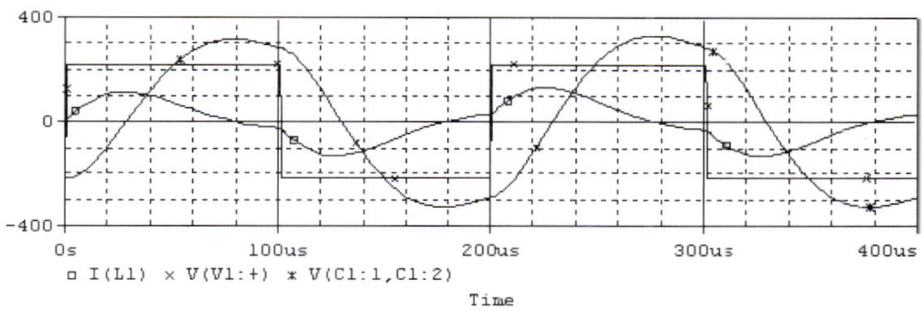

이 때 PSpice A/D 화면의 V(C1:1, C1:2)는 C1 1번 단자와 C1 2번 단자 사이의 양단전압을 의미한다. 반대로 Mark를 삭제하면 PSpice A/D상에서 해당 그림도 동시에 삭제되며 만일 Marker를 이동한 경우에도 Marker에 의해 지정된 그림으로 대치된다. 예로 C1의 양단전압을 지정한 Marker Voltage Differential을 L1 양단으로 옮겨보자. Probe에서는 C1의 양단전압에서 자동으로 L1의 양단전압으로

대치한다. 이처럼 Marker에 의한 그림 그리기는 마치 실험을 할 경우 오실로스코프의 Probe 기능을 수행함으로 회로의 원하는 곳을 지정하면서 파형을 분석할 수 있는 아주 편리한 기능이다.

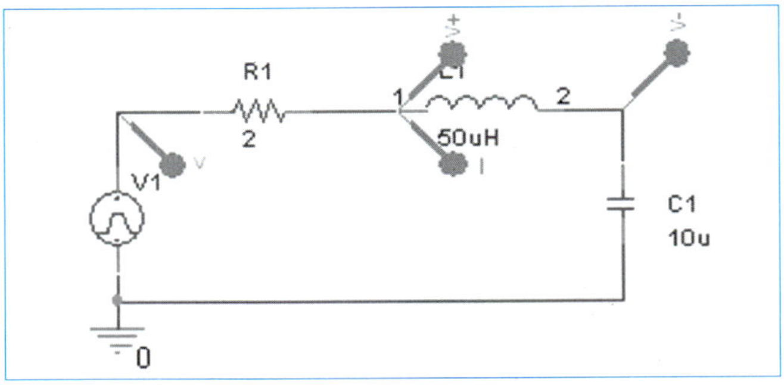

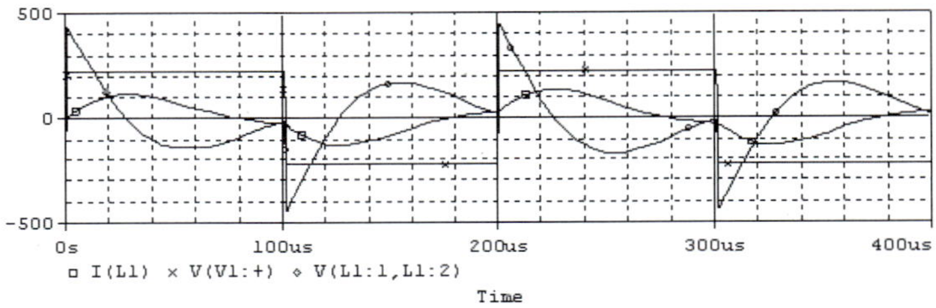

2.6.3 파형 지우기(Deleting a Trace)

PSpice A/D 윈도우에 있는 파형을 지우려면 우선 마우스를 이용하여 삭제할 파형을 선택한다.

선택된 변수는 적색으로 변하게 되고, 메뉴바에 있는 Edit/Cut 명령이나"Del"키를 누르거나 Tool Bar의 가위를 사용하면 해당 파형이 삭제된다.

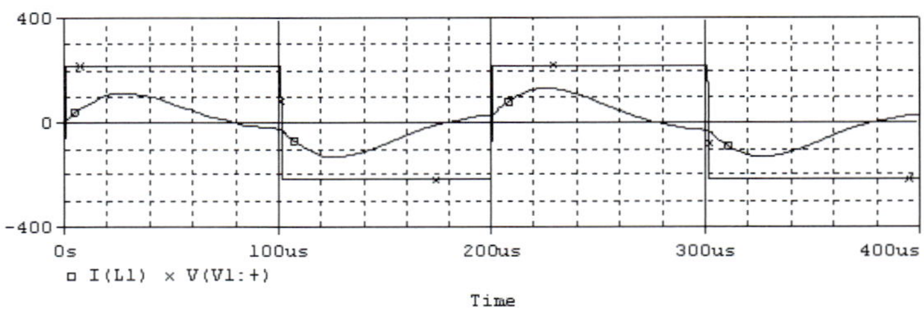

2.6.4 파형의 확대 및 축소

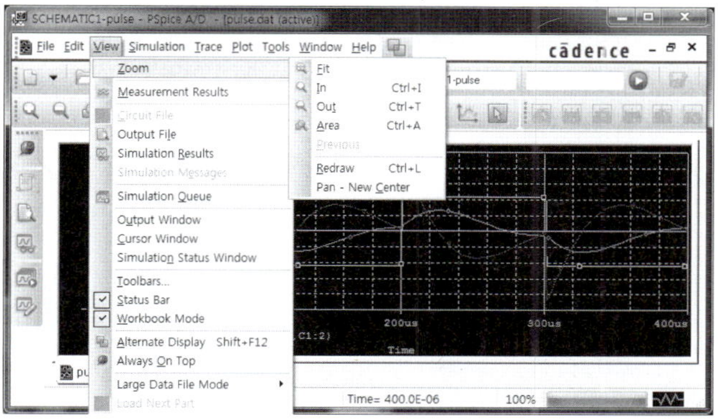

파형의 확대, 축소는 메뉴바에 있는 View 명령을 이용한다. View 경령을 선택하면 다음과 같은 서브메뉴가 화면에 나타난다.

View/Zoom/Fit : 0초에서 최종시간까지 Probe 윈도우에 알맞도록 파형을 그리는 명령으로 View/Zoom/In 혹은 View/Zoom/Out, View/Zoom/Area 명령을 수행한 후 파형을 원래의 크기로 되돌리는 기능을 수행한다.

View/Zoom/In : 이 명령을 실행하면 +가 화면에 나타나고, 이 때 +를 확대하고자하는 부분에 위치시키면 파형이 확대된다. 여러 번 반복하여 확대할 수 있으며, 원래의 형태로 되돌리려면 View/Zoom/Fit 명령을 수행한다.

View/Zoom/Out : View/Zoom/In과 마찬가지로 수행하면 화면에 +가 나타난다. 축소하고자 하는 부분에 위치시키면 파형이 축소된다. 여러 번 반복하여 축소할 수 있으며, 원래의 형태로 되돌리려면 View/Zoom/Fit 명령을 수행한다.

View/Zoom/Area : 이 명령은 마우스를 이용하여 확대하고자 하는 부분을 박스를 그려 선택하여 확대하는 기능으로 스크롤 바를 이용하여 박스를 슬라이딩할 수 있는 기능이 있는 것이 특징이며 여러 번 반복하여 파형을 더욱 확대할 수 있다. 역시 원래의 초기 화면으로 되돌아가려면 View/Zoom/Fit을 수행한다.

➤ 마우스로 확대할 부분을 선택한 화면

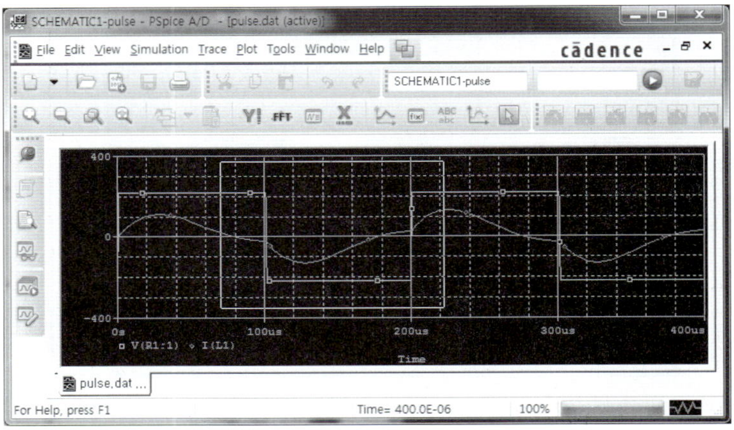

➤ View/Zoom/Area 실행화면

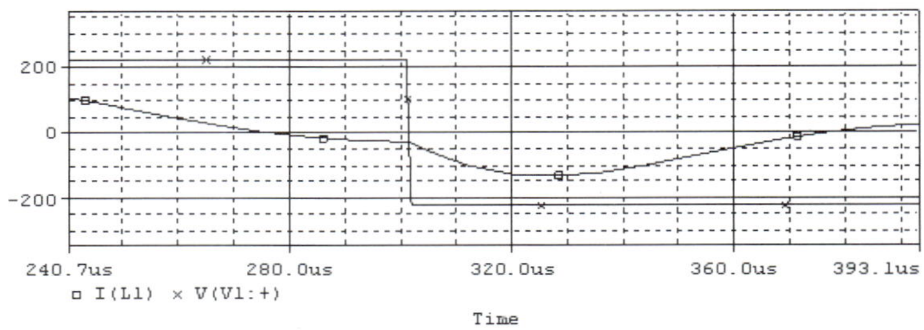

View/Zoom/Previous : 이 명령을 실행하면 바로 이전의 파형의 크기로 화면에 나타내는 기능을 수행한다.

2.6.5 커서(Cursor) 기능

단일 혹은 여러 파형을 그렸을 때, 두 파형 사이의 위상이나, 크기 차 혹은 그림 내 파형의 어떤 포인트에서의 시간이나 크기를 수치적으로 알 필요가 있는 경우가 있다. 이 경우에는 PSpice A/D에서 제공하는 커서기능을 이용하면 된다. 커서를 수행하려면 Trace/Cursor을 실행하거나 왼쪽과 같은 Tool Bar를 선택한다.

➤ Trace/Cursor 실행 화면

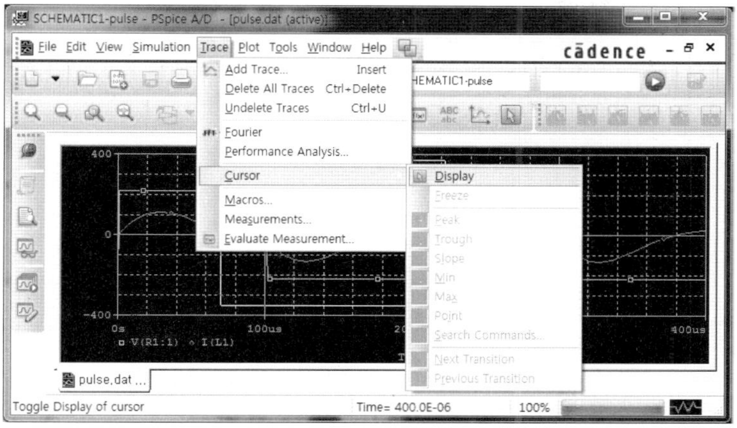

Trace/Cursor에는 다음과 같은 서브메뉴가 있다.

■ Display

일반적인 커서 기능을 수행한다. Display를 실행하면 일단 화면에 Probe Cursor 윈도우가 PSpice A/D 화면에 나타나고 다시 한 번 실행할 경우 사라지는 토글명령이다. 기본적으로 Probe에서는 2개의 커서를 제공하는데 첫 번째 커서(A1)는 마우스의 왼쪽 버튼으로 제어하고 두 번째 커서(A2)는 마우스의 오른쪽 버튼으로 제어한다. Probe Cursor 윈도우에는 각 커서의 위치에서의 x축 값과, y축 값이 표시되며 그 차가 세 번째 행에 나타난다. 여러 파형이 있는 경우에는 각 파형에 대해 각각 2개의 커서 지정이 가능한데 한꺼번에 전부 지정할 수 있는 것이 아니라 한 번에 한 변수씩 선택하여 선택된 2개의 커서만을 화면에 나타낸다. 변수의 선택은 마우스를 이용하여 화면 아래 부분에 있는 변수의 기호를 다음과 같이 선택한다.

➤ V(V1:+)를 선택한 경우

□ V(V1:+) ◇ I(L1)

➤ I(L1)을 선택한 경우

□ V(V1:+) ◇ I(L1)

➤ Tools/Cursor/Display 실행화면

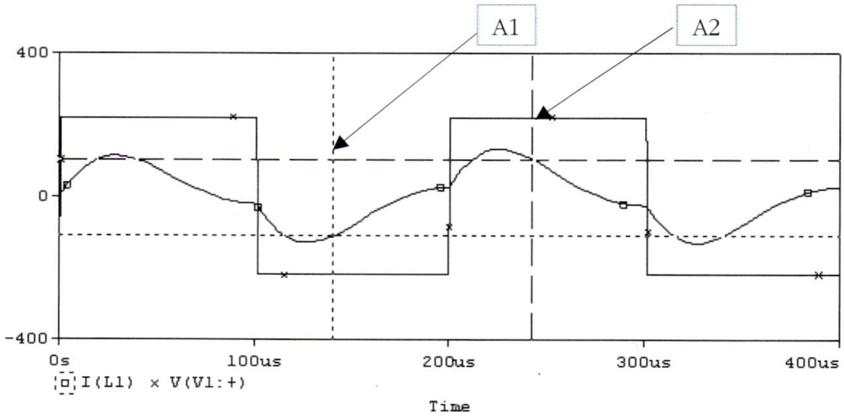

■ Peak

파형의 현재의 커서위치를 기준으로 다음 peak 부분으로 커서를 이동한다.

■ Trough

파형의 현재 커서 위치를 기준으로 다음 음의 peak부분으로 커서를 이동한다.

■ Slope

파형의 현재 위치를 기준으로 다음의 최대기울기를 갖는 곳으로 커서를 이동한다.

■ Min

파형의 최소값으로 커서를 이동한다.

■ Max

파형의 최대값으로 커서를 이동한다.

Peak~Max 명령은 반드시 Trace/Cursor/Display를 실행할 경우에만 사용할 수 있으며, Tool Bar를 선택하여 실행할 수도 있다. 2개의 커서 중에서 마우스의 왼쪽/오른쪽 버튼에 의해 선택된 커서에만 한정되므로 사용 시 혼동하지 않도록 주의해야 한다.

2.6.6 X축 설정 변경하기

X-Y plot을 할 경우나, 시간축의 범위를 바꾸는 경우, x축을 로그 스케일로 할 경우에는 x축 설정을 변경해야 한다. Probe에서 x축을 마우스로 2번 클릭하거나 Plot/ Axis Settings/X Axis를 실행하면 X축 설정을 바꿀 수 있다.

➤ Plot/Axis Settings/X Axis 실행화면

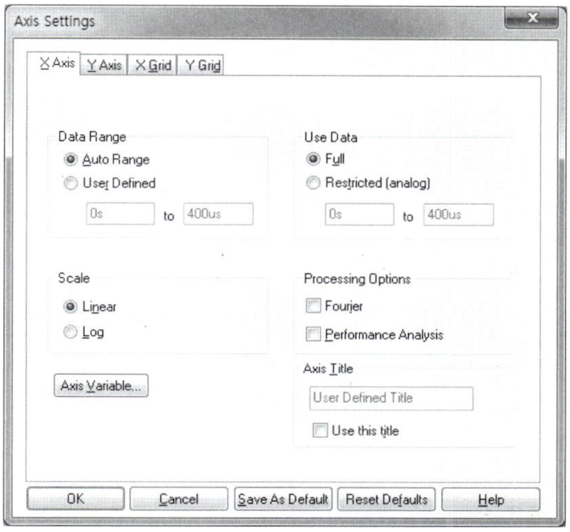

1) X축이 시간인 경우

과도해석을 수행한 데이타를 가지고 Prob를 실행할 경우 X축의 기본 변수는 시간(time)이다. X축이 시간으로 설정된 경우 바꿀 수 있는 설정치의 항목은 Data Range, Use Data, Scale 3부분이며, 각각에 대하여 살펴보면 다음과 같다.

- Data Range : Probe에서 사용하는 데이타의 범위를 설정한다. Auto Range를 선택할 경우에는 자동으로 시뮬레이션 시작시간부터, 끝시간을 데이터 영역으로 간주하며, User Defined를 선택할 경우에는 □ to □에 원하는 시간값을 입력한다. Use Data에서 선택한 범위 밖의 영역을 선택할 수는 없음에 주의해야 한다.
- Use Data : Probe에서 계산을 수행할 경우 사용하는 데이타의 범위를 결정하는 것으로 Full은 저장된 모든 데이터를 사용함을 의미하고, Restricted는 □ to □에 입력한 데이터만을 사용함을 의미한다.
- Scale : Linear는 선형 스케일을 Log는 로그스케일을 사용할 경우 선택한다.

2) X-Y Plot인 경우

X-Y Plot을 수행하려면 Axis Settings의 윈도우에 있는 Axis Variable를 마우스로 클릭한다.

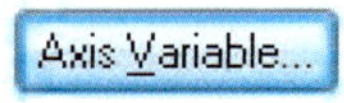

➤ Axis Variable 실행 화면

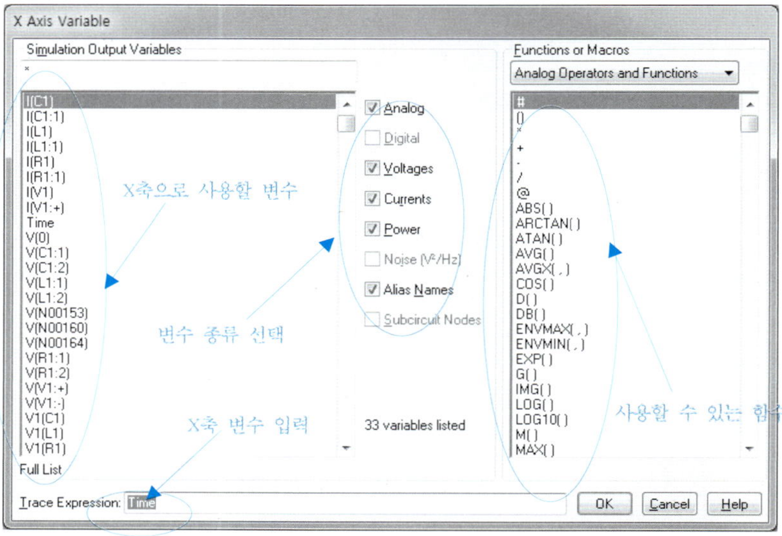

X축 변수로 V(v1:+)를 선택하고 X-Axis Variable를 빠져 나오면 Axis Settings 윈도우가 다시 나타난다.

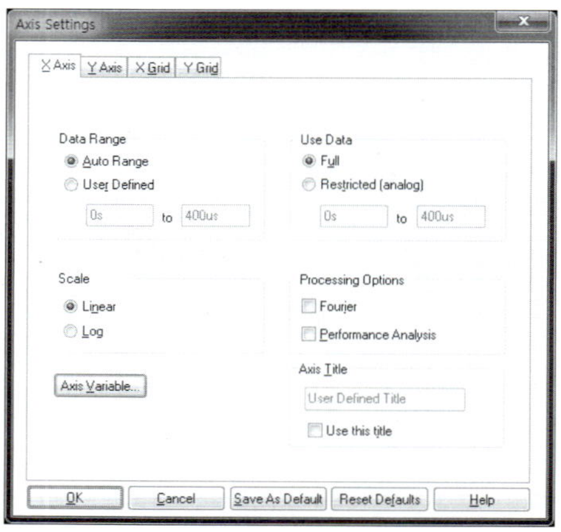

Data Range의 값이 시간에서 전압값으로 바뀐 것을 제외하고는 (1)항에서와 같은 방법으로 설정한 후 OK를 클릭한다.

➤ X축을 V(V1:+)로 한 경우의 실행 화면

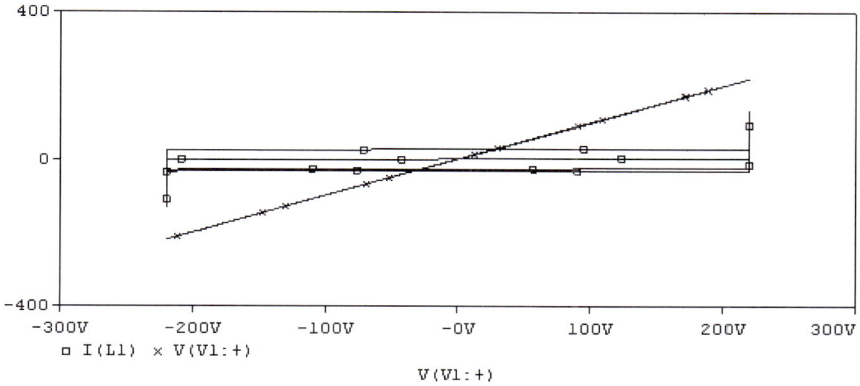

2.6.7 Y축 설정 변경하기

Y축 설정을 실행하기 위해서는 plot/Axis Settings/Y Axis를 선택한다.

➤ Plot/Axis Settings/Y Axis 실행화면

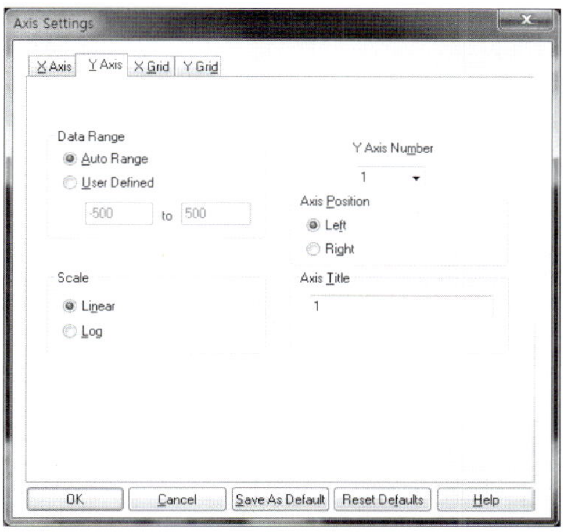

- Data Range : Probe에서 표시하는 Y축 스케일을 결정한다. Auto Range를 선택할 경우에는 자동으로 Y축 스케일을 결정하며, User Defined를 선택할 경우에는 □ tc □에 원하는 값을 입력한다.
- Scale : Linear는 선형 스케일을 Log는 로그스케일을 사용할 경우 선택한다.
- Axis Title : Y축에 타이틀을 삽입할 경우 박스 안에 내용을 입력한다.

➤ Axis-Title을 입력한 경우

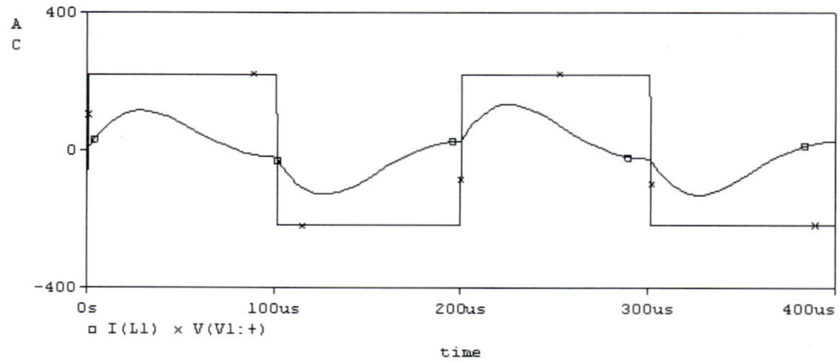

2.6.8 Y축 첨가 및 삭제하기

1) Y축 첨가하기

지금까지 PSpice A/D 윈도우에는 전압과 전류를 같은 박스 안에 그린 것을 예로 사용하였다. 그림에서 알 수 있듯이 Y축의 값을 보면 단위는 명기되어 있지 않고 전압과 전류가 같은 스케일로 표시되어 있음을 알 수 있다. 만일 전압과 전류를 각각 다른 스케일로 나타내려면 Polt/Add Y Axis를 실행한다. 이 명령 수행 후에 반드시 Trace/Add 명령을 사용하여 파형을 새로 그려야 한다. 따라서 실행을 하기 전에 우선 I(L1)을 PSpice A/D 윈도우에서 삭제한다.

➤ I(L1)을 삭제한 Probe 윈도우

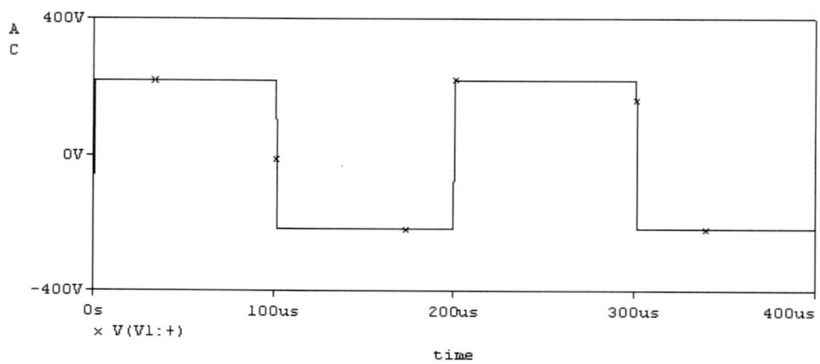

➤ Plot/Add Y Axis를 실행한 경우

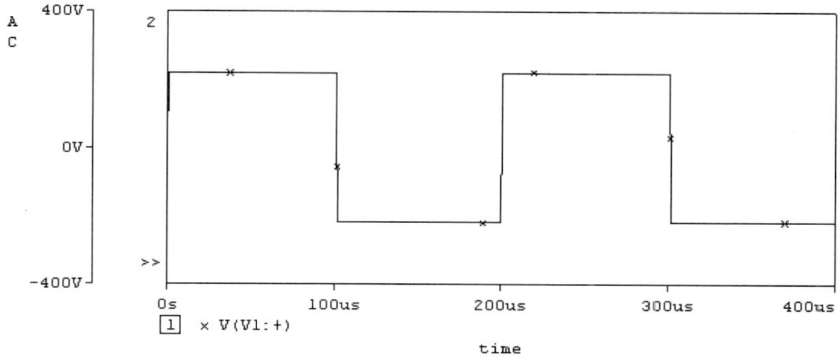

2번 Y축에 그려질 파형 I(L1)을 Trace/Add를 통해 선택하면 아래와 같이 나타난다.

➤ Trace/Add Trace를 이용하여 I(L1)을 선택한 경우

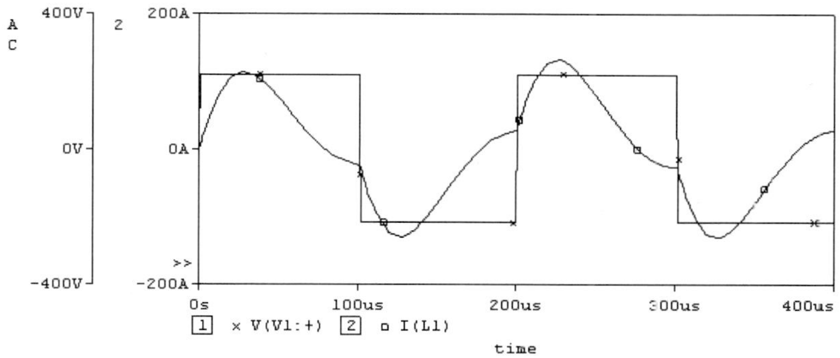

위의 그림에서 각각의 파형에 대한 Y축은 대응하는 번호에 의해 구분되며, 축을 마우스로 선택할 경우에는 선택하려는 축을 마우스의 왼쪽 버튼으로 클릭하면 되고, 선택한 축에는 〉〉 표시가 나타난다.

2) 첨가된 Y축 삭제하기

Y축을 삭제하려면 우선 마우스의 왼쪽 버튼을 이용하여 삭제하려는 축을 선택한다.

➤ 1번 Y축을 선택한 경우

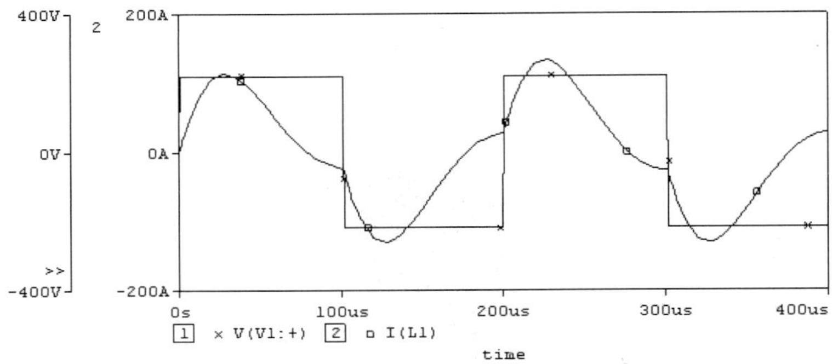

선택한 Y축을 삭제하려면 Plot/Delate Y Axis를 실행한다.

➤ Plot/Delete Y Axis의 실행 화면

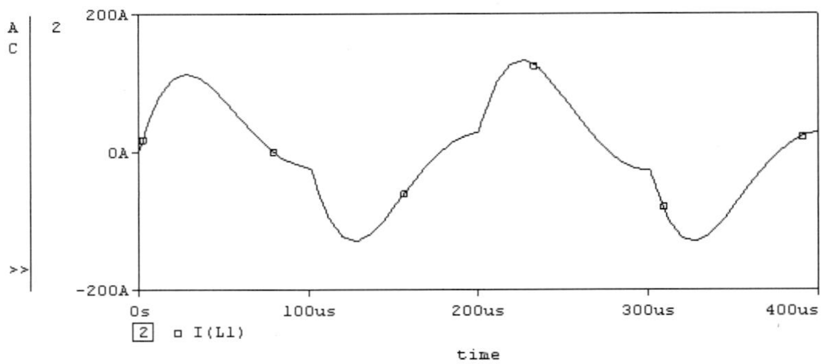

해당 Y축과 파형이 같이 삭제된다.

2.6.9 Strip Plot 그리기 및 삭제하기

1) Strip Plot 그리기

Strip Plot은 여러 개의 파형을 그릴 때 박스를 나누어서 각각 그리는 그림을 말한다. Strip Plot을 하기 위해서는 Plot/Add Plot to Window을 실행한다. 이 때 PSpice A/D 윈도우의 사이즈가 어느 이상이 되어야만 실행이 가능함으로 사이즈가 작을 경우에는 조금 늘려야 한다.

➤ Plot/Add Plot to Window 실행 화면

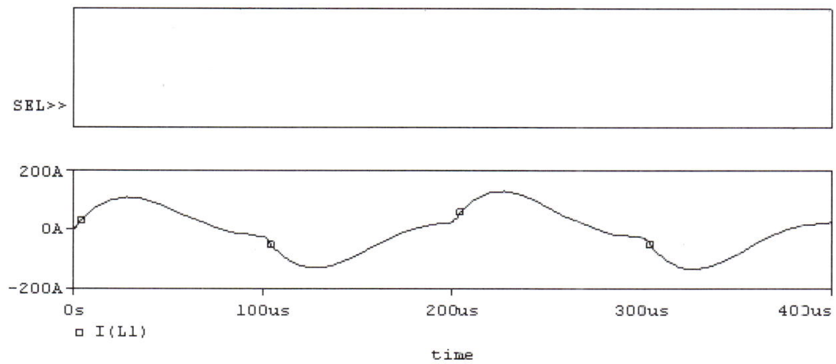

그림을 그리는 박스의 선택은 마우스를 가지고 박스의 좌측면을 클릭하면 된다. 선택한 박스에 파형을 그리기 위해서는 Trace/Add Trace 명령을 실행한다.

➤ Trace/Add Trace를 이용하여 V(V1:+)를 선택한 경우

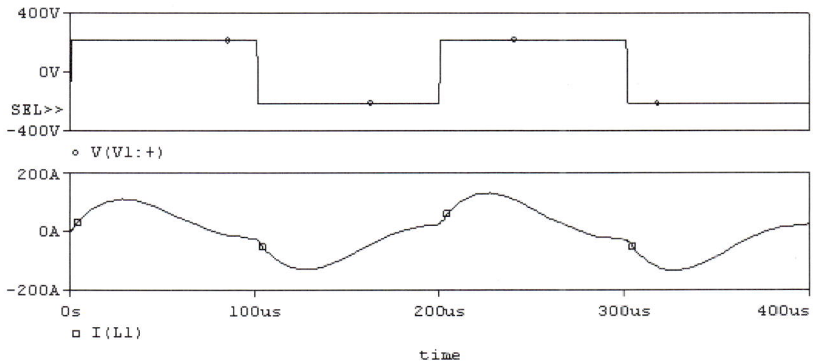

2) Strip Plot 삭제하기

Strip Plot을 삭제하려면 마우스를 가지고 삭제하려는 박스를 선택한 후 Plot/Delete Plot을 실행한다.

➤ Plot/Delete Plot 실행 화면

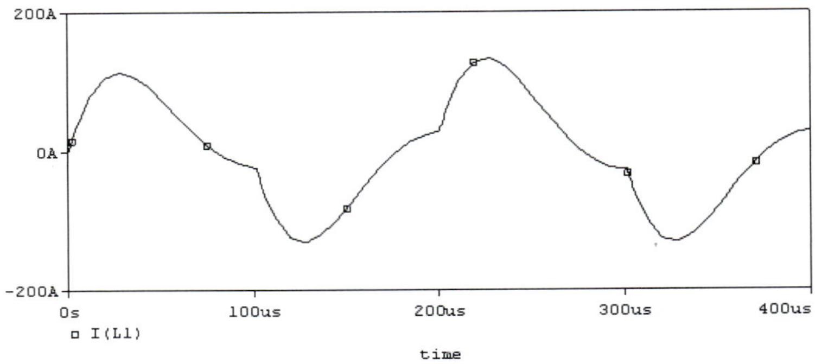

2.6.10 Probe 윈도우에 텍스트 및 포인터 써 넣기

Probe에서는 그 윈도우 안에 텍스트 및 포인터 뿐 아니라 선, 곡선, 박스, 원, 타원 등의 그림을 그리는 기능을 제공한다. 그림 안에 텍스트 및 포인터를 써 넣으려면 Plot/Label/Text와 Plot/Label/Arrow를 실행하거나 왼쪽의 Tool Bar를 클릭한다.

➤ Plot/Label 실행화면

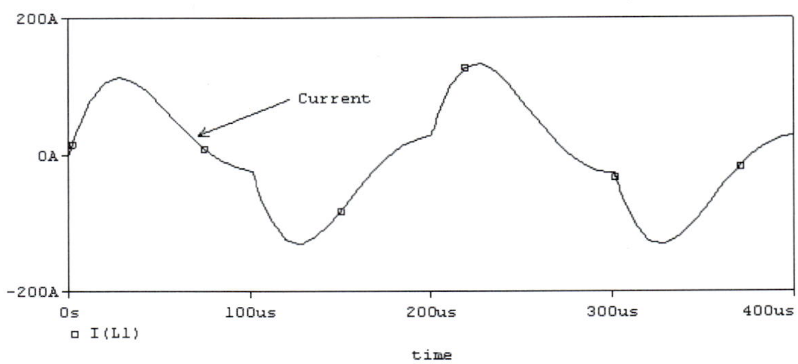

2.6.11 연산함수 사용하기

시뮬레이션 한 회로의 전압, 전류뿐 아니라 어떤 경우에는 전압과 전류의 곱인 전력에 대한 파형을 그리는 것이 필요한 경우가 있다. PSpice A/D에서는 이처럼 시뮬레이션 결과 데이터를 가지고 각종 연산을 수행한 결과를 화면에 그려주는 기능을 가지고 있다. Pulse.prj의 결과를 가지고 전력에 대한 파형을 작성하는 방법에 대해 살펴보면서 연산함수 사용법에 대하여 알아보자.

■ 전력 파형 그리기

❶ 먼저 입력전압과 전류를 Probe 윈도우에 나타낸다.

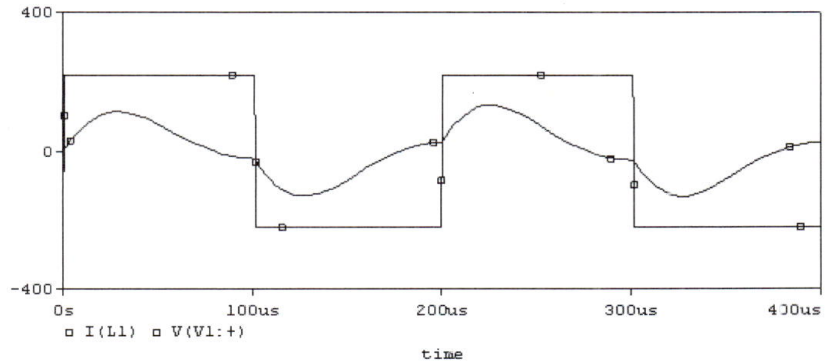

❷ 전압과 전류 파형을 그대로 놓고 전력 파형을 그리기 위해 앞에서 배운 Add Plot to Window를 수행한다.

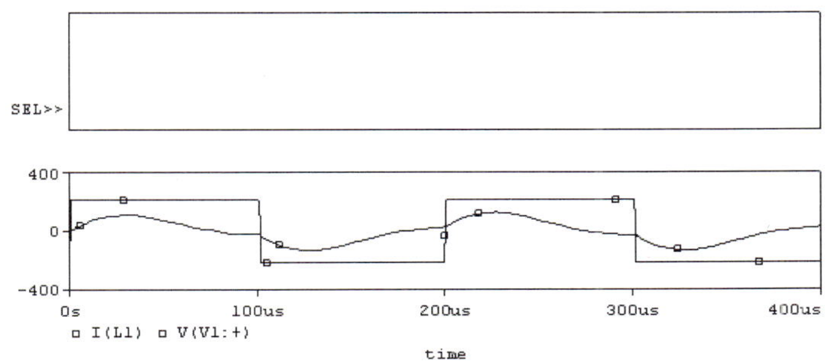

❸ Trace/Add Trace를 선택한다.

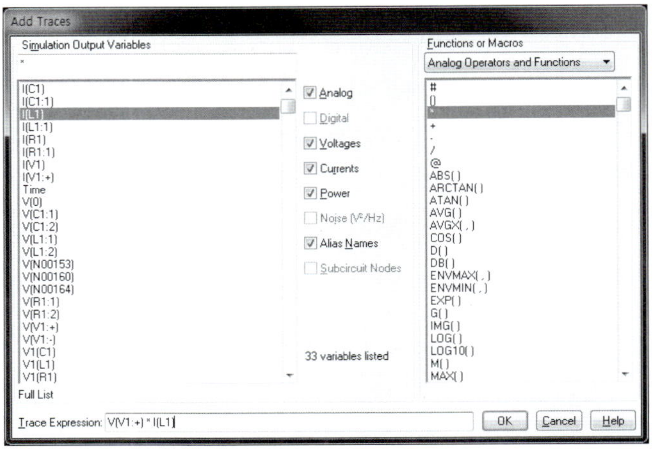

❹ 다음 Add Trace 대화상자가 나타나면 TraceCommand에 V(V1:+)*I(L1)을 입력한다.
❺ OK를 클릭한다.

➤ V(V1:+)*I(L1) 실행 화면

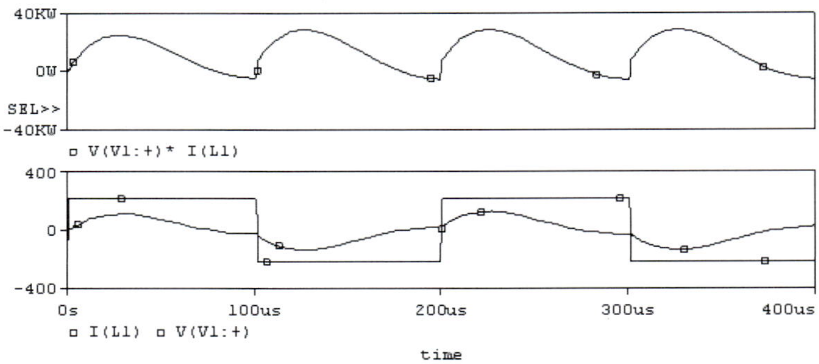

PSpice A/D에서 사용할 수 있는 함수의 종류를 표 2-10에 나타내었다.

〈표 2-10〉 PSpice A/D에서 사용할 수 있는 함수

아날로그		디지털	
함수	용도	함수	용도
ABS(x)	절대치	()	grouping
SGN(x)	sign function	~	Logical complement
SQRT(x)	square root	*	곱셈(버스에만 적용)
EXP(x)	지수함수	/	나눗셈(버스에만 적용)
LOG(x)	자연로그	+	덧셈(버스에만 적용)
LOG10(x)	상용로그	−	뺄셈(버스에만 적용)
M(x)	x의 크기	&	논리곱
P(x)	x의 위상(각도)	^	exclusive or
R(x)	x의 실수부	|	논리합
IMG(x)	x의 허수부		
G(x)	x의 그룹지연시간		
PWR(x)	power		
SIN(x)	사인함수		
COS(x)	코사인함수		
TAN(x)	탄젠트함수		
ATAN(x)	arctangent function		
d(x)	x의 미분		
s(x)	x의 적분		
AVG(x)	평균치		
AVGX(x,d)	d부터 x까지 평균치		
RMS(x)	실효치		

표 2-10에 있는 함수들을 적절히 사용하면 파형에 대한 어떠한 연산도 가능할 뿐 아니라 파형의 평균치, 실효치도 그림으로 나타낼 수 있어 회로의 성능 평가시 상당히 유용하다.

2.6.12 매크로 사용하기

PSpice A/D 내에서 연산함수를 미리 정의하여 필요에 따라 불러서 사용하는 편리한 기능이 있는데 이를 매크로라 한다. 앞서 전력 파형을 그리는 예제를 사용하여 매크로 기능의 사용법에 대하여 살펴보기로 한다.

❶ Trace/Macros를 선택한다.

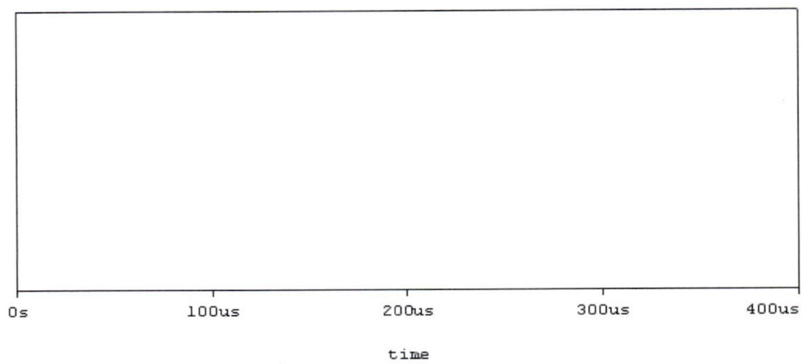

❷ Definition 박스에 POWER(A,B)=A*B 라고 POWER라는 매크로 함수를 정의한다.

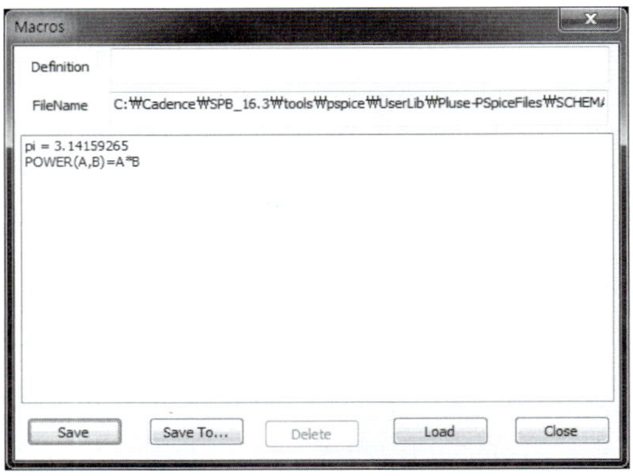

❸ Save를 클릭한다.

❹ Close를 클릭한다.

❺ Trace/Add Trace를 선택하여 Functions or Macros를 Macros로 한 다음 POWER (V(V1:+), I(L1))를 입력한다.

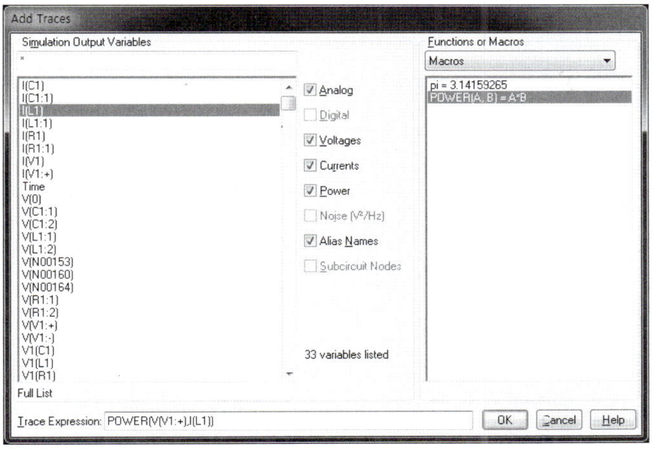

❻ OK를 클릭한다.

➤ 매크로 실행 화면

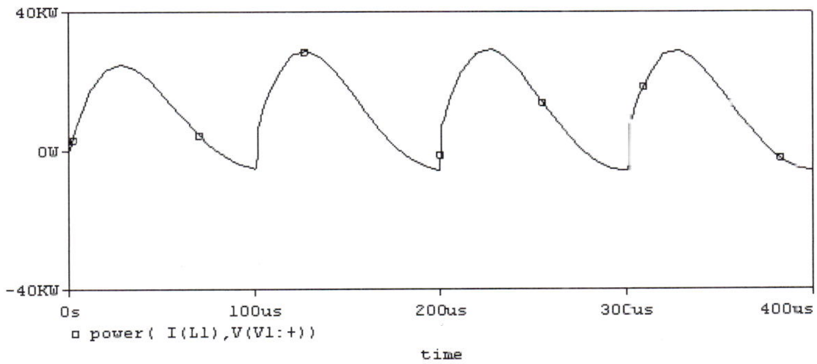

2.6.13 FFT 사용하기

FFT(Fast Fourier Transform)은 주기 파형의 주파수 스펙트럼을 계산해 주는 기능으로 PSpice A/D에서는 시뮬레이션 결과 데이터로부터 FFT 알고리즘을 계산하여 주파수별 크기를 윈도우 안에 그려준다. Pulse.opj의 전류파형을 가지고 FFT 분석을 시도해 보자.

■ 방법 1

❶ 먼저 Probe 화면에 I(L1)의 파형만을 그린다.

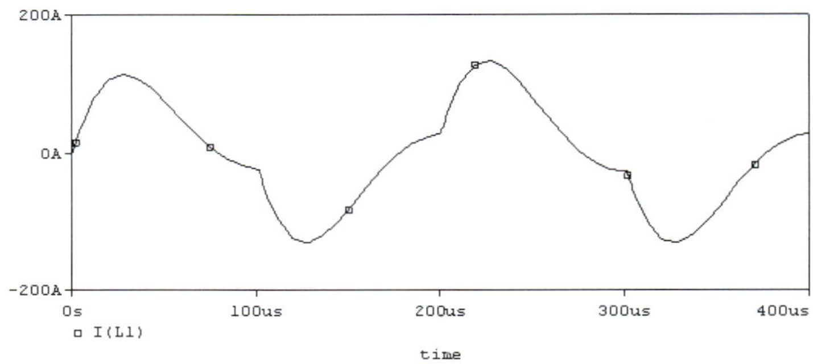

❷ Plot/Axis Settings 를 선택한다.

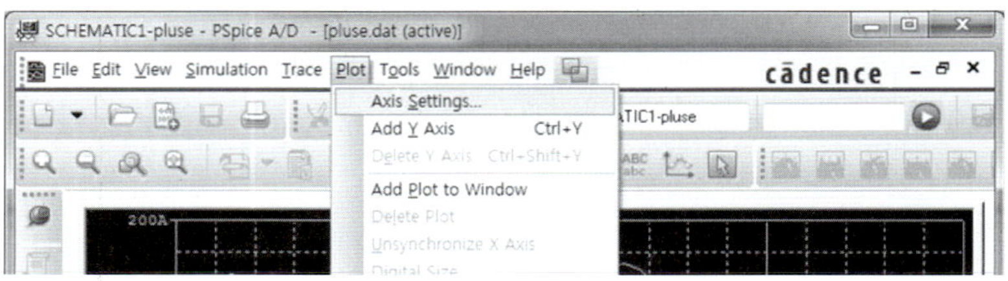

❸ Processing Options의 Fourier를 선택하고, Data Range 박스의 User Defined를 선택한 후 0Hz에서 100kHz를 입력한다.

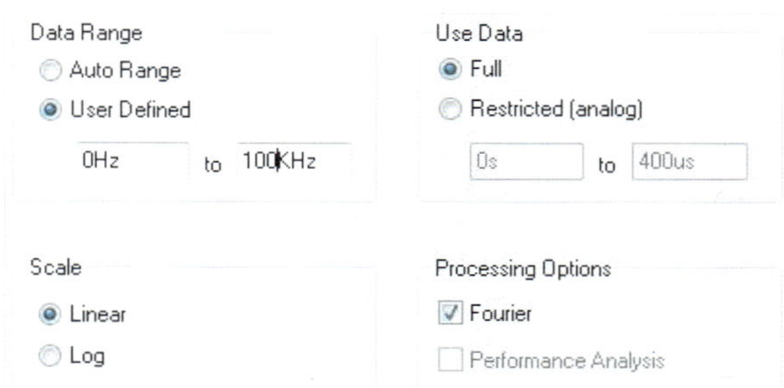

❹ OK를 클릭한다.

■ 방법 2

❶ 먼저 Probe 화면에 I(L1)의 파형만을 그린다.

❷ Tool Bar중 FFT를 선택한다.

➤ FFT 실행 화면

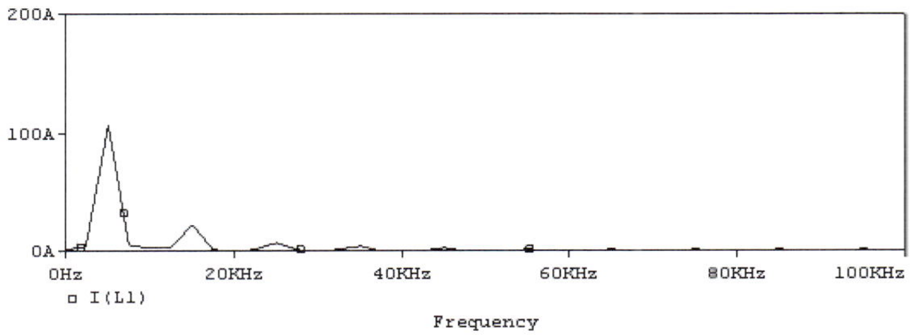

PART Ⅱ

PSpice 시뮬레이션

CHAPTER 3 시뮬레이션

PSpice의 시뮬레이션 일반에 대하여 살펴보기 위해 간단한 R-C회로를 작성한다. 이미 회로작성에 대해서는 여러분이 익숙해 있다고 가정하고, 작성법에 대해서는 더 이상 언급하지 않도록 한다. 만일 잘 모르는 것이 있을 경우에는 제1편 PSpice 입문을 다시 공부하도록 하자. 바이어스 포인트 계산은 직류분에 대한 정상상태에서의 값을 계산하는 것을 의미한다. 이 계산은 어떤 종류의 해석을 수행할 때도 반드시 먼저 수행되기 때문에 우선 바이어스 포인트 계산과정을 따라가면서 시뮬레이션 전반적인 사항에 대하여 알아보자.

3.1 바이어스 포인트 계산

❶ 회로의 작성

➤ 바이어스포인트 계산 예제회로

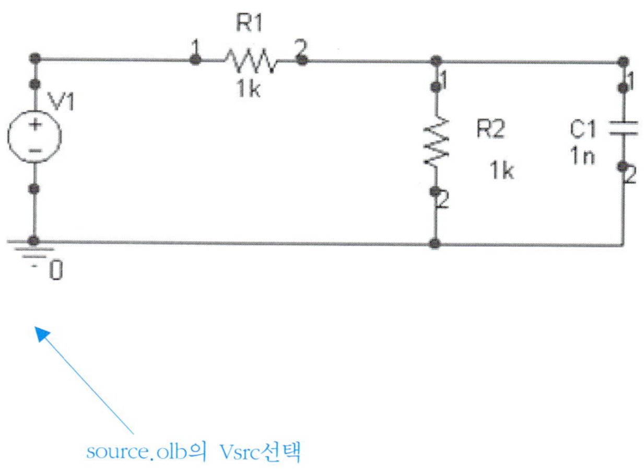

■ DC 전원(Vsrc)의 설정

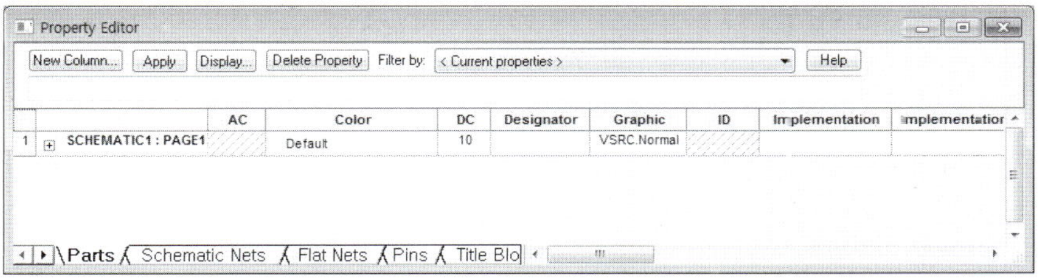

Vsrc를 2번 클릭한 후 DC=10V를 입력한다. 만일 이 부분에 대한 대화창을 만들고자 할 경우에는 마우스를 DC column에 위치하고 마우스의 오른쪽 버튼을 클릭한 후 Display를 실행하면 DC=10이라는 표시가 회로상에 나타난다

❷ 위의 예제회로를 작성한 후 PSpice/New Simulation Profile을 선택하여 파일명을 입력한다. Analysis Type을 Bias Point로 선택한 후 시뮬레이션을 수행한다. Pspice/Run을 실행하면 PSpice는 먼저 회로의 연결 상태를 체크하는 Design Rule Check를 수행한다.

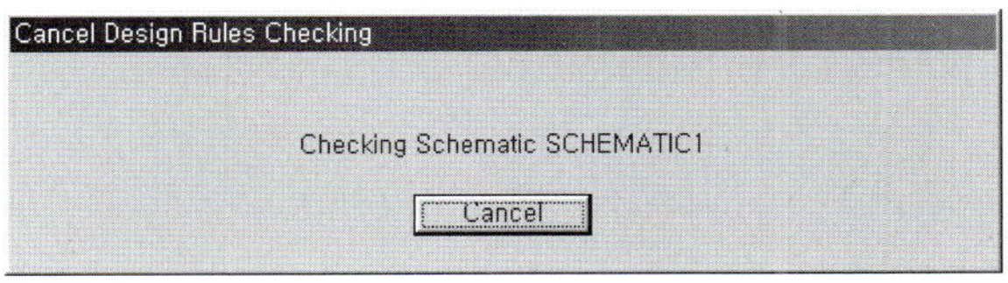

❸ 회로의 연결 상태에 이상이 없으면 그림으로 작성된 Bias.opj 파일에 대한 Netlist를 작성한다.

➤ Netlist의 작성 상태를 보여주는 화면

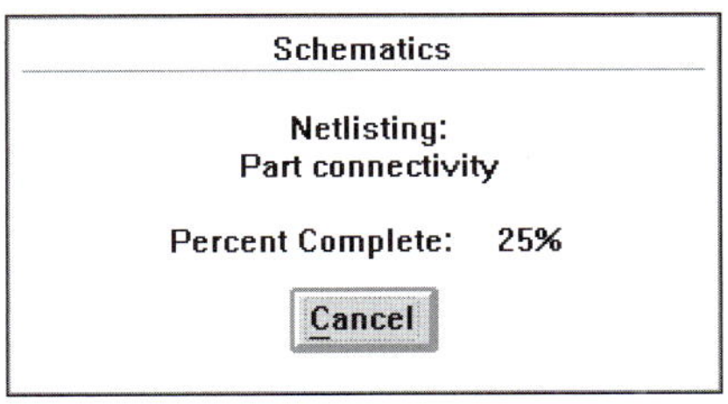

❹ Netlist를 작성한 후 바이어스 포인트 계산을 수행한다.

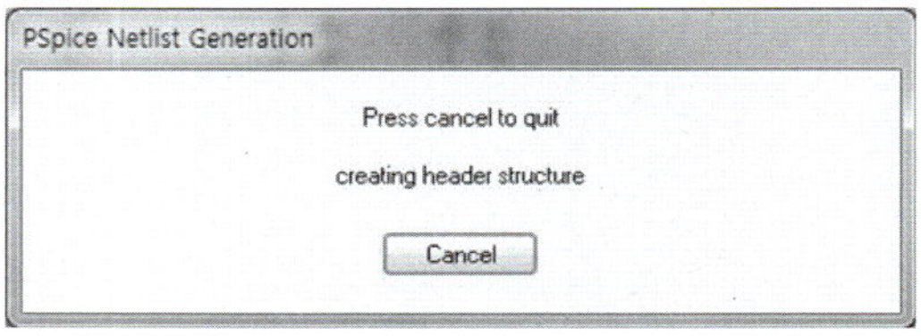

➤ 바이어스 포인트 계산을 수행중인 화면

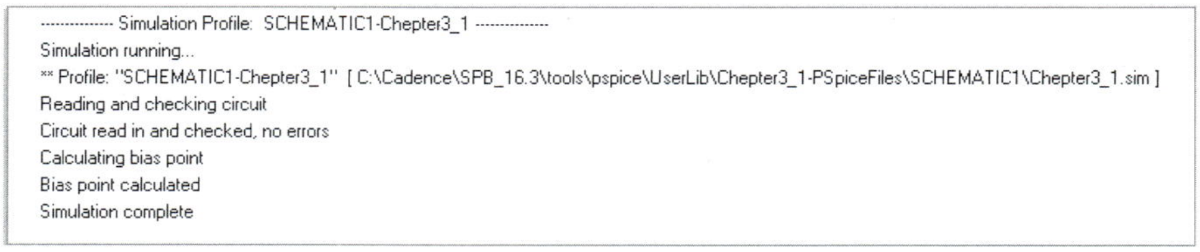

❺ 계산이 완료되면 output file에 아날로그 노드의 전압과 디지털 노드의 상태를 출력한다.

```
NODEVOLTAGENODEVOLTAGENODEVOLTAGE
NODEVOLTAGE
 ( 1) 10.0000 ( 2) 5.0000
 VOLTAGE SOURCE CURRENTS
 NAME CURRENT
 V_V1 -5.000E-03
```

일반적으로 모든 해석을 수행할 때 선택 여부에 관계없이 Bais Point Analysis이 수행되지만 특별히 Bias Point Analysis를 선택한 경우에는

- 모든 아날로그 노드 전압의 리스트
- 모든 디지털 노드의 상태 리스트
- 모든 전압원의 전류와 power
- 모든 device의 small signal parameter 리스트를 output file에 출력한다. output 파일을 보기 위해서는 PSpice A/D 윈도우에서 View/output File을 실행한다.

■ 각 Node의 전압 확인 

각 노드의 전압을 확인하려면 bias point의 전압확인 버튼을 누른다. 이 때 각 노드의 전압이 schematic상에 나타나며, 정상상태에서의 동작 전압을 의미한다.

➤ 바이어스포인트 전압 표시 화면

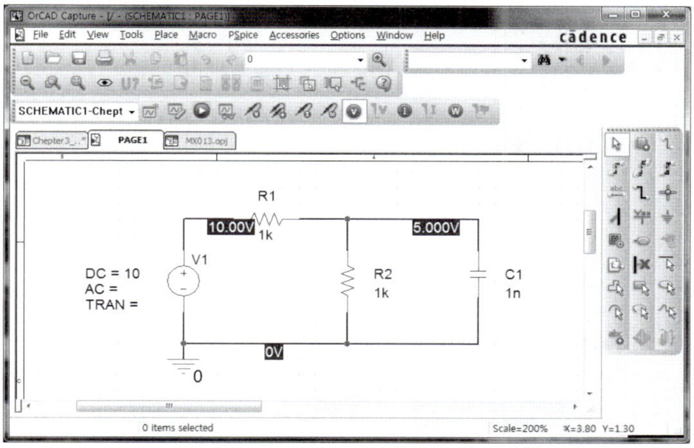

■ 각 브랜치의 전류 확인 

각 브랜치의 전류를 확인하려면 bias point의 전류확인 버튼을 누른다. 이 때 각 브랜치의 전류가 schematic상에 나타나며, 정상상태에서의 동작 전류를 의미한다. 아래의 그림에서 커패시터에 흐르는 전류가 0인 것은 커패시터는 DC전압에 대하여 무한대 저항, 즉 open circuit이기 때문이며, 커패시터에는 정상상태에서 교류만 흐를 수 있기 때문이다.

➤ 바이어스포인트 전류 표시 화면

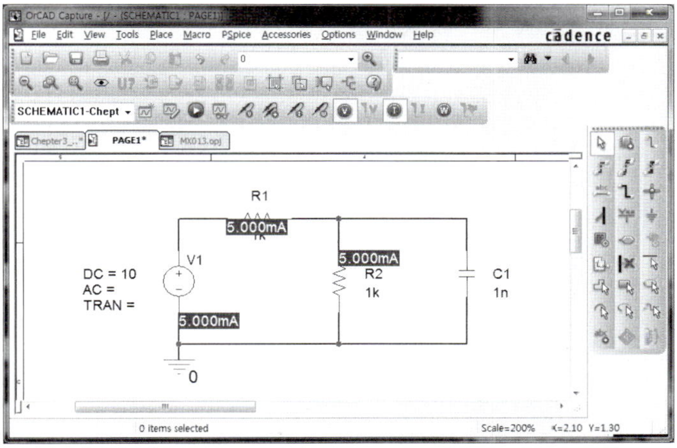

■ 각 부품의 전력 확인 

각 부품의 공급 혹은 소비전력을 확인하려면 bias point의 전력확인 버튼을 누른다. 이 때 각 부품에서의 전력이 schematic상에 나타나며, 정상상태에서의 공급 혹은 소비전력을 의미한다. 전력은 각 부품에서의 양단전압과 전류의 곱으로도 얻을 수 있다. (-) 값은 공급전력을 (+)값은 소비전력을 의미한다.

➤ 바이어스포인트 전력 표시 화면

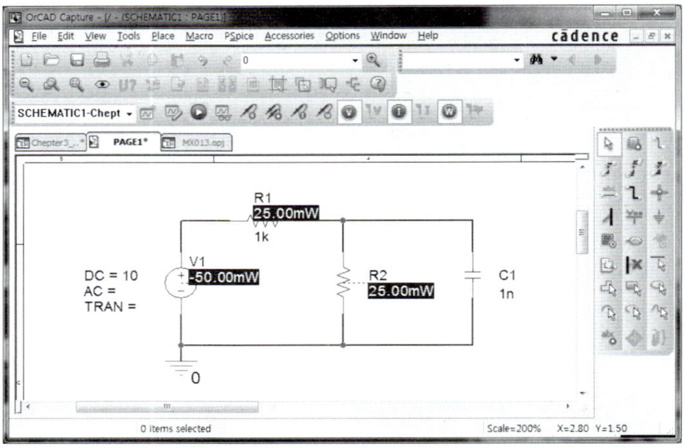

3.2 Netlist 파일

PSpice에서는 시뮬레이션 실행동안 xxx.NET의 이름을 갖는 Netlist 파일을 생성한다. Netlist 파일은 그림으로 작성된 소자의 연결상태를 텍스트 형태로 바꾼 것이라고 이해하면 된다. Bias.opj의 실행 중에 만들어진 Netlist 파일을 살펴보면 다음과 같다.

SCHEMATIC1.net - 메모장

파일(F) 편집(E) 서식(O) 보기(V) 도움말(H)

```
* source CHEPTER3_1
V_V1         N00120 0 DC 10
R_R1         N00120 N00127  1k TC=0,0
R_R2         0 N00127  1k TC=0,0
C_C1         0 N00127  1n  TC=0,0
```

*로 시작되는 부분은 comment이고, 첫 열에는 소자명이, 2~3열에는 노드번호가 4열에는 소자값이 표시된다. C_C1 0 N00127 1n에 대하여 풀어보면"0번 노드와 127번 노드 사이에 1nF의 커패시터가 연결되어 있다."가 된다. 따라서 Netlist 파일만 살펴보아도 회로의 연결상태를 확인할 수 있다. 참고로 도스용 PSpice에서는 Netlist와 같은 방법으로 시뮬레이션 할 회로를 작성하였다. Netlist 파일을 보려면 PSpice/View Netlist를 실행한다.

3.3 Output 파일

시뮬레이션이 완료되면 시뮬레이션의 종합적인 사항을 사용자에게 알려주기 위한 (prj)-(Schematic명)-(simulation profile명.)OUT의 파일명을 갖는 output 파일을 생성한다. output 파일을 보려면 PSpice A/D 윈도우에서 View/ Outut File을 실행한다. Bias-Schematic1-bias.out 중에서 바이어스 포인트 계산 결과를 나타내는 부분만을 표시하면 다음과 같다.

```
NODEVOLTAGENODEVOLTAGENODEVOLTAGE
NODEVOLTAGE
 ( 1) 10.0000 ( 2) 5.0000
 VOLTAGE SOURCE CURRENTS
 NAME CURRENT
 V_V1 -5.000E-03
```

위의 발췌한 부분의 결과를 요약하면"1번 노드의 전압은 10V이고 2번 노드는 5V이고 전압원의 현재 전류가 -5mA라는 것"을 의미한다. 이처럼 바이어스 포인트 계산에 대한 시뮬레이션의 결과들이 output 파일에 나타나게 된다.

■ output 파일에 사용하는 pseudocomponents

schematics상에서 시뮬레이션 결과를 output 파일에 데이터나 그림의 형태로 저장하도록 할 수가 있는데, 이 때에는 special.olb에 있는 pseudocomponents를 사용한다.

pseudocomponents는 실제로 사용되는 소자가 아니라 시뮬레이션 실행 중 데이터 값을 화면에 표시하거나 데이터를 출력하는 등의 편의를 위해 사용되는 기능소자라 이해하면 된다. Printponits를 위한 pseudocomponent의 심벌을 나타내면 다음과 같고 표 3-1에는 각각의 기능에 대하여 나타내었다.

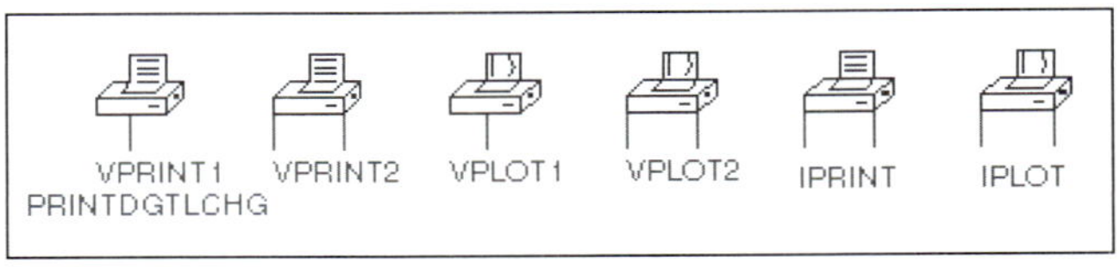

〈표 3-1〉 Printpoint 심벌

심 벌	기 능
IPLOT	회로 내에 직렬로 삽입하며 삽입한 부분의 전류를 output 파일에 그린다.
IPRINT	회로 내에 직렬로 삽입하며 삽입한 부분의 전류 데이터를 output 파일에 저장한다.
PRINTDGTLCHG	과도상태동안의 디지탈 상태를 표시한다.
VPLOT1	연결한 부분의 절대전압을 그린다.
VPLOT2	연결한 두 부분의 상대전압을 그린다.
VPRINT1	연결한 부분의 절대전압 데이터를 저장한다.
VPRINT2	연결한 두 부분의 상대전압 데이터를 저장한다.

3.4 시뮬레이션시 ERROR 및 대책

Unmodeled parts

PSpice Simulation output window에

Warning : Part *Part_name* has no simulation model.

이라는 메시지가 나타나는 경우에는 시뮬레이션에 사용할 수 없는 OrCAD 라이브러리로부터 부품을 가져왔거나 사용자가 정의한 라이브러리가 제대로 동작되지 않는 것이 원인이 있다. 만일 전자의 경우라면 OrCAD 라이브러리를 PSpice용 라이브러리로 대치하면 된다.

Missing Ground

PSpice Simulation output window에

ERROR - - - Node *node_name* is floating.

의 메시지가 나타나 시뮬레이션이 되질 않는 경우는 Ground를 정확히 연결하지 않았을 경우에 나타난다. OrCAD에서는 다양한 ground를 제공하고 있는데 반드시 PSpice 라이브러리 중 SOURCE .OLB의 0(zero) ground 부품을 사용해야 한다. 특히 PSpice를 처음 접하는 사용자가 많이 겪는 경우이기 때문에 정확히 이해하고 항상 주의해서 사용하도록 한다.

Missing DC path to ground

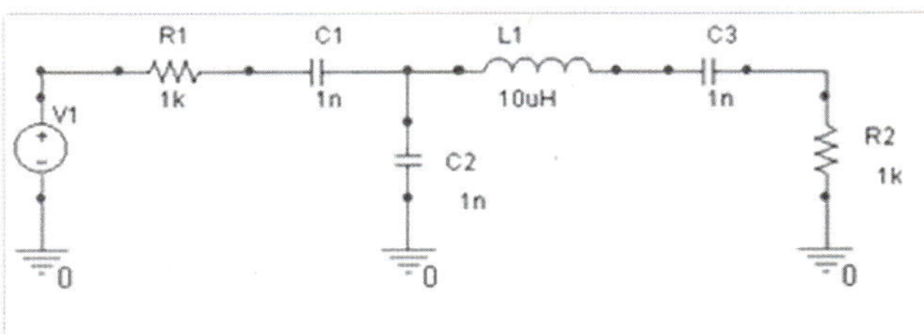

위의 회로를 작성하고 시뮬레이션을 수행하는 경우에는 다음과 같은 Error message가 PSpice output File에 나타난다.

ERROR - - - Node *node_name* is floating.

이는 DC 해석시 병렬 capacitor가 open 됨으로 C1과 L1이 pin의 전압이 정의되지 않는 floating 상태가 되기 때문이다. 이런 경우에는 시뮬레이션 결과에는 전혀 영향을 주지 않는 매우 큰 저항(1G)을 병렬로 연결하여 해결한다.

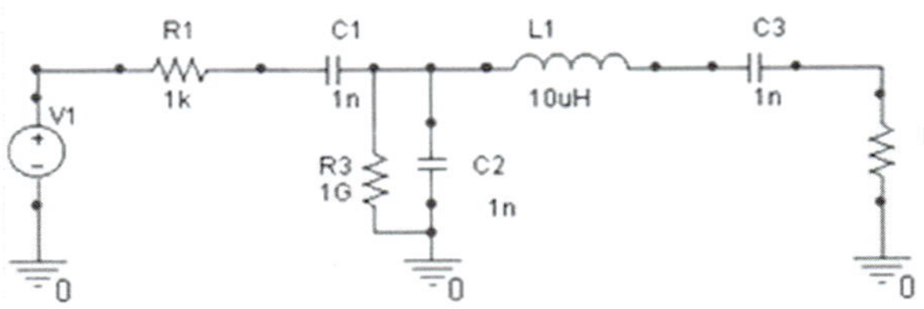

전압원-인덕터, 전류원-커패시터만 연결한 경우와 인덕터 2개를 series로 연결한 경우에도 유사한 현상이 발생한다. 전압원-인덕터, 2개의 직렬인덕터에는 작은 저항(0.01 이하)을 직렬로 전류원-커패시터의 경우에는 큰 저항(1G)을 병렬로 연결한다.

CHAPTER 4

DC 해석

DC 해석에서는 모든 전원을 DC로 간주한다. 이 해석에서 모든 인덕터는 단락으로 커패시터는 open으로 간주하여 계산하며, 바이어스포인트 계산, DC Sweep, 소신호 민감도 해석(small-signal sensitivity), 전달함수 계산(small-signal transfer function) 등이 있다. 바이어스 포인트계산에 대해서는 3장의 내용을 참조하기로 하고 그 나머지 DC 하석에 대하여 살펴보도록 하자.

4.1 DC 민감도 해석(DC Sensitivity Analysis)

민감도 해석은 트랜지스터 증폭회로와 같은 능동소자가 포함된 복잡한 회로해석에 일반적으로 적용되나 이 장에서는 단지 민감도 해석 방법의 이해에 초점을 맞추고 Bias.opj의 간단한 분압회로를 이용하여 그 사용법 및 결과의 의미에 대하여 살펴보기로 하겠다.

❶ 회로의 작성

➤ 민감도해석 예제회로

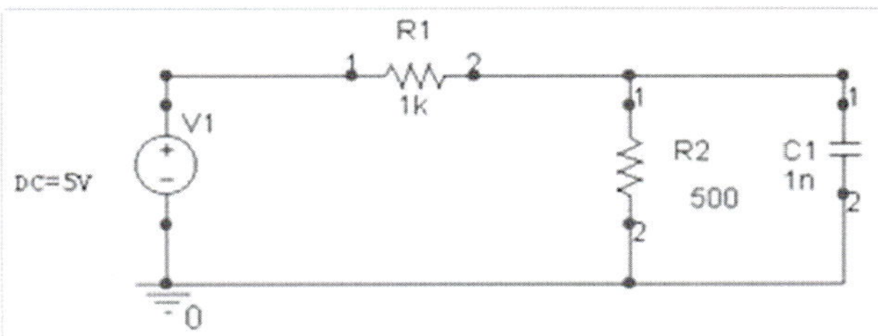

회로작성시 R2의 극성에 주의한다. 해석결과의 부호가 바뀔 수가 있기 때문에 반드시 그림에서와 같은 방향으로 회전시켜 위치한다.

❷ 위의 예제회로를 작성한 후 PSpice/ Edit Simulation Profile을 선택하고 Analysis Type은 Bias Point를, Options중 General Settings를 선택한다.

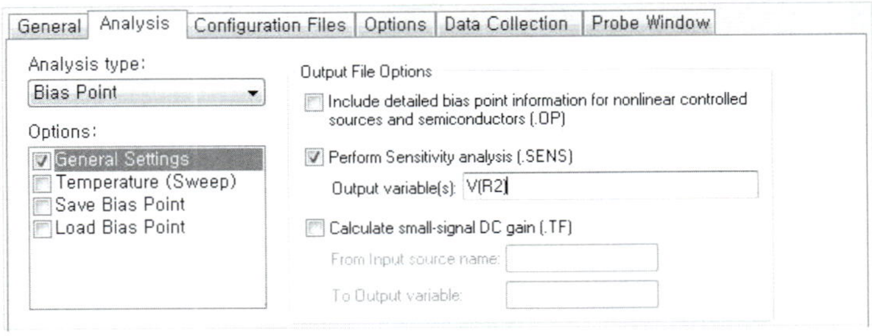

회로의 각 소자의 변동에 대한 R2 양단의 전압 민감도 해석을 위해 Perform Sensitivity analysis 대화상자 내의 Output variables란에 V(R2)를 입력한다.

❸ PSpice/Run을 실행한다.

❹ 시뮬레이션이 완료하면 PSpice A/D 윈도우의 View/ Output Files을 선택하여 output 파일을 조사한다.

```
**** 08/23/99 22:33:09 *********** Evaluation PSpice (Nov 1998) ****************
*circuit file for profile: bias
 DC SENSITIVITY ANALYSIS TEMPERATURE = 27.000 DEG C
******************************************************************************
DC SENSITIVITIES OF OUTPUT V(R_R2)
 ELEMENT ELEMENT ELEMENT NORMALIZED
 NAME VALUE SENSITIVITY SENSITIVITY
 (VOLTS/UNIT) (VOLTS/PERCENT)

 R_R2 5.000E+02 2.222E-03 1.111E-02
 R_R1 1.000E+03 -1.111E-03 -1.111E-02
 V_V1 5.000E+00 3.333E-01 1.667E-02
```

❺ 출력결과의 해석

output 파일에 나타난 결과가 의미하는 바는 무엇인가? V_V1에 대한 ELEMENT SEN- SITIVITY의 값을 보면 0.3333이다. 이는"V_V1값이 1V 변화할 때 V(R2)의 값은 0.3V 변화한다"는 것을 의미한다. NORMALIZED SENSITIVITY는 ELEMENT SENSITIVITY에 대한 %값을 얻기 위해 V/백분율로 표현한 값이다. R-R2에 대한 결과에 대하여 살펴보면 V(R2)의 전압은 다음과 같은 수식으로 표현된다.

$$V(R_2) = \frac{R_2}{R_1 + R_2} \cdot V_1$$

R2에 대한 V(R2)의 민감도에 대한 수식은

$$\frac{d}{dR_2} \cdot V_1 \cdot \frac{R_2}{R_1 + R_2}$$

과 같고 이를 전개하면

$$V_1 \cdot \frac{((R_1 + R_2) - R_2)}{(R_1 + R_2)^2} = V_1 \cdot \frac{R_1}{(R_1 + R_2)^2} = 0.0022222$$

라는 결과를 얻는다. 같은 방법으로 R1에 대한 결과를 얻을 수 있다. 민감도 해석을 수행하면 어떤 파라미터의 변동에 의해 각 노드의 전압이 어떤 영향을 받는지에 대하여 조사할 수 있다.

4.2 전달함수 해석(Transfer Function analysis)

PSpice의 전달함수 해석을 이용하면 small-signal DC gain과 회로의 입, 출력 저항값계산이 가능하다. Transfer.opj를 가지고 전원 V1에 대한 op amp 출력 V(c)의 전달함수 해석에 대하여 살펴보기로 하자.

❶ 회로의 작성

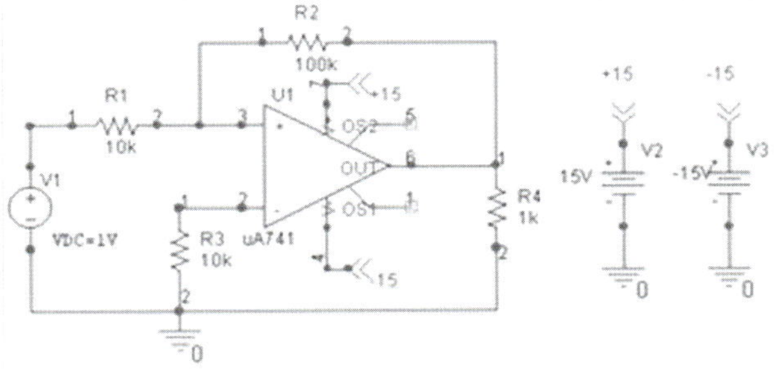

❷ PSpice/New Simulation Profile을 실행하여 파일명을 입력한 다음 Analysis Type을 Bias Point로 Options는 General Settings로 선택한 다음 Calculate small-signal DC gain 항목에 아래와 같이 입력한다.

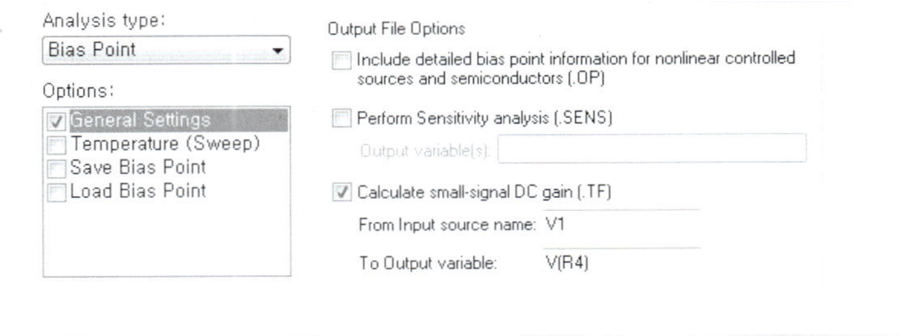

❸ PSpice/Run을 실행한다.

❹ 시뮬레이션이 완료하면 PSpice A/D 윈도우의 View/Output File을 선택하여 output 파일을 조사한다.

```
********* SMALL-SIGNAL CHARACTERISTICS ********
 V(R_R4)/V_V1 = -1.000E+01
 INPUT RESISTANCE AT V_V1 = 9.999E+03
 OUTPUT RESISTANCE AT V(R_R4) = -8.536E-03
```

❺ 출력결과의 해석: output 파일에 나타난 V(R_R4)/V_V1=-10은 입력 대 출력의 DC Gain = -10임을 의미한다. 즉 입력 1V에 대하여 출력전압은 -10V임을 나타내고 전원에서 본 입력 임피던스는 9.999k, 노드 R_R4 점에서 본 임피던스는 -8.536m임을 의미한다.

4.3 DC Sweep

어떤 소자의 값을 변화시키는 과정을 Sweep이라 하는데 DC 전원을 0V에서 10V까지 1V 단위로 변화시켜 가면서 R2의 전압이 어떻게 변화하는지에 대해 해석하는 DC Sweep에 대하여 살펴보도록 하자.

❶ 회로의 작성 (오른쪽 그림)

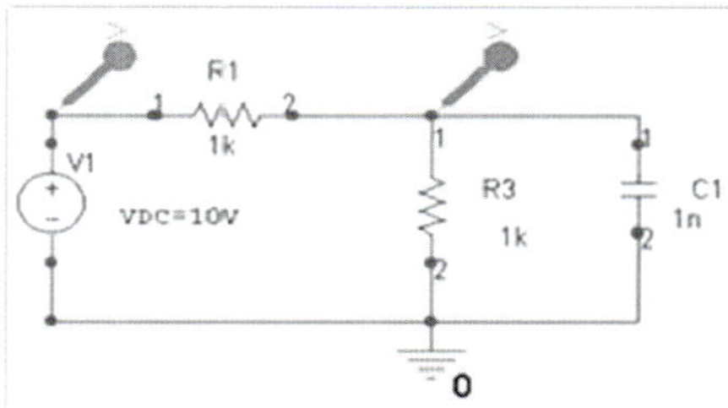

❷ PSpice/New Simulation Profile을 실행하여 파일명을 입력한 다음 Analysis Type을 DC Sweep으로 Options는 Primary Sweep 선택하고 다음과 같이 입력한다.

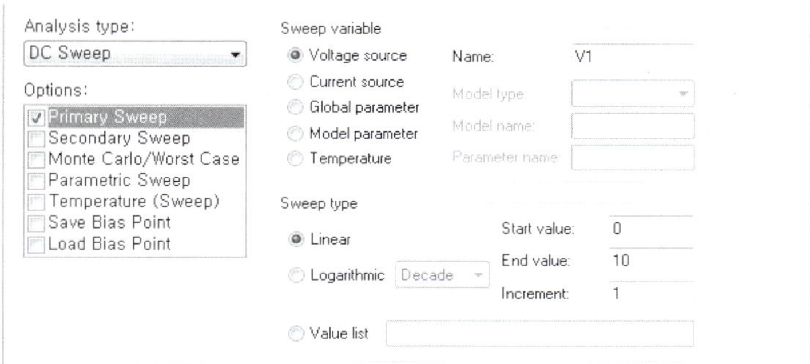

Sweep Variable Type은 Sweep할 변수가 전압원, 온도, 전류원, 모델 파라미터, Global 변수인지를 선택하는 항목이다. 우리는 전원을 sweep함으로 Voltage Source를 선택한다. Sweep Type은 Sweep의 형태를 결정하는 것으로 선형적인 변동, Octave, Decade의 로그적인 변동과 변동시킬 값의 리스트를 입력하는 Value List가 있다. 여기서는 Linear를 선택한다. DC sweep과 Linear를 선택하면 왼쪽에 나타낸 것과 같이 전원명과 전원의 시작값, 끝값 및 증가분을 입력한다. Model Type, Model Name, Param. Name은 모델 파라미터를 sweep 할 경우에단 입력하며, Value는 Value List를 선택했을 경우에만 입력한다.

❸ DC Sweep 대화상자에 Start value를 0, End value를 10, Increment 1을 입력한다.
❹ PSpice/Run을 실행한다.
❺ PSpice A/D의 시뮬레이션 결과를 파형으로 확인한다.

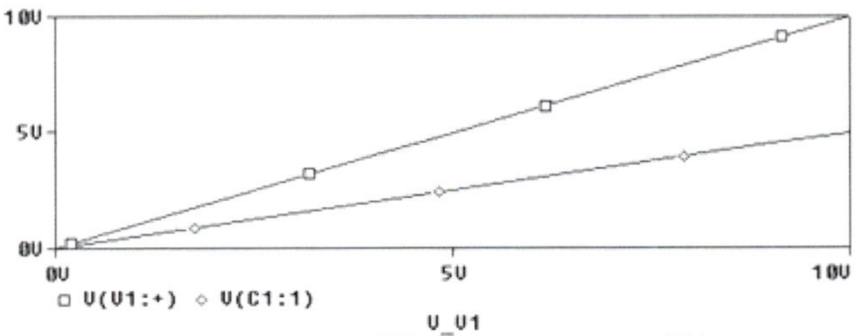

CHAPTER 5

교류 해석 AC Analysis

교류해석은 입력주파수를 변화시켜 가면서 회로시스템에 대한 주파수응답을 계산하는 해석을 말한다. 주파수응답을 계산하기 전에 PSpice에서는 각 소자의 small-signal 파라미터를 결정하고 교류해석에 대한 바이어스 포인트를 계산한다. 이 과정은 DC 바이어스 포인트를 계산하는 것과 동일하다. 교류해석으로는 시스템의 보드선도, 교류시스템의 임피던스 해석이 있다.

5.1 시스템 보드선도

Bode.opj의 예제에서 입력주파수를 1Hz에서 1kHz로 변화시키면서 V1입력에 대한 R2의 1번 노드 전압의 보드선도를 작성해보자.

❶ 회로의 작성

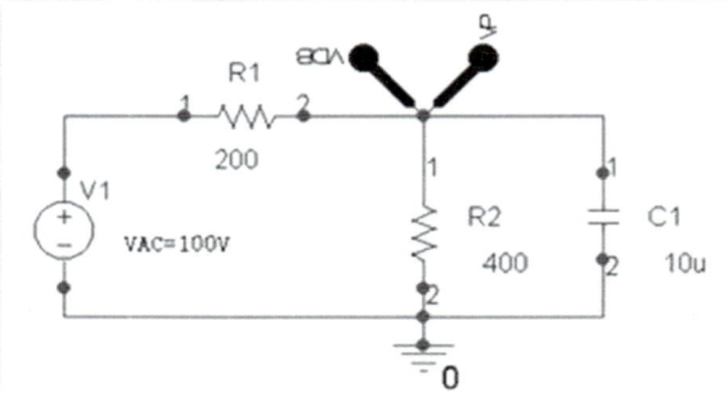

❷ PSpice/New Simulation Profile을 선택한 후 파일명을 입력하고, Analysis Type을 AC Sweep/Noise, Options를 General Settings를 선택한 다음 아래와 같이 입력한다.

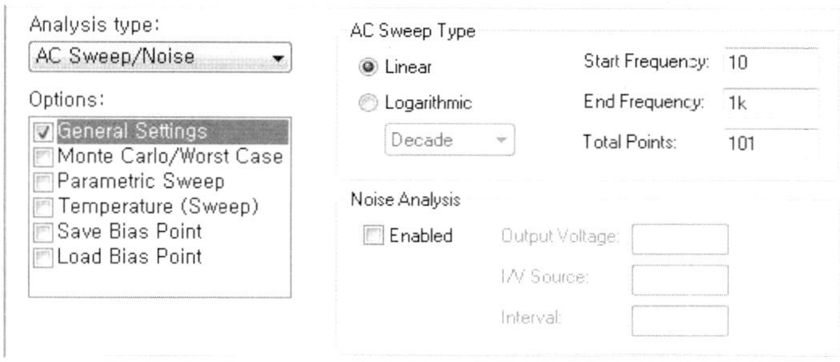

❸ Capture상에서 R2의 1번 노드의 크기(db)와 위상을 PSpice A/D 윈도우에 나타내기 위해서는 Markers/Advance의 db magnitude of voltage와 phase of voltage를 선택하여 Schematics상의 R2의 1번 노드에 배치한다.

❹ PSpice/Run을 실행한다.

❺ PSpice A/D 윈도우를 통해 시뮬레이션 결과를 그림으로 확인한다.

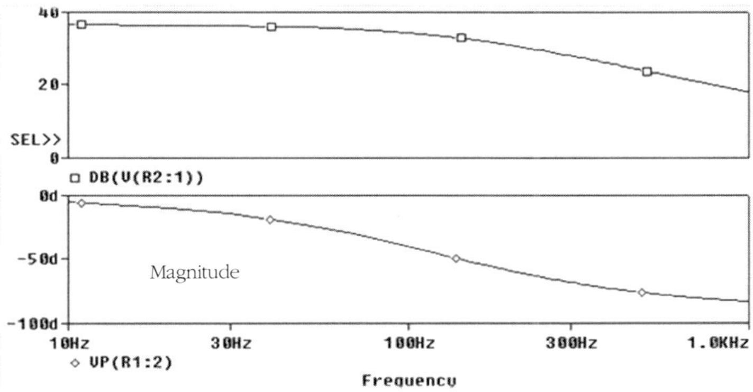

Magnitude

Phase

5.2 교류시스템의 임피던스 해석

Impedance.opj에 나타낸 것과 같은 R-L-C 회로에서 입력주파수를 10Hz에서 100kHz로 변화시키면서 입력 임피던스와 컨덕턴스가 어떻게 변화하는지에 대하여 살펴보자. 이 때 L값을 5, 15, 25, 35mH로 한다.

❶ 회로의 작성

Impedance.opj의 예제회로에서 source.olb의 Vsrc전원을 병렬회로에 각각 직렬로 삽입하였다. 이 전원의 파라미터는 DC=0V이므로 회로의 동작에는 전혀 영향을 미치지 않고 단지 전류변수 (I(V1), I(V2), I(V3), I(V4))를 제공하는 역할을 수행한다.

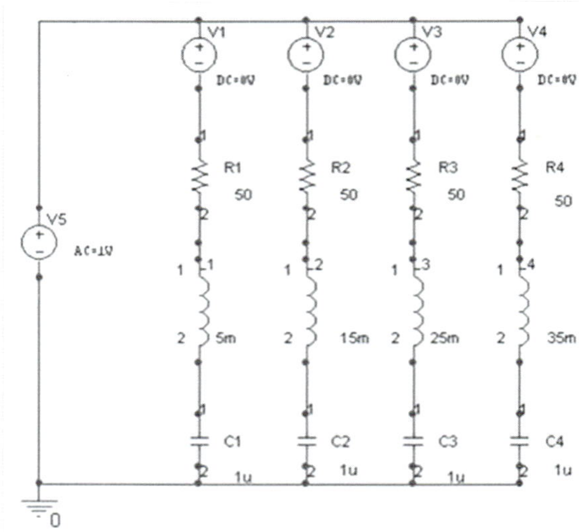

❷ PSpice/New Simulation Profile을 선택한 후 파일명을 입력하고, Analysis Type을 AC Sweep/Noise, Options를 General Settings를 선택한 다음 아래와 같이 입력한다.

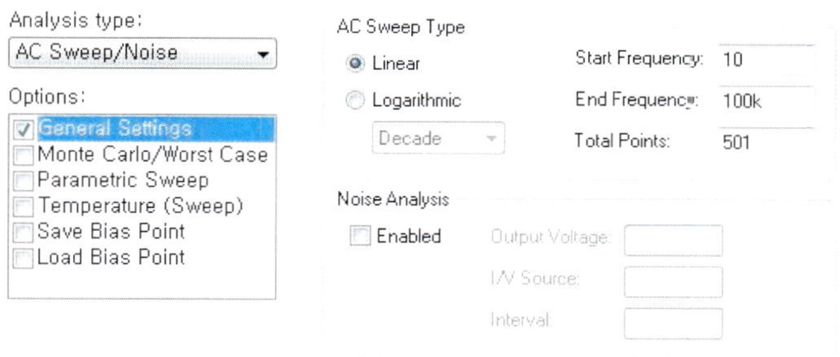

Sweep 방식은 linear로 시작주파수는 10Hz, 끝점주파수는 100kHz, 화면에 표시할 데이터 수는 501개로 입력한다.

❸ PSpice/Run을 실행한다.

❹ PSpice A/D 윈도우를 통해 시뮬레이션 결과를 그림으로 확인한다.

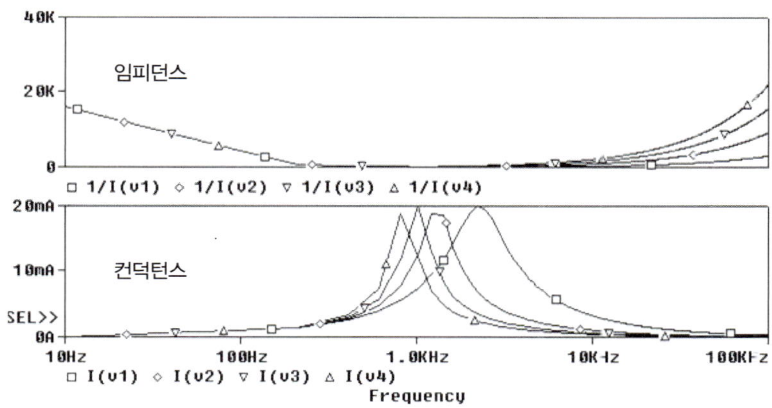

❺ 출력결과의 해석

교류입력전압을 1V로 하였기 때문에 전류파형이 바로 컨덕턴스이고, 전류의 역수는 임피던스가 된다. L값이 증가함에 따라 공진점이 낮은 주파수 영역으로 이동함을 알 수 있다.

5.3 노이즈 해석(Noise Analysis)

회로 내에 사용하는 저항과 반도체 소자는 주파수에 영향을 받는 노이즈를 발생한다. 이러한 발생노이즈에 대해 해석하려면 교류해석과 병행해야 한다. 즉 교류해석의 각 주파수에 대하여 회로 내의 각 소자에서 발생하는 노이즈량을 계산하고 출력 노드에 미치는 영향을 분석하며 입력전원과 출력전압 사이의 이득을 계산하고, 이 계산을 토대로 하여 특정전원에서의 등가 입력노이즈량을 계산한다. 4-2절의 전달함수의 해석에서 사용한 transfer.opj의 예제를 가지고 노이즈 해석에 대한 전반적인 사항에 대하여 알아보도록 하자.

❶ 회로의 작성

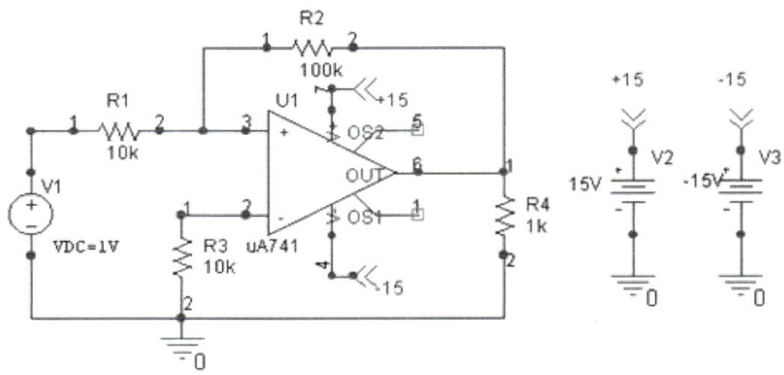

❷ PSpice/New Simulation Profile을 실행하여 파일명을 입력한 다음 Analysis Type을 AC Sweep/Noise로 Options는 General Settings로 선택한 다음 AC Sweep Type과 Noise Analysis 항목에 그림과 같이 입력한다.

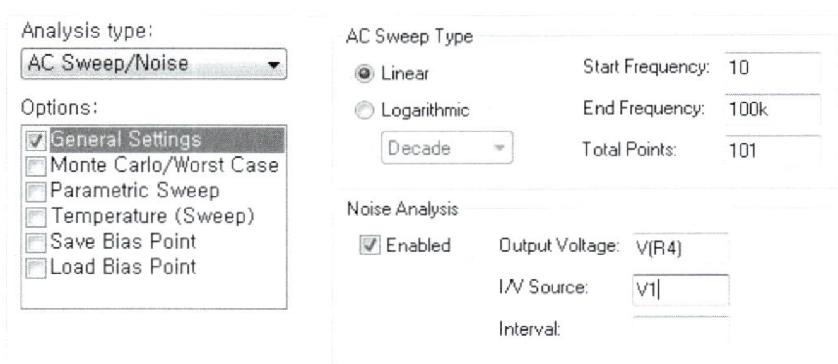

Sweep방식은 linear로 시작주파수는 1Hz, 끝점 주파수는 100kHz, 화면에 표시할 데이터 수는 101개로 입력한다. Output voltage에는 노이즈 해석을 하고자 하는 노드의 전압을 입력하고, I/V Source에는 등가 노이즈원으로 동작하는 전원명을 입력한다. 주의할 점은 V1은 노이즈 발생원이 아니고 단지 $V/\sqrt{Hz}$ 로 환산한 등가 노이즈원이라는 사실이다. 즉 등가노이즈원을 이용하여 노이즈를 입력하여 출력되는 노이즈량을 해석한다.

❸ PSpice/Run을 실행한다.

❹ PSpice A/D 윈도우를 통해 시뮬레이션 결과를 그림으로 확인한다.

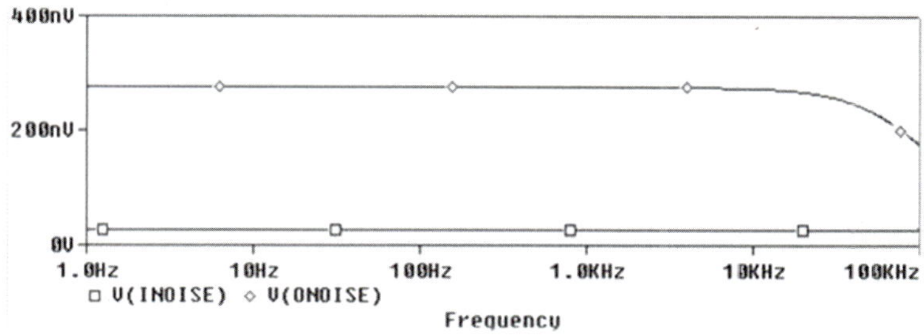

V(INOISE)는 노이즈 입력실효치를 V(ONIOSE)는 출력실효치를 의미한다.

➤ Total 노이즈량

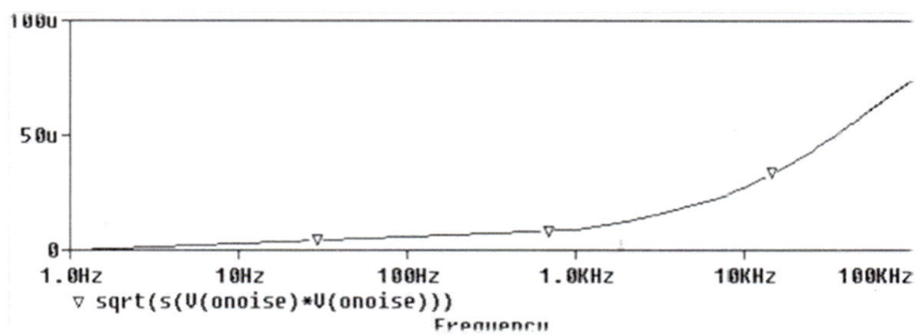

CHAPTER 6 과도해석 Transient Analysis

과도해석은 시간영역에서 입력신호에 대한 출력을 결정하는 해석을 말한다. 과도해석의 계산방법은 인덕터를 단락(short), 커패시터를 개방(open)시키고 해석하는 DC 바이어스 포인트 계산과는 사뭇 다르다. 과도해석에서는 항상 L과 C의 현재의 계산값을 초기치로 하여 다음 스텝의 계산을 수행한다. 이미 과도해석에 대해서는 여러번 살펴 본 바가 있기 때문에 본 장에서는 L, C 소자의 초기치가 있고, 반도체소자 중 다이오드를 이용한 회로의 해석과 전류 혹은 전압에 대해 퓨리에 적분을 수행하여 주파수성 분을 분석하는 퓨리에 해석에 대하여 살펴보기로 한다.

6.1 초기치가 있는 과도해석

transient.opj의 회로는 교류 120V, 60Hz 전원을 입력으로 하여 DC로 변환하는 다이오드 정류기이다. 입력전류의 평활 및 출력전압의 리플을 억제하기 위해 각각 R-L, L-C필터를 삽입하였고, C1에는 170V의 초기치를 갖고 있다고 가정한다.

❶ 회로의 작성

□ V1의 파라미터 설정

VOFF = 0V, VAMPL = 170V, FREQ = 60Hz

□ C1의 초기치 설정

VALUE = 1000u, IC = 170V

C1의 초기치를 설정할 경우에는 C1의 방향에 주의해야 한다. 반드시 그림에서처럼 값이 왼쪽에 나타나도록 270도 회전시켜 배치해야 한다. 만일 반대방향으로 배치할 경우에는 -170V의 초기치로 인식함으로 주의해야 한다.

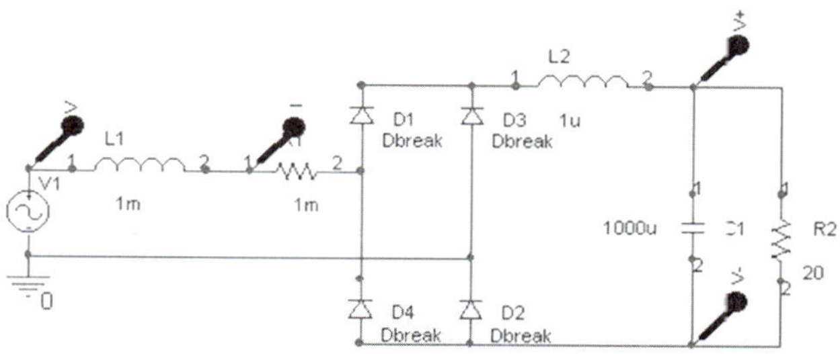

❷ PSpice/New Simulation Profile을 실행하여 파일명을 입력한 다음 Analysis Type을 Time Domain(Transient)로 Options는 General Settings로 선택하여 다음과 같이 입력한다. 이 때 Run to time은 50ms로 한다.

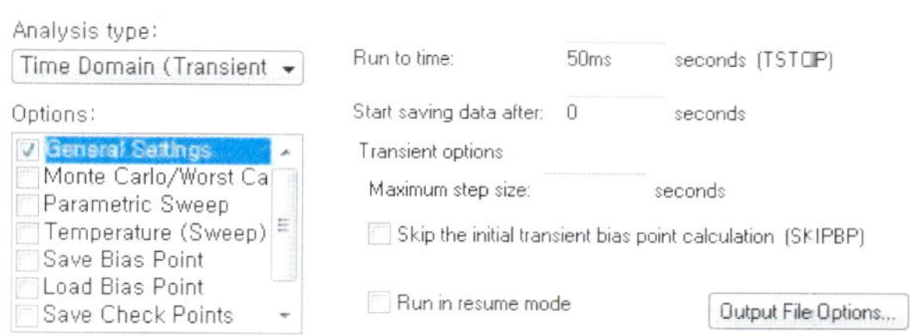

❸ PSpice/Run을 실행한 후 PSpice A/D 윈도우에서 결과를 확인한다.

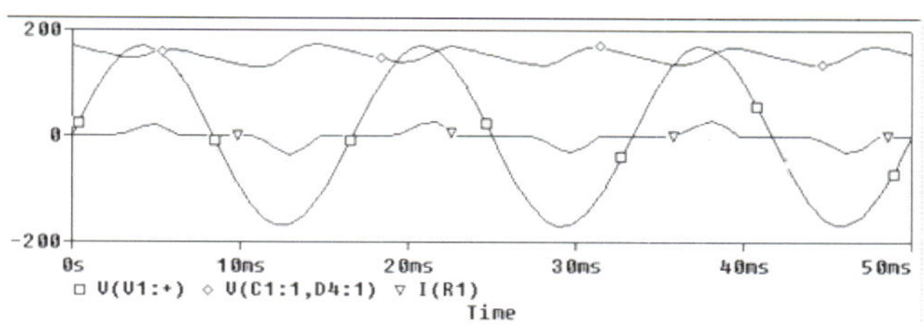

6.2 퓨리에 해석(Fourier Analysis)

PSpice에서 제공하는 주파수분석 기능은 FFT(Fast Fourier Transform)와 퓨리에 해석(Fourier Analysis)이 있다. FFT는 Probe상에서 출력 데이터를 가지고 FFT 알고리즘으로 계산하는 것으로 Probe 화면에 주파수 스펙트럼을 출력하는 기능을 수행하고, 퓨리에 해석은 결과데이터를 퓨리에 적분하여 결과를 얻는다. 따라서 FFT 결과에서는 단지 크기만이 제공되지만 퓨리에 해석을 수행할 경우에는 크기, 위상, 직류분 등에 대한 결과를 output 파일에 출력하므로 평균치, 기본파 실효치, 역률, THD 등을 계산할 수 있는 장점이 있다. FFT에 대한 사항은 Probe 사용법에서 이미 설명하였기 때문에 본 절에서는 퓨리에 해석에 대한 사항만을 살펴보기로 한다.

❶ 앞 절에서 사용한 transient.opj 예제를 그대로 사용한다.

❷ Edit SImulation Profile에서 Tine Domain 즉 Transient Analysis에 대한 항목은 변경하지 않고 Output File Options 버튼을 클릭한 후 Fourier Analysis 항목에 다음과 같이 입력한다.

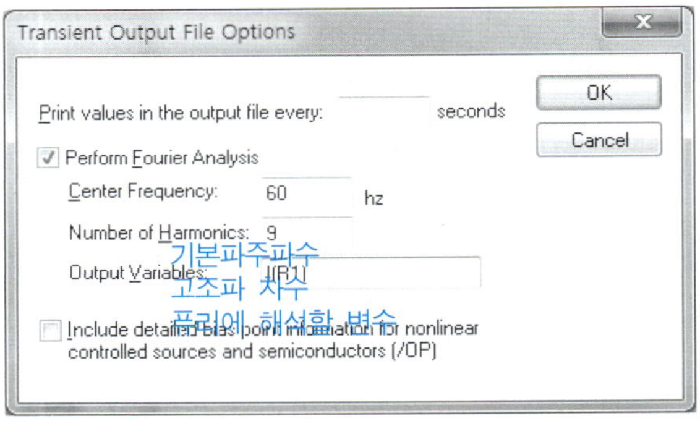

❸ PSpice/Run을 실행한다.

❹ PSpice A/D 윈도우에서 View/Output File을 선택하여 output 파일에 다음 부분을 확인한다.

DC COMPONENT는 평균치이며, 각 차수에 해당 FOURIER COMPONENT는 최대치이다. 따라서 실효치로 표현하려면 RMS(Root Mean Square)로 나누어야 한다. PHASE는 입력전압에 대한 위상차를 각도로 표현한 결과이다. 음의 부호는 지상역률을 의미한다.

```
**** 08/24/99 12:42:21 *********** Evaluation PSpice (Nov 1998) ************************
* circuit file for profile: tran
**** FOURIER ANALYSIS TEMPERATURE = 27.000 DEG C
**************************************************************************************
FOURIER COMPONENTS OF TRANSIENT RESPONSE I(R_R1)

 DC COMPONENT = -1.965464E-01

 HARMONIC FREQUENCY FOURIER NORMALIZED PHASE NORMALIZED
 NO (HZ) COMPONENT COMPONENT (DEG) PHASE (DEG)

 1 6.000E+01 1.446E+01 1.000E+00 -8.050E+00 0.000E+00
 2 1.200E+02 2.931E-01 2.028E-02 9.166E+01 9.971E+01
 3 1.800E+02 9.610E+00 6.648E-01 1.543E+02 1.624E+02
 4 2.400E+02 8.262E-02 5.716E-03 -8.678E+01 -7.873E+01
 5 3.000E+02 3.705E+00 2.563E-01 -5.122E+01 -4.317E+01
 6 3.600E+02 5.972E-02 4.131E-03 -1.102E+02 -1.021E+02
 7 4.200E+02 6.745E-01 4.666E-02 4.212E+01 5.017E+01
 8 4.800E+02 7.841E-02 5.424E-03 2.150E+01 2.955E+01
 9 5.400E+02 5.684E-01 3.932E-02 1.097E+02 1.177E+02

 TOTAL HARMONIC DISTORTION = 7.153975E+01 PERCENT
```

CHAPTER 7

Parametric 해석과 Measurements

Parametric 해석은 회로내의 소자값을 변경하면서 회로특성이 어떻게 변화하는가를 살펴보는 해석을 말하고, Measurements는 Parametric 해석을 실행한 후 특성평가의 편의를 위해 PSpice에서 제공하는 측정함수를 말한다. Parametric.opj의 예제를 가지고 C2의 값을 100p에서 700p까지 25p 단위로 증가시켰을 때 회로의 특성이 어떻게 변화하는가에 대한 것과 Measurements의 사용법에 대하여 살펴보도록 하자.

7.1 Parametric 해석

❶ 회로의 특성

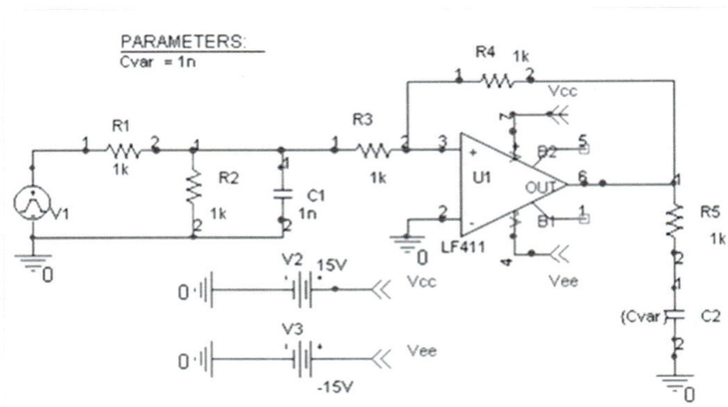

VPulse의 사양 : V1=0, V2=1, TD=0.1u, TR=0.01u, PW=1, PER=2

□ Parametric 해석

회로 내의 소자값을 변수로 만들려면 C2의 {Cvar}처럼 소자값 대신에 변수(parameter)를 입력한다. 이 때 주의할 점은 반드시 { }안에 변수명을 입력한다.

□ Parameter에 값 지정하기

변수에 값을 지정하려면 special.obl에 있는 PARAM을 사용한다. PARAM을 배치한 후 2번 클릭하고 다음 절차에 따라 진행한다.

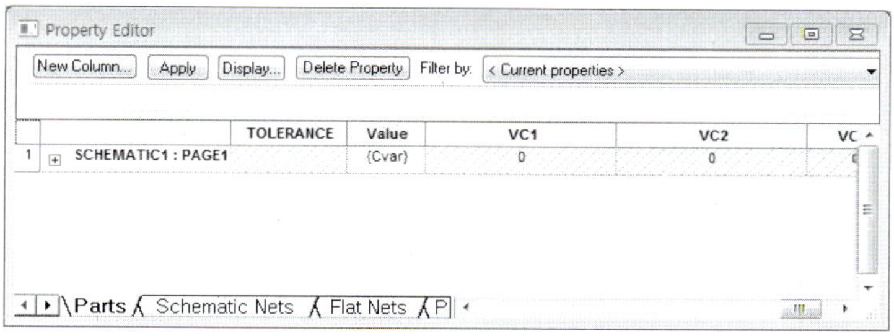

Property Editor가 나타나면 New Column 버튼을 누르면 Add New Parameter명을 대화상자가 실행된다. Property 부분에 사용자가 정의한 parameter명을 기입하고 해당되는 column에 값을 입력한다.

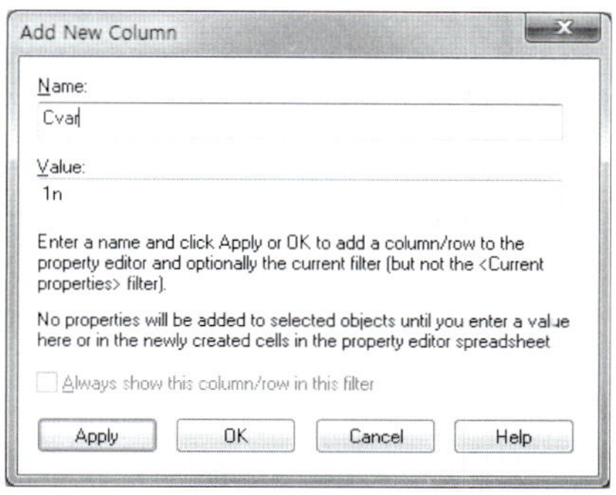

❷ PSpice/New Simulation Profile을 실행하여 파일명을 입력한 다음 Analysis Type을 Time Domain(Transient)로 Options는 Parametric Sweep으로 선택하여 다음과 같이 입력한다. 이 때 Run to time는 5us로 한다.

Sweep Var Tyep은 Global Parameter를 선택하고, Name에 변수명 Cvar를 입력한다.

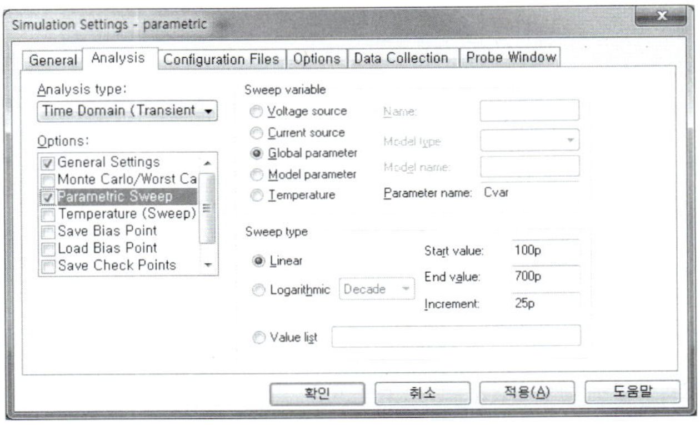

Sweep Tyep은 Linear를 선택하고, 시작값은 100p, 끝값은 700p, 증가분은 25p로 한다.

❸ Optios중 General Settings를 선택한 후 Run 새 time 값 5us를 입력한다.

❹ PSpice/Run을 실행한다.

계산을 완료하면 화면에 Avaliable Sections 대화상자가 나타난다. 이 화면에서는 PSpice A/D에서 사용할 데이터를 선정한다. Parameter 해석은 파라미터를 바꿔가면서 여러 번 시뮬레이션 하기 때문에 각 해당 파라미터 값에 대한 데이터의 집합이 만들어진다. 선택하려면 마우스를 이용하여 해당데이터를 클릭하면 되고, 전체 데이터를 선택한 경우에는 All 버튼을 클릭한 후 OK 버튼을 누른다.

❺ Trace/Add Trace하여 I(C2)를 선택한다.

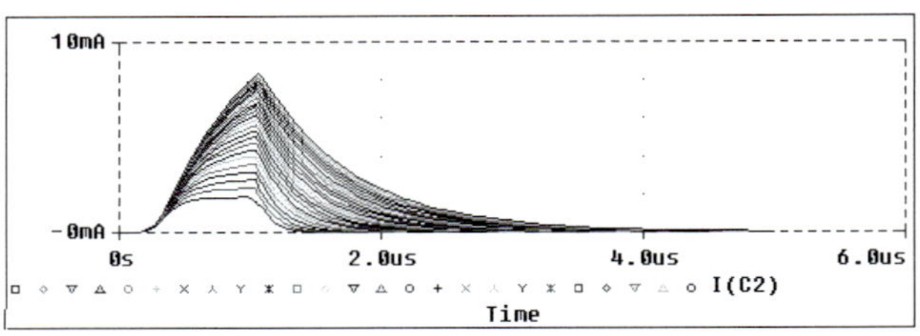

7.2 Measurement의 사용

Measurement 기능을 사용하기 위해서는 Parameter 해석을 먼저 수행한다. Measurement에 대한 자세한 설명은 다음 기회로 미루기로 하고 이 절에서는 사용법에 대해서만 알아보도록 하자.

❶ Capture상에서 parametric.opj를 불러온다.

❷ PSpice/Run을 실행한다.

❸ PSpice A/D가 실행된 후 Trace/Performance Analysis를 클릭한 후 Performance Analysis 화면이 나타나면 OK 버튼을 누른다.

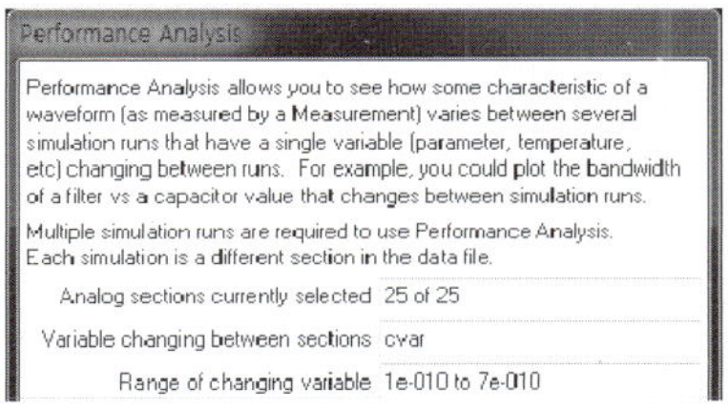

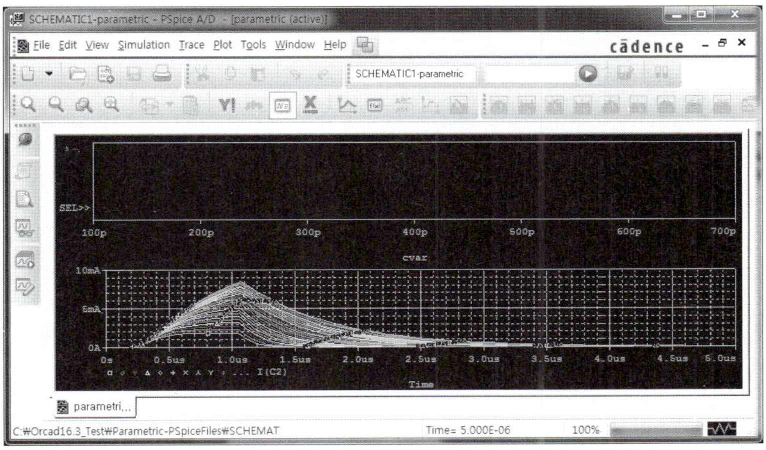

❹ Trace/Add Trace를 선택한 다음 Function에서 MAX(1)과 I(C2)를 각각 선택하여 입력한다.

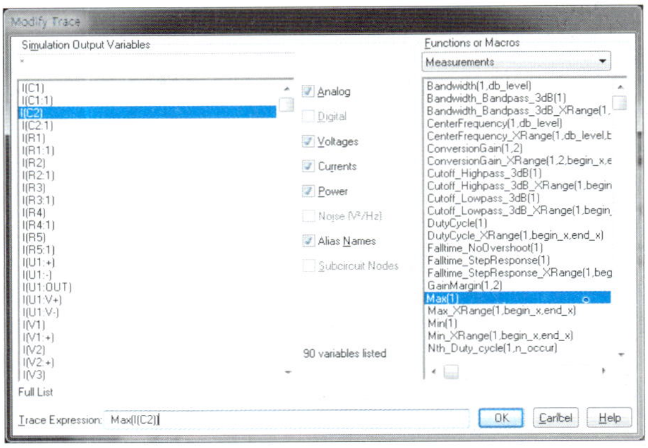

❺ Trace Expressions에 MAX()를 입력한다.

C2의 값을 X축으로 하여 I(C2)의 최대값을 나타낸 결과이다. 이처럼 Function을 이 용하면 Parameter 해석 결과를 좀더 명확히 분석할 수 있다.

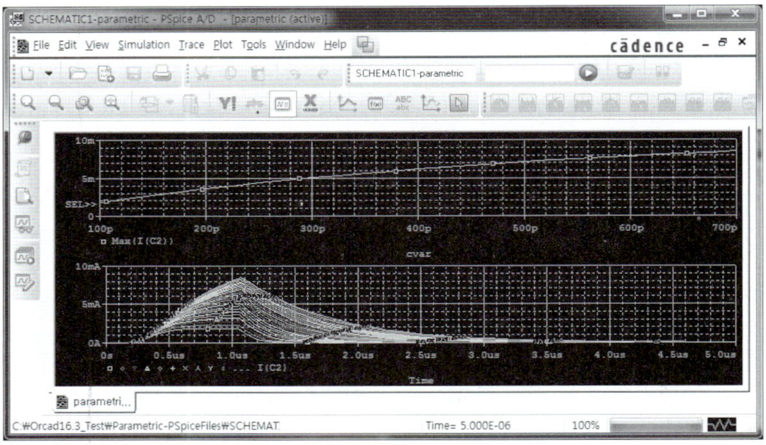

CHAPTER

8 Monte carlo 해석

Monte Carlo 해석에서는 허용범위 안에 모든 소자의 파라미터 값을 랜덤(random)하게 변화시키면서 회로의 응답을 구한다. 이 결과로부터 소자 파라미터 변동에 따른 특성변화에 대한 통계적인 데이터를 구할 수 있고, 회로가 실제 현장에서 동작할 때 어떤 특성변화가 존재할 것인가를 예측할 수 있다.

이 절에서는 Monte.opj의 압력 정회로를 예제로 하여 Monte Carlo 해석의 전반적인 사용법에 대하여 살펴보기로 하자.

❶ 회로의 작성

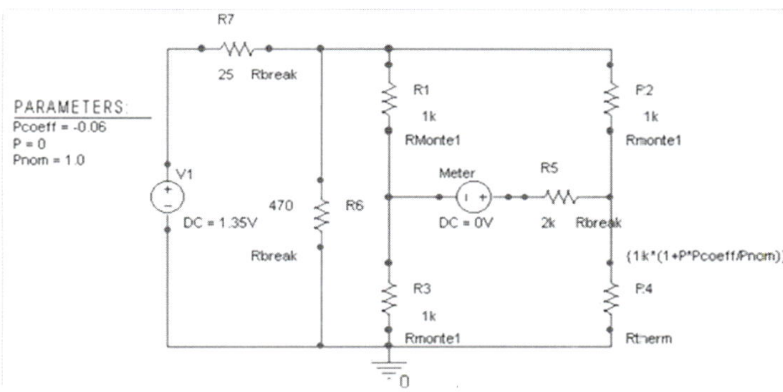

Monte.dsn에서의 저항은 analog.olb의 R 대신에 breakout.olb에 있는 Rbreak을 사용해야 한다는 것에 주의해야 한다. 이는 Monte Carlo 해석중에 저항값의 변동을 허용하려 면 저항모델에 변동 허용범위와 같은 파라미터를 입력해야 하므로 저항 모델의 변경이 불가피하다. 따라서 이렇게 사용자가 모델 변경할 수 있도록 PSpice에서 제공하는 소자인 Rbreak를 사용해야 한다. 회로 작성중 소자의 기본적 정보외의 것을 화면에 나 타내려면 소자를 먼저 마우스로 선택한 후 Edit/Properties를 선택하거나 소자를 마우스로 2번 연속 클릭하여 Property Editor를 동작시킨다. 이 때 화면에 표시하고 싶은 column에서 마우스의 오른쪽 버튼을 누르면 서브메뉴창이 나타나고

Display를 선택하여 setting하면 화면에 표시할 수 있다. Ehgks 소자명을 다른 형태로 표시하려면 Reference 항에 사용자가 정의한 이름을 입력하여 표시하면 된다.

❷ R1을 마우스로 클릭하여 선택한 후(빨간색으로 바뀜) Edit/ Pspice Model을 선택한다.

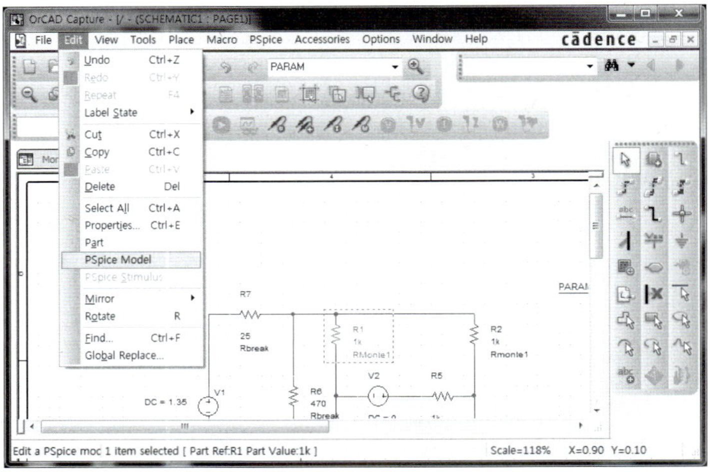

❸ Model Editor 대화상자가 화면에 나타나면 Rbreak 대신에 Rmonte1을 입력하고, R=1, DEV=2%, LOT=10%를 입력한다.

□ Device Tolerance

DEV는 device tolerance의 키워드(keyword)로 이 의미를 살펴보면 다음과 같다. 예를 들어 저항 R1과 R2의 저항값이 10k이고, 모두 모델 RES를 사용한다고 가정하고 현재 R=1, DEV=2%라면 R=1은 scaling factor를, DEV=2%는 R1과 R2가 독립적으로 변할 수 있는 한계를 의미한다. 따라서 최대 R1=9.8k, R2=1.2k까지 변할 수 있다. 만일 온도가 상승하여 저항값이 10k에서 12k로 상승했다면 R1=11.76k, R2=12.25k까지 변동이 허용됨을 의미한다.

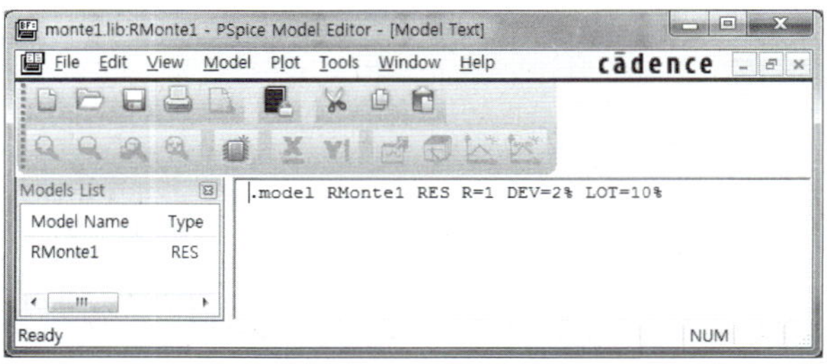

□ LOT Tolerance

LOT Tolerance는 회로 내의 소자가 다음 번 수행시에 변화할 수 있는 허용한계를 의미한다. R=1 LOT=10%로 정의된 10k의 R1과 R2가 있다고 할 때, R1과 R2는 같은 값을 갖고 실행을 반복할 때마다 10%씩 변동할 수 있다는 것을 의미한다. LOT Tolerance에서는 항상 R1=R2임을 주의해야 한다.

□ 복합 Tolerance

R=1 DEV=2% LOT=10%와 같이 DEV와 LOT Tolerance를 같이 정의한 경우에는 먼저 매실행 때마다 LOT=10%에 의해 R1과 R2가 10%씩 같은 값으로 변동한 다음, DEV=2%에 의해 다시 각각 2%씩 변동할 수 있음을 의미한다. 따라서 저번 실행시보다 각각 최대 12%까지의 변동이 허용된다.

❹ 같은 방법으로 R2, R3의 모델의 경우 Rbreak 대신에 Rmonte1을 다음의 순서에 따라 입력한다. 먼저 마우스로 R2를 선택한 후 Edit/Properties를 실행한다. Impletation column에 Rbreak 대신에 Rmonte1을 입력한다. 만일 이 항목을 화면에 표시하고 싶을 때에는 마우스의 오른쪽 버튼으로 해당 부분을 클릭하여 Display를 실행한 후 다음과 같이 value를 선택하면 된다. 화면에 Display가 되면 그 이후의 변경은 화면에 표시된 부분을 2번 클릭하여 수정하는 것이 가능하다.

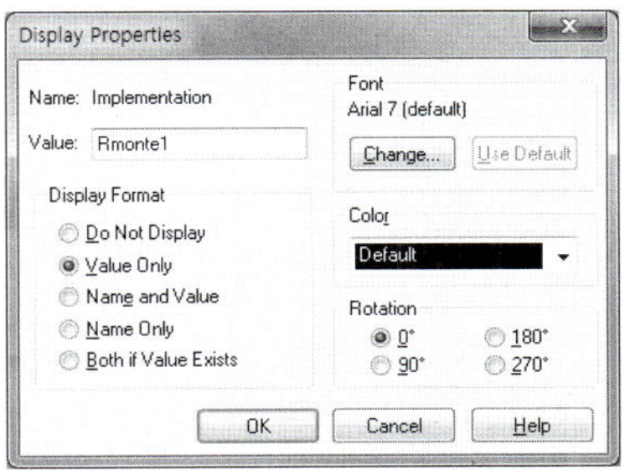

R4의 저항은 마우스로 선택한 후 Edit/PSpice Model을 실행하고, 다음과 같이 입력한다.

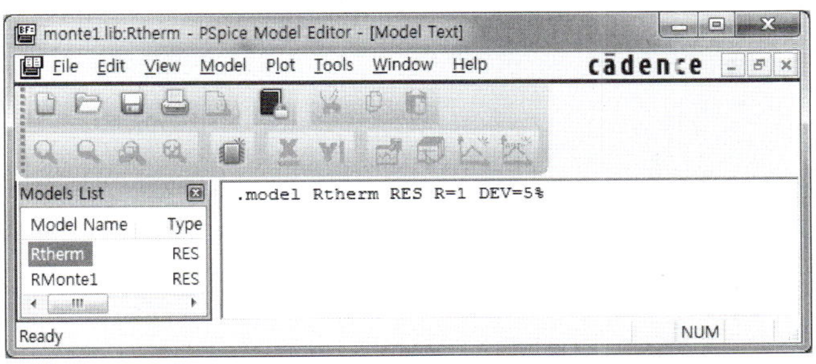

❺ PSpice/New Simulation Profile을 실행하여 파일명을 입력한 다음 Analysis Type을 DC Sweep으로 Options는 Primary Sweep을 선택하여 다음과 같이 입력한다.

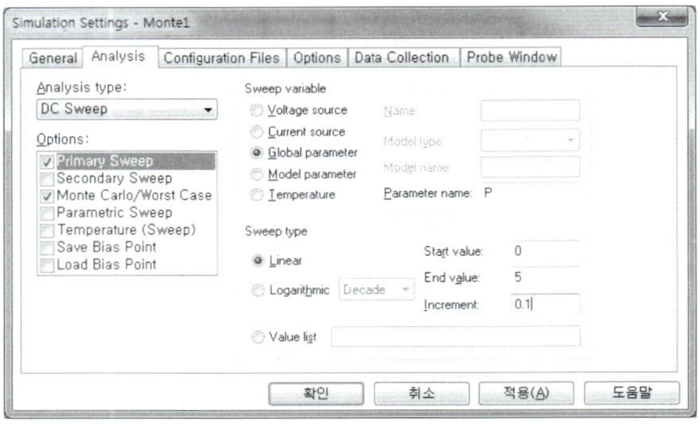

P의 입력값을 0에서 5까지 0.1단위로 증가시킨다.

❻ Options는 Monte Carlo/Worst Case를 선택한 후 다음과 같이 입력한다.

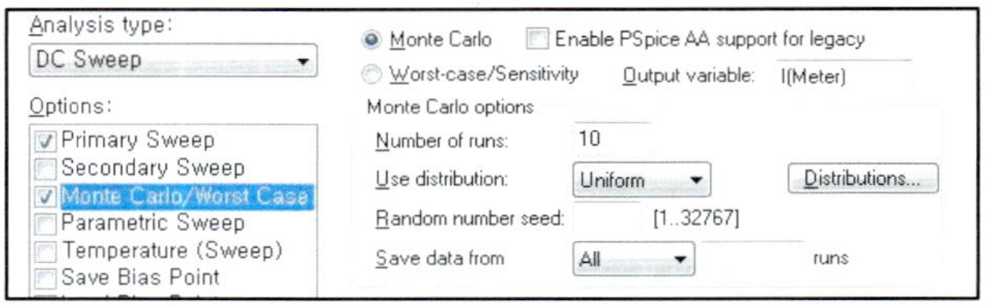

Monte Carlo를 선택하고 Monte Carlo Options중 Number에 10을 입력하여 10회 실행하도록 한다. 출력변수로는 I(Meter)를 입력하고, Save data from항에는 All을 선택하여 매실행의 모든 출력을 저장하도록 한다.

❼ PSpice/Run을 실행한다.

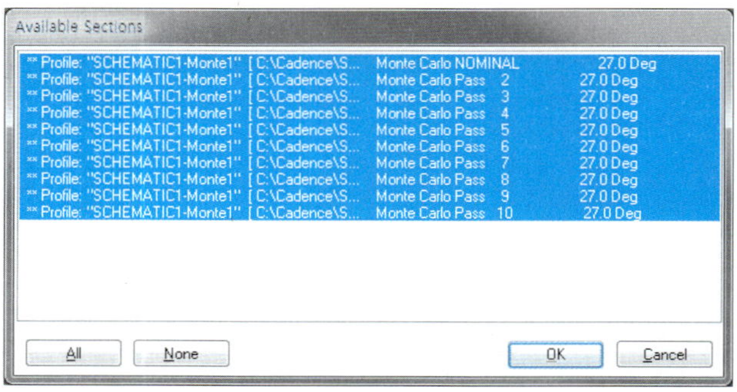

❽ Avaliable Sections 대화상자의 All 버튼을 클릭한 후 Trace/Add하여 I(Meter)를 선택하여 결과를 확인한다. 압력의 변화할 때 센서의 출력값이 변동함을 알 수 있다.

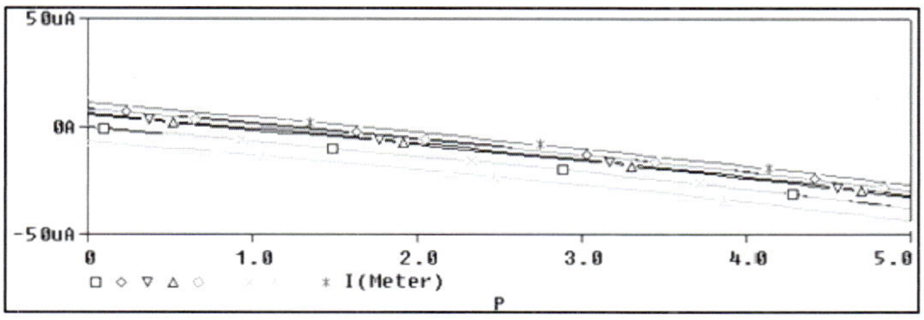

❾ PSpice A/D 윈도우의 Trace/Performance Analysis를 선택한 후 Trace/Add Trace에서 Max (I(Meter))를 입력하면 아래와 같은 Histogram이 나타난다. I(Meter)의 최대값이 20uA를 중심으로 분포되어 있음을 알 수 있다.

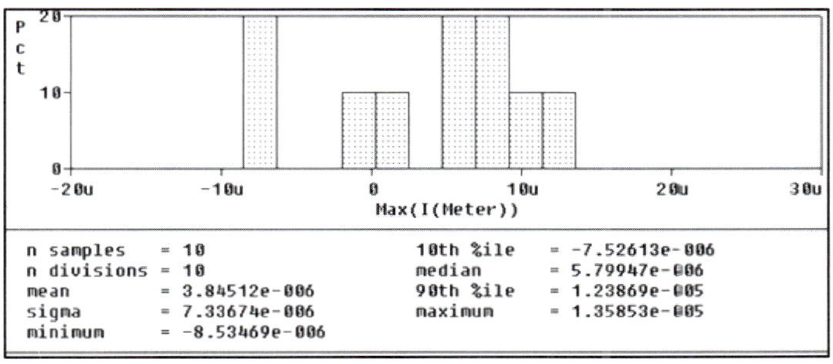

또한 output 파일에는 Monte Carlo 해석에 대한 요약된 결과를 저장한다.

```
**** 08/24/99 17:07:05 *********** Evaluation PSpice (Nov 1998) **************
** circuit file for profile: Monte
**** SORTED DEVIATIONS OF I(V_Meter) TEMPERATURE = 27.000 DEG C
  MONTE CARLO SUMMARY
******************************************************************************
Mean Deviation = 4.2684E-06
Sigma = 7.2184E-06

 RUN  MAX DEVIATION FROM NOMINAL

Pass 9 13.5850E-06 (1.88 sigma) higher at P = 0
Pass 10 11.1890E-06 (1.55 sigma) higher at P = 0
Pass 6 8.5706E-06 (1.19 sigma) lower at P = 2.4
  ( 152.3 % of Nominal)
Pass 2 8.5603E-06 (1.19 sigma) higher at P = 0
Pass 5 8.1392E-06 (1.13 sigma) higher at P = 0
Pass 8 6.5176E-06 ( .90 sigma) lower at P = 0
Pass 3 6.1589E-06 ( .85 sigma) higher at P = 0
Pass 4 5.4401E-06 ( .75 sigma) higher at P = 0
Pass 7 431.2800E-09 ( .06 sigma) higher at P = 0
```

CHAPTER 9

소자의 특성 바꾸기

OrCAD PSpice v16.3 데모버전에서 제공하는 라이브러리의 수가 제한되어 있어 사용하고자 하는 소자가 없거나 사양이 맞지 않는 경우가 흔히 발생한다. spice 계열의 시뮬레이터에 사용되는 응용소자들의 모델은 집적회로 공정 및 기하학적인 구조에 준하여 모든 파라미터가 결정되어 있어 사용자가 직접 개별소자를 모델링하는 필요성이 항시 존재한다. 이러한 연유로 개별소자의 전기적 특성이 나타나 있는 data sheet로부터 spice 패키지를 추출하는 소프트웨어가 PSpice에서는"Model Editor"기능이다. 상업용 버전에서는 "Model Editor"기능을 수행하여 원하는 9종류의 소자의 특성을 얻을 수 있으나 데모버전에서는 Parts의 사용이 다이오드에만 국한되기 때문에 별 도움이 되지 않는다. 따라서 이를 극복하기 위해서는 PSpice에서 제공하는 모델을 가지고 특성만을 변경하는 방법에 대하여 알아둘 필요가 있다.

본 장에서는 PSpice에서 제공하는 Motorola의 1N1595 50V용 SCR을 IR회사의 S18CF 1200V용 SCR로 모델의 특성을 변경하여 사용하는 방법에 대하여 살펴보기로 하자.

❶ 회로의 작성

□ V1의 파라미터 입력

VOFF = 0V VAMPL = 170V FREQ = 60Hz

□ V2의 파라미터 입력

V1 = 0 V2 = 30V TD = 2777.8us TR = TF = 1us PW = 100us PER=16666.7us

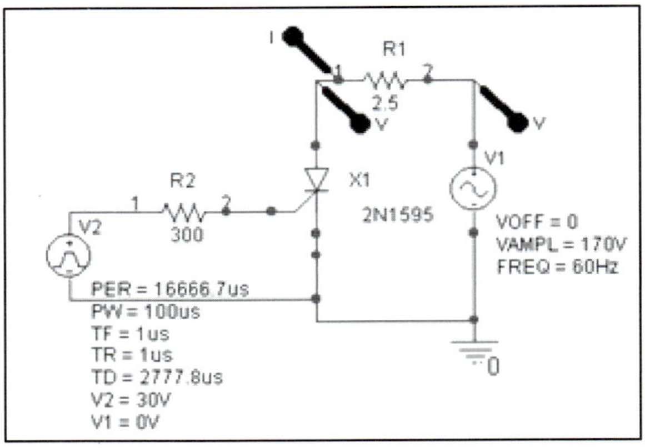

❷ PSpice/New Simulation Profile을 실행한 후 파일명을 입력하고 Analysis/Transient를 선택하여 다음과 같이 시뮬레이션 조건을 입력한다.

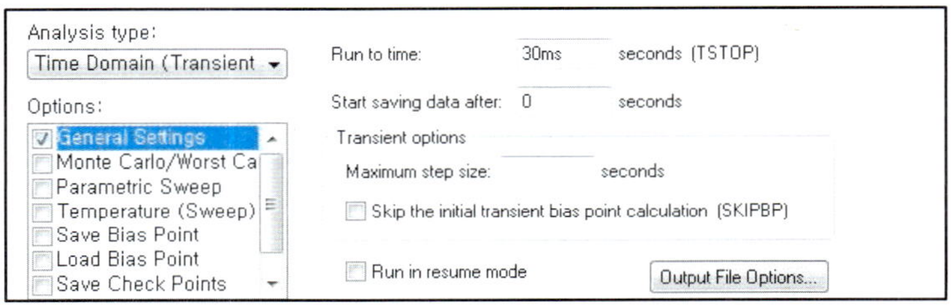

Run to time은 30ms로 한다.

❸ PSpice/Run을 선택하여 실행한 후 PSpice A/D 윈도우에서 시뮬레이션 결과를 확인한다.

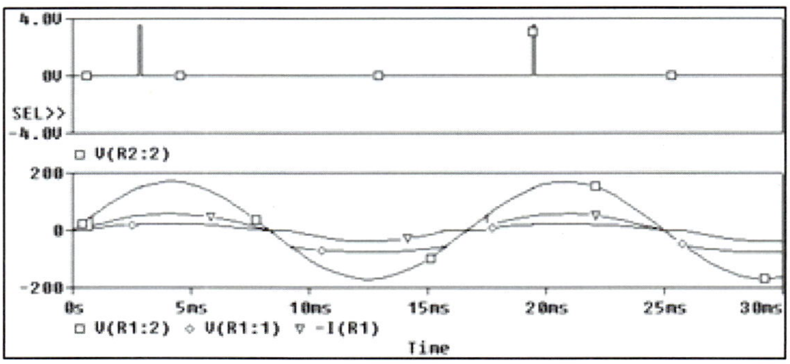

Probe 결과에서 알 수 있듯이 전원전압의 위상이 180도에서 360도까지는 SCR이 off 상태이어야 하는데 도통되는 구간이 발생함을 알 수 있다. 그 원인을 살펴보기 위해 Capture상에서 SCR을 클릭하여 선택한 다음 Edit / PSpice Model을 선택해 보자.

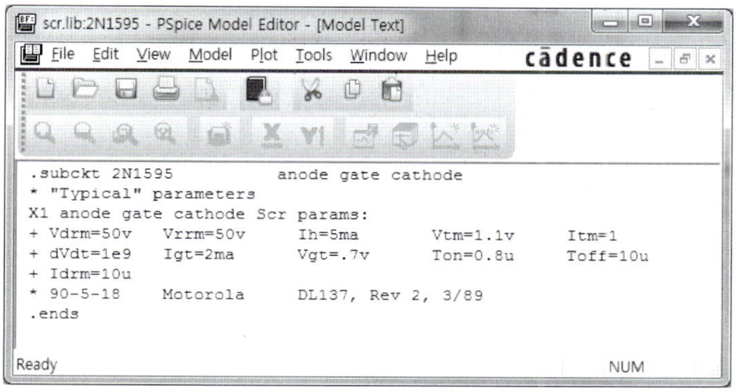

Model Editor 대화상자에서 알 수 있듯이 2N1595의 전압정격이 50V라서 50V 이상의 전압이 인가되었을 때는 비정상적으로 도통하게 됨을 알 수 있다. 따라서 SCR의 전압 정격이 전원전압의 peak치 이상이 되는 소자를 사용해야 한다.

❹ Model Editor 대화상자의 내용을 1200V용으로 다음과 같이 변경한다.

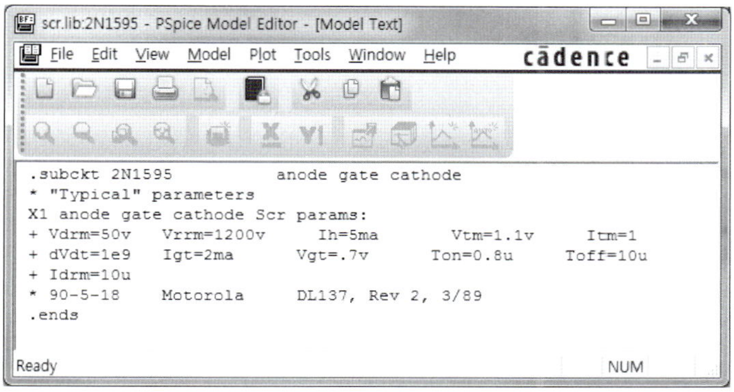

⑤ File/Save 한 후 Capture 화면으로 복귀한 다음 PSpice/Run을 다시 실행한다.

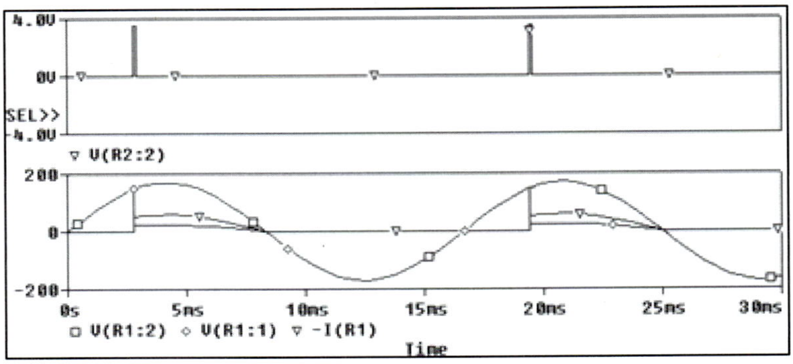

Model Editor를 사용한 모델 파라미터 변경은 PSpice에서 제공한 라이브러리 파일에 는 전혀 영향을 주지 않고 단지 현재의 Schematics상의 지정된 소자에 대해서만 국한한다. 또한 바뀐 내용은 Schematic의 이름과 동일하게 하여 현재의 작업 디렉토리에 zzz.LIB로 저장된다. 트랜지스터, MOSFET, SCR, JFET 등 모든 소자에 대한 특성변경이 가능하기 때문에 데이터시트로부터 파라미터를 입력하는 방법만 익히면 쉽게 새로운 소자에 대한 시뮬레이션을 수행할 수 있으니 많이 사용하기 바란다. OrCAD Model Editor상에 각 부품의 파라미터에 대한 상세한 설명이 제공되고 있으니 참조하면 된다.

CHAPTER 10 ABM 활용

Analog Behavioral Modeling(ABM) 라이브러리는 전자소자 혹은 전자시스템의 동작 상태를 전달함수나 혹은 Look-up Table등을 통하여 기술할 수 있는 기능을 가지고 있다. 임의의 회로를 실제 전기적인 소자를 이용하여 설계하지 않고도 회로의 동작상태를 수학적인 표현으로 기술하여 검증할 수 있다. 라이브러리 안에 abm.olb 파일이 아날로그 회로의 동작상태를 검증할 수 있도록 다양한 수학적인 소자를 가지고 있으며 ABM 소자는 다른 소자와 동일한 방법으로 배치, 연결할 수 있다.

10.1 기본소자

기본소자는 신호의 산술적인 계산을 할 수 있는 ABM 소자이다. 입, 출력전압의 기준점은 아날로그 접지단자이다.

소자이름	소자심벌	기능 표현식	출력값	입력갯수	출력갯수
CONST		Output =Constant	실수값	0	1
SUM	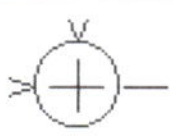	Output=Input 1 + Input 2	두 입력의 합	2	1
MULT	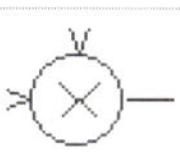	Output=Input 1 * Input 2	두 입력의 곱	2	1
GAIN	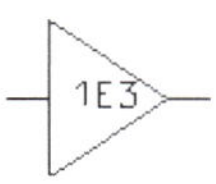	Output=Gain * Input	입력의 증폭값	1	1
DIFF	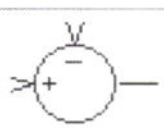	Output=Input 1 - Input 2	두 입력의 차	2	1

➤ 예제 1. 두 신호의 합

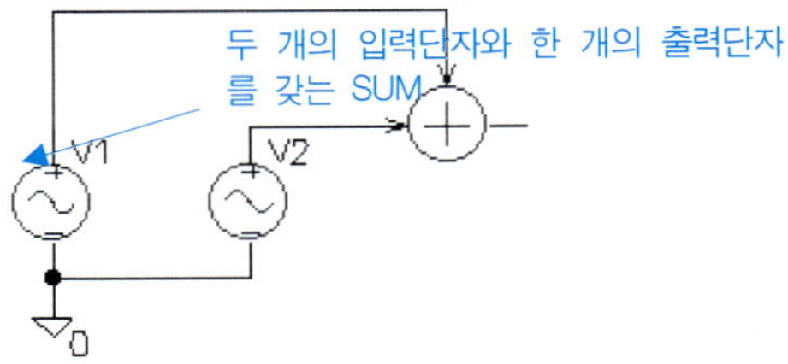

두 정편파 전압신호의 합을 구하여 출력전압신호가 결정된다.

10.2 Limiters

출력전압의 크기를 최저값, 최고값으로 제한하는 기능을 갖는 소자들이다. 입, 출력 단자의 기준은 아날로그 접지단자이다.

소자심벌	소자심벌	기 능	정의해야할 변수			입력 갯수	출력 갯수
			LO	HI	Gain		
LIMIT	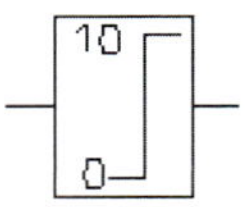	출력전압의 크기를 최저값(LO), 최고값(H)으로 제한하는 기능을 갖고 있다. 출력전압의 크기가 최저, 최고값 사이에 있을 경우 입력전압에 일대일 대응한다.	O	O		1	1
GLIMIT	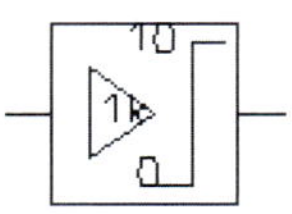	증폭기능을 갖고 있는 LIMIT이다. 출력전압은 LIMIT 기능과 동일하되 입력전압을 증폭하는 기능을 갖고 있다.	O	O	O	1	1
SOFTLIM	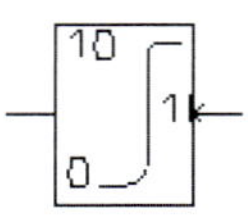	LIMIT와 같은 기능을 갖고있되 출력전압은 입력전압의 tanh값으로 계산된다.	O	O		1	1

➤ 예제 1. LIMIT

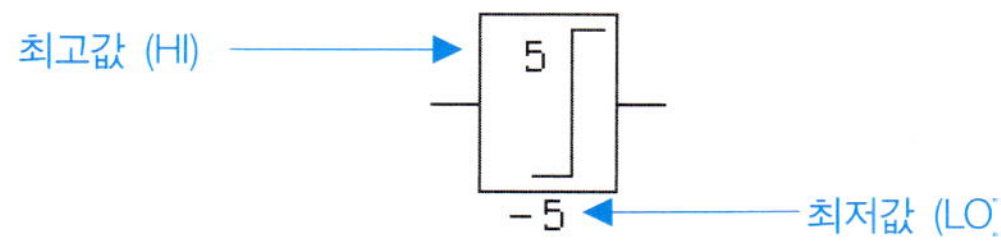

입력전압이 -5V에서 5V 구간 내에 있을 때 출력전압의 크기는 입력전압의 크기와 동일하다. 입력전압이 -5V 이하 혹은 5V 이상일 경우 출력전압은 -5V 및 5V로 제한된다.

➤ 예제 2. GLIMIT

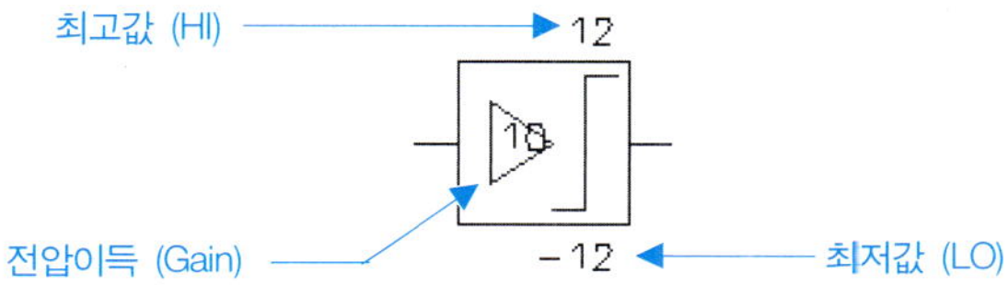

출력전압은 입력전압의 크기에 비해 10배 증폭되지만 최저 -12V, 최고 12V로 제한된다.

10.3 수학적인 연산자

입력전압을 다른 형태의 전압신호로 변환하기 위하여 사용할 수 있는 소자군이다. 삼각함수값에 해당되는 소자를 이용할 경우 주어진 입력값은 rad/sec로 인식된다.

소자이름	소자심벌	기능 표현식	출력값	입력 갯수	출력 갯수
ABS	abs	$Output = \mid Input \mid$	입력의 절대값	1	1
LOG	LOG	$Output = log_e\ (Input)$	입력의 자연대수값	1	1

LOG10	LOG10	$Output = log_{10}\ (Input)$	입력의 상용대수값	1	1
EXP	EXP	$Output = e^{Input}$	입력의 지수값	1	1
SQRT	SQRT	$Output = \sqrt{(Input)}$	입력의 제곱근값	1	1
PWR	PWR 1.0	$Output = \lvert Input \rvert^{Expression}$	입력절대값의 X제곱값	1	1
PWRS	PWRS 1.0	$Output = (Input)^{Expression}$	입력의 X제곱값	1	1
SIN	SIN	$Output = sin(Input)$	입력의 sine 값	1	1
COS	COS	$Output = cos(Input)$	입력의 cosine 값	1	1
TAN	TAN	$Output = tan(Input)$	입력의 tagent 값	1	1
ARCTAN	ARCTAN	$Output = tan^{-1}(Input)$	입력의 arctangent 값	1	1
ATAN	ATAN	$Output = tan^{-1}(Input)$	입력의 arctangent 값	1	1

10.4 미분기 및 적분기

입력신호를 미분, 적분할 수 있는 소자군이다.

소자이름	소자심벌	기능 표현식	변수		입력 갯수	출력 갯수
			Gain	초기값		
DIFFER	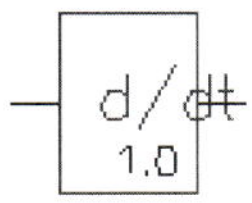	$Output = Gain \cdot \frac{d(Input)}{dt}$	O		1	1
INTEG	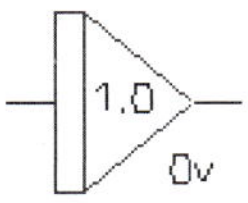	$Output = Gain \cdot \int (Input)dt + IC$	O	O	1	1

➤ 예제 1. 미분기 (DIFFER)

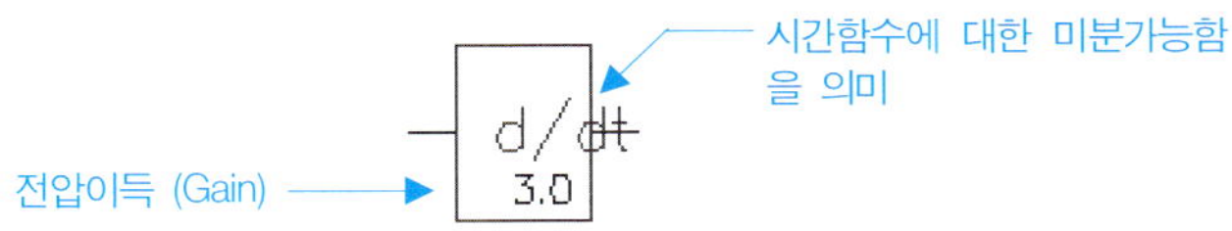

DIFF소자는 정의된 바와 같이 시간함수에 대해 미분가능함으로 과도해석(Transient Analysis)에서만 사용 가능하다. 위 응용에선 Gain 3인 미분기를 의미한다.

➤ 예제 2. 적분기 (INTFG)

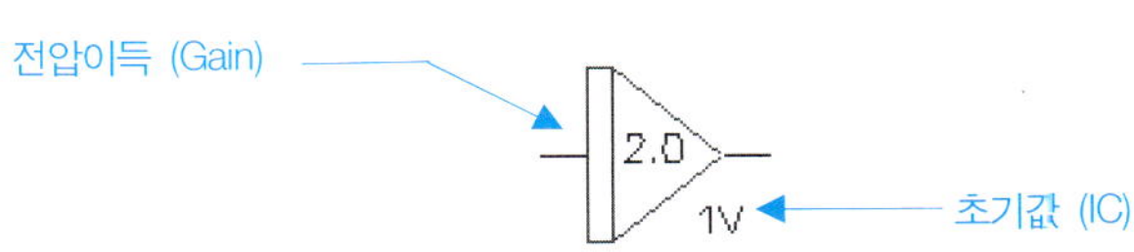

Gain 2이며 초기값이 1 V인 미분기를 의미한다. 적분기는 미분기와 같이 시간함수에 대해 적분가능함으로 과도해석시 사용할 수 있다.

10.5 필터(Filters)

필터를 설계하기 위하여 사용되는 필터함수는 여러 종류가 있지만, ABM에서 사용되는 기본필터 구조는 Chebyshev형태이다. Chebyshev 필터함수는 통과대역에서 맥동(Ripple)이 나타나는 것이 특징이며 차단주파수(Cutoff Frequency)는 맥동폭을 빠져나가는 주파수가 된다. 이는 Butterworth 형태의 필터함수에서 차단주파수를 최대이득에서 -3dB 감쇄되는 주파수로 정의되는 것과 다르다.

ABM에서는 주파수 통과대역에 따라 저역통과필터(Low Pass Filter), 고역통과필터(High Pass Filter), 대역통과필터(Band Pass Filter), 대역저지필터(Band Rejection Filter 혹은 Notch Filter)가 제공되고 있다. 저역통과필터(LOPASS)와 고역통과필터(HIPASS)의 소자심벌을 살펴보면 심벌내 2개의 정현파가 그려져 있다. 위에 그려진 정현파는 고역대역을 의미하며, 아래 그려진 정현파는 저역대역을 의미하고 있다. 사선이 그려져 있지 않는 정현파는 통과대역을 의미하며, 반대로 그려져 있는 정현파는 통과금지 대역을 의미한다. 예를 들어 LOPASS인 경우 아래 정현파에는 사선이 없는 반면, 위 정현파에는 사선이 그려져 있어 고역을 통과금지대역으로함을 의미한다.

대역통과필터(BANDPASS)와 대역저지필터(BANDREJ)인 경우는 3개의 정현파를 볼 수 있으며 위로부터 순차적으로 고역, 중역 및 저역을 의미한다. 가령 BANDPASS일 경우 중간에 존재하는 정현파에는 사선이 그려져 있지 않으나 상, 하의 정현파에는 사선이 그려져 있다. 이는 통과대역이 중간대역에 속함을 의미한다. BANDREJ인 경우는 BANDPASS와는 반대현상으로 그려져 있어 저역 및 고역에 해당되는 주파수 성분만이 통과대역에 속함을 의미하게 된다.

소자이름	소자심벌	기능	정의해야할 변수							
			Ripple	FP	FS	STOP	FO	F1	F2	F3
LOPASS	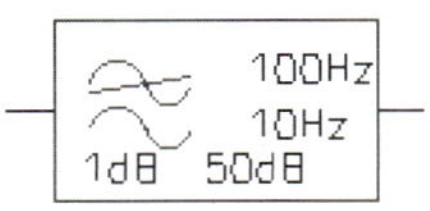	저역통과필터	○	○	○	○				
HIPASS	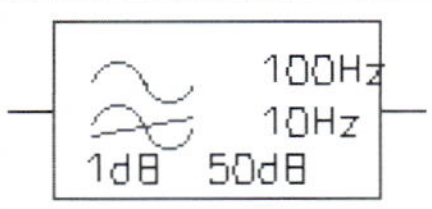	고역통과필터	○	○	○	○				
BANDPASS	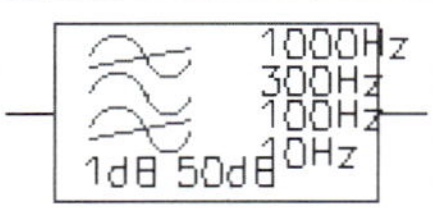	대역통과필터	○			○	○	○	○	○
BANDREJ	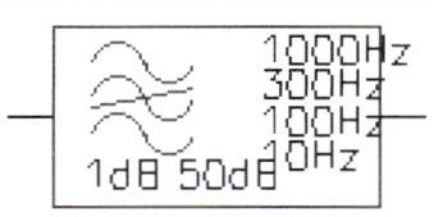	대역저지필터	○			○	○	○	○	○

아래 표는 필터에 기능을 정의하기 위하여 사용되는 변수에 대한 설명이다.

소자심벌	변수	의 미
LOPASS	RIPPLE	통과대역에서의 맥동크기의 dB값
	FP	통과대역이 끝나는 차단주파수를 Hz 단위로 표현
	FS	통과금지대역에서 특정주파수를 의미하며 Hz로 표현
	STOP	FS 주파수에서 최소의 감쇄크기를 dB값으로 표현
HIPASS	FS	통과금지대역에서 특정주파수를 Hz로 표현
	STOP	FS 주파수에서 최소의 감쇄크기를 의미하며 dB값으로 표현
	FP	통과대역이 시작되는 차단주파수를 Hz로 표현
	RIPPLE	통과대역에서의 맥동크기의 dB값
BANDPASS	F0	통과금지대역에서 저역의 특정주파수를 Hz토 표현
	F1	대역통과가 시작되는 저역 차단주파수를 Hz로 표현
	F2	대역통과가 끝나는 고역 차단주파수를 Hz로 표현
	RIPPLE	통과대역에서의 맥동크기의 dB값
	F3	통과금지대역에서 고역의 특정주파수를 의미하며 Hz로 표현
	STOP	F0 및 F3 주파수에서 최소 감쇄크기를 dB값으로 표현
BANDREJ	RIPPLE	저역, 고역통과대역에서의 맥동의 크기를 dE값으로 표현
	F0	저역 통과대역이 끝나는 차단주파수를 의미하며 Hz로 표현
	F1	통과금지대역에서 특정주파수를 의미하며 Hz로 표현
	STOP	F1 및 F2 주파수에서 최소 감쇄크기를 dB값으로 표현
	F2	통과금지대역에서 특정주파수를 의미하며 Hz로 표현
	F3	고역 통과대역이 시작하는 주파수를 의미하며 Hz로 표현

➤ 예제 1 : LOPASS

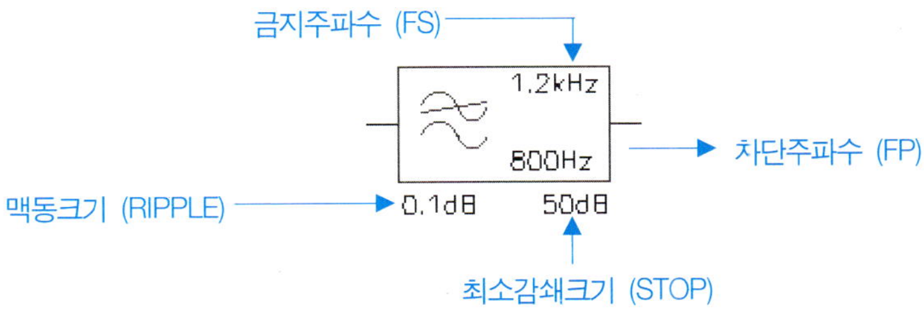

만약 FP=800Hz, RIPPLE=0.1dB, FS=1.2kHz, STOP=50dB로 사용자가 정의할 경우 저역의 통과대역은 0Hz에서 시작하여 800Hz에서 끝남을 의미하며 통과대역어서 맥동의 크기는 0.1dB이다. 통과금지대역에 속하는 1.2kHz 주파수 성분은 적어도 50dB 이상의 감쇄를 가져야 함을 의미하게 된다.

➤ 예제 2 : HIPASS

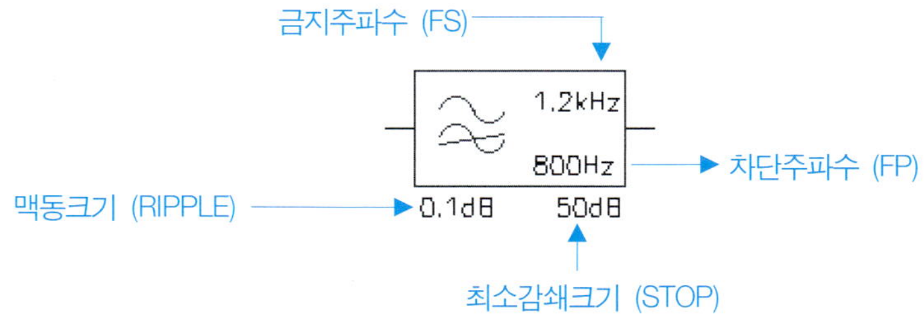

HIPASS에서 FS=800Hz, STOP=50dB, FP=1.2kHz, RIPPLE=0.1dB로 사용자가 정의할 경우 통과금지대역에 속하는 800Hz 주파수 성분은 최소한 50dB 이상의 감쇄해야 하며 통과대역의 시작주파수는 1.2kHZ이다. 즉 1.2kHz 주파수 성분부터 시작하여 무한대 주파수 성분까지를 통과대역으로 하되 맥동의 크기는 0.1dB이다.

➤ 예제 3 : BANDPASS

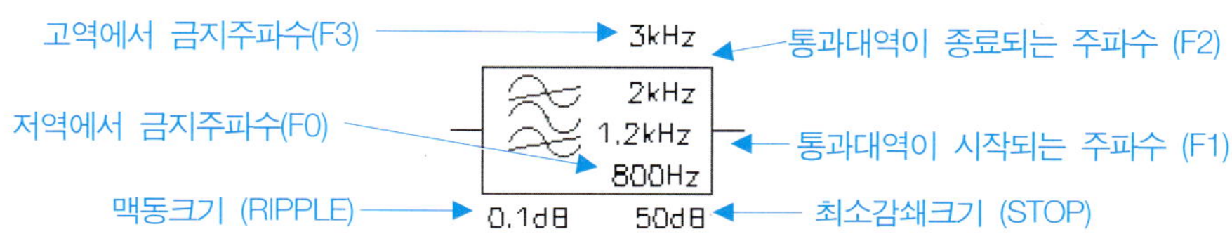

BANDPASS에서 F0=800Hz, F1=1.2kHz, F2=2kHz, RIPPLE=0.1dB, F3=3kHz, STOP= 50dB 형태로 기술할 경우 통과대역은 1.2kHz에서 2kHz까지로 구성되며 통과대역은 0.1 dB의 맥동크기를 갖게 된다. 0Hz에서 1.2kHz까지의 구간 및 2kHz 이상의 주파수 성분은 통과금지대역에 속하게 된다. 최소한의 감쇄크기는 800Hz, 3kHz 주파수 성분에서 통과대역에서 크기에 비하여 적어도 50dB 이상 되어야 한다.

➤ 예제 4 : BANDREJ

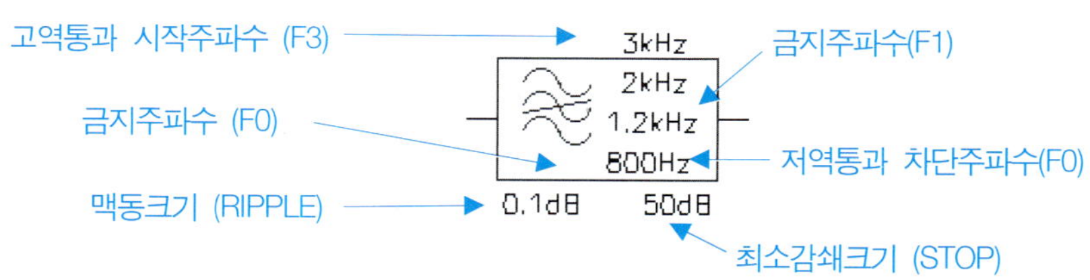

RIPPLE=0.1dB, F0=800Hz, F1=1.2kHz, F2=2kHz, F3=3kHz, STOP=50dB로 정의된 BANDREJ 소자의 통과대역은 0Hz에서 800Hz까지의 저역대역, 3kHz에서 무한대까지의 고역대역으로 구성

되며 통과대역은 0.1dB의 맥동크기를 갖게 된다. 통과금지대역은 800Hz에서 3kHz까지로 정의된다. 통과금지대역에 속하는 1.2kHz 및 2kHz 주파수 성분은 통과대역 주파수 성분의 크기에 비하여 적어도 50dB 이상의 감쇄를 갖는다.

10.6 s-영역에서의 전달함수

선형시스템의 입, 출력관계는 s-영역에서 전달함수 $H(s)$로 표현 가능하며 수식은 아래와 같다.

$$H(s) = \frac{V_o(s)}{V_i(s)}$$

여기서 $V_i(s)$ 및 $V_o(s)$는 전압 혹은 전류중 각기 한 개의 변수를 의미한다. 수식에서 보는 바와 같이 s-영역에서의 출력값은 전달함수와 s-영역에서의 입력값의 곱으로 결정된다. 이러한 전달함수는 ABM 소자 중 LAPLACE 소자를 이용하여 정의할 수 있다.

LAPLACE 소자는 사용자에 의하여 분모항 및 분자항이 정의되어야 한다. 사용상에 주의사항은 입력단자, 출력단자의 구분이 명확치 않아 다소 혼동스럽다. Library로부터 LAPLACE를 불러올 경우 커서에 붙어 있는 쪽이 입력단을 의미하며 그 반대쪽은 출력단자임을 의미한다. 고차의 전달함수를 표현하고자 할 경우는 분자 및 분모항을 인수분해하여 저차의 분자, 분모항으로 나누어 Cascade 형태로 연결하여 구성할 수 있다. 또한 제곱을 표현하고자 할 경우 s*s로 기술해야만 제곱으로 인식된다.

소자이름	소자심벌	기능	정의해야할 변수
LAPLACE	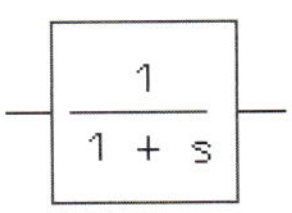	S-영역에서의 전달함수	분자항(NUM) 분모항(DENOM)

➤ 예제 1. LAPLACE

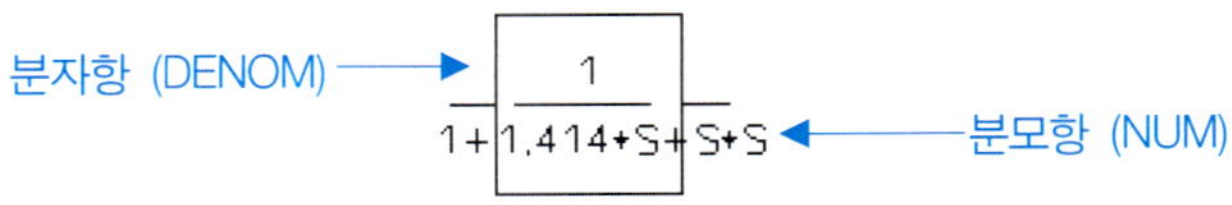

전달함수가 $\dfrac{1}{1+1.414S+S^2}$ 인 시스템을 한 개의 LAPLACE 소자로 표현한 것이다.

➤ 예제 2. LAPLACE

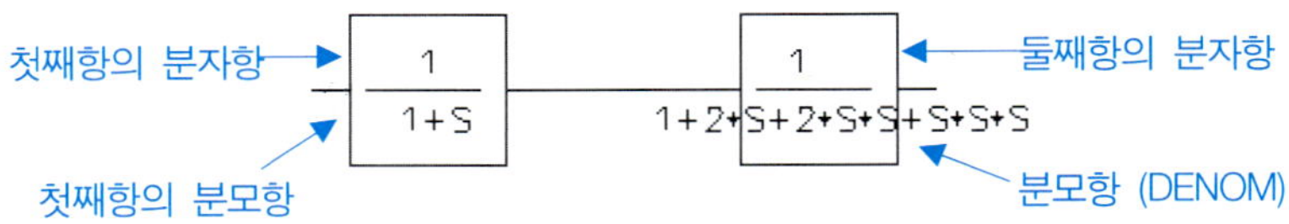

시스템의 전달함수가 $\dfrac{1}{1+S} \cdot \dfrac{1}{1+2S+S^2+S^3}$ 인 두 개의 LAPLACE 소자를 Cascade 형태로 구성한 예제이다.

10.7 Table 형태의 데이터

소자이름	소자심벌	기 능	정의해야 할 변수
TABLE	TABLE In / Out 0v / 0v 1v / 1v 2v / 4v 3v / 9v 4v / 16v	입력전압에 대한 출력전압의 관계를 Table화 시킬 수 있는 기능을 가진 소자이다. 입력과 출력의 관계를 최대 5개까지 정의할 수 있으며 정의되지 않은 입, 출력전압관계는 두 값 사이를 선형적으로 계산하여 값을 결정하게 된다. 입력전압이 5번째 열에 정의된 값보다 큰 값일 경우 출력값은 출력에 정의된 최대값으로 포화된다. 제1열에서 정의된 입력전압이하의 전압이 인가될 경우 출력전압은 제1열에서 정의된 출력전압에 포화된다. 본 소자는 DC SWEEP, TRANSIENT ANALYSIS에 사용 가능하며, AC SWEEP에는 사용할 수 없다	ROW1 … ROW5
FTABLE	FTABLE freq / dB / deg 0Hz / 0 / 0 10Hz / -3 / -30 20Hz / -6 / -90 30Hz / -10 / -120 40Hz / -15 / -150	AC SWEEP에 사용할 수 있는 소자이다. 주파수성분에 따른 출력신호의 크기 및 위상을 정의할 수 있다. 정의되지 않는 주파수 성분에 대한 크기 및 위상값은 정의된 두 성분값을 이용하여 선형적으로 계산하여 출력값을 결정한다.	ROW1 … ROW5

➤ 예제 1. FTABLE

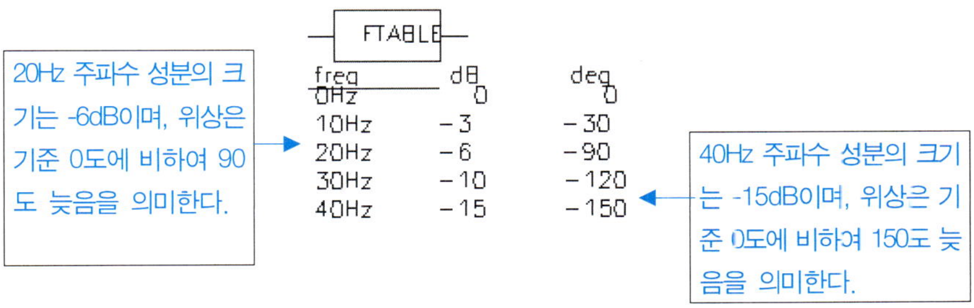

정의되지 않은 주파수 성분 15Hz의 크기 및 위상은 정의된 상, 하의 값을 이용하여 선형적으로 계산한다.

$$\text{크기} = -3dB + \frac{-6dB-(-3dB)}{20Hz-10Hz} \cdot 5Hz = -4.5\,dB$$

10.8 기능 표현소자

입, 출력 전압 혹은 전류과계는 수학적인 표현을 통하여 관계식을 정립할 수 있는 소자군들이다.

소자이름	소자심벌	기능설명	출력형태
ABM	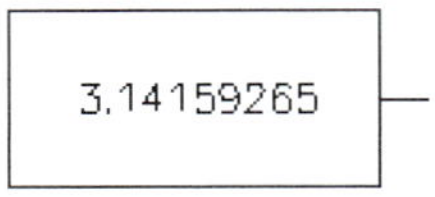	출력값은 3.14159265 임	전압
ABM1	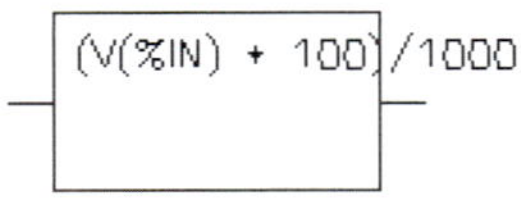	$Output = \frac{Input \times 100}{1000}$	전압
ABM2	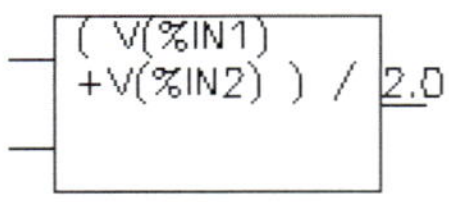	$Output = \frac{Input\ 1 + Input\ 2}{2}$	전압
ABM3	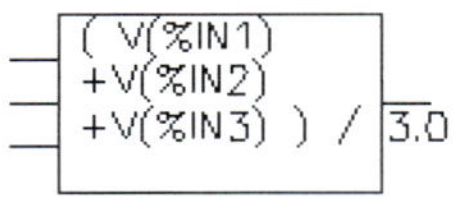	$Output = \frac{Input\ 1 + Input\ 2 + Input\ 3}{3}$	전압
ABM/I	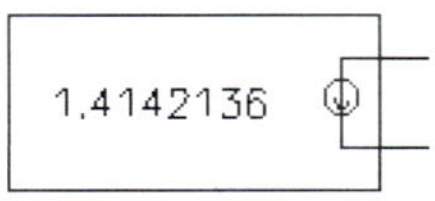	출력값은 1.4142136 임	전류
ABM1/I	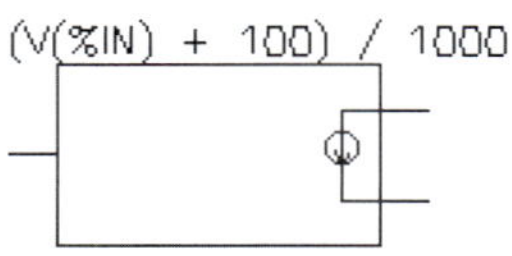	$Output = \frac{Input + 100}{1000}$	전류
ABM2/I	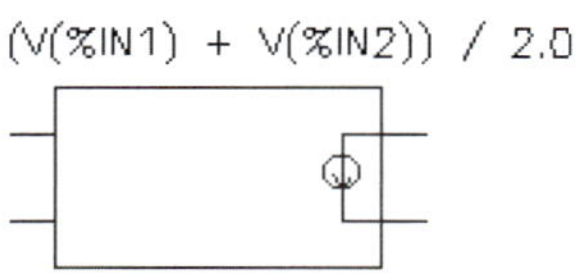	$Output = \frac{Input\ 1 + Input\ 2}{2}$	전류
ABM3/I	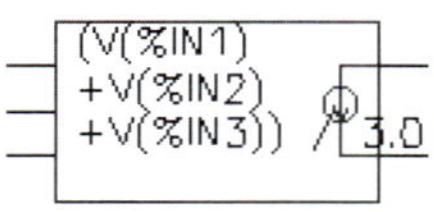	$Output = \frac{Input\ 1 + Input\ 2 + Input\ 3}{3}$	전류

➤ 예제 1. ABM2

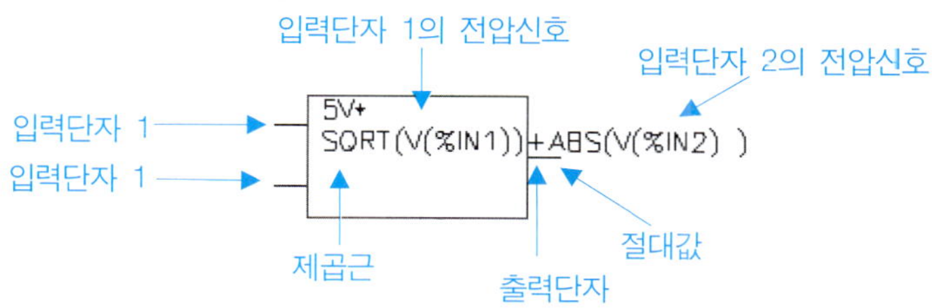

출력전압은 입력전압 1의 전압값에 제곱근을 취한 후 5V를 곱한다. 얻어진 결과에 입력전압 2의 절대값을 더한 값이다. 이를 수학적인 관계식으로 표현하면 아래와 같다.

$$V_o = 5V \times \sqrt{V_{input1}} + |V_{input2}|$$

➤ 예제 2. ABM1/I

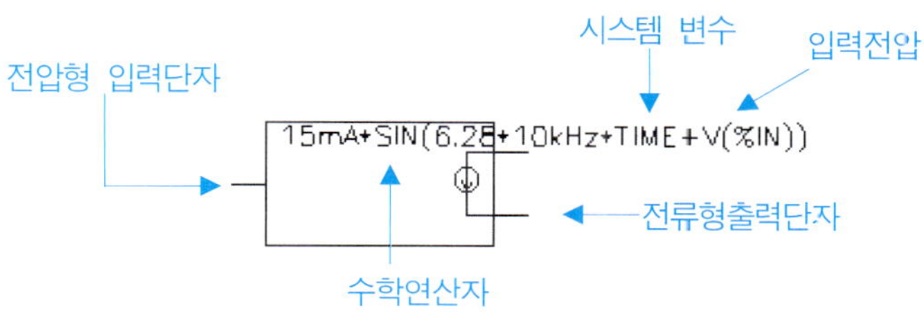

ABM1/I소자의 입력단자는 전압형이며 기준단자는 아날로그 접지단자이다. 출력은 1개의 전류단자로 구성되며 입력과 출력과의 관계식을 수학적인 표현으로 정의할 수 있다.

➤ 예제 3. ABM3

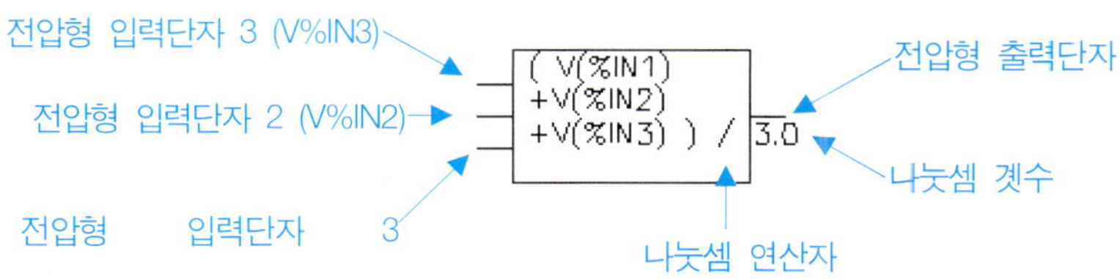

3개의 입력단자와 1개의 출력단자를 갖는 전압형 소자이다. 입, 출력단자의 기준전압 단자는 아날로그 접지단자이다. 이는 전압제어 전압/전류원과는 다르다.

10.9 전압제어 전압/전류원

<table>
<tr><th>구분</th><th>소자이름</th><th>소자심벌</th><th>기 능</th><th colspan="2">함수 및 관계식</th></tr>
<tr><td rowspan="15">수학적인 표현소자</td><td rowspan="5">EVALUE</td><td rowspan="5">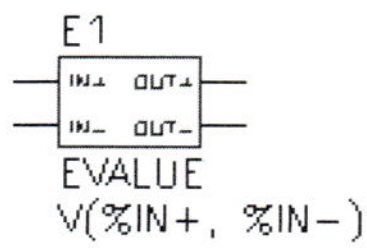</td><td rowspan="11">출력값은 정의된 수식을 이용하여 입력신호값를 결정한다.

EVALUE :
전압제어용 전압원
GVALUE :
전압제어용 전류원</td><td>ABS</td><td>TAN</td></tr>
<tr><td>SQRT</td><td>ATAN</td></tr>
<tr><td>EXP</td><td>SINH</td></tr>
<tr><td>LOG</td><td>COSH</td></tr>
<tr><td>LOG10</td><td>TANH</td></tr>
<tr><td rowspan="6">GVALUE</td><td rowspan="6">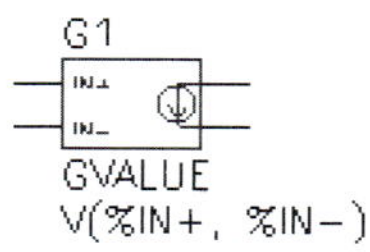</td><td>PWR</td><td>MIN</td></tr>
<tr><td>PWRS</td><td>MAX</td></tr>
<tr><td>SIN</td><td>LIMIT</td></tr>
<tr><td>ASIN</td><td>SGN</td></tr>
<tr><td>COS</td><td>STP</td></tr>
<tr><td>ACOS</td><td>IF</td></tr>
<tr><td>ESUM</td><td>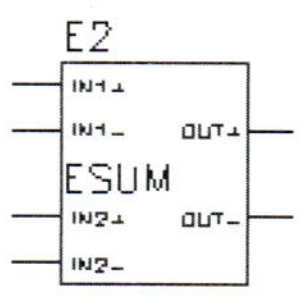</td><td rowspan="2">두 입력신호의 합으로 출력값을 결정한다.

EVALUE :
전압제어용 전압원이며 기준전압은“-”로 표현되는 단자이다.
GVALUE :
전압제어용 전류원이며 방향은 위에서 아래이다.</td><td colspan="2">V(OUT+, OUT-)
=V(IN1+, IN1-)
+V(IN2+, IN2-)</td></tr>
<tr><td>GSUM</td><td>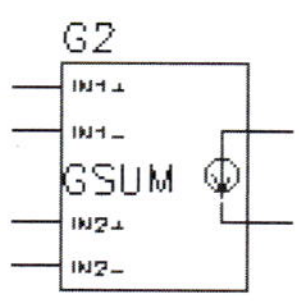</td><td colspan="2">I = V(IN1+, IN1-)
+V(IN2+, IN2-)</td></tr>
<tr><td>EMULT</td><td>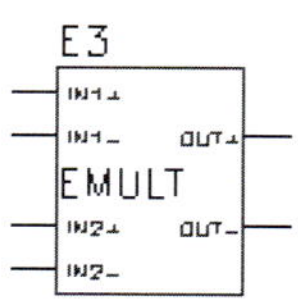</td><td rowspan="2">두 입력신호의 곱으로 출력값을 결정한다.

EVALUE :
전압제어용 전압원이며 기준전압은“-”로 표현 되는 단자이다.
GVALUE :
전압제어용 전류원이며 방향은 위에서 아래이다.</td><td colspan="2">V(OUT+, OUT-)
=V(IN1+, IN1-)
*V(IN2+, IN2-)</td></tr>
<tr><td>GMULT</td><td>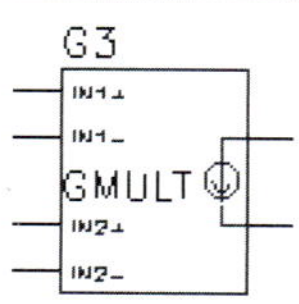</td><td colspan="2">I = V(IN1+, IN1-)
*V(IN2+, IN2-)</td></tr>
</table>

Look-up Table	ETABLE	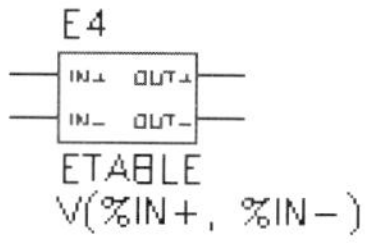	입, 출력관계를 table화 시킬 수 있는 소자이다. 변수 TABLE를 이용하여 정의할 수 있다. ETABLE : 전압제어용 전압원 GTABLE : 전압제어용 전류원	TABLE
	GTABLE	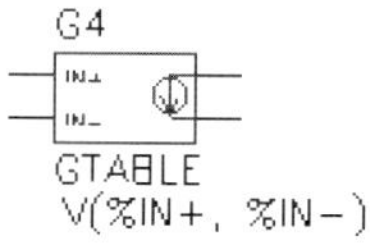		
Frequency Look-up Table	EFREQ	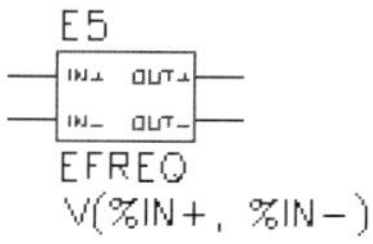	입, 출력의 주파수 응답 관계를 table화 시킬 수 있는 소자이다. 변수 TABLE를 이용하여 주파수 성분, 크기 및 위상을 정의할 수 있으며 AC Sweep 해석시에만 사용가능하다. EVALUE : 전압제어용 전압원 GVALUE : 전압제어용 전류원	TAB⁻E DELAY R_I MAG-UNITS PHASEUNI⁻S
	GFREQ	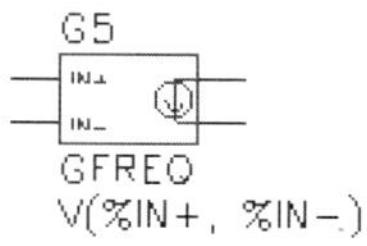		
Laplace Transform	ELAPLACE	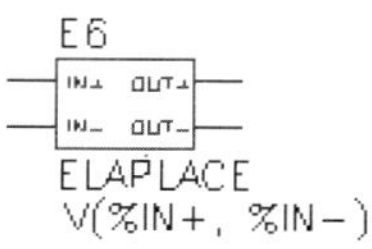	입, 출력사이의 전달함수를 정의할 수 있는 소자이다. AC Sweep 및 Transient Analysis에서 사용할 수 있다. EVALUE : 전압제어용 전압원 GVALUE : 전압제어용 전류원	XFORM
	GLAPLACE	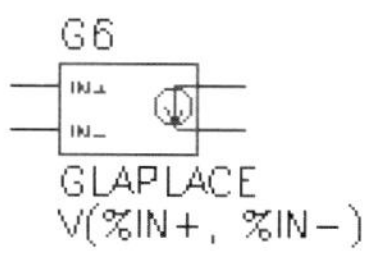		

➤ 예제 1. EFREQ

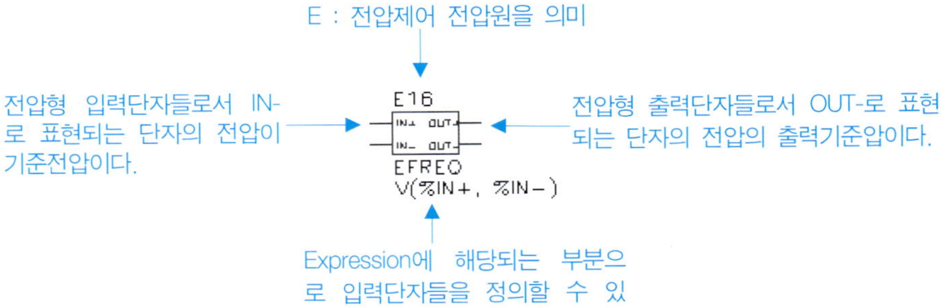

입, 출력의 주파수 응답관계를 정의하기 위해서는 커서를 소자의 중심부분에 두고 두 번 클릭한다. 이에 응답으로 새로운 창이 화면에 열리게 되며 사용자는 주파수 응답 관계를 TABLE변수를 이용하여 정의할 수 있다. 다음은 새롭게 열린 창의 예이다.

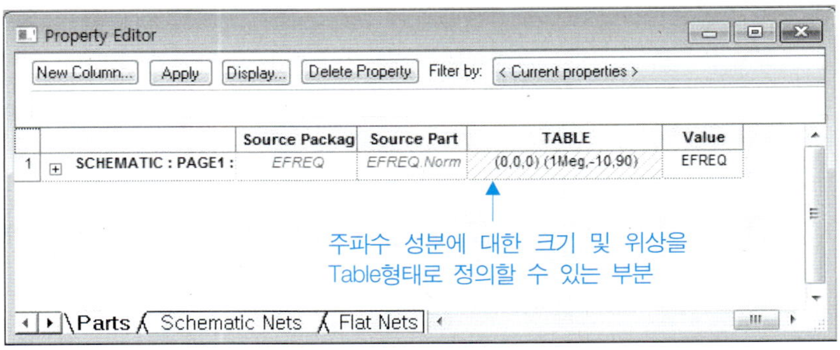

입, 출력의 주파수 응답관계를 정의하고자 할 경우 3가지의 자료를 기술하여야 한다. 괄호안의 첫 번째 항은 주파수 성분, 두 번째 항은 크기, 세 번째 항은 위상을 의미한다. 예를 들어 아래와 같이 정의할 경우

TABLE = (0, 0, 0) (1Meg, -10, 90)

DC성분의 크기는 0dB, 위상은 기준이 되는 0도임을 의미한다. 실제 0dB는 크기가 1임을 의미한다.

1MHz성분의 크기는 -10 dB, 위상은 기준 0도에 비하여 90도 빠름을 의미한다. 실제 -10 dB는 크기가 약 0.3임을 의미.

➤ 예제 2. EVALUE

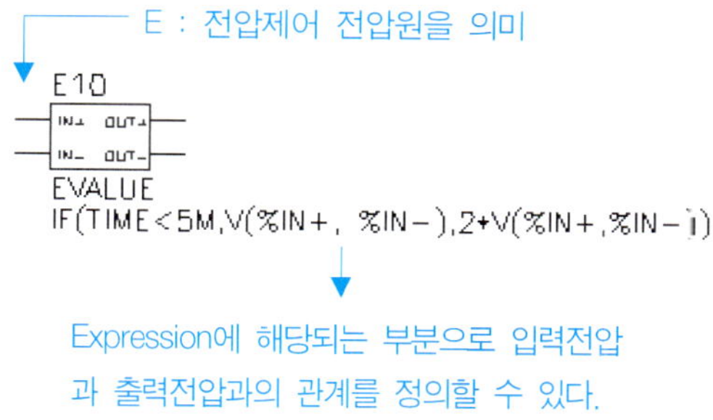

Expression에 사용된 IF문은 아래와 같이 정의된다.

IF(x, y, z) : x가 참이면 출력은 y, 그렇지 않을 경우 출력은 z

위의 정의를 적용할 경우 예제에서 정의된 내용은 시간변수가 5msec보다 작을 경우 출력전압은 입력전압과 동일하고, 5msec보다 클 경우 출력전압은 입력전압의 2배가 된다.

➤ 예제 3. ETABLE

ETABLE소자를 두 번 클릭하게 되면 아래와 같이 입, 출력관계를 Table화 할 수 있는 창이 열리게 된다.

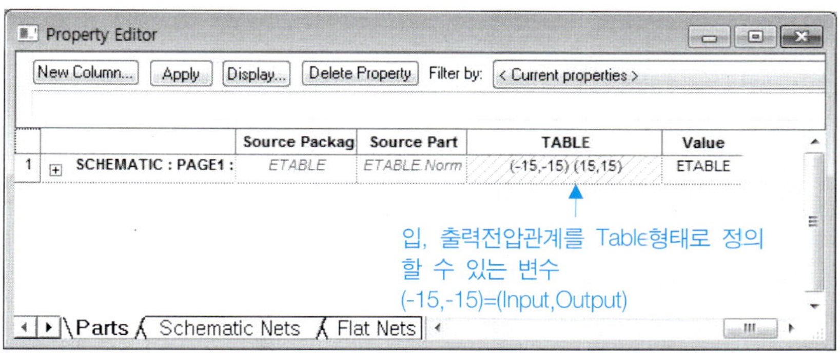

변수 TABLE를 위와 같이 정의할 경우 입력전압이 -15V 이하일 경우 출력전압은 -15V로 제한되며, 15V 이상일 경우 최고 15로 출력전압은 제한된다.

➤ 예제 4. ELAPLACE

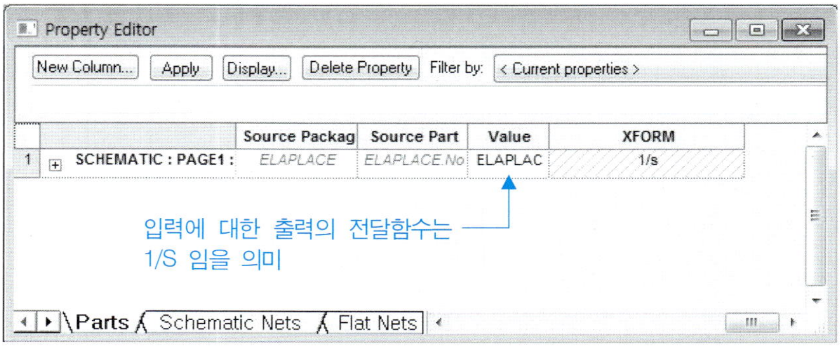

PART Ⅲ

기본회로설계

CHAPTER 11

회로 기본법칙

11.1 옴의 법칙

옴의 법칙

$$V=IR$$

$$I=V/R$$

$$R=V/I$$

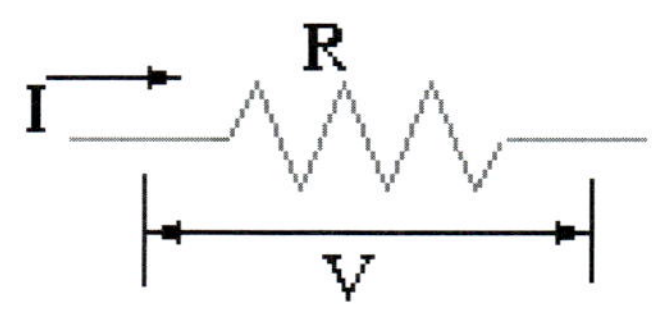

저항에 걸린 전압과 그 전압에 의해 흐르는 전류와의 관계를 나타내는 법칙

11.1.1 실험회로

■ **회로개요**

1V의 직류전압을 인가하여 저항 1K에 흐르는 전류를 측정하는 회로이다.

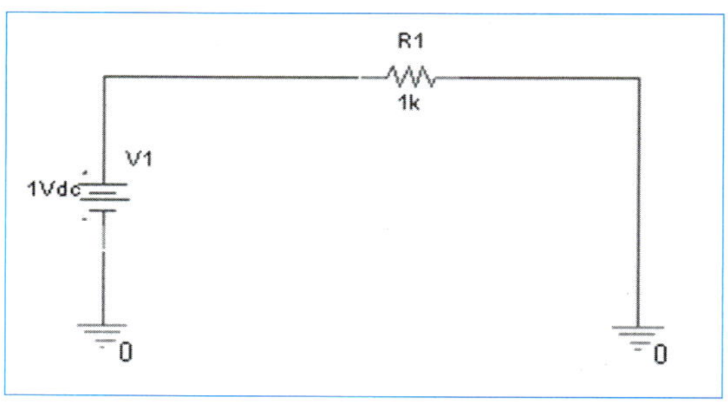

■ 회로해석

옴법칙에 의거 I=V/R이므로 저항에 흐르는 전류는 1mA이다.

■ 시뮬레이션 조건

본 회로는 매우 간단하고 기본적인 회로로서 Transient해석에서 Run to Time을 1000ns로 두고 시뮬레이션 시키면 된다. 단 이때 저항양단에 Voltage Differential Probe와 Current into Pin Probe를 회로상에 연결해야 한다

■ 시뮬레이션 결과

전류측정을 위한 전류프로우브에 나타나는 값이 1mA이며 저항 양단간의 전압이 1V임을 알 수 있다. 즉 실제 옴법칙을 적용하여 계산한 값과 해석결과값이 같음을 알 수 있다.

11.2 키르히호프 전압법칙

키르히호프 전압법칙

하나의 폐루프내의 모든 전압의 합은 0. 즉 위의 회로에서

Vsource + V1 + V2 + V3 = 0

가 됨을 의미한다.
단, 이 때 각 전압의 값은 한 방향을 기준하여 합친 것으로 한다.

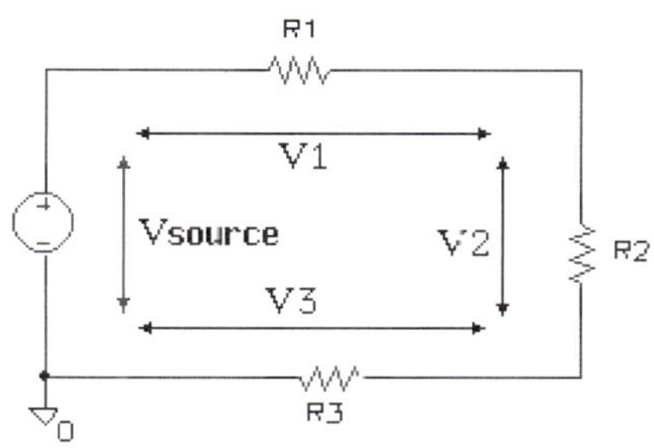

11.2.1 실험회로

■ 회로개요

전압원 1개와 저항 3개로 구성된 회로에 있어 각각의 걸리는 전압을 한 방향으로 합산해 전압값이 얼마가 나오는지 측정해보는 회로.

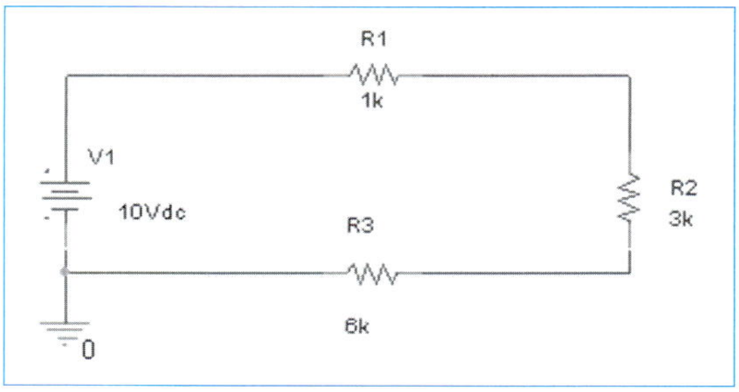

회로해석

일단 직류전원 10V에 의해 각 저항에 걸리는 전류를 측정하기 위해 R1, R2, R3의 저항값을 합산하면

$$R1 + R2 + R3 = 1K + 3K + 6K = 10K$$

따라서 본 폐루프에 흐르는 전류는 10V/10K=1mA, 그러므로 각각의 저항에 걸리는 전압은 1K×1mA=1V, 3K×1mA=3V, 6K×1mA=6V 따라서 그라운드를 기준하여 화살표방향으로 전압을 더해가면 -10V+1V+3V+6V=0가 된다. 즉 키르히호프 전압법칙이 성립됨을 알 수 있다.

시뮬레이션 조건

Transient해석에서 Run to Time을 1000ns로 두고 시뮬레이션시키면 된다.
측정하고자 하는 회로노드에 전압 프로우브를 달아 전압값을 읽도록 한다.

시뮬레이션 결과

각 NODE의 VIEWPOINT값을 읽어보면 10V, 9V, 6V가 나온다. 즉 저항 R1에 걸리는 전압은 1V(10V-9V), R2에 걸리는 전압은 3V(9V-6V), R3에 걸리는 전압은 6V(6V-0V). 따라서 -10V+1V+3V+6V=0가 성립한다.

11.3 키르히호프 전류법칙

키르히호프 전류법칙

임의의 한 NODE에 들어가는 전류의 합과 나오는 전류 의 합은 같다.

I1=I2+I3+I4

I1+I2+I3+I4=0

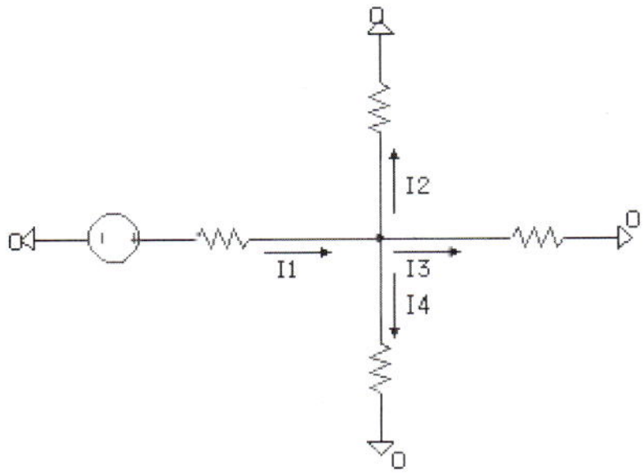

11.3.1 실험회로

■ 회로개요

한 개의 전압원과 4개의 저항으로 구성된 회로로서 NODE로 들어가고 나가는 전류를 측정하기 위한 전류 PROBE로 구성된 회로이다.

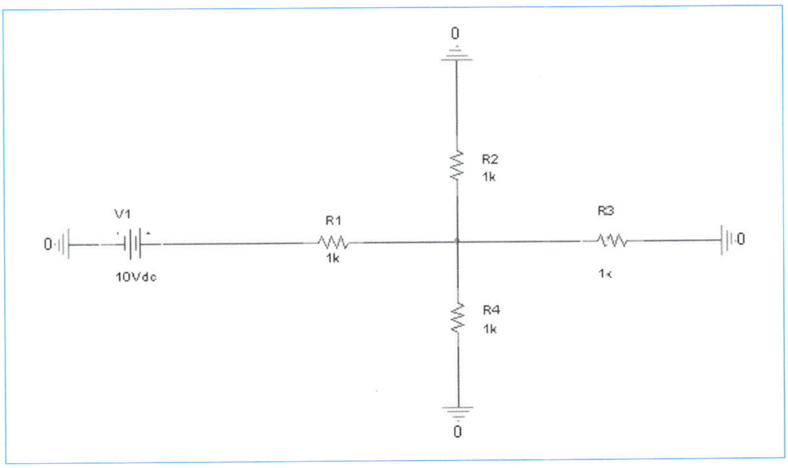

■ 회로해석

R2, R3, R4 3개 저항의 등가저항은 1.333K이다. 따라서 I1=7.5mA, I1전류가 3개의 같은 저항값으로 분기되어짐으로 7.5mA/3=2.5mA가 된다.

■ 시뮬레이션 조건

Transient 해석에서 Run to Time을 1000ns로 두고 시뮬레이션 시키면 된다.

전류값을 측정하기 위해 전류 프로우브를 이용하여 전류값을 측정한 다음, 각 저항으로 흐르는 전류값을 읽도록 한다.

■ 시뮬레이션 결과

결과에서 보듯이 I1=7.5mA, I2=I3=I4=2.5mA이므로 I1=I2+I3+I4가 성립한다.

11.4 직병렬 회로의 등가 저항값

키르히호프 전류법칙

Req=R1+R2+R3+ · · · +Rn 1/Req=1/R1+1/R2+1/R3+ · · · +1/Rn

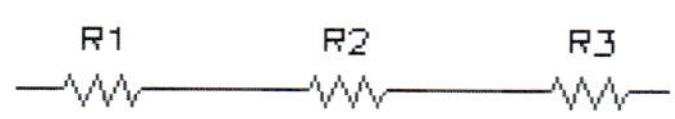

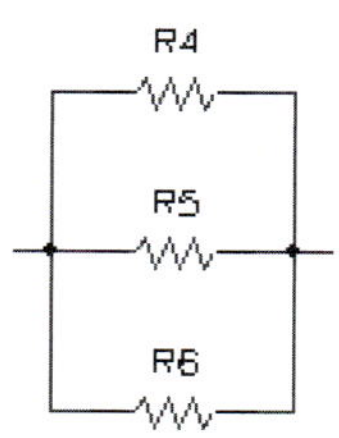

11.4.1 실험회로

■ 회로개요

저항으로 구성된 직렬 및 병렬 회로에서 등가저항값을 측정해 보기 위한 회로이다.

■ 회로해석

우선 직렬저항 회로에서 등가저항

$$Req=R1+R2+R3$$

에 의해

$$Req=1K+3K+6K=10K$$

병렬회로의 경우 1/Req=1/R1+1/R2+1/R3에 의해

$$1/Req=1/3K+1/3K+1/3K=3/3K$$

$$\therefore\ Req=1K$$

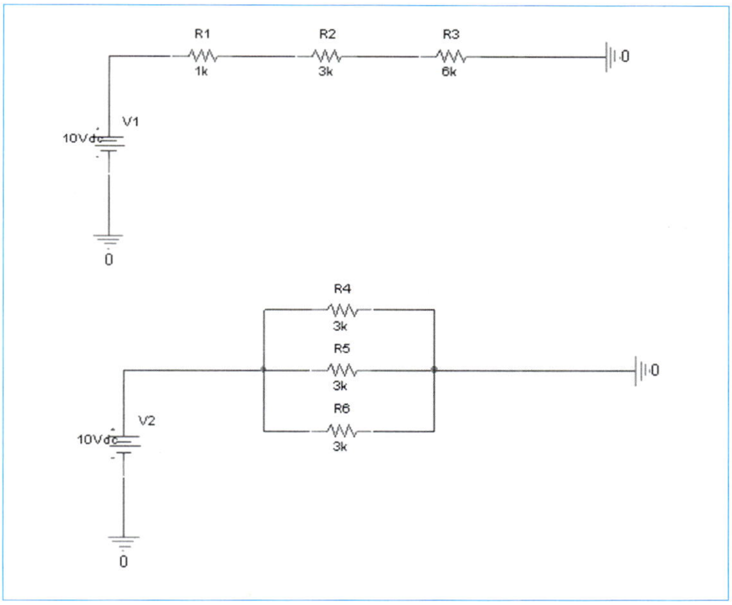

■ 시뮬레이션 조건

Transient해석에서 Run to Time을 1000ns로 두고 시뮬레이션시키면 된다.

전류값을 측정하기 위해 전류 프로우브를 이용하여 전류값을 측정한 다음, 각 저항으로 흐르는 전류값을 읽도록 한다.

■ 시뮬레이션 결과

직렬회로의 경우 등가저항에 걸리는 전압은 10V, 측정된 전류는 1mA이므로 I1= I2+I3+I4가 성립한다.

11.5 중첩의 원리

중첩의 원리

선형소자들과 N개의 Source들로 구성된 회로에 있어 임의의 NODE에서의 전압값이나 전류값은 N개 SOURCE 그 각각에 의한 출력값을 합산한 것과 같다.

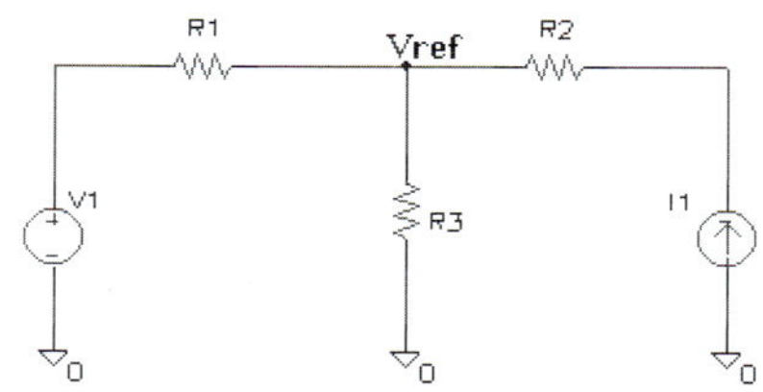

즉 위의 회로에서 Vref 값을 구할 경우 V1에 의한 값과 I1에 의한 값을 합한 (중첩시킨) 값이 Vref가 된다는 의미이다. 단, 이 때 고려대상이 아닌 전압원은 등가적으로 0옴(SHORT), 전류원은 ∞옴(OPEN)으로 간주한다.

11.5.1 실험회로

■ 회로개요

2개의 SOURCE, 즉 전압원과 전류원을 구성하고 3개의 저항으로 구성된 회로에 있어 Vref의 전압을 중첩의 원리에 의해 구해보는 회로이다.

■ 회로해석

먼저 V1에 의한 Vref 값을 구해보면 이 때 전류원 I1은 등가적으로 ∞이므로 V1(2V)에 대한 R1, R3 분압회로가 된다. 따라서 V1에 의한 Vref1=1V가 되며 전류원 I1(2mA)에 의한 Vref2는 전압원 V1이 등가적으로 0옴(SHORT)이 되므로 R1, R3가 병렬저항이 되어 등가적으로 1K가 된다. 따라서 등가저항 1K에 걸리는 전압은 옴법칙에 의거 1K*2mA는 2V가 된다. 즉 Vref2=2V가 되어

$$Vref=Vref1+Vref2=1V+2V=3V$$

가 된다.

시뮬레이션 조건

Transient해석에서 Run to Time을 1000ns로 두고 시뮬레이션시키면 된다.

전압값을 측정하기 위해 전압 프로우브를 이용하여 R1, R2, R3의 교차점 Vref 포인트의 전압값을 측정하면 된다.

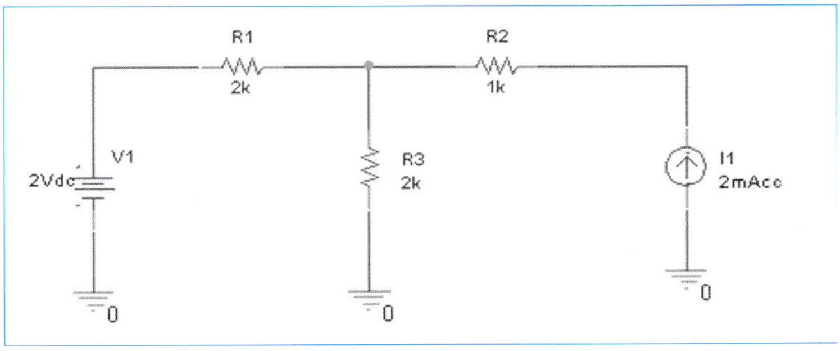

시뮬레이션 결과

예제회로에서 보듯이 Vref의 값인 3V가 출력된다.

11.6 테브난, 노턴 등가회로

테브난, 노턴 등가회로

어떤 SOURCE의 선형소자로 구성된 회로에 있어 이를 등가 전압원과 등가 임피던스로 표현하는 테브난등가와 등가전류원과 등가 임피던스로 표현하는 노턴등가가 있다. 이러한 등가는 임의의 선형회로에 있어 등가 SOURCE, 등가 임피던스 추론시 많이 쓰인다.

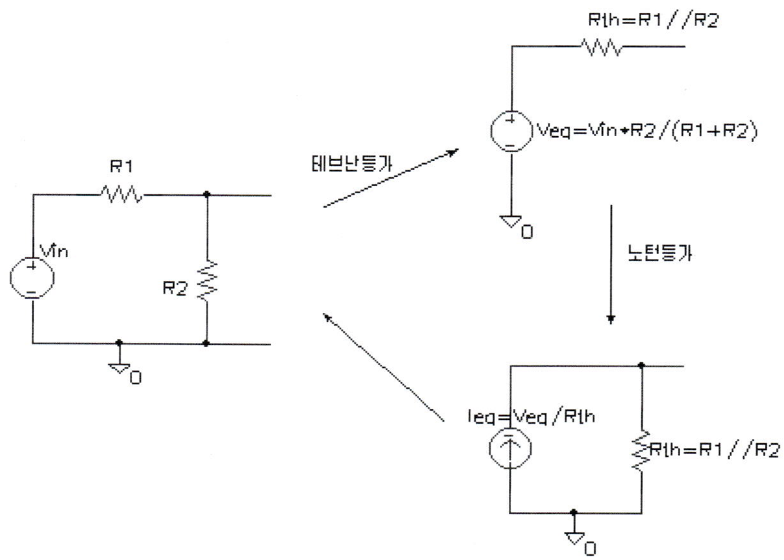

11.6.1 실험회로

회로개요

임의의 한 회로에 대해 테브난 등가회로와 노턴 등가회로를 동시에 구성하여 동일한 부하에 대한 결과치가 같음을 보기 위한 회로이다.

회로해석

부하저항을 끊고 점선 안에 회로에서 A지점을 바라봤을 때의 A점에 걸리는 전압은 2V×2K/(2K+2K)=1V가 된다. 그리고 등가저항을 구해보면 앞서 설명한 바와 같이 전압원은 등가적으로 0옴 즉 SHORT이므로 A지점을 기준으로 한 등가저항은 R1//R2 즉 1K가 된다. 따라서 테브난등가에서 Veq=1V가 되며 Req=1K가 된다. 이렇게 하여 점선내를 등가치환하여 동일한 부하저항 1K를 달아 계산하면 1V를 1K저항 2개로 분압한 회로가 되어 0.5V가 걸린다. 즉 원래회로에서의 A지점값과 같게 된다. 또 이 테브난 등가회로로부터 노턴회로로 치환하면 등가전류 원은 Veq/Rth에 의해 1V/1K=1mA가 되며 등가 저항은 테브난등가회로에서의 Req와 같은 1K가 된다. 이렇게 하여 동일한 부하저항 1K를 달면 1mA의 전류가 양분되어 0.5mA씩 흐름으로 A지점의 전압은 1K× 0.5mA=0.5V가 되어 원래회로의 A지점 값과 같게 된다. 이와 같이 본 회로와 치환한 2개의 회로가 모두 똑같은 작용을 하는 회로라 볼 수 있다.

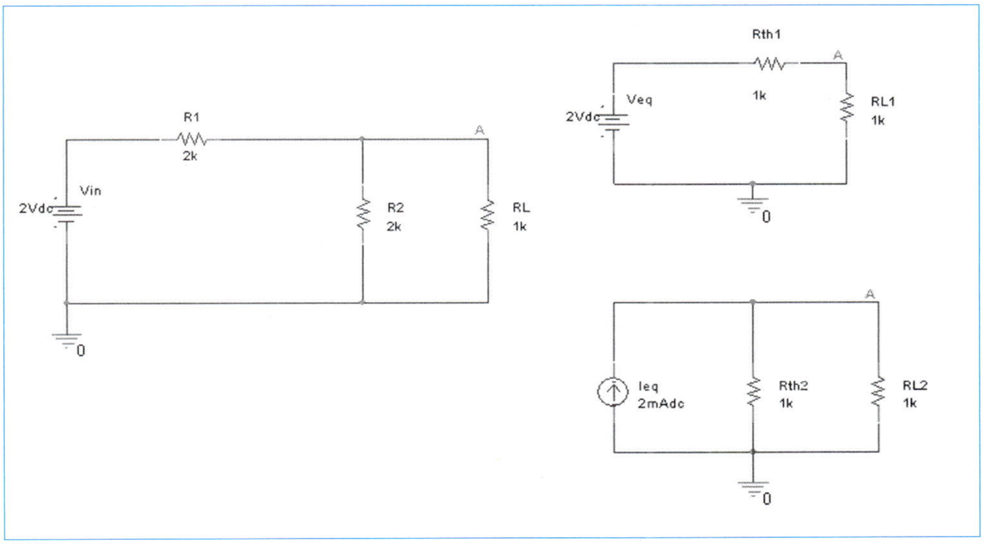

■ 시뮬레이션 조건

Transient해석에서 Run to Time을 1000ns로 두고 시뮬레이션시키면 된다.

A지점의 전압값을 측정하기 위해 전압 프로우브를 이용하여 전압값을 읽도록 한다. 여기서 주의할 점은 Rth나 RL같은 부호가 중복되면 시뮬레이션 에러가 발생하므로 1, 2를 추가하여 Rth1, Rth2 같이 해야 한다.

■ 시뮬레이션 결과

3가지 회로(원회로, 테브난등가회로, 노턴등가회로)에서 동일한 부하저항 1K인 A지점에서의 결과 전압값이 모두 0.5V가 되므로 3종류의 회로가 동일한 작용을 하는 회로라 볼 수 있다.

11.7 최대전력 전달

최대전력 전달

신호원으로부터 부하로 최대의 전력이 전달되기 위해서는 신호원의 내부 임피던스 Rs와 RL이 같을 경우이다. 즉 Rs=RL일 경우 최대전력이 전달된다.

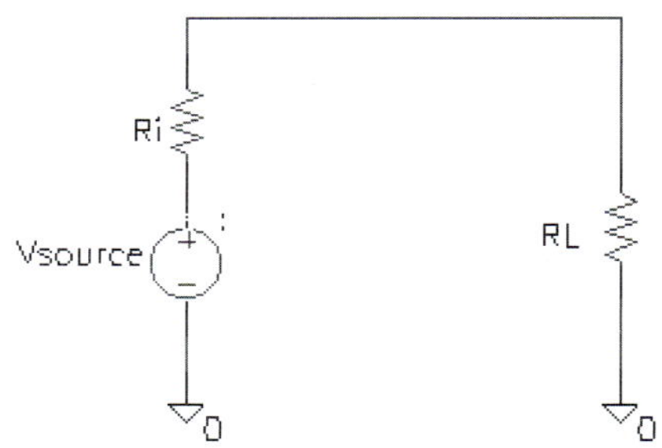

11.7.1 실험회로

■ 회로개요

전압원과 내부저항을 1K로 하고 부하저항 RL을 rval이라는 변수로 설정한 다음 rval을 0.1 옴에서 10K로 가변하면서 부하에 전달되는 전력을 측정하는 회로이다.

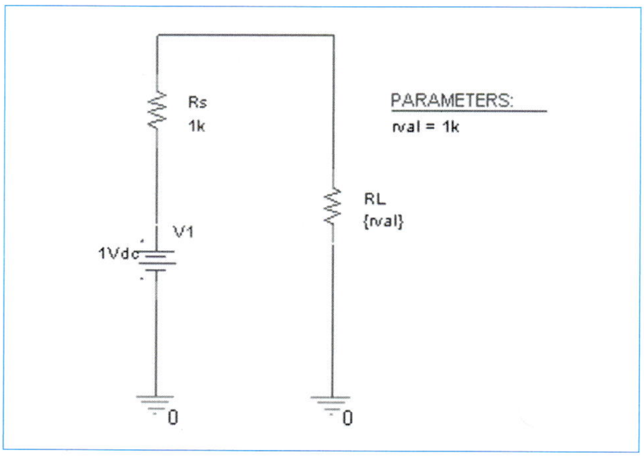

회로해석

신호원의 내부저항 Rs가 1K이므로 부하저항 RL이 1K일 경우 최대전력이 전달됨을 알 수 있다. 따라서 부하저항 RL에 흐르는 전류를 먼저 구해보면 1V/(Rs+RL)=1V/(1K+1K)는 0.5mA이다. 따라서 부하저항 RL에 전력값은 I×I×R식에 의해 0.5mA×0.5mA×1K=0.25mW가 되며 본 회로에서 최대 전력량은 0.25mW가 되며 이렇게 되기 위한 조건은 Rs=RL이다.

시뮬레이션 조건

본 회로의 해석은 부하 저항 RL의 값을 가변하면서 부하저항 RL에 전달되는 최대전력을 보기 위한 것으로 RL의 값을 가변함수 rval로 두고 DC Sweep 해석을 해야 한다.

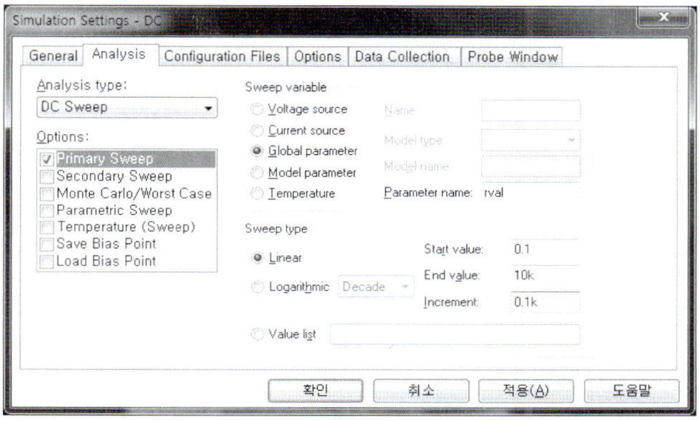

조건설정은 위와 같이 한다. 그리고 주의할 점은 {rval}과 같은 변수를 적용할 때는 필히"PARAM"이라는 변수설정용 소자를 사용해야 하며 변수값 즉 rval과 임의 설정값 즉, 본 회로에서는 1K을 기입해야 한다. 본 시뮬레이션에서는 큰 의미는 없다. 변수를 2개 혹은 3개를 지정할 수도 있는데 이때는 가변값이 아닌 값은 PARAMETERS에 지정된 값에 의해 지배를 받게 된다.

시뮬레이션 결과

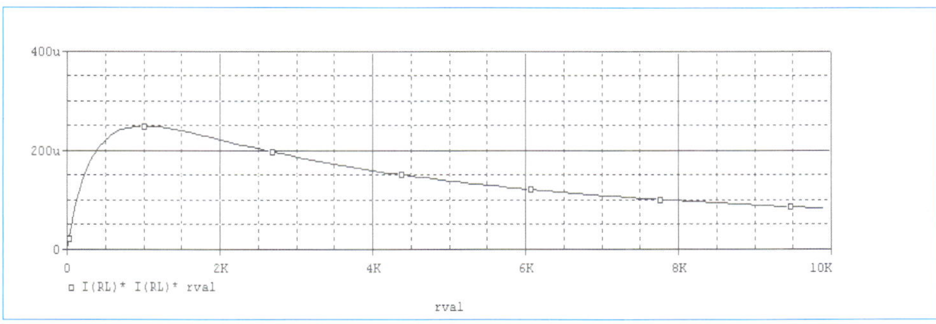

결과파형에서 보듯이 X축은 rval값이 Y축은 I(RL) * I(RL) * rval값, 즉 부하저항 RL에 전력이 된다. 결과파형에서 보듯이 rval값이 1K일 때 0.25mW의 최대전력값이 됨을 알 수 있다.

11.8 NODE 방정식

NODE 방정식

N개의 임피던스(Z1, Z2, Z3, …)에 각각의 전압이 걸릴 때 그 교차점 NODE에 걸리는 전압 Vref는

$$Vref = \frac{\frac{V1}{Z1}+\frac{V2}{Z2}+\frac{V3}{Z3}}{\frac{1}{Z1}+\frac{1}{Z2}+\frac{1}{Z3}}$$

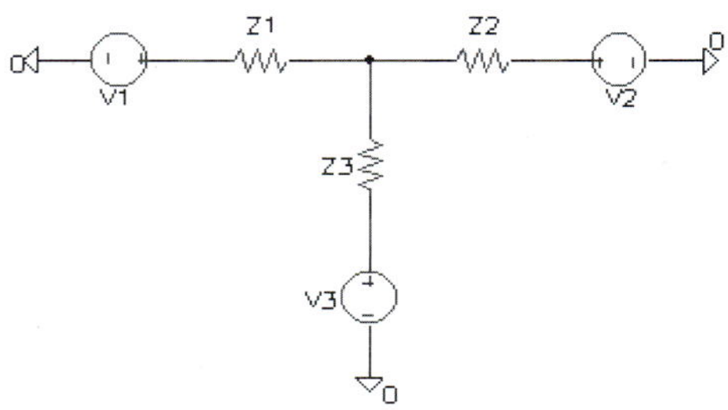

이것은 N개의 소자에 대해서도 적용되며 대부분의 회로는 이러한 NODE와의 연결구성으로 볼 수 있으므로 회로해석에 있어 매우 유용한 방정식이다.

11.8.1 실험회로

■ 회로개요

3개의 전압원과 3개의 Vref 임피던스 Z1, Z2, Z3로 구성된 회로에 있어 Vref의 전압을 구해보기 위한 회로이다.

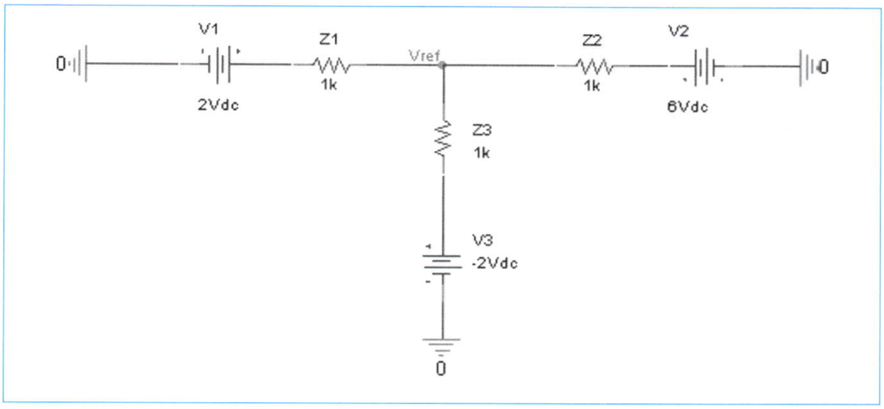

■ 회로해석

NODE Equation을 적용하여 풀어보면

$$Vref = \frac{\frac{V1}{Z1}+\frac{V2}{Z2}+\frac{V3}{Z3}}{\frac{1}{Z1}+\frac{1}{Z2}+\frac{1}{Z3}}$$

따라서

$$Vref = \frac{\frac{2}{1k}+\frac{6}{1k}+\frac{-2}{1k}}{\frac{1}{1k}+\frac{1}{1k}+\frac{1}{1k}}$$

에 의해 계산하면 Vref=6/3=2V가 된다.

■ 시뮬레이션 조건

Transient해석에서 Run to Time을 1000ns로 두고 시뮬레이션시키면 된다.
Vref 지점의 전압값을 측정하기 위해 전압 프로우브를 이용하여 전압값을 읽도록 한다.

■ 시뮬레이션 결과

회로상의 Vref값이 2V가 나왔으며 계산한 결과와 동일함을 알 수 있다.

CHAPTER 12 R.L.C 기본회로

12.1 저항, 콘덴서, 코일 기본속성

저항, 콘덴서, 코일 기본속성

1) 저 항

호스의 직경이 작으면 시간당 흐르는 물의 양이 적을 것이고 직경이 크면 시간당 흐르는 물의 양이 많을 것이다. 즉 저항이 큰 경우가 호스의 직경이 작은 것이고 반대인 경우는 직경이 큰 것이다.

2) 코 일

호스관이 스프링 모양처럼 나선형 원통구조를 가진 것이다. 나선형 원통구조의 호스에 물을 부으면 직선형 호스처럼 물이 바로 빠져 나오지 못한다. 즉 초기에 일정의 저항을 가지다가 시간이 경과된 후 물이 일정량 통과될 것이다. 또한 공급하던 물을 갑자기 차단했을 경우는 차단 즉시 호스 속으로 흐르던 물이 바로 차단되는 것이 아니고 나선형 원통구조에 흐르던 물이 남아있음으로 인해 차단 직후 서서히 물이 줄다가 완전히 차단될 것이다. 이러한 물리적 동작을 하는 코일은 인간의 행동양식과 유사하다고 볼 수 있다.

즉 100미터 달리기 선수가 출발총성과 함께 출발시 속도가 점점 가속되다가 일정수준에 도달하면 일정 속도로 계속 달리다가 도착선에 이르러서야 속도가 감속하여 정지하게 된다. 똑같은 원리가 코일에도 작용하는 것이다.

3) 콘덴서

가장 설명하기가 어려우나 한 번 시도해보기로 하자. 호스에 넓다란 물판이 위측과 아래측에 존재한다고 보자. 이 두 물판은 매우 가깝게 배치되어 있다고 볼 때 물이 순간적으로 투입될 때만 물판사이를 넘고 또 물이 차단하는 순간에 물판 사이로 그 현상이 전달된다고 볼 수 있다.

즉, 과도한 현상발생시에만 두 물판사이에 물이 전달된다는 것을 알 수 있다. 일정하게 변동없이 흐르는 물은 두 물판사이를 통과하지 못하고 물을 투입 혹은 차단하는 순간만 콘덴서를 통과할 수 있음을 알 수 있다.

4) R, L, C 특성비교

구 분	R	L	C
임피던스	R	sL(jωL)	1/sC(1/jωC)
저/고주파 특성	둘 다 통과	저주파 통과	고주파 통과
비교특성	전류제한 특성	C와 정반대 특성	L과 정반대 특성

12.1.1 실험회로

■ 회로개요

저항, 코일 콘덴서 3개의 소자에 동일조건의 스텝펄스를 입력했을 경우 각 소자에 흐르는 전류 특성을 동시 비교하기 위한 회로이다.

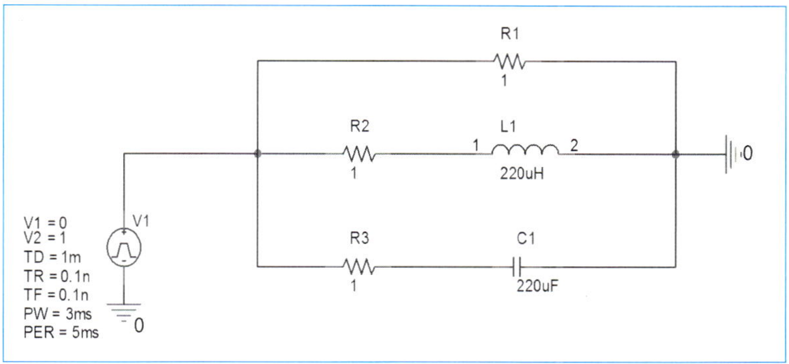

■ 회로해석

앞서 설명한 저항, 코일, 콘덴서의 상호 특성에 의하여, 스텝펄스의 입력에 대해 저항은 단지 전류의 양이 제한된다. 즉 옴법칙에 의해 I=V/R에 값을 취하면 1A가 흐르게 되며 코일의 경우는 스텝펄스의 고주파영역 즉 0에서 1V로 혹은 1V에서 0로 천이되는 영역에서 통과가 억제되며 직류영역에서는 통과가 순조롭고 콘덴서의 경우는 반대일 것이다.

■ 시뮬레이션 조건

Run to time을 5ms로 하여 Transient 해석을 해야되며 입력 Source의 조건은 회로상에 기술되어 있다. 또한 전류 프로우브를 사용하여 R, L, C 각 소자의 리드에 달면 된다. 전류 프로우브의 경우는 반드시 소자의 리드측에 Probe를 달아야 한다.

시뮬레이션 결과

출력에서 보듯이 저항은 전류제한작용, 코일은 고주파 제한작용, 콘덴서는 저주파 제한작용을 함을 알 수 있다.

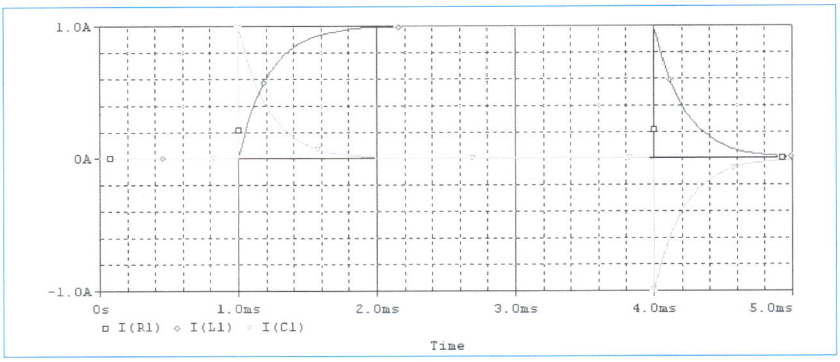

12.2 저항 분할회로

저항 분할회로

저항과 저항이 직렬구성한 회로로서 저항 R1과 R2의 분배비에 의해 신호원 V1이 분압되는 회로로서 VOLTAGE DIVIDER로 작용한다.

$$Vout = V1 \times \frac{R2}{R1 + R2}$$

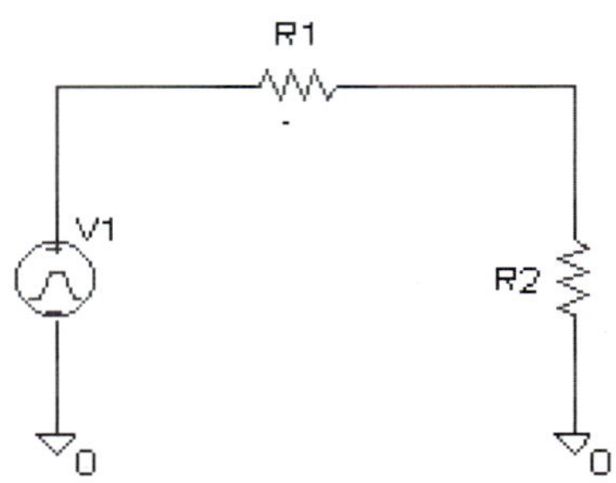

12.2.2 실험회로

■ 회로개요

구형파 펄스입력 V1을 입력으로 하여 저항 R1과 R2로 구성한 전압 분압 회로로서 R2 저항을 1K, 10K, 100K로 변환하면서 그 출력값의 변화를 측정해보는 회로이다.

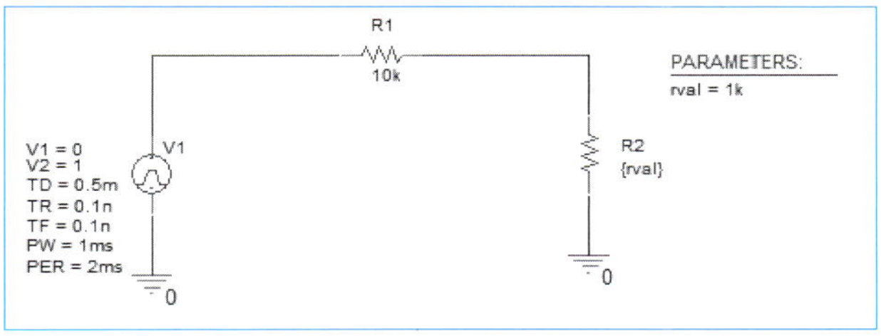

■ 회로해석

$$Vout = V1 \times \frac{R2}{R1 + R2}$$

의 관계식으로 R2가 1K일 경우 1K/(10K+1K)=0.0909이다. 따라서 입력전압 10V가 0.9V 정도로 분압되며 R2가 10K일 경우 10K/(10K+10K)=0.5가 된다. 따라서 입력전압 10V가 5V 정도로 분압되며 R2가 100K일 경우 100K/(10K+100K)=0.909이다. 따라서 입력전압 1CV가 9V 정도로 분압된다. 즉 R2의 값이 증가함에 따라 출력 전압도 증가한다.

■ 시뮬레이션 조건

본 회로는 파라매틱해석과 TRANSIENT해석을 동시에 해야 하는 해석으로 파라매틱해석의 조건설정은 아래와 같이 설정한다. 또한 TRANSIENT해석의 Run to time은 2.5ms로 하여야 한다.

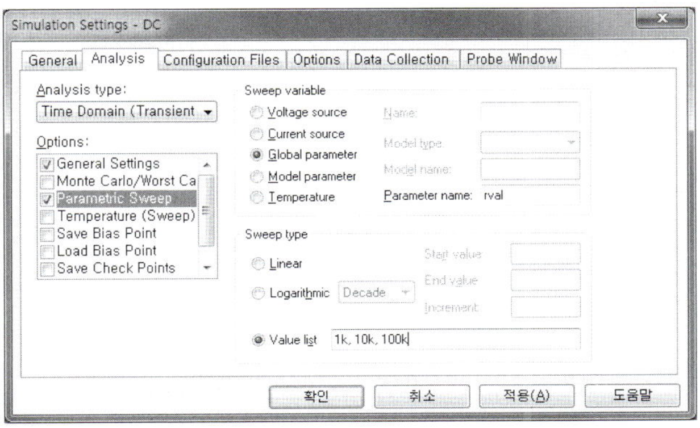

■ 시뮬레이션 결과

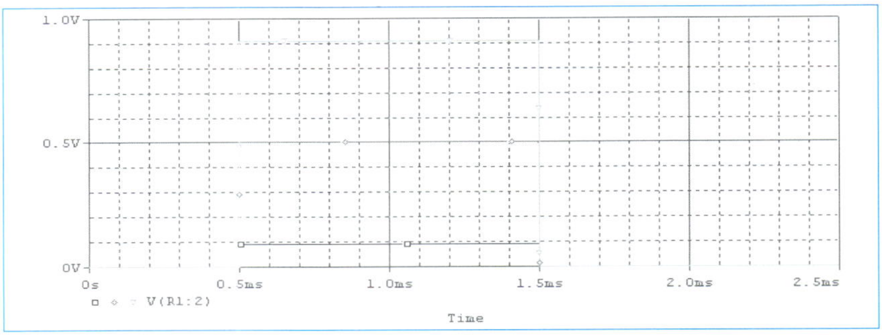

12.3 콘덴서 분할회로

콘덴서 분할회로

콘덴서와 콘덴서를 직렬구성한 회로로서 콘덴서 C1과 C2의 분배비에 의해 신호원 V1이 분압되는 회로로서 저항분배와는 다른 특성을 보인다.

$$Vout = V1 \times \frac{C1}{C1 + C2}$$

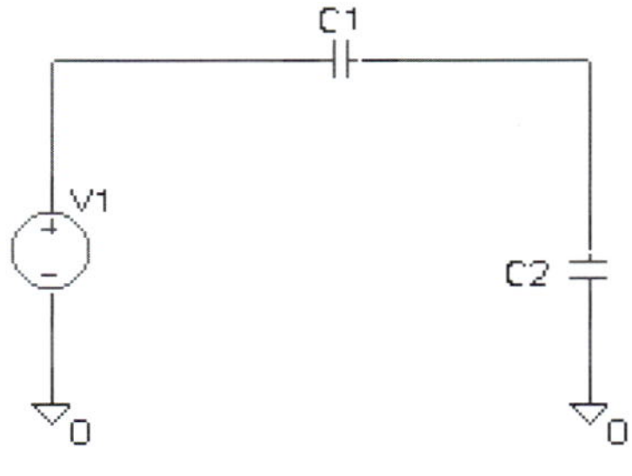

12.3.3 실험회로

■ 회로개요

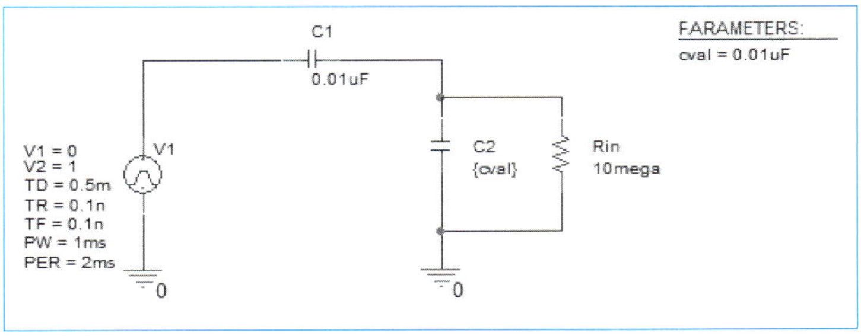

구형파 펄스입력 V1을 입력으로 하여 콘덴서 C1과 C2로 구성한 전압 분압회로로서 C2 콘덴서를 0.001uF, 0.01uF, 0.1uF으로 변환하면서 그 출력값의 변화를 측정하 보는 회로이다. 단 C1, C2만 적용하면 출력측이 플로팅된 상태가 됨으로 에러가 발생함으로 Rin을 삽입하였다.

■ 회로해석

콘덴서의 등가 임피던스는 1/sC이므로 콘덴서 분압회로에서 Vout를 구해보면

$$Vout = Vin \times \frac{\frac{1}{sC2}}{\frac{1}{sC1} + \frac{1}{sC2}}$$

따라서 아래위에 s를 각각 곱하면

$$Vout = Vin \times \frac{\frac{1}{C2}}{\frac{1}{C1} + \frac{1}{C2}}$$

이것을 간단히 하면

$$Vout = Vin \times \frac{C1}{C1 + C2}$$

위 식에서 알 수 있듯이 C2값이 작을수록 출력이 증가함을 예측할 수 있다.
즉, 저항분압회로와는 반대의 특성을 가짐을 알 수 있다.

■ 시뮬레이션 조건

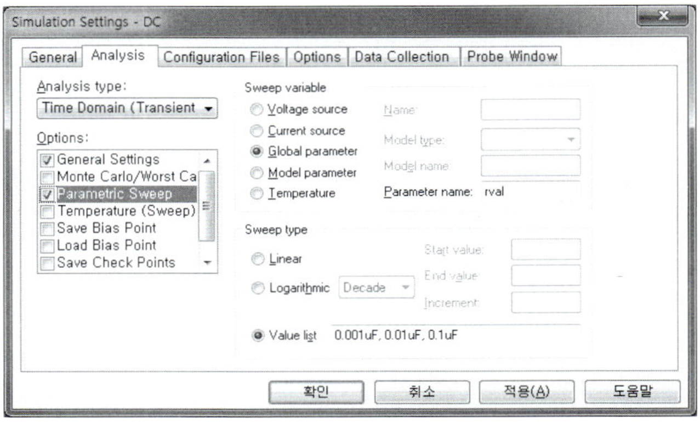

본 회로는 파라매틱해석과 TRANSIENT해석을 동시에 해야 하는 해석으로 파라매틱 해석의 조건설정은 위와 같이 설정한다. 또한 TRANSIENT해석의 Final Time은 2ms로 하여야 한다.

■ 시뮬레이션 결과

결과에서 보듯이 부하역할을 하는 C2 콘덴서의 값이 작을수록 Vout 출력이 커짐을 알 수 있다.

$$Vout = Vin \times \frac{C1}{C1 + C2}$$

윗 식에 의해 다음과 같은 결과가 나오게 된다.

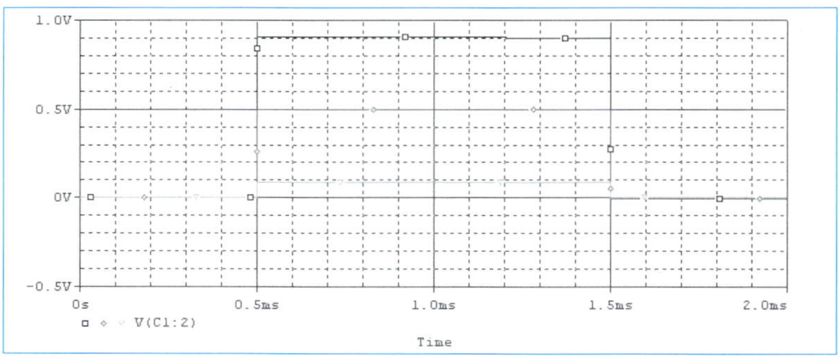

그리고 위의 결과 파형이 입력신호의 직류성분이 그대로 전달된 것처럼 보이나 이것은 회로상에 Rin에 의한 것이며 실제 실험에서는 Rin을 쓰지 않고 실험하면 입력신호의 직류성분이 전달되지 않는다. 즉 0V를 기준으로 출력파형이 아래 위 대칭적으로 출력된다.

12.4 R과 C의 직렬회로(적분회로)

R과 C의 직렬회로(적분회로)

저항과 콘덴서를 직렬구성한 회로로서 회로는 적분동작을 하게되며 고역의 신호는 억제하고 저역의 신호를 통과시키는 저역필터(LPF)의 동작을 수행한다.

$$Vout = V1 \times \frac{\frac{1}{sC1}}{R1 + \frac{1}{sC1}}$$

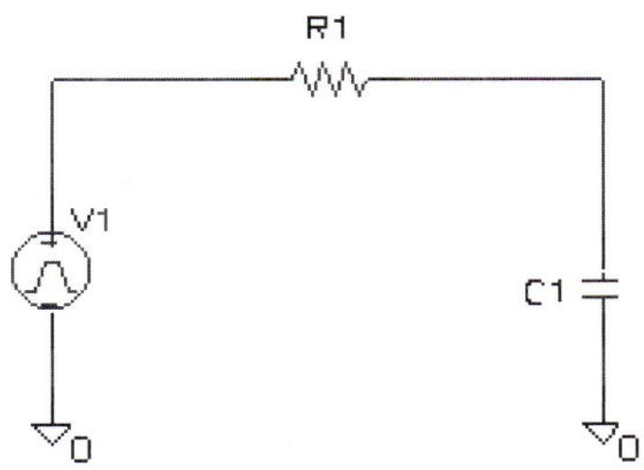

12.4.1 실험회로

■ 회로개요

구형파 펄스 입력 V1을 입력으로 하여 저항 R1과 C1으로 구성한 적분 회로로서 C1 콘덴서를 0.001uF, 0.01uF, 0.1uF으로 변환하면서 그 출력값의 변화를 측정해보는 회로이다.

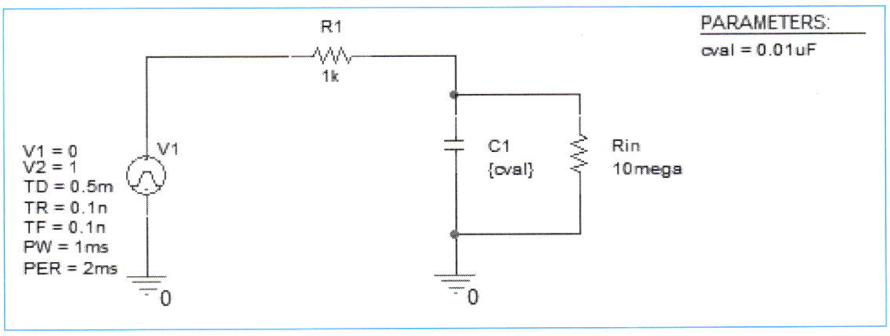

■ 회로해석

콘덴서의 등가 임피던스는 1/sC이므로 Vout를 구해보면

$$Vout = V1 \times \frac{\frac{1}{sC1}}{R1 + \frac{1}{sC1}}$$

따라서 아래위에 sC1을 곱하면

$$Vout = V1 \times \frac{1}{R1sC1 + 1}$$

이 된다. 여기서 $s = j\omega = j2\pi f$ 이므로

$$Vout = V1 \times \frac{1}{j\,2\pi f R1C1 + 1}$$

이 된다.

위 식에서 알 수 있듯이 Vout값은 입력신호의 주파수에 따라 다른 양상을 보인다는 것을 예상할 수 있다. 즉 주파수 f 가 작을수록 출력(gain)이 커진다는 점을 알 수 있다. 즉 Low Pass Filter임을 알 수 있다.

상기 회로에서의 Gain은

$$\frac{1}{j\,2\pi f\,R1C1 + 1}$$

이 된다.

또한 이 Gain을 전달함수라고도 한다. 즉 전달함수라 함은 입력신호와 출력신호와의 관계를 말함을 알 수 있다.

■ 시뮬레이션 조건

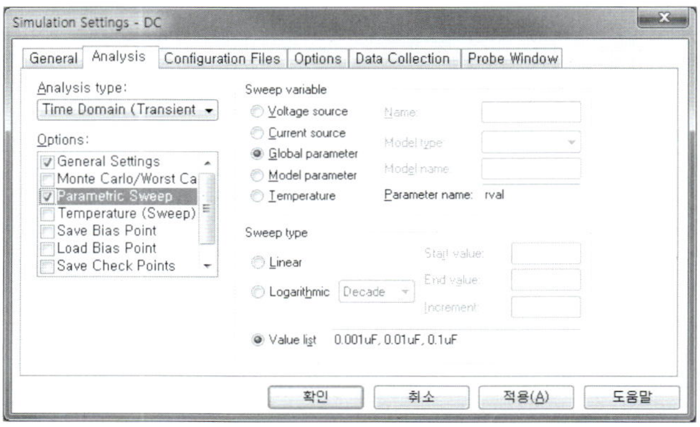

본 회로는 파라매틱해석과 TRANSIENT해석을 동시에 해야 하는 해석으로 파라매틱해석의 조건설정은 위와 같이 설정한다.

또한 TRANSIENT해석의 Run to time은 2ms로 하여야 한다.

■ 시뮬레이션 결과

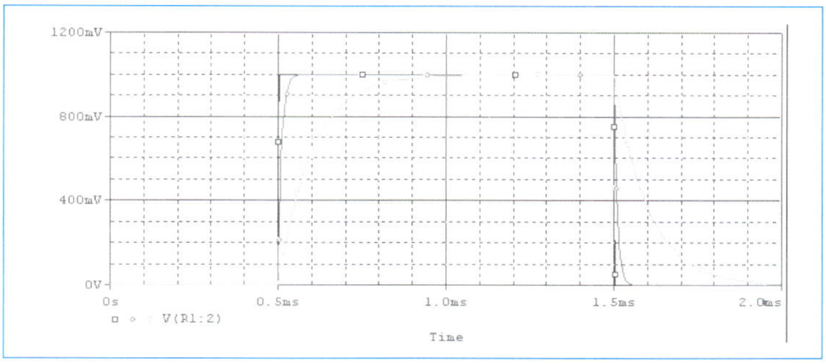

결과에서 보듯이 구형파 신호의 변화가 큰 부분, 즉 고주파 영역은 잘 추적하지 못하고 변화가 적은 부분, 즉 저주파영역은 잘 통과하는 특성을 볼 수 있다. 또한 콘덴서 C1값이 클수록 Gain(전달함수)이 적어지므로 입력신호를 잘 통과시키지 못한다. 즉 저역통과필터의 작용을 함을 알 수 있다.

12.5 L과 R의 직렬회로(적분회로)

L과 R의 직렬회로(적분회로)

코일과 저항을 직렬구성한 회로로서 이 회로는 적분동작을 하게 되며 고역의 신호는 억제하고 저역의 신호를 통과시키는 저역필터(LPF)의 동작을 수행한다.

$$Vout = V1 \times \frac{R1}{sL1 + R1}$$

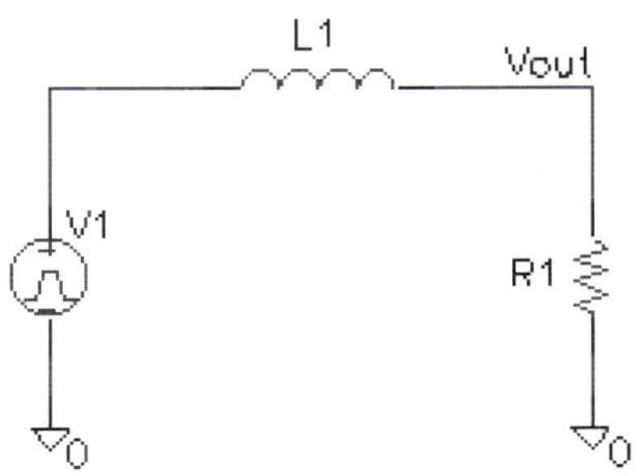

12.5.1 실험회로

■ 회로개요

구형파 펄스입력 V1을 입력으로 하여 코일 L1과 저항 R1을 직렬 구성한 적분회로로서 저항 R1을 100, 1K, 10K로 변환하면서 그 출력값의 변화를 측정하는 회로이다.

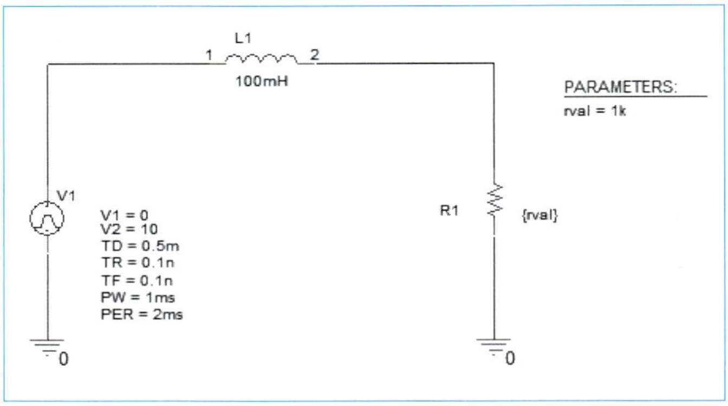

■ 회로해석

코일의 등가 임피던스는 sL이므로 Vout를 구해보면

$$Vout = V1 \times \frac{R1}{sL1 + R1}$$

간략화하면

$$Vout = V1 \times \frac{1}{\frac{sL1}{R1} + 1}$$

이 된다. 여기서 $s = j\omega = j\,2\pi f$ 이므로

$$Vout = V1 \times \frac{1}{\frac{j\,2\pi f\,L1}{R1} + 1}$$

위 식에서 알 수 있듯이 Vout 값은 입력신호의 주파수에 따라 다른 양상을 보인다는 것을 예상할 수 있다. 즉 주파수 f 가 작을수록 출력이 커진다는 점을 알 수 있다. 따라서 본 회로는 Low Pass Filter임을 알 수 있다.

상기 회로에서의 전달함수는

$$\frac{1}{\frac{j2\pi f L1}{R1}+1}$$

이 된다.

시뮬레이션 조건

본 회로는 파라매틱해석과 TRANSIENT해석을 동시에 해야 하는 해석으로 파라매틱해석의 조건설정은 아래와 같이 설정한다.

또한 TRANSIENT해석의 Run to time은 2ms로 하여야 한다.

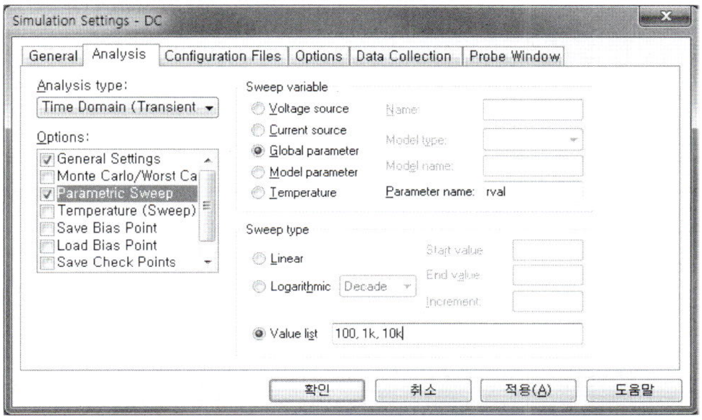

시뮬레이션 결과

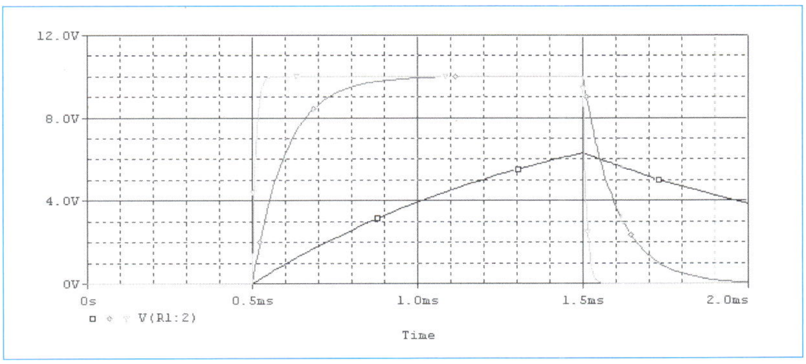

결과에서 보듯이 구형파 신호의 변화가 큰 부분, 즉 고주파 영역은 잘 추적하지 못하고 변화가 적은 부분, 즉 저주파영역은 잘 통과하는 특성을 알 수 있다. 앞서 저항과 콘덴서 직렬회로와 유사한 동작특성을 보임을 알 수 있다.

저항 R1값이 클수록 Gain이 커짐으로 R1값이 클수록 입력신호를 잘 통과시키는 결과를 얻게 된다.

12.6 C와 R의 직렬회로(미분회로)

C와 R의 직렬회로(미분회로)

콘덴서와 저항을 직렬구성한 회로로서 이 회로는 미분동작을 하게 되며 고역의 신호는 통과하고 저역의 신호를 억제시키는 고역필터(HPF)의 동작을 수행한다.

$$Vout = V1 \times \frac{R1}{\frac{1}{sC1} + R1}$$

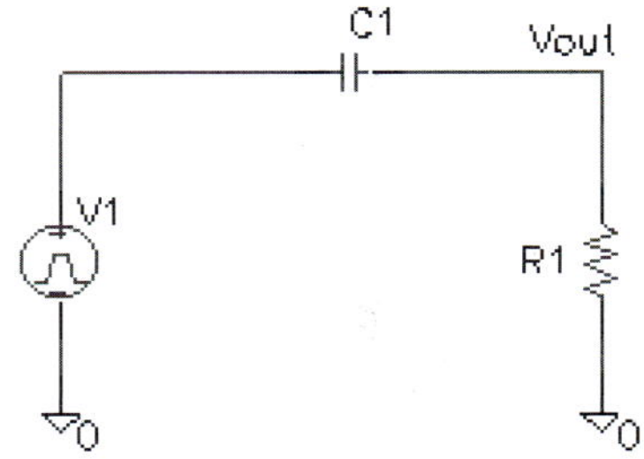

12.6.1 실험회로

■ 회로개요

구형파 펄스입력 V1을 입력으로 하여 콘덴서 C1과 저항 R1을 직렬 구성한 미분회로로서 저항 R1을 1K, 10K, 100K로 변환하면서 그 출력값의 변화를 측정해보는 회로.

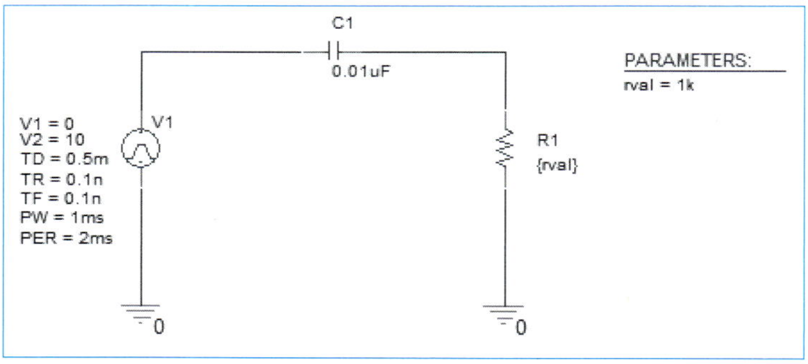

■ 회로해석

콘덴서의 등가 임피던스는 $1/sC$이므로 $Vout$를 구해보면

$$Vout = V1 \times \frac{R1}{\frac{1}{sC1} + R1}$$

이 식을 간략화하면

$$Vout = V1 \times \frac{1}{\frac{1}{sC1R1}+1}$$

이 되어 $s = j\omega = j2\pi f$ 을 대입하면

$$Vout = V1 \times \frac{1}{\frac{1}{j2\pi f\ C1R1}+1}$$

이 된다.

위 식에서 알 수 있듯이 Vout값은 입력신호의 주파수에 따라 다른 양상을 보인다는 것을 예상할 수 있다. 즉 주파수 f 가 작을수록 출력이 작아진다는 점을 알 수 있다. 즉 High Pass Filter임을 알 수 있다.

시뮬레이션 조건

본 회로는 파라메틱 해석과 TRANSIENT해석을 동시에 해야 하는 해석으로 파라메틱 해석의 조건 설정은 우측과 같이 설정한다.

또한 TRANSIENT해석의 Run to time은 2ms로 하여야 한다.

시뮬레이션 결과

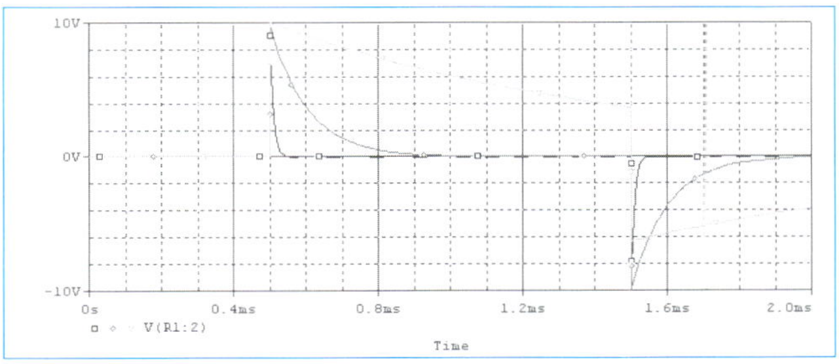

결과에서 보듯이 구형파 신호의 변화가 큰 부분, 즉 고주파 영역은 잘 추적하고 변화가 적은 부분, 즉 저주파 영역은 잘 통과하지 못하는 특성을 보임을 알 수 있다. R1값이 커짐에 따라 전달함수

$$\frac{1}{\frac{1}{j2\pi f\ C1R1}+1}$$

가 커지게 되므로 상기결과에서와 같이 입력신호에 잘 추적하게 된다.

고역부분은 잘 추적하고 저역부분은 잘 추적하지 못하므로 이러한 특성을 보이는 회로를 고역통과 필터, 즉 High Pass Filer라고 한다. 또한 상기회로는 우리가 가장 보편적으로 볼 수 있는 회로중에 하나로 각종회로에 시스템간 회로블록간 직류적으로는 분리시키고 교류적으로 혹은 신호적으로만 연결구성을 갖도록 하는 회로간 인터페이스에 가장 보편적으로 적용되는 회로이다. 일반적으로 이러한 연결구성을 AC COUPLING이라고도 한다.

12.7 R과 L의 직렬회로(미분회로)

R과 L의 직렬회로(미분회로)

저항과 코일을 직렬구성한 회로로서 이 회로는 미분동작을 하게 되며 고역의 신호는 통과하고 저역의 신호를 억제시키는 고역필터(HPF)의 동작을 수행한다.

$$Vout = V1 \times \frac{sL1}{R1 + sL1}$$

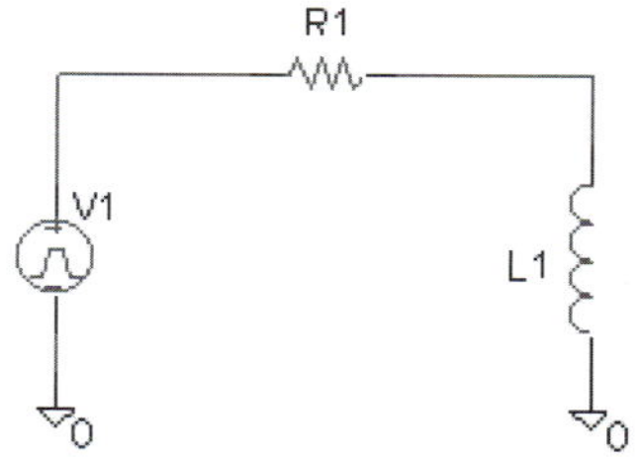

12.7.1 실험회로

■ 회로개요

구형파 펄스입력 V1을 입력으로 하여 저항 R1과 코일 L1을 직렬 구성한 미분회로로서 코일 L1을 1mH, 10mH, 100mH로 변환하면서 그 출력값의 변화를 측정해 보는 회로이다.

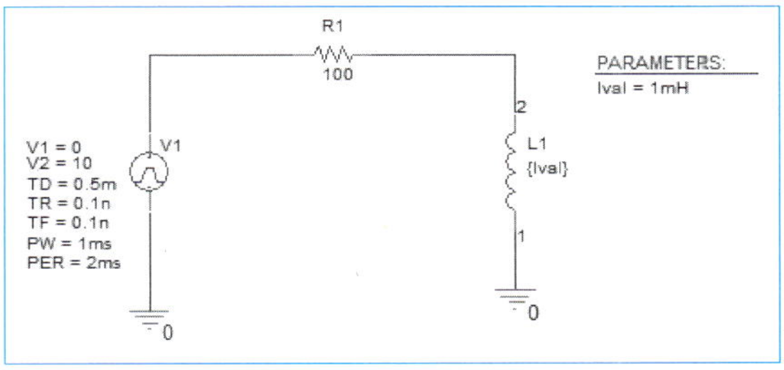

■ 회로해석

코일의 등가 임피던스는 sL이므로 Vout를 구해보면

$$Vout = V1 \times \frac{sL1}{R1 + sL1}$$

상기식을 간략화하면

$$Vout = V1 \times \frac{1}{\frac{R1}{sL1} + 1}$$

이 된다. 여기서 $s = j\omega = j2\pi f$을 대입하면

$$Vout = V1 \times \frac{1}{\frac{R1}{j\,2\pi f\,L1} + 1}$$

이 된다.

위 식에서 알 수 있듯이 Vout값은 입력신호의 주파수에 따라 다른 양상을 보인다는 것을 예상할 수 있다. 즉 주파수 f가 작을수록 출력이 작아진다는 점을 알 수 있다. 즉 High Pass Filter임을 알 수 있다.

■ 시뮬레이션 조건

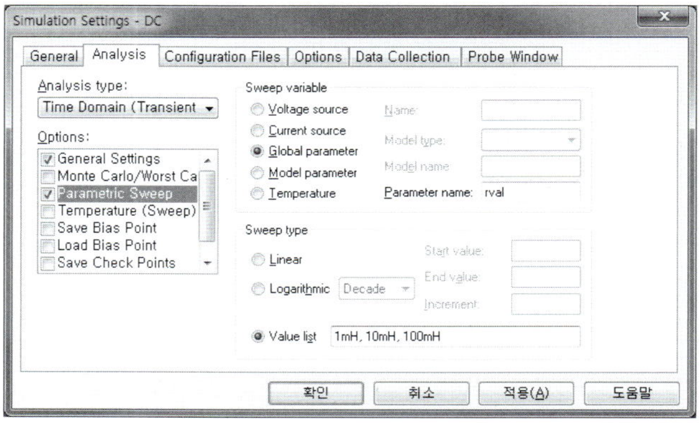

본 회로는 파라매틱해석과 TRANSIENT해석을 동시에 해야 하는 해석으로 파라매틱 해석의 조건설정은 위와 같이 설정한다. 또한 TRANSIENT해석의 Run to time은 2ms로 하면 된다.

■ 시뮬레이션 결과

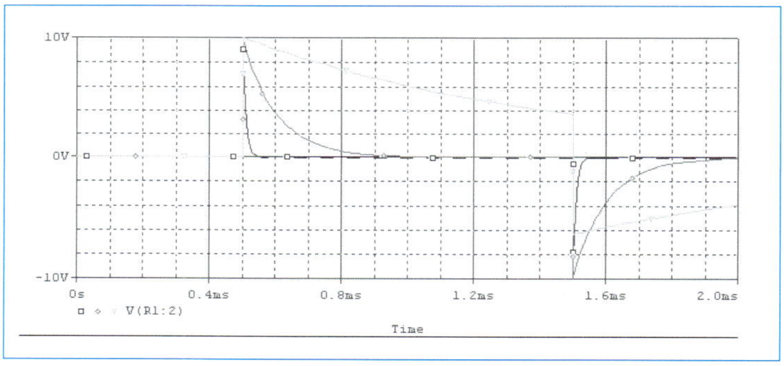

결과에서 보듯이 구형파 신호의 변화가 큰 부분, 즉 고주파 영역은 잘 추적하고 변화가 적은 부분, 즉 저주파 영역은 잘 통과하지 못하는 특성을 보임을 알 수 있다. L1값이 커짐에 따라 전달함수

$$\frac{1}{\dfrac{R1}{j\,2\pi f\,L1}+1}$$

가 커지게 되므로 상기결과에서와 같이 입력신호에 잘 추적하게 된다. 고역부분은 잘 추적하고 저역부분은 잘 추적하지 못함으로 이러한 특성을 보이는 회로를 고역통과필터, 즉 High Pass Filer라고 한다.

12.8 C와 L의 직렬회로(진동회로)

C와 L의 직렬회로(진동회로)

콘덴서와 코일을 직렬구성한 회로로서 이 회로는 진동(발진)을 하게 되며 발진주파수는

$$fosc = \frac{1}{2\pi\sqrt{LC}}$$

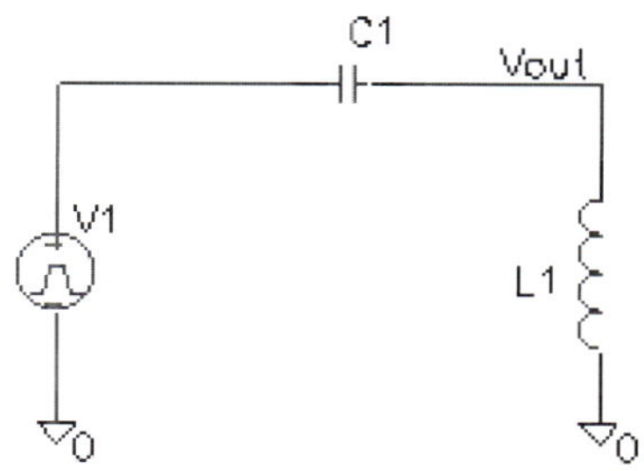

12.8.1 실험회로

■ 회로개요

구형파 펄스입력 V1을 입력으로 하여 콘덴서 C1과 코일 L1을 직렬구성한 발진회로로서 코일 L1을 1mH, 10mH, 100mH로 변환하면서 그 출력값의 변화를 측정해보는 회로이다.

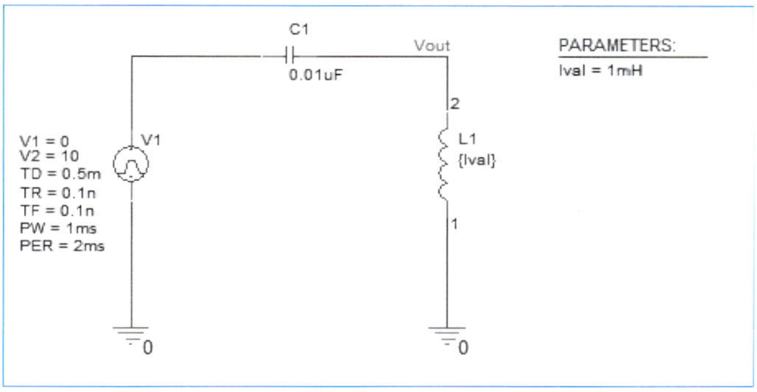

■ 회로해석

콘덴서의 등가임피던스는 1/sC, 코일의 등가임피던스는 sL, 따라서 전달함수는

$$\frac{sL}{\frac{1}{sC}+sL}$$

여기서 1/sL을 아래위에 곱하면

$$\frac{1}{\frac{1}{s^2LC}+1}$$

이 된다. $s=j\omega=j2\pi f$이므로 이를 대입하면

$$\frac{1}{1-\frac{1}{4\pi^2f^2LC}}$$

가 된다. 발진조건은 전달함수가 1/0이므로 $1/4\pi^2f^2LC$가 1이어야 한다. 따라서 발진주파수는

$$fosc=\frac{1}{2\pi\sqrt{LC}}$$

이다.

■ 시뮬레이션 조건

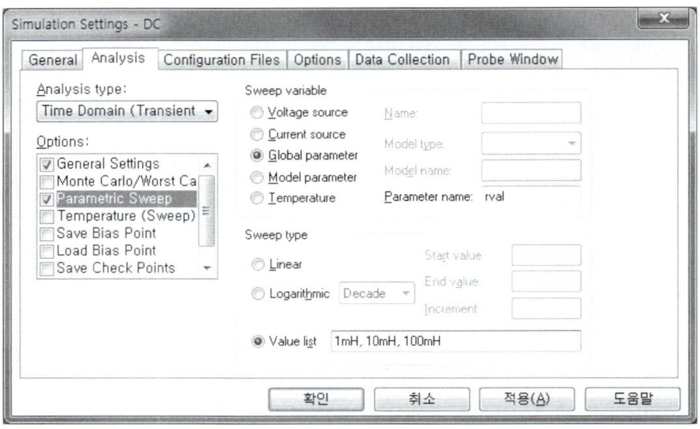

본 회로는 파라매틱해석과 TRANSIENT해석을 동시에 해야 하는 해석으로 파라매틱 해석의 조건설정은 위와 같이 설정한다.

또한 TRANSIENT해석의 Run to time은 2ms로 하면 된다.

■ 시뮬레이션 결과

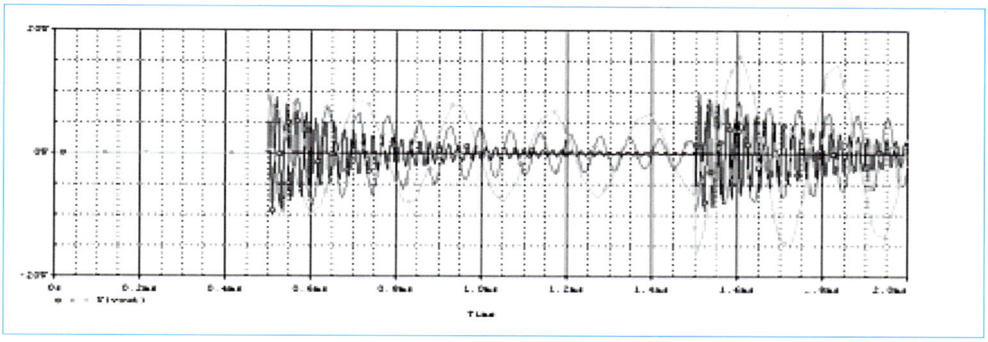

상기와 같이 L과 C값에 따라 발진주파수가 달라진다.

12.9 L과 C의 직렬회로(진동회로)

L와 C의 직렬회로(진동회로)

콘덴서와 코일을 직렬구성한 회로로서 이 회로는 진동(발진)을 하게 되며 발진주파수는

$$fosc = \frac{1}{2\pi\sqrt{LC}}$$

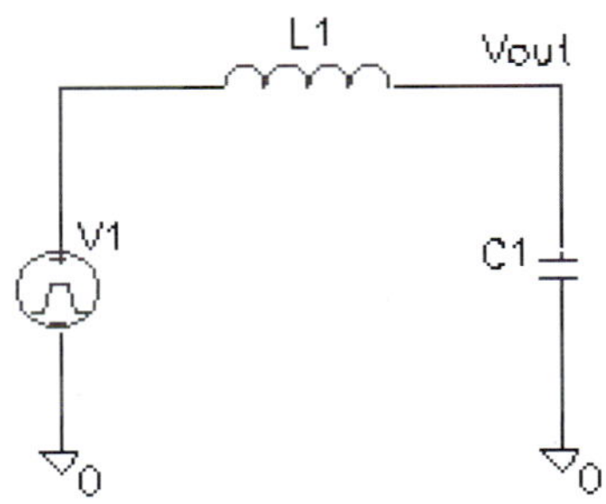

12.9.1 실험회로

■ 회로개요

구형파 펄스입력 V1을 입력으로 하여 코일 L1과 콘덴서 C1을 직렬 구성한 발진회로로서 콘덴서 C1을 0.001uF, 0.01uF, 0.1uF로 변환하면서 그 출력값의 변화를 측정해보는 회로이다.

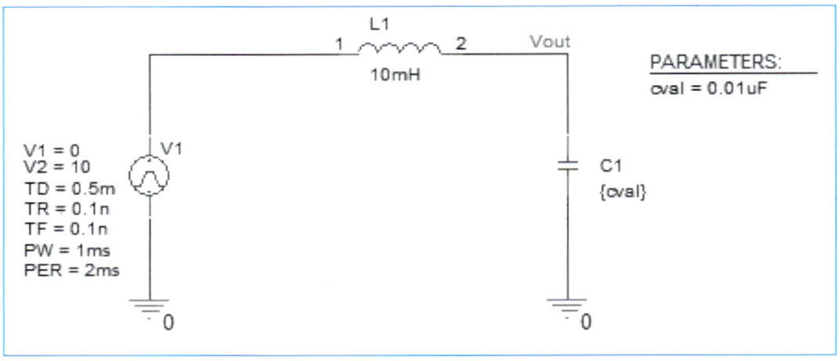

■ 회로해석

앞서 12-8. C와 L의 직렬회로와 동일한 해석방법이다.

시뮬레이션 조건

본 회로는 파라매틱해석과 TRANSIENT해석을 동시에 해야 하는 해석으로 파라매틱해석의 조건설정은 다음과 같이 설정한다.

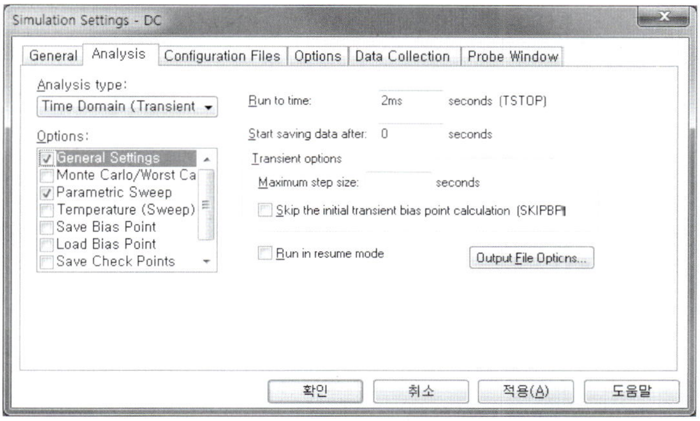

또한 TRANSIENT 해석의 Run to time은 2ms로 하면 된다.

시뮬레이션 결과

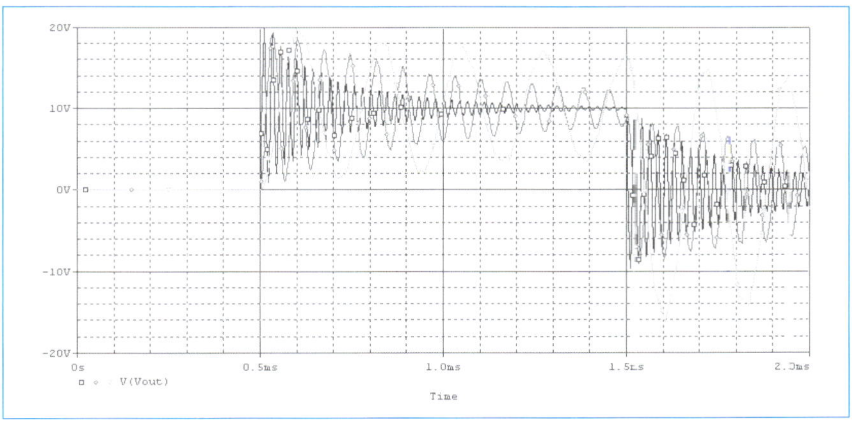

상기와 같이 L과 C값에 따라 발진주파수가 달라진다.

CHAPTER 13

다이오드 기본회로

13.1 DIODE의 정류작용

DIODE의 정류작용

DIODE는 순방향으로 전압이 걸리면 도통되고 역방향으로 전압이 걸리면 차단된다. 이러한 한방향성 특징을 이용하여 전원회로의 정류회로에 많이 쓰인다.

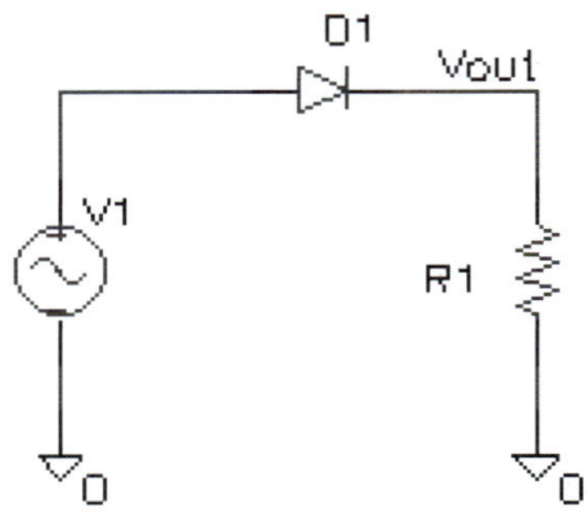

13.1.1 실험회로

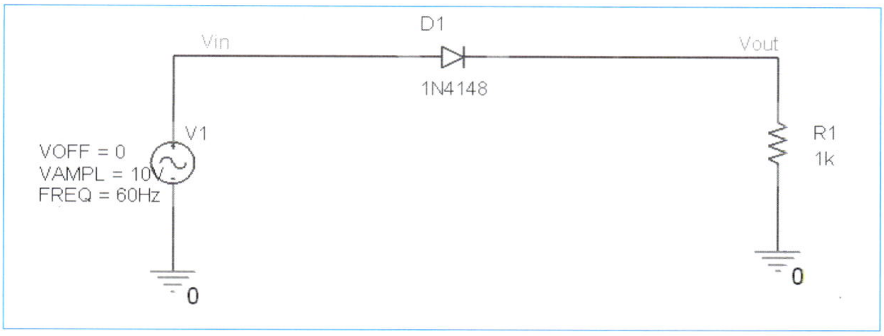

■ 회로개요

교류 전압원 V1과 DIODE D1 및 부하저항 R1을 구성한 회로로서 DIODE의 정류작용을 측정하기 위한 회로이다.

■ 회로해석

신호원이 정극성일 경우 다이오드 D1은 도통되어 신호원 V1이 부하저항 R1에 그대로 전달되고 신호원이 부극성일 경우 다이오드 D1은 차단되어 부하저항 R1에 아무 것도 전달되지 않은 0상태가 된다. 이와 같은 작용을 정류라고 한다.

■ 시뮬레이션 조건

본 해석은 TRANSIENT해석을 해야 하며 Run to time은 40ms로 하면 된다.

■ 시뮬레이션 결과

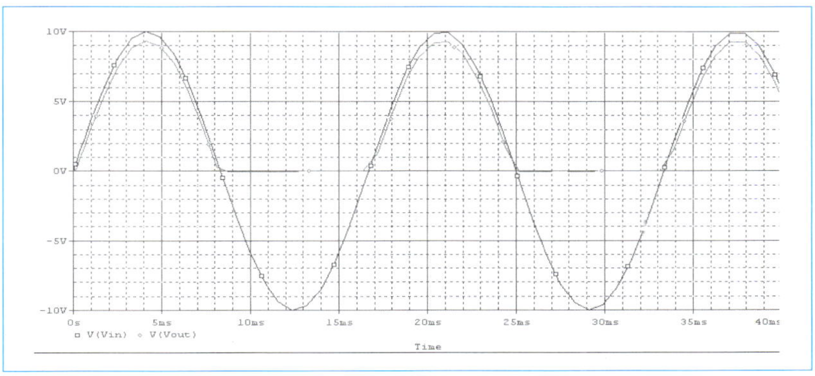

13.2 DIODE의 정류, 평활 작용

DIODE의 정류, 평활 작용

DIODE에 의해 정류된 파형은 콘덴서에 의해 평탄화작용 즉 맥류형태의 출력을 평활하는 평활 콘덴서에 의해 직류와 가깝게 변환된다. 이 직류 출력은 평활도가 높을수록 좋다.

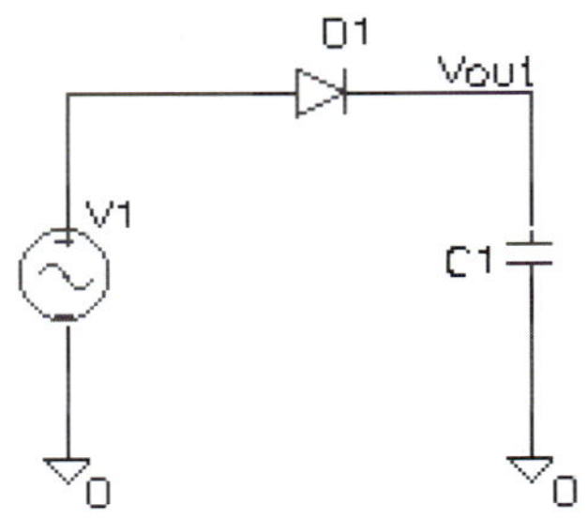

13.2.1 실험회로

■ 회로개요

00V 상용전원을 SOURCE로 하고 이상 DIODE인 Dbreak를 사용했으며 평활용 콘덴서로 1000uF를 구성했다. 그리고 부하저항으로 RL을 100Ω으로 한 정류/평활회로이다.

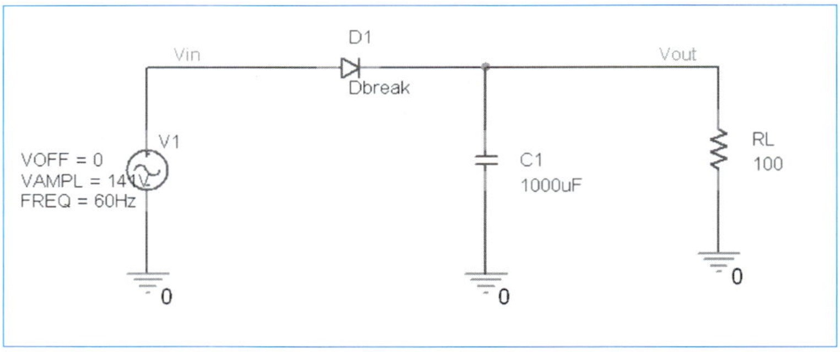

■ 회로해석

DIODE D1에 의해 정류된 파형은 평활용 콘덴서 C1에 의해 맥류형태의 파형이 직류형태의 파형으로 변환된다. 이 때 부하저항이 작으면 평활도가 떨어진다.

■ 시뮬레이션 조건

본 해석은 TRANSIENT해석을 해야 하며 Run to time은 40ms로 하면 된다.

■ 시뮬레이션 결과

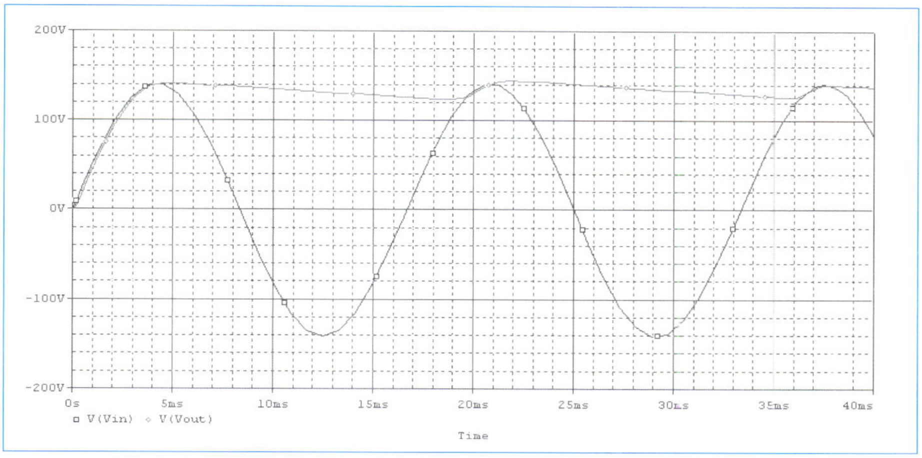

13.3 DIODE의 순방향/역방향 특성

DIODE의 순방향/역방향 특성

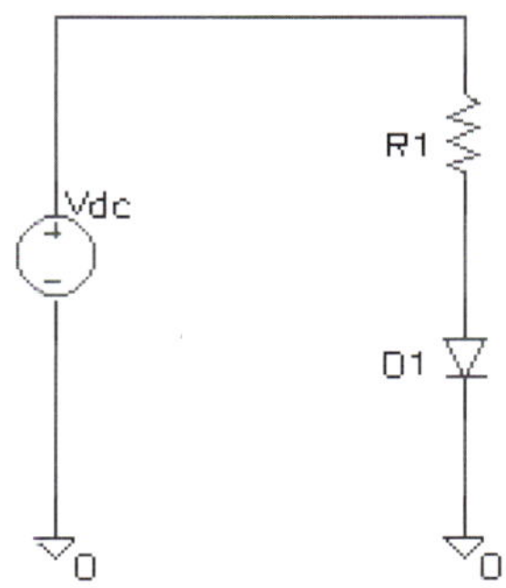

DIODE에 인가하는 전압이 순방향일 경우 전류, 전압특성과 역방향일 경우의 전류, 전압특성을 보면 순방향일 경우 DIODE에 걸리는 전압은 약 0.6V 내외이며 이 때 흐르는 전류는 인가전압과 폐루프상의 저항에 의존하되 DIODE의 순방향 전압을 인가전압으로부터 빼주어야 한다. 즉

$$Id = \frac{Vdc - 0.6}{R1}$$

Vdc가 역방향으로 걸리면 DIODE가 OPEN 상태가 되어 전류의 흐름이 전혀 없는 상태로 된다.

13.3.1 실험회로

■ 회로개요

DIODE D1에 순방향 전압과 역방향전압을 걸었을 경우의 다이오드로 흐르는 전류를 측정하기 위한 회로이다.

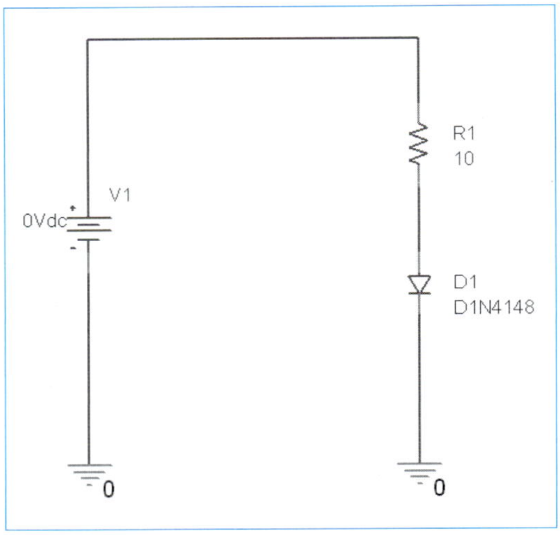

■ 회로해석

다이오드에 역방향의 전압이 걸릴 경우는 다이오드 D1이 거의 OPEN 상태로 되어 무한대의 저항을 가진다. 따라서 전혀 다이오드로 흐르는 전류가 없다. 그러나 순방향으로 전압이 걸리면 즉 다이오드의 +측과 -측 사이에 +0.6V 이상의 전압만 걸리면 다이오드 D1은 도통되어 전압원 Vdc에 비례하여 전류가 증가한다. A지점의 전압이 거의 0.6V 이상일 때부터 Vdc에 비례하는 전류가 흐르게 된다.

■ 시뮬레이션 조건

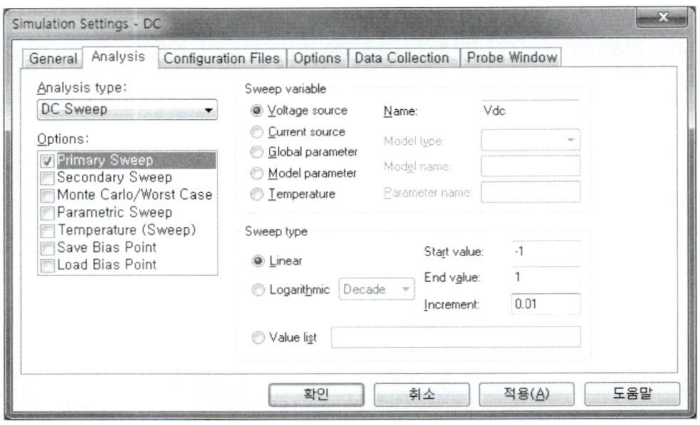

시뮬레이션 조건은 우측과 같이 하면 된다. 여기서 주의할 점은 Increment값을 0.01로 두었는데 만약 0.1같이 큰 값을 주게 되면 출력파형이 거칠게 된다. DC Sweep의 해석특징은 시뮬레이션 결과출력의 X축이 Name에서 지정한 Vdc의 변화값(-1V ~ +1V)이 된다는 점이다.

■ 시뮬레이션 결과

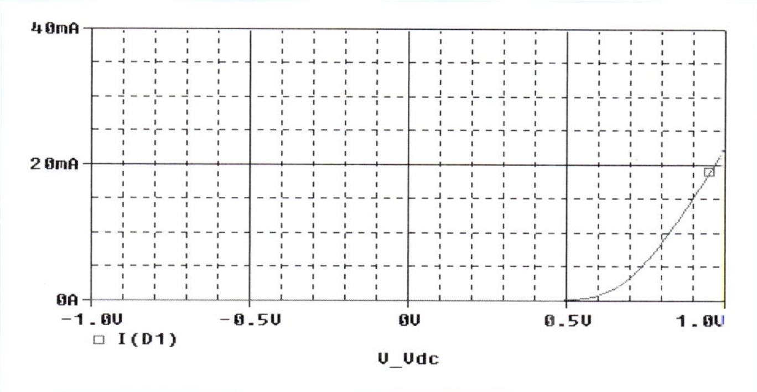

13.4 DIODE의 온도 특성

DIODE의 온도 특성

1. 순방향 전압 온도특성 순방향 전압 Vf가 -2mV/℃, 즉 순방향전류가 일정한 상태에서 온도 1℃ 증가에 순방향전압 Vf가 2mV 적어진다.

2. 역방향 전류 온도특성 역방향 전류(누설전류)가 온도 10℃ 증가에 약2배로 된다. 그 절 대양이 매우 적음으로 큰 문제가 안된다.

13.4.1 실험회로 I

■ 회로개요

직류전압원을 이용, -1V에서 +2V까지 직류전압을 인가하면서 본 회로의 온도를 -100℃, 0℃, +100℃ 상태로 각각 회로 시뮬레이션을 함으로서 다이오드의 3가지 온도상태에 따른 특성을 파악할 수 있는 회로이다.

■ 회로해석

순방향 전압 온도특성은 순방향 전압 Vf가 -2mV/℃의 특성을 가지므로 순방향전류가 일정한 상태에서 온도 증가에 따라 순방향전압 Vf가 수평축 이동할 것이며 역방향 전류 온도특성은 역방향 전류(누설전류)가 온도 10℃ 증가에 약 2배로 커질 것이다.

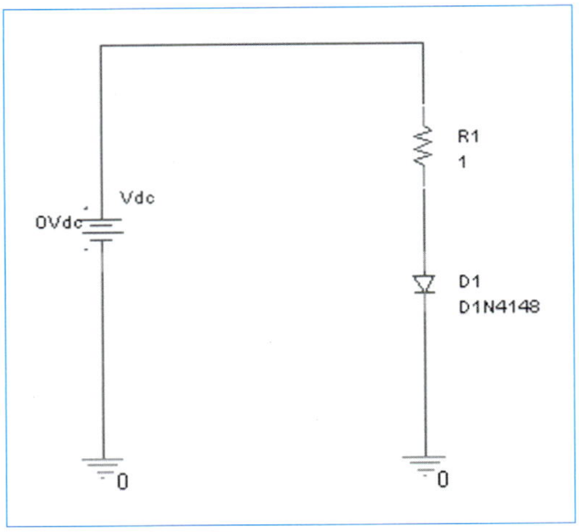

■ 시뮬레이션 조건

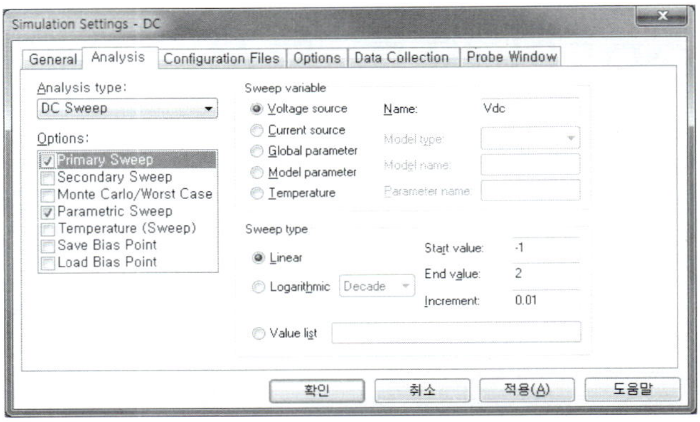

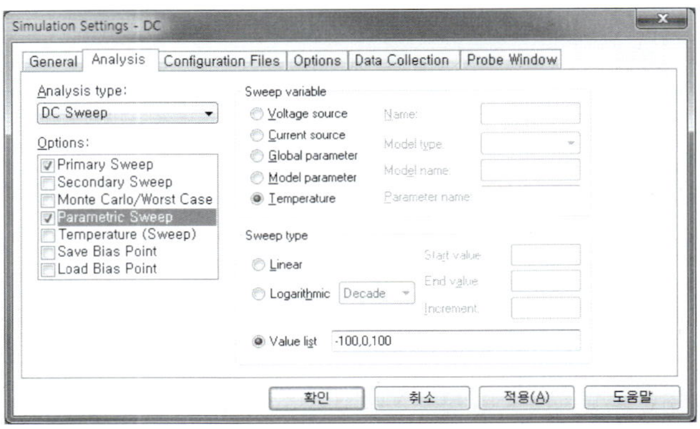

■ 시뮬레이션 결과

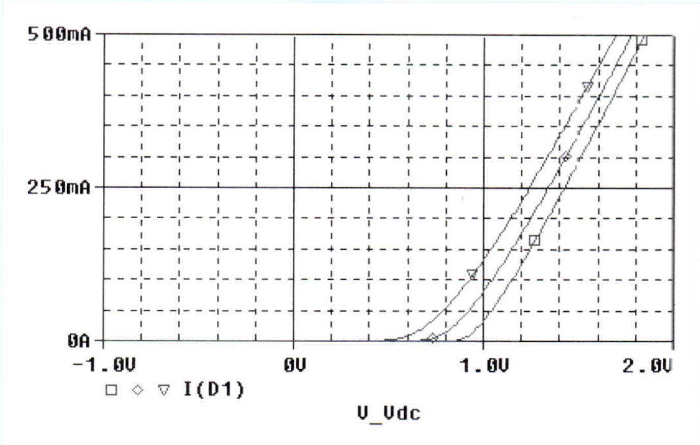

다이오드의 역방향 전류의 온도특성은 본 시뮬레이션에서는 관찰되지 않는다. 역방향 전류는 거의 nA 정도 실제 흐르며 본 시뮬레이션상에서 이를 관찰하기는 어렵다.

13.4.2 실험회로 II

■ 회로개요

직류전압원을 이용하여 -1V에서 +0.5V까지 직류전압을 인가하면서 본 회로의 온도를 -10℃, 0℃, +10℃ 상태로 각각 회로 시뮬레이션하여 다이오드의 3가지 온도상태에 따른 역방향전류 변화특성을 파악하기 위한 회로이다.

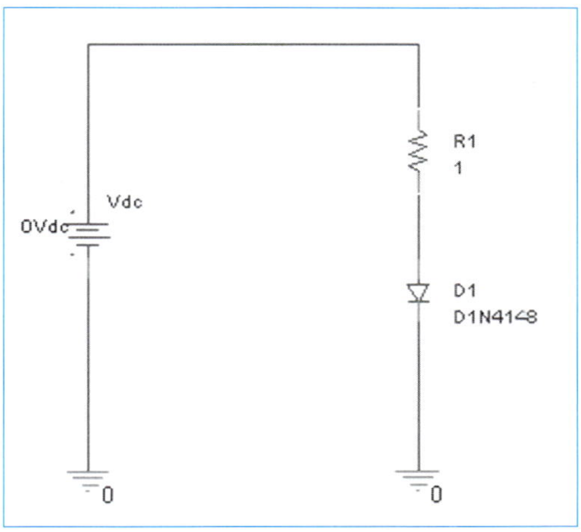

■ 회로해석

역방향 전류 온도특성은 역방향 전류(누설전류)가 온도 10℃ 증가에 약 2배로 커질 것이다. 순방향 온도특성은 앞서와 동일한 결과가 나온다고 볼 수 있다.

■ 시뮬레이션 조건

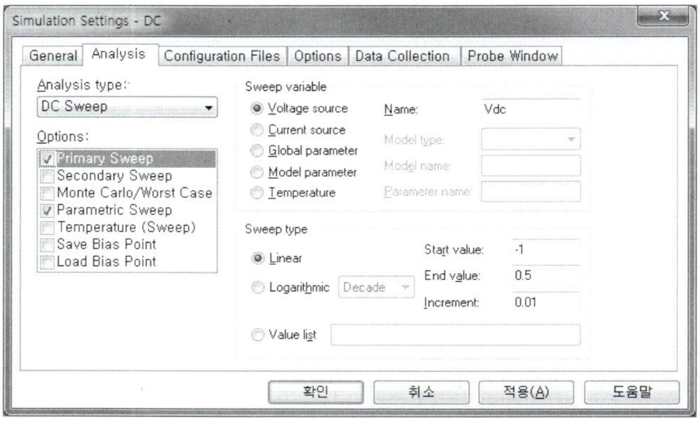

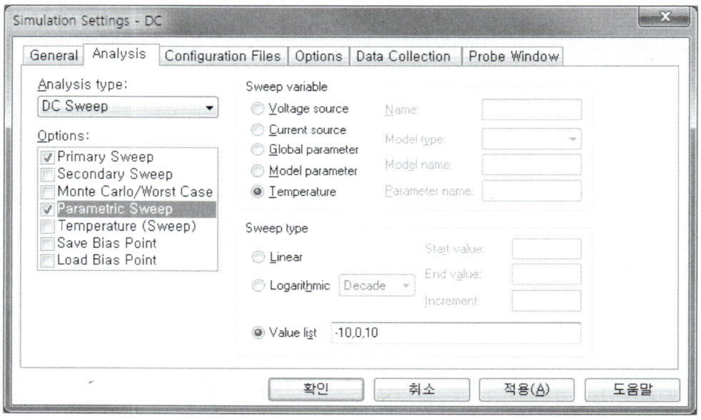

■ 시뮬레이션 결과

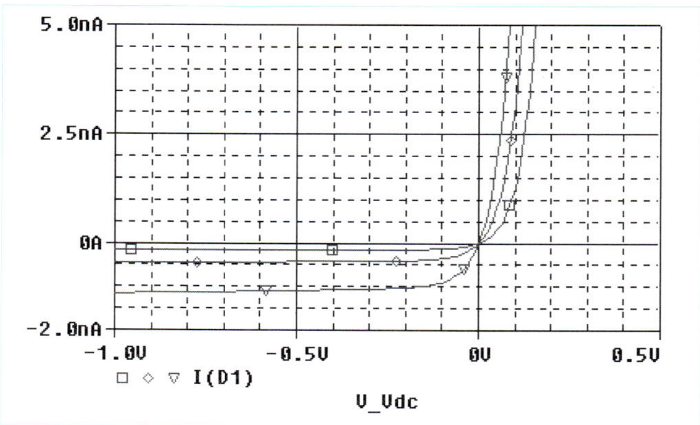

13.5 전파정류, 평활회로

전파정류, 평활회로

전파정류는 전원회로에 가장 일반적으로 사용되는 회로로서 브릿지 정류와 양파 정류 2가지가 있다.

$$Id = \frac{Vdc - 0.6}{R1}$$

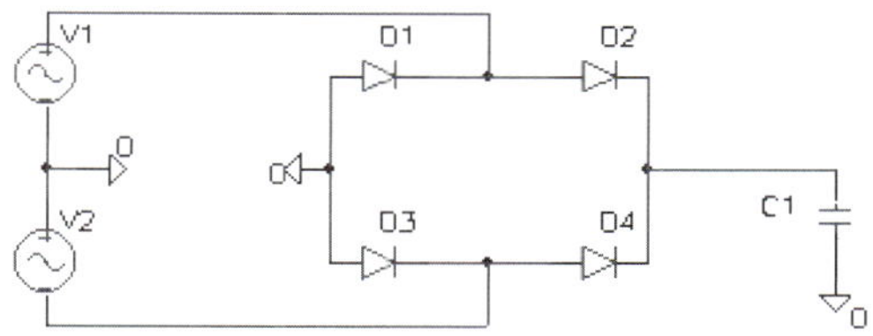

A전위 > B전위 경우에는 D2 → C1 → D3 경로, B전위 > A전위 경우 D4 → C1 → D1 경로로 전류 경로를 이루며 교류입력 정극성과 부극성전압 둘다 이용하는 방식이다.

13.5.1 실험회로 I

■ 회로개요

진폭이 12V이고 주파수가 60Hz인 V1과 V2를 직렬로 연결했으므로 전체 진폭이 24V이고 주파수가 60Hz인 교류신호원을 얻고 다이오드 D1~D4로 구성한 브릿지 회로와 평활용 콘덴서 C1으로 구성한 회로이다.

■ 회로해석

A전위 〉B전위인 경우 D2 → C1 → D3 경로로, B전위 〉A전위인 경우 D4 → C1 → D1 경로로 평활용 콘덴서에 충방전을 일으켜 최종 직류로 변환된 출력을 얻게 된다.

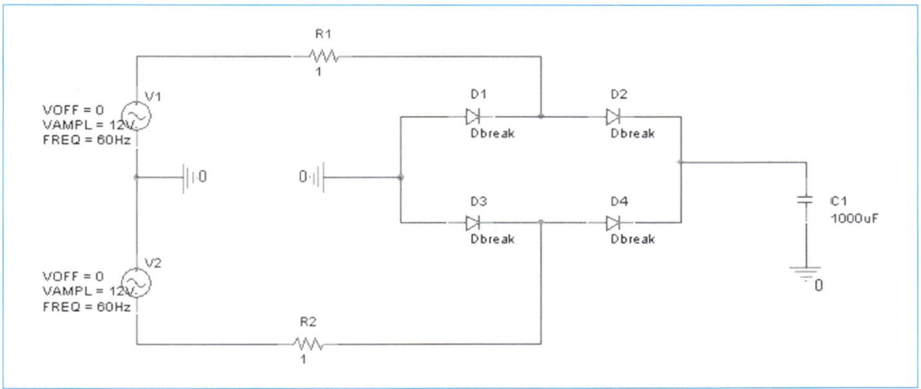

시뮬레이션 조건

TRANSIENT해석을 하면 되며 Run to time을 40ms으로 하면 된다.

시뮬레이션 결과

60Hz의 교류입력에 대해 직류화된 DC 출력이 나온다.

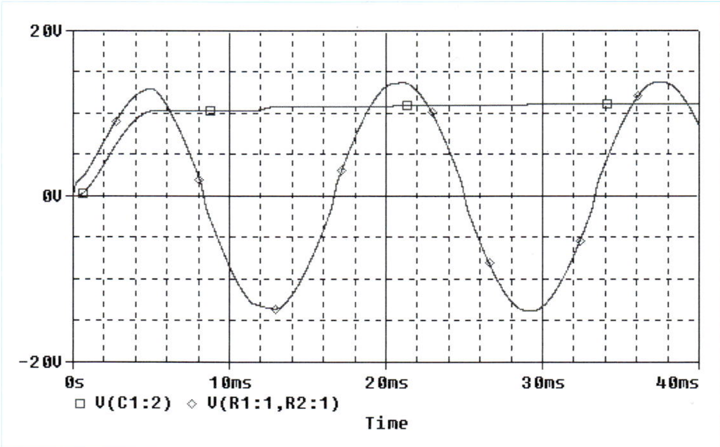

13.5.2 실험회로 II

회로개요

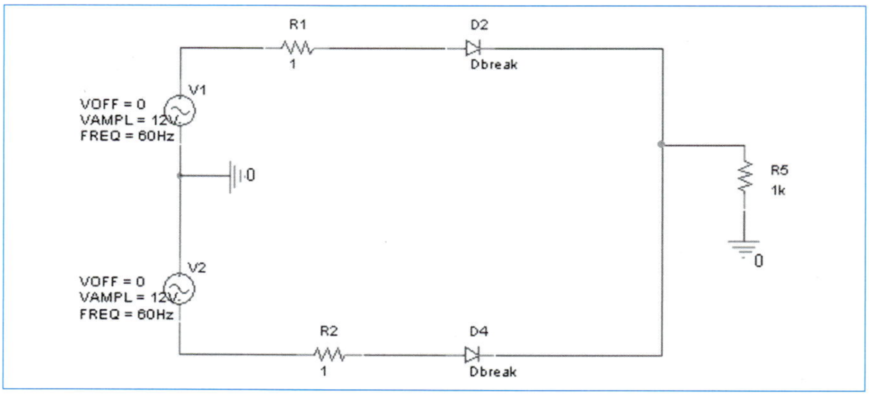

본 회로는 전파정류회로이다.

회로해석

전압원에 있는 저항 R1, R2는 시뮬레이션시 발생되는 convergence 애러를 방지하기 위한 구성이다. 회로에서 A지점의 전위가 B지점의 전위보다 높으면 다이오드 D2, 저항 R5의 경로의 전류경로가 형성되고 B지점의 전위가 A지점의 전위보다 높으면 다이오드 D4 저항 R5의 경로의 전류경로가 형성되어 전파정류의 회로동작을 하게 된다.

시뮬레이션 조건

TRANSIENT해석을 하면 되며 Run to Time을 40ms으로 하면 된다.

시뮬레이션 결과

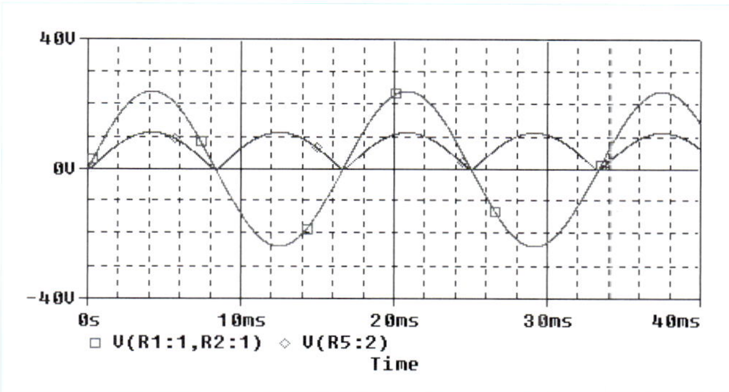

13.6 배압 회로

배압 회로

배압회로는 2배압부터 N배압까지 여러 가지가 있는데 가장 대표적인 2배압 회로의 동작을 보면 전류 LOOP가 우측회로와 같이 2개로 됨으로 2배압의 회로동작이 되는 것이다.

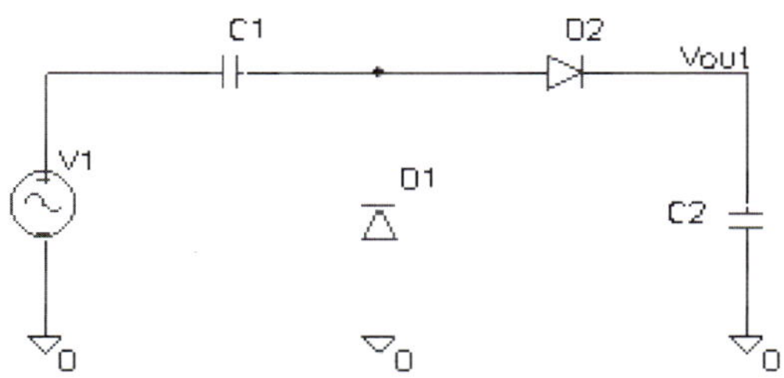

13.6.1 실험회로

■ 회로개요

진폭이 12V이고 주파수가 60Hz인 교류 전압원에서 콘덴서 C1, C2 그리고 다이오드 D1, D2으로 구성한 배압회로이다.

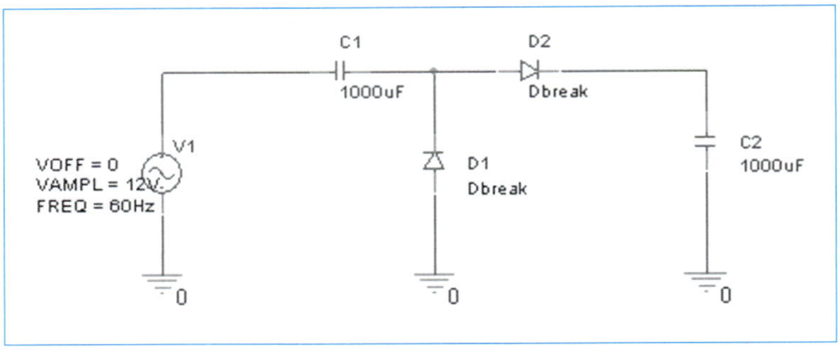

■ 회로해석

V1의 +측이 높을 경우는 C1 → D2 → C2 경로를 V1의 -측이 높을 경우는 D1 → D2 → C2 경로를 구성함으로서 배전압회로가 성립되게 된다.

■ 시뮬레이션 조건

TRANSIENT 해석을 하면 되며 Final Time을 200ms, Print Step은 50ms로 하면 된다.

■ 시뮬레이션 결과

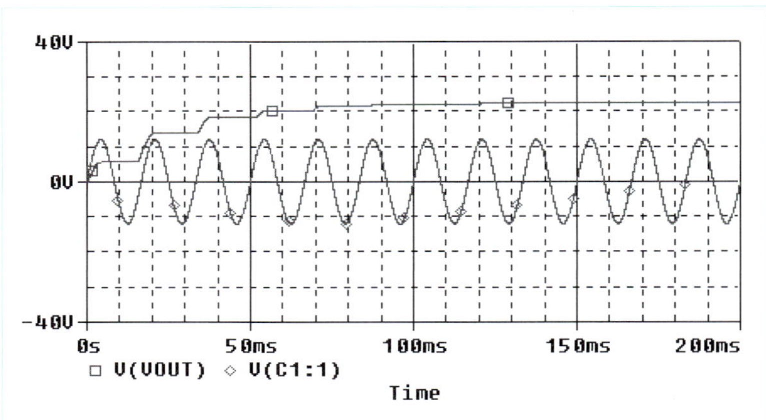

13.7 정전압 회로

정전압 회로

입력전압 V1이 제너다이오드에 Vz 전압을 넘으면 일정전압 V1에 상승에 무관하게 항상 일정한 출력전압을 유지한다. 여기서 저항 R1은 아래에 의해 구한다.

$$R1 = \frac{V1 - Vz}{Iz}$$

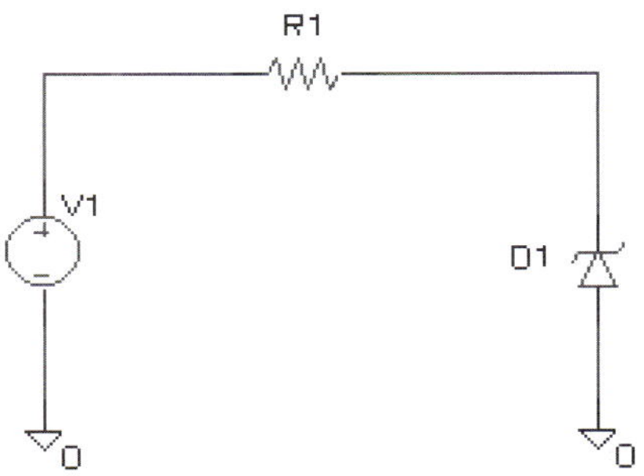

13.7.1 실험회로

■ 회로개요

직류전압원 V1과 4.7V 제너다이오드 D1 그리고 적절한 Iz 전류를 흘려주기 위한 저항 R1으로 구성한 정전압회로이다.

■ 회로해석

V1을 0V에서 20V까지 변환하면서 Vout에 걸리는 출력전압의 변화를 보면 제너다이오드 D1이 4.7V 제너이므로 입력전압 V1이 4.7V 이하에서는 제너다이오드의 내부저항이 구한다이므로 Vout가 입력전압에 그대로 추종하는 형태가 되고 4.7V 이상에서는 제너전류가 흘러 Vout가 항상 일정한 제너전압으로 유지하게 된다.

■ 시뮬레이션 조건

시뮬레이션 SETUP에서 DC SWEEP해야 하며 직류전압원 V1을 0V에서 20V까지 DC-SWEEP를 시키면 된다.

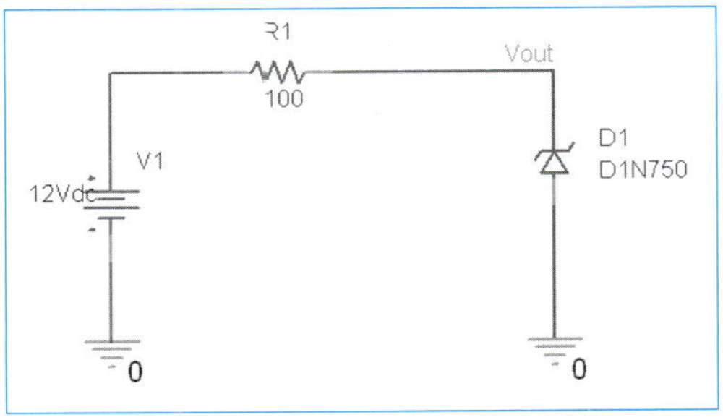

시뮬레이션 결과

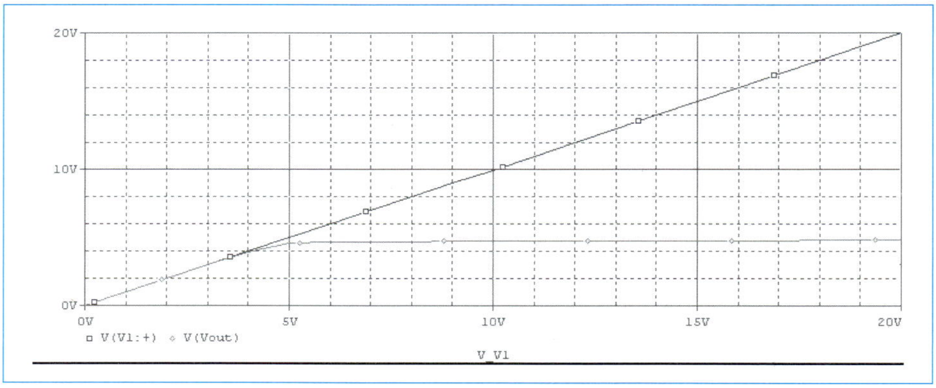

CHAPTER 14 트랜지스터, FET 기본회로

14.1 트랜지스터의 Vce-Ic 특성

트랜지스터의 Vce-Ic 특성

트랜지스터의 베이스전류를 일정 범위에서 가변하면서 트랜지스터 Q1의 콜렉터전류 Ic를 측정 베이스 전류값에 따른 Ic 전류특성을 관찰해보면 트랜지스터의 Saturatuin 영역, Active 영역, Cutoff 영역을 볼 수 있다. 즉, 스위칭 작용의 경우는 Saturatuin 영역과 Cutoff 영역을, 증폭작용의 경우는 Active 영역을 이용한다.

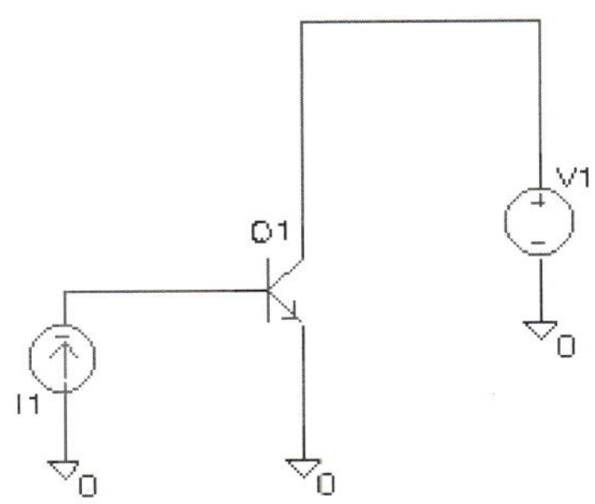

14.1.1 실험회로

■ **회로개요**

본 회로는 전류원 I1과 트랜지스터 Q1 그리고 전압원 V1을 구성 트랜지스터의 베이스 전류변화에 따른 콜렉터 전류변화와 트랜지스터의 Vce간의 상호관계를 동시에 분석하기 위한 회로이다.

■ 회로해석

베이스전류가 0일 때는 콜렉터전류가 거의 흐르지 않는 차단영역 상태이다가 베이스 전류가 흐르면 바로 Vce간 전위가 매우 작아지며(약 0.2V 수준) 큰 콜렉터전류를 형성하는 포화 영역, 그리고 베이스전류의 크기에 비례하여 콜렉터전류가 선형적으로 변화되는 능동영역으로 나누어진다.

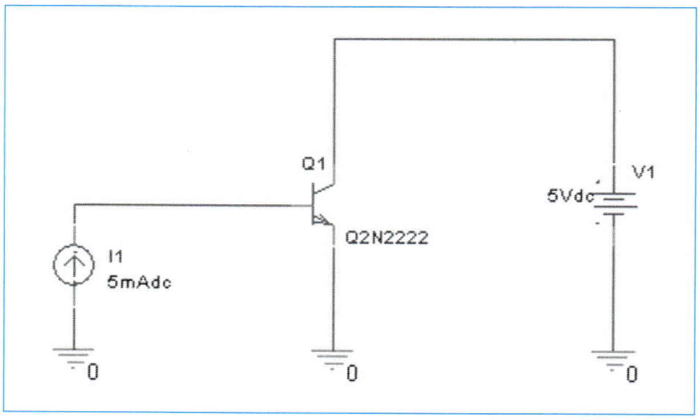

■ 시뮬레이션 조건

본 회로는 조금은 복잡한 시뮬레이션이다. 일단 DC-SWEEP 해석을 하는데 우선 트랜지스터의 콜렉터 에미터간 전위(Vce)를 0V에서 6V까지 0.1V STEP으로 1차 가변상태로 하고 베이스 전류제어용 전류원 I1을 0mA에서 5mA까지 0.5mA STEP으로 2차 가변모드로 하여 해석하면 된다. 이렇게 DC-SWEEP 모드에서 해석결과 파형의 X축은 자동으로 1차가변값, 그러니까 본 시뮬레이션에서는 Vce(V1)값이 설정된다. 물론 X축의 기준값은 임의로 변환이 가능하다.

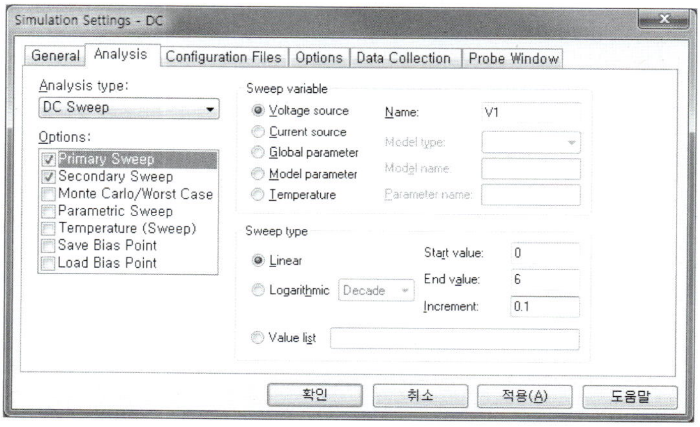

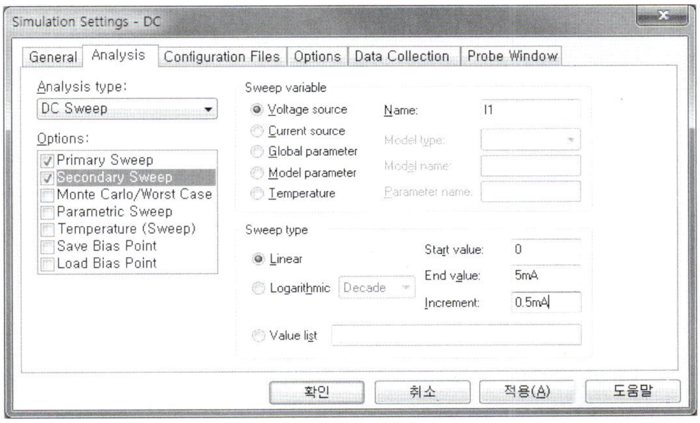

■ 시뮬레이션 결과

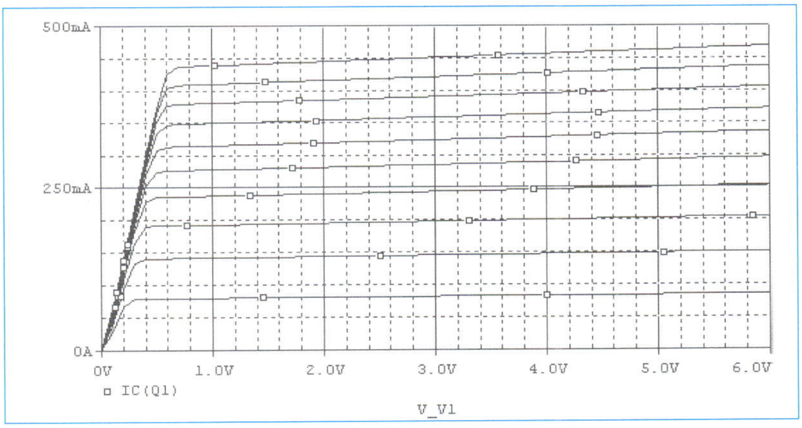

상기결과에서 보듯이 트랜지스터가 스위칭작용을 하는 경우는 능동영역을 거치지 않고 바로 포화영역과 차단영역을 오가며 ON/OFF 작용을 하는 것이고 이때 트랜지스터의 콜렉터와 에미터간은 ON일 때는 순방향 TURN ON 전압, 즉 Vce=0.2V 정도 유지하며 거의 SHORT 상태가 되는 포화영역과 콜렉터와 에미터간의 전압이 콜렉터에 인가되는 전압 그대로 유지하며 무한대 저항을 가지는 차단영역이 교번되는 것이다.

또한 증폭작용을 하는 경우는 위 결과와 같이 베이스인가 전류에 선형적으로 비례하는 능동영역을 이용하는 것이다. 따라서 위의 두 작용의 회로상의 큰 차이는 바이어스 회로의 있고 없음이다.

14.2 트랜지스터의 Ic-Vbe 특성

트랜지스터의 Ic-Vbe 특성

트랜지스터의 베이스-에미터간 전압변화에 따라 트랜지스터 Q1의 콜렉터전류 Ic의 변화를 나타내는 것으로 Vbe가 0.6V 부근에서 Ic 전류가 급격히 증가한다.
트랜지스터가 정상적으로 동작할 경우는 Vbe가 0.6V에서 0.7V내외를 유지하며 0.5V일 경우는 거의 Ic 전류가 흐르지 않는다고 볼 수 있고 또 1V

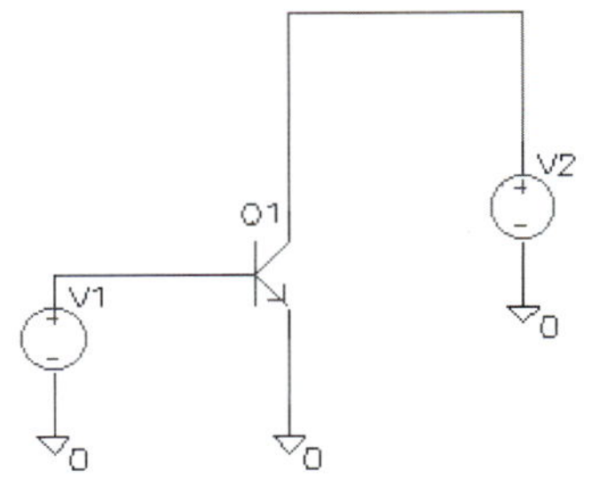

이상일 경우는 트랜지스터가 파괴되었다고 볼 수 있다. Vbe가 60mV 변화하면 Ic는 10배 정도 변화한다.

14.2.1 실험회로

■ 회로개요

본 회로는 베이스 전압원 V1과 트랜지스터 Q1 그리고 전압원 V2를 구성 트랜지스터의 베이스-에미터간 전압변화에 따른 콜렉터 전류변화를 측정하기 위한 회로이다.

■ 회로해석

베이스-에미터간 전압이 0~0.5V일 때는 콜렉터 전류가 거의 흐르지 않는 차단상태이다가 베이스-에미터간 전압이 0.6~0.7V일 경우는 콜렉터전류가 매우 급격히 흐르며 더 이상의 Vbe 상승은 없다.

■ 시뮬레이션 조건

트랜지스터의 베이스-에미터간 전압변화를 주기 위해 베이스 전압원을 우측과 같이 DC-SWEEP 조건을 설정하고 V1을 0에서 1까지 Sweep한다.

트랜지스터의 콜렉터전류를 측정하기 위해 전류 PROBE를 트랜지스터 Q1의 콜렉터 단자에 달았다.

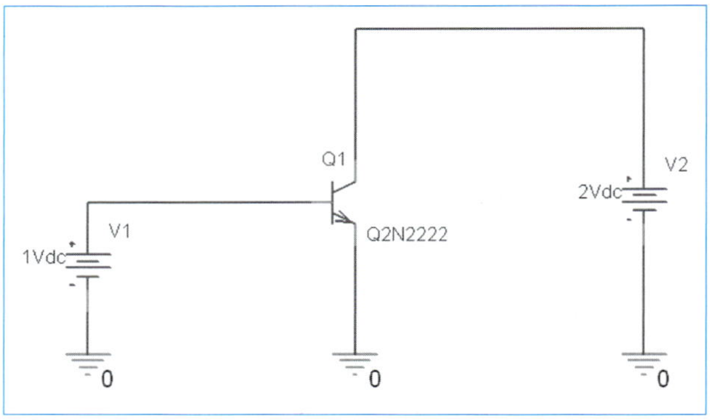

■ 시뮬레이션 결과

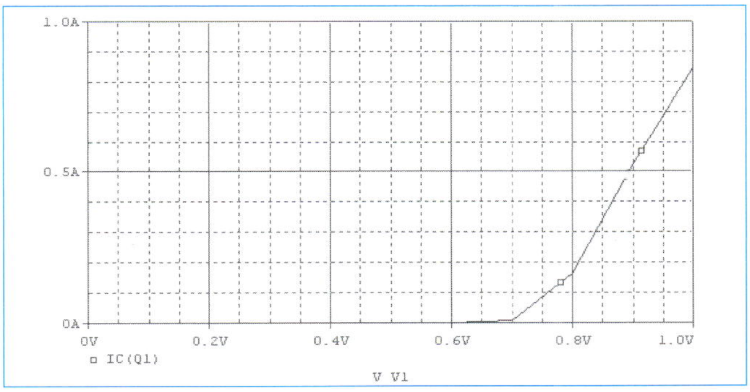

14.3 트랜지스터의 hfe-Ic 특성

트랜지스터의 hfe-Ic 특성

트랜지스터의란 Ic/Ib를 의미하며 직류전류증폭율이라고 한다. Ic가 매우 적거나 Ic가 매우 큰 영역에서는 hFE가 저하한다. 동일한 트랜지스터일지라도 hfe가 약간씩 차이가 있으며 hfe가 Ic전류의 크기에 무관하게 일정한 것이 양질의 것이라고 볼 수 있다. 통상 hfe는 수십에서 수천까지의 범위에 있다.

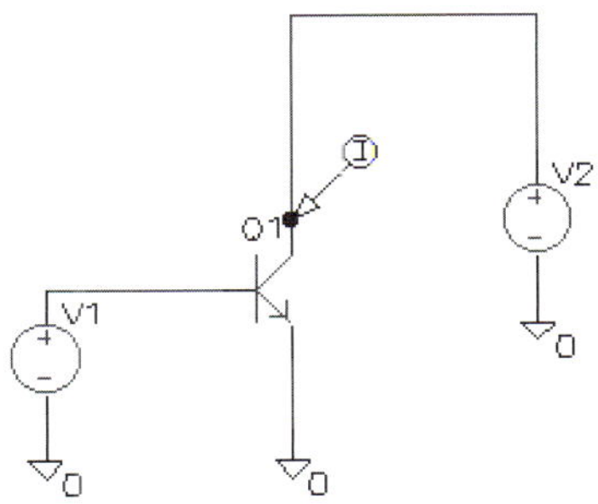

14.3.1 실험회로

■ 회로개요

본 회로는 베이스 전압원 V1과트랜지스터 Q1 그리고 전압원 V2로 구성한다. 트랜지스터의 콜렉터 전류 변화에 따른 직류전류증폭의 변화를 측정하기 위한 회로이다.

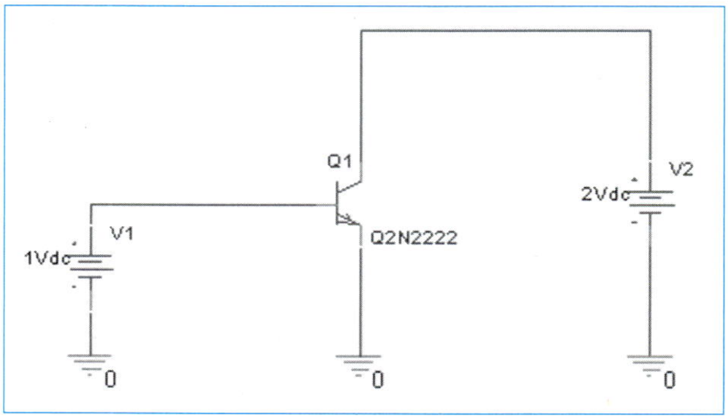

■ 회로해석

콜렉터에 직류전압원은 2V로 고정된 상태에서 베이스 전압원 V1을 0V~1V 범위에서 가변하면서 트랜지스터 콜렉터전류 Ic의 변화에 따른 hfe의 변화를 살펴보면 일반적으로 Ic 전류가 소전류 혹은 대전류 영역에서 hfe의 값이 감소되는 점을 파악할 수 있다.

■ 시뮬레이션 조건

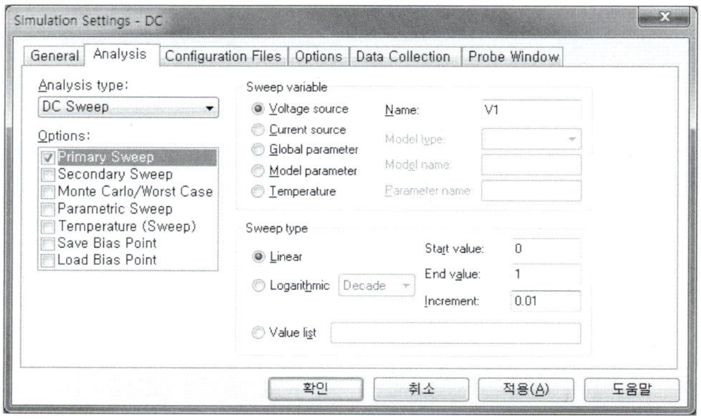

■ 시뮬레이션 결과

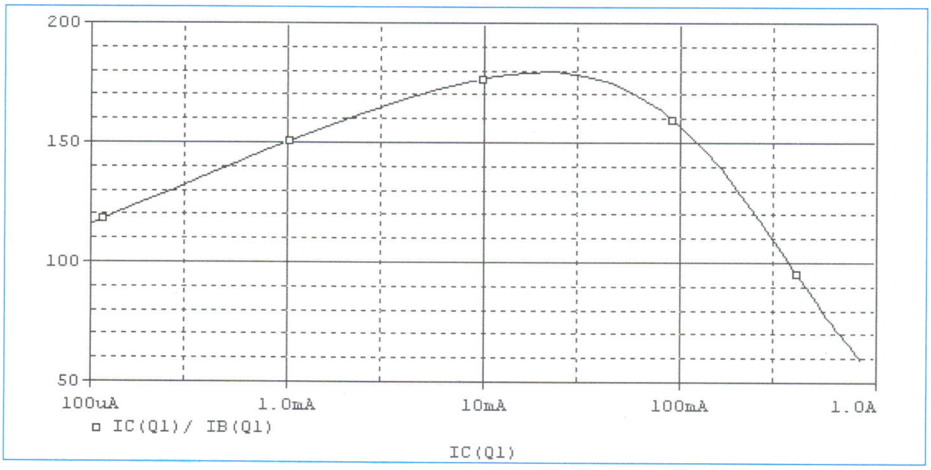

14.4 트랜지스터의 re저항 계산법

트랜지스터의 re 저항 계산법

트랜지스터가 능동상태 즉 증폭작용을 할 경우는 콜렉터, 베이스, 에미터간에 특별한 상태에 있게 되는데 베이스와 에미터간에 re저항이 존재하며 베이스와 콜렉터간에는 ∞ 상태, 콜렉터와 에미터간에도 ∞ 상태가 된다.
그런데 여기서 re저항은 트랜지스터로 구성된 증폭회로에 있어 매우 유용하게 쓰인다. 그러면 re저항은 어떻게 구하는가

$$re = \frac{Vt}{Ic} \ (Vt : \text{열전압} = 26mV)$$

(반도체 물성관련 FACTOR로서 항상 26mV)
Ic:증폭회로가 바이어스가 걸렸을때 콜렉터전류

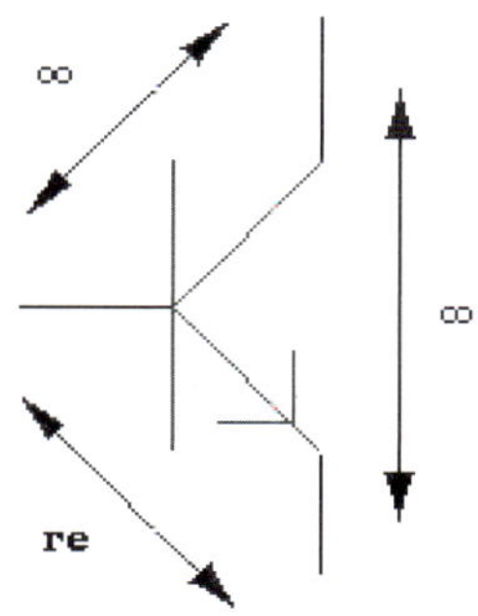

14.4.1 실험회로

■ 회로개요

본 회로는 베이스 바이어스저항 RB1, RB2가 구성되며 콜렉터저항 3.3K, 에미터저항 2K로 이루어진 COMMON EMITTER회로로서 직류 바이어스된 상태에서의 콜렉터 전류 Ic를 측정, ACTIVE상태에서의 베이스와 에미터간 저항 re를 계산하기 위한 회로이다.

■ 회로해석

트랜지스터의 Ic-Vce 특성곡선을 이용하여 베이스 전류를 계산하므로서 Ic 전류를 구할 수 있으나 복잡하므로 IPROBE 상에 나타난 콜렉터전류를 그대로 읽어 re를 계산하면

$$\begin{aligned} re &= \frac{Vt}{Ic} \\ &= \frac{26mV}{1.169mA} \\ &= 22\Omega \end{aligned}$$

■ 시뮬레이션 조건

Transient해석만 수행시키면 된다. 전류값을 측정하기 위해 전류 프로우브를 이용하여 전류값을 측정한 다음, 콜렉터에 흐르는 전류값을 읽도록 한다.

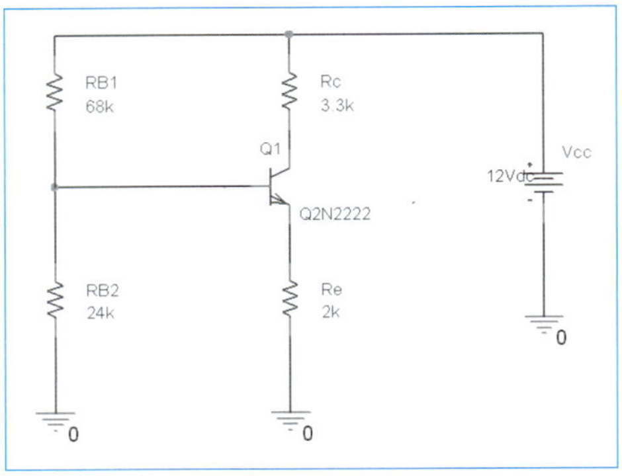

■ 시뮬레이션 결과

콜렉터에 흐르는 직류 바이어스전류가 1.169mA임을 알 수 있으며 re값은 Vt전압 26mV를 Ic로 나누면 re=22Ω이 된다. 즉 에미터를 기준했을 때의 베이스-에미터간 저항이 22Ω이 된다는 것이다.

14.5 트랜지스터의 hfe(β)측정

트랜지스터의 hfe(β) 측정

트랜지스터의 특성중 가장 중요한 FACTOR중에 하나인 직류 전류 증폭율은 hfe 혹은 β로 표기하기도 하는데, 이 값은 바이어스상태에 따라 바뀌기도 하고 콜렉터 전류에 따라서도 바뀌며 또한 동일 트랜지스터라도 값이 상이하다. 직류바이어스 상태에서 $hfe = IC/IB$ 식에 의해 구한다.

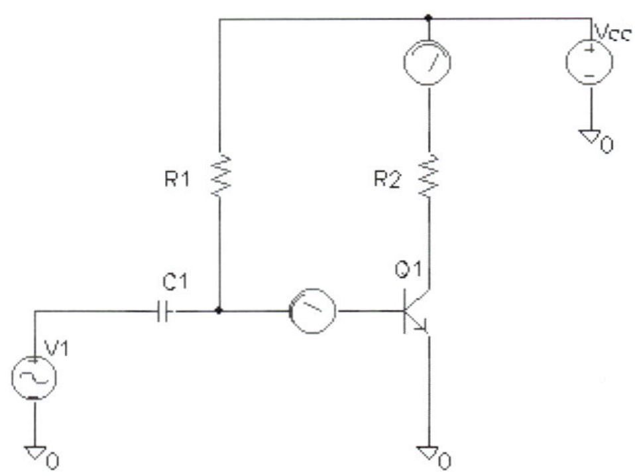

14.5.1 실험회로

■ 회로개요

본 회로는 전압원 Vcc에 의한 고정 바이어스 회로로서 저항 R1에 의해 베이스 전류를 흘려 직류전류 증폭도에 따른 콜렉터전류가 흐르는 회로이다.

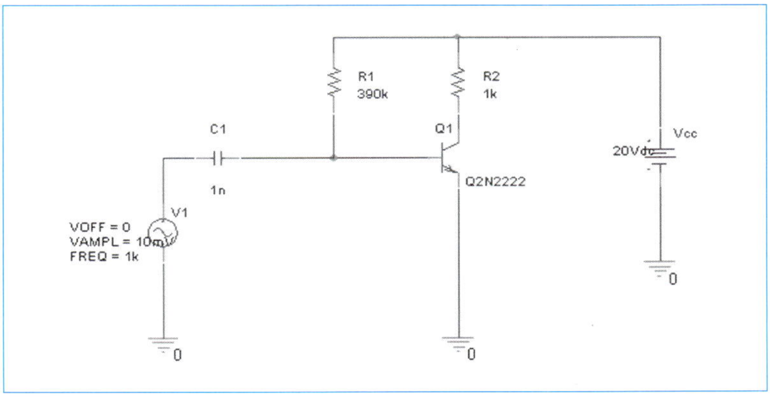

■ 회로해석

바이어스 상태에서 베이스전류를 계산해보면

$$IB = \frac{Vcc - Vbe}{R1} = \frac{20 - 0.6}{390K} = 49.74uA$$

그리고 IC는 트랜지스터의 Vce-Ic 특성곡선을 이용하여 IB전류에 따른 IC값을 읽으면 된다. 여기서는 9.5mA가 되어 hfe는 IC/IB=9.5/49.74×1000=191이 된다.

■ 시뮬레이션 조건

Transient해석만 수행시키면 된다. 전류값을 측정하기 위해 전류 프로우브를 이용하여 전류값을 측정하면 된다.

■ 시뮬레이션 결과

회로상의 전류 프로우브값을 읽어보면 IB=49uA, IC=9.675mA이므로 hfe=IC/IB=197이다. 해석결과가 시뮬레이션 결과와 유사함을 알 수 있다.

14.6 트랜지스터의 3가지 영역

트랜지스터의 3가지 영역

트랜지스터는 베이스, 에미터, 콜렉터간의 전위에 따라 차단영역, 능동영역 포화영역으로 나누어지며 트랜지스터 스위칭작용을 할 때는 차단영역과 증폭영역을 오가며 ON/OFF 작용을 하게 되며 증폭작용을 할 때는 능동영역에서 이루어진다.

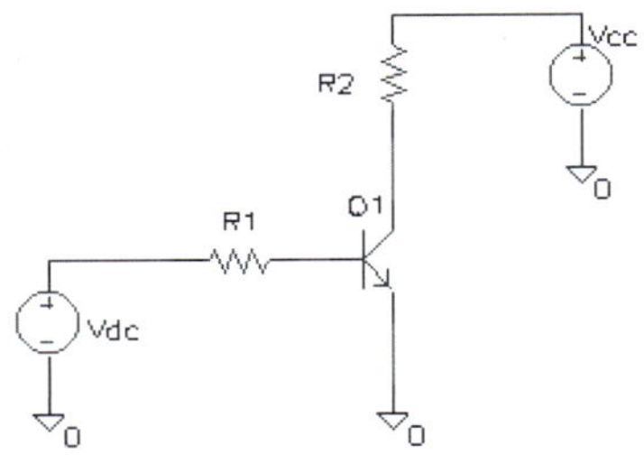

14.6.1 실험회로

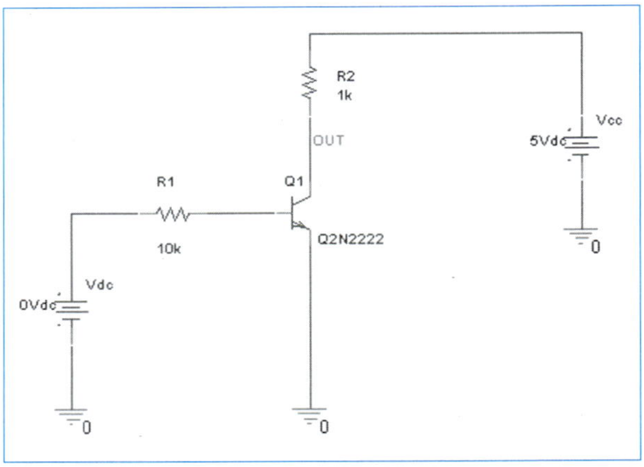

■ 회로개요

본 회로는 전압원 Vdc를 0V에서 2V까지 DC-SWEEP를 하면서 트랜지스터의 콜렉터에 걸리는 전압값을 조사하여 트랜지스터의 3가지 동작영역을 보기 위한 회로이다.

■ 회로해석

트랜지스터의 Vbe가 0.6V 내외에서 증폭작용을 하게 되며 그 이상의 전압에서는 포화영역으로 가게 되어 ON됨으로 인해 콜렉터 출력전압이 0V에 가깝게 되며 반대로 Vbe가 0.6V 이하의 영역으로 갈수록 차단영역으로 가게 되어 OFF됨으로 인해 콜렉터 출력전압이 Vcc전압 즉 5V에 가깝게 될 것이다.

■ 시뮬레이션 조건

우측과 같이 DC-SWEEP 조건을 지정하면 된다. 여기서 Vdc는 트랜지스터의 베이스에 인가하는 전압원으로서 0V~2V 사이에 가변하는 형식의 조건이다.

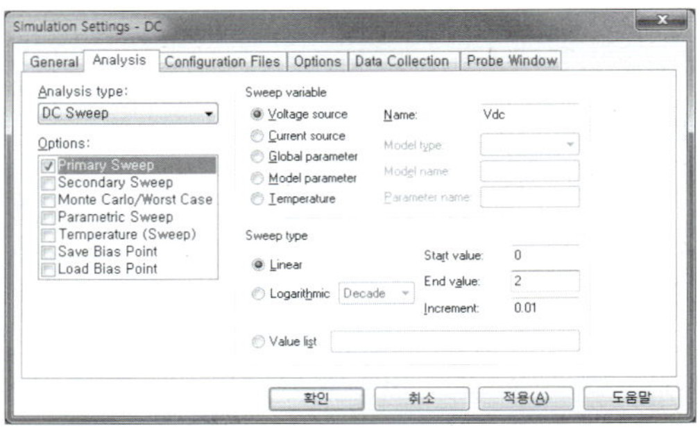

■ 시뮬레이션 결과

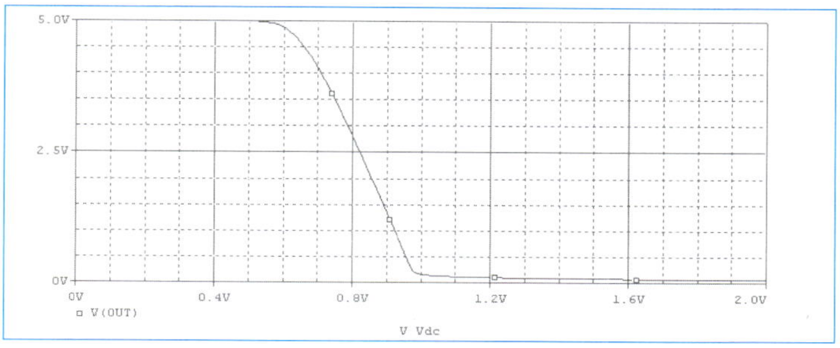

14.7 트랜지스터의 증폭작용

트랜지스터의 증폭작용

트랜지스터는 증폭작용을 하기 위해서는 베이스에 일정한 전류공급이 있어야 하며 이를 위해서는 어떤 형태이던 간에 베이스에 바이어스 공급을 위한 조건이 이루어져야 한다. 우측회로에서 Vdc가 그 역할을 하며 신호원은 Vac를 인가함으로서 Vdc에 의한 콜렉터 직류 전압값에 증폭된 신호출력이 중첩되어져 결과적으로 증폭된 결과가 나온다. 여기서 트랜지스터는 전류 드라이브 소자이므로 Vdc에 의해 베이스전류가 흘러 트랜지스터의 콜렉터 전류(Io)가 흘러 콜렉터에 일정의 직류전압이 걸리게 되고 이러한 상태를 동작점이 잡힌 상태로 볼 수 있다. 이렇게 바이어스가 잡힌 상태에 트랜지스터의 베이스에 Vac에 의한 신호 전류가 흘러 콜렉터 전류도 비례하여 전류의 변동이 발생하며 전류변동이 전압으로 나타나 최종의 입력 Vac가 증폭된 Vout로 나타나게 된다.

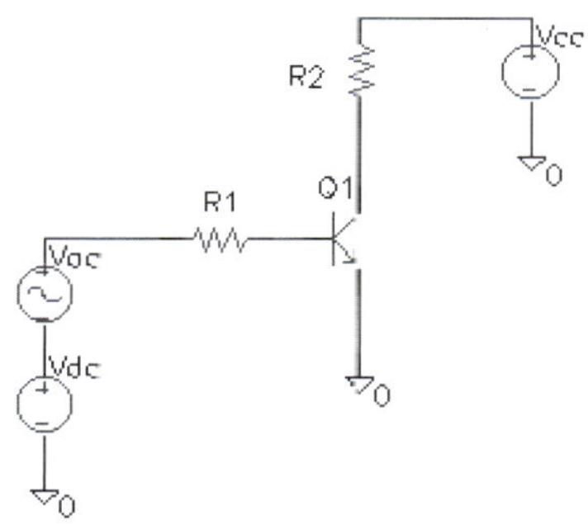

14.7.1 실험회로

■ 회로개요

본 회로는 앞서 회로에서 단지 신호원 Vac만 부가시킨 것으로 실제 증폭 작용을 살펴보기 위한 회로이다.

■ 회로해석

증폭현상을 보기 위한 회로이므로 특별한 해석은 생략한다.

■ 시뮬레이션 조건

그림과 같이 TRANSIENT 해석을 수행하며 Run to time을 3ms로 하면 된다.

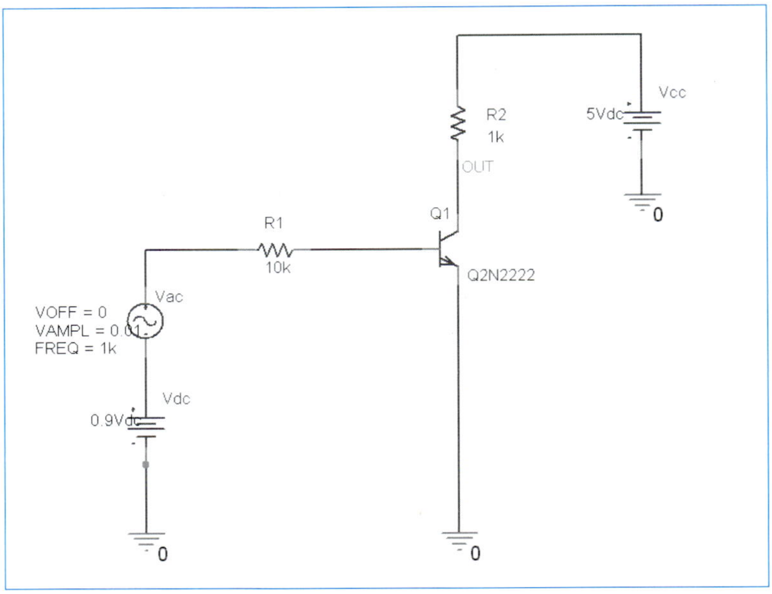

■ 시뮬레이션 결과

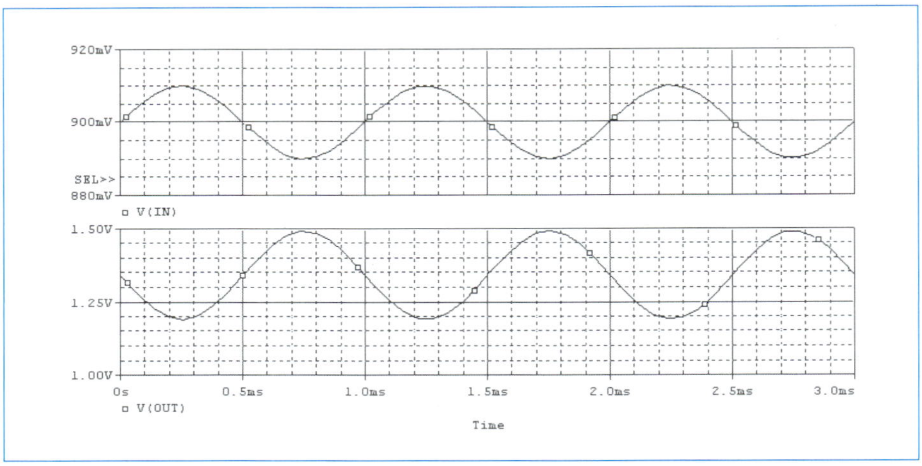

14.8 트랜지스터의 증폭도 계산법

트랜지스터의 증폭도 계산법

트랜지스터는 증폭작용을 하게 되면 베이스와 에미터간에는 re저항이 존재하게 되며 그리고 나머지 단자간, 즉 베이스와 콜렉터와 에미터간에는 ∞ 상태로 된다. 그리고 동작점을 잡기 위한 저항들은 일반적으로 무시해도 증폭도계산에 큰 오차를 주지는 않는다. 따라서 원래 COMMON EMITTER 증폭기를 아래 [A]와 같이 변환이 가능하며 이는 [B]와 같은 변환이 가능하다.

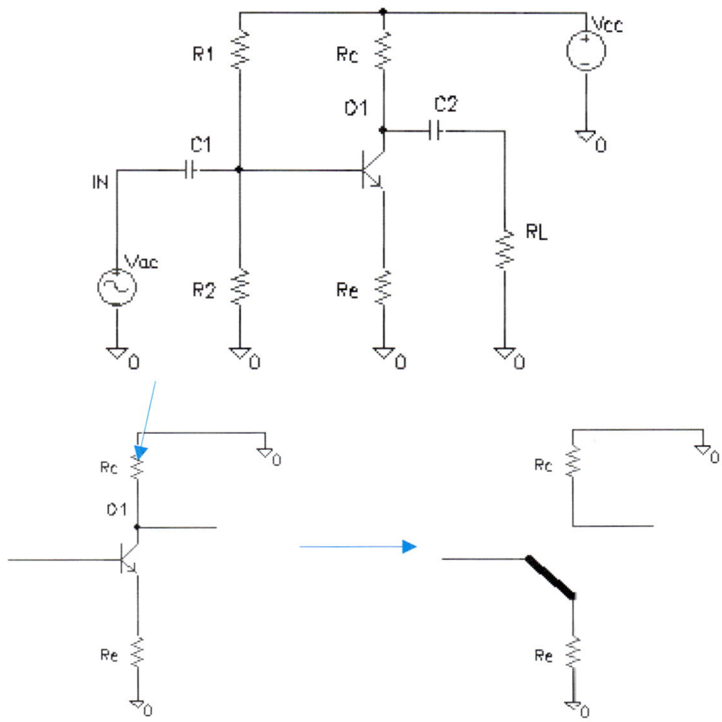

이렇게 단순화시키는 CE, CB, CC 모두 동일하게 가능하다. 그리고 베이스, 에미터간 등가저항 re를 구하기 위해서는 RE에 걸리는 전압을 측정 Ve/RE를 하면 된다. 이렇게 하여 [B]도에 브듯이 입력단 전체저항과 출력단 전체저항을 계산하여 Zout/Zin을 계산하면 본 회로의 전압 증폭도를 계산할 수 있다.

그리고 이러한 간이계산에서 중요한 사항은 트랜지스터 자체가 베이스와 콜렉터, 에미터간에 전류의 양이 전류증폭율 β만큼 차이가 있으므로 베이스 라인에 있는 저항값들은 β로 나누어 디멘젼 통일을 시키고 계산해야 한다는 점이다.

14.8.1 실험회로 I

■ 회로개요

본 회로는 COMMON EMITTER 회로로서 증폭도를 계산하기 위한 회로이다.

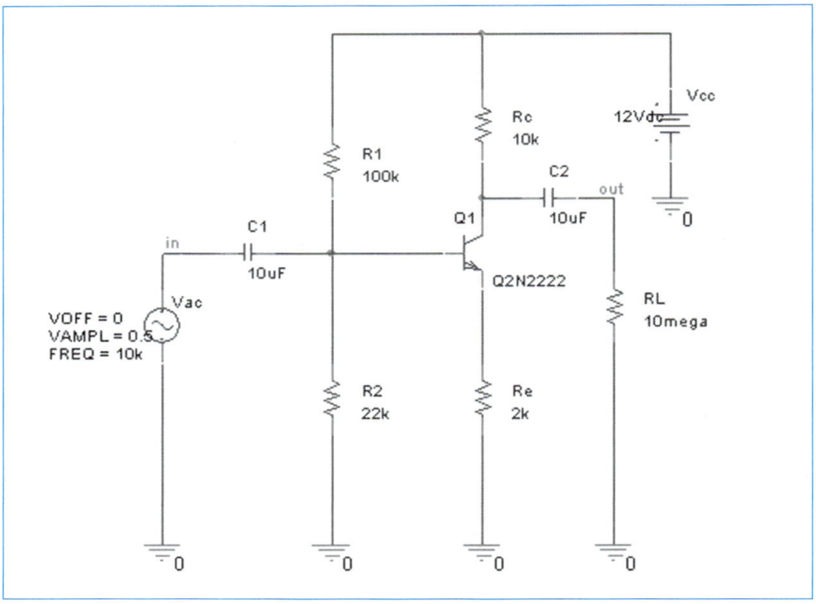

■ 회로해석

증폭작용을 하는 경우는 트랜지스터의 베이스-에미터간에만 re가 존재하고 나머지 단자간에는 ∞이므로 회로를 간략화하면 입력단 전체저항은 re+Re가 되며 출력단 저항은 Rc가 된다. 여기서 Re, Rc는 이미 회로상에서 값이 주어졌으며 re값만 알면 된다. 따라서 re=Vt/Io이므로 Io값은 회로상의 Re에 걸리는 전압이 1.44V이므로 Io=Ie=Ic 전류는 1.44V/2K이다. Io=0.72mA이므로 re=26mV/0.72mA=36Ω이다. 여기서 입력단 종합 등가저항 Zin=re+Re=36+2000=2036Ω이다. 그리고 출력단, 종합등가저항 Zout=Rc=10K이다. 따라서 본 증폭회로의 증폭도는 Zout/Zin=10000/2036=4.9이다.

특별한 해석은 생략한다. 여기서 C1, C2는 신호 커플링용이다.

■ 시뮬레이션 조건

TRANSIENT 해석을 수행하며 입력신호가 10kHz의 사인파형이므로 Run to time을 0.3ms로 하면 된다.

■ 시뮬레이션 결과

앞서 회로해석에서의 결과가 4.9배였고 입력전압 Vp-p가 1V에 대한 출력이 4.8 Vp-p이므로 계산한 값과 시뮬레이션한 값이 거의 같음을 알 수 있다.

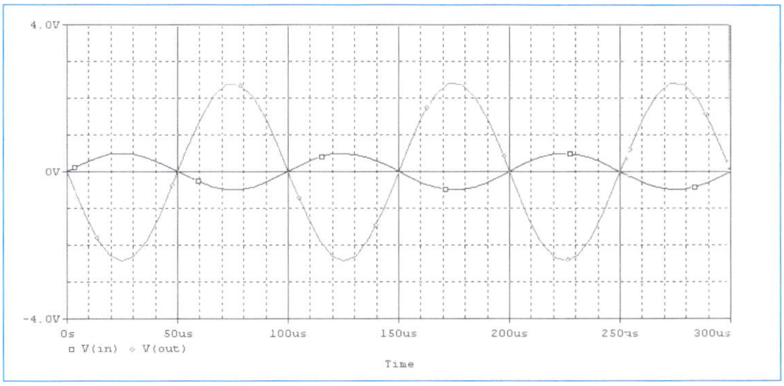

14.8.2 실험회로

■ 회로개요

본 회로는 COMMON-COLLECTOR 회로로서 증폭도를 계산하기 위한 회로이다. C1, C2 콘덴서는 신호 커플링용으로 DC적으로는 분리시키고 AC적으로만 연결하기 위한 용도이다.

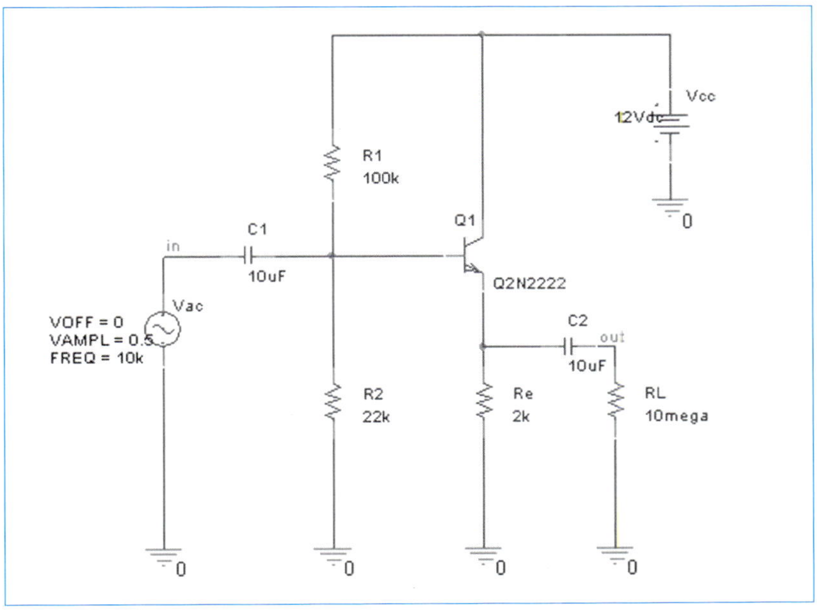

■ 회로해석

증폭작용을 함으로 트랜지스터의 베이스-에미터간에만 re가 존재하고 나머지 단자간 베이스-콜렉터, 콜렉터-에미터간에는 ∞이므로 회로를 간략화하면 입력단 전체저항은 re+Re가 되며 출력단 저항은 Re가 된다. 여기서 Re, Rc는 이미 회로상에서 값이 주어졌으며 re값만 알면 된다. 따라서 re=Vt/Io이고 Io값은 회로상의 Re에 걸리는 전압이 5.56V이므로 Io=Ie=Ic 전류는 5.56V/5.6K이다. Io=0.993mA이므로 re=26mV/0.993mA=26.2Ω이다. 여기서 입력단 종합 등가저항 Zin=re+Re=26.2+5600=5626.2Ω이다. 그리고 출력단 종합등가저항 Zout=Rc=5.6K이다.

따라서 본 증폭회로의 증폭도는 Zout/Zin=5600/5626.2=0.99이다. 즉, 본 회로의 전압증폭도는 거의 1에 가깝다는 것을 알 수 있다.

■ 시뮬레이션 조건

TRANSIENT 해석을 수행하며 입력신호가 10kHz의 사인파형이므로 Run to time을 0.3ms로 하면 된다.

■ 시뮬레이션 결과

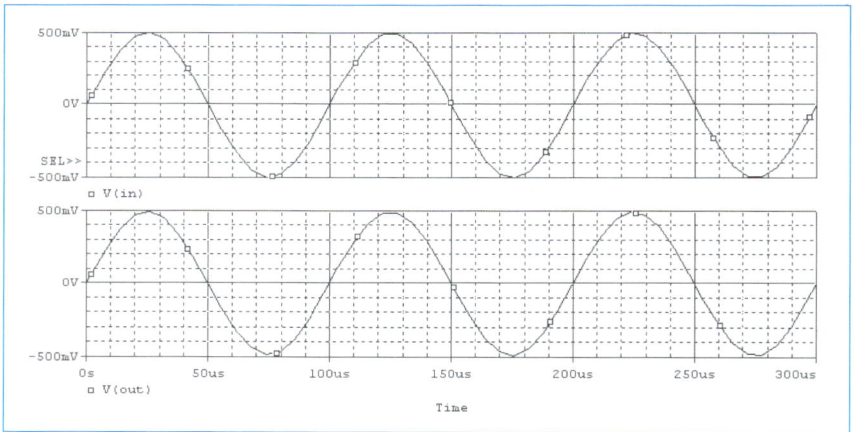

결과에서 보듯이 입력과 출력이 위상차가 없으며 gain이 1임을 알 수 있다.

14.9 JFET의 V-I 특성곡선

■ 회로개요

n-channel JFET-depletion 타입의 J2N3819의 특성곡선을 작성한다.

■ 회로해석

VD의 전압을 0V에서 15V까지 0.25 V씩 선형적으로 증가시키면서 VG의 전압을 0V에서 -3.5V까지 0.5V 단위로 선형적으로 감소시킨다. JFET의 V-I 특성곡선을 확인하기 위해 Markers의 Mark Current into Pin을 그림에서와 같이 JFET의 Drain에 배치한다.

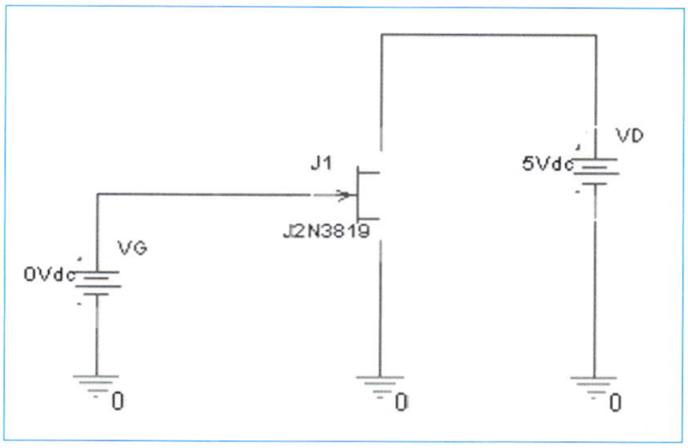

■ 시뮬레이션 조건

소자의 특성곡선을 구하기 위해서는"DC Sweep"해석을 수행한다.

제1 Sweep는 VD의 전압을 0V에서 15V까지 0.25V씩 선형적으로 증가시키고 제2 Sweep는 VG의 전압을 0V에서 -3.5V까지 -0.5단위로 감소시킨다.

■ 시뮬레이션 결과

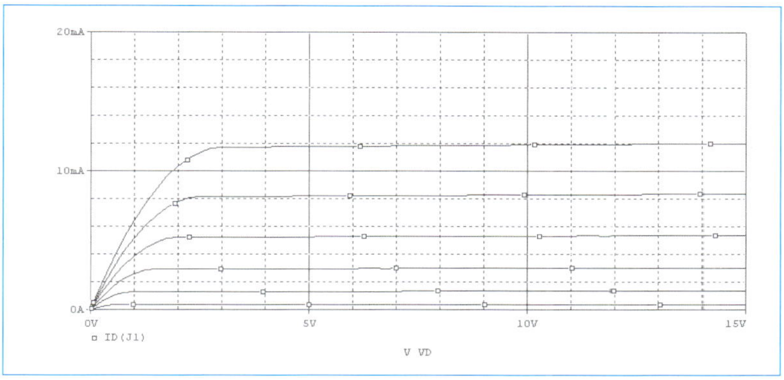

Probe를 사용하여 JFET의 VD와 ID에 대한 V-I 특성곡선을 얻을 수 있다.

14.10 CS(COMMON-SOURCE) JFET

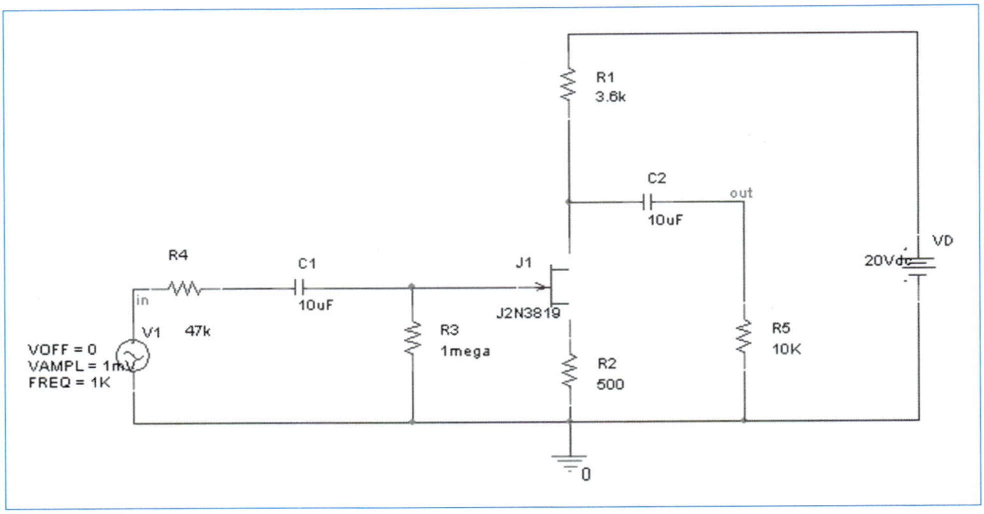

■ 회로개요

JFET를 사용한 Common Source 증폭회로로서 입력전압에 대한 출력전압의 증폭비를 구해보도록 하자.

■ 회로해석

CS JFET 증폭회로를 해석하기 위해서는 JFET의 transconductance GM을 먼저 알아야 한다. Schematics상에서 JFET를 클릭한 후 빨간색으로 바뀌면 Edit/Model/Change Instance Model을 선택한다. 모델 파라미터중에서 BTEA=1.35m이 transconductance GM에 해당한다. CS JFET 증폭회로에 대한 해석순서는 다음과 같다.

AC drain resistance = 3.6k // 10k = 2.65k

Voltage Gain A = GM×AC drain resistance = 1.35m×2.65k = 3.58

JFET입력전압 = 1mV/(47k+1meg)×1meg = 0.955mV

교류출력전압 = JFET입력전압×Voltage Gain = 0.955mV×3.58 = 3.4189mV

■ 시뮬레이션 조건

Transient를 선택한 후 Run to time은 10ms를 입력한다.

■ 시뮬레이션 결과

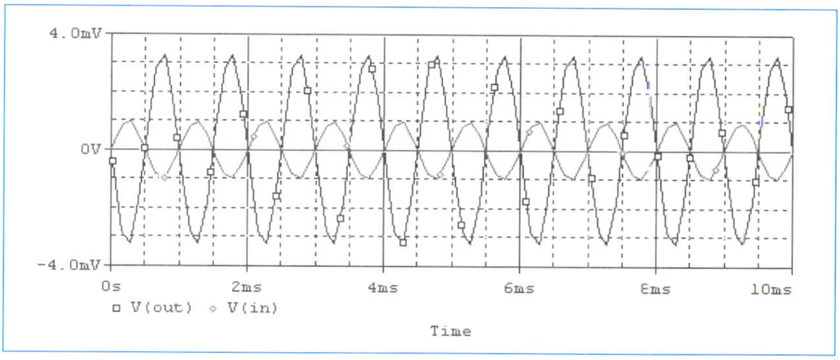

교류 입력전압 V(in)에 대하여 약 3.5배의 교류 출력전압 V(out)가 출력됨을 알 수 있다.

CHAPTER 15 OP-AMP 기본회로

15.1 OP-AMP의 정소비전력 P(idle)

OP-AMP의 정소비전력 P(idle)

OP-AMP 회로에 바이어스만 인가한 상태, 즉 특별한 회로동작을 하지 않는 상태에서의 소비되는 전력을 정소비전력 P(idle)라 한다.

$$P(idle) = Vsupply \times Isupply$$

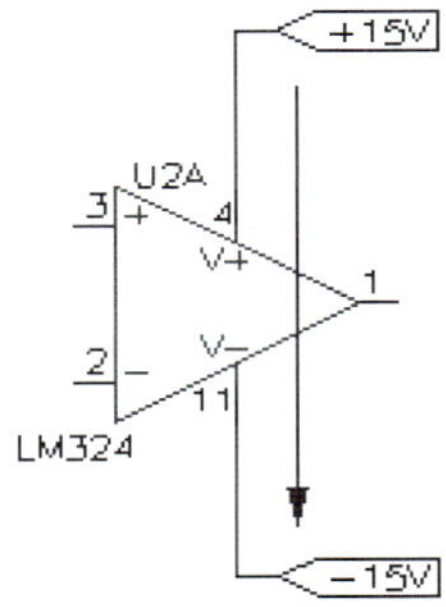

15.1.1 실험회로

■ 회로개요

OP-AMP LM324의 전원인가단자에 각각 +15V와 -15V를 인가하고 CP-AMP의 양입력과 음입력단자를 접지하고 출력도 접지상태로 하여 전혀 OP-AMP가 동작하지 않도록 하여 전원인가단자로 흐르는 전원공급전류를 측정하여 P(idle)를 계산하기 위한 회로이다

■ 회로해석

P(idle)은 OP-AMP IC자체가 가지는 특성으로 OP-AMP 종류에 의존하는 것이며 반도체 SPEC상에 주어지는 경우도 있다.

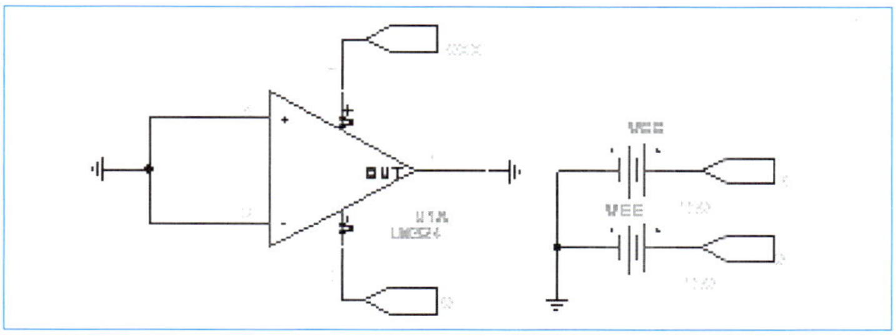

■ 시뮬레이션 조건

Transient해석만 수행시키면 된다. 전류값을 읽기 위해서는 Trace -> Add Trace에 가서 I(VCC) 혹은 I(VEE) 쓰면 가능하다.

■ 시뮬레이션 결과

Isupply가 약 3.32mA 정도 흐름으로

$$Pidle = Vsupply \times Isupply = \{+15-(-15V)\} \times 3.32 = 99.6mW$$

즉, 일반적인 OP-AMP는 이렇게 그 동작여부에 상관없이 바이어스만 걸린 상태에서도 소비전력이 존재함을 알 수 있다.

15.2 OP-AMP의 출력전압특성

OP-AMP의 출력전압특성

OP-AMP의 최대 출력전압은 인가하는 전압만큼 되지 못하고 조금 낮은 전압이 되며 그 차는 약 1V 내외 정도가 된다.
즉, 우측의 형태처럼 OP-AMP의 최대 SWING 전압은 인가하는 바이어스전압 내에 존재하게 되며 이를 고려한 설계 및 바이어스의 고려가 필요하다.

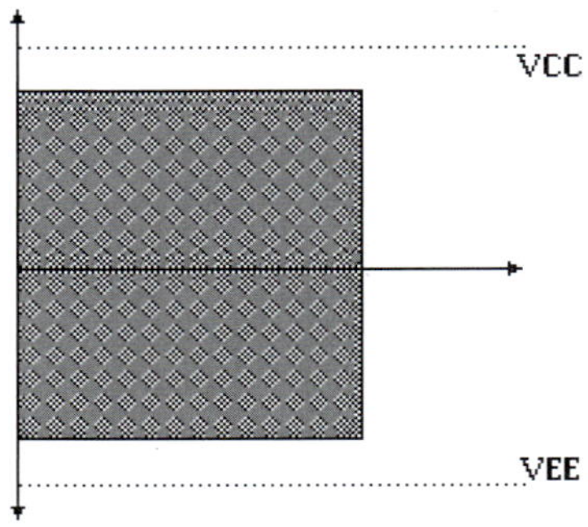

15.2.1 실험회로

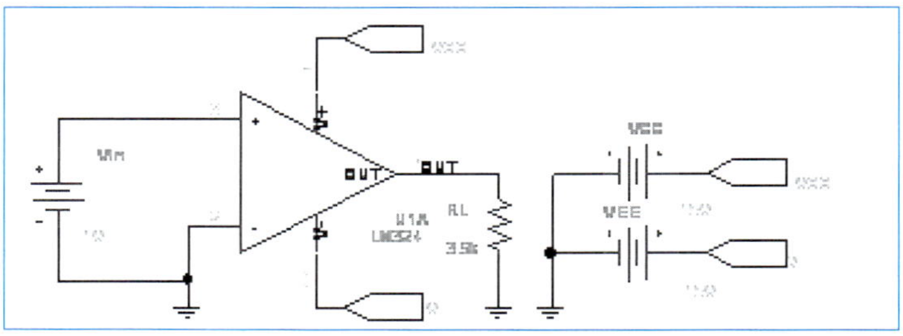

■ 회로개요

OP-AMP LM324의 전원인가단자에 각각 +15V와 -15V를 인가하고 OP-AMP의 양입력단자에 직류 1V를 입력하여 출력전압의 최대 SWING을 관찰하기 위한 회로이다.

■ 시뮬레이션 조건

TRANSIENT 해석을 수행하며 Run to time을 3ms로 한다.

■ 시뮬레이션 결과

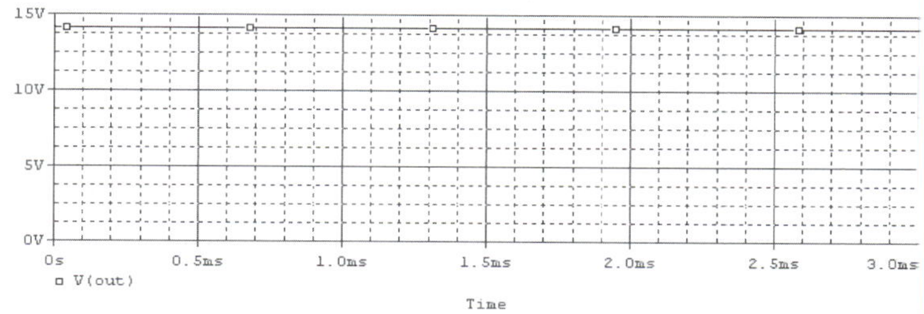

15.3 OP-AMP의 입력측 바이어스전류

OP-AMP의 입력측 바이어스 전류

OP-AMP는 이상적으로는 입력단으로 흐르는 전류는 0이나 실제는 미세한 전류, 즉 베이스 바이어스용 전류가 흐른다. 통상 입력단이 트랜지스터인 경우는 수십 nA 정도 흐르며 FET인 경우는 수 pA 정도이다.

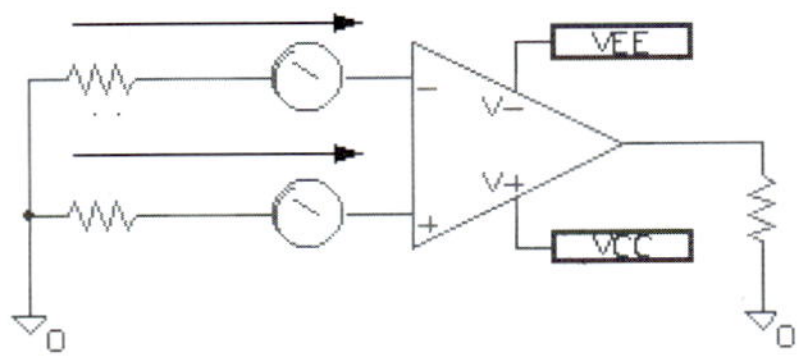

15.3.1 실험회로

회로개요

특별한 회로동작을 보기 위함이 아니라 입력단에 흐르는 전류를 측정하기 위한 회로이다.

회로해석

본 회로는 OP-AMP 자체가 가지는 속성에 관한 사항이다.

시뮬레이션 조건

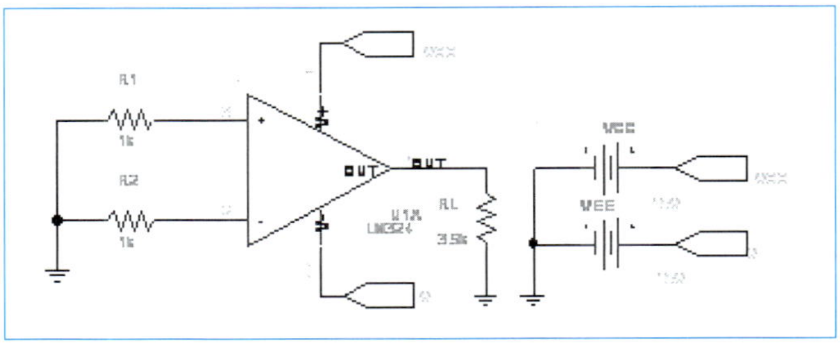

Transient해석을 하면 되며 저항 R1, R2에 전류 프로우브를 달아 측정할 수 있다.

시뮬레이션 결과

실험회로의 전류 PROBE결과에서 보듯이 약 45nA정도 흐름을 알 수 있다.

15.4 OP-AMP의 SLEW RATE

OP-AMP의 입력측 바이어스 전류

입력신호에 대한 출력특성 FACTOR로서 우측에서의 경우에 실선으로 된 입력신호에 얼마나 가깝게 추적하느냐가 OP-AMP의 특성을 결정한다.

$$SR = \frac{\Delta V}{\Delta T}$$

고주파 혹은 고속응답을 요하는 회로에서는 SR이 큰 OP-AMP를 사용해야 한다.

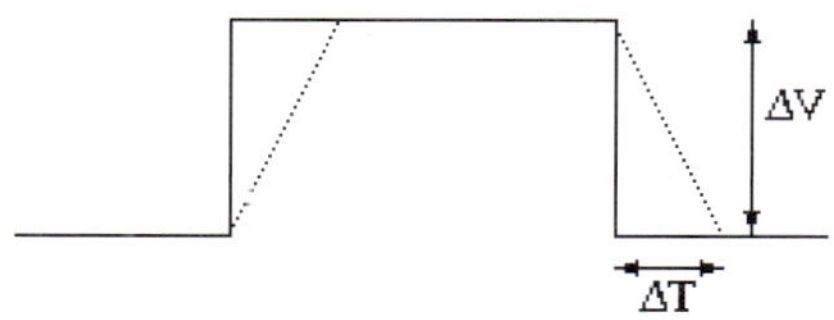

15.4.1 실험회로

■ 회로개요

본 회로는 OP-AMP로 구성한 버퍼회로이며 입력에 구형파를 입력하여 출력이 얼마나 입력신호에 근접하는가를 보며 SLEW RATE를 계산하기 위한 회로이다.

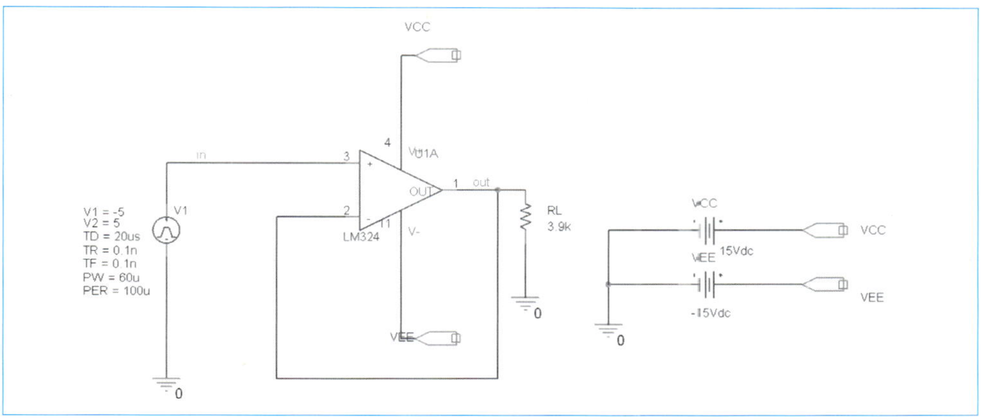

■ 회로해석

OP-AMP 자체가 가지는 속성에 관한 사항으로 OP-AMP 종류별 다른 값을 가진다.

시뮬레이션 조건

TRANSIENT 해석을 하면 된다. Run to time은 120uS로 두면 된다.

시뮬레이션 결과

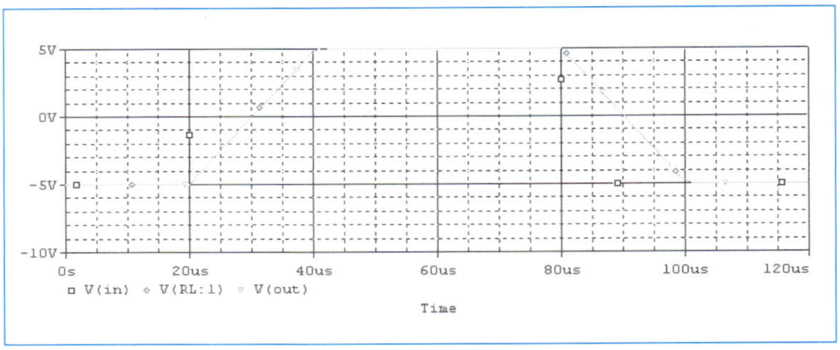

15.5 OP-AMP의 출력단락전류

OP-AMP의 출력단락전류

OP-AMP의 부하단이 SHORT(단락)되었을 경우 OP-AMP 회로출력단에 자체 PROTECTION 회로가 작동되어 출력단락 제한전류 Isc가 흐르게 된다.

즉 부하저항 RL이 0옴이 되더라도 무한정의 전류가 흐르는 것이 아니고 자체적으로 고유의 출력단락제한 전류 Isc를 갖고 있게 된다.

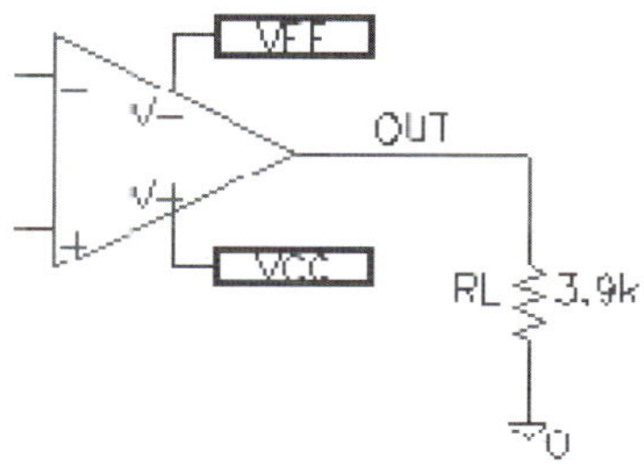

15.5.1 실험회로

■ 회로개요

부하저항 RL을 0에서 1K까지 가변하면서 출력 전류를 측정하는 회로이다.

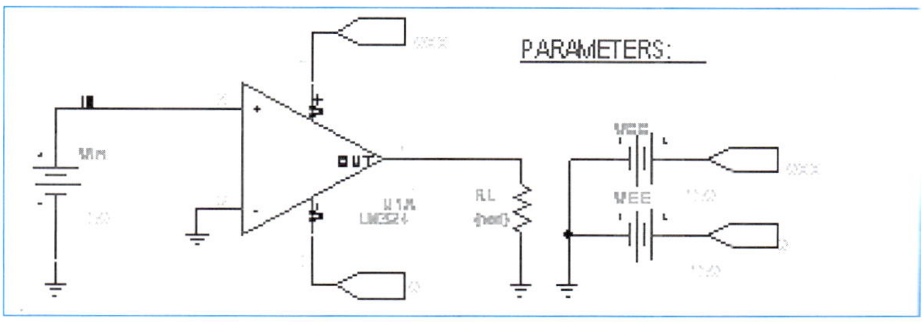

■ 회로해석

OP-AMP 자체가 가지는 속성에 관한 사항으로 OP-AMP 종류별 다른 값을 가진다.

■ 시뮬레이션 조건

DC Sweep해석을 하면 된다.

이 때 가변함수가 포함되므로 부품 중 "PARAM"을 넣어 rval값을 정의해야 한다. 본 회로해석에서는 val을 1K로 두었다.

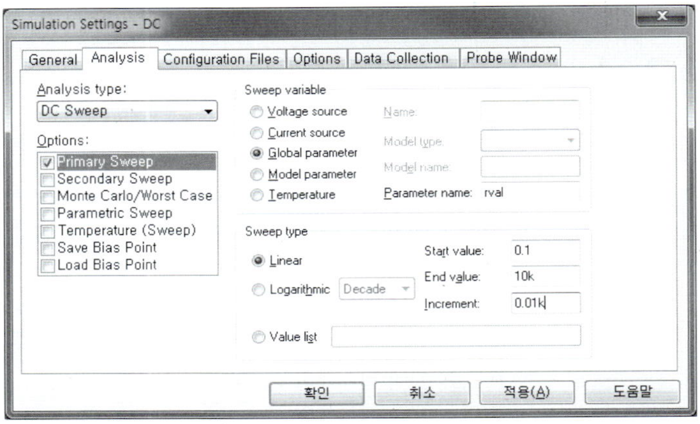
Simulation Settings - DC
General
Analysis
Configuration Files
Options
Data Collection
Probe Window
Analysis type:
DC Sweep
Options:
Primary Sweep
Secondary Sweep
Monte Carlo/Worst Case
Parametric Sweep
Temperature (Sweep)
Save Bias Point
Load Bias Point
Sweep variable
Voltage source
Current source
Global parameter
Model parameter
Temperature
Name:
Model type:
Model name:
Parameter name: rval
Sweep type
Linear
Logarithmic
Decade
Start value: 0.1
End value: 10k
Increment: 0.01k
Value list
확인
취소
적용(A)
도움말

■ 시뮬레이션 결과

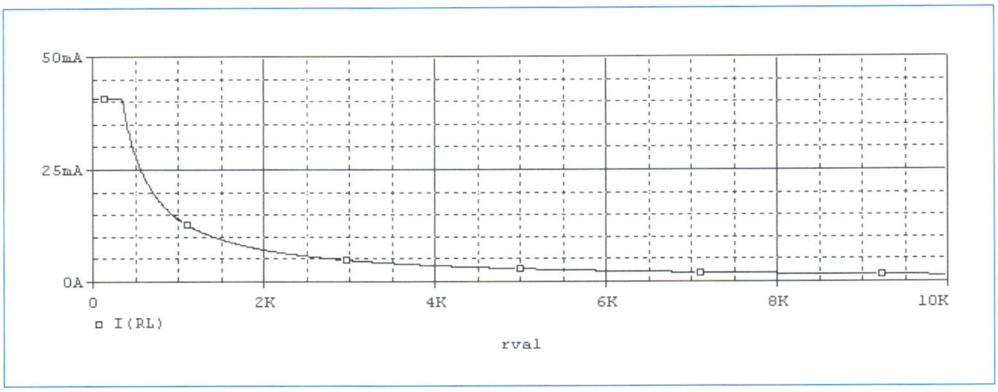
50mA
25mA
0A
0
2K
4K
6K
8K
10K
□ I(RL)
rval

15.6 OP-AMP 회로의 해석법

OP-AMP 회로의 해석법

OP-AMP의 +, - 단자간에 전위차 ΔV가 0이라는 점을 이용하여 앞서의 NODE EQUATION을 이용, 해석하면 매우 간단히 회로해석이 가능하다. 즉, OP-AMP의 +단자와 -단자의 전압값이 동일하다는 점을 이용해석하면 매우 간단하게 결과를 도출할 수 있다.

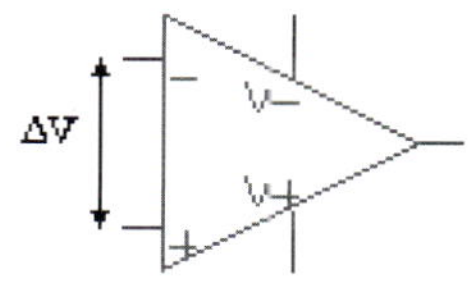

우측의 회로에서 먼저 Vref를 NODE EQUATION을 이용하여 풀어보면

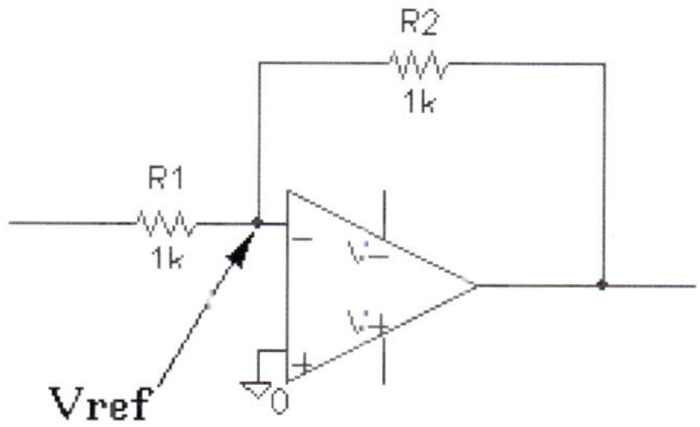

$$Vref = \frac{\frac{Ein}{R1} + \frac{Eout}{R2}}{\frac{1}{R1} + \frac{1}{R2}}$$

아래위에 각각 R1, R2를 곱하면

$$Vref = \frac{Ein \times R2 + Eout \times R1}{R2 + R1}$$

여기서 OP-AMP의 기본특성인 +, - 단자간 전위가 동일함을 이용하면 Vref=0이고 따라서 위의 식은 0=EinR2+EoutR1로 단순화된다.

따라서 구하고자하는 전달함수는 Eout/Ein=-R2/R1이 된다. 이외의 다른 OP-AMP 응용회로에도 본 원칙, 즉 NODE EQUATION과 OP-AMP의 속성을 이용하면 복잡한 OP-AMP의 가정이나 중첩의 원리 등을 쓰지 않아도 간단명료한 회로해석이 가능하다.

15.6.1 실험회로 I

■ 회로개요

본 회로는 2배 증폭 반전증폭회로로서 앞서의 해석기법과 시뮬레이션 결과를 상호비교하기 위한 회로이다.

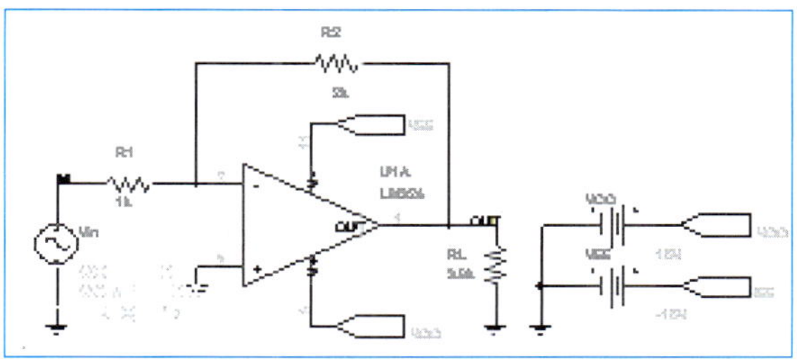

■ 회로해석

앞서의 반전증폭기 이득 Eout/Ein=-R2/R1에서 -2K/1K=-2이다. 따라서 -2배 증폭기임을 알 수 있다.

■ 시뮬레이션 조건

TRANSIENT 해석을 하면 된다. Run to time을 3mS로 하면 된다.

■ 시뮬레이션 결과

아래와 같이 입력신호 1Vp-p에 대해 출력신호는 반전된 2Vp-p가 나오므로 게인이 -2인 반전증폭기임을 알 수 있다.

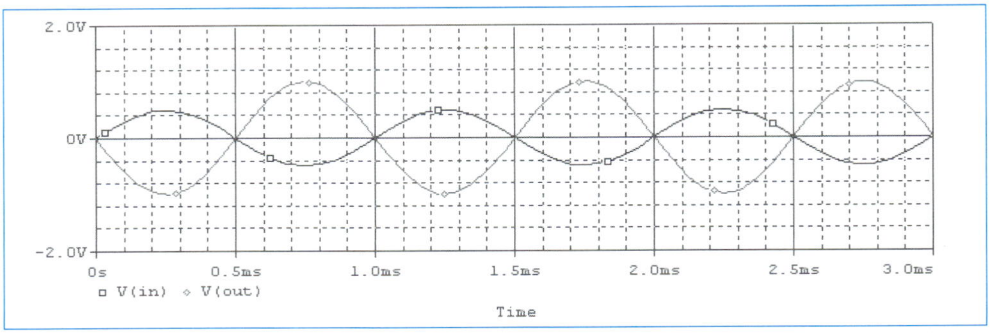

15.6.2 실험회로 II

■ 회로개요

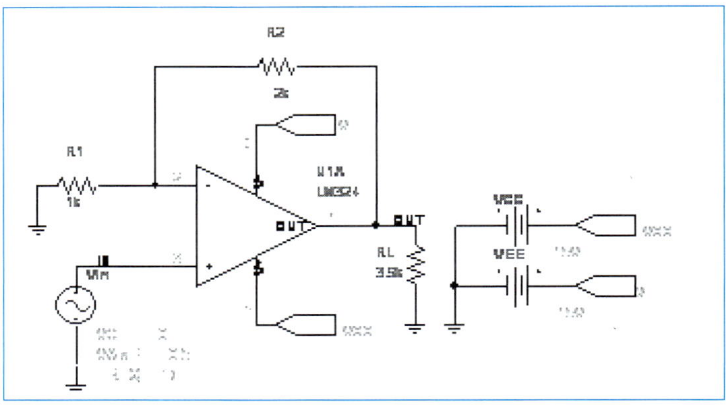

본 회로는 비반전 증폭회로로서 NODE EQUATION를 이용한 해석기법과 시뮬레이션 결과를 상호 비교하기 위한 회로이다.

■ 회로해석

우선 NODE EQUATION을 적용할 NODE, 즉 Vref를 OP-AMP의 -단자로 하고 Vref를 구해보면

$$Vref = \frac{\frac{0}{R1} + \frac{Eout}{R2}}{\frac{1}{R1} + \frac{1}{R2}}$$

에서 간략화하면

$$\frac{Eout \times R1}{R2 + R1}$$

여기서 OPAMP의 +, -단자간 전위차는 0이므로 Vref=Ein이 성립한다. 따라서

$$Ein = \frac{Eout \times R1}{R2 + R1}$$

따라서

$$Ein(R2 + R1) = Eout\,R1$$
$$Eout/Ein = 1 + R2/R1$$

R1=1K, R2=2K이므로 Eout/Ein=3이다.

■ 시뮬레이션 조건

Run to time이 3ms인 TRANSIENT 해석을 한다.

■ 시뮬레이션 결과

다음과 같이 입력신호 1Vp-p에 대해 출력신호는 3Vp-p가 나오므로 이득이 3인 비반전 증폭기임을 알 수 있다.

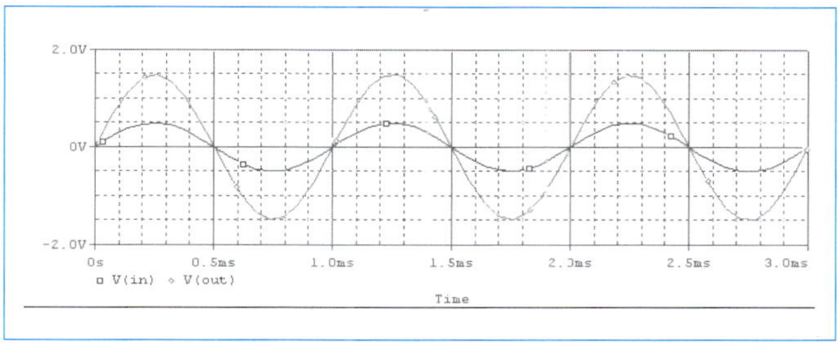

CHAPTER 16 디지털 기본회로

16.1 기본 논리회로

기본 논리회로

디지털 시스템의 기본 논리회로는 AND, OR, NOT Gate와 Filp-Flop 등으로 구성되어 있다. 이들 회로의 입력과 출력의 기준은 1 또는 0으로 표시하며 이것을 전압의 고저로 나타낸다. 높은 전압을 1, 낮은 전압을 0으로 나타내는 정논리계통(positive logic system)과 높은 전압을 0, 낮은 전압을 1로 나타내는 부논리계통(negative logic system), 그리고 펄스의 유무에 따라 1과 0을 규정하는 동적논리계통(Dynamic logic System) 등이 있다.

(1) 인버터(Inverter)

인버터는 NOT gate라 하며, 출력은 입력 논리신호의 반대값이 된다. 진리식은

$$X = \overline{A}$$

가 되며, 아래와 같은 기호와 진리표를 갖는다.

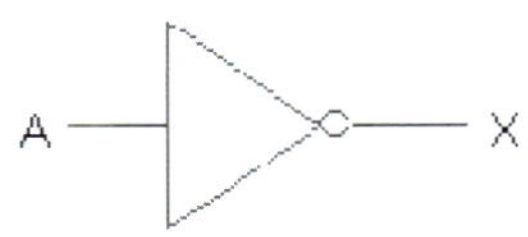

A	X
0	1
1	0

(2) AND gate

AND Gate는 입력신호가 모두 참이 되어야 출력이 참이 되는데, 진리식은

$$X = A \cdot B$$

가 되며, 아래와 같은 기호와 진리표를 갖는다.

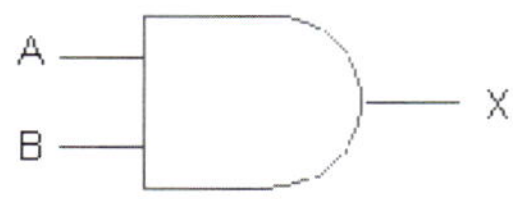

A	B	X
0	0	0
0	1	0
1	0	0
1	1	1

(3) OR GATE

OR gate는 입력신호중 어느 하나라도 참이 되며 출력이 참이 되는데, 진리식은

$$X = A + B$$

가 되며 다음과 같은 기호와 진리표를 갖는다.

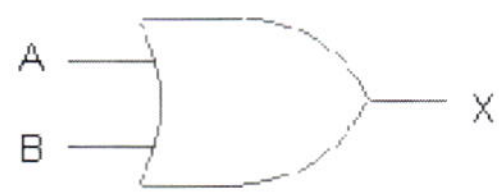

A	B	X
0	0	0
0	1	1
1	0	1
1	1	1

16.1.1 실험회로 I

■ 회로개요

7404 인버터(Inverter)의 회로에서 입력신호의 변화에 따른 인버터의 출력 상태를 보기 위한 회로이다.

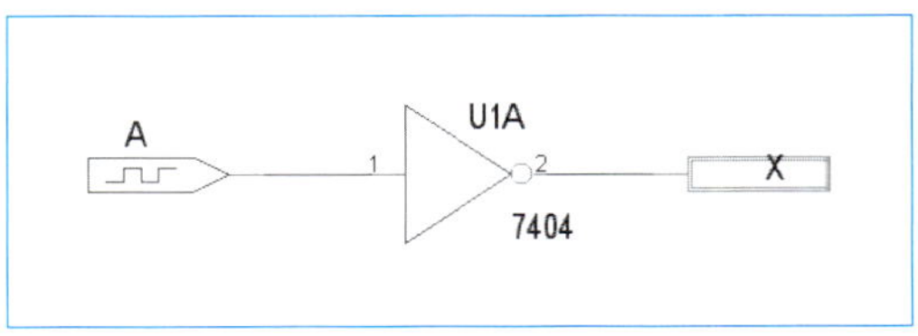

■ 회로해석

인버터(NOT gate)의 동작은 입력 논리신호의 반대가 되는 값을 출력하는 것으로 입력에 1이 인가될 때 출력은 0가 되고 입력에 0이 인가될 때 출력은 1이 된다.

■ 시뮬레이션 조건

본 회로는 매우 간단한 디지털 회로의 NOT gate 회로로서 Final Time을 1[us]까지 20[ns]의 간격으로 Transient 해석을 한다. 입력신호는 0.2[us] 간격으로 1과 0을 반복하여 인가한다.

■ 시뮬레이션 결과

시뮬레이션 출력은 입력 신호 A:pin1에 대한 출력 상태 X를 조사하는 것으로 입력이 0이면 출력은 1, 입력이 1이면 출력은 0이 되는 것을 볼 수 있다. 7404 소자에 의해 입력과 출력신호는 약 20[ns] 정도 delay가 일어난다.

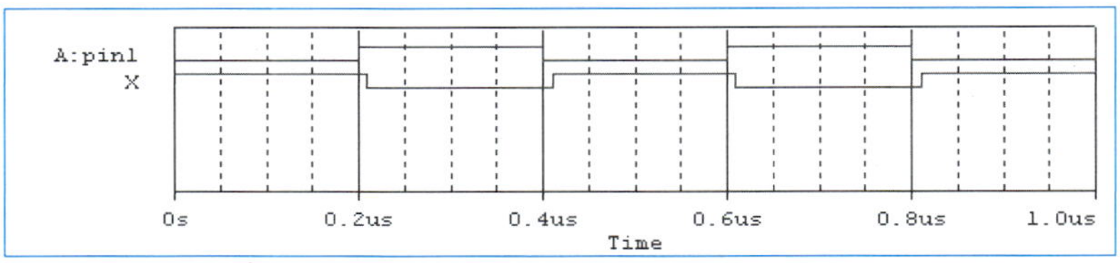

16.1.2 실험회로 II

■ 회로개요

7408 AND gate의 회로에서 두 입력 신호의 변화에 따른 AND gate의 출력 상태를 보기 위한 회로이다.

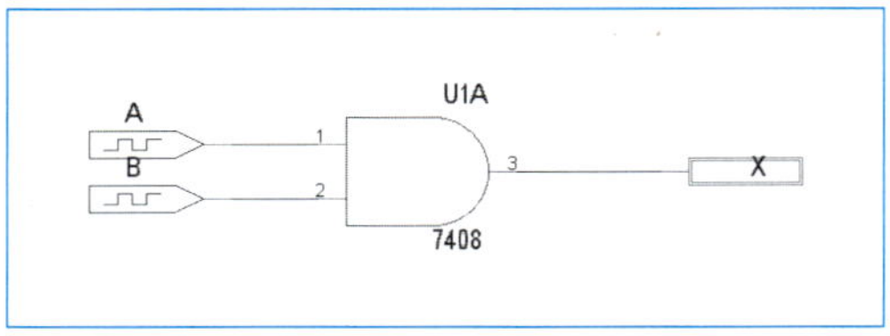

■ 회로해석

AND gate의 동작은 모든 입력 신호가 1이 될 때만 출력 상태가 1이 되며, 입력 신호중 한 개의 0 상태가 존재하며 출력 상태는 0가 된다.

■ 시뮬레이션 조건

본 회로는 간단한 AND gate로서 Final Time을 1[us]까지 20[ns]의 간격으로 Transient 해석을 한다. 입력 신호는 0.2[us] 간격으로 00, 01, 10, 11을 인가한다.

■ 시뮬레이션 결과

시뮬레이션 출력은 입력 신호 A:pin1와 B:pin1에 대한 AND gate의 출력 상태 X를 조사하는 것으로 입력이 00, 01, 10이면 출력은 0 상태, 입력이 11이면 출력은 1 상태가 된다. 7408 소자에 의해 입력과 출력 신호는 약 20[ns] 정도 delay가 일어난다.

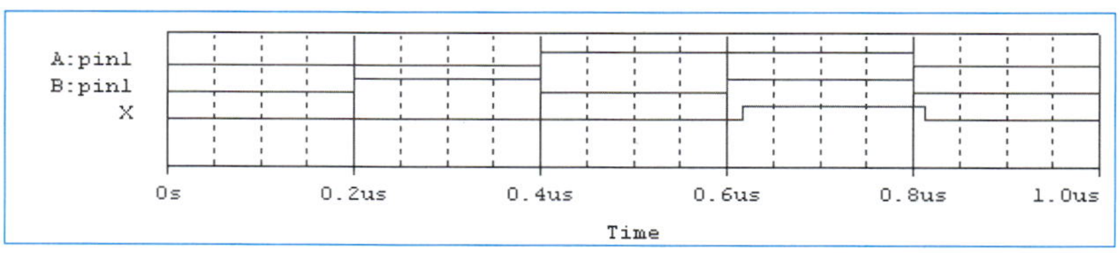

16.1.3 실험회로 III

■ 회로개요

7432 OR gate의 회로에서 두 입력 신호의 변화에 따른 OR gate의 출력 상태를 보기 위한 회로이다.

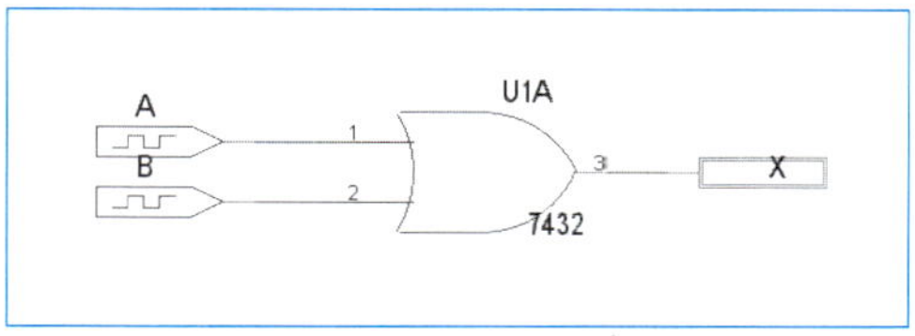

■ 회로해석

OR gate의 동작은 어떤 입력에도 1이 인가되면 출력 상태는 1 상태가 되며, 모든 입력에 0 상태가 인가될 때 출력은 0 상태가 된다.

■ 시뮬레이션 조건

본 회로는 간단한 OR gate 회로로서 Final Time을 1[us]까지 20[ns]의 간격으로 Transient 해석을 한다. 입력 신호는 0.2[us] 간격으로 00, 01, 10, 11을 인가한다.

■ 시뮬레이션 결과

시뮬레이션 출력은 입력 신호 A:OUT0와 B:OUT0에 대한 OR gate의 출력 상태 X를 조사하는 것으로 입력이 01, 10, 11이면 출력은 1 상태, 입력이 00이면 출력은 0상태가 된다. 7432 소자에 의해 입력과 출력 신호는 약 20[ns]정도 delay가 일어난다.

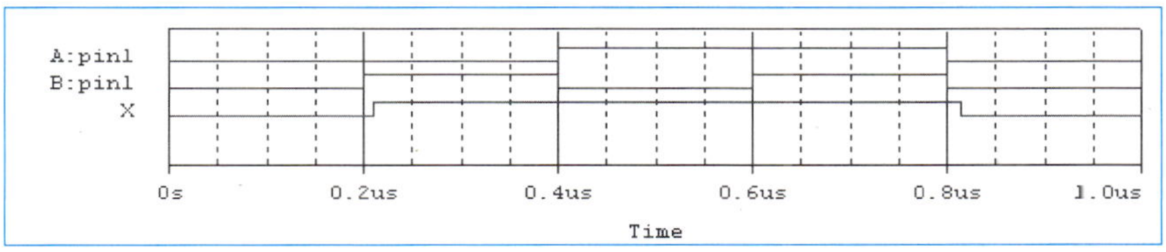

16.2 부울대수의 공리

부울대수의 공리

부울대수는 "0"과 "1"의 상태를 OR(+)와 AND(·)의 연산자만을 사용하는 대수.

공리 1 a) $A \neq 0$ 이면 $A = 1$, $A = 1$ 이면 $A \neq 0$
b) $A \neq 1$ 이면 $A = 0$, $A = 0$ 이면 $A \neq 1$

공리 2 a) $0 \cdot 0 = 0$, $1 \cdot 1 = 1$ b) $0 + 0 = 0$, $1 + 1 = 1$

공리 3 a) $0 \cdot 1 = 1 \cdot 0 = 0$ b) $0 + 1 = 1 + 0 = 1$

공리 4 a) $\bar{1} = 0$ b) $\bar{0} = 1$

16.2.2 실험회로

■ 회로개요

부울대수의 공리에 관한 실험은 앞의 NOT gate, AND gate, OR gate 회로에서 실행하였다. 본 실험은 AND gate를 이용하여 간단한 두 0과 1의 입력 신호를 인가할 때의 출력 상태를 보기 위한 것으로 앞의 실험과 같이 7408 AND gate를 사용하였다.

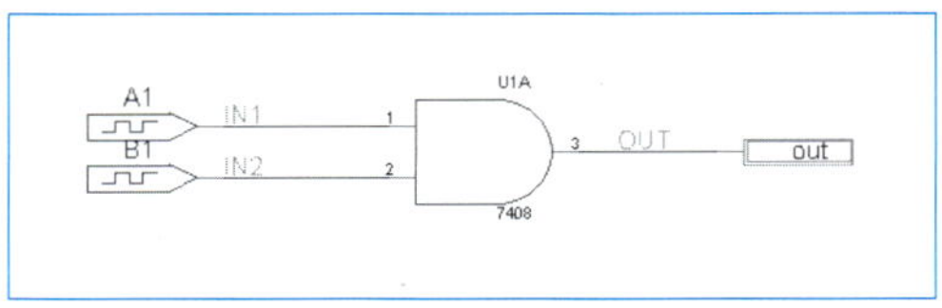

■ 회로해석

입력이 0 상태일 때와 1 상태일 때, AND gate의 출력 상태를 보기 위한 것으로 공리 2의 a)이 된다.

■ 시뮬레이션 조건

본 회로는 부울대수의 간단한 공리를 확인하는 회로로서 Final Time을 1[us]까지 20[ns]의 간격으로 Transient 해석을 한다. 입력 신호는 0.5[us] 간격으로 1과 0을 인가한다.

■ 시뮬레이션 결과

시뮬레이션 출력은 같은 입력 신호 IN1과 IN2에 대한 출력 상태 OUT를 조사하는 것으로 입력이 1 상태이면 출력은 1 상태, 입력이 0 상태이면 출력은 0상태가 된다. 즉 이것은 공리 2의 a)이 된다. 7408 소자에 의해 입력과 출력신호는 약 20[ns] 정도 delay가 일어난다.

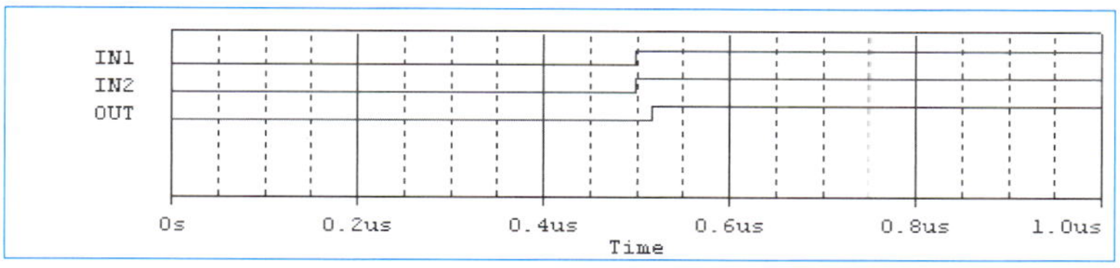

16.3 부울대수의 정리

부울대수의 정리

부울대수의 공리를 기본으로 교환, 결합, 분배법칙 등 다음과 같은 정리가 있다.

정리 1 교환법칙

a) $A \cdot B = B \cdot A$ b) $A + B = B + A$

정리 2 결합법칙

a) $(A \cdot B) \cdot C = A \cdot (B \cdot C)$

b) $(A + B) + C = A + (B + C)$

정리 3 분배법칙

a) $(A + B) \cdot (A + C) = A + B \cdot C$

b) $A \cdot B + A \cdot C = A \cdot (B + C)$

정리 4

a) $A \cdot 0 = 0$ b) $A + 0 = A$

c) $A \cdot 1 = A$ d) $A + 1 = 1$

정리 5

a) $A \cdot \overline{A} = 0$ b) $A + \overline{A} = 1$

정리 6 동일법칙

a) $A \cdot A = A$ b) $A + \overline{A} = A$

정리 7 흡수법칙

a) $A \cdot (A + B) = A$ b) $A + A \cdot B = A$

정리 8 부정법칙

$\overline{\overline{A}} = A$

16.3.1 실험회로 I

■ 회로개요

정리 4와 정리 6의 동일 법칙은 앞의 AND gate와 OR gate의 실험에서 충분하게 검증되었으며, 교환법칙, 결합법칙, 분배법칙 등은 기본적으로 성립함을 알 수 있다. 본 실험은 정리 5를 검증하기 위한 것으로 7432 OR gate의 두 입력에 A와 반전된 A 신호를 입력할 때 출력 상태를 확인하기 위한 회로

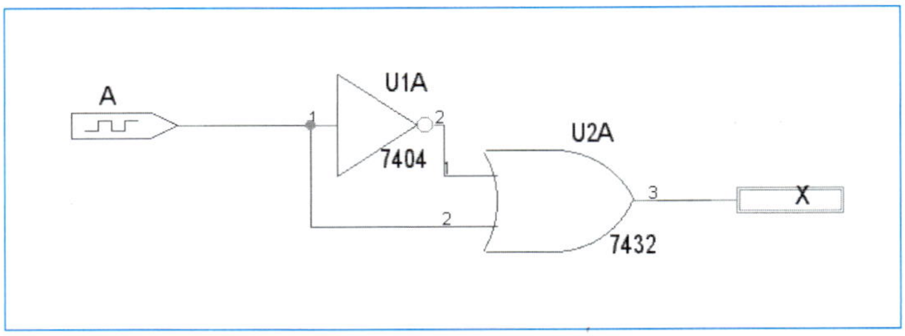

■ 회로해석

정리 5 b)와 같이 두 입력 신호가 반대가 되어 OR gate에 입력될 때, 그 출력은 항상 1 상태가 된다. 즉 $A+\bar{A}=1$이 된다.

■ 시뮬레이션 조건

본 회로는 부울대수의 정리 5 b)를 확인하는 회로로서 Final Time을 1[us]까지 20[ns]의 간격으로 Transient 해석을 한다. 입력 신호는 0.2[us] 간격으로 0과 1을 반복 인가한다.

■ 시뮬레이션 결과

시뮬레이션 출력은 입력 신호 A:pin1에 대한 출력 상태 X를 확인하는 것으로 입력상태에 관계없이 출력은 항상 1 상태가 된다. 즉 $A+\bar{A}=1$이 된다.

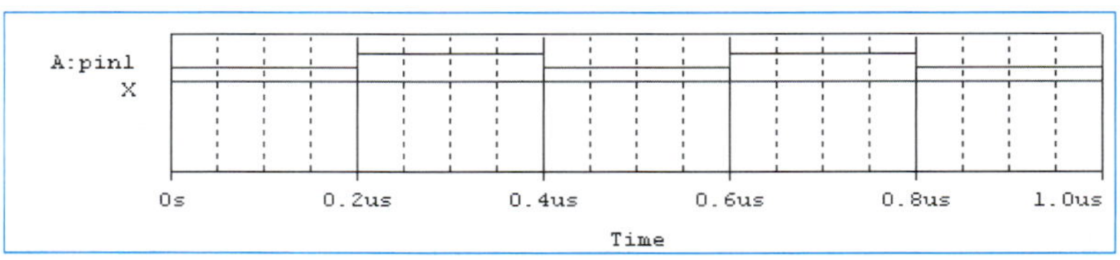

16.3.2 실험회로 II

■ 회로개요

정리 8의 부정법칙을 검증하기 위한 회로로서 7404 인버터 두 개를 직렬로 연결할 때 출력 상태를 보기 위한 회로이다.

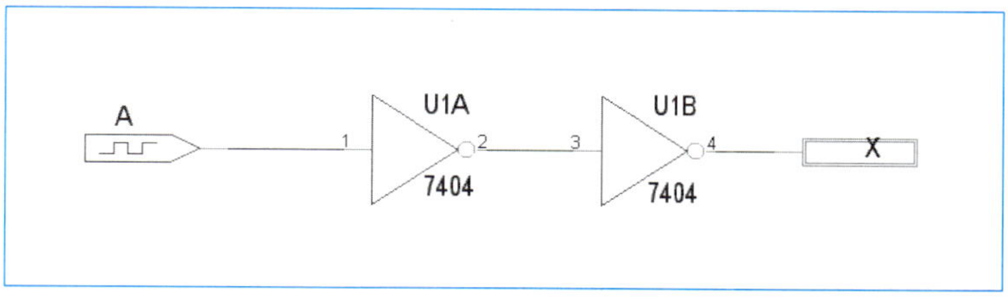

■ 회로해석

정리 8의 부정법칙과 같이 두 개의 인버터가 직렬로 연결되면 출력은 입력과 ¯같은 값이 된다. 즉 $\bar{\bar{A}}=A$이 된다.

■ 시뮬레이션 조건

본 회로는 정리 8의 부정법칙을 검증하는 것으로 Final Time을 1[us]까지 20[ns]의 간격으로 Transient 해석을 한다. 입력 Source의 조건은 0.2[us] 간격으로 0과 1을 반복 인가한다.

■ 시뮬레이션 결과

시뮬레이션 출력은 입력 신호 A:pin1에 대한 출력 상태 X를 확인하는 것으로 입력이 0 상태이면 출력은 0 상태, 입력이 1 상태이면 출력은 1 상태가 된다. 2개의 7404 소자가 직렬로 연결되어 있는 관계로 입력과 출력 신호는 약 40[ns] 정도 delay가 일어난다.

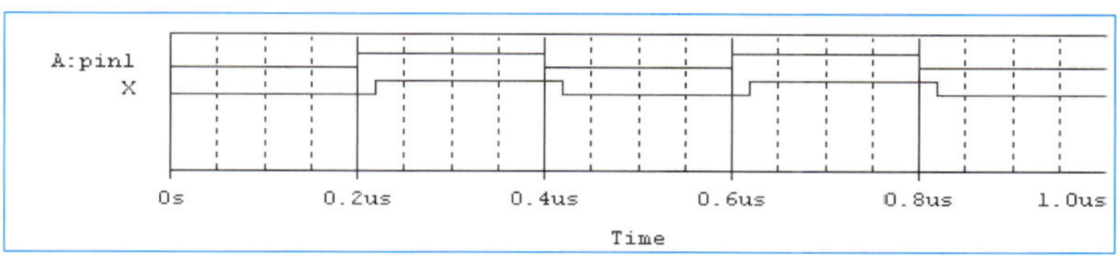

16.4 De-Morgan의 정리

De-Morgan의 정리

De-Morgan의 정리는 NAND gate와 NOR gate의 응용 및 논리회로를 간소화하는데 이용된다.

1. De-Morgan의 정리

   a) $\overline{A}+\overline{B}=A \cdot B$　　　b) $A \cdot B=\overline{A}+\overline{B}$

2. NAND gate를 이용한 기본논리회로

   a) $A \cdot B=A \cdot B$　　　b) $A+B=A+B=\overline{A} \cdot \overline{B}$

3. NOR gate를 이용한 기본논리회로

   a) $A+B=A+B$　　　b) $A \cdot B=A \cdot B=\overline{A}+\overline{B}$

16.4.1 실험회로

■ 회로개요

De-Morgan의 정리는 NAND gate나 NOR gate를 이용하여 논리회로를 간소화하는데 사용된다. 본 실험은 일반 회로인 $\overline{A \cdot B + C \cdot D}$ 의 회로를 NAND gate로 구성된 $\overline{A \cdot B} \cdot \overline{C \cdot D}$ 회로로의 변경에 따른 입력에 대한 출력 상태를 보기 위한 회로이다.

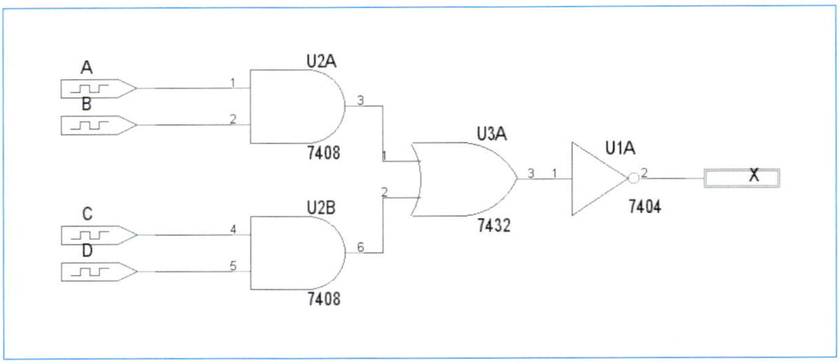

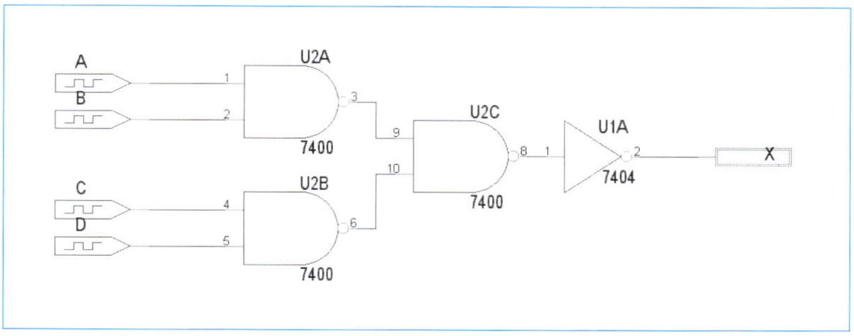

회로해석

본 회로는 De-Morgan의 정리에 의해 AND gate, OR gate로 이루어진 일반 회로를 NAND gate로 이루어진 회로로 변환하는 것이다. 본 실험에서는 4개의 gate의 사용으로 회로의 간소화는 이루어지지 않았으나 NAND로 이루어진 회로의 구성으로 회로의 실제 구현이 간소화되었다.

즉, $\overline{A \cdot B + C \cdot D} = \overline{A \cdot B} \cdot \overline{C \cdot D}$ 로 변환되어 NAND gate로 구성된 회로가 된다.

시뮬레이션 조건

본 회로는 De-Morgan의 정리에 의해 NAND gate로 구성된 회로로 변환하는 것으로 Final Time을 1[us]까지 20[ns]의 간격으로 Transient 해석을 한다. 입력은 0.2 [us] 간격으로 0011, 0010, 0110, 1100, 1011 순으로 A, B, C, D에 각각 입력한다.

시뮬레이션 결과

시뮬레이션 결과는 입력 신호 A:pin1, B:pin1, C:pin1, D:pin1에 대한 출력 상태 X를 확인하는 것으로 위의 두 회로에 대한 결과를 각각 나타내었다. 첫 번째 결과는 $\overline{A \cdot B + C \cdot D}$ 의 일반적인 회로에 대한 결과이며, 두 번째 결과는 NAND gate로 구성된 $\overline{A \cdot B} \cdot \overline{C \cdot D}$ 회로에 대한 결과이다. 입력 신호의 변화에 대한 두 결과는 모두 일치한다. 두 결과 모두 세 개의 gate를 통해야 하므로 입력과 출력 신호는 약 50~60[ns] 정도 delay가 일어난다.

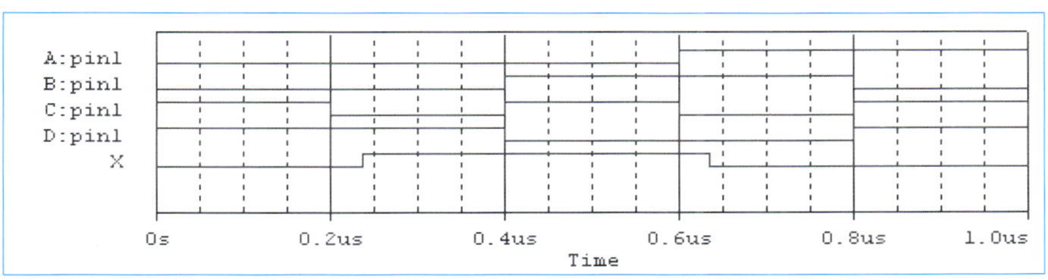

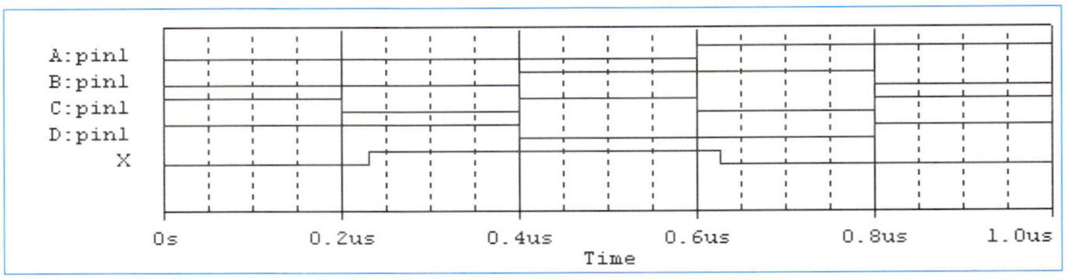

16.5 Exclusive OR

Exclusive OR

Exclusive OR(XOR)의 대수식은

$$X = A\overline{B} + \overline{A}B$$

로 나타내며, 흔히 $X = A \oplus B$로도 표시한다. 즉 두 입력이 서로 다르면 출력은 1이 되고 두 입력이 같으면 출력은 0가 된다. 기호와 진리표, 그리고 회로는 다음과 같다.

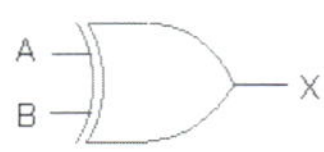

A	B	X
0	0	0
0	1	1
1	0	1
1	1	0

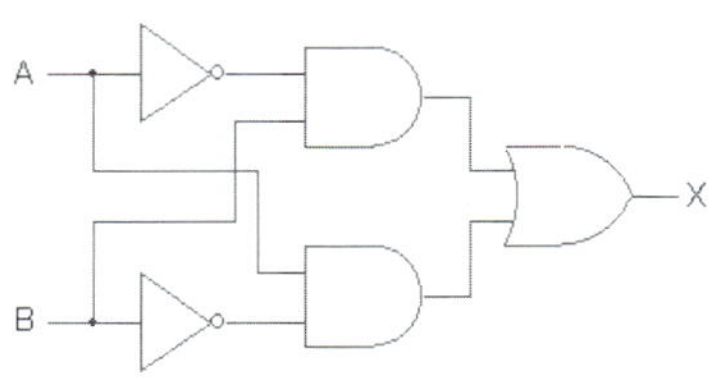

16.5.1 실험회로

■ 회로개요

Exclusive OR gate는 식 $X=A\overline{B}+\overline{A}B$와 같이 나타낸다. 본 실험은 Exclusive OR 회로를 기본 gate를 이용하여 구성한 출력 상태와 7486의 Exclusive OR gate의 출력 상태를 비교한다.

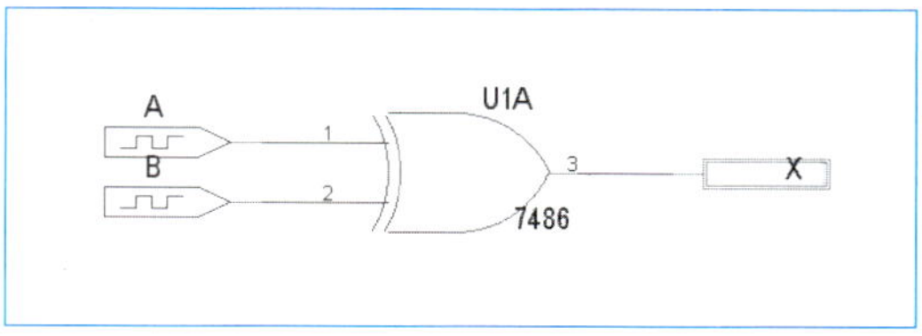

■ 회로해석

Exclusive OR 회로의 동작을 확인하기 위해 식 X=A$\bar{B}$+$\bar{A}$B 회로를 일반 논리 gate로 구성하고 7486의 Exclusive OR gate의 출력과 비교한다.

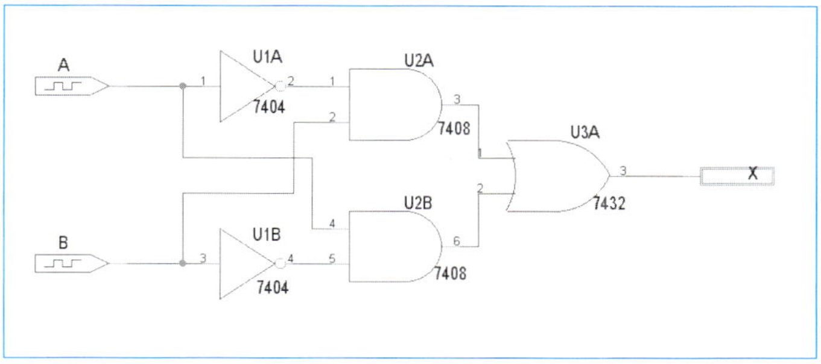

■ 시뮬레이션 조건

본 회로는 Exclusive OR 회로로서 Final Time을 1[us]까지 20[ns]의 간격으로 Transient 해석을 한다. 입력 신호는 0.2[us] 간격으로 00, 01, 11, 10의 신호를 인가한다.

■ 시뮬레이션 결과

시뮬레이션 출력은 입력 신호 A:pin1와 B:pin1에 대한 출력 상태 X를 확인하는 것으로 두 입력이 같으면 0 상태, 다르면 1 상태가 된다. 입력과 출력 사이에 3개의 gate가 있으므로 약 50~60[ns] 정도 delay가 일어난다.

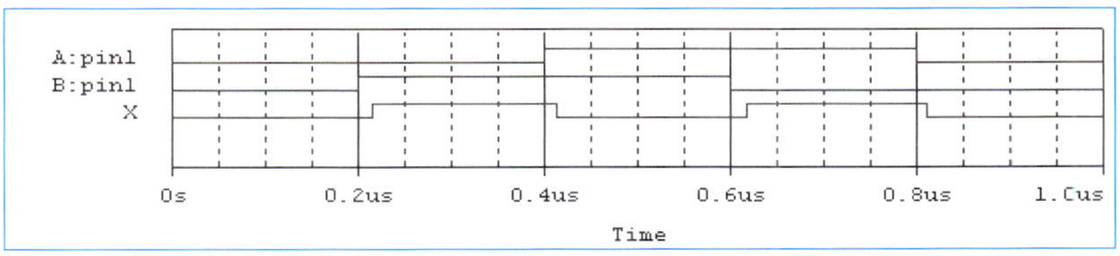

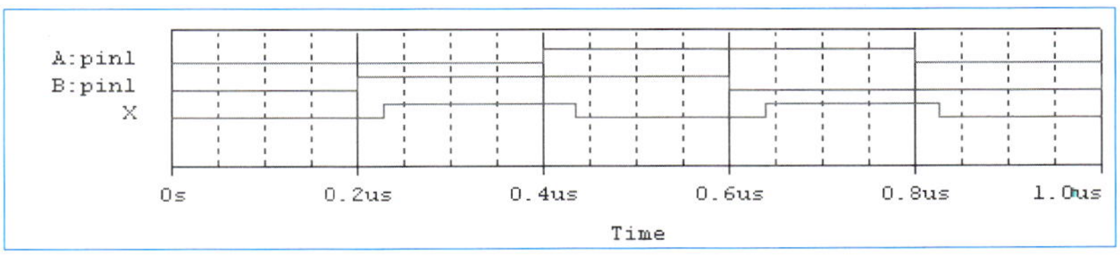

16.6 가산기

가산기

가산기는 반가산기(half adder)와 전가산기(full adder)가 있다.

1. 반가산기

한자리수 A와 B를 합할 때 발생되는 결과는 A와 B의 합과 다음 자리의 자리올림수(Carry)가 된다. 예를 들어

1←A
+1←B
□ □□ 10 □□
자리올림 수／ ＼합

이 된다. 이러한 계산을 하기 위한 합(S)과 자리올림수(C)의 논리식은

$$S=\bar{A}B+A\bar{B}=A\oplus B$$
$$C=A\cdot B$$

로 나타내며, 기호와 진리표 그리고 회로는 다음과 같다.

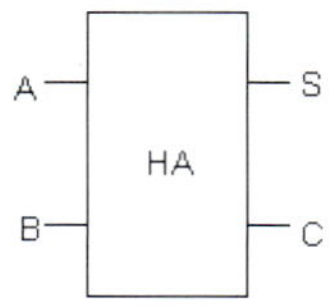

A	B	S	C
0	0	0	0
0	1	1	0
1	0	1	0
1	1	0	1

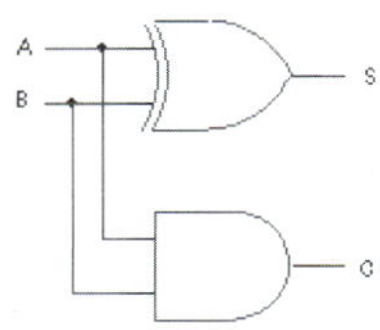

2. 전가산기

한자리수 A와 B, 그리고 자리올림수를 합할 때에 사용되는 것으로 결과는 A와 B의 합(S)과 자리올림수(Carry)가 된다. 예를 들어

1←자리올림수
1←A
+1←B
□ □□ 11 □□
자리올림 수／ ＼합

이 된다. 이러한 계산을 하기 위한 합(S)과 자리올림수(C)의 논리식은

$$S_n=\bar{A}_n\bar{B}_nC_{n-1}+\bar{A}_nB_n\bar{C}_{n-1}+A_n\bar{B}_n\bar{C}_{n-1}+A_nB_nC_{n-1}$$
$$C_n=A_n\cdot B_n$$

로 나타내며, 기호와 진리표 그리고 회로는 다음과 같다.

로 나타내며, 기호와 진리표 그리고 회로는 다음과 같다.

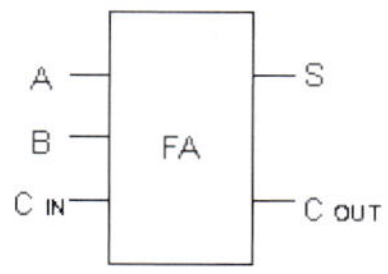

A	B	C IN	S	C OUT
0	0	0	0	0
0	0	1	1	0
0	1	0	1	0
0	1	1	0	1
1	0	0	1	0
1	0	1	0	1
1	1	0	0	1
1	1	1	1	1

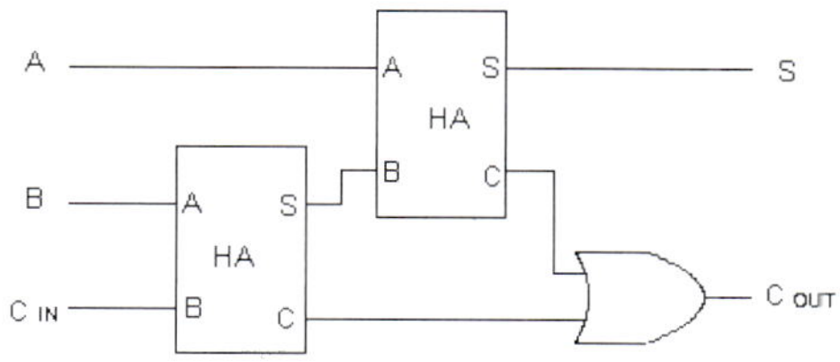

16.6.1 실험회로 I

■ 회로개요

본 실험은 반가산기(half adder) 실험으로 7486 EX-OR gate의 합(S) 회로와 7408 AND gate의 자리올림수(C) 회로를 구성하여 반가산기의 동작을 보기 위한 회로이다.

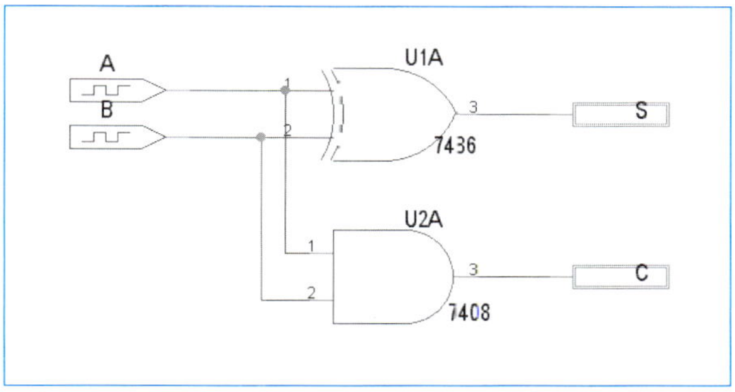

■ 회로해석

$S=\bar{A}B+A\bar{B}=A\oplus B$의 합 회로와 $C=A\cdot B$의 자리올림 회로에 대한 반가산기의 동작을 본다.

■ 시뮬레이션 조건

본 회로는 반가산기 회로로서 Final Time을 1[us]까지 20[ns]의 간격으로 Transient 해석을 한다. 입력 신호는 0.2[us] 간격으로 00, 01, 10, 11을 인가한다.

■ 시뮬레이션 결과

시뮬레이션 출력은 입력 신호 A:pin1와 B:pin1에 대한 출력 상태 S와 C를 관찰하는 것으로

Exclusive OR의 합 회로와 AND gate의 자리올림 회로의 결과를 확인할 수 있다. 1개의 gate를 통한 입력과 출력은 약 20[ns] 정도 delay가 일어난다.

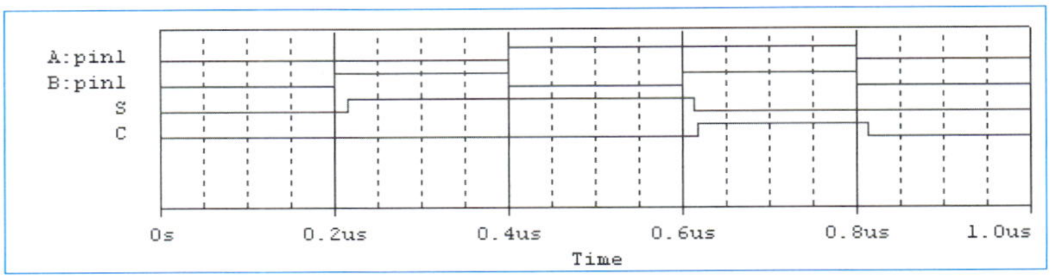

16.6.2 실험회로 II

■ 회로개요

두 개의 반가산기와 한 개의 OR gate로 구성된 전가산기의 회로를 구성하여 전가산기의 동작을 보기 위한 회로이다.

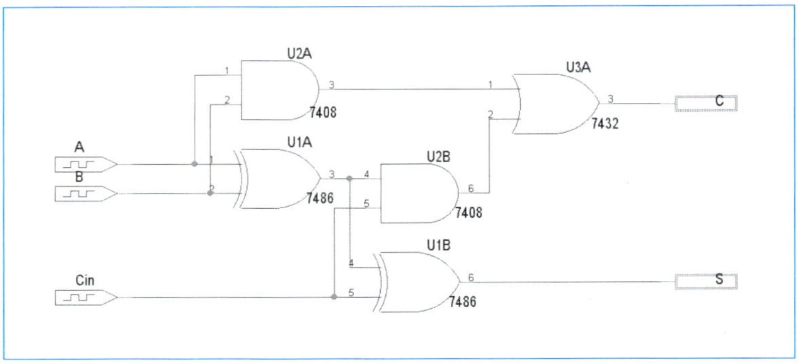

■ 회로해석

$S_n = \overline{A}_n \overline{B}_n C_{n-1} + \overline{A}_n B_n \overline{C}_{n-1} + A_n \overline{B}_n \overline{C}_{n-1} + A_n B_n C_{n-1}$의 합 회로와 C=A·B의 숫자올림 회로 대신에 반가산기 두 개와 한 개의 OR gate로 전가산기 회로를 구성한다.

■ 시뮬레이션 조건

본 회로는 전가산기 회로로서 Final Time을 1.6[us]까지 20[ns]의 간격으로 Transient 해석을 한다. 입력 신호는 000, 001, 010, 011, 100, 101, 110, 111의 신호를 Cin, B, A에 각각 인가한다.

■ 시뮬레이션 결과

시뮬레이션 출력은 입력 신호 A:pin1, B:pin1, Cin:pin1에 대한 출력 상태 S와 C를 조사하는 것으로 입력이 000이면 출력은 S=0, C=0 상태이고 입력이 001, 010, 100이면 출력은 S=1, C=0 상태이다. 또 입력이 011, 101, 110일 경우 출력은 S=0, C=1이 되며, 입력이 111일 경우 출력은 S=1, C=1이 된다. 입력과 출력 사이에는 gate의 개수에 따라 약 20~60[ns] 정도 delay가 일어난다.

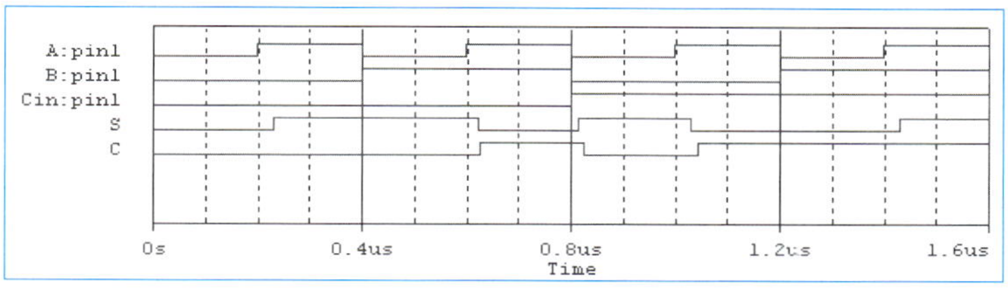

16.6.3 실험회로 III

■ 회로개요

전가산기와 반가산기를 이용한 2비트 병렬 가산기의 회로이다.

■ 회로해석

2비트 가산은 한 개의 반가산기와 한 개의 전가산기를 필요로 한다. 먼저 입력되는 하위 비트는 반가산기로 계산되며, 상위 비트는 하위 비트에서 출력되는 자리올림수와 함께 전가산기에 입력되어 계산된다.

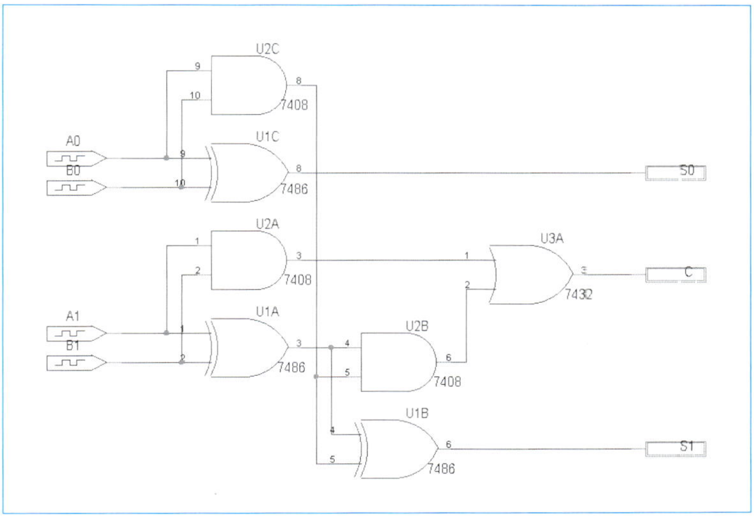

시뮬레이션 조건

본 회로는 2비트 병렬 가산기 회로로서 Final Time을 1.6[us]까지 20[ns]의 간격으로 Transient 해석을 한다. 입력 신호는 0.1[us] 간격으로 0000, 0001, 0010, ..., 1100, 1101, 1111의 16가지 신호를 인가한다.

시뮬레이션 결과

시뮬레이션 출력은 입력 신호 A0:pin1, B0:pin1, A1:pin1, B1:pin1의 4가지에 대한 출력 상태 S0, S1, C를 조사하는 것으로 입력과 출력의 관계에서 2비트 병렬 가산기의 동작을 볼 수 있다. 입력과 출력 사이에 gate수에 따라 약 20~60[ns] 정도 delay가 일어난다.

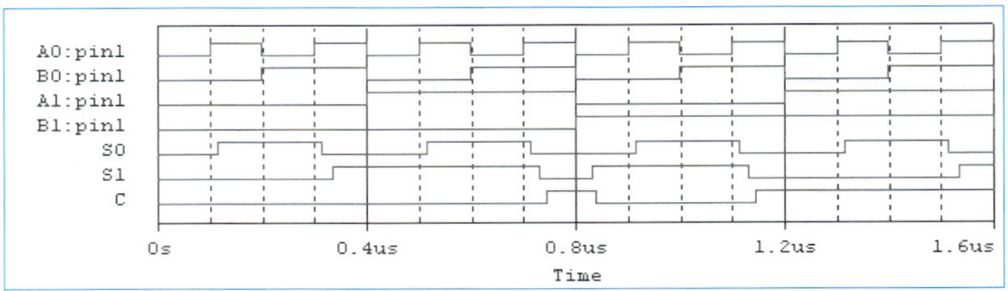

16.7 디코드 및 엔코드

디코드 및 엔코드

1. 디코드(Decoder)

이진수로 표시된 입력 코드를 어떠한 상태 또는 명령을 나타내는가를 해독하는 장치를 말하며, BCD 코드를 7-segment 숫자표시기로 나타내는 등 여러 가지 경우가 있다. 다음 회로는 2선-4선 디코드 회로로서 2진수 입력 A와 B의 4가지 조합에 대하여 구분되는 4개의 출력으로 변환하는 회로이다.

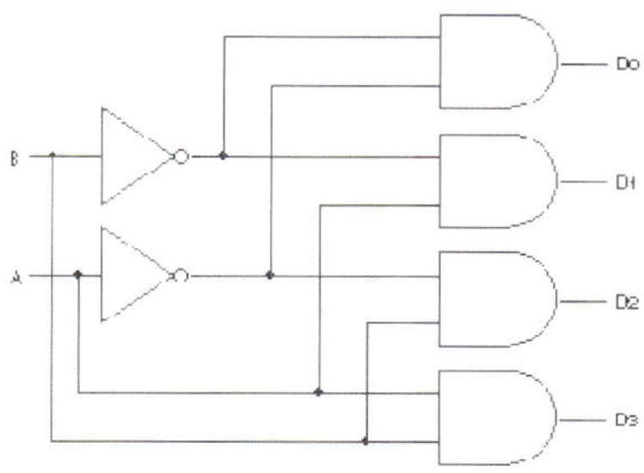

	B	A	D_3	D_2	D_1	D_0
0	0	0	0	0	0	1
1	0	1	0	0	1	0
2	1	0	0	1	0	0
3	1	1	1	0	0	0

2. 엔코드(Encoder)

상태 또는 명령들을 이진수의 코드로 변환하는 장치로 디코드의 반대 기능을 갖는다. 다음 회로는 4개의 입력을 2진수 출력으로 변환하는 회로이다.

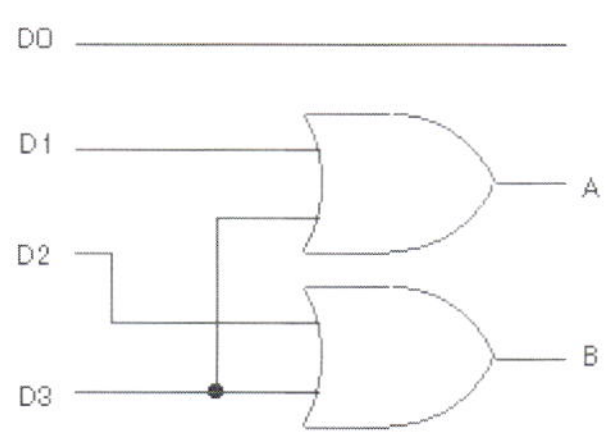

D_3	D_2	D_1	D_0	B	A	
0	0	0	1	0	0	0
0	0	1	0	0	1	1
0	1	0	0	1	0	2
1	0	0	0	1	1	3

16.7.1 실험회로 I

■ 회로개요

2선-4선 디코드 회로로서 A와 B의 두 2진수 입력의 4가지 조합에 대응하는 4개의 출력을 변환하는 회로이다.

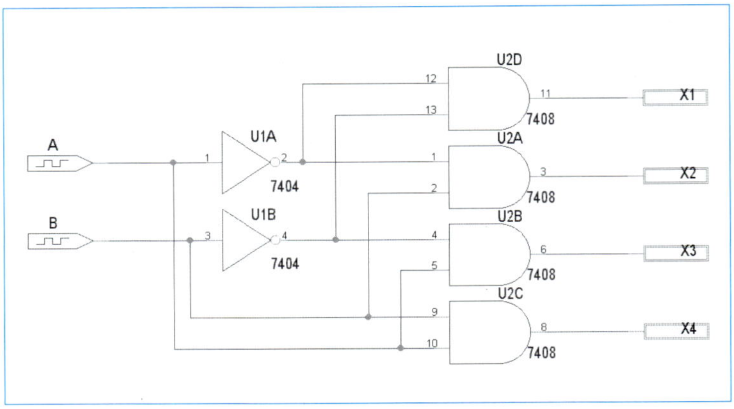

회로해석

두 개의 2진수 입력을 4가지 조합으로 변환하기 위해서는 각 출력과 입력 관계는 아래와 같다.

$$X_1 = \overline{A} \cdot \overline{B}$$

$$X_2 = \overline{A} \cdot B$$

$$X_3 = A \cdot \overline{B}$$

$$X_4 = A \cdot B$$

시뮬레이션 조건

본 회로는 간단한 디지털 회로로서 20[ns]의 간격으로 Final Time을 1[us]으로 하여 Transient 해석을 하면 된다. 입력 Source의 조건은 0.2[us] 간격으로 0와 1을 반복 인가한다.

시뮬레이션 결과

다음 출력은 입력 Source A:pin1, B:pin1에 대한 X1, X2, X3, X4의 출력 상태를 확인하는 것으로 A와 B의 입력이 00상태이면 X1이 1 상태, 01 입력이면 X2가 1 상태, 10이면 X3가 1 상태, 11이면 X4가 1 상태가 되는 것을 볼 수 있다.

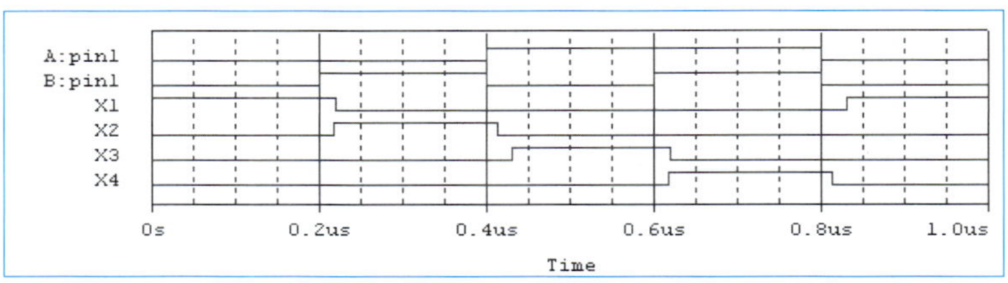

16.7.2 실험회로 II

■ 회로개요

8개의 각각 다른 입력신호인 8진수를 2진수로 변환하는 8선-3선 엔코드 회로이다.

■ 회로해석

10진수를 2진수로 변환하기 위한 회로로서 각 2진수의 출력은

$$A = I_1 + I_3 + I_5 + I_7 + I_9$$
$$B = I_2 + I_3 + I_6 + I_7$$
$$C = I_4 + I_5 + I_6 I_7$$

가 된다. 여기서 I는 입력을 나타내며 A, B, C, D는 2진 출력을 나타낸다.

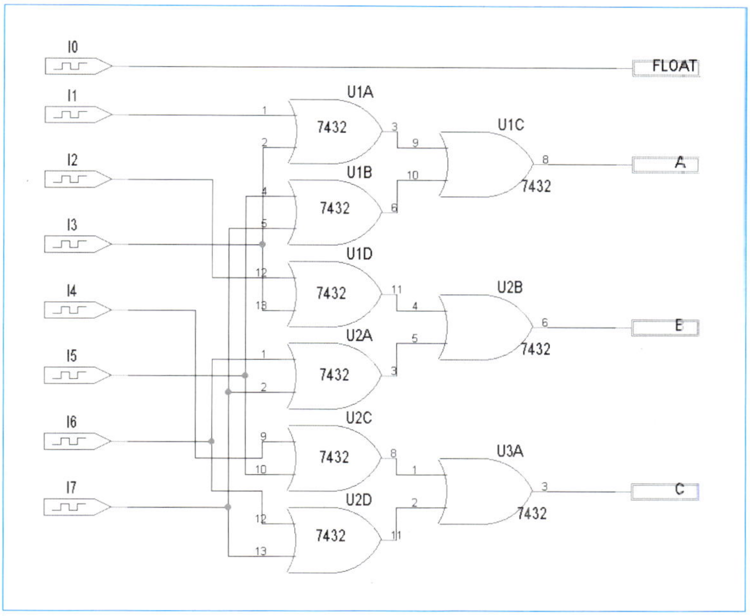

■ 시뮬레이션 조건

본 회로는 8-3 엔코더회로로서 20[ns]의 간격으로 Final Time을 1.6[us]으로 하여 Transient 해석을 하면 된다. 입력신호는 0.2[us] 간격으로 0와 1을 I1, I2, I3, …, I6, I7순으로 인가한다.

■ 시뮬레이션 결과

출력은 8입력 대한 출력 상태 A, B, C를 확인하는 것이다. 입력과 출력 사이에 약 20[ns] 정도 delay가 일어난다.

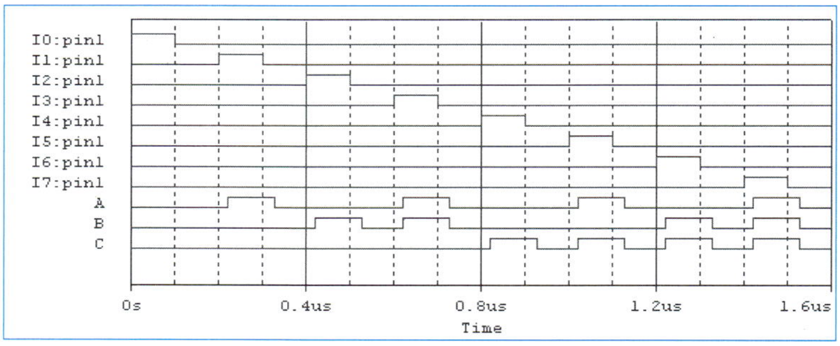

16.8 멀티플렉스(multiplexer)

멀티플렉스(multiplexer)

N개의 입력신호중 1개의 입력만 선택하여 출력하는 장치이다. 아래 그림과 같이 4개의 A, B, C, D의 입력신호는 S1, S2의 선택에 의해 출력이 결정되는 4-to-1 멀티플렉스 회로이다. 이 회로의 논리식은

$$Y = A\overline{S}_0\overline{S}_1 + B\overline{S}_0 S_1 + CS_0\overline{S}_1 + DS_0 S_1$$

가 된다. 4-to-1 멀티플렉스 회로와 기호는 다음과 같다.

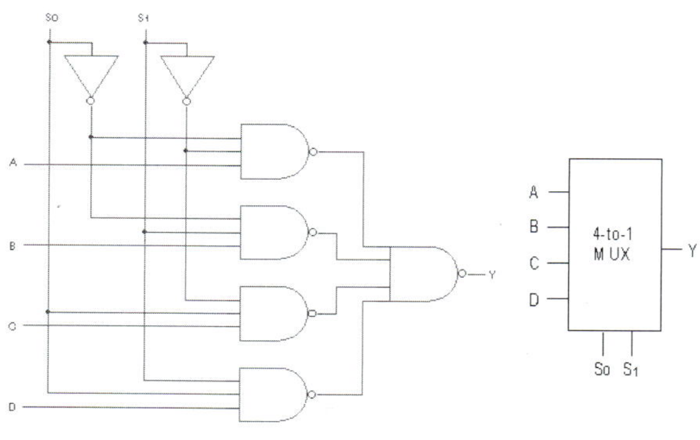

16.8.1 실험회로

■ 회로개요

4-TO-1 멀티플렉스 회로를 기본 논리 gate를 사용한 회로와 74153 IC를 이용한 회로에 대한 입출력 상태 비교회로이다.

■ 회로해석

기본 논리 Gate를 사용한 4-to-1 멀티플렉스 회로의 출력은

$$Y = \overline{NE}\,(A\overline{S}_0\overline{S}_1 + B\overline{S}_0S_1 + CS_0\overline{S}_1 + DS_0S_1)$$

가 된다.

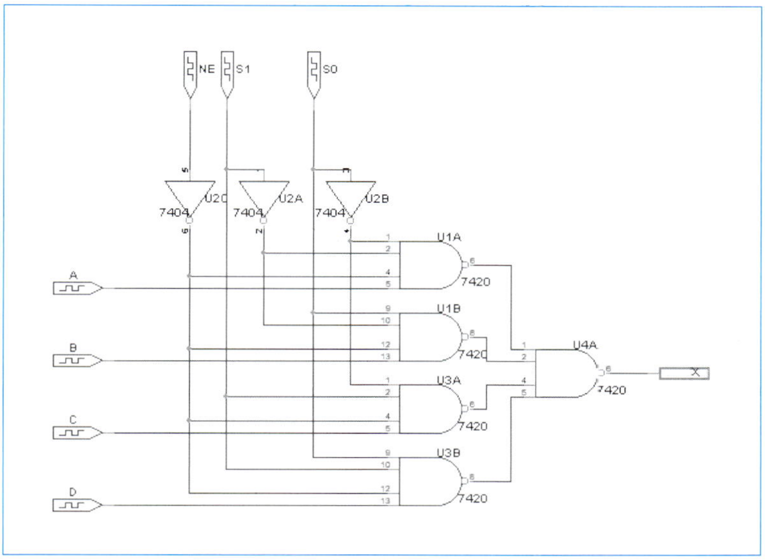

여기서 Y는 출력, A, B, C, D는 입력, S0, S1은 선택입력, NE는 Enable입력이다. 이와 동등한 회로로 74153 IC를 사용한 회로가 구성되어 있다.

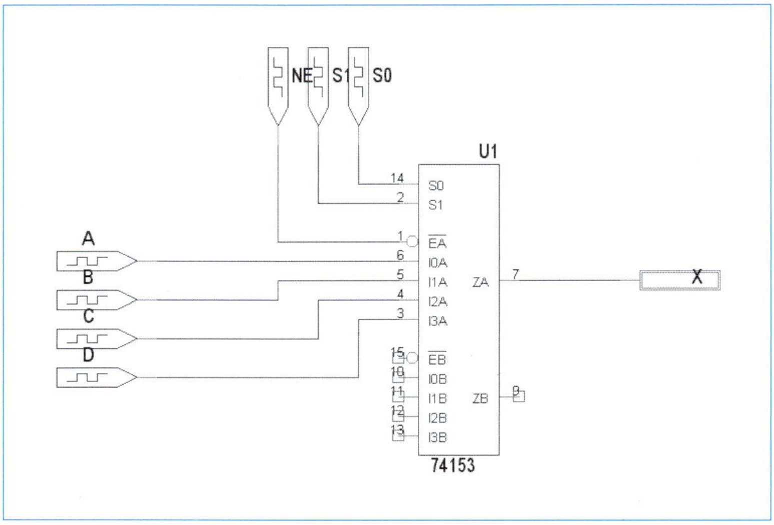

■ 시뮬레이션 조건

본 회로는 4-TO-1 멀티플렉스 회로로서 Final Time을 1.6[us]으로 하여 Transient 해석을 하면 된다. 선택입력에 0.2[us] 간격으로 00, 01, 10, 11을 S0, S1에 각각 인가한다.

■ 시뮬레이션 결과

시뮬레이션 출력은 선택 입력신호 S0:pin1, S1:pin1과 입력신호 A, B, C, D에 대한 출력 상태 X를 확인하는 것으로 선택입력이 00이면 A가 출력되며, 01이면 B, 10이면 C, 11이면 D가 출력된다. 기본 논리 gate를 사용한 회로와 74153 IC를 이용한 회로의 결과와 같다. 74153 IC를 사용한 출력 신호가 약 20[ns] 정도 delay가 적게 일어난다.

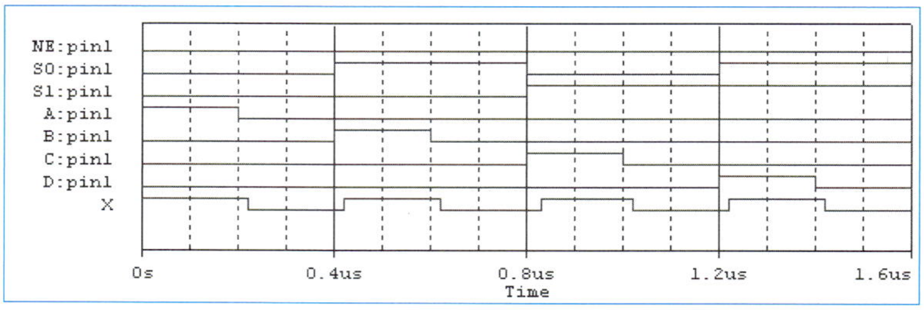

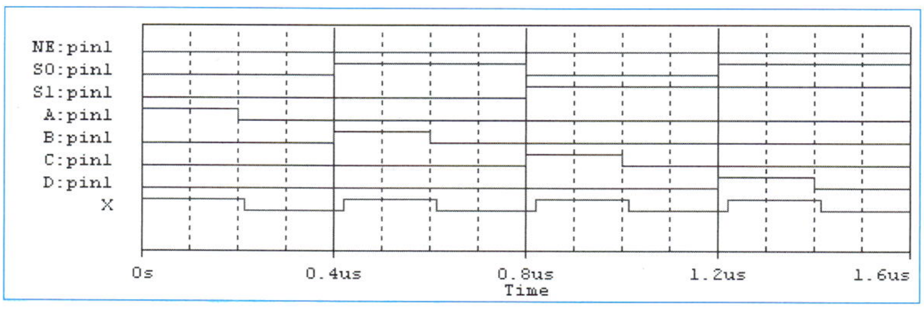

16.9 Flip-Flop

Flip-Flop

입력의 조합뿐만 아니라 선행된 입력에 의하여 출력이 결정되는 논리를 순서논리(sequential logic)라 하며, 기본 소자는 Flip-Flop이다.

1. RS Flip-Flop

아래 그림과 같이 2개의 출력단자를 갖고 있으며, 두 출력 상태는 항상 반대가 된다. 입력은 출력을 set(1 상태) 시키는 기능과 reset(0 상태) 시키는 기능의 2개의 단자가 있다. RS Filp-Flop은 2개의 NAND gate 또는 2개의 NOR gate로 구성되며 회로와 진리표는 다음과 같다.

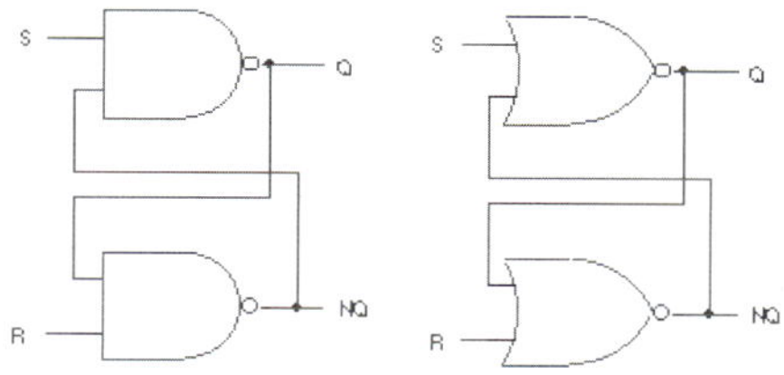

S	R	Q
0	0	N.C.
0	1	1
1	0	0
1	1	?

2. D Flip-Flop

D Flip Flop은 단일 입력을 갖고 있으며, RS Filp-Flop의 Set 입력단자와 Reset 입력단자를 NOT gate로 연결하므로 만들 수 있다. 회로와 진리표는 다음과 같다.

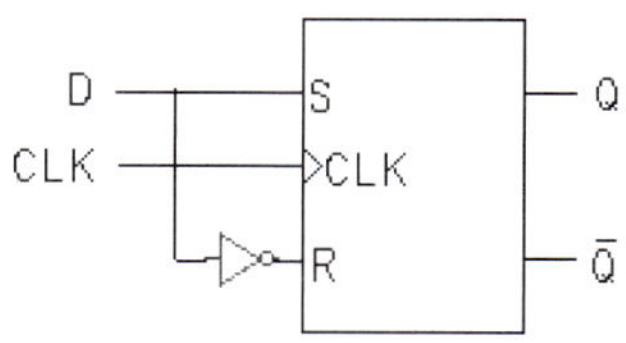

S	R	Q
0	0	N.C.
0	1	1
1	0	0
1	1	?

3. JK Flip-Flop

JK Flip-Flop은 RS Flip-Flop과 비슷하나 2개의 입력 J와 K가 1 상태가 될 때 출력은 먼저 출력의 반대, 즉 토글(toggle)이 된다.

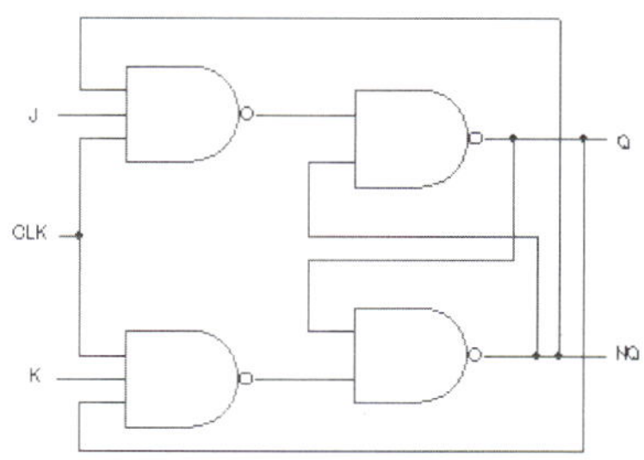

J	K	Q_{n+1}
0	0	Q_n
0	1	0
1	0	1
1	1	$\bar{Q}_n$

4. T Flip-Flop

T Flip-Flop은 JK Flip-Flop에서 J=1, K=1의 상태가 되는 것과 같이 동작한다. 따라서 입력신호에 따라 출력상태를 전환시킬 수 있게 된다. T Flip-Flop은 다른 Flip-Flop에서 같은 기능을 얻을 수 있으므로 별도의 IC로는 구성되어 있지 않다.

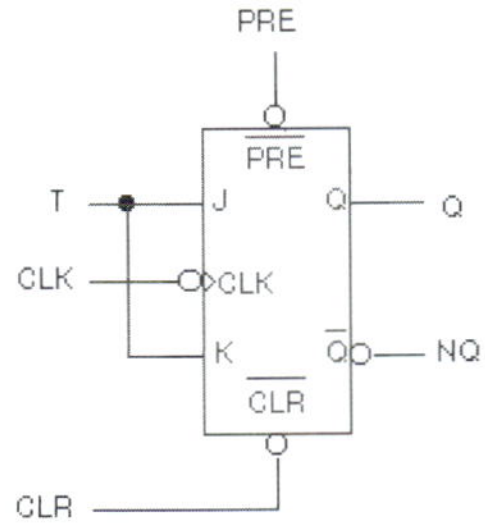

T	Q_{n+1}
0	Q_n
1	$\bar{Q}_n$

16.9.1 실험회로 I

■ 회로개요

7400 NAND gate로 구성된 RS Flip-Flop 회로이다.

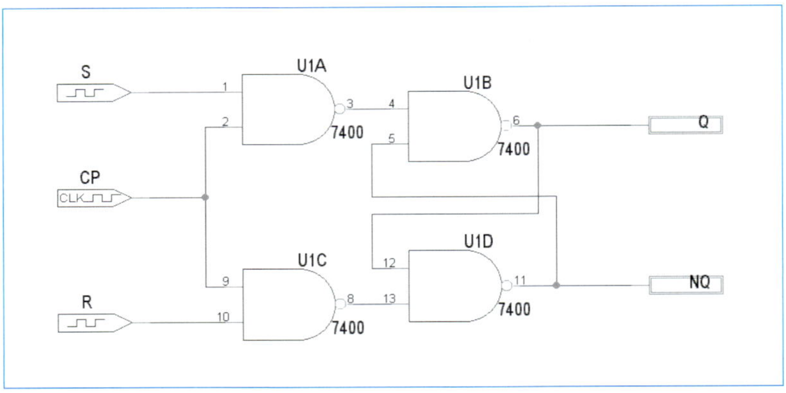

■ 회로해석

2개의 7400 NAND gate 구성된 RS Flip-Flop 회로로서 R과 S에 0이 동시에 입력될 때 출력 Q의 동작은 불변이며, R이 1, S가 0이면 Q=0가 되고 R이 0, S가 1이면 Q=1이 된다. 또 R과 S에 1이 동시에 입력될 때는 출력 Q의 상태는 알 수 없게 된다.

시뮬레이션 조건

본 회로는 NAND gate로 구성된 RS Flip-Flop 회로로서 Final Time을 1[us]까지 20[ns]의 간격으로 Transient 해석을 한다. 입력 신호 S와 R은 0.2[us] 간격으로 10, 00, 01, 00, 11을 인가한다.

시뮬레이션 결과

시뮬레이션 출력은 입력 신호 S:pin1와 R:pin1에 대한 출력 상태 Q를 확인하는 것으로 입력 S와 R이 10이면 출력 Q는 1 상태, 입력이 00이면 출력은 불변, 입력이 01이면 출력 Q는 0 상태가 된다. 그리고 입력 S와 R이 11이면 출력은 결정되지 않으므로 진동하는 상태가 된다.

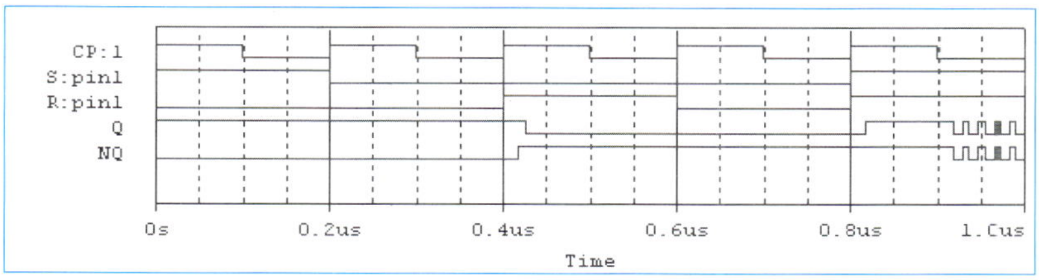

16.9.2 실험회로 II

회로개요

NAND gate를 사용한 RS Flip-Flop의 S 입력과 R 입력을 인버터로 연결하여 단일 입력을 갖는 D Flip-Flop 회로와 7474 IC를 사용한 D Flip-Flop 회로의 비교하라.

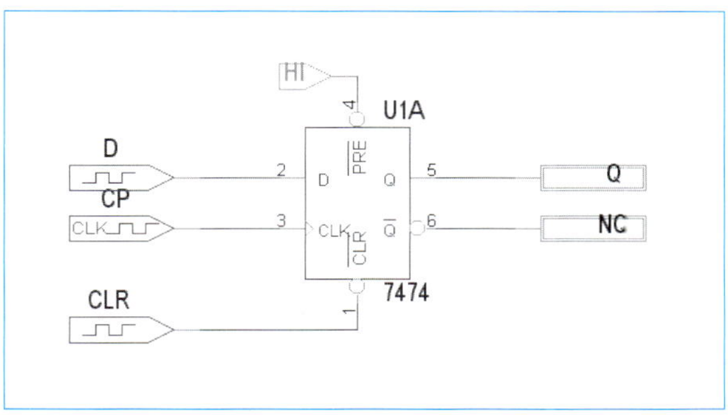

회로해석

NAND gate와 인버터로 구성된 D Flip-Flop과 7474 IC의 D Flip-flop은 데이터 입력인 D와 클럭 입력인 CP가 있다. CP의 신호가 없을 때의 출력은 불변이며, D가 0이면 Q=0, D가 1이면 Q=1이 된다.

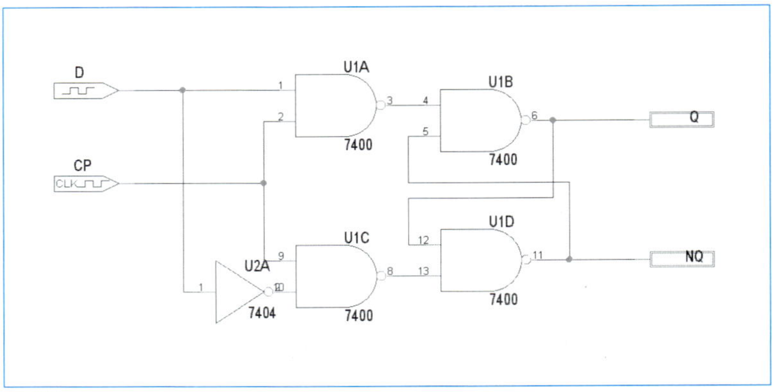

■ 시뮬레이션 조건

본 회로는 D Flip-Flop 회로로서 Final Time을 1[us]까지 20[ns]의 간격으로 Transient 해석을 한다. 입력 신호는 0.2[us] 간격으로 0, 1, 1, 0, 1 순으로 인가한다.

■ 시뮬레이션 결과

시뮬레이션 출력은 입력신호 D:pin1에 대한 출력 상태 Q를 확인하는 것으로 입력이 0 상태일 때 출력은 CP가 상향 클럭이 존재할 1 상태로 바뀌게 되고 입력이 1 상태일 때 출력은 0상태가 된다. 다음 두 시뮬레이션 출력에서 두 회로가 같은 결과를 얻게 된다. 7474를 사용한 회로에는 CLR 신호를 입력하여 칩을 Reset 하여야 하므로 0.2[us] 정도 차이가 난다.

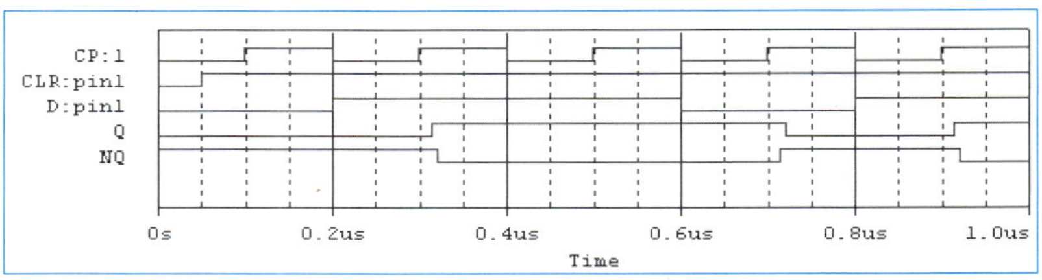

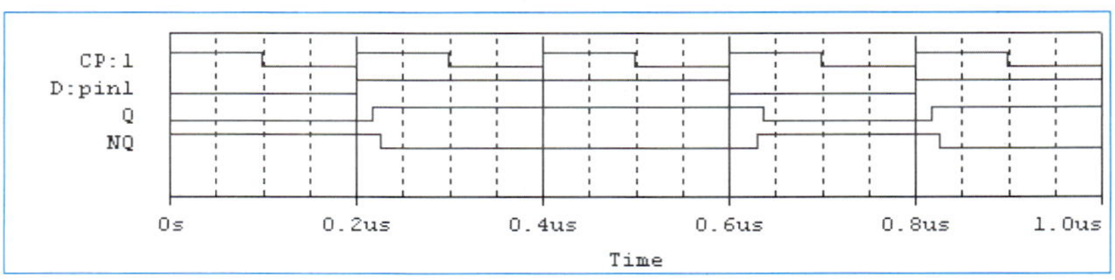

16.9.3 실험회로 III

■ 회로개요

NAND gate로 구성된 Master-Slave JK Flip-Flop 회로와 7476 IC의 JK Flip-flop 회로를 비교한다.

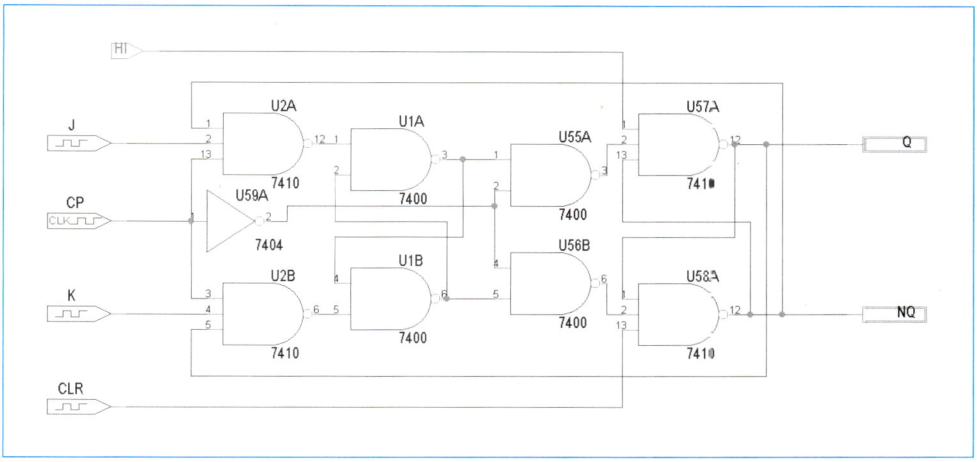

■ 회로해석

NAND gate로 구성된 JK Flip-Flop과 7476 IC의 JK Flip-Flop 회로는 J와 K의 입력과 클럭 CP가 있으며, 항상 CP의 상태 변환 때 출력의 변화가 있다. J와 K가 0이면 출력은 불변이고 J=0와 K=1이면 Q=0으로 reset 상태가 된다. 또 J=1와 K=0이면 Q=1로 set 상태가 되며 J=1와 K=1이면 출력은 이전 출력의 반대가 된다.

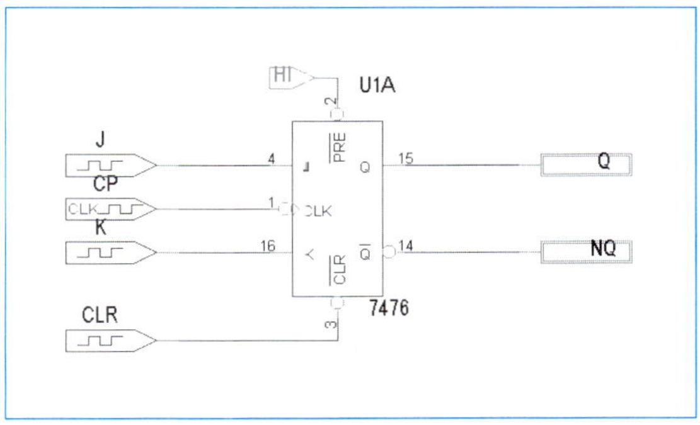

■ 시뮬레이션 조건

본 회로는 JK Flip-Flop 회로로서 Final Time을 1[us]까지 20[ns]의 간격으로 Transient 해석을 한다. 입력 신호 J와 K는 0.2[us] 간격으로 10, 01, 00, 11, 10을 인가한다.

■ 시뮬레이션 결과

시뮬레이션 출력은 입력 신호 J:pin1와 K:pin1에 대한 출력 상태 Q를 확인하는 것 입력 J와 K가 10 상태이면 출력 Q는 CP의 클럭이 내려가는 부분에서 1 상태가 되며, 입력이 01 상태이면 출력은

0상태가 된다. 또 입력이 00가 되면 출력은 불변이고 입력이 11일 경우 출력은 먼저 입력의 반대가 된다.

다음 두 시뮬레이션 결과에서 두 회로가 같은 결과를 얻게 된다. 7476을 사용한 회로에는 CLR 신호를 입력하여 칩을 Reset 하여야 하므로 0.2[us] 정도 차이가 난다.

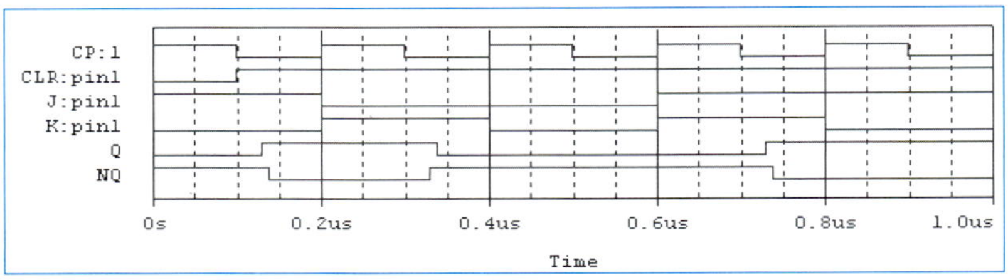

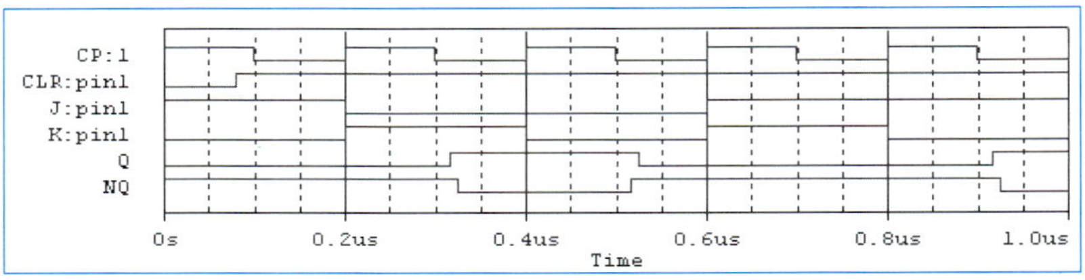

16.9.4 실험회로 IV

■ 회로개요

7476 IC의 JK Flip-Flop을 이용하여 T Filp-Flop으로 변환한 회로이다.

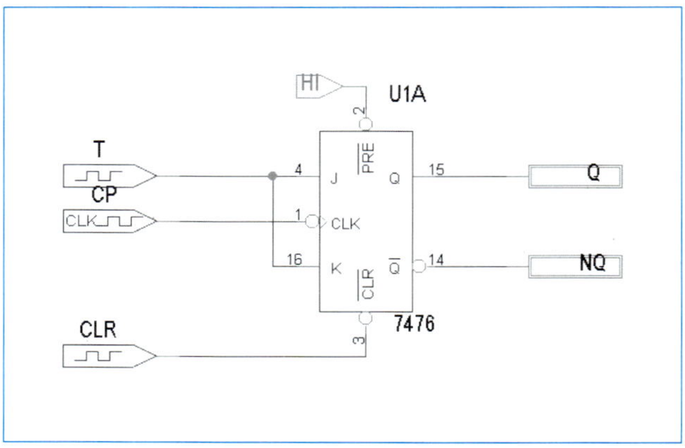

회로해석

T Flip-flop은 RS, JK, D Filp-flop 회로에서 변환할 수 있다. 즉 J=1와 K=1의 상태에서 CP의 상태변화 때 출력의 변화가 있게 되므로 T Filp-Flop가 같은 동작을 한다.

시뮬레이션 조건

본 회로는 T Flip-Flop 회로로서 Final Time을 1[us]까지 20[ns]의 간격으로 Transient 해석을 한다. 입력은 0.2[us] 간격으로 T 신호를 0, 1, 1, 0, 1을 인가한다.

시뮬레이션 결과

시뮬레이션 출력은 입력 신호 T:pin1에 대한 출력 상태 Q를 확인하는 것으로 입력이 0상태이면 출력은 불변이며, 입력이 1 상태일 때 출력은 먼저 출력의 반대가 된다.

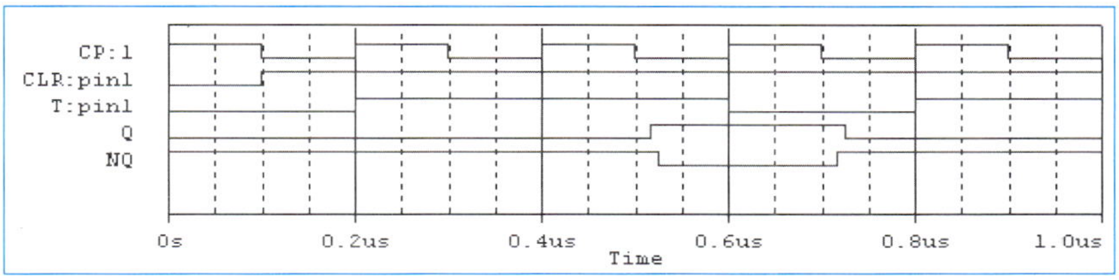

16.10 비동기식 카운터(Asynchronous Counters)

비동기식 카운터(Asynchronous Counters)

2진 계수의 동작을 하는 T Filp-Flop을 사용하여 아래 그림과 같이 연결하게 되면 4bit 비동기식 카운터가 된다. 그림에서 CLR 단자를 모두 접속하여 리세트를 시키면 4개의 T Filp Flop의 출력은 0가 된다. 이 상태에서 첫번째단의 CP 입력에 클럭펄스가 공급되어 클럭펄스가 "1" 에서 "0"로 변환되는 순간 첫번째단의 출력은 "0"에서 "1"로 바뀌고 두 번째 클럭펄스가 공급될 때까지 그 상태를 유지한다. 두 번째 클럭펄스가 공급되면, 첫 번째 단의 출력은 "1"에서 "0"으로 바뀌며 따라서 두 번째단의 출력을 "0"에서 "1"로 바꾸게 된다. 이와 같이 클럭펄스가 공급될 때마다 계속하여 카운터를 하게 된다. 각 단에 공급되는 클럭펄스는 Flip-Flop에 의한 지연으로 인해 입력단의 클럭펄스와 동기가 될 수 없으므로 비동기식 카운터라 부른다.

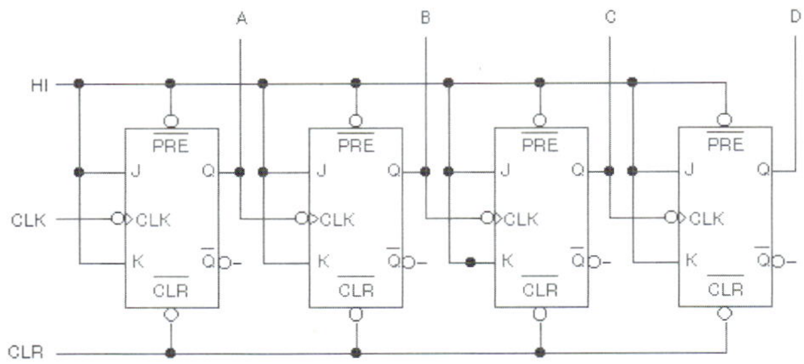

16.10.1 실험회로

■ 회로개요

7476 JK Flip-Flop 4개를 사용한 MOD-10(10진) 카운터로서 각 JK Flip-Flop의 출력이 다음단의 클럭 입력인 CP로 입력되는 비동기식 MOD-10 카운터 회로이다.

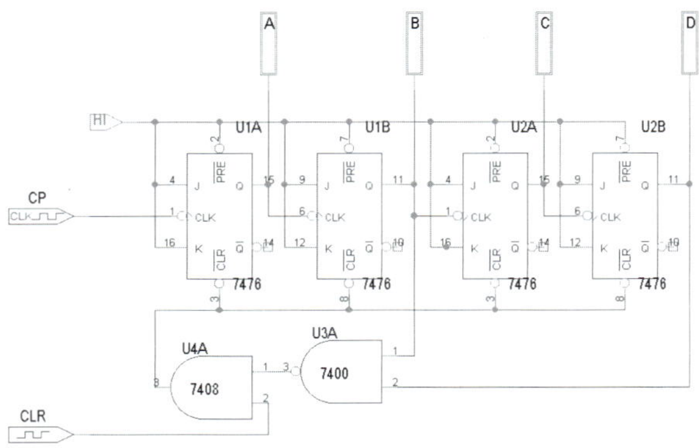

■ 회로해석

비동기식 MOD-10 카운터로서 클럭수를 10개 단위로 카운터한다. 즉 0에서 9까지의 출력 후 1010(DCBA의 순) 출력 때 카운터를 Reset하여 0에서부터 다시 9까지 카운터를 하게 하는 회로이다.

■ 시뮬레이션 조건

본 회로는 비동기식 MOD-10 10진 카운터 회로로서 Final Time을 3.6[us]까지 20[ns]의 간격으로 Transient 해석을 한다. 입력 J와 K는 High에 연결되며 CP의 클럭 신호에 의해 카운터된다.

■ 시뮬레이션 결과

시뮬레이션 출력은 입력 CP:1의 클럭 신호에 대한 출력 A, B, C, D의 상태를 확인하는 것으로 비동기적으로 카운터된다. 클럭이 1개가 입력되면 A가 1 상태, 클럭이 2개째 때 B가 1 상태, 클럭이 4개째 때 C가 1 상태, 클럭이 8개째 때 D가 1 상태가 된다. 따라서 10번째 클럭이 입력되면 NAND gate에 의해 카운터가 Reset가 되어 처음부터 다시 카운터를 시작한다.

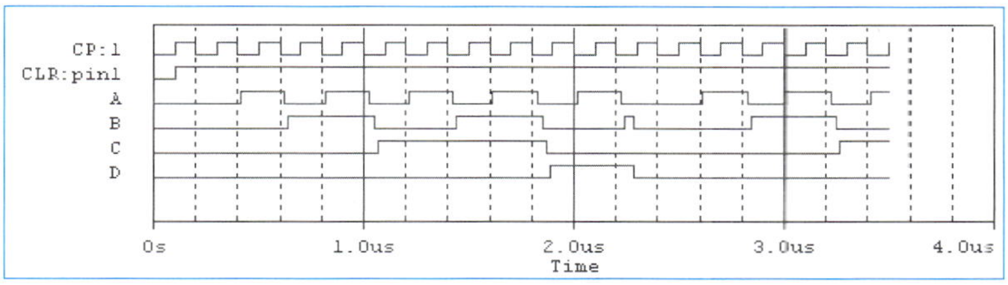

16.11 동기식 카운터(Synchronous Counters)

동기식 카운터(Synchronous Counters)

동기식 카운터는 모든 단의 클럭단자가 연결되어 있어 입력되는 클럭펄스에 의해 동시에 트리거하는 카운터이다. 다음 회로는 동기식 16진 가산 카운터의 예로서 4개의 JK Flip-Flop과 2개의 AND gate를 사용하였다.

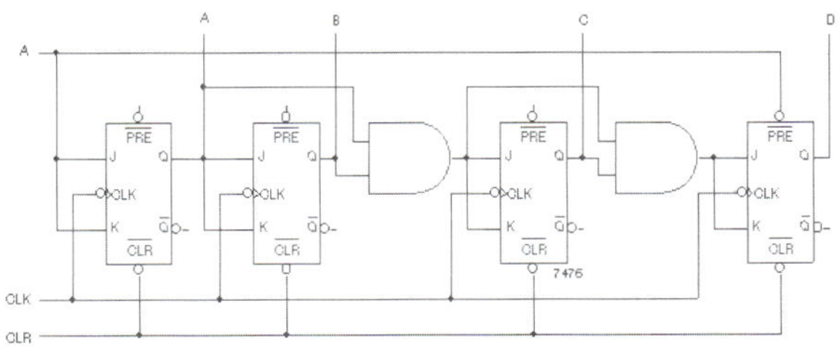

16.11.1 실험회로

■ 회로개요

7476 JK Flip-Flop 4개를 사용한 MOD-10(10진) 카운터로서 각 JK Flip-Flop의 출력이 AND gate를 거쳐 다음 단의 J 입력으로 연결되는 동기식 MOD-10 카운터 회로이다.

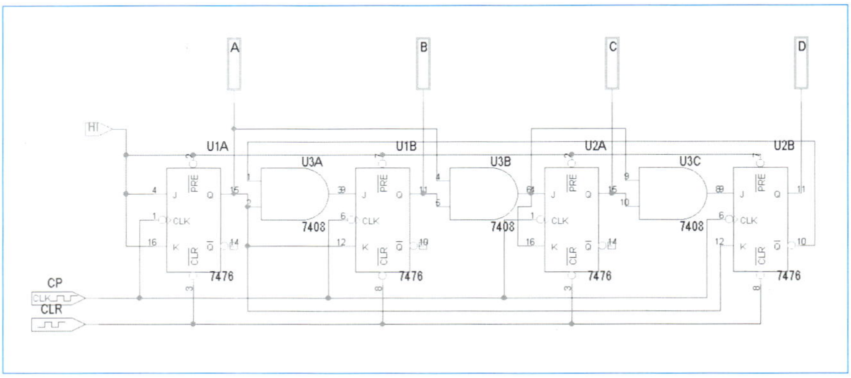

회로해석

동기식 MOD-10 카운터로서 클럭수를 10개 단위로 카운터한다. 즉 0에서 9까지의 출력 후 1010(DCBA의 순) 출력 때 카운터를 Reset하여 0에서부터 다시 9까지 카운터를 하게 하는 회로이다.

시뮬레이션 조건

본 회로는 동기식 MOD-10 카운터 회로로서 Final Time을 3.6[us]까지 20[ns]의 간격으로 Transient 해석을 한다. 첫번째 입력 J와 K는 High에 연결되고 두 번째부터 이전단의 출력에서 연결되며 클럭 신호에 의해 카운터 된다.

시뮬레이션 결과

시뮬레이션 출력은 입력 CP:1의 클럭 신호에 대한 출력 A, B, C, D의 상태를 확인하는 것으로 입력되는 클럭에 의해 모든 Flip-Flop이 동시에 카운터하게 된다. 클럭이 1개가 입력되면 A가 1 상태, 2개째 B가 1 상태, 4개째 C가 1 상태, 8개째 D가 1 상태가 된다. 따라서 10번째 클럭이 입력되면 카운터가 Reset가 되어 처음부터 다시 카운터를 시작한다.

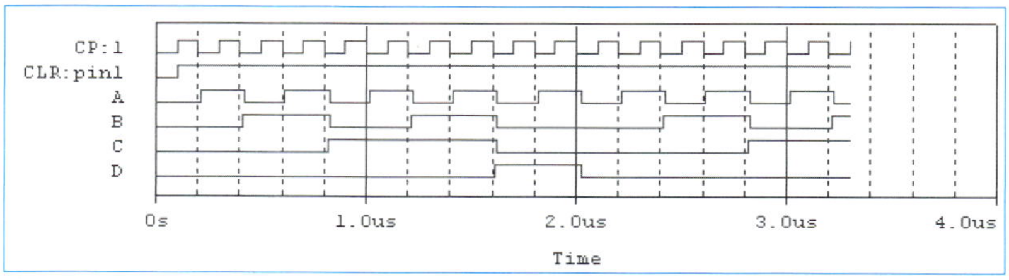

16.12 시프터 레지스터(Shift Registers)

시프터 레지스터(Shift Registers)

앞서 설명한 Flip-Flop을 사용하여 수치나 명령등의 정보를 일시에 기억해 두는 기억소자로 사용하며 직렬의 입력을 병렬의 출력으로 또는 병렬의 입력을 직렬의 출력으로 바꾸는데 사용하기도 한다. 시프터 레지스터는 직렬입력-직렬출력(Serial-In Serial-Out), 직렬입력-병렬출력(Serial-In Parallel-Out)등 입출력 방법과 우로이동(Shift right), 좌로이동(Shift left), 양방향 이동(Bi-directional) 등 데이터의 이동방향에 따라 구분한다. 다음 회로는 4비트 직렬입력-병렬출력형 우로이동 시프터 레지스터이다.

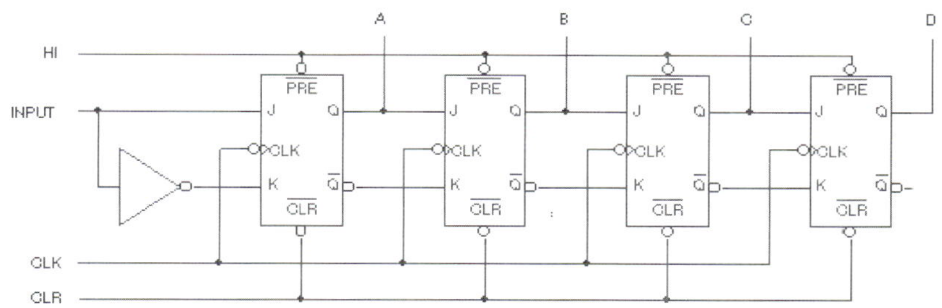

16.12.1 실험회로

■ 회로개요

7476 JK Flip-flop을 사용한 4비트 직렬입력-병렬출력형 우이동 시프트 레지스터 회로이다.

■ 회로해석

시프트 레지스터는 입력되는 정보를 좌 또는 우로 이동시키는 역할을 한다. 따라서 입력이 1010의 정보에 대한 4비트 우 시프트 레지스터의 경우 클럭펄스에 의해 1010 → 0101 → 0010 → 0001 → 0000 순으로 우측으로 이동하게 된다.

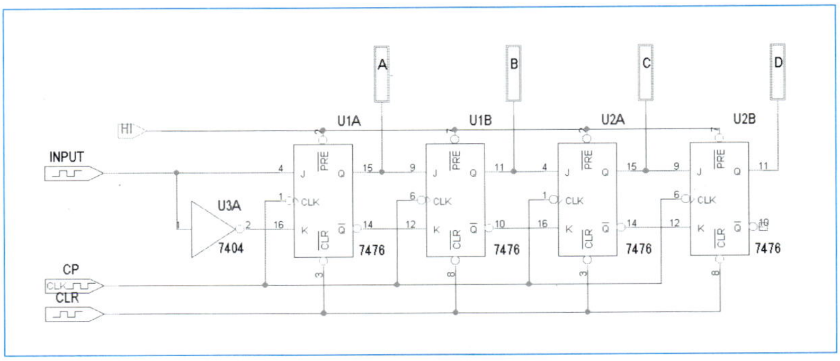

■ 시뮬레이션 조건

본 회로는 4비트 직렬입력-병렬출력형 우이동 시프트 레지스터 회로로서 Final Time을 3.6[us]까지 20[ns]의 간격으로 Transient 해석을 한다. 입력은 01011101 INPUT에 인가되고 CP의 클럭신호에 의해 우로 이동한다.

■ 시뮬레이션 결과

시뮬레이션 출력은 입력 신호 INPUT:pin1에 대한 출력 A, B, C, D의 상태를 확인하는 것으로 INPUT에 01011101의 데이터가 입력될 때 출력 A에는 1클럭 B에는 2클럭, C에는 3클럭, D에는 4클럭 우로 이동된다.

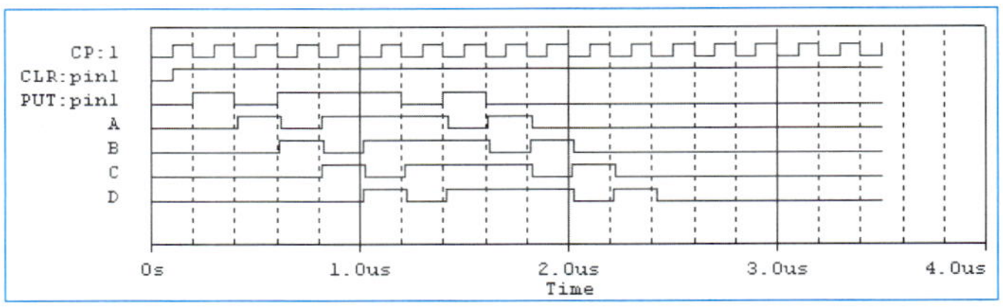

PART Ⅳ

아날로그·디지털회로 실습

CHAPTER 17 아날로그 응용회로 및 실습

17.1 수동소자 검증회로

17.1.1 전압·전류 분배회로

■ 회로개요

본 회로는 직렬 및 병렬로 저항만을 연결한 간단한 회로이다. 일반적으로 적용되는 직렬회로 및 병렬회로의 전압 · 전류 분배 법칙을 알아보기 위해 본 회로의 각 저항 양단에 걸리는 전압과 흐르는 전류를 조사한다.

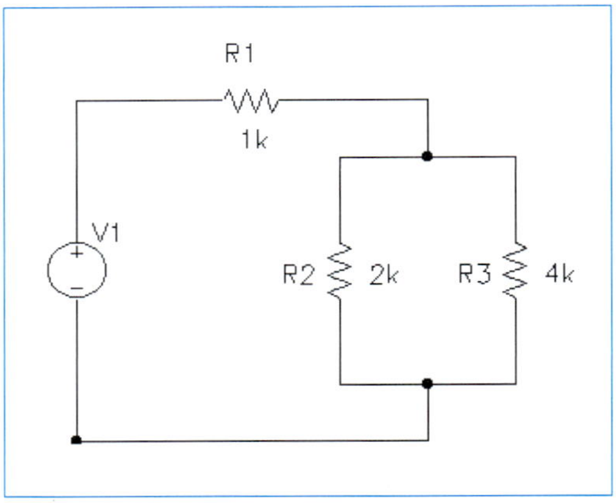

■ 문제

1. R1과 병렬저항 R2, R3 양단에 걸리는 전압을 조사하여 전압 분배법칙을 검증하라.
2. R2, R3에 의해 분배되는 전류를 조사하고, 그 합이 R1에 흐르는 전류와 같음을 확인하여 전류법칙을 검증하라.

■ 시뮬레이션 조건

공급전원 : DC 10V

Ttransient 해석 혹은 bias point in detail 해석

■ 시뮬레이션 결과

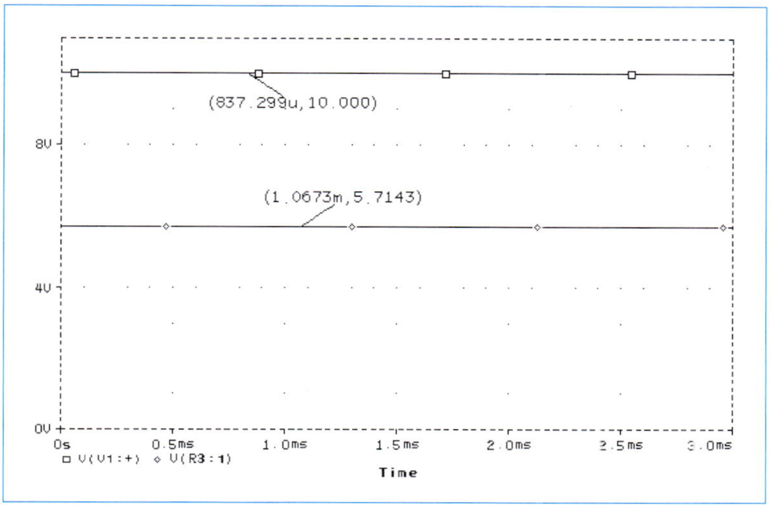

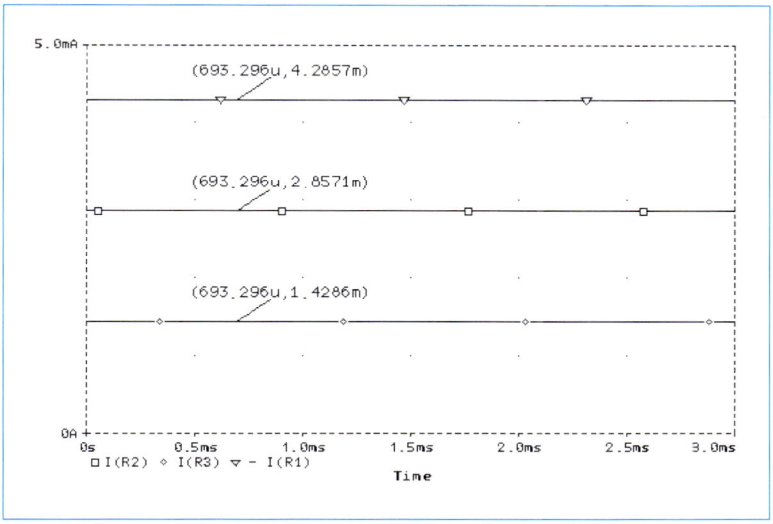

17.1.2 간단한 RC 회로

■ 회로개요

본 회로는 간단한 RC회로이다. 이 회로의 Capacitor 양단에 걸리는 전압과 전류 특성을 알아본다.

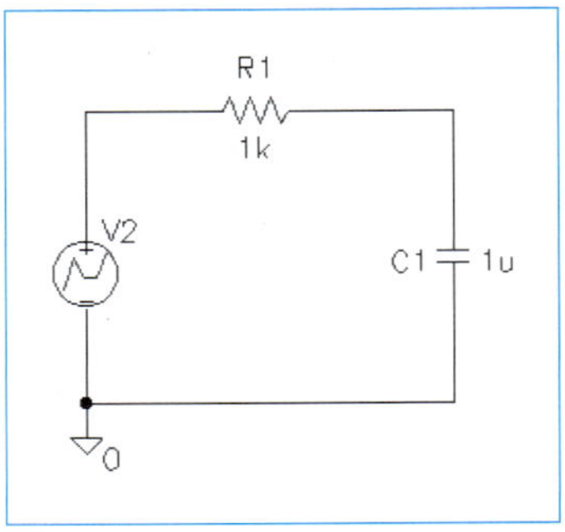

■ 문제

1. Capacitor에 걸리는 전압과 전류 중 어느 것이 급격한 변화를 하지 못하는가?
2. Capacitor 양단의 전압 전류의 위상을 관찰하라. 어느 것이 앞서는가?
3. 입력신호 주파수에 따른 capacitor의 임피던스 변화를 조사하라.

■ 시뮬레이션 조건

DC 해석시 전원에 크기가 5V인 Step 입력을 걸어준다.
Transiant 해석을 통해 위상을 관측하라.
AC 해석을 통해 capacitor의 임피던스변화를 조사하라.

■ 시뮬레이션 결과

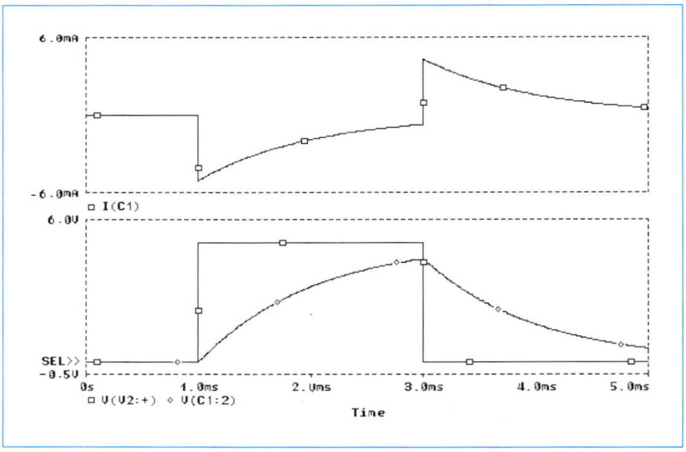

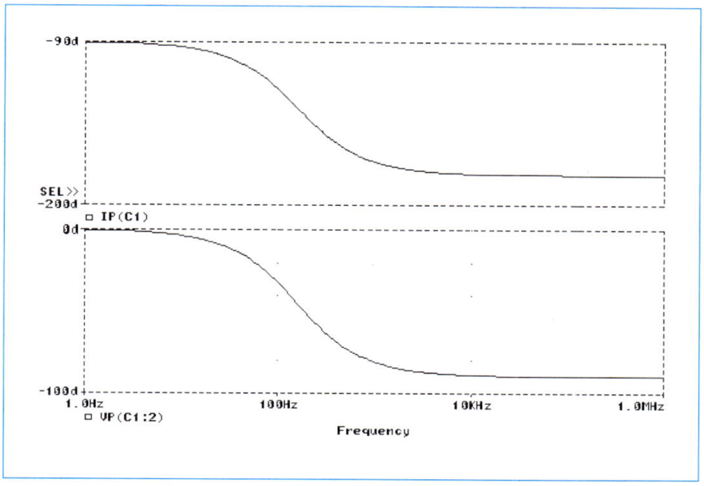

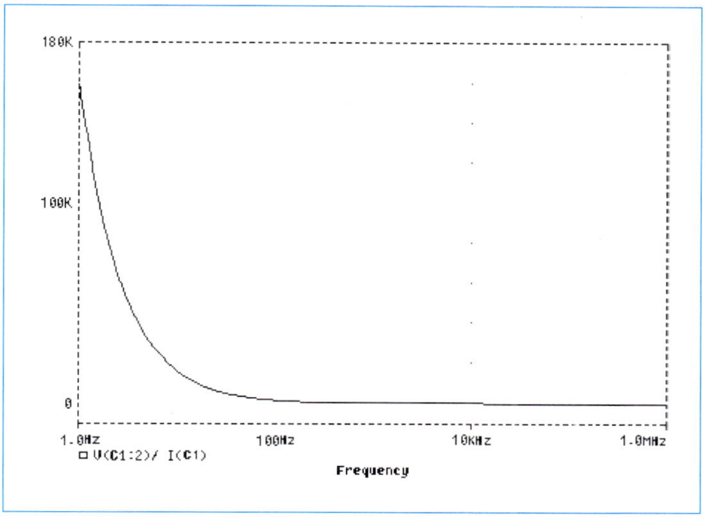

17.1.3 간단한 RL 회로

■ 회로개요

다음 회로는 간단한 RL회로의 구조를 나타내고 있다. 에너지 충전소자인 Inductor는 Capacitor와는 정반대의 특성을 가지고 있다.

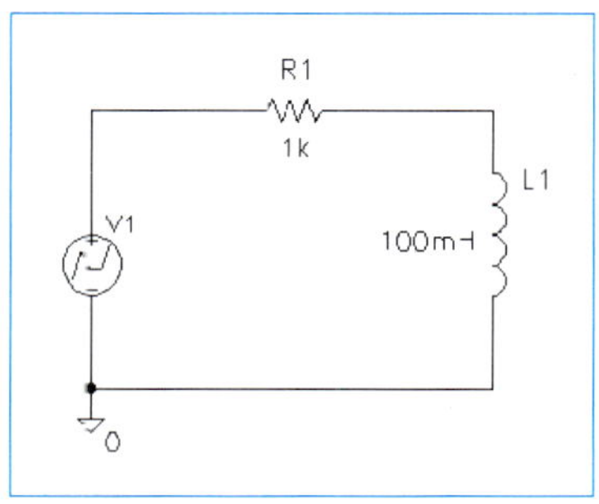

■ 문제

1. 간단한 RL 회로에서 L양단의 전압 전류특성을 검증하라. RC 회로와 어떻게 다른가?
2. L 양단의 전압 전류의 위상을 관찰하라.
3. 입력신호의 주파수에 따른 L의 임피던스 변화를 검증하라.
4. 입력전류의 변화시 L양단에 흐르는 전류는 어떻게 변화하는가?

■ 시뮬레이션 조건

Inductor의 전압, 전류 특성을 관찰하기 위하여 전압원 V1은 VPWL를 사용하라.
Inductor의 임피던스 변화를 측정하기 위해서는 AC sweep 해석을 하라.

■ 시뮬레이션 결과

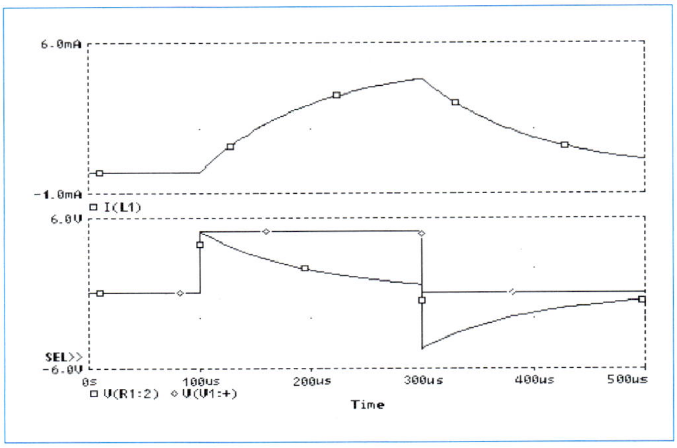

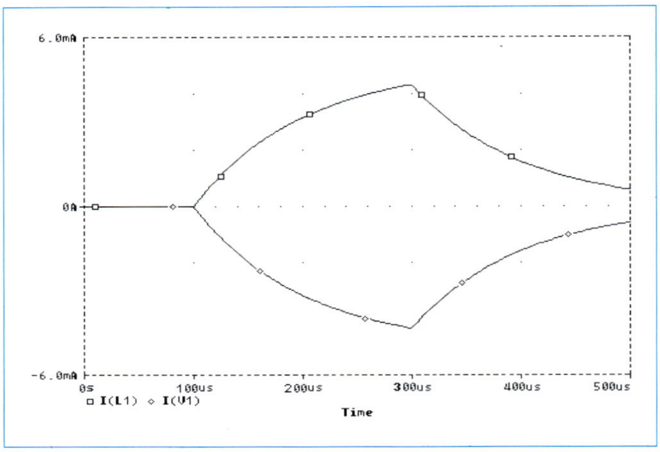

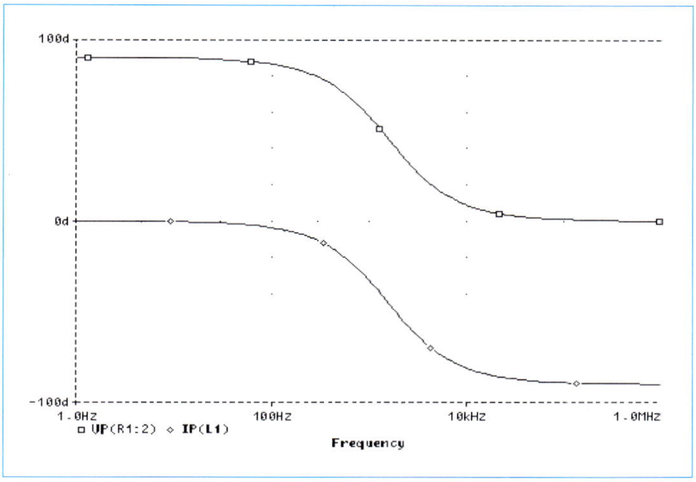

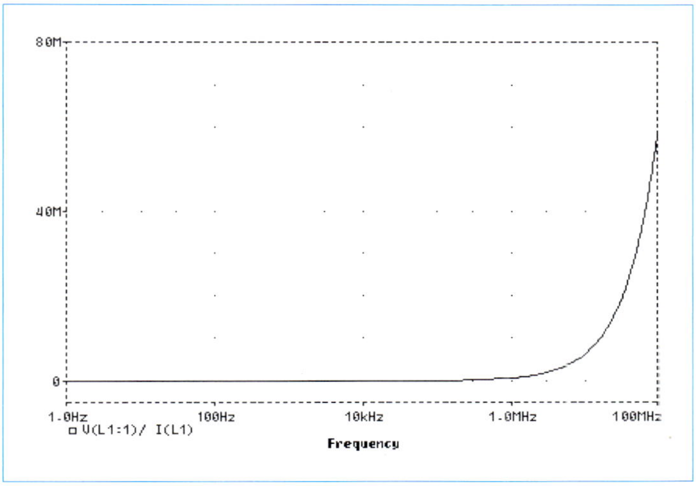

17.1.4 트랜스포머 회로

다음 회로는 K3019PL_3C8을 이용한 트랜스포머 회로이다.

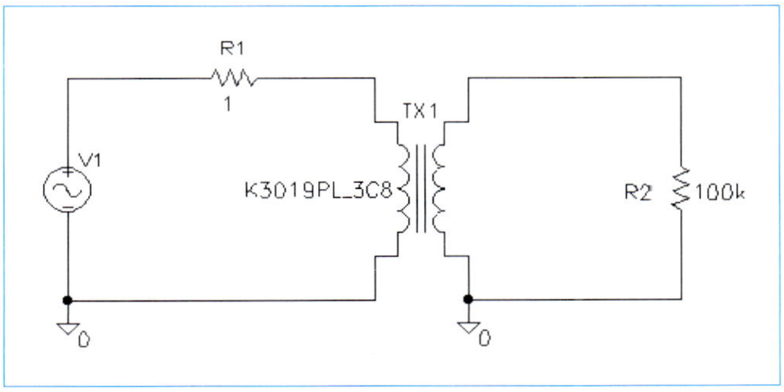

■ 문제

1. 권선비에 따른 입력에 대한 출력 전압을 관찰하라. (1:2, 1:3)

   coupling coefficient = 0.999 1차 권선수 = 1000

2. coupling coefficient 값의 변화에 의해 출력이 어떻게 변화하는가?

■ 시뮬레이션 조건

전원 10V, 주파수 200Hz의 사인파, transient 해석

■ 시뮬레이션 결과

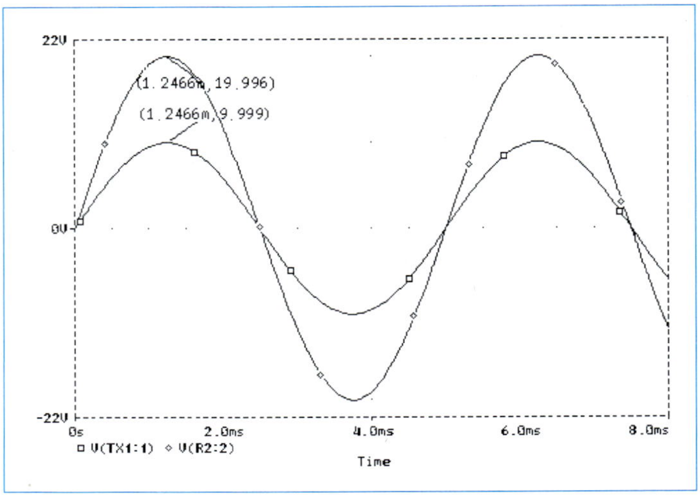

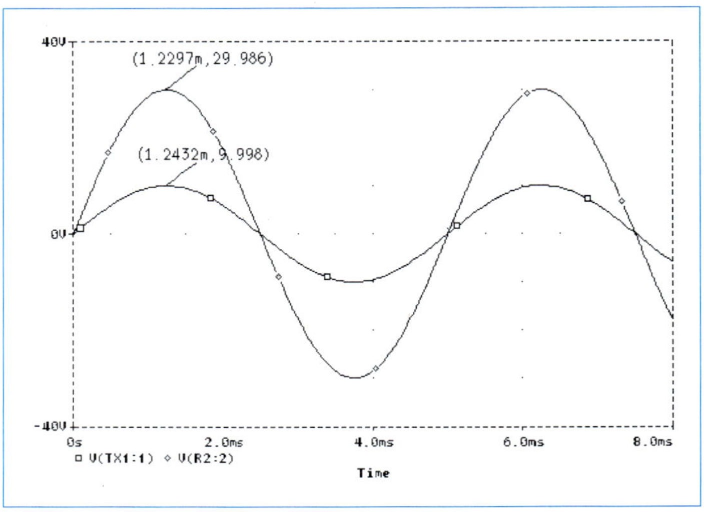

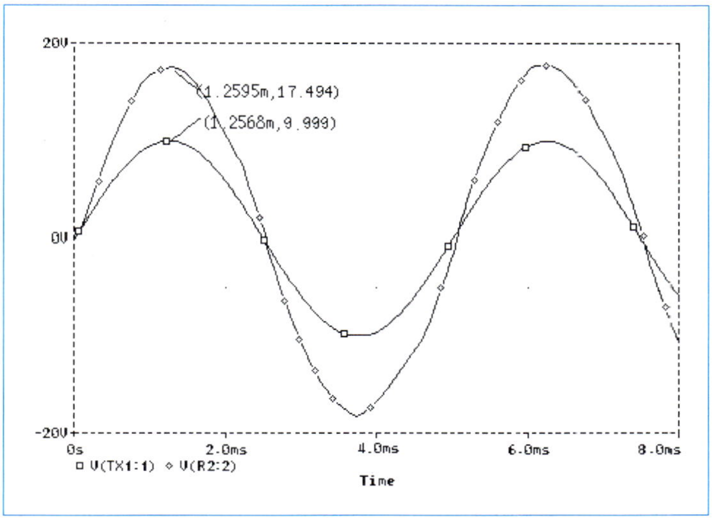

17.2 능동소자 검증회로

17.2.1 다이오드의 전압 전류 특성 곡선

■ 회로개요

본 회로는 다이오드의 전압 전류특성을 알아보기 위한 회로이다. 시뮬레이션을 통해 다이오드 양단의 전압과 다이오드를 흐르는 전류에 대해 알아보자.

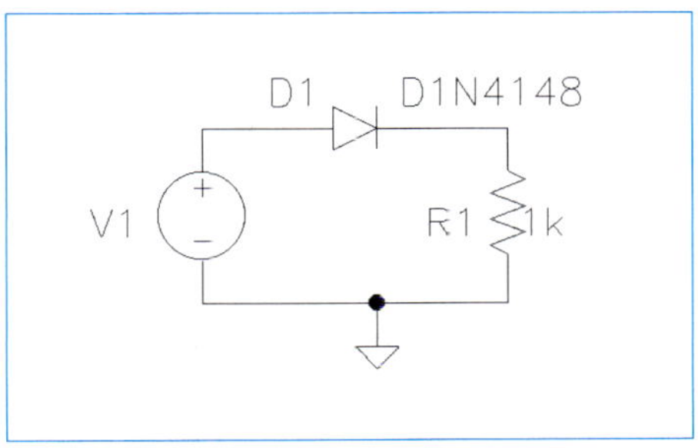

■ 문제

1. 다이오드의 전압 전류 특성 곡선을 구하고, 다이오드의 턴온(turn on)전압을 구하라.

■ 시뮬레이션 조건

다이오드 : D1N4148

해석방법 : DC analysis

→ 입력전원 V1을 0에서 1V까지 DC SWEEP

■ 시뮬레이션 결과

다이오드는 약 0.5V에서 턴온이 되며 그 뒤 다이오드에 흐르는 전류는 인가전압 V1에 지수함수적으로 비례하여 증가한다.

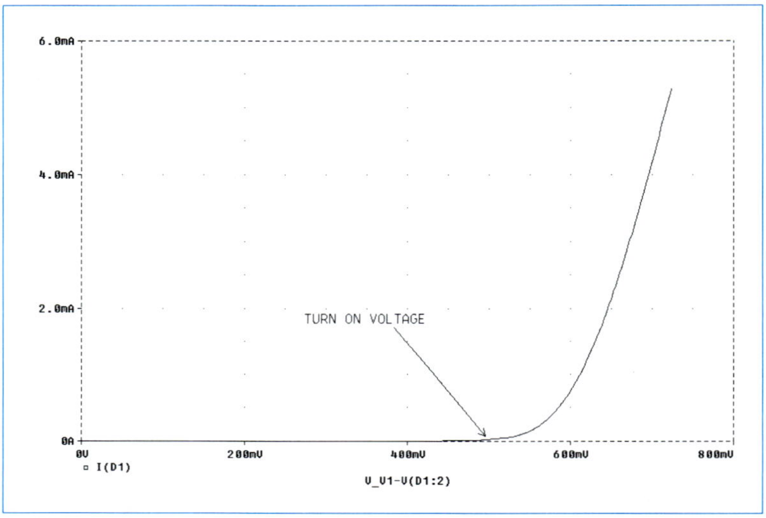

17.2.2 제너 다이오드의 전압 전류 특성

■ 회로 개요

본 회로는 제너 다이오드의 전압 전류 특성을 알아보는 회로이다. 이를 통하여 다이오드 양단의 전압이 음일 때 전류의 특성을 알아본다.

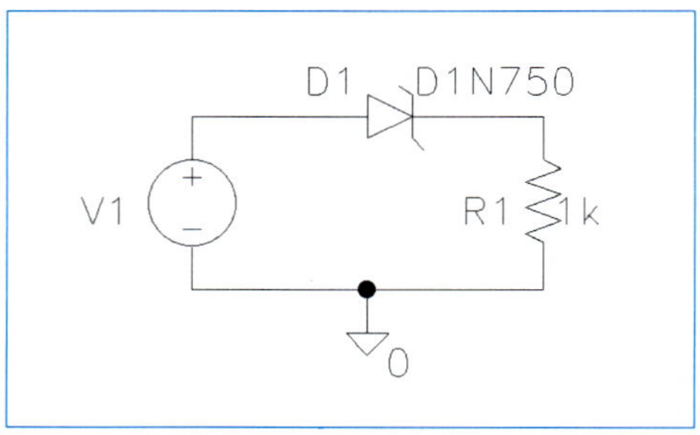

■ 문제

1. 제너 다이오드의 전압 전류 특성을 조사하라. (특히, 다이오드 양단의 전압이 음일 때를 확인하라.)

■ 시뮬레이션 조건

다이오드 : D1N750

해석방법 : DC analysis

→ 입력전원 V1을 -20V에서 10V까지 DC SWEEP

■ 시뮬레이션 결과

다이오드 양단의 전압이 양일 때는 일반 다이오드와 같은 특성을 가지나 양단의 전압이 음일 경우 -4V 정도에서 다이오드는 반대로 턴온이 되어 전류가 반대방향으로 흐르기 시작하며 그 뒤는 다이오드 양단의 전압과 비례하여 증가한다.

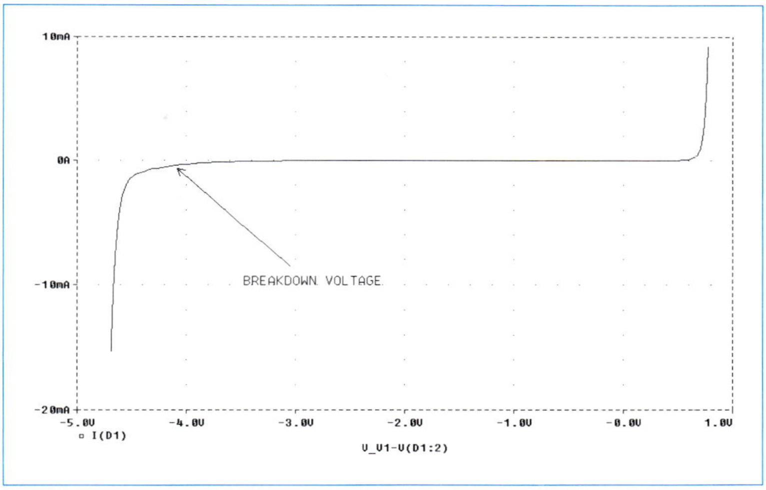

17.2.3 NPN bipolar junction diode의 입출력 특성

■ 회로개요

본 회로는 BJT 트랜지스터의 입출력 특성을 구하기 위한 회로이다. 시뮬레이션을 통해 npn BJT 트랜지스터의 입출력 특성 곡선을 알아본다.

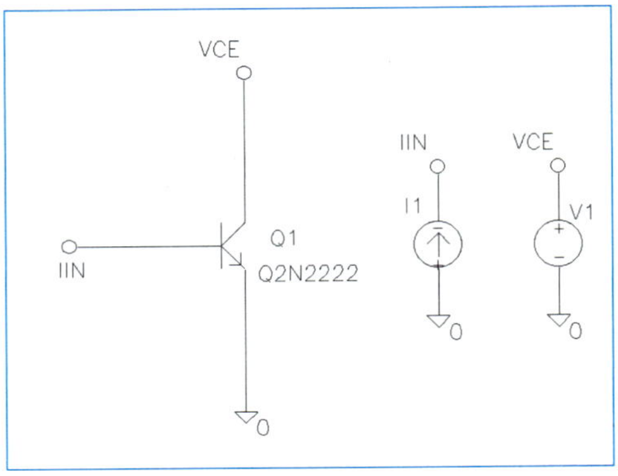

■ 문제

1. 베이스 전류의 변화에 따른 컬렉터 - 에미터 양단의 전압과 컬렉터 전류와의 관계 그래프를 구하라.

■ 시뮬레이션 조건

트랜지스터 : Q2N2222

해석 방법 : 입력전원 V1은 0에서 5V까지 DC SWEEP

입력전원 I1은 0에서 200uA까지 PARAMETRIC 해석

■ 시뮬레이션 결과

베이스 전류가 40uA, VCE가 약 200mV일 때 forward-active 영역으로 들어간다.

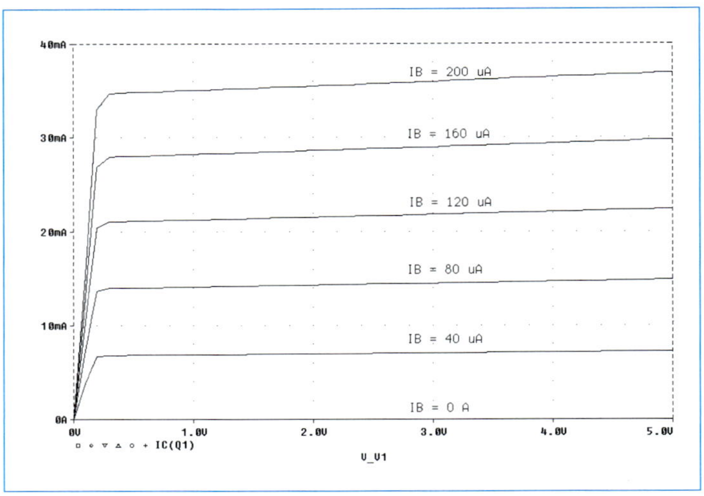

17.2.4 PNP bipolar junction transistor의 입출력 특성 곡선

■ 회로개요

본 회로는 pnp 다이오드의 입출력 특성곡선을 알아보기 위한 회로이다. 시뮬레이션을 통해 입출력 특성을 알아본다.

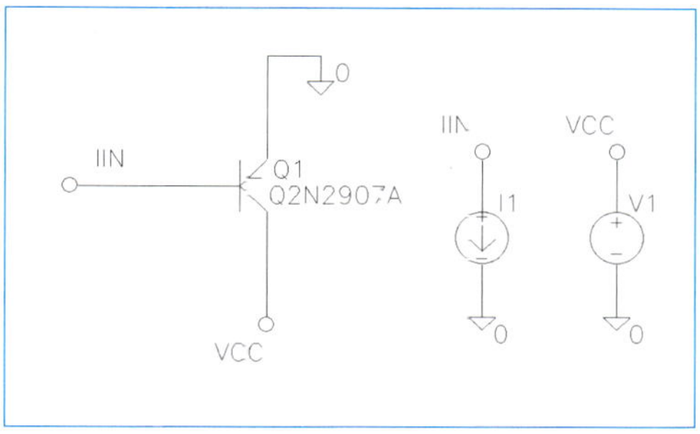

■ 문제

1. 베이스 전류의 변화에 따른 에미터와 컬렉터 양단의 전압과 컬렉터 전류와의 관계 그래프를 구하라.

■ 시뮬레이션 조건

트랜지스터 : Q2N2907A

해석 방법 : 입력전원 V1을 0에서 -5V까지 DC SWEEP

입력전원 I1을 0에서 -200uA까지 PARAMETRIC 해석

■ 시뮬레이션 결과

베이스 전류가 40uA, VCE가 -200mV일 때 forward-adtive 영역으로 들어간다.

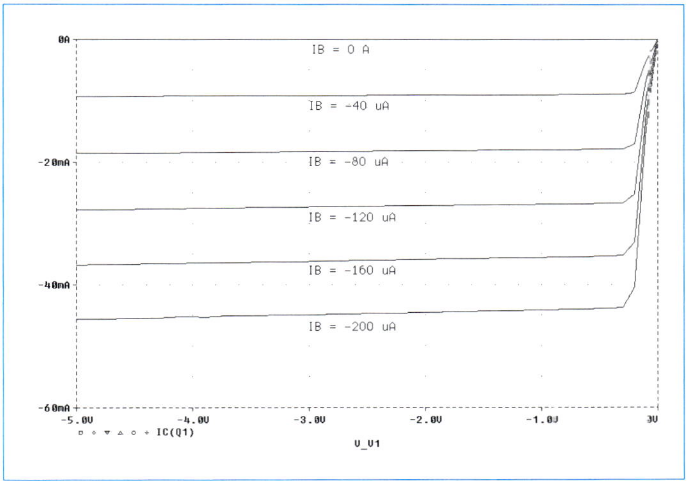

17.2.5 N-channel JFET의 입출력 특성 곡선

■ 회로개요

본 회로는 n-channel JFET의 전압 전류 특성을 알아보기 위한 회로이다. 시뮬레이션을 통해 n-channel JFET의 전압 전류 특성을 알아본다.

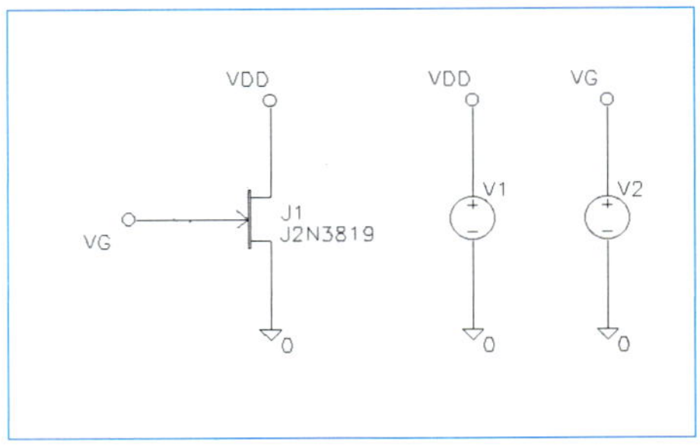

■ 문제

1. n-channel JFET의 입출력 특성 곡선를 구하고 드레인 전류가 0이 되는 게이트의 전압을 구하라.

■ 시뮬레이션 조건

트랜지스터 : J2N3819

해석 방법 : 입력전원 V1을 0에서 30V까지 DC SWEEP

입력전원 V2를 0.2에서 -3V까지 PARAMETRIC 해석

■ 시뮬레이션 결과

게이트 전압이 -3V보다 적으면 드레인 전류는 0이 되며 이 값을 핀치오프 전압(pinch-off volage)이라 한다.

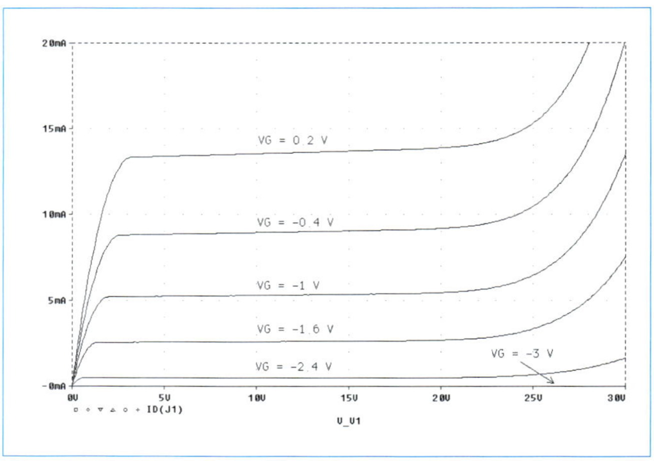

17.2.6 N-channel MOSFET의 전압 전류 특성

■ 회로개요

본 회로는 n-channal MOS FET의 전압 전류 특성을 알아보기 위한 회로이다. 시뮬레이션을 통해 n-channel enhan- cement MOSFET의 전압 전류 특성을 알아 본다.

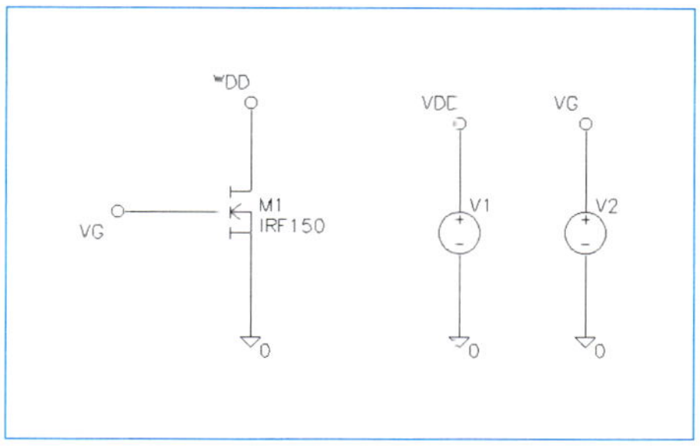

■ 문제

1. n-channel MOSFET의 전압 전류 특성곡선을 구하고 문턱 전압(threshold voltage) 을 구하라.

■ 시뮬레이션 조건

트랜지스터 : IRF150

해석 방법 : 입력전원 V1을 0에서 10V까지 DC SWEEP

입력전원 V2를 2.5V에서 5V까지 PARAMETRIC 해석

■ 시뮬레이션 결과

게이트 전압이 4V일 때 드레인 소스 양단전압이 약 1V 정도에서 트랜지스터가 포화 영역으로 들어가고, 문턱 전압은 3V이다.

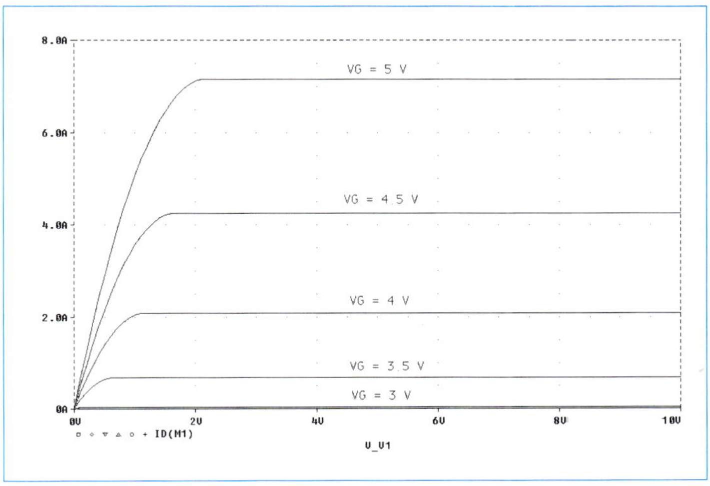

17.2.7 P-channel enhancement MOSFET의 전압 전류 특성

■ 회로개요

본 회로는 p-channel enhance- ment MOSFET의 전압 전류 특성을 알아보기 위한 회로이다. 시뮬레이션을 통해 p-channel enhancement MOSFET의 전압 전류 특성을 알아본다.

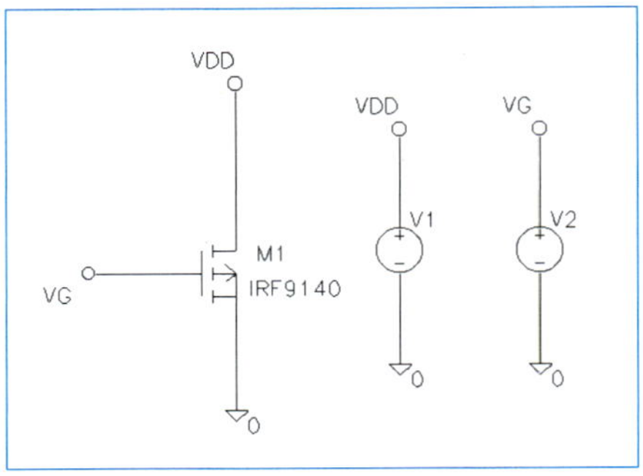

■ 문제

1. P-channel enhancement MOSFET의 전압 전류 특성곡선을 구하고 문턱전압을 구하라.

■ 시뮬레이션 조건

트랜지스터 : IRF9140

해석방법 : 전원 V1을 0에서 -10V까지 DC SWEEP

전원 V2를 -3.5V에서 -5V까지 PARAMETRIC 해석

■ 시뮬레이션 결과

게이트 전압이 -5V일 때 드레인 소스 양단전압이 -1.6V 정도에서 트랜지스터가 포화 영역으로 들어가고, 문턱 전압은 -3.5V이다.

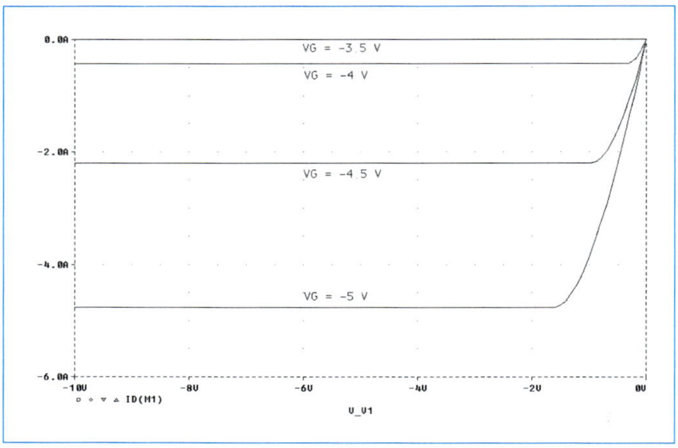

17.2.8 TRIAC의 전압 전류 특성 곡선

■ 회로 개요

본 회로는 TRIAC의 전압 전류 특성을 알아보기 위한 회로이다. 시뮬레이션을 통해 양방향 스위치인 TRIAC 양단 전압과 TRIAC을 흐르는 전류의 관계를 알아 본다.

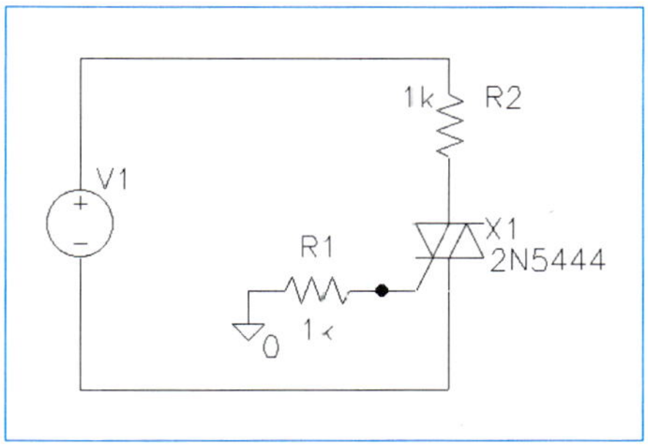

■ 문제

1. TRIAC의 입출력 특성을 조사하고 TRIAC이 턴온 되는 전압을 찾아라.

■ 시뮬레이션 조건

TRIAC : 2N5444

해석방법 : 전원 V1을 -100에서 250V까지 DC SWEEP

■ 시뮬레이션 결과

TRIAC 양단의 전압이 양일 때는 210V에서 턴온되고 TRIAC 양단의 전압이 음일 때는 -68V 정도에서 턴온이 된다.

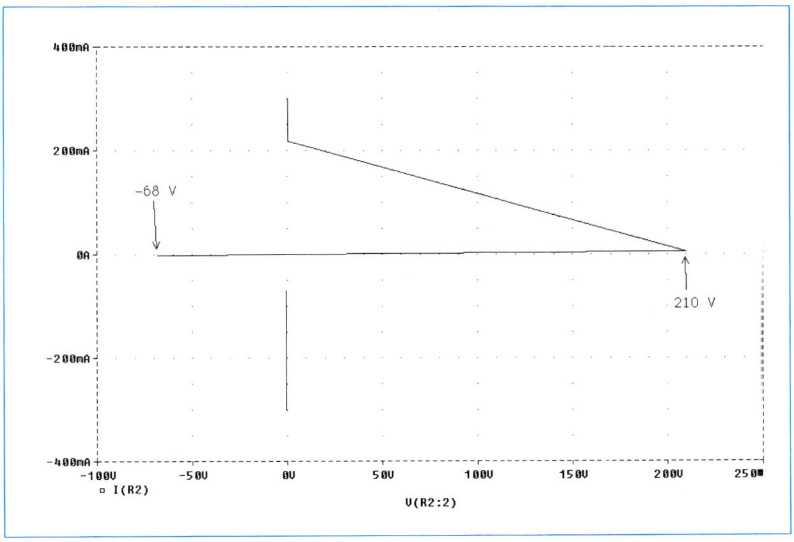

17.2.9 UA 741 Op-Amp의 maximum output swing voltage

■ 회로 개요

본 회로를 구성하여 UA 741 Op-Amp의 maximum output swing voltage를 구할 수 있다.

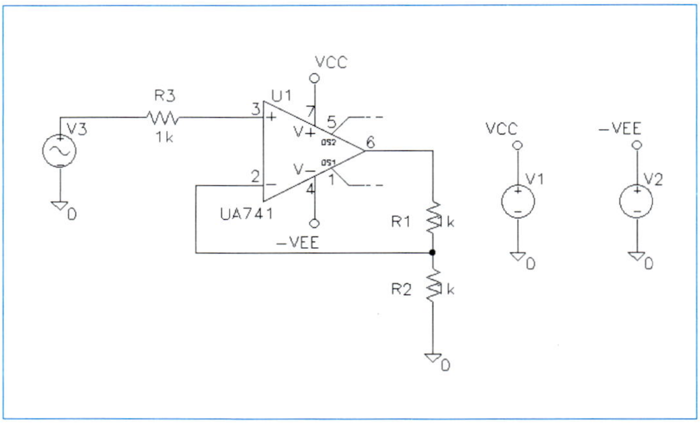

■ 문제

1. UA 741 Op-Amp의 maximum output swing voltage을 구하라.

■ 시뮬레이션 조건

Op amp : UA 741

공급 전원 : VCC = 10V

VEE = -10V

해석방법 : 전원 V3를 -10V에서 10V까지 DC SWEEP

■ 시뮬레이션 결과

위 회로의 전압 이득이 2이고 입력 전압이 5V 이상일 때 출력 전압이 10V 이상 넘지 않는 것을 알 수 있다. 그러므로 Op-Amp의 출력 전압은 공급전원 VCC, VEE를 넘을 수가 없다.

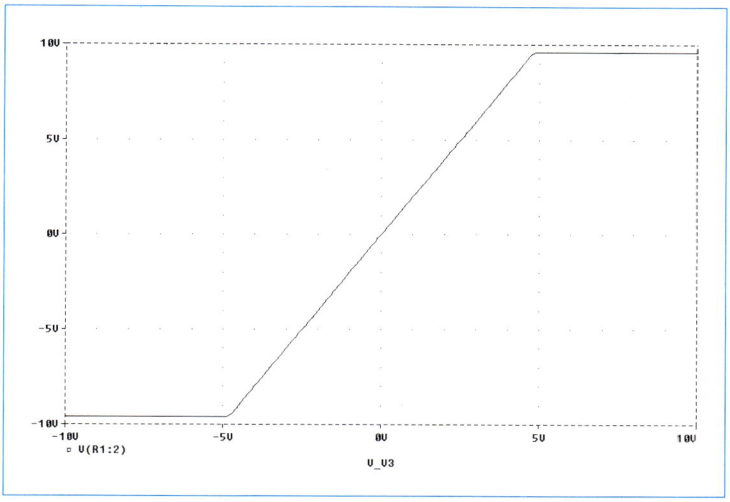

17.2.10 UA 741 Op-Amp의 frequency response, large signal voltage gain, input bias current와 slew rate

■ 회로개요

본 회로를 구성하여 UA 741 Op-Amp의 frequency response, large signal voltage gain, input bias current와 slew rate를 구할수 있다.

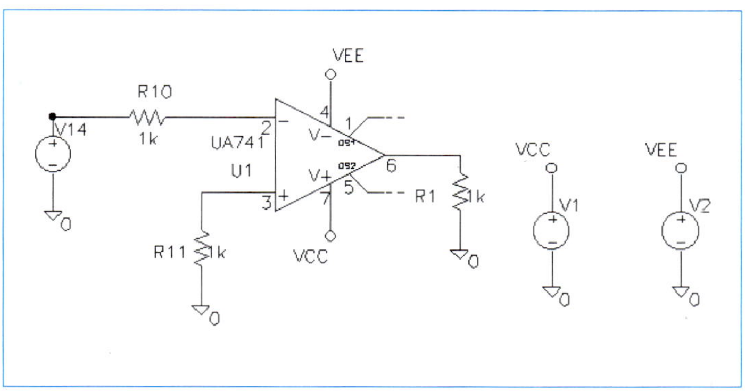

■ 문제

위의 회로를 구성하여 UA 741 Op-Amp의 frequency response, large signal voltage gain, input bias current와 slew rate를 구하라.

■ 시뮬레이션 조건

Op-Amp는 UA 741을 이용하였고 공급 전원은 VCC가 10V이고 VEE가 -10V이며 0.1에서 10MHz까지 AC SWEEP 해석을 한다.

■ 시뮬레이션 결과

아래 결과에서 large signal voltage gain은 240dB이고 unit gain frequency는 860kHz임을 알 수 있다. 그리고 Op-Amp의 input bias current는 out file에 나타난 것과 같이 79.7nA임을 알 수 있다.

$$\text{SLEW RATE} = 8\pi V_T f_G$$

Slew rate는 위의 공식을 사용하여 구할 수 있다. V_T(thermal voltage)는 25mV이고 f_G는 860kHz이다. 그래서 그 값을 계산하면 0.54V/us이다.

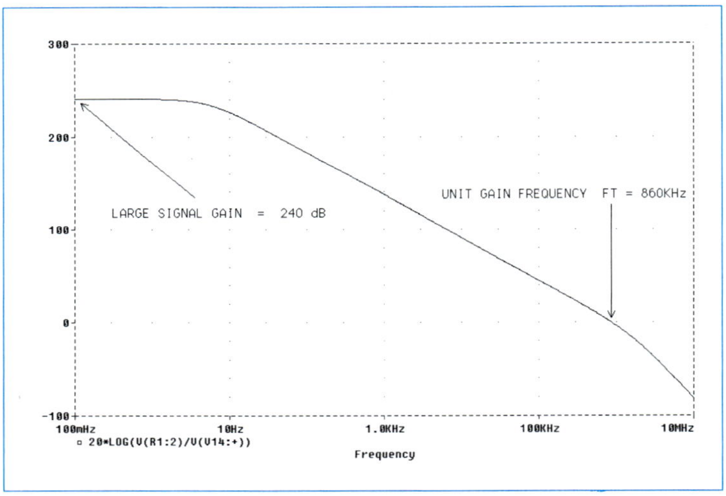


```
**** BIPOLAR JUNCTION TRANSISTORS

NAME         X_U1.q1      X_U1.q2
MODEL        X_U1.qx      X_U1.qx
IB           7.97E-08     7.97E-08
IC           7.48E-06     7.48E-06
VBE          5.94E-01     5.94E-01
VBC         -9.96E+00    -9.96E+00
VCE          1.06E+01     1.06E+01
BETADC       9.38E+01     9.38E+01
GM           2.89E-04     2.89E-04
RPI          3.24E+05     3.24E+05
RX           0.00E+00     0.00E+00
RO           1.00E+12     1.00E+12
CBE          0.00E+00     0.00E+00
CBC          0.00E+00     0.00E+00
CBX          0.00E+00     0.00E+00
CJS          0.00E+00     0.00E+00
BETAAC       9.38E+01     9.38E+01
FT           4.60E+15     4.60E+15
```

17.3 RLC 공진회로

17.3.1 RLC 병렬공진회로

■ 회로개요

본 회로는 RLC 병렬공진회로이다. 시뮬레이션을 통해 이 회로의 특성을 알아본다.

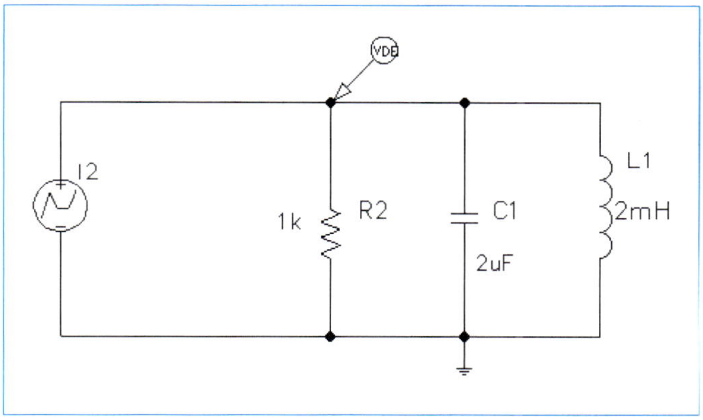

■ 문제

1. 공진주파수와 upper & low half power frequencies, 그리고 bandwidth를 조사하라.
2. 입출력간의 위상관계를 조사하라.
3. Step response & ramp response를 조사하라.
4. 이 공진회로의 quality factor Q를 조사하라.

■ 시뮬레이션 조건

AC Analysis

Transient Analysis

■ 시뮬레이션 결과

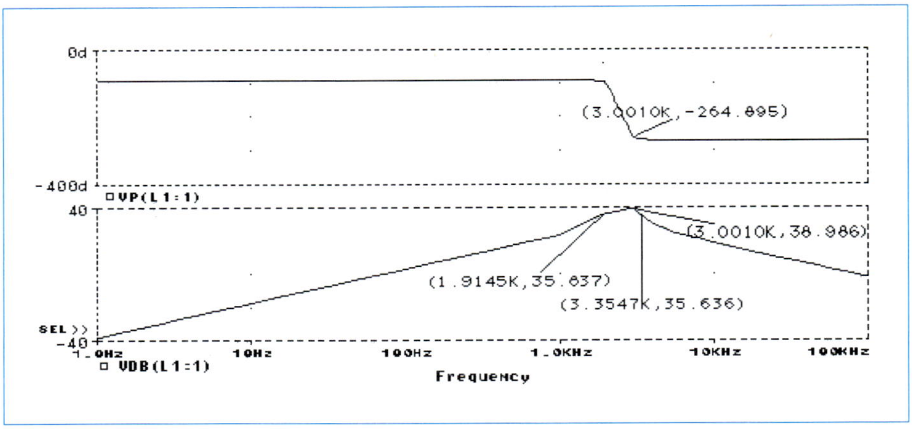
0d
-400d
VP(L1:1)
(3.0010K,-264.895)
40
-40
SEL>>
(3.0010K,38.986)
(1.9145K,35.637)
(3.3547K,35.636)
1.0Hz
10Hz
100Hz
1.0KHz
10KHz
100KHz
VDB(L1:1)
Frequency

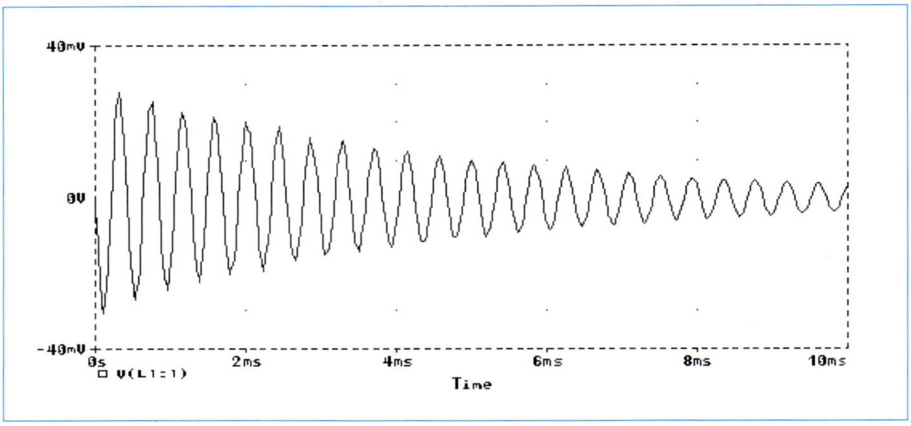
40mV
0V
-40mV
0s
2ms
4ms
6ms
8ms
10ms
V(L1:1)
Time

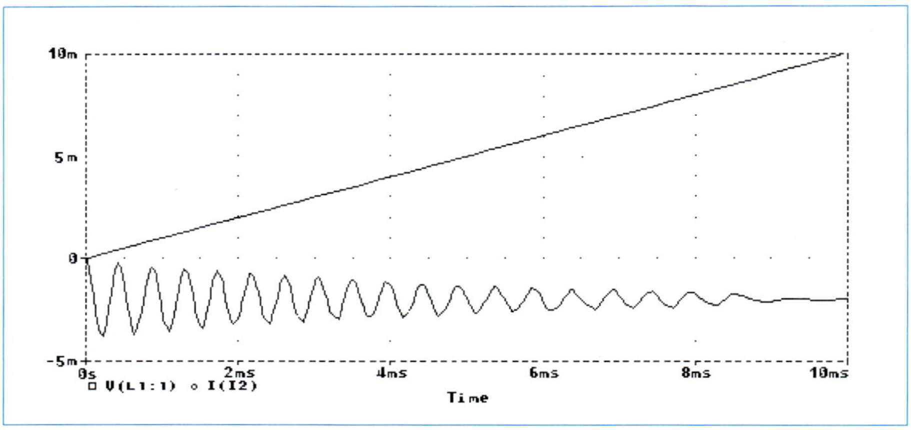
10m
5m
0
-5m
0s
2ms
4ms
6ms
8ms
10ms
V(L1:1) ◇ I(I2)
Time

17.3.2 RLC 직렬공진회로

■ 회로개요

본 회로는 RLC 직렬공진회로이다. 시뮬레이션을 통해 이 회로의 특성을 알아본다.

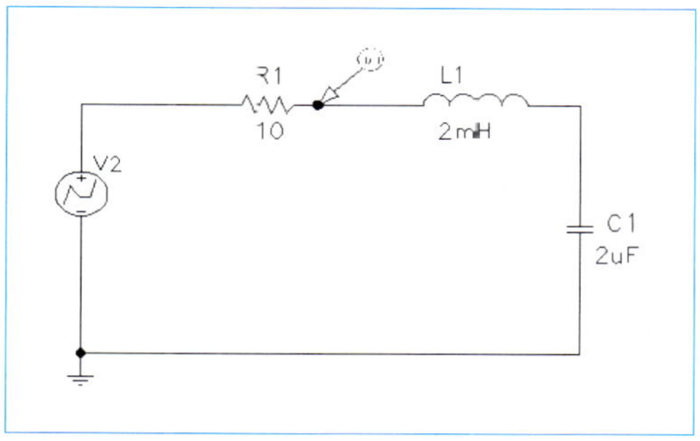

■ 문제

1. 공진주파수와 upper & lower half power frequencies 그리고 bandwidth를 조사하라.
2. 입출력 간의 위상 관계를 조사하라.
3. Step & ramp response를 조사하라.
4. 이 회로의 quality fator Q를 조사하라.

■ 시뮬레이션 조건

AC Analysis

Transient Analysis

■ 시뮬레이션 결과

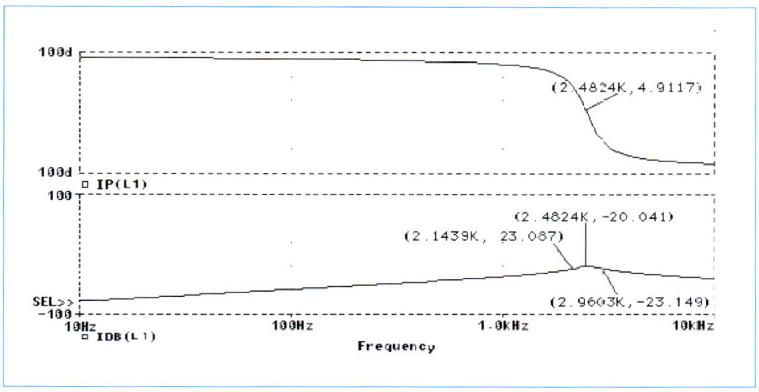

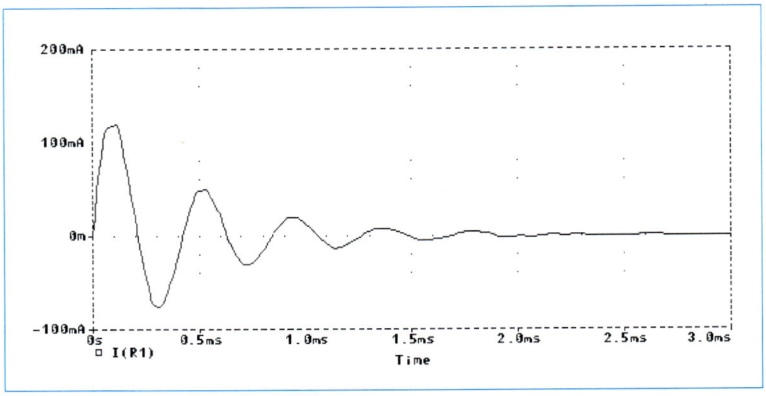

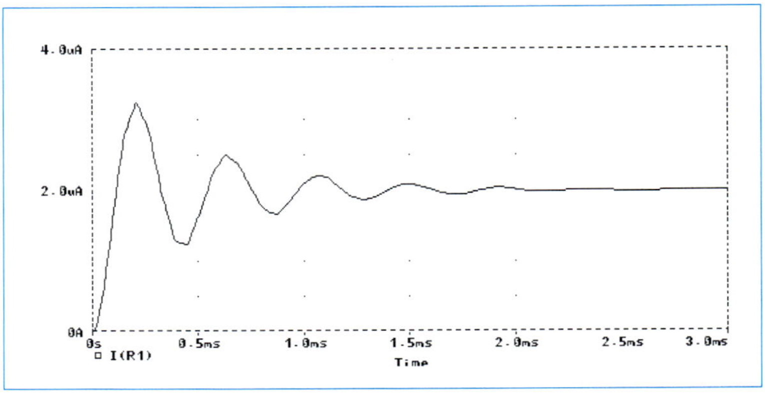

17.4 정류 회로

17.4.1 대신호 반파정류회로

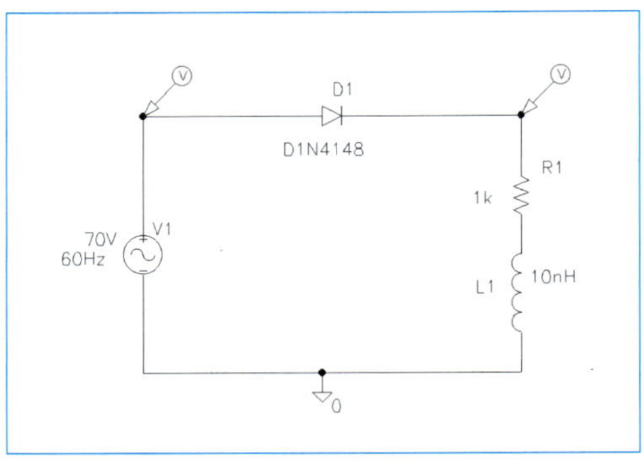

회로개요

본 회로는 부하로 저항 R1 및 인덕터 L1이 걸려있는 대신호 반파정류회로이다. 시뮬레이션을 통해 반파정류회로의 특성을 알아본다.

문제

1. 입력파형과 출력파형을 비교하여 반파정류가 되고 있는지 확인한다.
2. 다이오드의 on 전압의 영향을 관찰한다. (Prove의 View 기능 이용)

시뮬레이션 조건

입력전원 : peak치가 70V이고 주파수가 60Hz인 AC 전원

다이오드 : 1N4148

해석방법 : Transient analysis print

1. 시간간격 : 0s에서 50ms까지
2. Print step : 20us
3. Step ceiling : 20us

시뮬레이션 결과

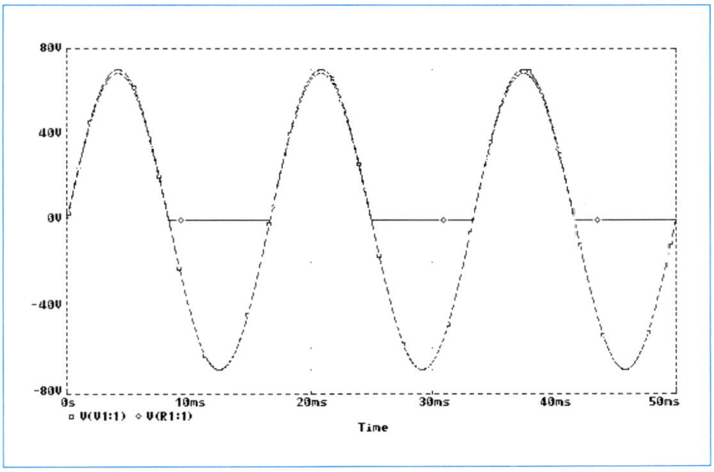

17.4.2 소신호 반파정류회로

■ 회로개요

본 회로는 op amp를 이용한 소신호 반파정류회로이다. 시뮬레이션을 통해 소신호 반파정류회로의 특성을 알아본다.

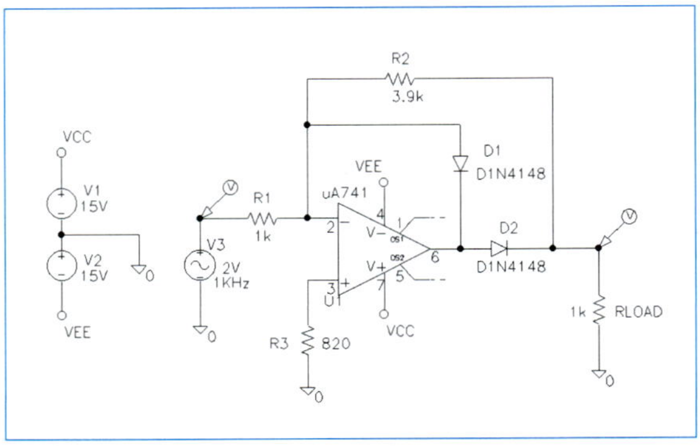

■ 문제

1. 입력파형과 출력파형을 비교하여 반파정류가 되고 있는지 확인한다.
2. 다이오드의 on 전압의 영향을 관찰한다. (Prove의 View 기능 이용)

■ 시뮬레이션 조건

입력전원 : Peak치가 2V이고 주파수가 1kHz인 AC전원

Op amp : uA741

다이오드 : 1N4148

해석방법 : Ttransient analysis

1. 시간간격 : 0s 에서 3ms까지
2. Print step : 2us
3. Step ceiling : 2us

■ 시뮬레이션 결과

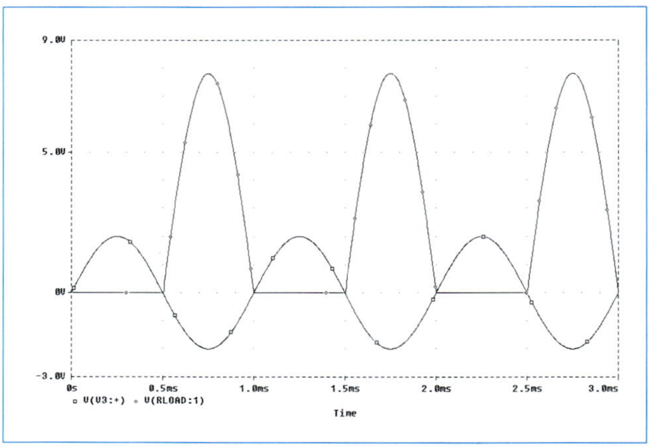

17.4.3 대신호 전파정류회로

회로개요

본 회로는 출력측에 RC 평활회로가 달려 있는 대신호 전파정류회로이다. 시뮬레이션을 통해 특성을 알아본다.

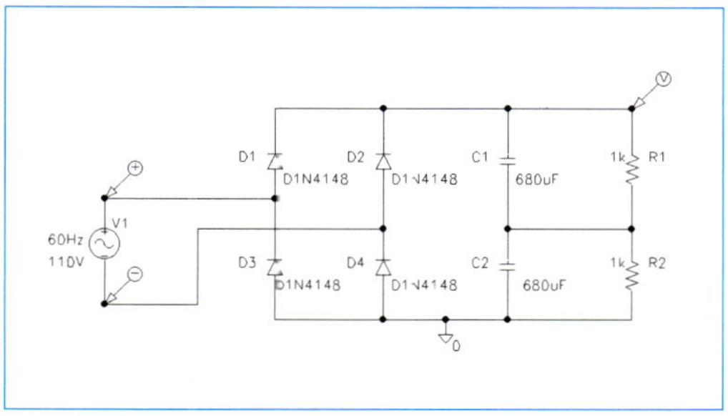

문제

1. 입력파형과 출력파형을 비교하여 전파정류가 되고 있는지 확인한다.
2. 평활 커패시터에 충전이 되어가는 모습을 관찰한다.

시뮬레이션 조건

입력전원 : Peak치가 110V이고 주파수가 60Hz AC 전원

다이오드 : 1N4148

해석방법 : Transient analysis

1. 시간 간격: 0s에서 100ms까지
2. Print step : 20us
3. Step ceiling : 20us

시뮬레이션 결과

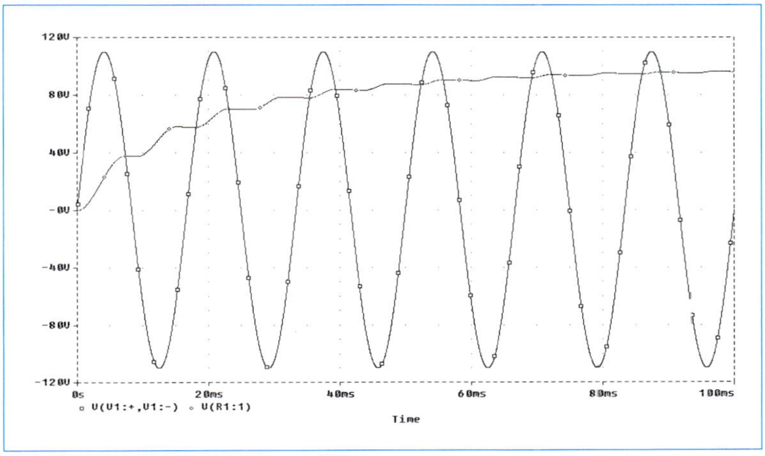

17.4.4 소신호 전파정류회로

■ 회로개요

본 회로는 두 개의 op-amp를 사용한 소신호 전파정류회로이다. op-amp에 의해 입력신호가 어떻게 반파정류 되었다가 출력에서 전파정류가 되는지를 알아본다.

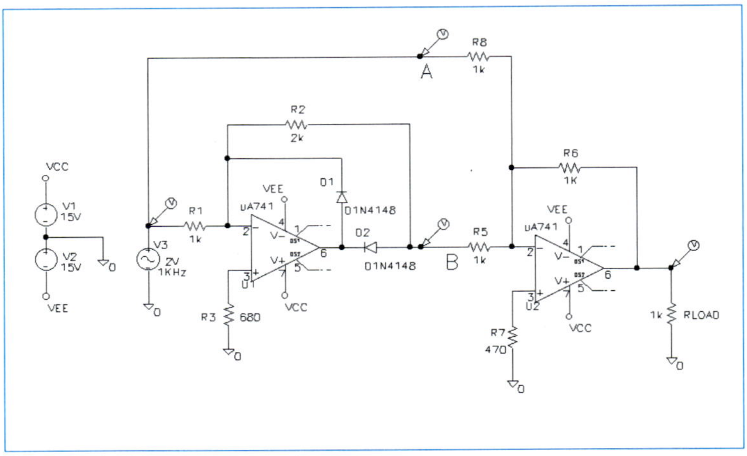

■ 문제

1. 첫 번째 op-amp를 거친 후의 B점 파형을 검증하시오.
2. 두 번째 op-amp를 거친 후의 출력파형이 전파정류가 되는지 검증하시오.

■ 시뮬레이션 조건

입력전원 : Peak치가 2V이고 주파수가 1kHz인 AC 신호

다이오드 : 1N4148

해석방법 : Transient analysis

1. 시간간격 : 0s에서 3ms까지
2. Print step : 2us
3. Step ceiling : 2us

■ 시뮬레이션 결과

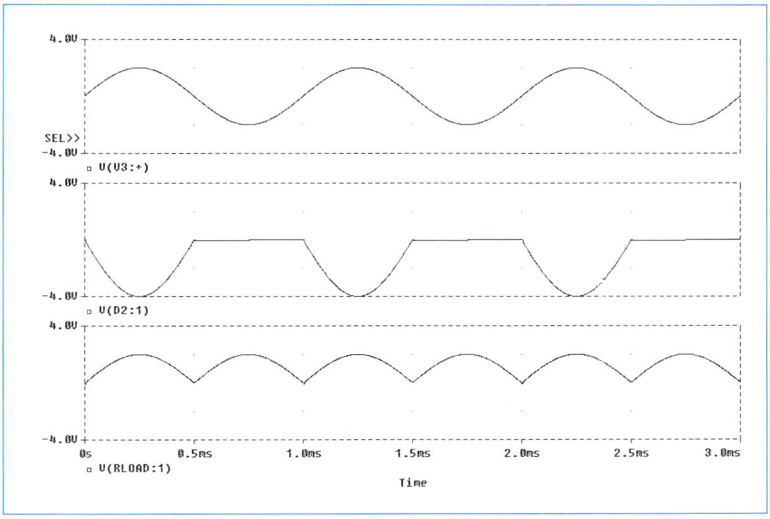

17.5 Filter 회로

회로의 구조 및 소자들의 값에 따라 회로를 통과할 수 있는 신호의 주파수가 제한되는 회로를 필터(Filter) 회로라 한다. 이러한 필터회로들이 어떠한 주파수 범위의 신호를 통과시키고 차단시키는가에 따라 필터회로들은 저역통과 필터(Low Pass Filter), 고역통과필터(High Pass Filter), 대역통과필터(Band Pass Filter), 대역차단필터(Band Rejection Filter), 전대역 통과필터(AL Pass Filter)로 구분되어진다.

■ Passive Filters

증폭기와 같은 능동(Active)소자를 사용하지 않고 단지 수동(Passive)소자들로 이루어져 있으므로 Passive Filter라 한다. Passive Filter는 R, L, C 소자들을 이용하여 구성되므로 주파수 특성이 우수하나 회로의 앞 또는 뒤에 연결되는 회로의 영향에 민감한 단점을 가지고 있다.

17.5.1 Simple RC Filter

■ 회로개요

필터회로의 가장 간단한 예로써 다음에 나타낸 RC 회로를 들 수 있다. R 및 C 소자들의 위치 및 구조에 따라 Filter회로는 위에서 언급한 특성들을 가질 수 있다.

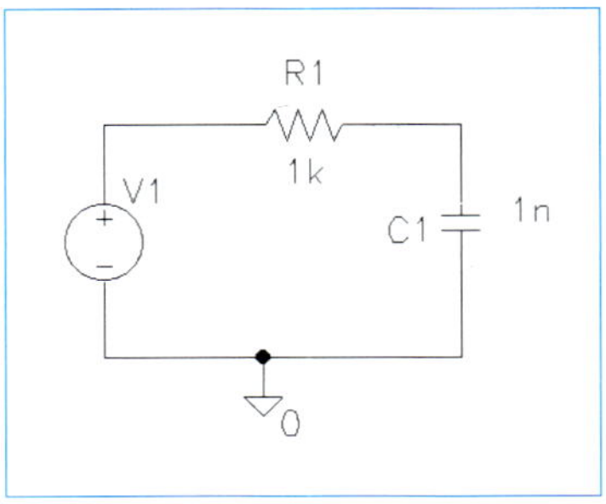

Filter 1

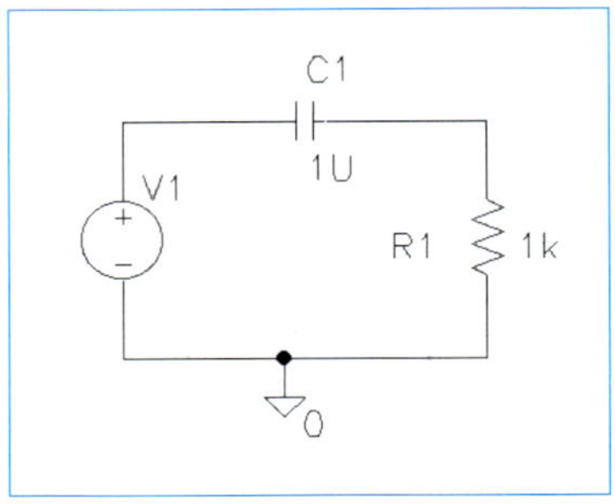

Filter 2

■ 문제

1. Filter 1의 주파수 특성을 AC 해석을 이용하여 구하시오.
2. Filter 1의 차단주파수를 정의하시오.
3. Filter 2에 대해 문제 1, 2를 반복하시오

■ 시뮬레이션 조건

위 회로의 시뮬레이션을 위해서는 전원으로 사용되는 V1을 AC=1로 설정하여 항상 일정한 크기를 공급할 수 있도록 하여 AC sweep을 하여야 한다.

■ 시뮬레이션 결과

아래 시뮬레이션 결과에서 나타난 것과 같이 Passive RC Low Pass Filter는 차단주파수 이하의 주파수를 지닌 신호는 그대로 통과하여 출력되나 그 이상의 주파수에서는 신호의 크기가 감쇄되어 출력됨을 알 수 있다. 또한 Passive RC High Pass Filter에서는 Low Pass Filter와는 반대로 차단주파수 이하의 신호는 감쇄되나 그 이상의 주파수 신호는 그대로 통과함을 알 수 있다. 이 때 두 회로의 차단주파수 fc는 다음과 같이 구할 수 있다.

$$fc = \frac{1}{2\pi RC}$$

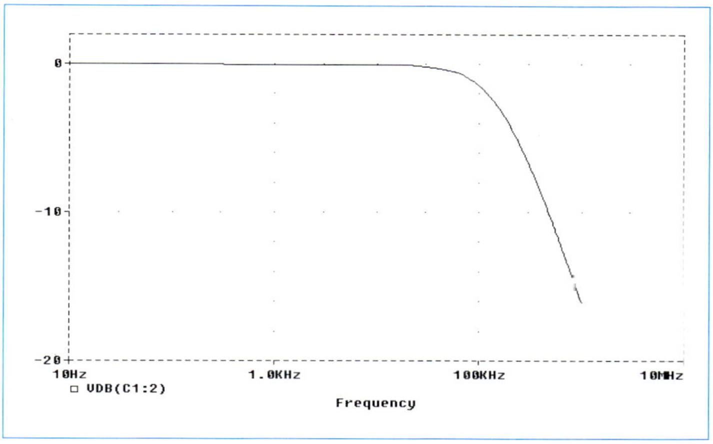

Filter 1의 주파수 응답

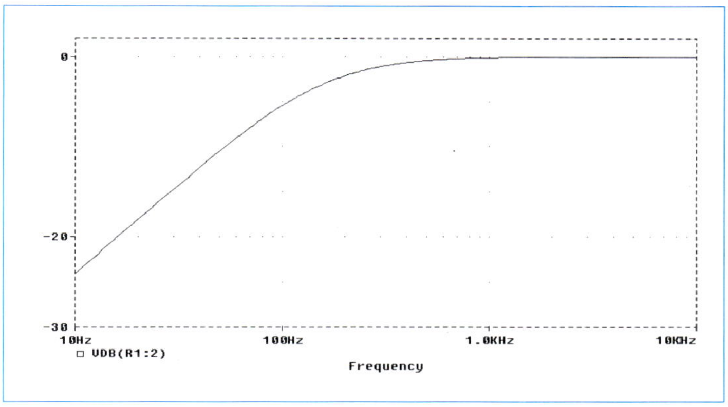

Filter 2의 주파수 응답

17.5.2 Band Pass Filter

■ 회로개요

다음 회로는 17.5.1에서 언급한 RC Low Pass Filter와 RC High Pass Filter를 직렬연결하여 구성한 Passive Band Pass Filter이다. 이 회로는 RC Low Pass Filter와 RC High Pass Filter의 차단 주파수에 의해 특정영역의 주파수를 지닌 신호만을 통과시키고 나머지 신호는 차단하는 회로이다.

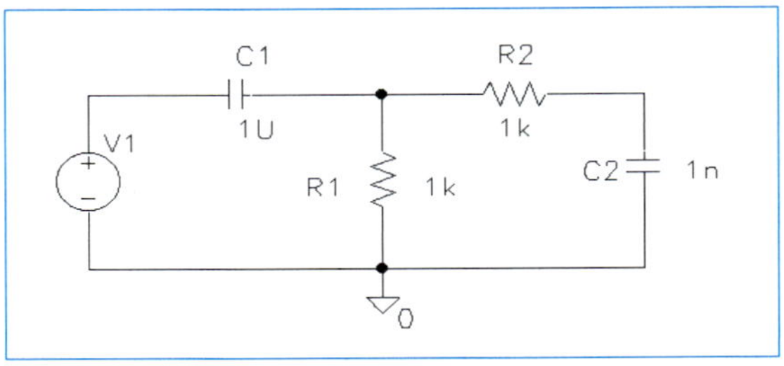

■ 문제

1. 위 회로의 주파수특성을 AC 해석을 이용하여 검증하시오.
2. 위 회로가 Band Pass Filter로 동작할 조건을 정의하시오.
3. 위 회로의 bandwidth를 구하시오

■ 시뮬레이션 조건

주파수 특성을 고찰하기 위해서는 AC 해석을 이용하여야 한다. 특히 Band Pass Filter의 경우에서는 각각의 차단 주파수의 관계에 대해 유의하여야 한다.

■ 시뮬레이션 결과

위 회로가 Band Pass Filter로 동작하기 위해서는 R2 및 C2로 구성되는 Low Pass Filter의 차단주파수 fCL이 C1 및 R1으로 구성되는 High Pass Filter의 차단주파수 fCH보다 높게 설정되어야 한다. 위 회로에서는 fCL이 upper Half power fre- quency로 치환되며 fCH는 Lower Half power frequency로 변환되므로 Band Pass Filter로 동작함을 알 수 있다.

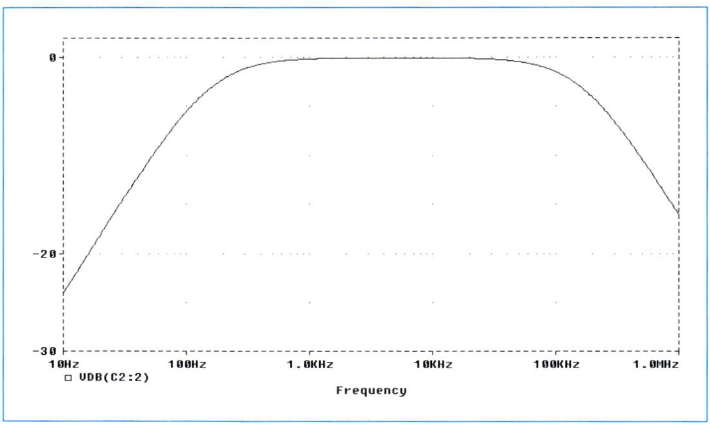

17.5.3 LC Low Pass Filter

■ 회로개요

이 회로는 LC Low Pass Filter의 구조를 나타내고 있다. 이 회로는 문제 17.5.1에서 제시된 Low Pass Filter와 같은 동작을 하는 회로이나 단순한 RC로 구성된 회로에 비해 차단주파수 이후의 신호를 급격히 감쇄시킬 수 있는 장점을 가진다. 이러한 회로의 설계는 Normalize된 회로를 이용하여 구할 수 있다. Normalize된 회로는 그 값들이 비현실적이기는 하나 회로의 전달함수를 구하기에 용이한 값들을 가지고 있으며 차단주파수는 1 rad/sec에 설정되어 있다. 이 회로를 이용하여 설계사양으로 설정된 차단주파수를 가지도록 하기 위해서는 scaling factor를 이용하여 소자들의 값들을 변환하여야 한다.

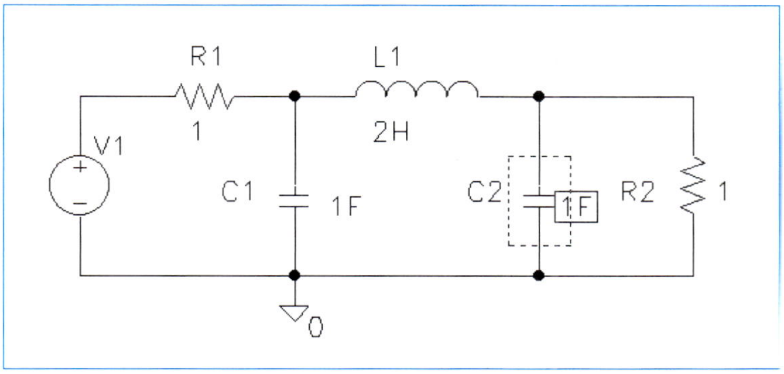

Normaize된 회로

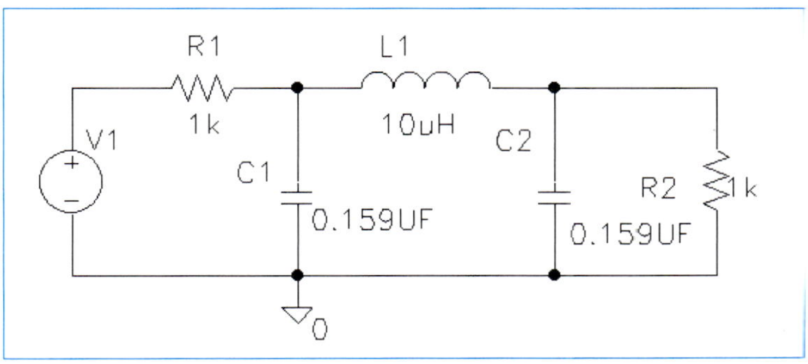

특정주파수의 차단주파수를 가지도록 Denormalized된 회토

■ 문제

1. 그림 1 회로의 주파수특성을 검증하고 차단주파수를 정의하시오.
2. 그림 2 회로에 대해 문제 1을 반복하시오.

■ 시뮬레이션 조건

위 회로 또한 AC 해석을 이용하여 검증할 수 있다. 이 때 차단주파수를 검증하기 위해서는 Design Center의 Cursor기능을 이용하면 편리하다.

■ 시뮬레이션 결과

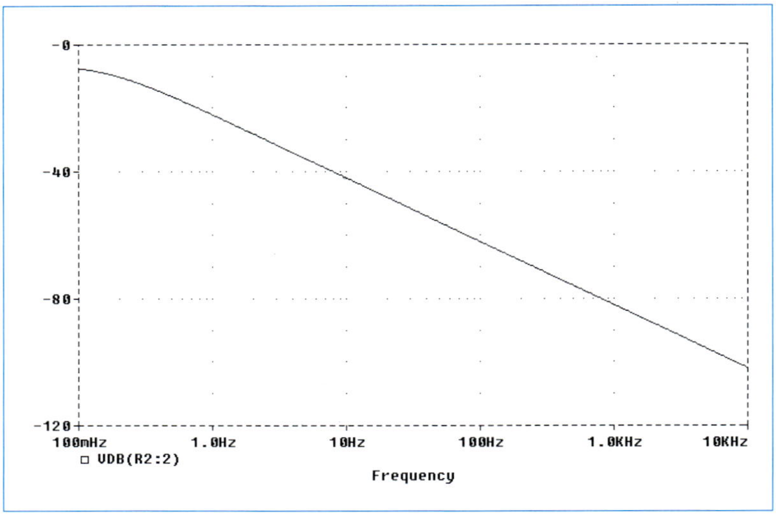

Normalize된 회로의 주파수 특성

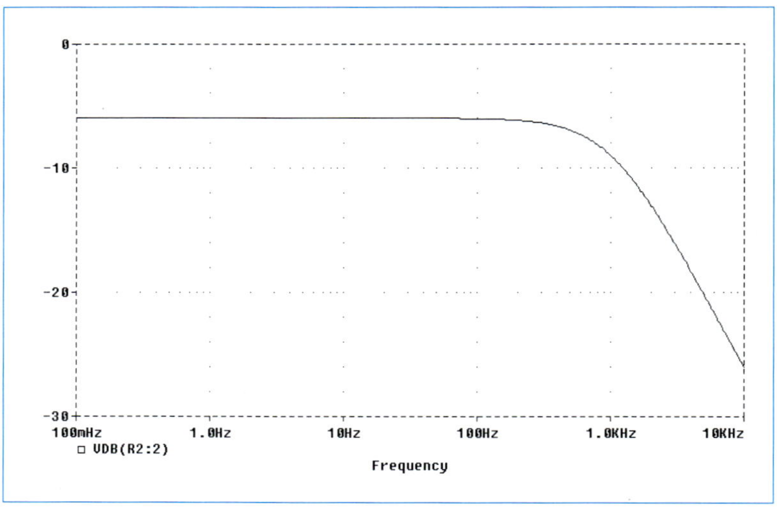

Denormalize된 회로의 주파수 특성

17.5.4 LC High Pass Filter

■ 회로개요

아래의 회로는 17.5.3의 Normalized LC Low Pass Filter의 구조를 변화시켜 구성한 LC High Pass Filter이다. 이러한 High Pass Filter는 Low Pass Filter와 비교해 볼 때 L과 C의 위치가 바뀌어져 있는 형태를 가지고 있다. 특정주파수의 차단주파수를 가지는 회로로의 변환은 Low Pass Filter 설계의 경우와 동일하다.

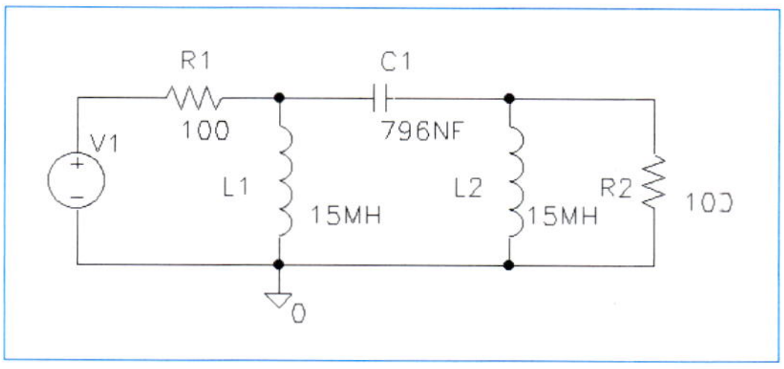

■ 문제

1. 회로의 주파수특성을 검증하고 차단주파수를 정의하시오.

■ 시뮬레이션 조건

AC sweep 해석을 통하여 회로의 주파수 특성을 검증할 수 있다. 필터의 차단주파수는 최대이득보다 3dB 적은 주파수를 의미한다.

■ 시뮬레이션 결과

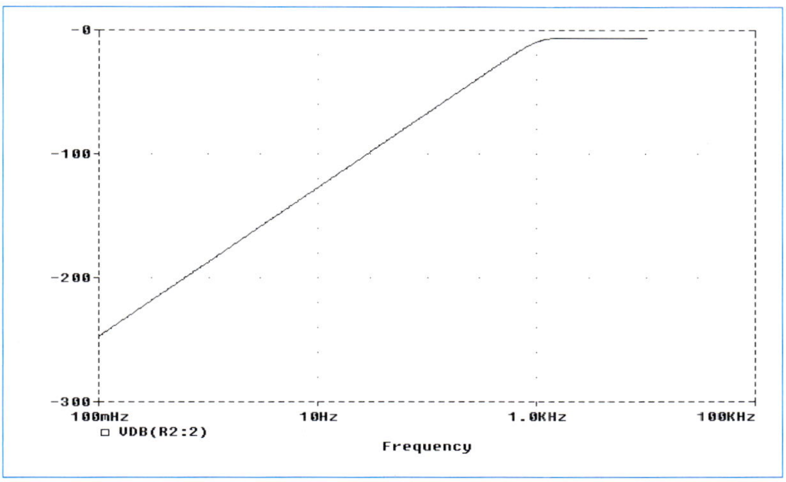

17.5.5 Band Rejection Filter

■ 회로개요

이 회로는 Twin-T-Filter로 알려진 Band Rejection Filter이다. Band Rejection Filter는 Band Pass Filter와는 반대로 특정영역의 주파수를 차단하여 출력하는 회로이다.

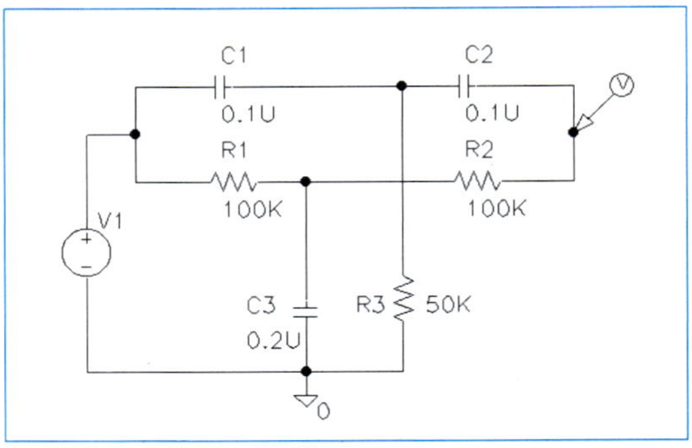

■ 문제

1. 위 회로의 차단대역을 검증하시오.

■ 시뮬레이션 조건

회로의 주파수 특성을 검증하기 위해서는 전압원 V1의 크기를 AC=1로 정의한다. AC Sweep 해석을 통하여 회로의 주파수 특성을 검증할 경우 주파수변화는 decade 형태로 정의함이 편리하다.

■ 시뮬레이션 결과

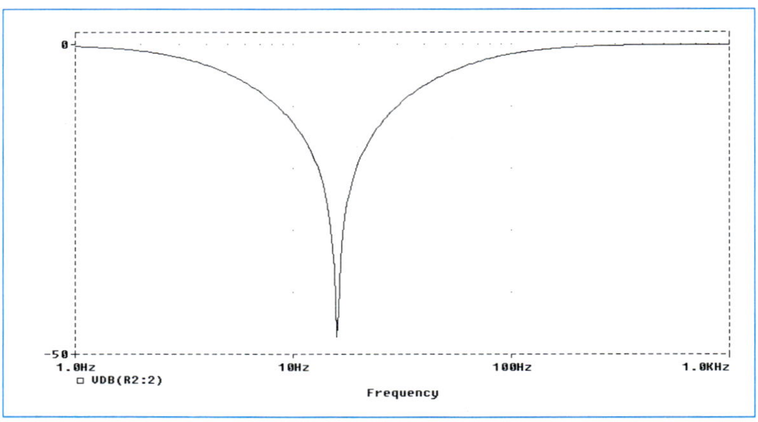

Active Filters

Active Filter는 Passive Filter와는 달리 OP amp를 이용하여 회로를 구성한다. Passive Filter는 Passive 소자들로만 구성되어 있어 필터의 차단주파수가 필터전단 또는 후단의 회로에 영향을 받기 쉬우며 신호의 증폭이 어렵다. 이에 반해 Active Filter는 사용되는 OP amp의 응용에 따라 회로 후단의 영향을 차단할 수 있고, Pass Band에 해당되는 신호의 크기를 증폭하여 출력할 수 있다. 그러나 고주파의 신호에 있어서 사용되는 OP amp의 내부특성에 의해 Filter 회로의 성능이 제한되는 단점을 가지고 있다. 따라서 이러한 Active Filter의 설계에서는 사용되는 OP amp의 선정에 주의하여야 한다.

17.5.6 A Second Order Butterworth Type Low Pass Filter

■ 회로개요

다음 회로는 Second Order Butterworth Type Active Low Pass Filter의 구조를 나타내고 있다. 이를 이용하여 10kHz에서 차단주파수로 가지는 필터회로를 설계하였을 경우 각 소자들의 값들은 다음과 같이 결정된다.

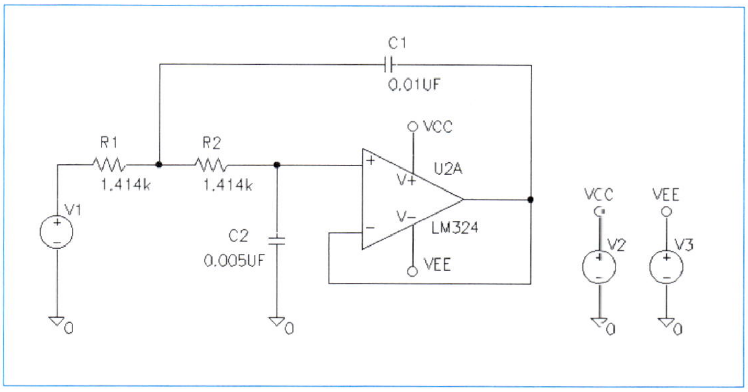

■ 문제

1. 위 회로의 주파수 특성을 AC 해석을 통하여 검증하시오
2. 위 회로의 차단주파수를 개요에서 제시한 값과 일치하는가를 검증하시오.

■ 시뮬레이션 조건

사용되는 OP amp : LM324, 공급전원 : ±5V

■ 시뮬레이션 결과

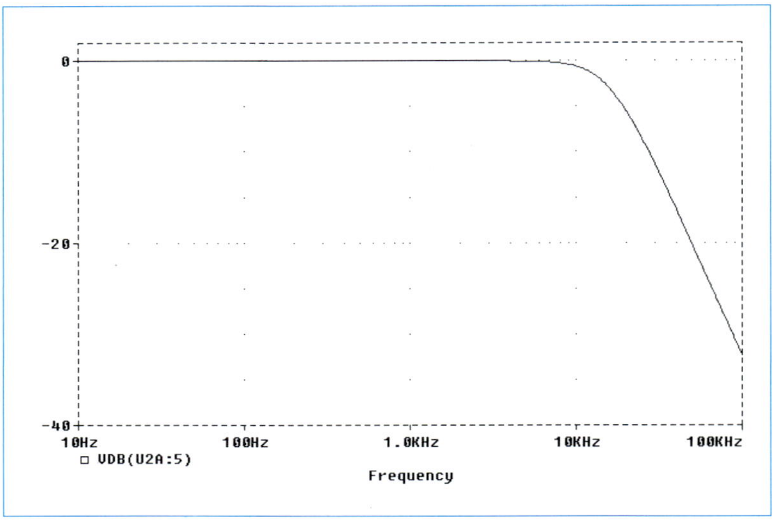

17.5.7 A Second Order VCVS High Pass Filter

■ 회로개요

다음 회로는 Second Order VCVS High Pass Filter회로이다. VCVS High Pass Filter는 noninverting gain을 가질 수 있는 필터의 한 구조로써 구성소자의 갯수가 작고 출력저항이 낮으며 차단주파수 등을 쉽게 조정할 수 있는 장점을 가지는 구조이다.

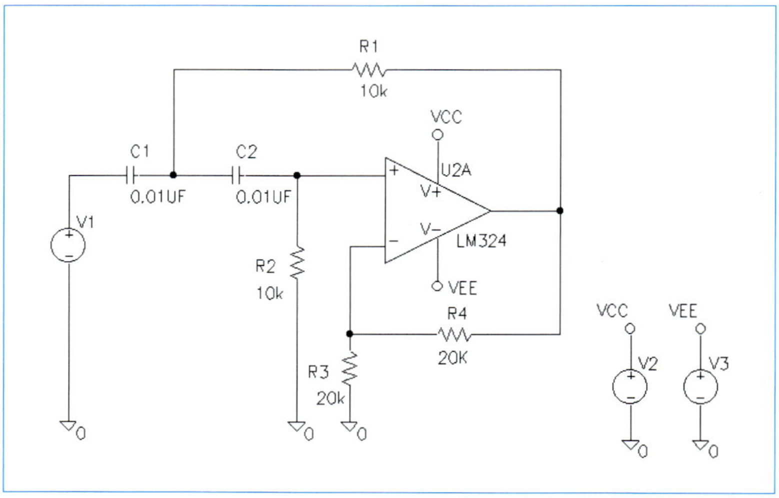

■ 문제

1. 위 회로의 차단주파수를 AC 해석을 통하여 구하시오
2. 위 회로의 gain을 구하시오

■ 시뮬레이션 조건

사용되는 OP amp : LM324

공급전원 : ±5V

■ 시뮬레이션 결과

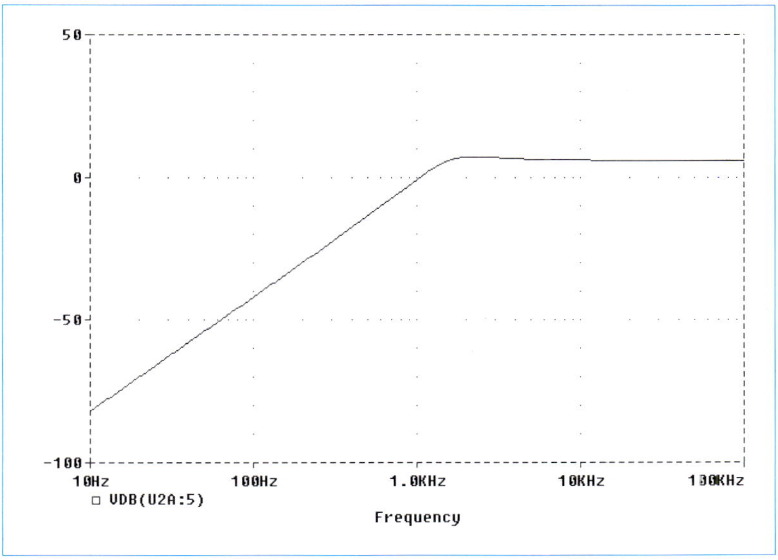

17.5.8 A Second Order Infinite-Gain MFB Band Pass Filter

■ 회로개요

다음 회로는 Second Order Infinite-Gain MFB Band Pass Filter의 구조를 나타내고 있다. 이 회로는 inverting gain을 가지며 구성소자가 적고 Q의 값을 10GTH 정도까지 가질 수 있게 설계할 수 있는 장점이 있다.

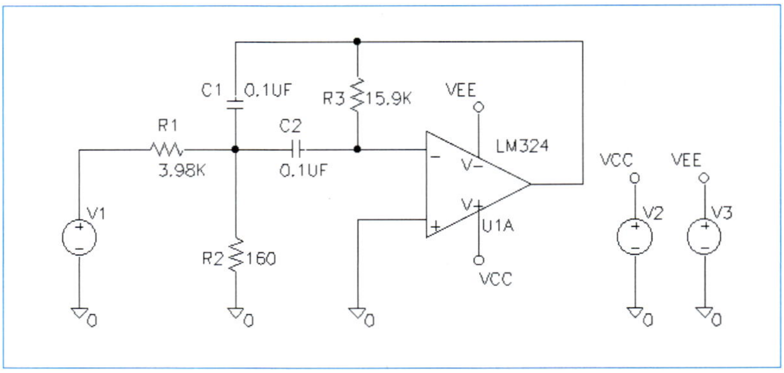

■ 문제

1. 위 회로의 주파수 특성을 AC 해석을 이용하여 검증하시오.
2. 위 회로의 Center frequency를 구하시오,
3. 위 회로의 Pass band에서의 입력 대 출력의 gain을 구하시오.

■ 시뮬레이션 조건

사용되는 OP amp : LM324,

공급전원 : ±5V

■ 시뮬레이션 결과

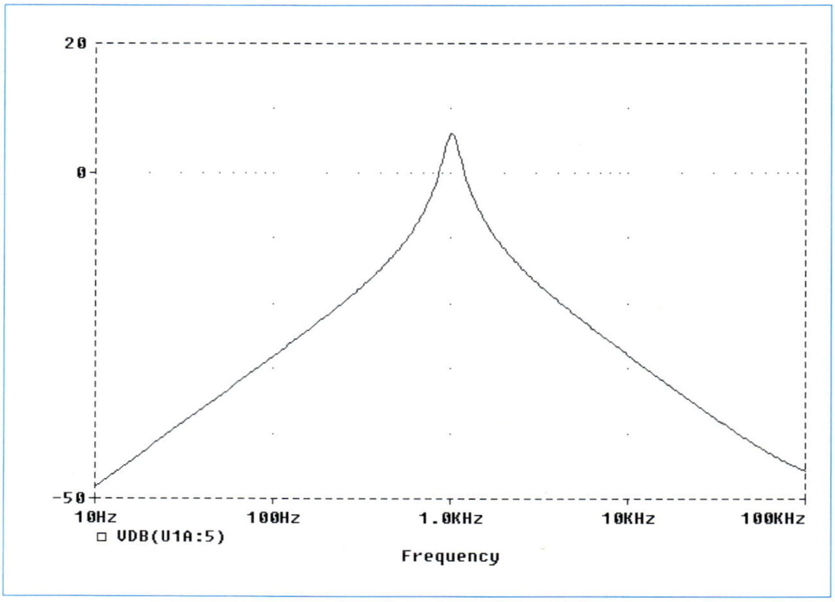

17.5.9 A Second Order Infinite-Gain MFB Band Rejection Filter

■ 회로개요

다음 회로는 Second Order Infinite-Gain MFB Band Rejection Filter의 구조를 나타내고 있다.

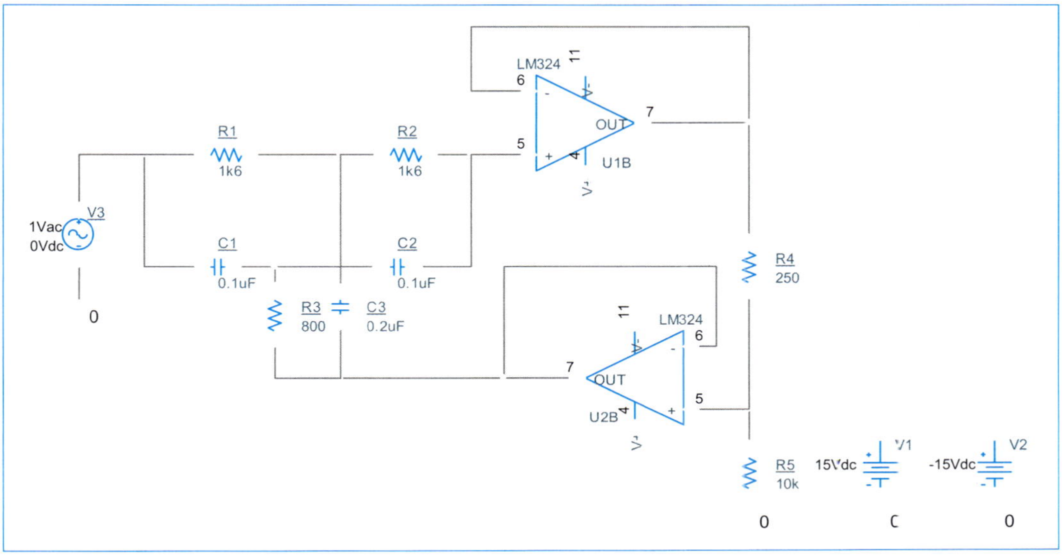

■ 문제

1. 위 회로의 주파수 특성을 검증하시오

■ 시뮬레이션 조건

OP amp : LM324

공급전원 : ±5V

■ 시뮬레이션 결과

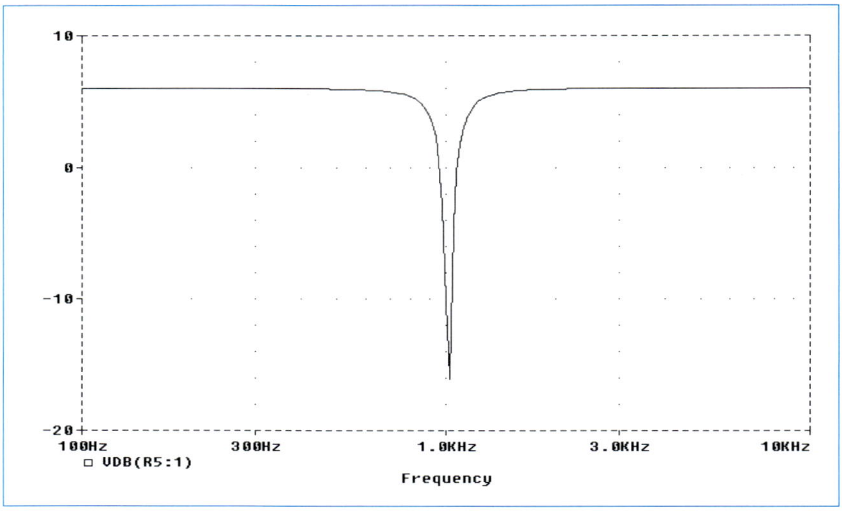

17.5.10 All Pass Filter

■ 회로개요

다음의 회로들은 All Pass Filter의 구조를 나타내고 있다. All Pass Filter는 특정영역의 주파수 신호를 감소시키거나 증폭시키지 않고 입력신호의 크기를 변화없이 통과시킨다. 그러나 통과된 신호는 회로내부에서 사용된 소자들의 값에 따라 위상의 변화를 일으키게 되므로 신호처리를 하기 위해 위상을 변화시켜야 하는 부분에 사용되는 회로이다. Phase Lag 회로는 입력되는 신호에 비해 위상이 늦추어지는 회로이며 Phase Lead 회로는 입력되는 신호에 비해 위상이 당겨주는 특성을 가지고 있다.

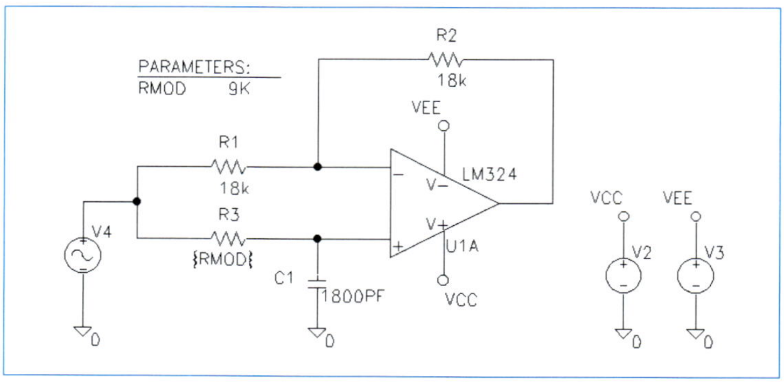

Phase Lag 회로

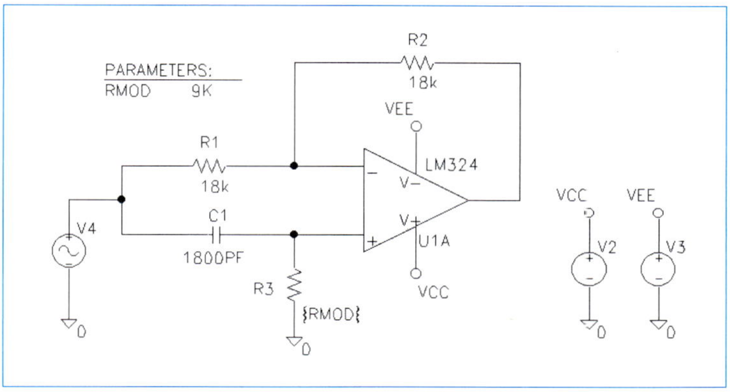

Phase Lead 회로

■ 문제

1. phase lag 회로를 이용하여 출력신호가 입력신호에 대해 위상의 변화를 가지는 지 R3의 값을 5KΩ일 때와 11KΩ일 때에 transient 해석을 이용하여 검증하시오.
2. phase lead 회로에 대해 문제 1을 반복하시오.

■ 시뮬레이션 조건

OP amp : LM324, 공급전원 : ±5V

저항의 변화에 따른 시뮬레이션을 위해서는 Design Center에서 제공하는 Parametric Analysis를 이용하여 검증할 수 있다.

■ 시뮬레이션 결과

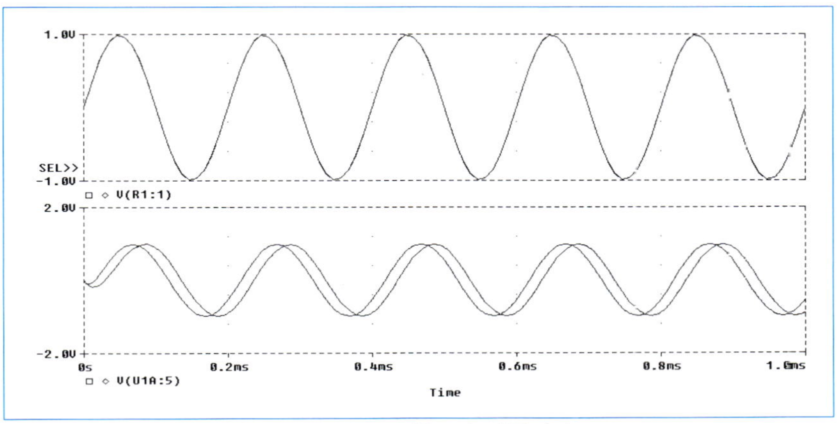

Phase lag 회로의 검증결과

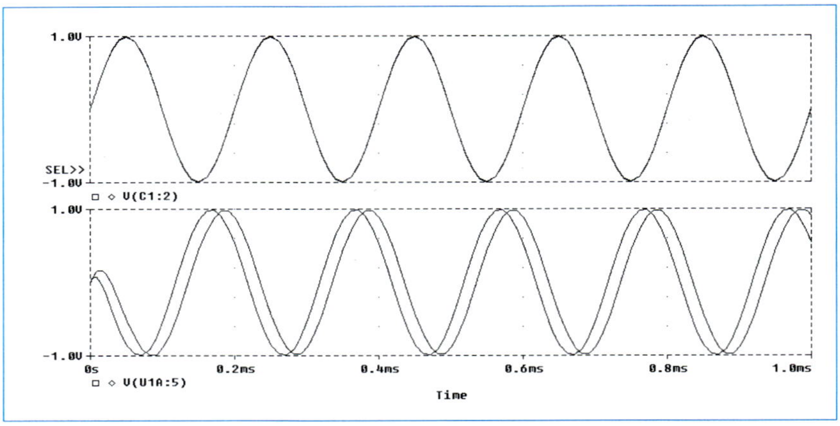

Phase lead 회로의 검증결과

17.6 정전류원

17.6.1 Simple Current Mirror Circuit

■ 회로 개요

본 회로는 집적회로 설계에 응용되는 가장 단순한 형태의 정전류원으로서 Simple Current Mirror Circuit을 나타내고 있다. 본 회로를 통하여 정전류원의 동작특성과 동작원리를 알아본다.

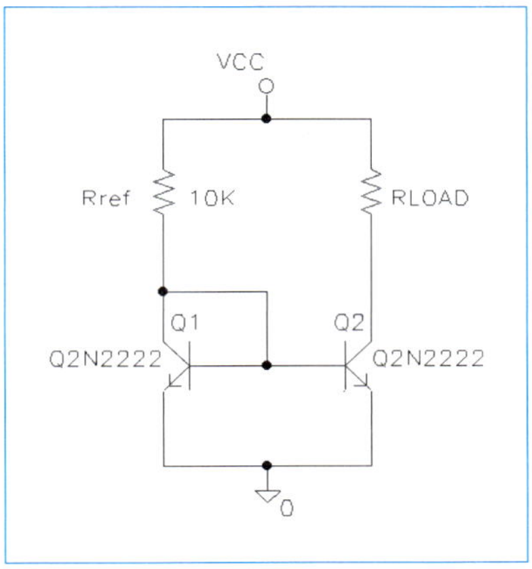

Simple Current Mirror Circuit

■ 문제

1. 온도 파라미터를 25도로 설정하여 회로의 VC(Q1)=VB(Q1)=VB(Q2)임을 확인하고 I(Rref)값이 437uA임을 확인하라.
2. RLOAD를 2K에서 10K까지 가변하여 RLOAD에 흐르는 전류가 431uA에서 450uA 까지 나타남을 확인하라.

■ 시뮬레이션 조건

1. BJT소자 Q2N2222 2개와 저항 RLOAD, Rref를 이용하여 그림과 같은 회로를 구성하라.
2. 공급전압을 5V로 설정하고 0sec에서 1msec까지 transient해석을 수행하라.
3. RLOAD값을 2kΩ에서 10kΩ까지 2kΩ 간격으로 parametric해석을 수행하라.

■ 시뮬레이션 결과

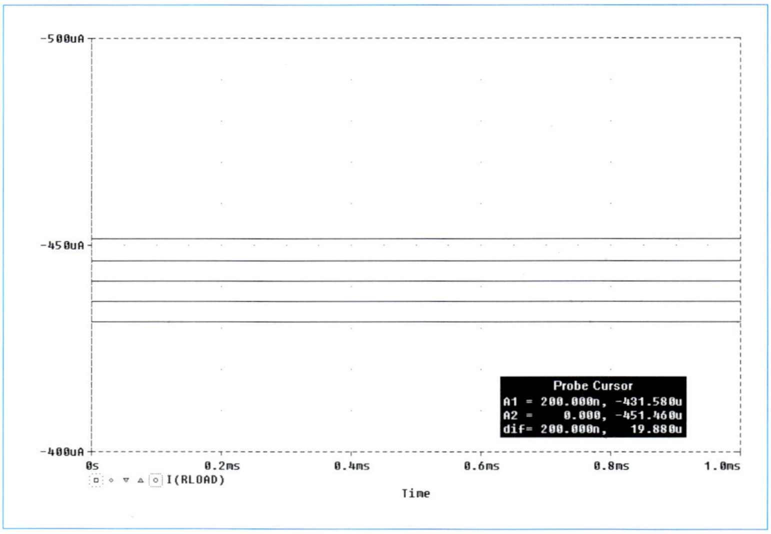

17.6.2 Widler Current Mirror Circuit

■ 회로 개요

본 회로는 정전류원으로서 Widler Current Mirror Circuit을 나타내고 있다. 본 회로의 검정을 통하여 정전류원의 load에 흐르는 전류값을 정하는 방법을 알아 본다.

■ 문제

1. 온도 파라미터를 25도로 설정하고 Rref = RLOAD = 10K로 설정하 고 RLOAD에 흐르는 전류가 10uA 가 되도록 RE값을 정하라.

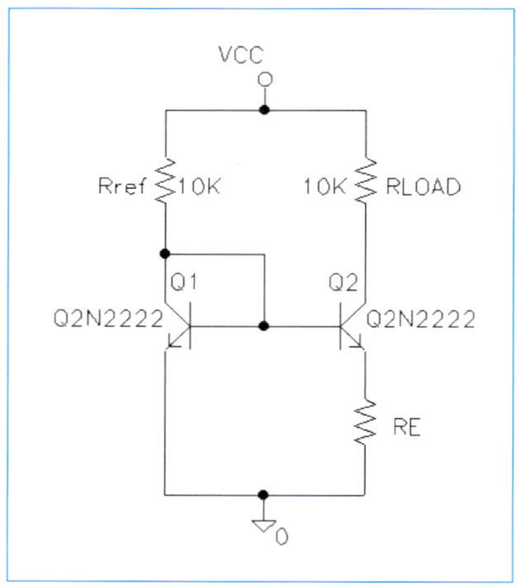

Widler Current Mirror Circuit

■ 시뮬레이션 조건

1. BJT 소자 Q2N2222 2개와 저항 RLOAD, Rref, RE를 이용하여 그림2과 같은 회로를 구성하라.
2. 공급전압을 5V로 설정하고 0sec에서 1msec까지 transient해석을 수행하라.
3. RLOAD값을 5kΩ에서 20kΩ까지 5kΩ 간격으로 parametric해석을 수행하라.

■ 시뮬레이션 결과

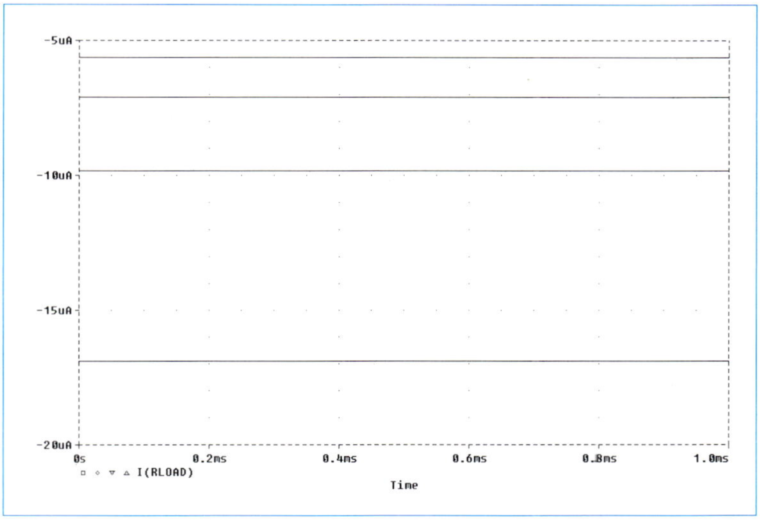

17.6.3 Wilson Current Mirror Circuit

■ 회로 개요

본 회로는 정전류원으로서 Wilson Current Mirror Circuit을 나타내고 있다. 본 회로의 검정을 통하여 정전류원의 동작온도 변화에 대해 load에 흐르는 전류값이 어느 정도의 오차가 생길 수 있는가를 살펴본다.

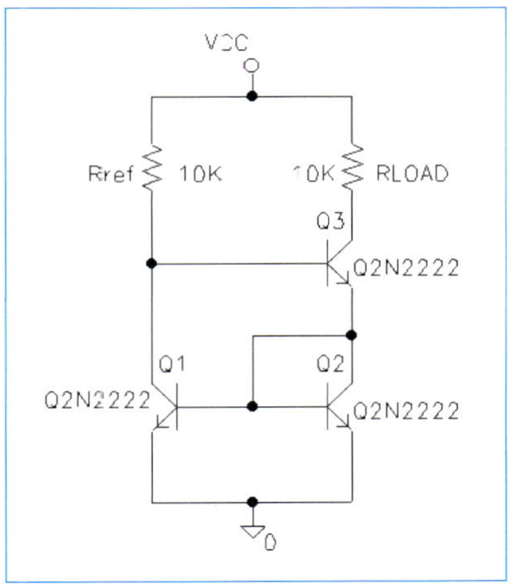

Wilson Current Mirror Circuit

■ 문제

1. 본 회로의 동작온도를 0도에서 100도로 가변할 때 RLOAD에 흐르는 전류를 살펴보라. 그리고 나타나는 최대오차가 37uA임을 확인하라.

■ 시뮬레이션 조건

1. BJT 소자 Q2N2222 3개와 저항 RLOAD, Rref를 이용하여 Wilson Current Mirror 회로를 구성하라.
2. 공급전압을 5V로 설정하고 0sec에서 1msec까지 transient해석을 수행하라.
3. 온도 파라미터를 0도에서 100도까지 25도간격으로 parametric해석을 수행하라.

■ 시뮬레이션 결과

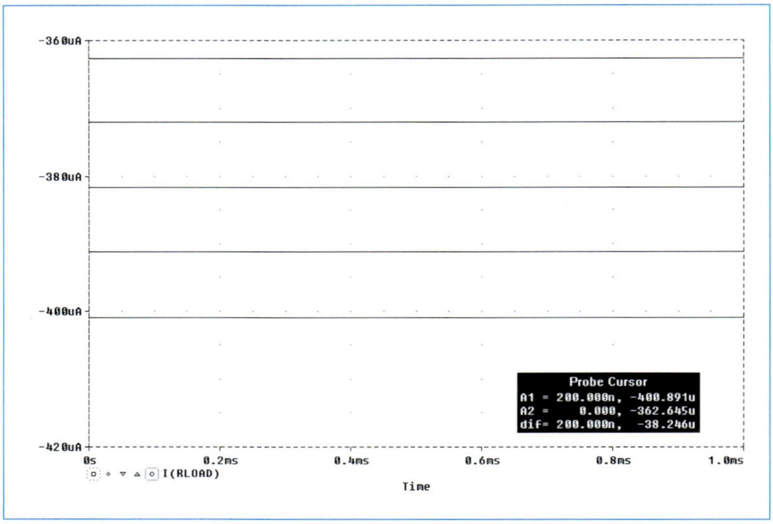

17.6.4 Cascode Current Mirror Circuit

■ 회로 개요

본 회로는 정전류원으로서 Cascode Current Mirror Circuit을 나타내고 있다. 본 회로를 통하여 정전류원의 load에 흐르는 전류값이 같은 조건의 Simple Current Mirror Circuit에 비해 어느 정도의 오차가 생길 수 있는가를 살펴본다.

■ 문제

1. 온도 파라미터를 25도로 설정하여 VC(Q4)=VB(Q4)=VB(Q3)임을 확인하고 RLOAD가 2K에서 10K까지 가변할 때 RLOAD에 흐르는 최대 전류차가 Simple Current Mirror Circuit 구조에 비해 얼마로 나타나는지를 살펴보라.

■ 시뮬레이션 조건

1. BJT 소자 Q2N2222 4개와 저항 RLOAD, Rref를 이용하여 회로를 구성하라.
2. 공급전압을 5V로 설정하고 0sec에서 1 msec까지 transient해석을 수행하라.
3. RLOAD값을 2kΩ에서 10kΩ까지 2kΩ 간격으로 parametric해석을 수행하라.

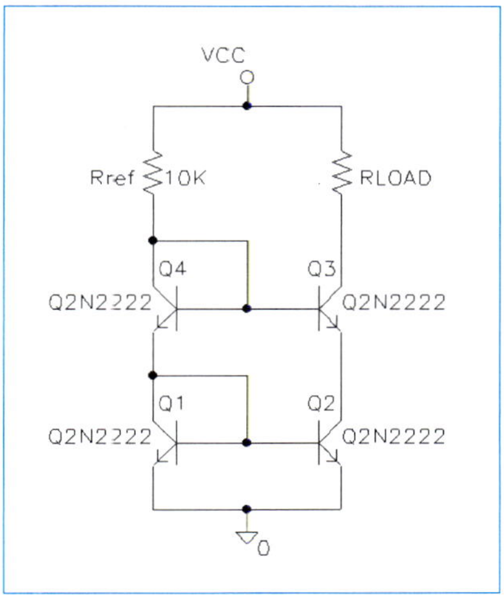

Cascode Current Mirror Circuit

■ 시뮬레이션 결과

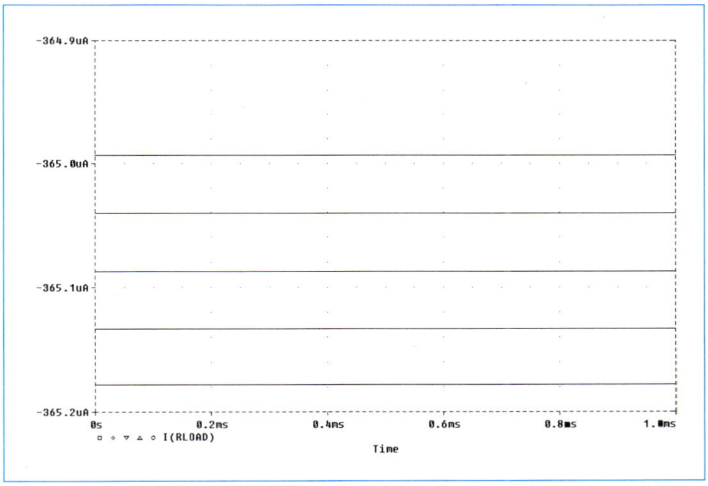

17.6.5 Resistor Ratioed Current Mirror Circuit

■ 회로 개요

본 회로는 정전류원으로서 Resistor Ratioed Current Mirror Circuit을 나타내고 있다. 본 회로구조에서 RE1와 RE2의 저항값을 조절함으로써 load에 흐르는 전류값을 조정할 수 있음을 확인한다.

■ 문제

1. 온도 파라미터를 25도로 설정하고 RE1=1K, RE2=2K일 때 RLOAD에 흐르는 전류가 Rref에 흐르는 전류에 비해 1/2이 됨을 확인하라.

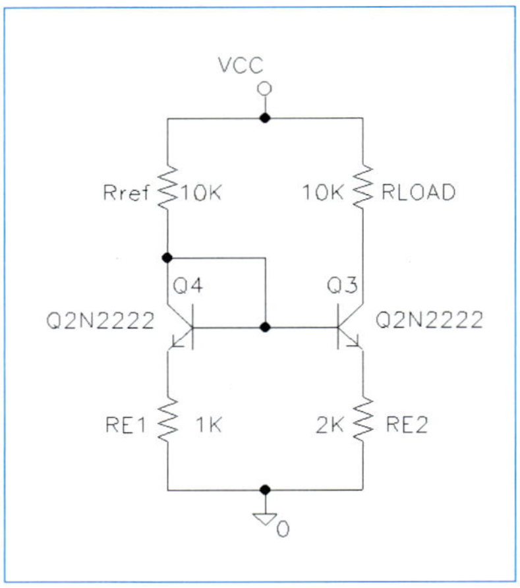

Resistor Ratioed Current Mirror Circuit

■ 시뮬레이션 조건

1. BJT 소자 Q2N2222 2개와 저항 RLOAD, Rref, RE1, RE2를 이용하여 위와 같은 회로를 구성하라.
2. 공급전압을 5V로 설정하고 0sec에서 1msec까지 transient해석을 수행하라.

■ 시뮬레이션 결과

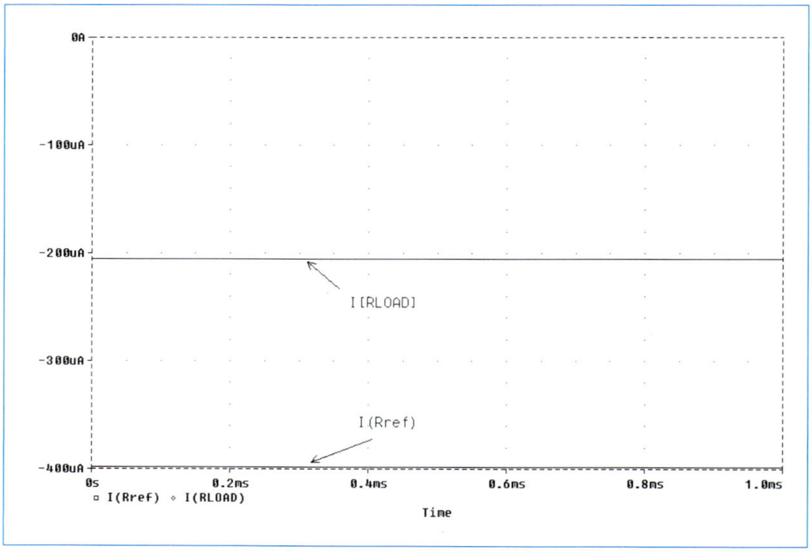

17.7 트랜지스터를 이용한 증폭회로

17.7.1 Common Emitter 증폭기

■ 회로개요

트랜지스터 Q2N2222을 이용하여 한 단의 common emitter 증폭기를 구성한 회로이다. 일반적으로 common emitter 증폭기는 큰 전압, 전류이득을 갖는 반면 입력과 출력신호의 위상은 반전현상을 보인다. 저주파영역에서 출력신호의 크기는 coupling capacitors들에 의해 좌우되는 반면 고주파대역에서는 트랜지스터 내부에 존재하는 기생용량에 의하여 변하게 된다.

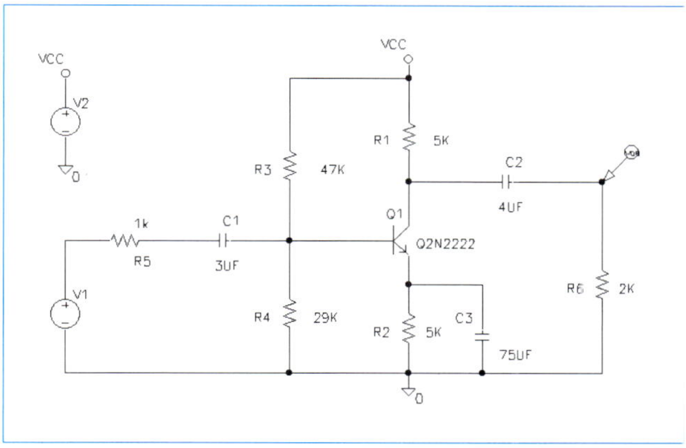

■ 문제

1. 트랜지스터 Q2N2222의 동작점을 bias 해석을 통하여 구하라.
2. AC sweep 해석을 통하여 common emitter 증폭기의 대역폭, lower half power frequency, upper half power frequency를 구하라.
3. 중간주파수대역에서의 전압증폭도를 decibel로 표시하라.
4. 75uF bypass capacitor를 제거한 후 문제 2, 3을 행하라.
5. 문제 2의 결과와 문제 4의 결과를 비교하여 bypass capacitor의 역할을 정의하라.

■ 시뮬레이션 조건

1. 증폭기의 대역폭, half power frequencies, 중간주파수대역에서의 전압이득을 구하기 위해서는 크기가 일정한 AC 전압원을 사용하여야 하며, 주파수 가변을 위해서는 AC sweep 해석을 통하여 구현할 수 있다.

■ 시뮬레이션 결과

Commom emitter 증폭기의 주파수 특성을 나타내고 있다. 중간주파수대역 혹은 대역폭은 upper half power frequency와 lower half power frequency의 차를 의미하며, 이러한 대역폭내에서는 거의 일정한 전압이득을 유지한다. Half power frequency는 전압이득이 최대이득보다 약 3dB 적은 주파수를 의미하며 낮은 주파수를 lower half power frequency, 높은 주파수를 upper half power frequency라 부른다.

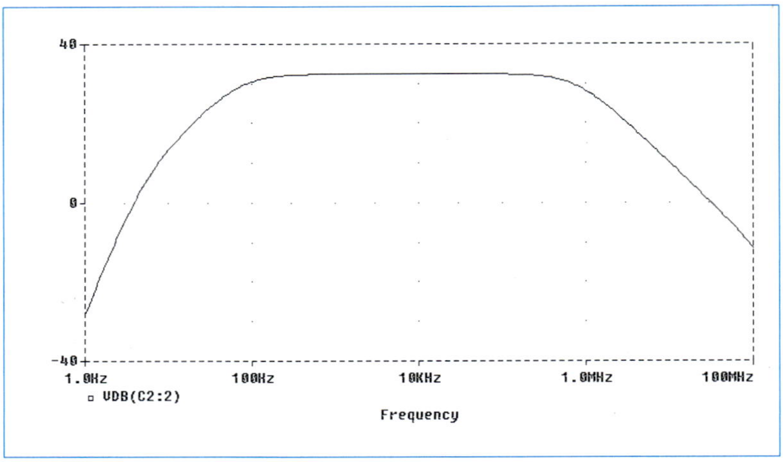

17.7.2 Common Collector 증폭기

■ 회로개요

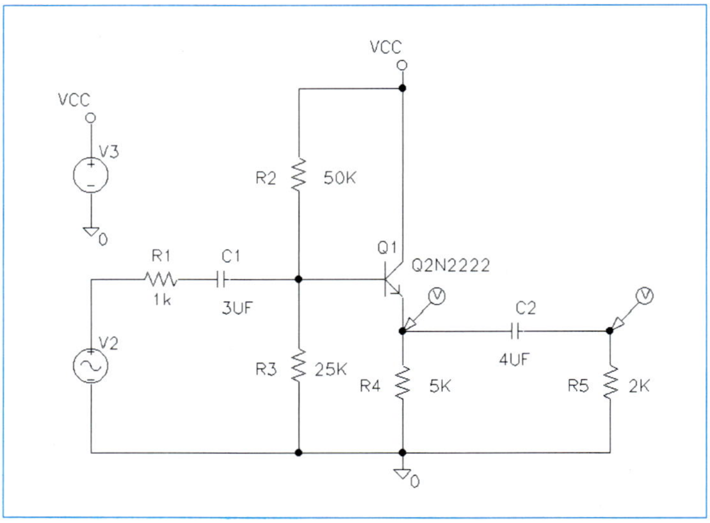

Commom collector 증폭기는 트랜지스터의 collector 단자를 입력과 출력단에 공통단자로 사용되며 입력신호는 base, 출력신호는 emitter 단자를 사용하는 증폭기 구조이다. Common collector 증폭기는 큰 입력저항, 작은 출력저항, 약 1의 전압이득을 가지며 이러한 성질을 이용하여 buffer로 많이 사용되는 회로구조이다. 전류이득은 매우 양호하여 회로 혹은 시스템의 출력구조에 적합하다.

■ 문제

1. 트랜지스터 Q2N2222의 동작점을 bias 해석을 통하여 구하라.
2. AC sweep 해석을 통하여 common collector 증폭기의 대역폭, lower half power frequency, upper half power frequency를 구하라.
3. 입력신호에 크기가 0.1mV, 주파수가 2kHz인 정현파를 인가하고 emitter 단자에서 신호의 파형을 관찰하라. 이 때 출력신호에 포함된 DC의 크기를 측정하라.
4. 부하저항 2kΩ 양단에서 출력파형을 측정하고 coupling capacitor 4uF의 역할을 정의하라.

■ 시뮬레이션 조건

Transient해석을 통하여 과도응답을 구할 수 있다. 정현파 신호를 인가하기 위하여 VSIN 전원을 사용하여야 하며 step ceiling 값이 작을수록 깨끗한 파형을 관찰할 수 있다. 그러나 과도한 해석시간 및 많은 양의 memory가 필요로 하는 단점을 가지고 있으므로 주의하여야 한다.

■ 시뮬레이션 결과

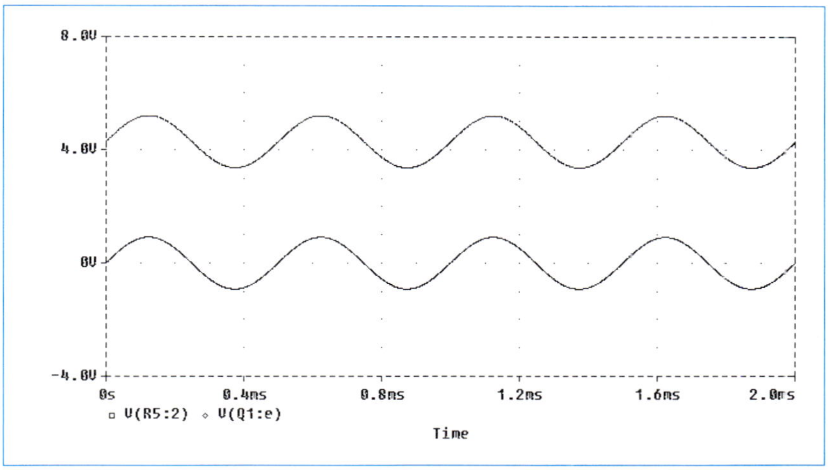

17.7.3 Cascade 증폭기

■ 회로개요

두 개의 common emitter 증폭기를 직렬형태로 구성한 회로이다. 일반적으로 높은 전압이득을 얻을 수 있으며 입력단의 전기적 성질은 전단에서, 출력저항은 후단의 common emitter 증폭기에 의해 결정된다. Cascade 증폭기는 큰 전압이득을 구현할 수 있으나 한단의 common emitter 증폭기에 비하여 대역폭이 줄어드는 단점을 가지고 있다.

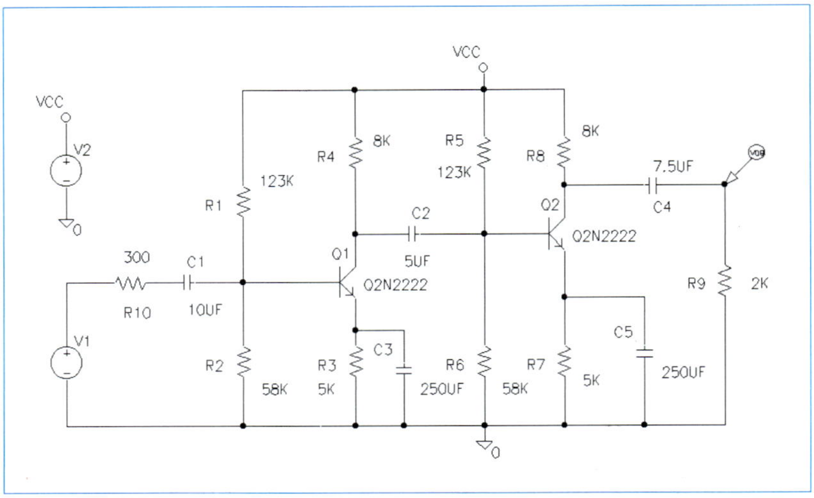

■ 문제

1. 전단 및 후단에 사용된 트랜지스터 Q2N2222의 동작점을 bias 해석을 통하여 구하라. 두 트랜지스터의 동작점 일치여부와 이유를 설명하라.
2. AC sweep 해석을 통하여 cascade 증폭기의 대역폭, lower half power frequency, upper half power frequency, 전압이득을 구하라.
3. AC sweep 해석을 통하여 전단 및 후단의 대역폭과 전압이득을 측정하라.
4. 문제2와 문제3의 결과로부터 cascade 증폭기의 전기적 특징을 설명하라.

■ 시뮬레이션 조건

입력신호는 크기가 1V로 고정된 VSRC 전압원을 사용하고 출력전압을 decibel 값으로 표현할 경우 전압이득, lower 및 upper half frequencies, 대역폭을 쉽게 구할 수 있다. 전, 후단의 주파수 특성을 측정하고자 할 경우 probe가 갖고 있는 수학적인 연산자를 이용할 경우 용이하게 구할 수 있다.

■ 시뮬레이션 결과

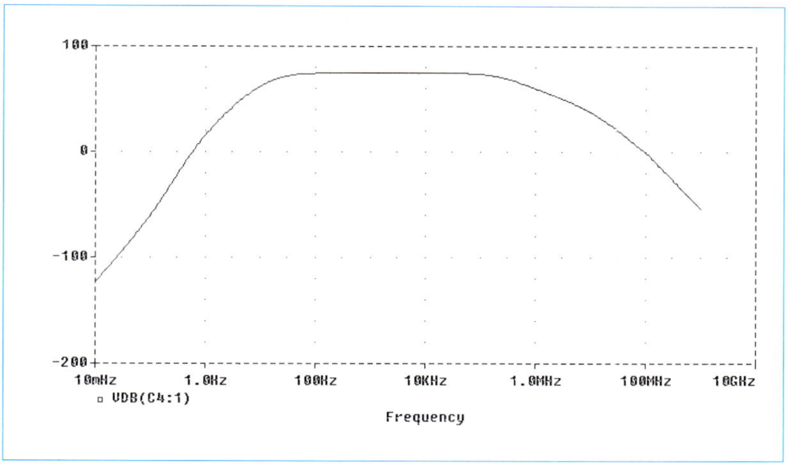

17.7.4 Cascode 증폭기

■ 회로개요

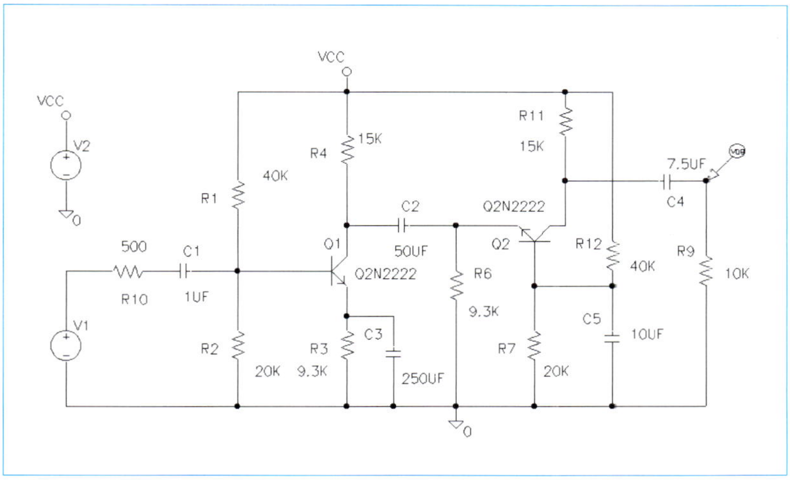

Common emitter 증폭기(전단)와 common base 증폭기(후단)의 결합으로 이루어진 회로를 cascode 증폭기라 부른다. Common base 증폭기는 base 단자를 입출력에 공통으로 사용하며 입력신호는 emitter, 출력신호는 collector 단자를 이용하는 구조이다. 이러한 common base 증폭기는 큰 전압이득, 거의 1에 가까운 전류이득, 작은 입력저항을 갖는다.

문제

1. 전단 및 후단에 사용된 트랜지스터 Q2N2222의 동작점을 bias 해석을 통하여 구하라.
2. AC sweep 해석을 통하여 cascode 증폭기의 대역폭, lower half power frequency, upper half power frequency, 전압이득을 구하라.
3. AC sweep 해석을 통하여 전단 및 후단의 대역폭과 전압이득을 측정하라.
4. 문제 2와 문제 3의 결과로부터 cascode 증폭기의 전기적 특징을 설명하라.
5. Unity gain cross frequency를 측정하라.

시뮬레이션 조건

AC sweep 해석을 통하여 cascode 증폭기의 대역폭, lower half power frequency, upper half power frequency, 전압이득을 구할 수 있다. 주파수변화는 decade당 40개의 주파수를 설정할 수 있도록 하며 unity gain cross frequency를 측정하기 위하여 최종주파수를 1GHz로 설정하라.

시뮬레이션 결과

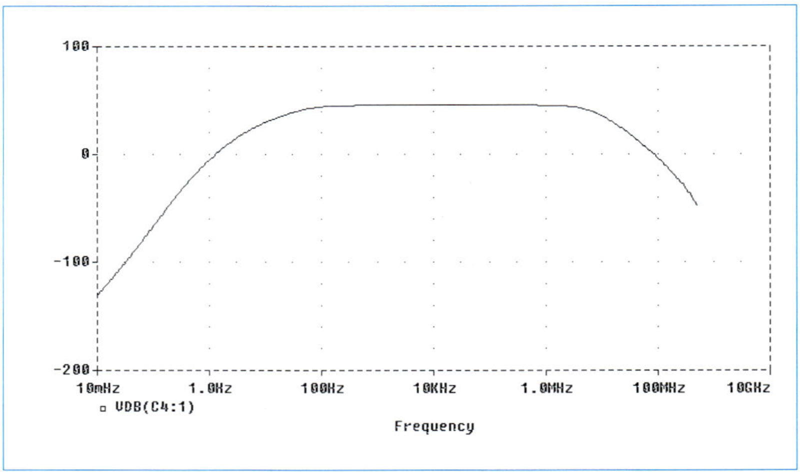

17.7.5 차동증폭기 I

■ 회로 개요

두 개의 matched 트랜지스터를 이용하여 구성된 회로로써 emitter는 한 개의 node에 접속되어 있으며 트랜지스터의 bias를 위하여 정전류원을 사용한다. 무신호시 트랜지스터 Q1, Q2의 collector 전류는 동일하며 그 결과 출력전압은 0를 유지한다. 그러나 신호가 인가되었을 경우 collector 전류는 차이를 갖게 되며 이는 출력단자의 전압차를 유기한다. 가령 noninverting 단자에 작은 양의 전압을 인가하고 inverting 단자에 같은 크기의 음전압을 인가할 시 트랜지스터 Q1의 collector 전류는 증가하게 되며 이로 인하여 collector 전압은 낮아지게 된다. 반면에 트랜지스터 Q2의 collector 전류는 같은 양으로 감소하게 되며 collector 전압은 상승하게 된다. 트랜지스터의 bias에 사용되는 정전류원의 전류량은 저항 R4의 값에 따라 변하게 된다.

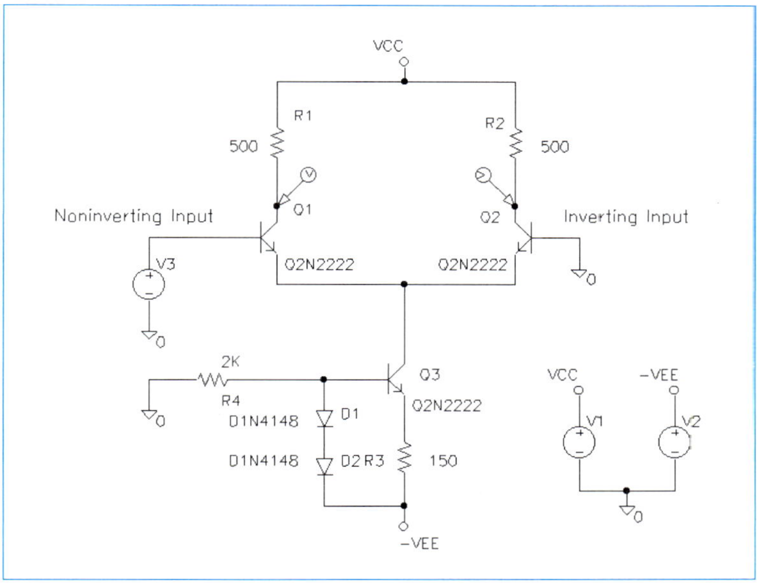

■ 문제

1. DC bias 해석을 통하여 저항 R4에 흐르는 전류량, 트랜지스터 Q3의 collector 전류량을 측정하라.
2. DC bias 상태에서 트랜지스터 Q1 및 Q2의 collector 전류량을 측정하라.
3. 문제 1, 2에서 측정된 각 트랜지스터의 collector 전류량으로부터 관계식을 정립하라.
4. Noninverting 단자에 0.1mV, inverting 단자에 -0.1mV를 인가하고 출력전압을 구하라. 측정된 결과로부터 전압증폭도를 측정하라.
5. 입력단자에 DC 전압원을 인가하고 크기를 -15V에서 +15V까지 가변할 경우 출력전압을 측정하고 최대, 최소 출력전압을 구하라.

6. 문제 5의 결과로부터 입출력전압이 선형적으로 변하는 입력전압의 범위를 구하라.
7. 차동증폭기의 대여폭을 구하라.

■ 시뮬레이션 조건

출력전압의 최대, 최소치를 측정하기 위해서는 DC sweep해석을 통하여 구할 수 있다. 이를 통하여 입력신호의 선형구간을 정의할 수 있으며 또한 기울기를 측정하여 전압증폭도를 계산할 수 있다. 차동증폭기의 대여폭은 크기가 고정된 VSRC 전압원을 이용한 AC sweep 해석을 행함으로써 측정할 수 있다.

■ 시뮬레이션 결과

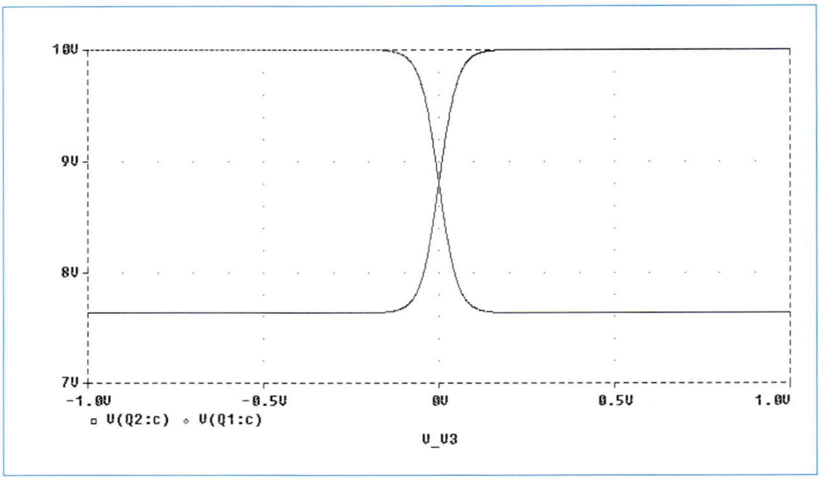

17.7.6 차동증폭기 II

■ 회로개요

두 개의 차동증폭기를 직렬형태로 접속한 cascade 차동증폭기 구조이다. 전단의 차동증폭기는 2-입력, 균형출력으로 구조이며 후단은 2-입력, 불균형 출력 차동증폭기로 구성되어 있다. 차동증폭기의 전압이득은 출력단의 단자수에 의해 결정되며 입력단자 수와는 무관하다. 가령 출력단자가 2개로 구성된 균형출력 차동증폭기의 전압이득은 출력단자가 1개로 구성된 불균형 차동증폭기에 비하여 2배의 크기를 갖는다.

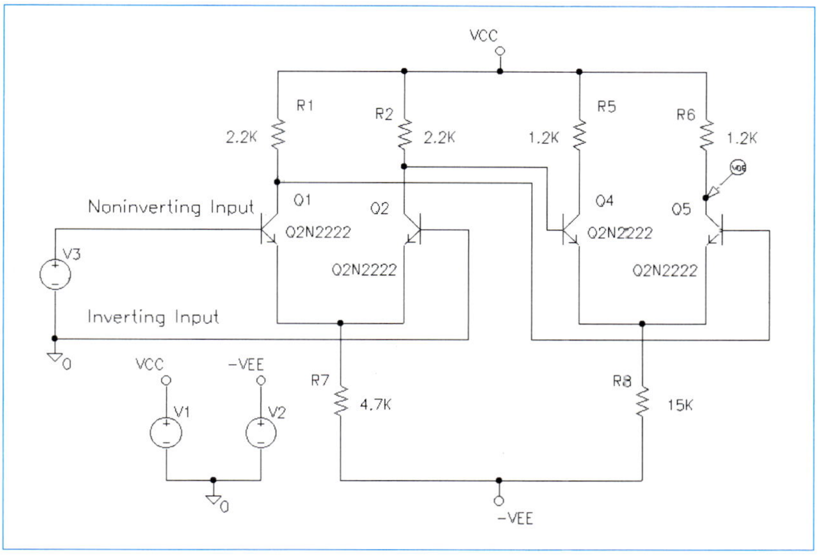

■ 문제

1. 각 트랜지스터의 collector 전류 및 collector-to-emitter 전압을 측정하고 동작점을 찾으라.
2. Cascade 차동증폭기의 전체 전압이득을 구하라.
3. 전단의 2-입력, 균형출력 차동증폭기와 후단의 2-입력, 불균형 차동증폭기의 전압이득을 측정하고 출력단자의 수와 전압이득과의 관계를 정립하라.
4. 입력저항을 구하라.
5. 출력저항을 측정하라.
6. Noninverting, inverting 단자에 DC 전압원을 인가하고 -10V에서 +10V로 변화시켰을 경우 출력전압을 측정하고, 입출력전압이 선형관계를 유지하는 입력전압의 범위를 구하라.

■ 시뮬레이션 조건

Transfer function 해석을 통하여 입출력저항을 구할 수 있다. Transfer function 해석을 위해서는 입력신호 및 출력변수를 정의하여야 하며, 해석결과는 출력파일에 기록하고 있음에 주의하라.

■ 시뮬레이션 결과

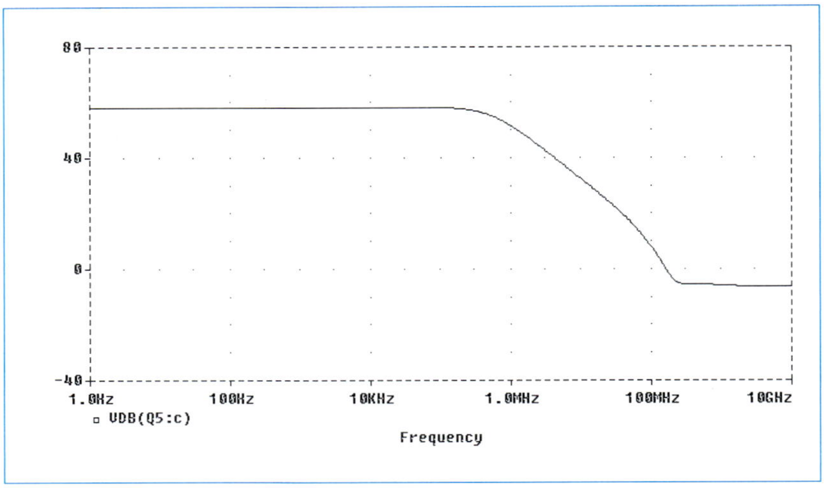

17.7.7 Voltage-series 부궤환 증폭기

■ 회로개요

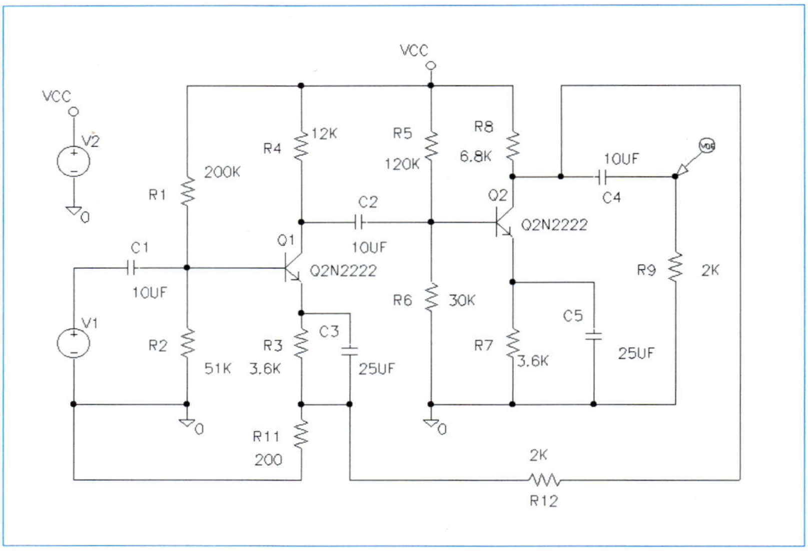

Voltage-series 부궤환 증폭기는 출력단에서 전압을 샘플링하여 입력단으로 되돌려 인가되는 입력 전압과 비교하는 구조의 증폭기이다. 부궤환을 사용한 증폭기는 사용하지 않는 증폭기에 비하여 전압이득은 감소하나, 대여폭은 증가하는 특징을 가지고 있다. 입력단에서 전압을 비교할 경우 부궤환 증폭기의 입력저항은 크게 증가하며, 출력에서 전압을 샘플링할 경우 출력저항은 크게 감소한다. 이와 더불어 부궤환 증폭기는 입출력 전압의 선형관계를 유지하는 입력전압의 범위가 넓은 것이 특징이다.

■ 문제

1. 각 트랜지스터의 collector 전류 및 collector-to-emitter 전압을 측정하고 동작점을 찾으라.
2. AC sweep 해석을 통하여 voltage-series 부궤환증폭기의 대여폭, lower half power frequency, upper half power frequency, 전압이득을 구하라.
3. 부궤환 증폭기의 입력저항 및 출력저항을 측정하라.
4. 부궤환 소자 200Ω, 2kΩ 저항을 제거하고 문제 2와 3을 반복하여 행하고 결과치를 비교하여 부궤환 증폭기의 전기적 성질을 검증하라.

■ 시뮬레이션 조건

Transfer function 해석을 통하여 입출력저항을 구할 수 있으며, 대여폭, lower half power frequency, upper half power frequency, 전압이득은 AC sweep 해석을 통하여 측정할 수 있다.

■ 시뮬레이션 결과

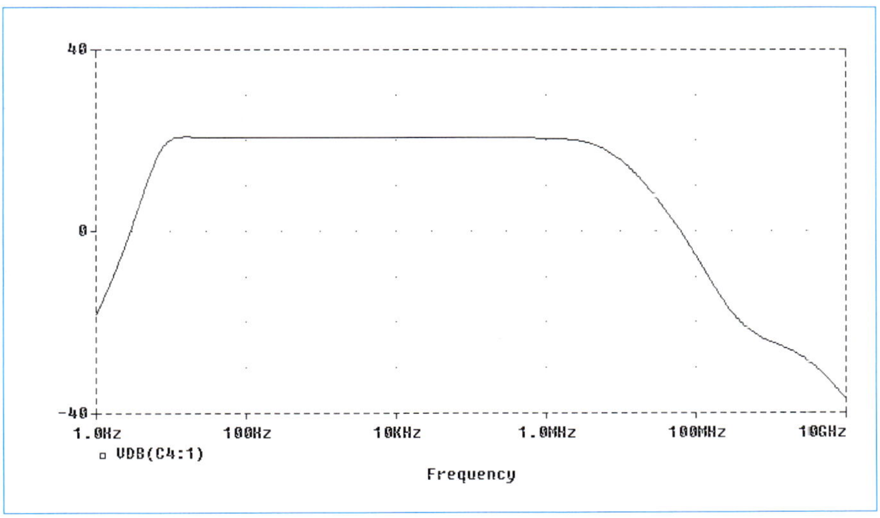

17.7.8 Current-shunt 부궤환 증폭기

■ 회로개요

Current-shunt 부궤환 증폭기는 출력단에서 전류을 샘플링한 후 입력단으로 되돌려 인가되는 입력전류와 비교하는 구조의 증폭기이다. 부궤환 증폭기는 부궤환을 사용하지 않는 전류증폭기에 비하여 전류이득은 감소하나, 대역폭은 증가한다. 입력단에서 전류를 비교하는 부궤환 증폭기의 입력저항은 감소하며, 출력에서 전류를 샘플링할 경우 출력저항은 크게 증가한다. 이러한 특징은 voltage-series 부궤환 증폭기의 입출력 저항과 반대 현상을 나타내고 있다.

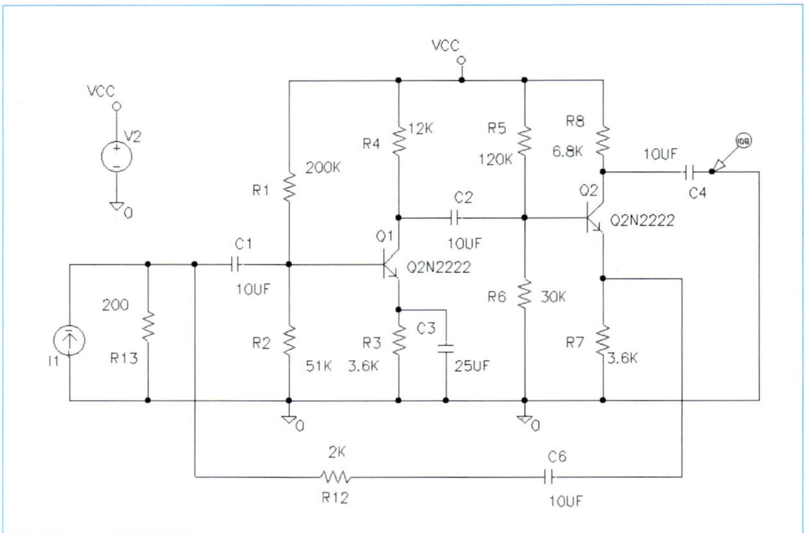

■ 문제

1. 각 트랜지스터의 collector 전류 및 collector-to-emitter 전압을 측정하고 동작점을 찾으라.
2. AC sweep 해석을 통하여 current-shunt 부궤환증폭기의 대역폭, lower half power frequency, upper half power frequency, 전류이득을 구하라.
3. 부궤환 증폭기의 입력저항 및 출력저항을 측정하라.
4. 부궤환 소자 2kΩ 저항, 10uF 컨덴서를 제거하고 문제 2와 3을 반복하여 행하고 결과치를 비교하여 current-shunt 부궤환 증폭기의 전기적 성질을 검증하라.

■ 시뮬레이션 조건

Transfer function 해석을 통하여 입출력저항을 구할 수 있으며, 대역폭, lower half power frequency, upper half power frequency, 전류이득은 AC sweep 해석을 통하여 측정할 수 있다.

■ 시뮬레이션 결과

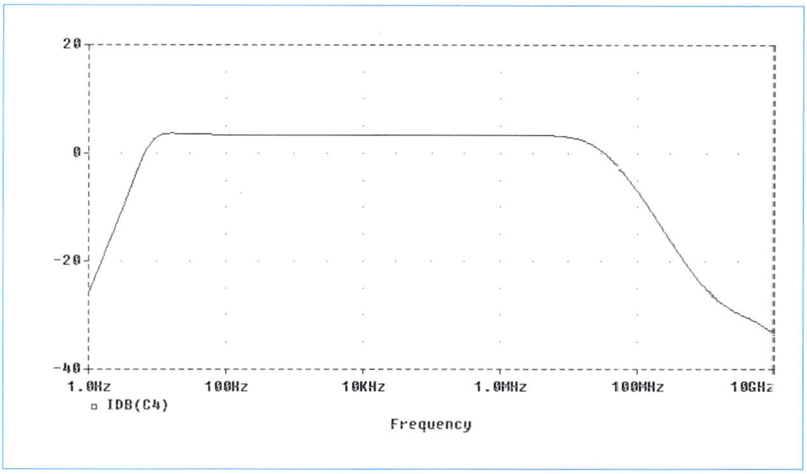

17.8 OP amplifier 응용회로

17.8.1 OP amp 반전증폭기

■ 회로개요

이 회로는 uA741 OP-Amp를 이용한 반전 증폭기이다.

■ 문제

1. 중간주파수대역 이득과 이득이 1이 되는 주파수를 구하라.

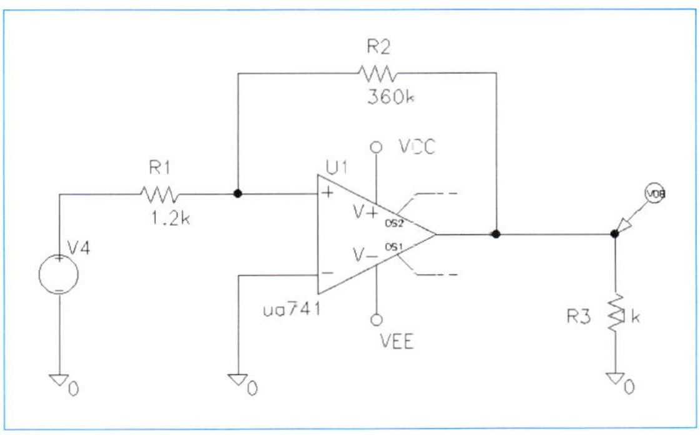

■ 시뮬레이션 조건

1. 해석 방법 : AC 해석(1.0Hz~1.0MHz)

■ 시뮬레이션 결과

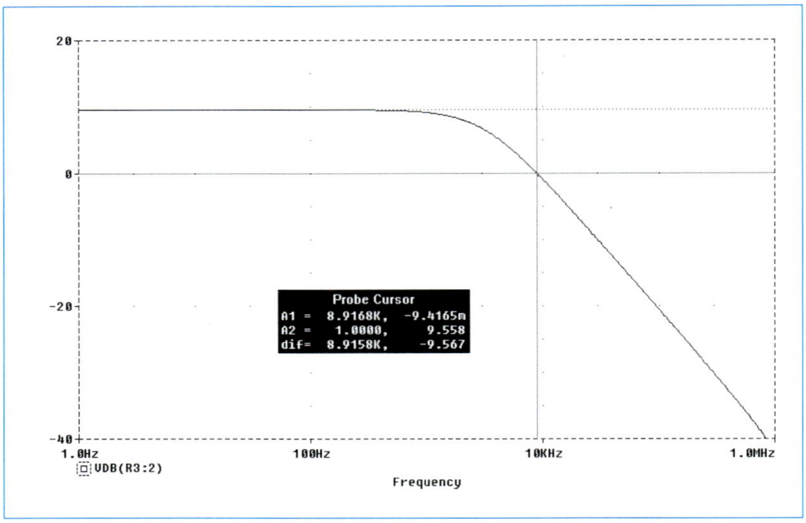

17.8.2 AC Coupled 반전증폭기

■ 회로 개요

본 회로는 inverting amp에 capacitor를 추가하여 입력신호의 DC성분을 제거하고, AC 성분만 증폭하기 위한 capacitor coupled inverting amp이다.

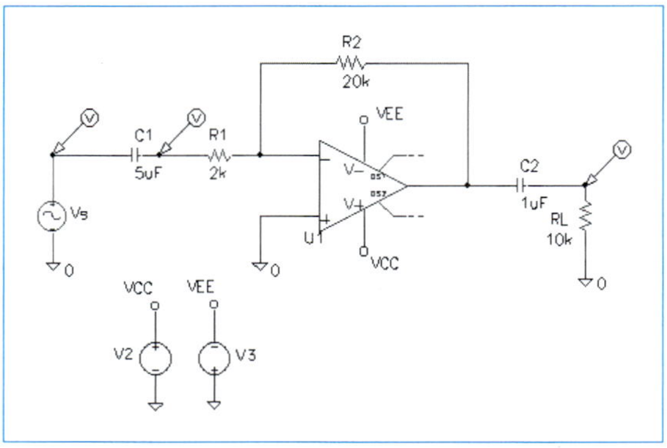

■ 문제

1. 부하저항에 걸리는 출력신호를 확인하라.
2. 입력신호와 C1을 통과한 후의 신호를 비교하여 DC성분의 제거여부를 확인하라.
3. 주파수에 따른 입력신호 대 출력신호의 전달 특성을 확인하라.

■ 시뮬레이션 조건

1. 입력신호를 크기가 1이고 주파수가 3kHz인 sine wave를 인가하라.
2. 문제 2를 위한 해석방법 : 1.2msec 동안 transiant analysis를 하라.
3. 문제 3을 위한 해석방법 : 입력신호의 주파수를 1Hz부터 10MHz까지 sweep 시키면서 ac analysis를 하라.

■ 시뮬레이션 결과

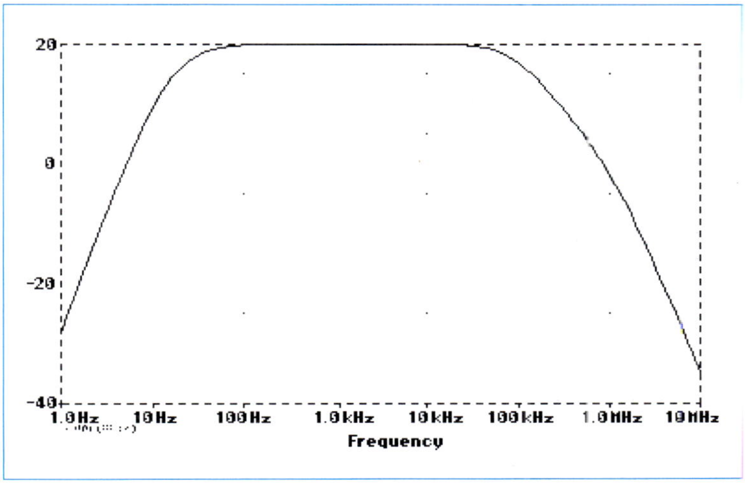

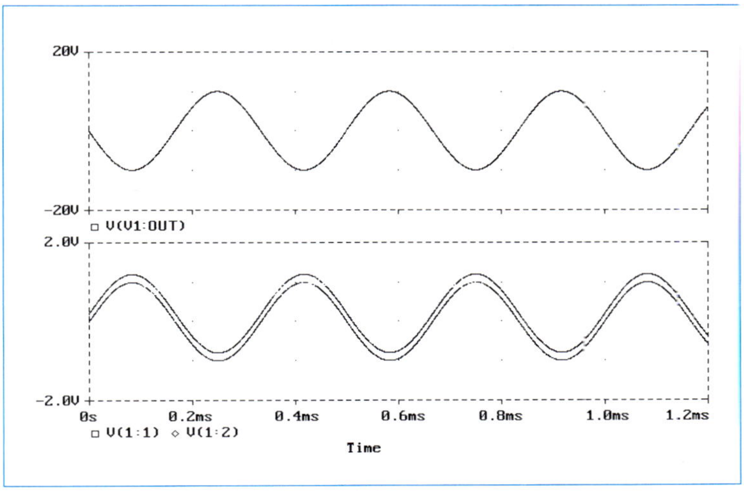

17.8.3 신호차 증폭기

■ 회로개요

본 회로는 OP amp를 이용하여 두 신호의 차를 출력할 수 있게 구성된 instrument amplifier이다. 이 때 R1=R2이고 R3=R4라면 회로의 전압이득은 R3/R1으로 표현된다.

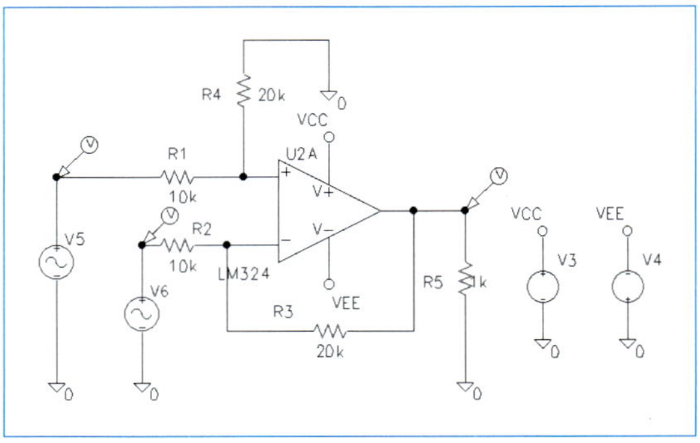

■ 문제

1. 전압이득이 1이 되도록 R3와 R4의 저항값을 설정하고 두 입력신호의 차가 출력되는가를 검증하라.
2. R3 및 R4의 값을 증가시킴에 따라 전압이득이 증가되는가를 검증하라.

■ 시뮬레이션 조건

1. 사용되는 소자 : OP amp = LM324/NS
2. 입력신호 : Peak-to-peak 크기가 4V인 10kHz 정형파
3. Peak-to-peak 크기가 0.5V인 10kHz 정형파

■ 시뮬레이션 결과

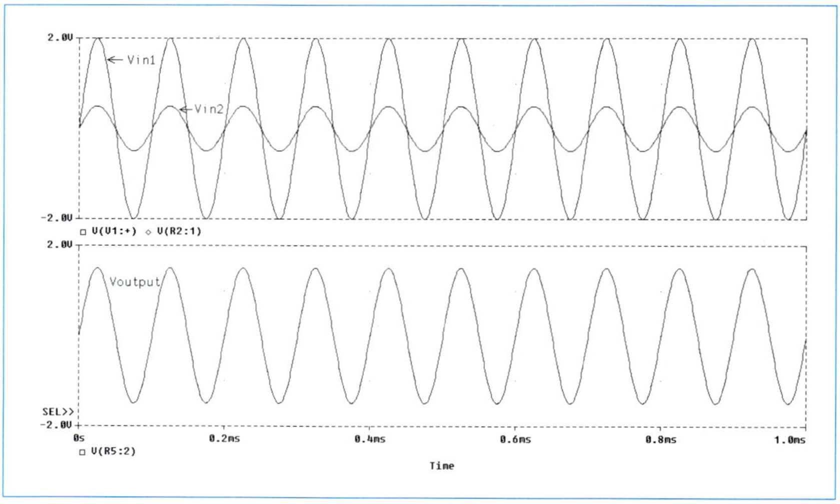

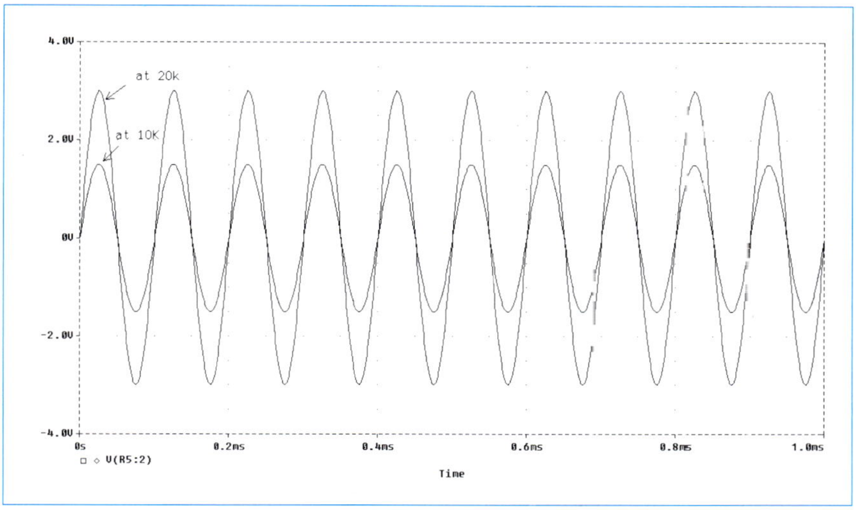

17.8.4 입력 가산기

■ 회로개요

회로는 4-input noninverting summing Amp이다. 입력과 출력전압을 비교하여 그 특성을 알아본다.

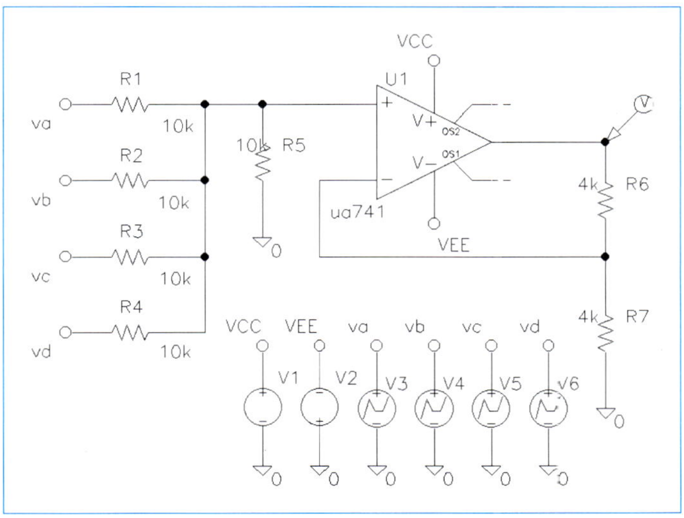

문제

1. 이 회로의 입출력 전달함수를 구하여라.

시뮬레이션 조건

1. 사용 소자 : OP Amp(uA741), R
2. 해석 방법 : Transient 해석
3. 입력 신호 : step 입력

시뮬레이션 결과

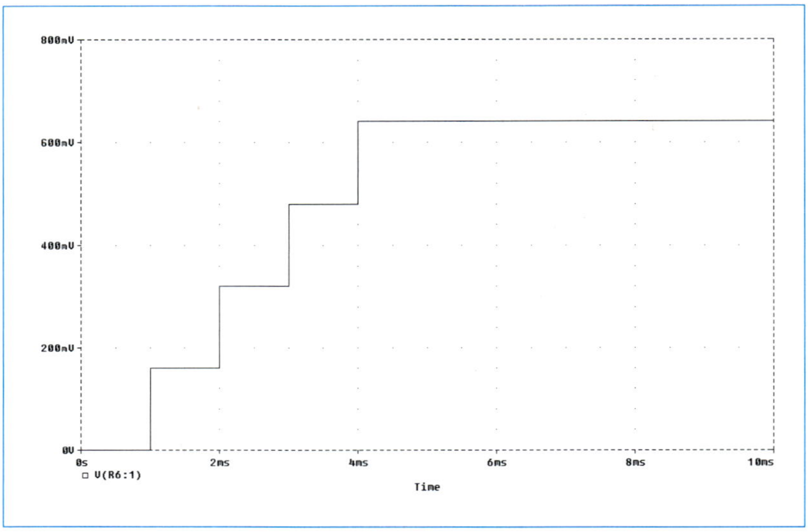

17.9 신호 변환회로

17.9.1 Zener Diode Limiter 회로

■ 회로개요

본 회로는 Back Zener diode limiter회로이다. Diode의 특성에 따라 양단 전압의 크기가 대칭적으로 제한된다.

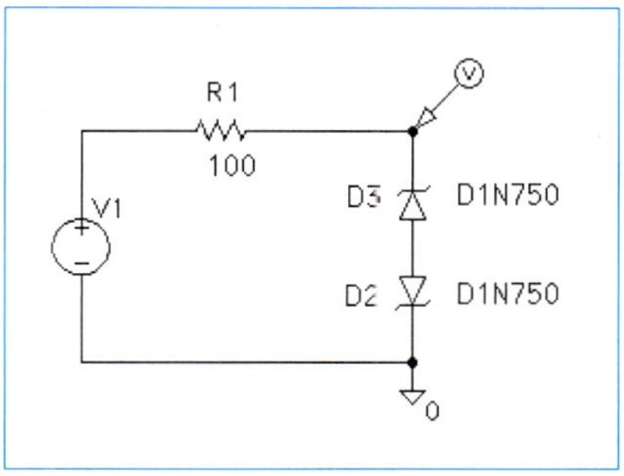

■ 문제

1. 위 회로의 입력전압에 대한 출력전압의 특성을 보여라.

■ 시뮬레이션 조건

1. 사용 소자 : D1N750
2 해석 방법 : DC 해석

■ 시뮬레이션 결과

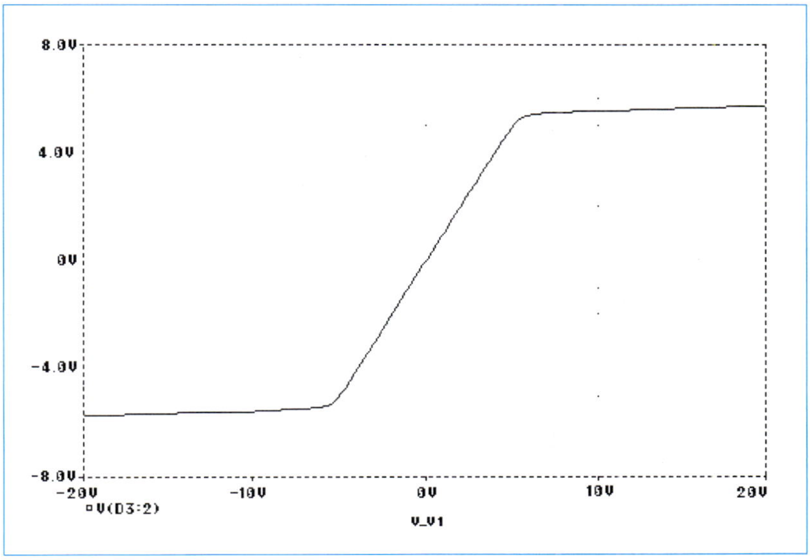

17.9.2 Diode Envelop Detector

■ 회로개요

그림의 회로는 RC를 이용한 envelope detector이다. 고주파의 carrier신호로 변조된 신호를 복조하는데 이용될 수 있다.

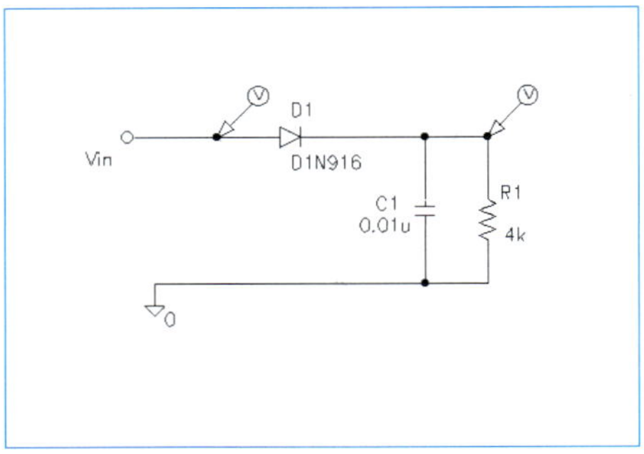

■ 문제

1. 이 회로를 위한 입력신호를 500kHz, 2kHz의 두 사인파로 만들어라.
2. 이 회로의 동작상태를 검증하라.

■ 시뮬레이션 조건

1. 사용 소자 : Diode(D1N916), C, R
2. 해석 방법 : Transient 해석

■ 시뮬레이션 결과

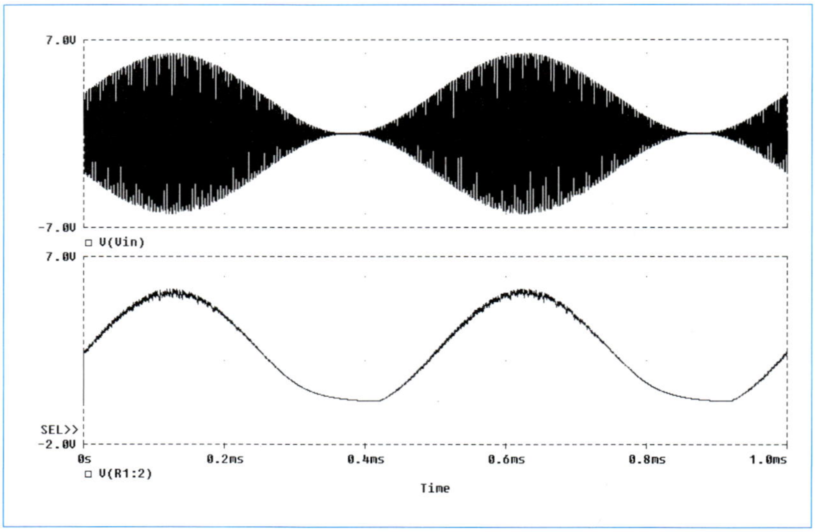

17.9.3 Diode Biased Limiter 회로 I

■ 회로개요

본 회로는 diode와 저항을 이용한 출력전압 제어 회로이다. 입력전압의 증감에 의해 각 diode는 순차적으로 ON 된다. 출력전압은 부분적으로 선형형태를 나타나게 되나 전체적으론 비선형 형태를 갖게 된다.

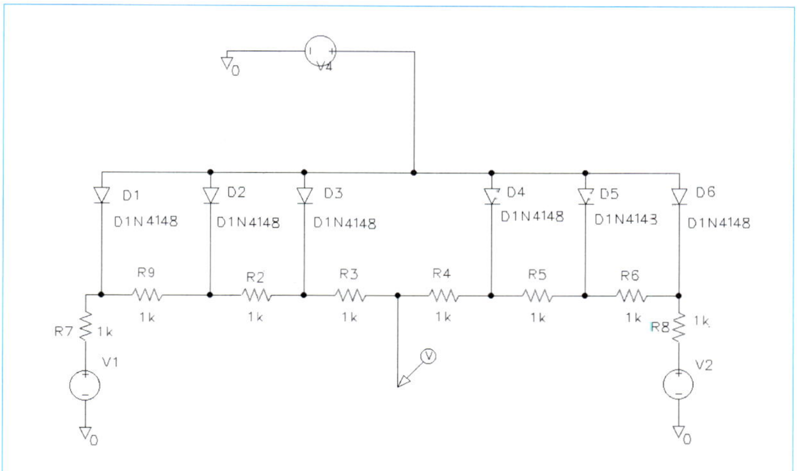

■ 문제

1. 입력신호전압의 변화에 대한 출력전압의 변화를 측정하라.
2. 출력전압에서 선형구간을 갖게 되는 입력의 전압구간을 정의하라.

■ 시뮬레이션 조건

1. 사용 소자 : Diode(D1N4148), R
2. 해석 방법 : 입력전압의 DC sweep 해석

■ 시뮬레이션 결과

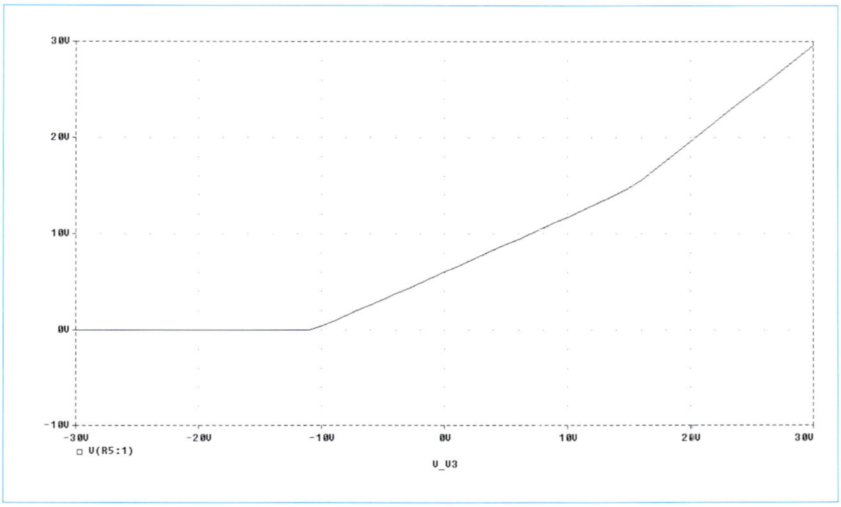

17.9.4 Diode Biased Limiter 회로 II

■ 회로개요

회로는 Biased limit 회로이다. 이 회로는 다이오드 D1 및 D2에 인가하는 전압 V2 및 V5의 bias 전압의 크기에 따라 입력신호의 제한 범위를 조절할 수 있는 특징을 가지고 있다. 즉 입력신호가 2.5V +VD2(on) 전압보다 크게 인가될 경우 출력전압은 2.5V+VD2(on) 전압으로 제한되며 입력신호가-2.5V -VD1(on)보다 작을 경우 출력 전압은 -2.5V-VD1 (on)로 제한된다.

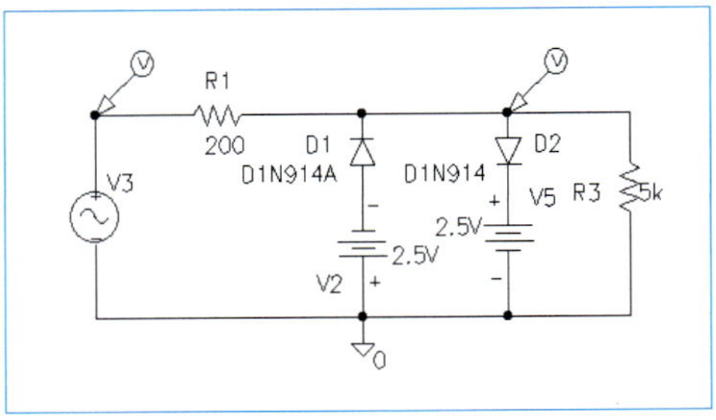

■ 문제

1. 회로를 구성하고 입력신호대 출력신호의 파형을 검증하여라.
2. 출력신호의 최대값이 2.5V+VD2(on)인지 검증해 보라
3. 출력신호의 최소값이 -2.5V-VD1(on)인지 검증해 보라

■ 시뮬레이션 조건

1. 입력신호 : 1kHz 사인파
2. 사용되는 소자 : diode = DIN914

■ 시뮬레이션 결과

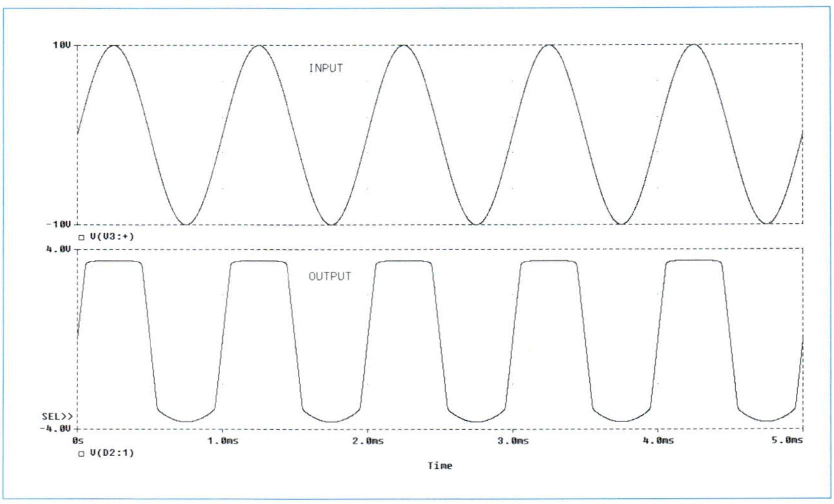

17.9.5 Biased Clamper 회로

■ 회로개요

본 회로는 Biased 클램프 회로를 나타내고 있다. 클램프 회로는 교류 입력신호에 직류전압을 가해서 직류전압만큼 위 또는 아래로 입력신호의 중심을 조절하기 위한 회로이다. 입력신호에 대한 충실한 복원은 입력신호의 주파수에 따라 C1 및 R1의 값을 조절하여 구현할 수 있다.

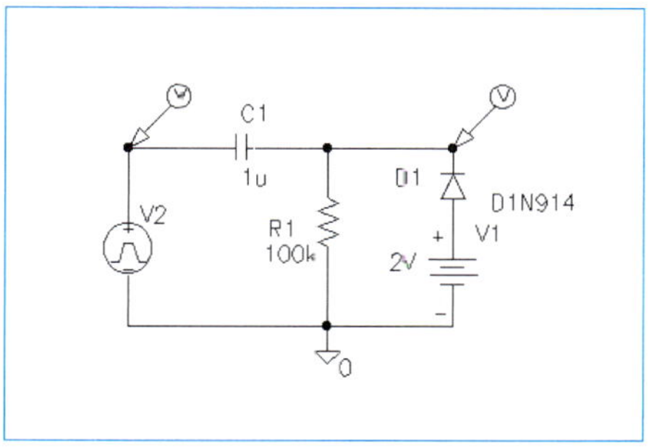

■ 문제

1. 입력신호와 출력신호를 동시에 출력하여 V1에 가해진 2V만큼의 클램핑이 발생되는지 검증하여라.

■ 시뮬레이션 조건

1. 사용되는 소자 : diode = D1N914
2. 입력신호 : 한 주기가 1ms이고 duty cycle이 50%인 pulse 신호

■ 시뮬레이션 결과

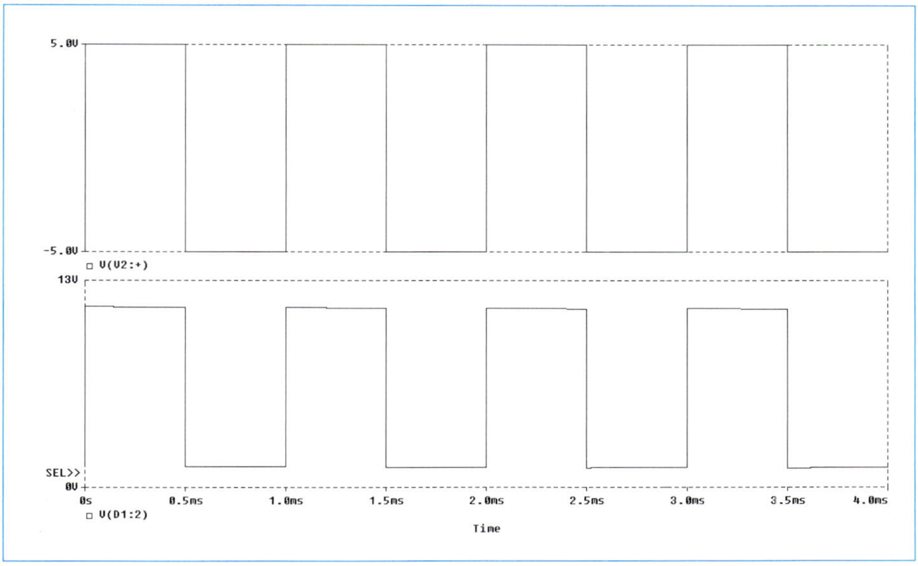

17.9.6 Diode Peak detector

■ 회로개요

본 회로는 Peak detector의 구조를 나타내고 있다. 이 회로는 입력되는 교류신호의 첨두치를 C1에 충전하여 출력신호는 입력신호의 첨두값을 나타내도록 설계되어 있다.

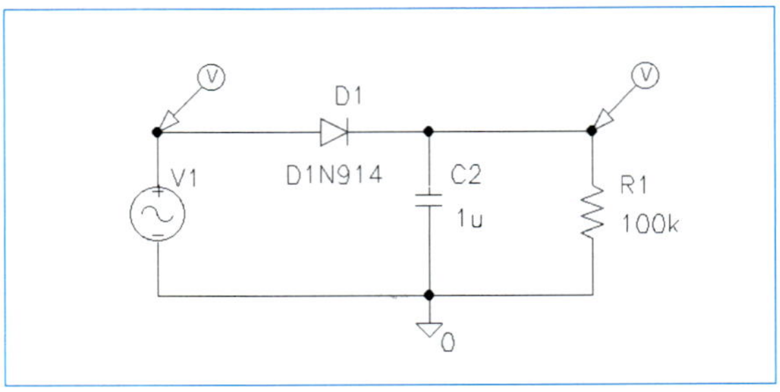

■ 문제

1. 입력신호와 출력신호를 비교하여 첨두치가 출력되는가를 검증하여라.

■ 시뮬레이션 조건

1. 사용되는 소자 : diode = D1N914.

■ 시뮬레이션 결과

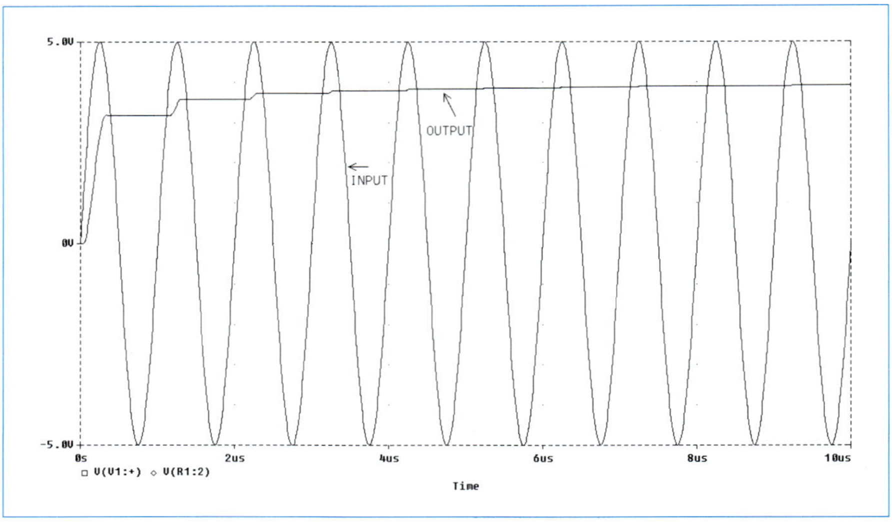

17.9.7 트랜지스터 변조기(MODULATOR)

■ 회로 개요

본 회로는 sinusoidal 입력신호를 transistor와 square wave를 이용해서 modulation 시키는 transistor modulator 회로이다.

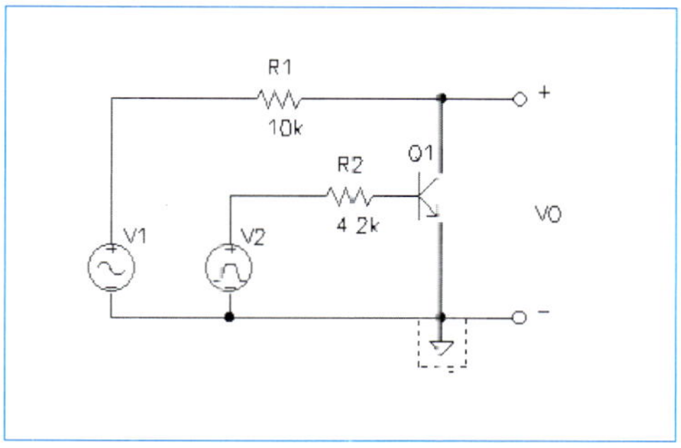

■ 문제

1. Transistor의 Vce를 확인하라.
2. 입력신호와 출력신호 사이의 차이를 확인하라.

■ 시뮬레이션 조건

1. 입력신호 : 크기가 3V이고 주파수가 1kHz인 sine wave를 인가하라.
2. Modulating 신호 : 크기가 5V이고 주기가 2msec인 square wave를 인가하라.
3. 해석방법 : Transient해석(0~4ms)

■ 시뮬레이션 결과

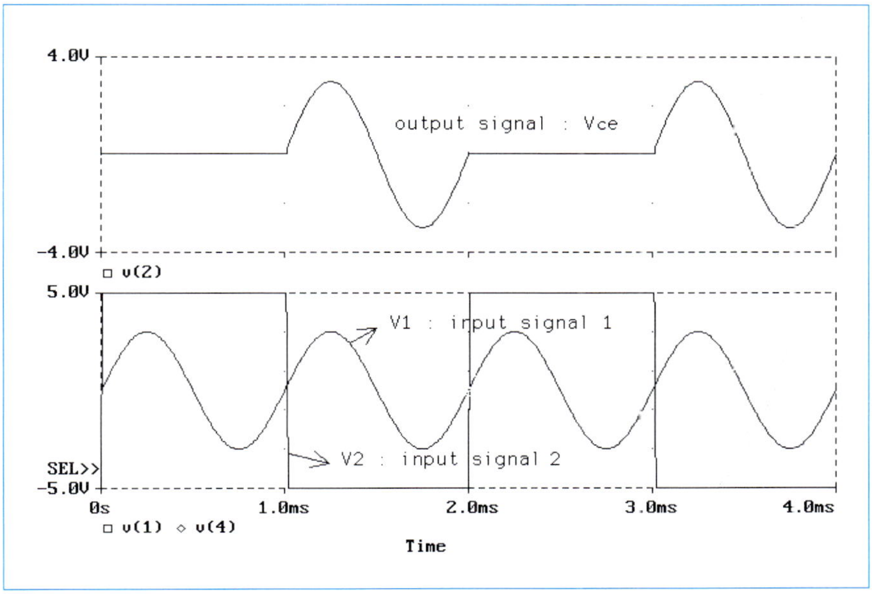

17.9.8 TTL INVERTER

■ 회로개요

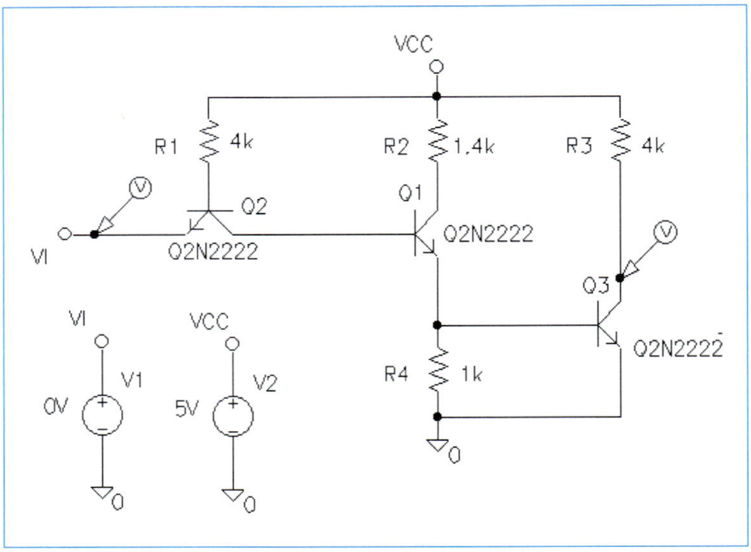

본 회로는 TTL inverter 회로이다. 3개의 transistor로 이루어진 이 회로를 이용하여 TTL gate가 인식할 수 있는 logic(0)와 logic(1)의 전압 범위를 알아보자.

■ 문제

1. 회로를 구성하여 TTL inverter로써 동작하는지를 조사하여라.
2. 출력에서 logic(1)과 logic (0)로 인식되는 입력전압의 범위를 조사하여라.
3. 입력에 5V 계단형 전압을 인가하고 출력신호의 지연시간을 측정하여라.

■ 시뮬레이션 조건

입력전압 : 0에서 5V까지의 연속적으로 증가하는 입력전압

공급전원 : 5V의 VCC

구성소자 : Q2SC454 npn BJT

해석방법 : 입력전압을 0에서 5V까지의 연속적으로 증가하는 DC analysis

■ 시뮬레이션 결과

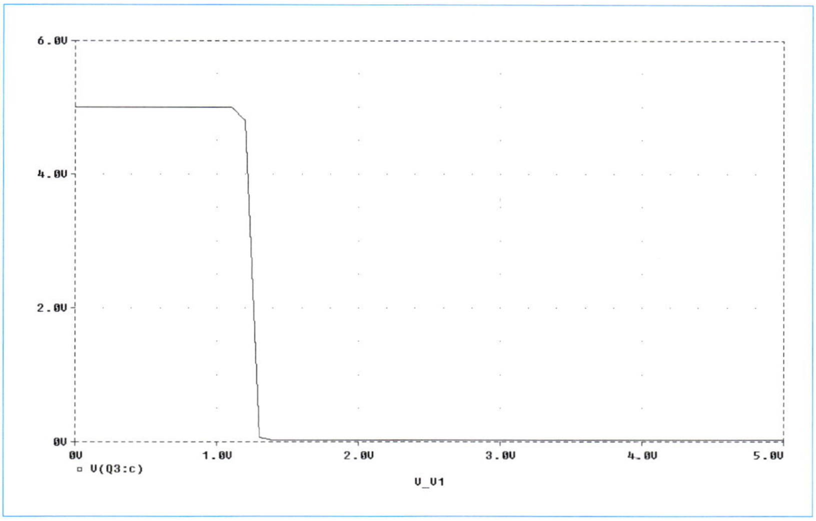

17.9.9 적분기 회로

■ 회로개요

본 회로는 반전 증폭기 구조와 커패시터를 이용한 적분기회로를 구성한 것이며 본 회로의 입출력 파형을 살펴봄으로써 입력신호에 대한 출력의 적분특성을 살펴본다.

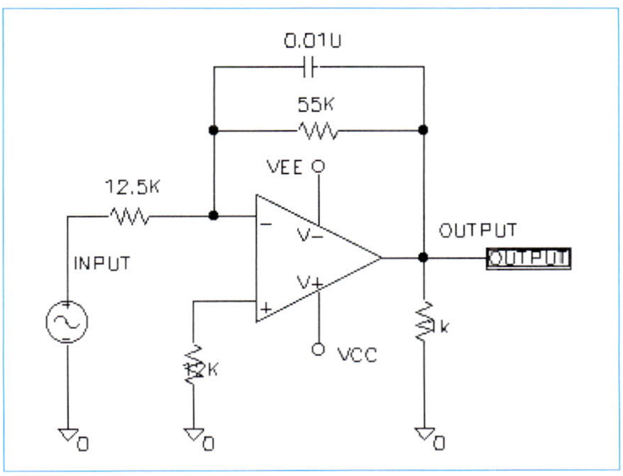

문제

1. 회로를 구성하고 본 회로의 입출력파형을 출력하여 입력신호 sinωt를 적분한 형태인 -cosωt를 출력함을 확인하라.

시뮬레이션 조건

1. 공급전압 : VCC = 15V, VEE = -15V
2. 구성소자 : OPAMP는 LM324
3. 입력신호 : 크기가 1이고 주파수가 100Hz인 sin파를 입력
4. 해석방법 : 0에서 100msec까지 transient analysis

시뮬레이션 결과

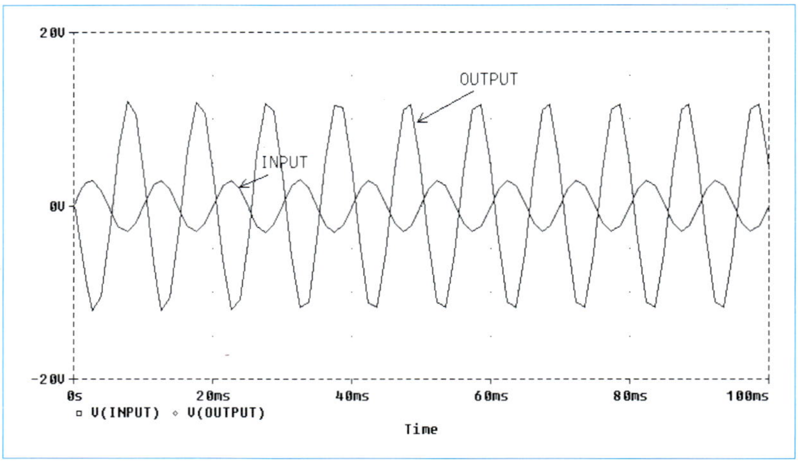

17.9.10 슈미터 트리거회로 I

■ 회로개요

본 회로는 비반전 증폭기 구조를 이용한 슈미터 트리거 회로를 구성한 것이며 본 회로의 입출력 파형을 살펴봄으로써 슈미터 트리거 회로의 히스테리시스 특성을 살펴본다.

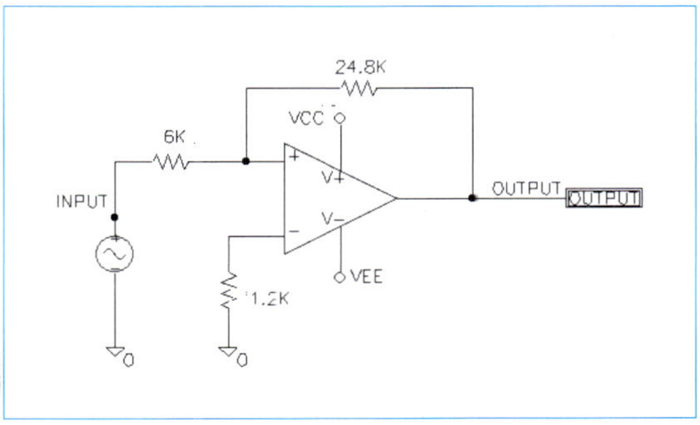

■ 문제

1. 회로를 구성하고 본 회로의 입출력파형을 출력하여 +3.5V와 -3.5V에서 트리거링 됨을 확인하여라. 그리고 X축의 변수를 V(INPUT)으로 하여 슈미터 트리거 회로의 히스테리시스 특성을 살펴보아라.
2. 부궤환 저항 24.8kΩ을 248kΩ으로 치환하여 히스테리시스 특성을 측정하여라.
3. Trigger voltage와 저항값과의 관계를 정립하여라.

■ 시뮬레이션 조건

공급전압 : VCC = 15V, VEE = -15V

구성소자 : OPAMP는 LM324,

입력신호 : 크기가 10이고 주파수가 50Hz인 SIN파를 입력

0에서 40msec까지 transient analysis

■ 시뮬레이션 결과

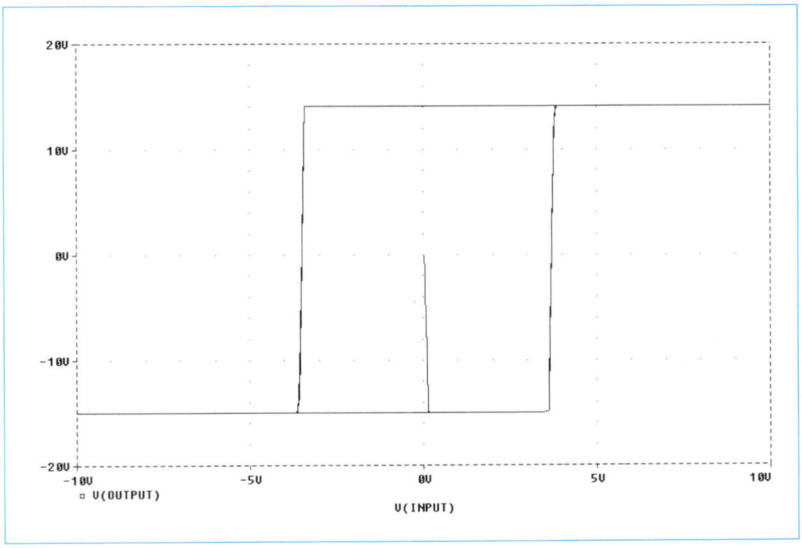

17.9.11 OP-AMP Clipping 회로

■ 회로개요

본 회로는 op-amp와 zener diode를 이용해 입력신호의 크기가 zener diode의 break down 전압과 순방향 turn on 전압의 합보다 크면 출력시 일정한 level로 clipping시키는 회로이다.

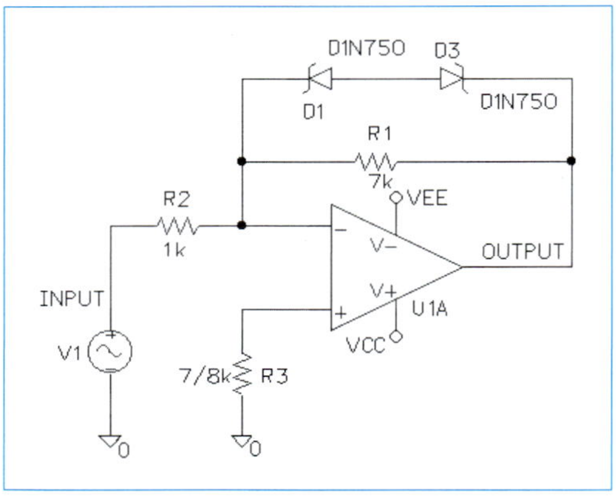

■ 문제

1. 입력신호와 출력신호를 비교하라.
2. Clipping되는 신호의 크기를 확인하라.

■ 시뮬레이션 조건

1. 입력신호 : 크기가 1이고 주파수가 1kHz인 sine wave를 인가하라.
2. Zener diode의 break down 전압을 5V로 하라.
3. 해석방법 : 3msec동안 transiant analysis하라.

■ 시뮬레이션 결과

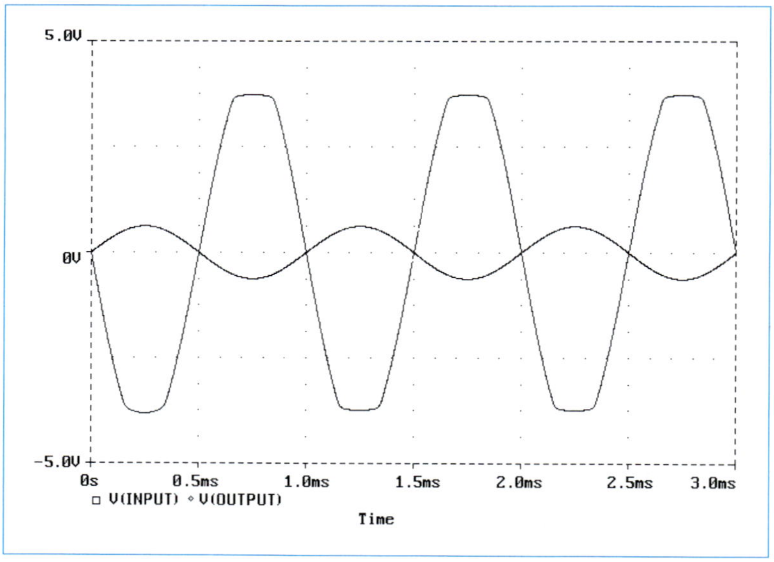

17.10 신호 발생회로

17.10.1 Ringing Oscillator

■ 회로개요

본 회로는 pulse입력을 transistor와 diode가 연결된 LC 공진회로를 이용해 발진 신호를 발생시키는 ringing oscillator 회로이다.

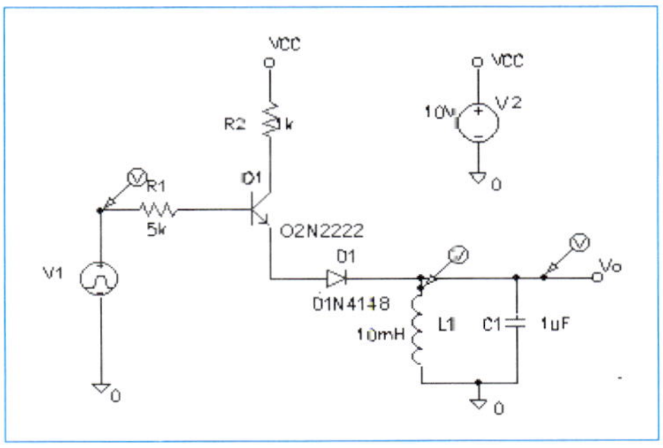

■ 문제

1. 입력신호와 출력신호를 비교하라.
2. Inductor에 흐르는 전류를 확인하라.

■ 시뮬레이션 조건

1. 입력신호 : 최고치가 2V이고, 최저치가 -2.5V이면서 pulse폭이 1msec인 pulse 파를 인가하라.
2 해석방법 : 4msec동안 transiant analysis를 하라.

■ 시뮬레이션 결과

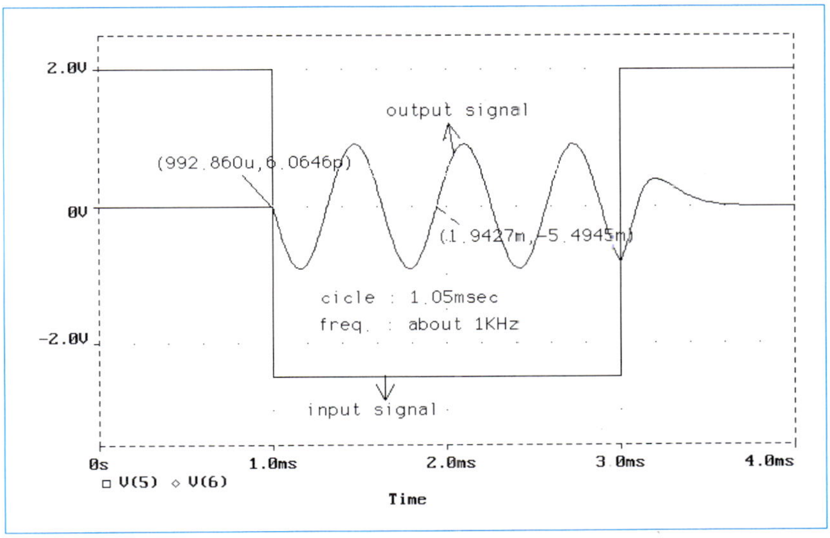

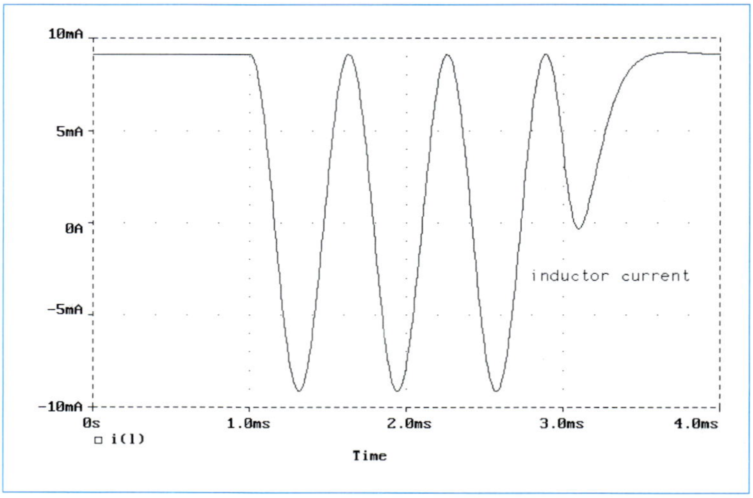

17.10.2 비안정 멀티바이브레이터

■ 회로개요

본 회로는 Emitter coupled astable multivibrator의 구조를 나타내고 있다. 이 회로는 C1 및 C2의 충방전을 이용하여 transistor Q1 및 Q2의 collector에서 충방전시간에 비례하는 pulse신호를 출력하는 회로이다.

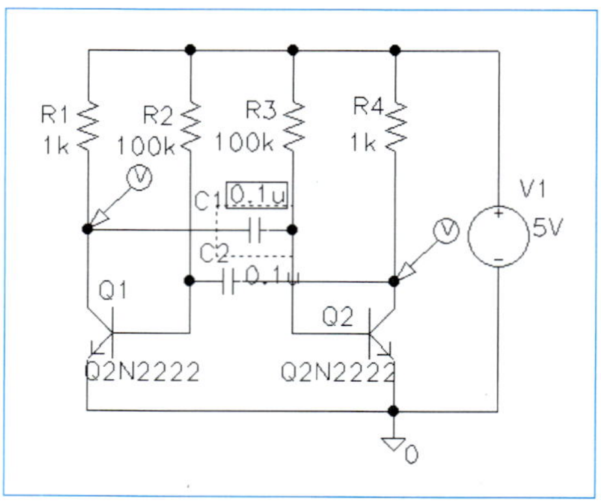

■ 문제

1. Q1 및 Q2의 collection에서 출력되는 신호를 검증하라.
2. Q1의 출력신호를 fourier Analysis를 통하여 fundamental 주파수 및 고조파 성분을 측정하여라.

시뮬레이션 조건

1. 사용되는 소자 : NPN 트랜지스터 : Q2N2222

시뮬레이션 결과

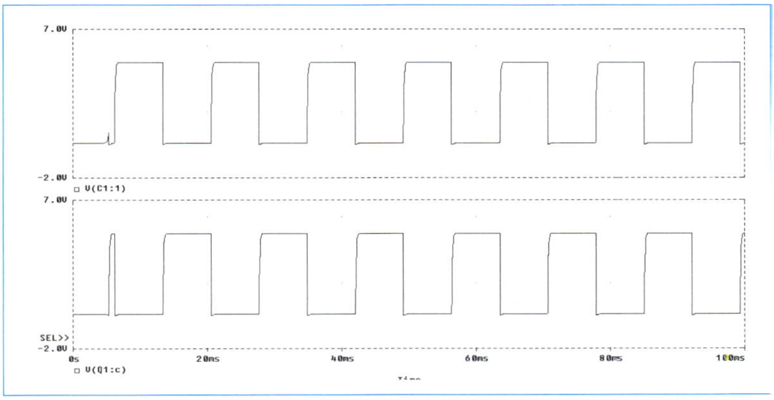

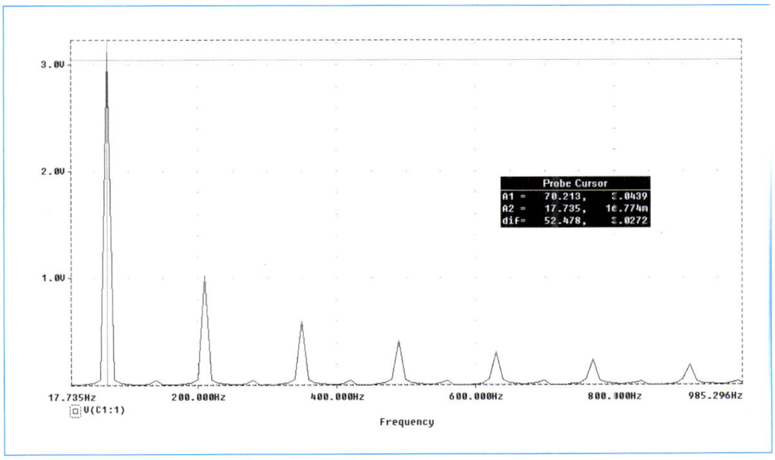

17.10.3 발진기 I

■ 회로개요

본 회로는 다이오드와 Op-Amp를 이용한 astable vibrator이다. capacitor의 양단에 삼각파가, 그리고 Op-Amp의 출력단에 펄스파가 발생됨을 알아보고 또 그 펄스의 Duty cycle을 변화시켜 본다.

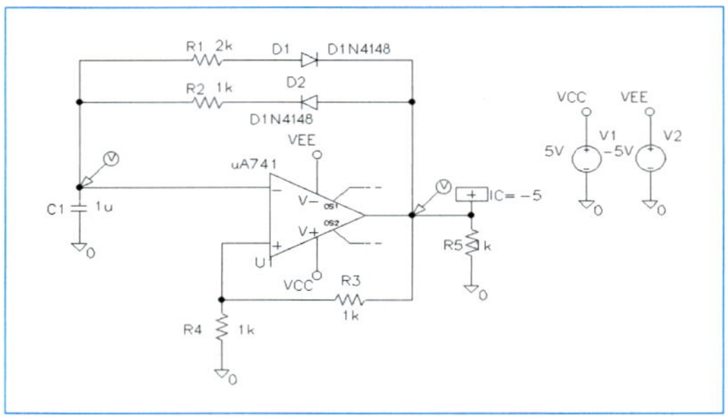

■ 문제

1. 회로를 구성하여 capacitor의 양단의 출력신호를 검증하고 Op-Amp의 출력단에 펄스파가 발생함을 관찰하여라.
2. 저항 R1과 R2의 저항값이 동일할 경우 구형파의 duty cycle은 어떻게 변화하는 지 관찰하여라.
3. 저항 R3와 R4의 저항값을 달리할 경우 Op-Amp 출력단의 파형크기를 관찰하고 저항비와 신호크기와의 관계를 정립하여라.

■ 시뮬레이션 조건

공급전원 : 5V VCC, -5V VEE

구성소자 : uA741 Op-Amp, D1N4148, 저항과 커패시터

해석방법 : 0에서 20ms까지 transient analysis

■ 시뮬레이션 결과

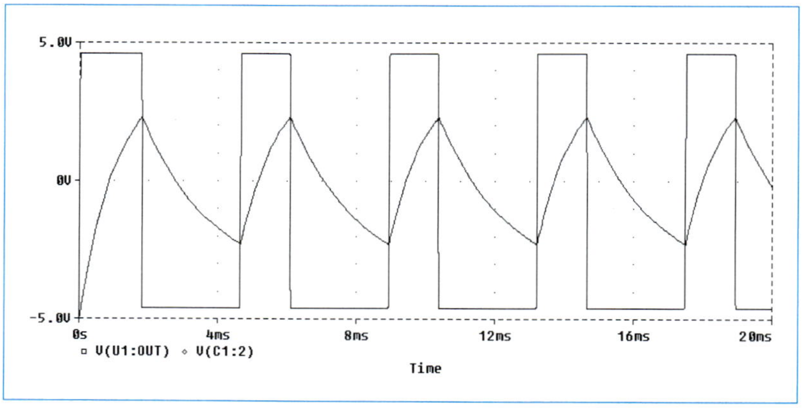

17.10.4 구형파, 삼각파 발생회로

■ 회로개요

본 회로는 Op-Amp, capacitor 그리고 저항을 이용해 triangle wave와 rectangular wave를 발생시키는 회로이다.

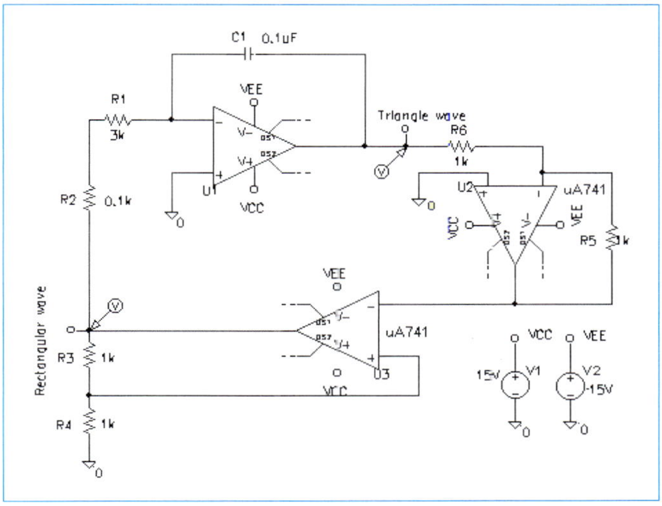

■ 문제

1. 출력신호 Vo1의 크기가 주기를 확인하라.
2. 출력신호 Vo2의 크기와 주기를 확인하라.

■ 시뮬레이션 조건

1. 해석방법 : 3msec동안 transiant analysis를 하라.

■ 시뮬레이션 결과

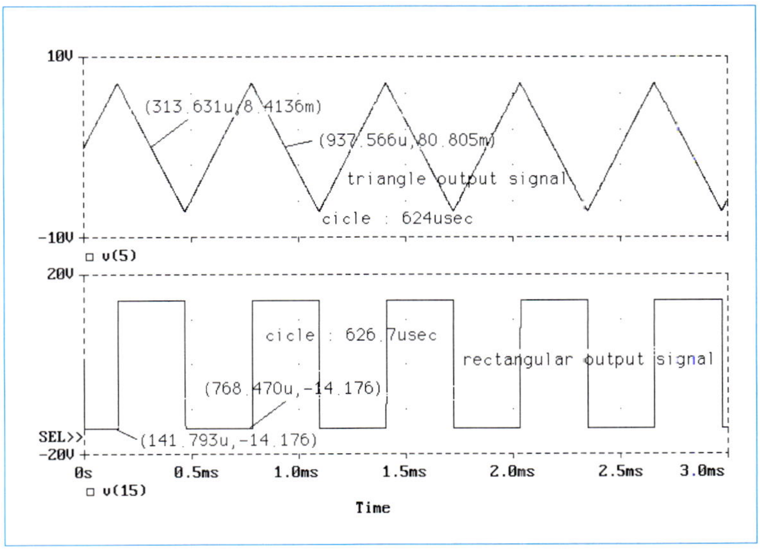

CHAPTER 18 디지털 응용회로 및 실습

18.1 조합 회로

18.1.1 DELAY TIME 측정

■ **회로개요**

본 회로는 AND gate와 NAND gate의 입력에 대한 출력의 지연시간을 알아보기 위해 각 gate를 6개씩 연결한 회로이다.

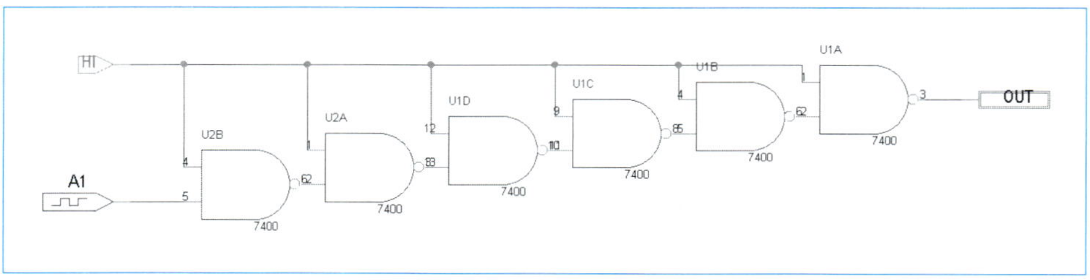

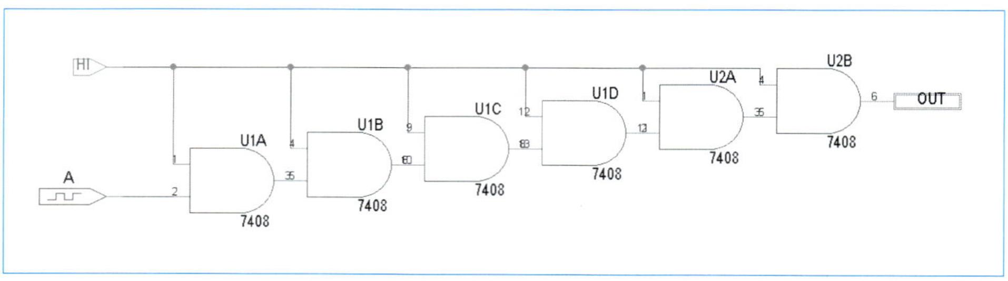

■ 문제

1. 두 회로의 지연시간을 조사하라.
2. 지연시간이 긴 회로는 어떤 회로인가? 또 그 이유는?

■ 시뮬레이션 조건

1[us] 동안 transient 해석을 하며, 입력 신호는 0과 1을 반복 인가한다. 입력신호의 주기는 0.2[us]이다

■ 시뮬레이션 결과

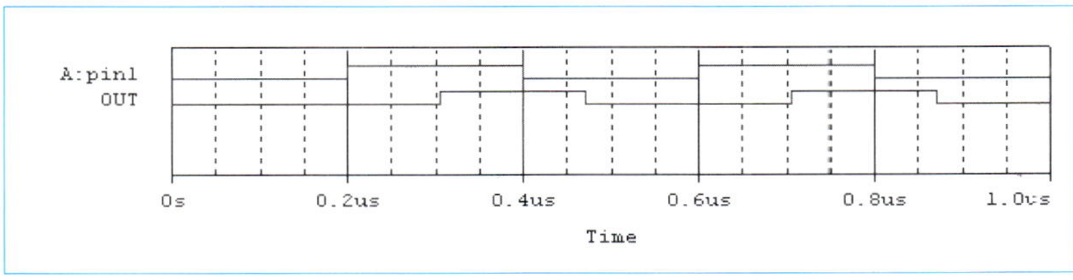

6개의 AND gate를 연결한 회로의 결과

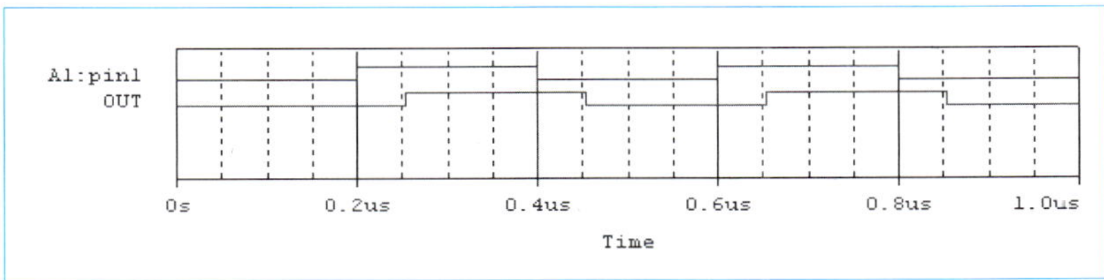

6개의 NAND gate를 연결한 회로의 결과

18.1.2 NAND를 이용한 EX-OR 회로

■ 회로개요

본 회로는 EX-OR gate를 NAND gate로 구성시킨 회로이다.

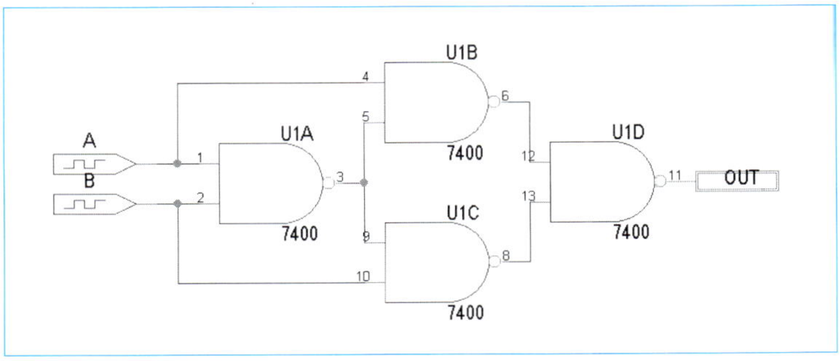

문제

1. NAND gate로 구성된 EX-OR 회로의 동작을 확인하라.
2. NOR gate로 구성된 EX-OR gate를 설계하라.

시뮬레이션 조건

1[us] 동안 transient 해석을 하며, 입력 신호는 00, 01, 10, 11을 인가한다. 입력신호의 주기는 0.2[us]이다.

시뮬레이션 결과

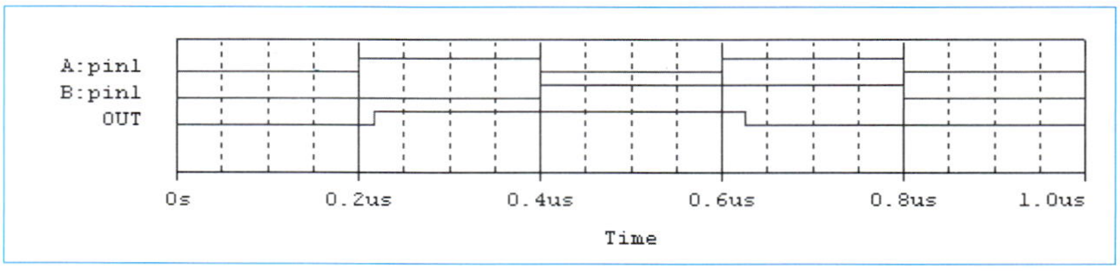

NAND gate로 구성된 EX-OR 회로의 입력과 출력

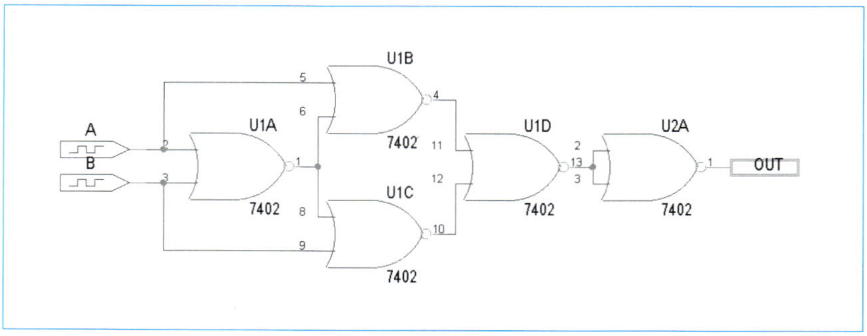

NOR gate로 구성된 EX-OR 회로

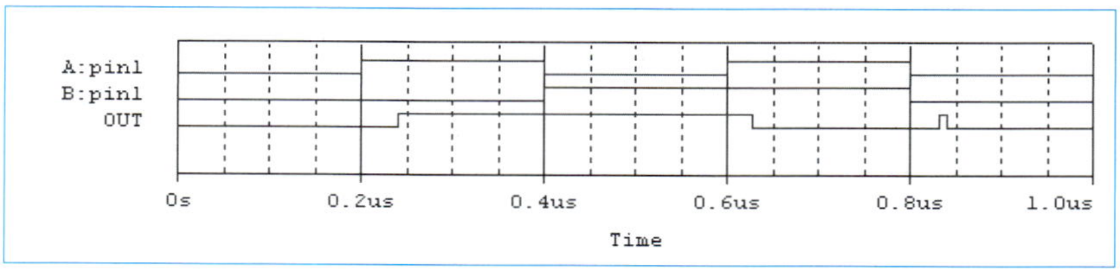

NOR gate로 구성된 EX-OR 회로의 입력과 출력

18.1.3 4비트 PARITY CHECKER

■ 회로개요

본 회로는 EX-OR gate로 구성된 4비트 parity checker 회로이다.

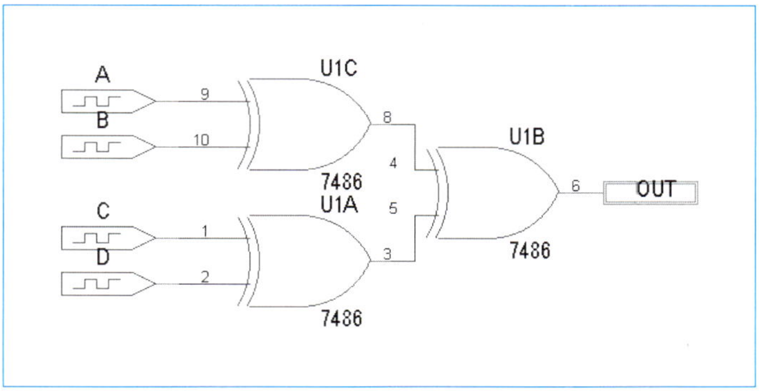

■ 문제

1. 4비트 parity checker 회로의 동작을 확인하라.
2. 4비트 이상의 parity checker 회로의 구성은?

■ 시뮬레이션 조건

1.6[us]동안 transient 해석을 하며, 입력 신호는 0000, 0001, ……, 1101, 1111을 인가한다. 입력신호의 주기는 0.1[us]이다.

■ 시뮬레이션 결과

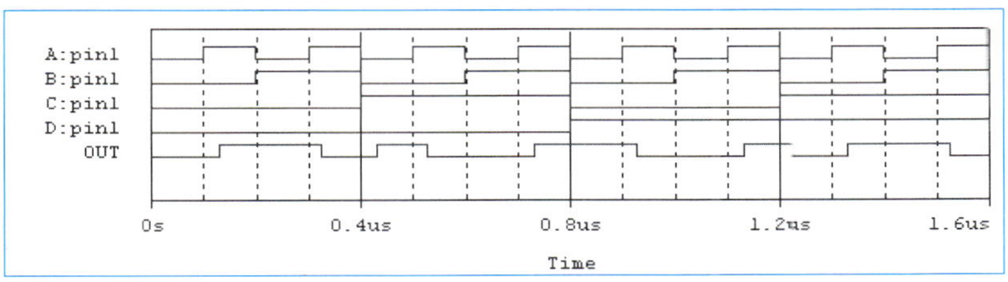

4 비트 Parity Checker 회로의 입력과 출력

18.1.4 전감산기

■ 회로개요

본 회로는 전감산기 회로이다.

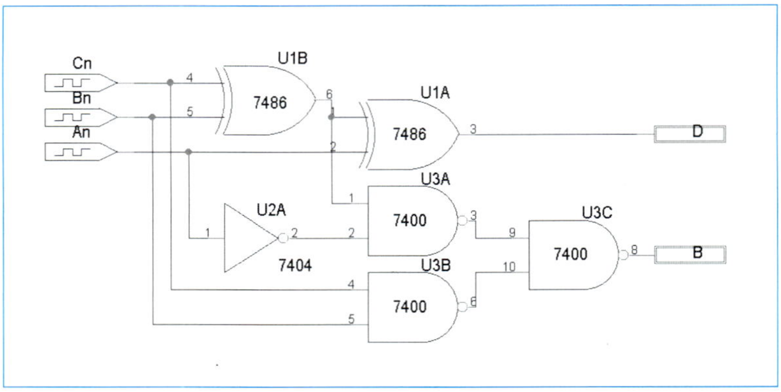

■ 문제

1. 전감산기 회로의 동작을 확인하라.
2. 전감산기 회로의 동작을 설명하고 2비트 또는 그 이상의 비트에 대한 확장성을 설명하라.

■ 시뮬레이션 조건

1[us]동안 transient 해석을 하며, 입력 신호를 000, 001, 010, 011, 100, 101, 110, 111을 인가한다. 입력신호의 주기는 0.1[us]이다.

■ 시뮬레이션 결과

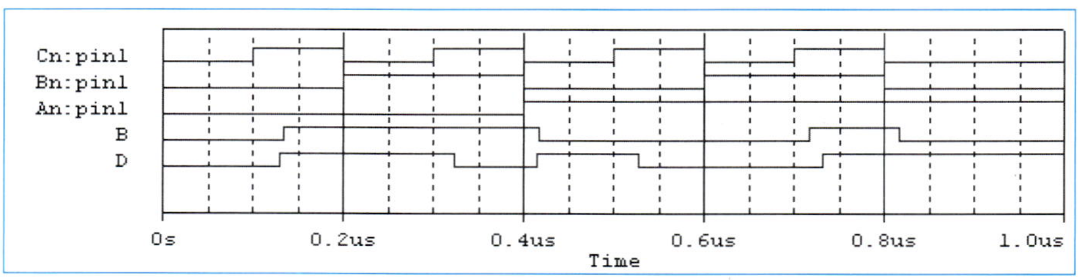

전감산기의 입력과 출력

18.1.5 MAJORITY 회로

■ 회로개요

본 회로는 입력의 값을 비교하여 갯수가 많은 신호의 값을 출력하는 Majority 회로이다.

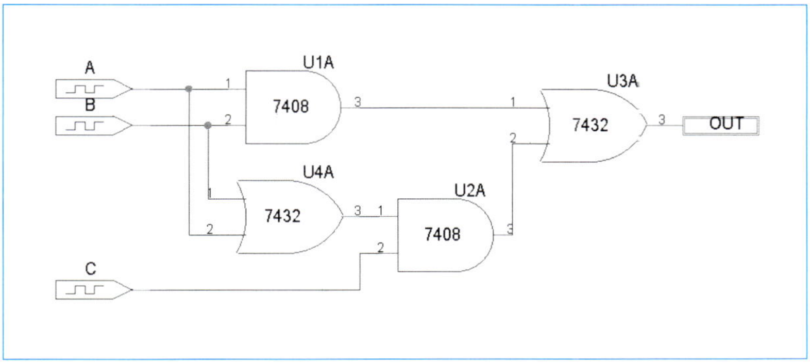

■ 문제

1. Majority 회로의 동작을 확인하라.
2. 5개 이상의 입력에 대한 회로를 구상하라.

■ 시뮬레이션 조건

1[us]동안 transient 해석을 하며, 입력 신호는 000, 001, 010, 011, 100, 101, 110, 111을 인가한다. 입력신호의 주기는 0.1[us]이다.

■ 시뮬레이션 결과

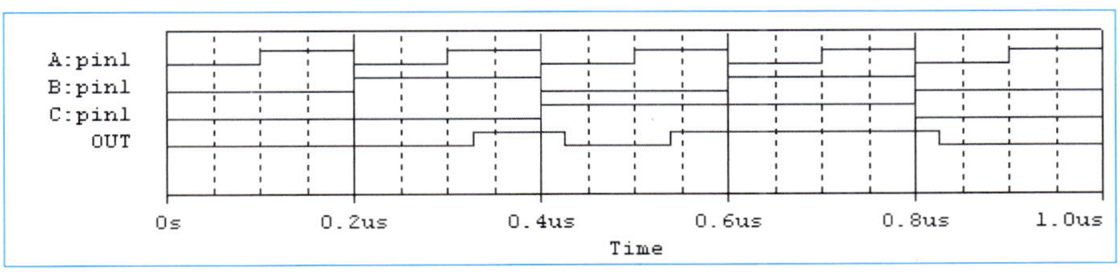

Majority 회로의 입력과 출력

18.1.6 1비트 비교기

■ 회로개요

본 회로는 1비트 입력신호의 크기를 비교하는 회로이다.

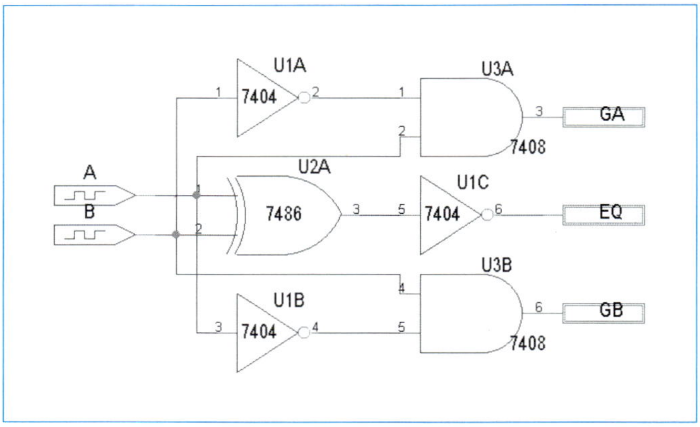

■ 문제

1. 1비트 비교기 회로의 동작을 확인하라.
2. 2비트 이상의 비교기에 대한 회로를 구상하라.

■ 시뮬레이션 조건

1[us]동안 transient 해석을 하며, 입력 신호는 00, 01, 10, 11을 인가한다. 입력신호의 주기는 0.2[us]이다.

■ 시뮬레이션 결과

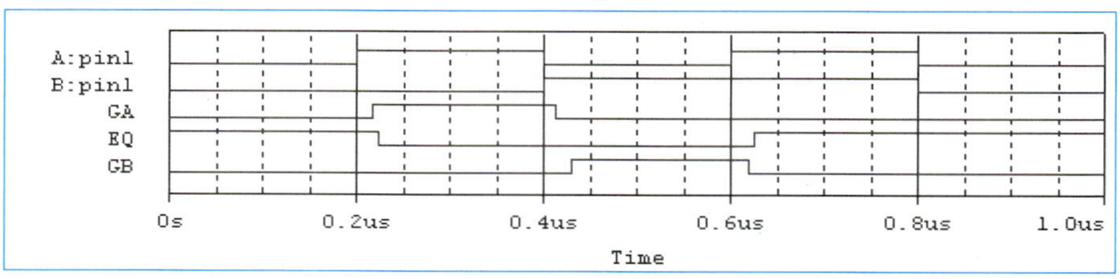

1비트 비교기의 입력과 출력

18.2 SEQUENCIAL 회로

18.2.1 직렬 비교기

■ 회로개요

본 회로는 직렬 비교기 회로이다.

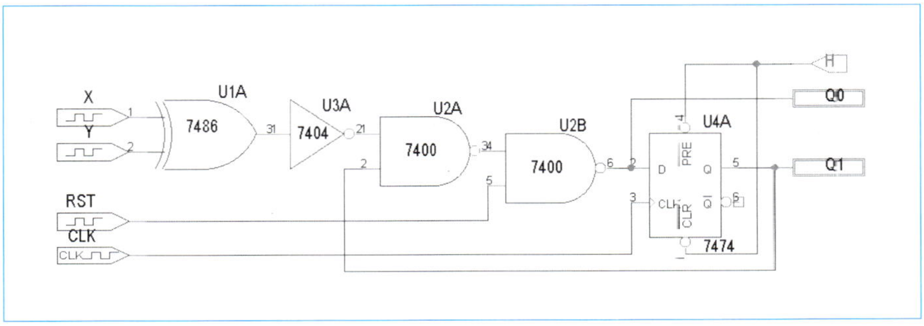

■ 문제

1. 직렬 비교기 회로의 동작을 확인하라.
2. 회로에서 RST 신호에 대한 의미를 설명하라.

■ 시뮬레이션 조건

2[us]동안 transient 해석을 하며, X에 1001과 0010, Y에 1010과 0010의 직렬 입력 신호를 각각 인가한다. 입력신호의 주기는 0.2[us]이다.

■ 시뮬레이션 결과

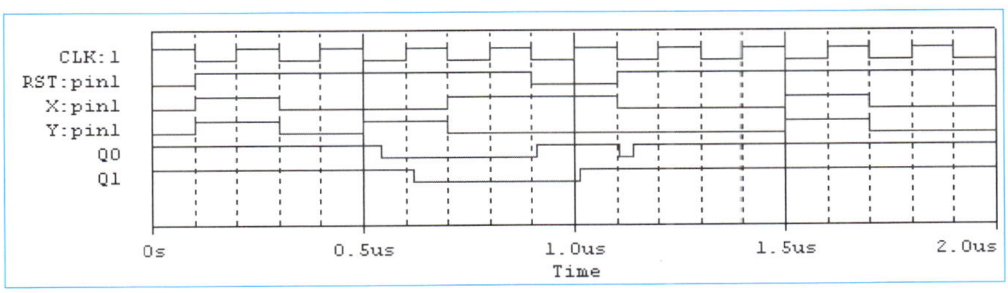

직렬 비교기의 입력과 출력

18.2.2 MODULO-11 카운터

■ 회로개요

본 회로는 0에서 10까지 카운터하는 MODULO-11 카운터 회로이다.

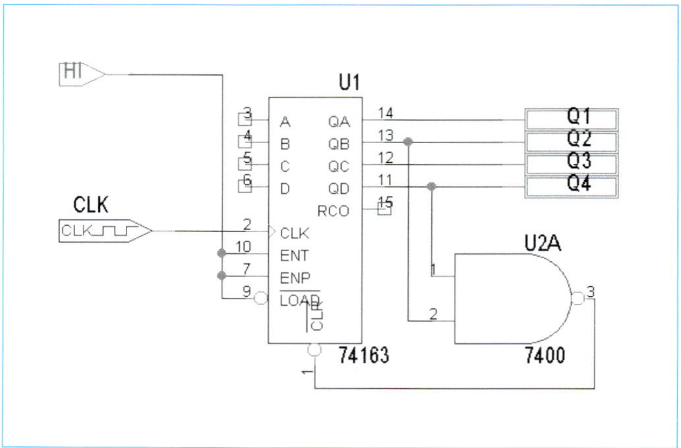

■ 문제

1. MODULO-11 카운터 회로의 동작을 확인하라.
2. 3에서 13까지 카운터하는 MODULO-11 카운터 회로를 설계하라.

■ 시뮬레이션 조건

3[us]동안 transient 해석을 한다. 입력신호의 주기는 0.2[us]이다.

■ 시뮬레이션 결과

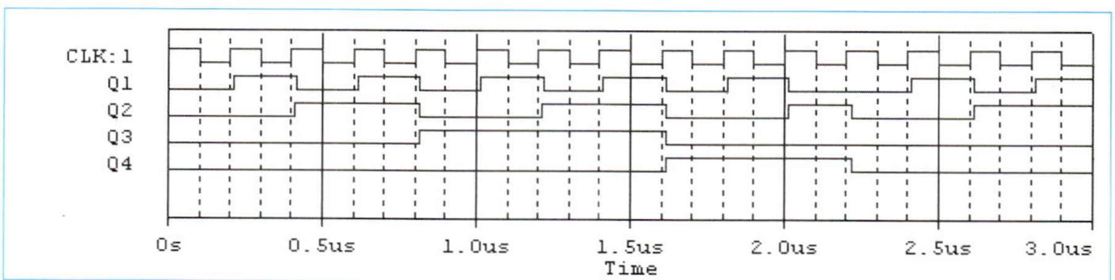

0에서 10까지의 MODULO-11 카운터 회로의 출력

18.2.3 MODULO-6 카운터

■ 회로개요

본 회로는 5에서 10까지 카운터하는 MODULO-6 카운터 회로이다.

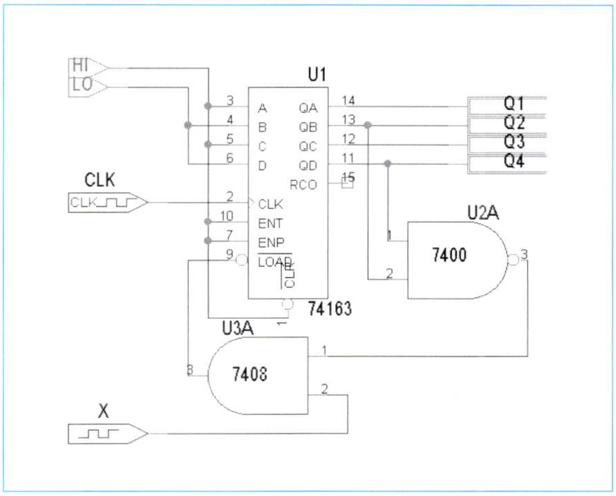

■ 문제

1. MODULO-6 카운터 회로의 동작을 확인하라.
2. 본 회로에서 RST 신호의 역할을 설명하고 RST 신호의 연결없이 U2A의 NAND gate 출력을 Bar LOAD에 연결할 때의 동작을 설명하라.

■ 시뮬레이션 조건

3[us]동안 transient 해석을 한다. 입력신호의 주기는 0.2[us]이다.

■ 시뮬레이션 결과

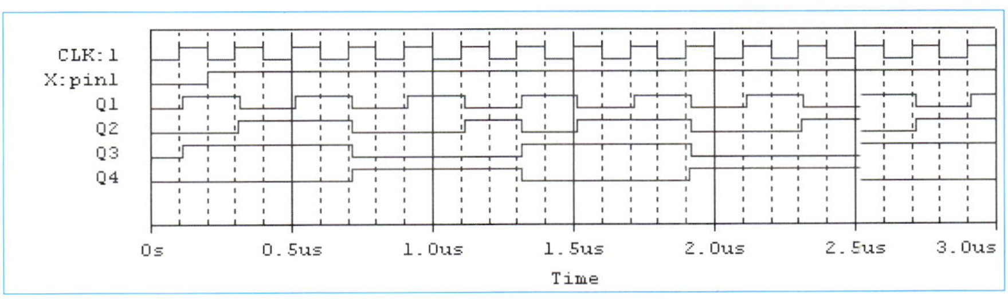

5에서 10까지의 MODULO-6 카운터 회로의 결과

18.2.4 존슨 카운터

■ 회로개요

본 회로는 4 비트 8상태의 존슨 카운터 회로이다.

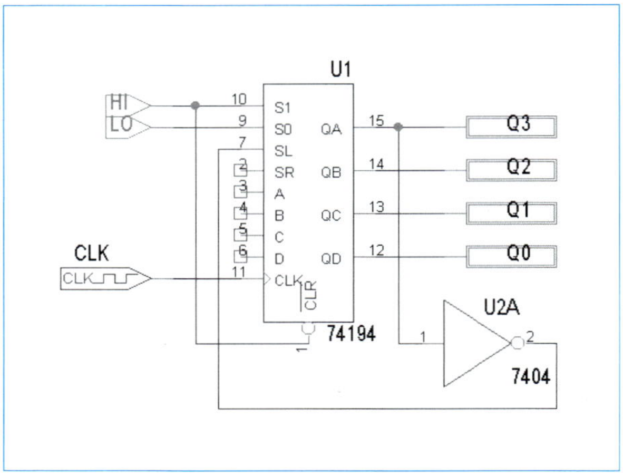

■ 문제

1. 존슨 카운터 회로의 동작을 확인하라.
2. 존슨 카운터에 대해 설명하라.

■ 시뮬레이션 조건

2[us]동안 transient 해석을 한다. 입력신호의 주기는 0.2[us]이다.

■ 시뮬레이션 결과

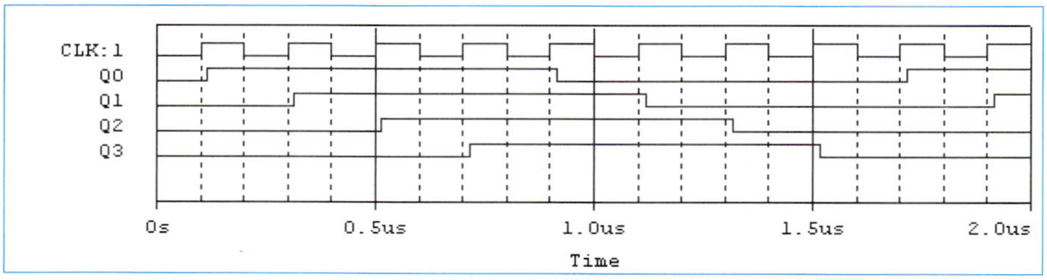

존슨 카운터의 결과

18.3 시스템 회로

18.3.1 자동차 후미등 제어회로

■ 회로개요

본 회로는 자동차 후미등을 제어하는 회로로서 우측과 좌측에 3개의 등이 각각 존재한다. LEFT와 RIGHT는 회전할 방향을 나타내며, 회전할 방향으로 3개의 등이 차례로 점멸된다. 그리고 EMR 신호는 6개의 등이 모두 켜졌다 꺼졌다 하는 비상모드이다. 본 회로의 출력 상태 QA, QB, QC, QD에 대한 후미등의 관계는 오른쪽 표와 같다.

상태	QD	QC	QB	QA
IDLE	0	0	0	0
L1	0	1	0	0
L2	0	1	0	1
L3	0	1	1	0
R1	1	0	0	0
R2	1	0	0	1
R3	1	0	1	0
LR3	1	1	1	1

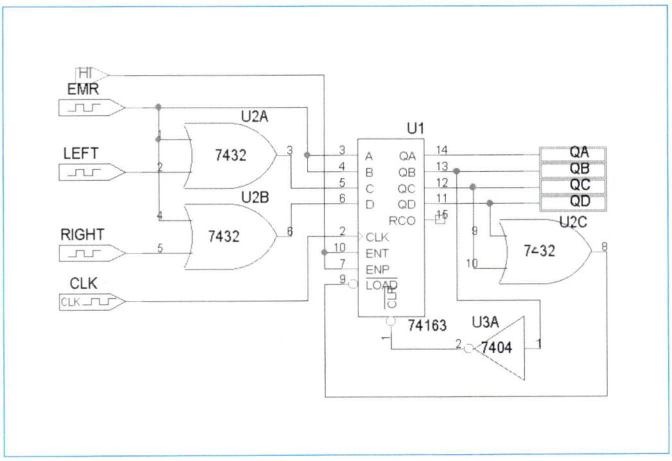

■ 문제

1. 자동차 후미등을 제어하는 회로의 동작을 확인하라.
2. 본 회로의 QA, QB, QC, QD의 출력상태에서 자동차 후미등의 상태를 표와 같이 표시하는 회로를 설계하라.

■ 시뮬레이션 조건

3[us]동안 transient 해석을 하며, 입력 LEFT 신호, RIGHT 신호, EMR 신호를 각각 인가한다. 입력신호의 주기는 0.2[us]이다.

■ 시뮬레이션 결과

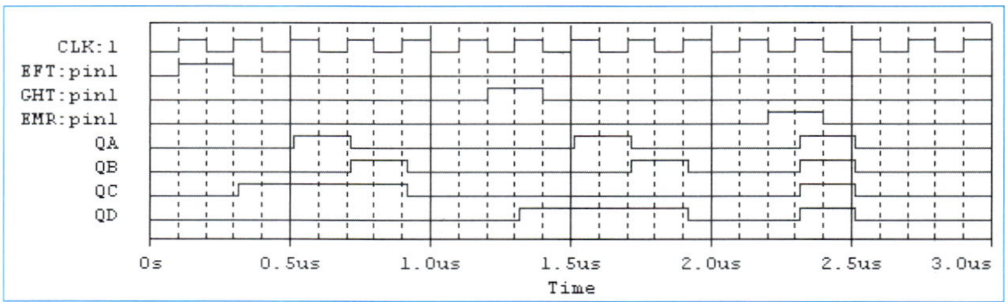

자동차 후미등을 제어하는 회로의 결과

18.3.2 전자 자물쇠

■ 회로개요

본 회로는 전자자물쇠 회로로서 입력 X에 0110111을 인가할 때 출력 QD가 LOW가 되는 회로이다.

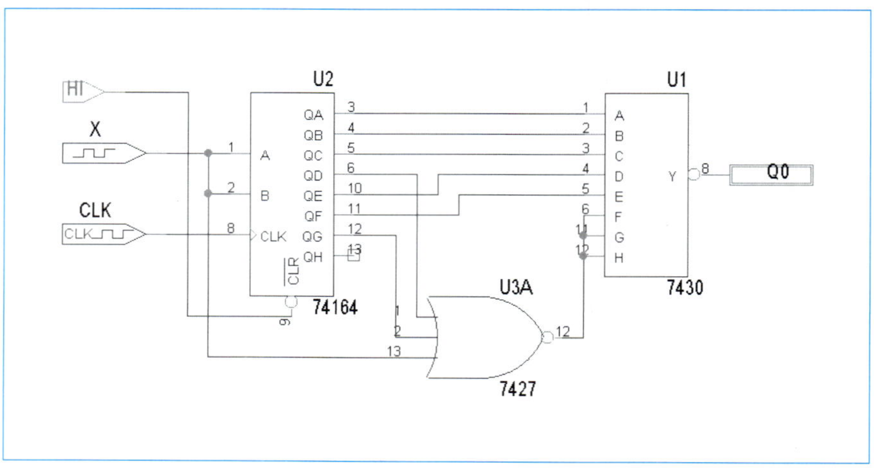

■ 문제

1. 전자자물쇠 회로의 동작을 확인하라.
2. 본 회로의 입력을 0111011일 때, 출력이 LOW가 되는 회로를 설계하라.

■ 시뮬레이션 조건

2[us]동안 transient 해석을 하며, 입력신호는 0110111을 직렬로 인가한다. 입력신호의 주기는 0.2[us]이다.

■ 시뮬레이션 결과

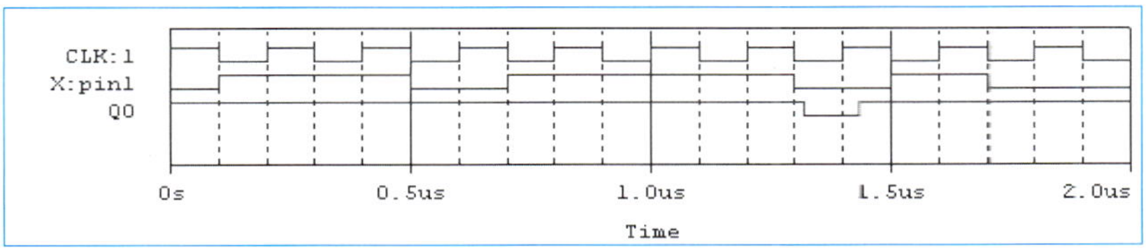

전자자물쇠 회로의 결과

18.3.3 자동점멸회로

■ 회로개요

본 회로는 5개의 lamp를 순서대로 전멸하는 자동점멸 회로이다.

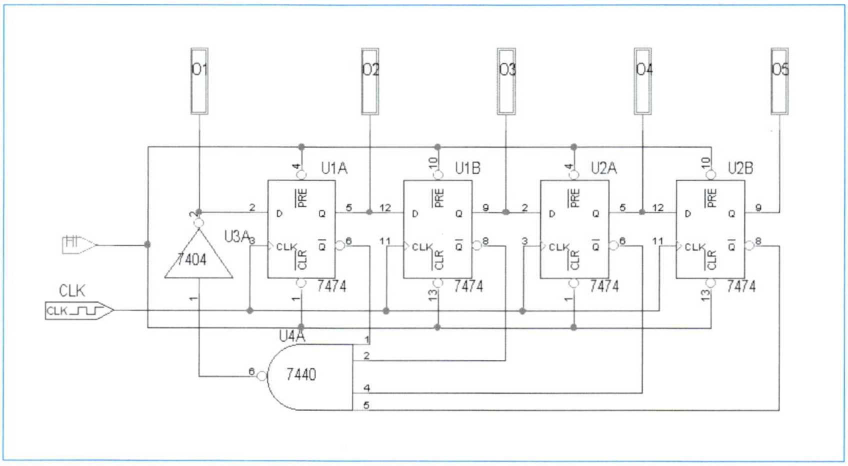

■ 문제

1. 자동점멸 회로의 동작을 확인하라.
2. 10개의 lamp를 사용한 자동점멸 회로를 설계하라.

■ 시뮬레이션 조건

2[us]동안 transient 해석을 한다. 입력신호의 주기는 0.2[us]이다.

■ 시뮬레이션 결과

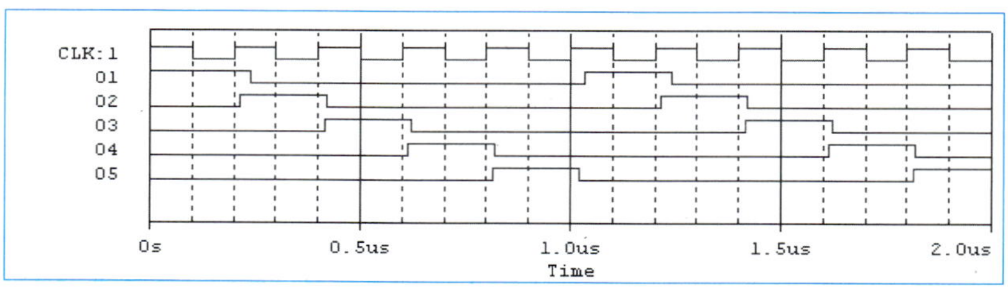

5개의 lamp를 순서대로 점멸하는 자동점멸 회로의 결과

CHAPTER 19 ABM 응용회로 및 실습

Analog Behavioral Modeling은 개별적인 전기소자나 전자시스템의 최종 동작상태를 기본으로 하여 모델을 개발하기 위한 하나의 과정으로 생각할 수 있다. 아날로그 시뮬레이션 영역에서의 ABM은 새로운 소자의 모델링과 복잡한 시스템의 Black-box 모델링으로 나눌 수 있다. 본 장의 응용모델은 실제 사용되는 소자나 혹은 시스템의 동작상태를 기본으로 하여 개발된 모델을 소개하고자 한다.

19.1 Negative Feedback 회로

본 회로는 Negative-Feedback 회로의 동작상태를 검증하기 위하여 ABM소자를 이용하여 구성된 회로이다. 일반적으로 출력전압의 특성은 주 증폭기의 전달함수 및 궤환회로의 감쇄계수에 따라 결정된다.

■ 부궤환 회로/시스템의 모델

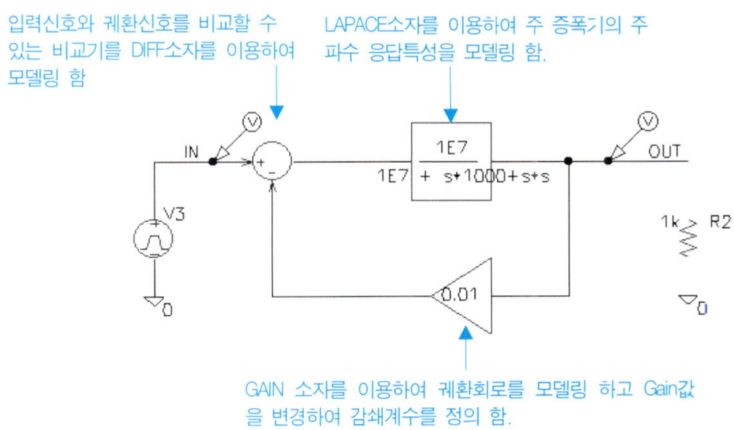

입력신호와 궤환신호를 비교하기 위하여 DIFF소자를 사용하였으며, LAPLACE소자를 이용하여 주 증폭기의 주파수에 따른 동작상태를 기술하였다. 궤환회로의 감쇄상수는 GAIN 소자를 이용하여 모델링 한다.

시뮬레이션 조건

- V3에 해당되는 전압원은 Piecewise Linear(VPWL) 기능을 이용하여 Step Function을 기술한다.
- 입력단의 비교회로는 DIFF소자를 이용하여 입력신호와 궤환된 신호를 비교한다.
- 주 증폭기의 주파수 응답특성을 LAPLACE 소자를 이용 분모항(DENOM)과 분자항(NUM)을 표현한다.
- 궤환회로는 GAIN소자를 이용하여 구성하되 감쇄계수는 0.01로 변경한다.
- Transient 해석을 통하여 출력전압이 시간에 따라 어떻게 변하는지를 조사한다.
- 입력신호에 해당되는 V3소자를 VAC소자로 대치하여 AC Sweep해석을 행한다.

시뮬레이션 결과 1 :

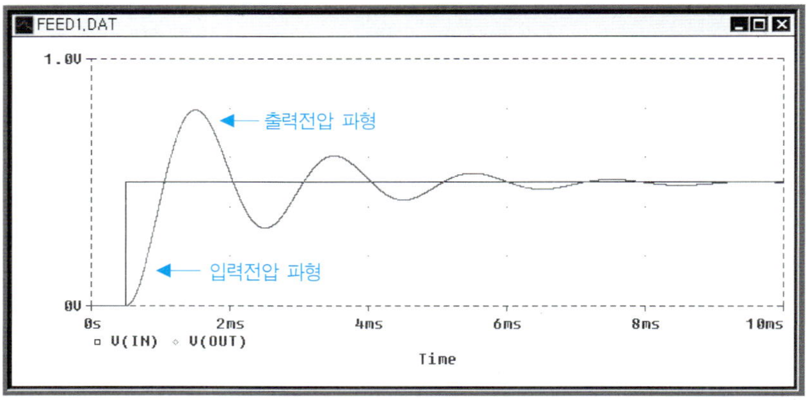

입력전압이 Step Function형태임에도 불구하고 출력전압은 진동하면서 steady-state 값으로 수렴됨을 볼 수 있다. 이는 전체 부궤환 시스템의 전달함수가 복소수형태의 극점(poles)을 가지고 있음을 의미한다.

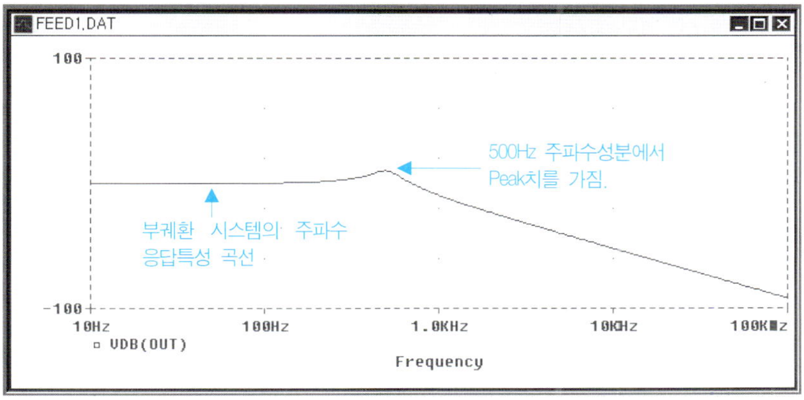

상기 시뮬레이션 결과는 부궤환 시스템을 Decade당 101 point를 잡아 10Hz에서부터 100KHz까지 AC Sweep 해석한 결과인 주파수 응답특성 곡선이다. 약 500Hz 주파수 성분에 대해서 Peak값을 갖는 것을 보여주고 있으며, 이는 과도해석시에 나타나는 진동주파수에 해당된다.

■ 시뮬레이션 결과 2 :

시뮬레이션 결과 2는 궤환회로의 감쇄계수를 0.01에서 0.1로 증가시켰을 경우 시간에 따른 출력전압의 변동과정을 보여주고 있다. 출력전압의 응답특성은 감쇄계수가 0.01인 부궤환시스템과 유사하나 응답이 steady-state에 도달하더라도 입력의 최고값에 이르지 못함을 알 수 있다. 이는 궤환회로의 감쇄계수가 출력응답특성에 영향을 주는 것을 보여주고 있다.

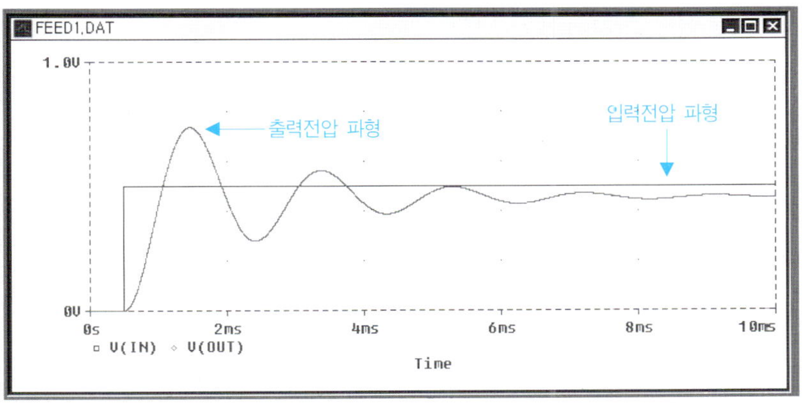

■ 시뮬레이션 tus 결과 3 :

시뮬레이션 결과 3은 궤환회로의 감쇄계수를 0.01로 복원시킨 후 주 증폭기의 전달함수를 1E7/(1E7+5000S+S2)로 변경했을 경우 출력전압의 과도응답이다. 시뮬레이션 결과 1과 비교할 경우 출력전압은 진동하지 않음을 볼 수 있다. 또한 steady-state 값에 이르는 시간도 대폭 단축되었음을 알 수 있다.

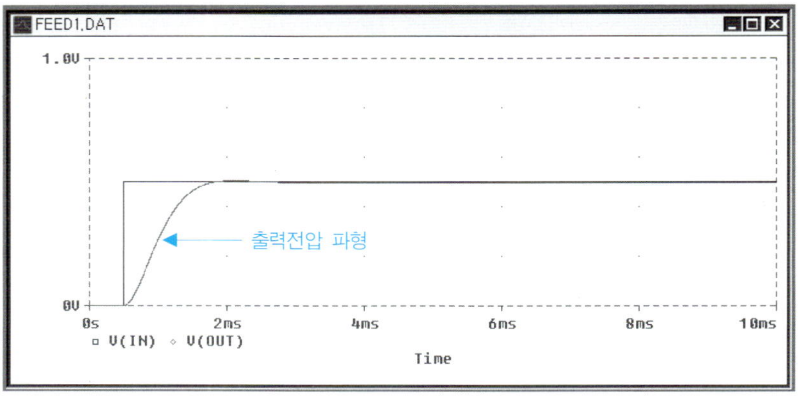

아래 시뮬레이션 결과는 주 증폭기의 전달함수를 변경한 후 얻어진 부궤환 시스템을 AC Sweep해석을 통하여 얻어진 주파수 응답특성이다. 검증환경은 시뮬레이션 결과 1의 AC Sweep 해석조건과 동일하다. 주파수 응답특성 내에서는 500Hz 주파수 성분에서 peak치가 나타나지 않음을 볼 수 있다.

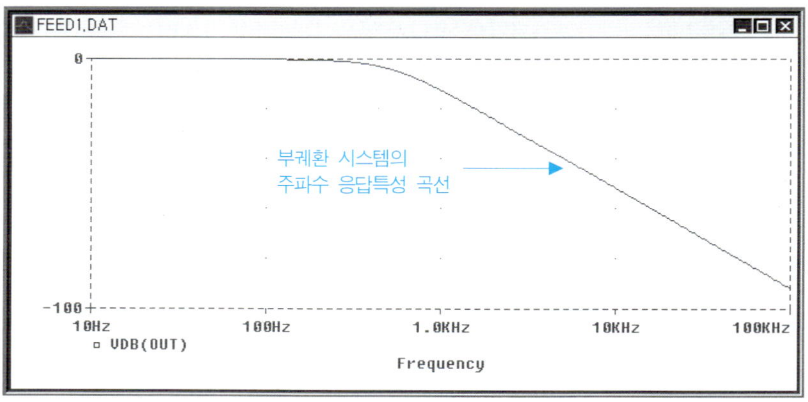

■ 결과 :

부궤환 시스템을 실제 전기적인 소자를 이용하여 설계하지 않더라도 ABM의 수학적인 소자를 이용하여 그 동작상태를 검증할 수 있음을 보여주고 있다. 뿐만 아니라 부궤환 시스템을 구성하고 있는 개별블럭의 전달특성을 변경해 가면서 출력전압의 특성을 검증할 수 있어 시간적으로, 경비적으로 크게 절감할 수 있다.

19.2 전압제어 발진기(Voltage Controlled Oscillators)

전압제어 발진기의 모델은 ABM1소자를 이용하여 구성할 수 있다. 아래 수식은 제어용 전압, Vctrl에 따른 발진기의 출력전압 신호를 나타낸 것이다. 여기서 K0는 출력신호의 크기를 의미하며, K1은 전압의 크기를 출력주파수로 전환하는 conversion gain이며 단위는 Hz/Volt이다.

$$y(t) = K_0 \cdot \sin\left\{2\pi\left(f_c \cdot time \ + \ K_1 \int V_{ctrl}(t)\ dt\right)\right\}$$

fc는 제어용 전압이 0V일 때의 발진기의 Free Running Frequency에 해당되며 변수 time은 시스템 변수에 해당된다.

■ 전압제어 발진기 모델 :

아날로그 접지단자를 중심으로 좌측블럭은 제어용 전압을 적분하는 역할을 하게 되며 우측블럭은 적분된 값을 이용하여 정현파를 만들어내는 기능을 담당하고 있다. E1으로 표기된 전압제어 전압원은 EVALUE에 해당되는 소자이며 입, 출력 관계를 정의하는 수식에 사용된 변수는 PARAMETER소자를 사용하여 그 값을 기술한다.

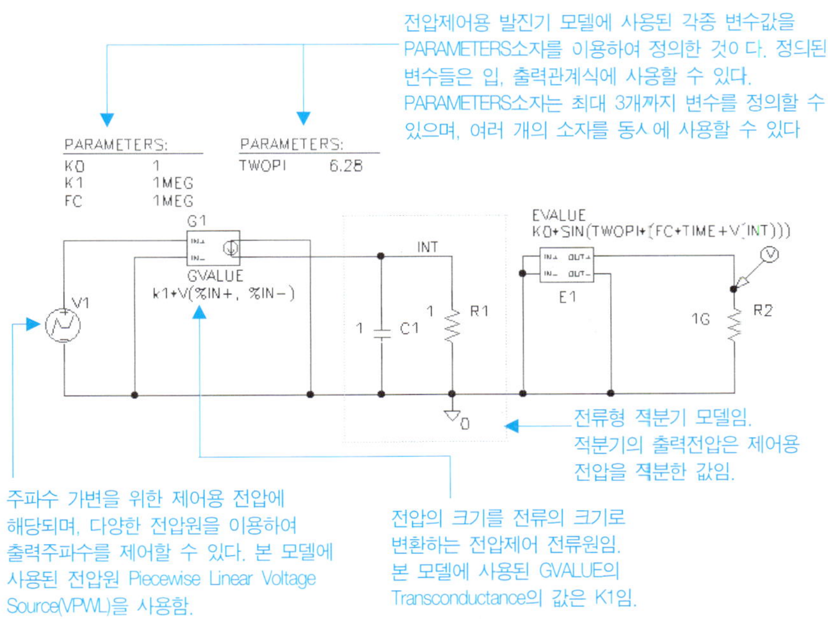

■ 시뮬레이션 조건 :

- 주파수 제어용으로 사용되는 Control전압 V1은 VPWL은 아래와 같이 정의한다.
  입력전압은 0sec에서부터 5usec까지 0V를 값을 가지며, 5usec에서 5.001usec 사이에 전압은 1V까지 상승한 후 10usec까지 1V를 유지한다.
- Voltage to Frequency Conversion Gain K1 값을 PARAMETER소자를 이용하여 1MEG 정의한다. 이는 1V당 1MHz 변화량을 의미한다. 또한 KO는 출력신호의 크기를 의미하며 그 값을 1로 정의할 경우 출력신호의 크기는 1V임을 의미한다.

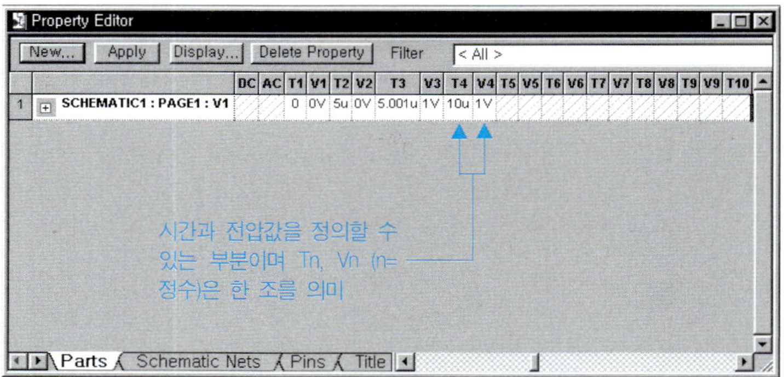

- EVALUE에 정의된 FC변수값을 PARAMETER소자를 이용하여 1MEG 정의한다. 이는 제어용 전압이 0 V일 때 발진기의 Free Running Frequency를 의미한다.

■ 시뮬레이션 결과 :

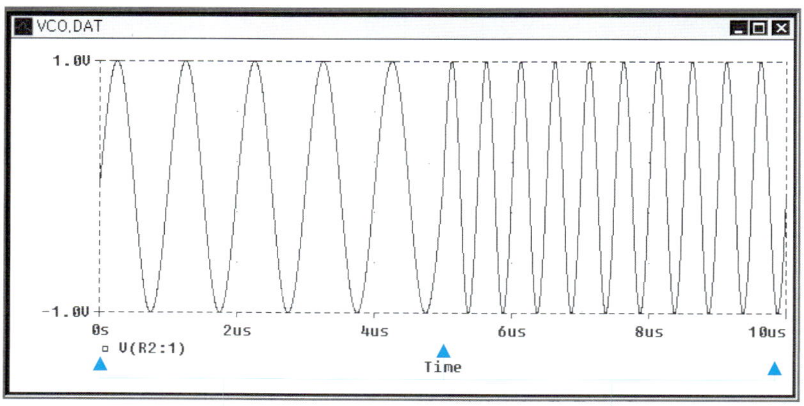

0sec에서부터 5usec까지의 출력파형임. 주기가 1usec이며 주파수가 1MHz인 정현파 출력파형임.

5usec에서부터 10usec까지의 출력파형임. 주기가 0.5usec이며 주파수가 2MHz인 정현파 출력파형임.

19.3 Amplitude Modulation (AM)

Amplitude Modulation은 저주파 신호를 이용하여 고주파 신호의 크기를 제어하는 기술중에 한 종류에 해당된다. AM방식의 변조기술은 현재에도 사용되고 있으며 특히 라디오 방송용으로 많이 적용되는 기술이다. 실제 AM 변조기는 복잡한 회로로 구성되나 변조기의 입, 출력단자특성 및 변조관계식을 이용할 경우 AM 변조기의 모델을 쉽게 개발할 수 있다.

아래 회로는 곱셈기를 이용한 간단한 AM 변조기 모델이다. Vcarrier로 표현되는 VSIN 전압원은 고주파의 전송파에 해당되며, Vmod로 표현되는 VSIN 전압원은 저주파의 modulating신호에 해당된다. 일반적으로 방송용 AM신호는 전송파와 Sidebands를 포함하고 있다. 이러한 신호를 Double side-band 변조파라 하며 modulating 신호의 offset을 전송파의 Peak치에 해당되는 값으로할 경우 Double side-band 변조파를 얻을 수 있다. 변조계수(Modulating index)는 전송파의 peak치에 대한 modulatinfg 신호의 peak값의 비로 결정된다.

Modulation Index= (Modulating 신호의 peak값) / 전송파의 peak 값

■ Amplitude Modulator 모델

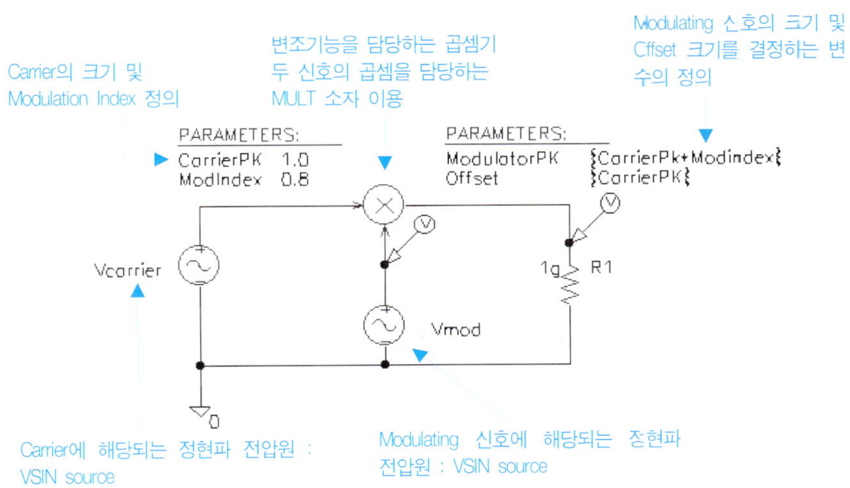

■ 시뮬레이션 조건 :

- Vmod는 Modulating 신호에 해당되는 정현파 전압원이며 offset, 크기 및 주파수를 아래와 같이 정의한다.

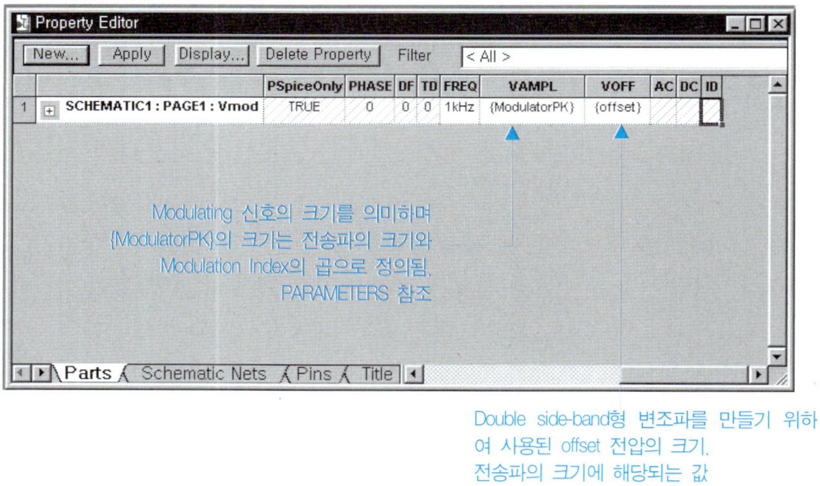

• Vcarrier는 전송파 신호에 해당되는 정현파 전압원이며 offset, 크기 및 주파수를 아래와 같이 정의한다.

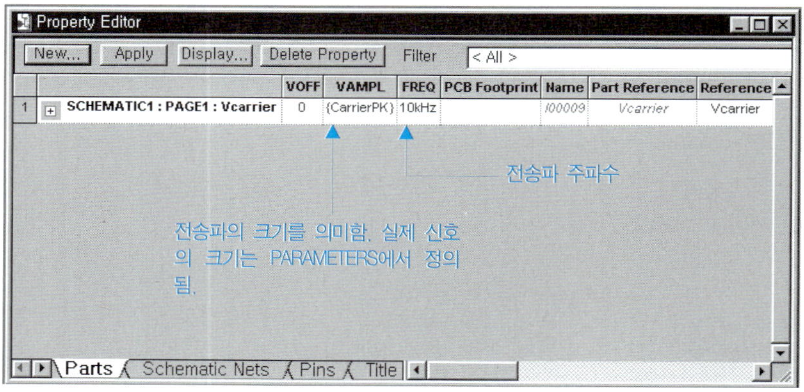

■ 시뮬레이션 결과 :

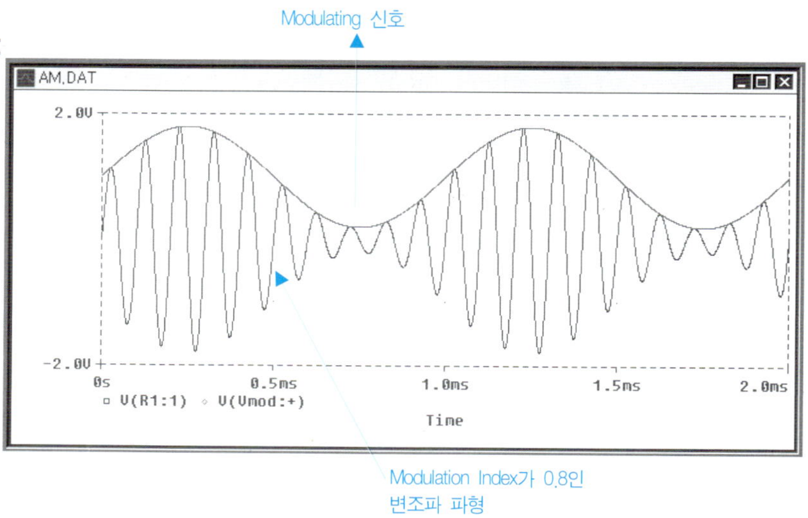

19.4 주파수 체배기

주파수 체배기는 기본주파수를 기준으로 하여 실수배가 가능한 회로를 의미한다. 가령 기본주파수를 1MHz로 설정한 후 신호의 크기는 기본주파수와 동일하되 주파수만 n배가 되는 것을 의미한다. 이러한 기능을 모델링하고자할 경우 사용되는 삼각함수 공식은 아래와 같다.

$$\sin n\alpha = 2\sin(n-1)\alpha \cdot \cos\alpha - \sin(n-2)\alpha$$

■ 주파수 체배기 모델 :

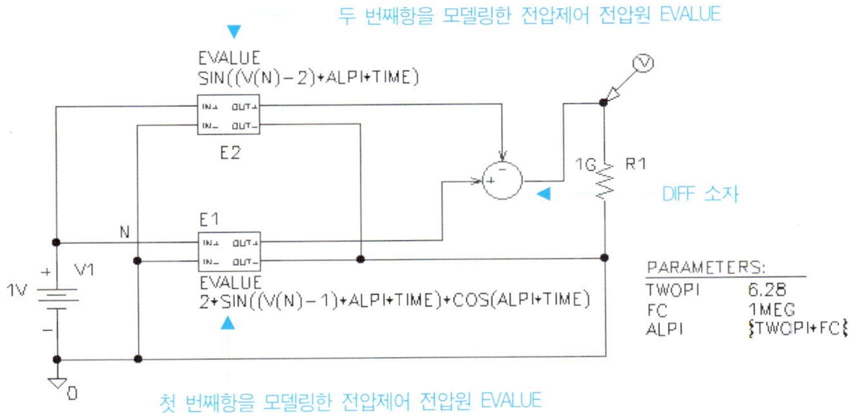

주파수 체배기 모델에 사용된 V1 전압원은 DC 전압원(VDC)이며 전압의 크기는 주파수를 n배하고자 하는 변수를 모델링한 것이다. E1으로 표현되는 소자는 수식의 첫 번째항을, E2로 표현되는 소자는 두 번째항을 모델링한 것이다. 두 항의 차는 ABM 소자중 뺄셈기인 DIFF를 사용한다.

■ 시뮬레이션 결과 1 :

VDC 전압의 크기가 1V 일 때 출력신호의 주파수는 기본주파수 1MHz가 된다

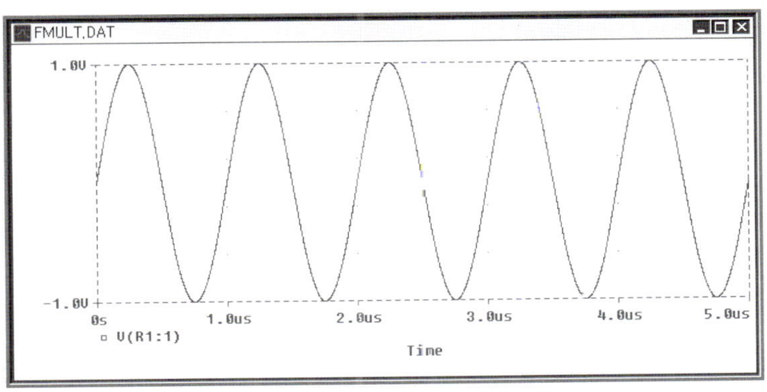

■ 시뮬레이션 결과 2 :

VDC 전압의 크기를 5V로 설정할 경우 출력신호의 주파수는 기본주파수의 5배, 즉 5MHz가 된다.

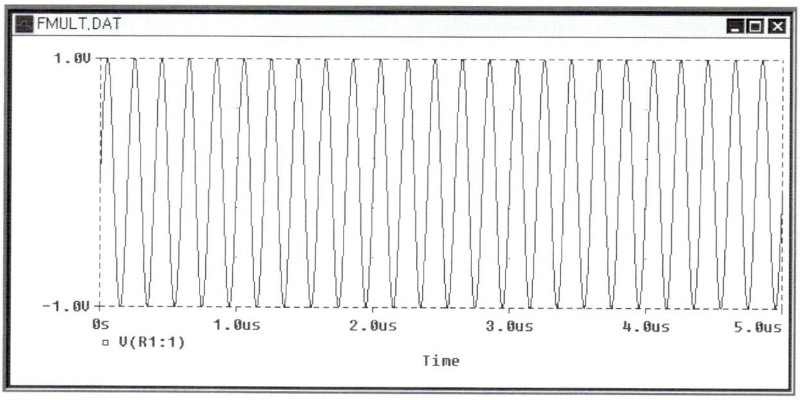

19.5 실효값(Root Mean Square Value)

실효값을 계산하기 위한 모델은 기본적으로 3부분으로 나누어 모델링할 수 있다. 첫 번째 블록은 입력신호를 제곱할수 있는 기능을 모델링 하고, 두 번째 블록은 시간에 따라 제곱된 값을 적분할 수 있는 기능을 가져야 하며, 마지막 블록은 계산된 값의 평균값을 취한 후 제곱근을 구할 수 있는 기능을 모델링하여야 한다. 아래 수식은 임의의 정현파 신호에 대한 실효값을 구할 수 있는 수학적인 식이다.

$$V_S = \sqrt{\frac{1}{T}\int_{T}^{2\pi + T} v(t)^2 \, dt}$$

■ 실효값을 구할 수 있는 모델 :

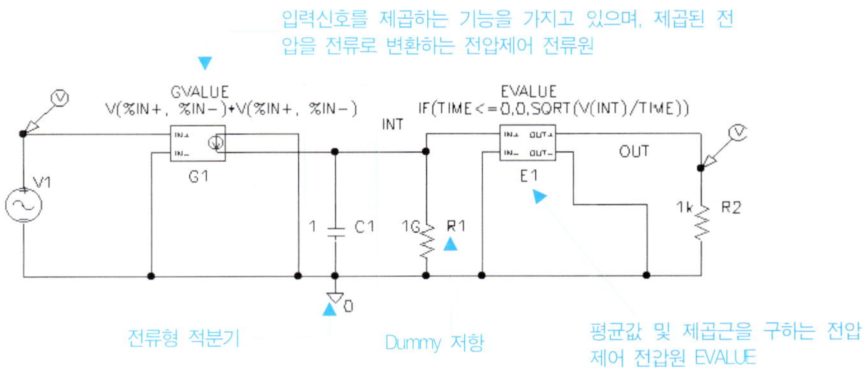

전압제어용 전류원인 G1은 입력신호를 제곱하는 역할을 하게 되며, 제곱된 입력신호는 커패시터 C1에 의해 적분된다. 저항 R1의 역할은 DC 바이어스 계산시 전류가 흐를 수 있도록 하는 역할만을 하게 된다. 전압제어용 전압원인 E1은 적분된 값의 평균값을 구한 후 제곱근을 구하는 소자이다. 입, 출력과의 관계식은 IF문을 사용하여 정의하였다. IF문에 사용될 수 있는 조건은 수학적인 기호로 표현한다. 아래 표는 IF문에서 사용할 수 있는 수학적인 기호 및 조건을 나열한 것이다.

기 호	조 건	기 호	조 건
==	equal	<	less than
!=	not equal	<=	less than or equal to
>	greater than		
>=	greater than or equal to		

■ 시뮬레이션 결과

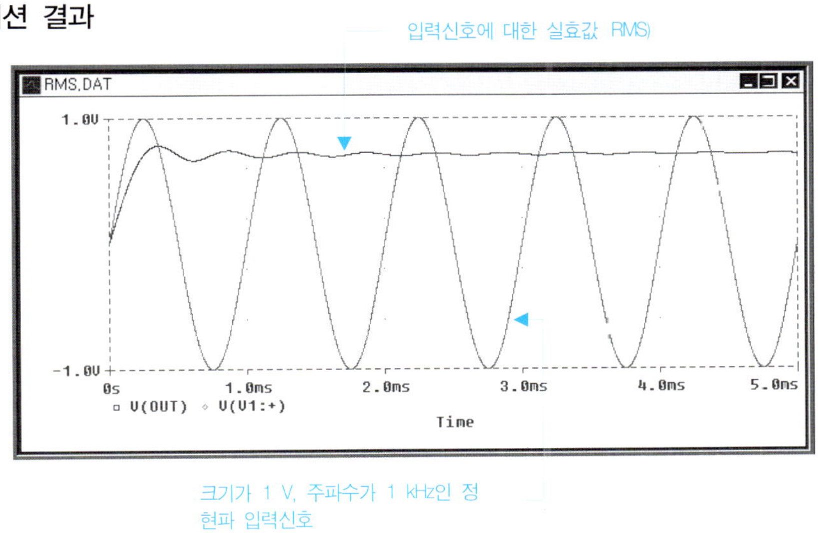

19.6 ABM을 이용한 제어시스템 검증

급격한 온도변화는 전자, 전기시스템의 오동작을 많이 초래한다. 온도제어 부궤환시스템은 가열장치 및 냉각장치를 이용하여 시스템의 동작온도를 일정하게 유지하여 정상적인 운전을 가능케 한다. 이러한 시스템의 신호흐름도(Signal Flow Graph)은 아래와 같다.

■ 온도제어 부궤환시스템의 신호흐름도 :

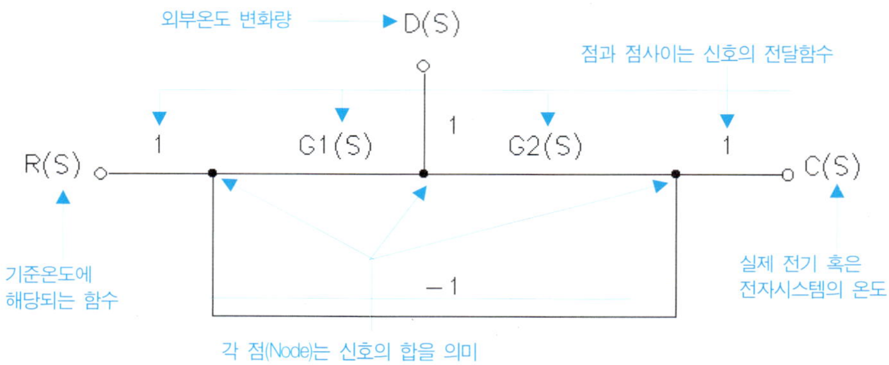

가열 혹은 냉각시스템의 전달함수에 해당되는 G1(s) 및 전자시스템의 전달함수 G2(s)는 아래와 같이 정의할 수 있다.

$$G_1(s) = \frac{K}{0.1s + 1} \qquad\qquad G_2(s) = \frac{324}{s^2 + 20s + 324}$$

이러한 온도제어 부궤환 시스템은 ABM 소자들을 사용하여 모델링 가능하다. 신호흐름도내의 점은 SUM소자를 이용하여 모델링 가능하다. 가열시스템의 전달함수 G1(s) 및 전자 시스템의 전달함수 G2(s)는 LAPLACE소자를 사용하여 전달특성을 묘사할 수 있다. 아래 모델은 온도제어 부궤환 시스템의 신호흐름도를 기본으로 하여 구성된 ABM 모델이다.

■ 온도제어 부궤환 시스템의 ABM 모델 :

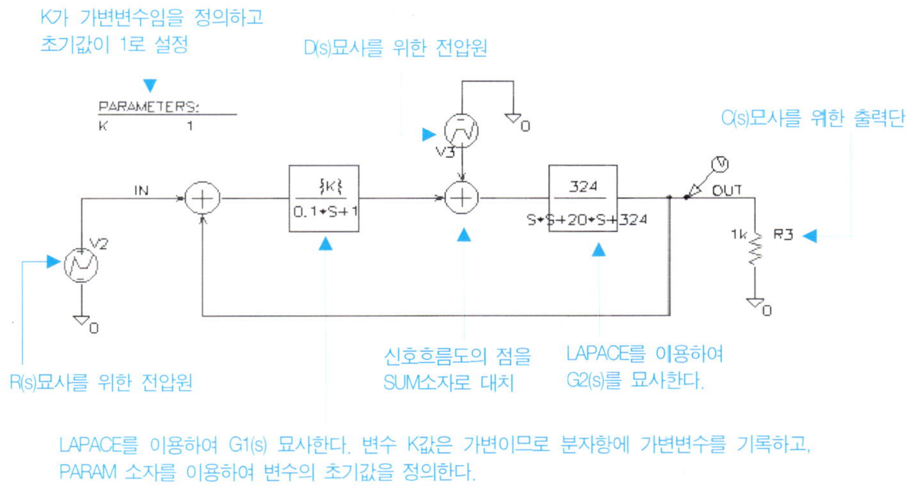

외부환경은 온도변화는 D(s)함수에 step변화로 표현할 수 있다. 이러한 현상을 V3 전압원에 모델링할 경우 전압의 Step변환을 통하여 구현할 수 있다. 가열 혹은 냉각시스템에 의한 전체시스템의 오동작을 판별하기 위하여 가열 혹은 냉각시스템의 이득을 가변변수 K로 모델링한 것이다.

외부 온도변화 D(s)에 따른 전자시스템의 온도 C(s)가 외란이 있기 이전과 이후에 같은값을 유지한다면 전체 온도제어 시스템은 정상동작함을 의미한다. 만약 외란에 의해 이전과 이후의 값이 동일하지 못할 경우에는 전자시스템의 온도가 상승 혹은 하강함을 의미한다. 이러한 현상은 K값을 가변하면서 검증할 경우 볼 수 있다.

■ 시뮬레이션 조건 :

- 외부의 온도변화는 전압원 V3의 Step변화로 표현되므로 아래와 같이 정의한다.

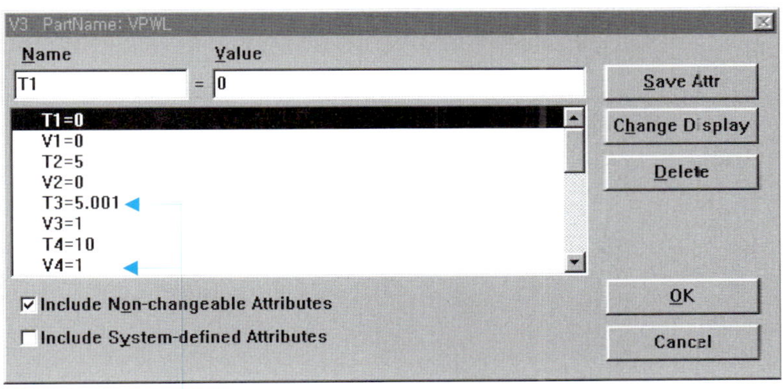

0 sec에서 5 sec까지는 외부의 온도변화가 없으며, 5 sec이후에는 외부
온도 변화가 일어나서 이를 Step형태의 전압변화로 모델링 한 것이다.

• 가열 혹은 냉각시스템의 전달함수에 의해 온조제어 부궤환 시스템의 동작상태를 검증키위해 Analysis중 Parameteric 해석을 아래와 같이 정의하고 과도해석을 행한다.

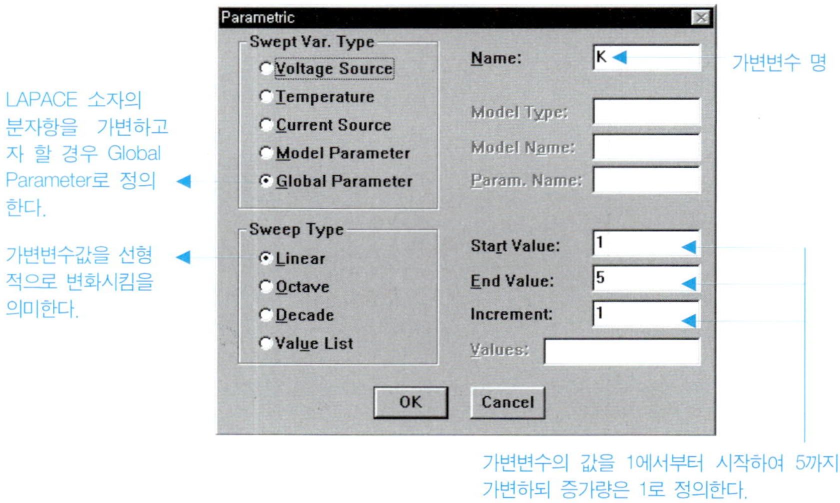

■ 시뮬레이션 결과 :

아래 그림은 가변변수 K값에 따른 시뮬레이션 결과이다.

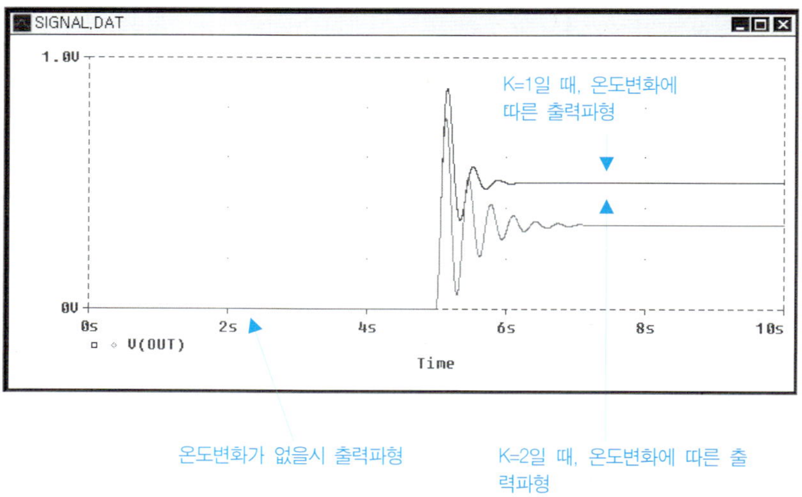

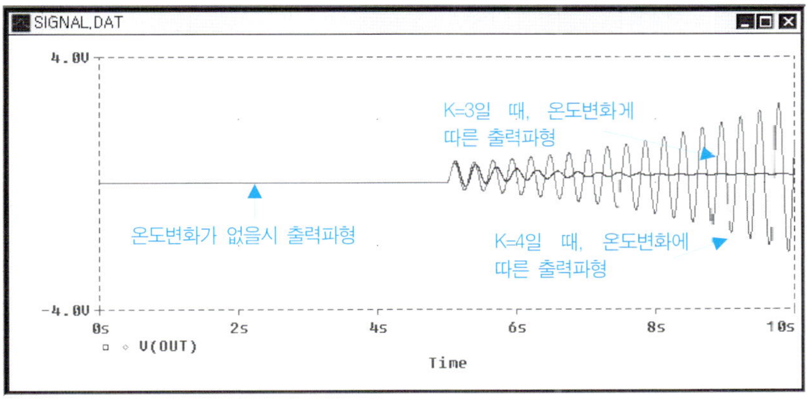

이상적인 온도제어 부궤환 시스템은 외부의 온도가 급변하더라도 전자시스템은 항상 일정한 온도를 유지하는 기능을 가져야 한다. 시간적으로 5초후에 외부온도가 변하였다고 하여도 K=3인 경우에는 외란에 관계없이 시스템은 일정한 온도를 유지한다. 그러나 K=1과 2인 경우에는 외란에 의해 시스템은 온도는 상승함을 보여주고 있으며 K=2인 경우는 1인 경우에 비해 상승온도가 낮음을 보여주고 있다. 가열 혹은 냉각시스템의 분자항 K=4인 경우에는 외란에 의해 전자시스템의 온도가 시간이 지남에 따라 점차적으로 상승함을 보여주고 있다. 결국 전자시스템의 온도는 고온으로 인하여 오동작 혹은 파괴됨을 예측할 수 있다.

19.7 필터응용

ABM 라이브러리에서 제공되는 필터함수는 Chebyshev형태이다. 통과대역에 맥동(Ripple)이 존재하며 맥동의 범위를 빠져나가는 주파수 성분이 필터의 차단주파수가 된다.

■ 대역통과필터 모델 :

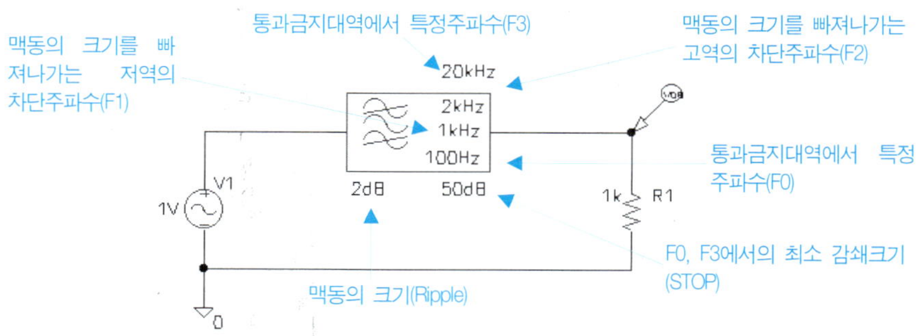

■ 시뮬레이션 조건 :

AC Sweep해석을 통하여 필터의 주파수 응답특성을 조사한다.

■ 시뮬레이션 결과 :

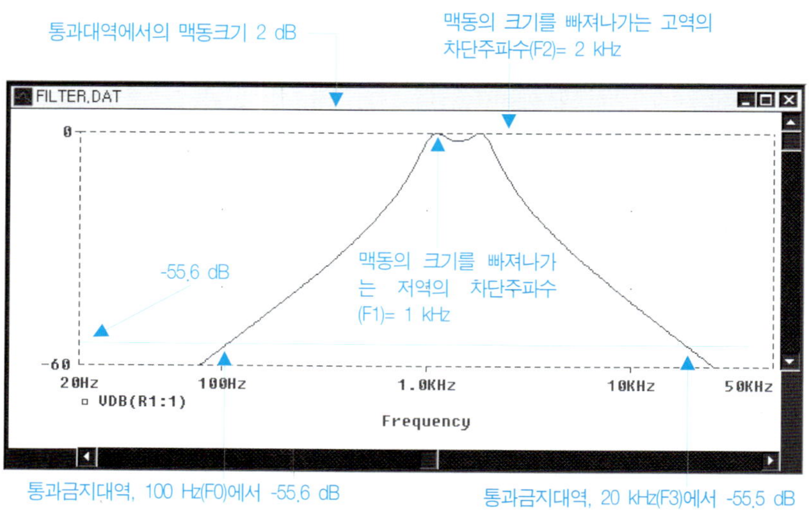

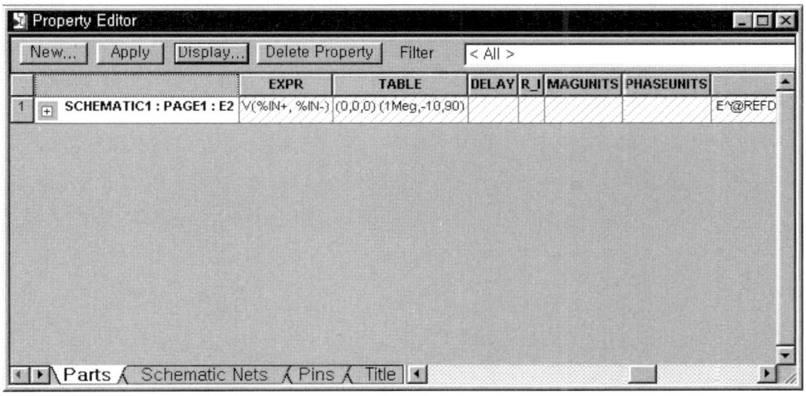
Property Editor
New...
Apply
Display...
Delete Property
Filter
< All >
EXPR
TABLE
DELAY
R_I
MAGUNITS
PHASEUNITS
1
SCHEMATIC1 : PAGE1 : E2
V(%IN+, %IN-)
(0,0,0) (1Meg,-10,90)
E^@REFD
Parts
Schematic Nets
Pins
Title

PART V

APPENDIX

appendix A
디지털 Simulation Parameter 설정

디지털 회로를 작성한 후 시뮬레이션을 실행하기 전에 Digital Setup 대화상자에서 시뮬레이션 parameter를 다음과 같이 설정한다. Analysis 메뉴에서 Setup을 선택하면 Analysis Setup 대화상자가 나타나고, 대화상자에서 Digital Setup 버튼을 클릭하면 Digital Setup 대화상자가 나타난다.

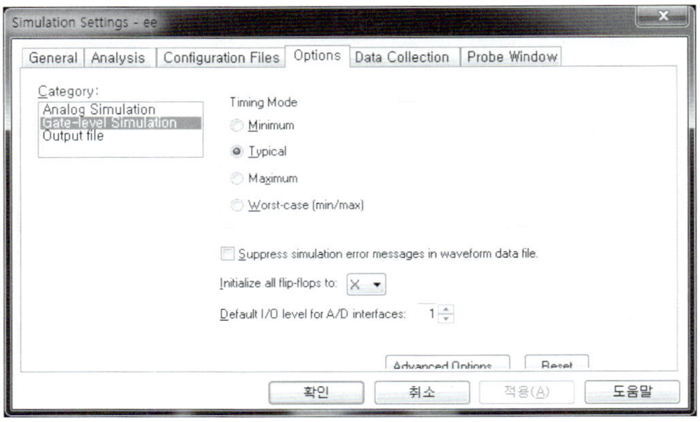

■ Timing Mode

최악(worst-case)의 경우를 가상하여 timing 시뮬레이션을 설정한다. Digital Setup 대화상자에서 설정하지 않고 각 소자의 circuit-wide delay mode를 직접 재설정할 수 있도록 propagation delay mode를 설정할 수 있다. 각 소자의 MNTYMXDLY 속성을 1에서 4까지 설정할 수 있다.

■ Flip-flop Initialization

플립플롭의 초기값을 설정한다. 초기값을 X로 설정하면 모든 플립플롭은 set나 reset할 때까지 unknown 상태를 유지한다. 초기값을 0로 설정하면 모든 플립플롭은 0으로 설정되며, 초기 값을 1로 설정하면 모든 플립플롭은 1로 설정된다.

■ Default I/O Level for A/D Interface

아날로그와 디지털 회로가 혼합되어 있는 혼합 신호 시뮬레이션을 실행할 때 회로 전체와 각 소자 인스턴스에 대한 AtoD와 DtoA Subcircuit의 인터페이스 레벨을 선택한다. AtoD와 DtoA의 Subcircuit 인터페이스는 아날로그 전압/임피던스의 정보를 디지털 상태의 정보로 변환하거나 그 반대의 변환을 나타내어야 하며 이것을 4가지 레벨로 나누어 설정한다. 레벨 1과 레벨 2의 차이점은 다음과 같다. 레벨 1에서는 전압 범위 VILMAX와 VIHMIN 사이에 중간 논리 상태인 R, F, X 상태를 발생하는 것이며, 레벨 2에서는 중간 논리 상태인 R, F, X 상태를 발생하지 않고 직접 0과 1 또는 1과 0의 변환을 나타낸다. 레벨 3과 레벨 4는 레벨 1과 레벨 2와 각각 같으며, 나중의 사용을 위해 준비된 것이다.

appendix B

Error Message & Error List

B.1 Error Messages(Simulation error list)

This Appendix provides a list of general error messages for the MicroSim Circuit Analysis programs. For error messages related to Schematics, see the Schematic Capture User's Guide.

[201] File extension is not valid.
The file extension must be a valid extension (for Windows, this means a maximum length of 3 characters).

[202] Invalid value specified for dialog field.
You have specified an invalid value for current dialog field.

[203] File name is not valid.
The file name must be a valid file name(for Windows, this mean a maximum of 8 characters).

[204] Please specify a valid file name.
The file name must be a valid file extension(for Windows, this means a maximum length of 3 characters).

[205] Text size must be a percentage which is greater then 0.
Text size cannot be a negative percentage or 0.

[206] Drive is not valid.
You may be specifying an invalid drive.

[207] Cannot find file.
The program cannot find the file you specified. Check the path and filename.

[208] Cannot open file with given permissions.
The file or directory may be read or write-protected.

[210] Path is not valid.
You are specifying an invalid path.

[211] Command file has gotten out of sync on:
Commands in the ".cmd" file are out of order, or a command failed or is invalid. The command before the one indicated in the error message is most likely where the problem is.

[410] Can't find printer driver file.(printer not installed?)
You are specifying a printer for which you have no driver.

[411] Can't start MicroSim Design Manager program.
Make sure your PSpice directory has a file called pdesign.exe.

[412] Can't find printer.
Check to see the printer is connected and on-line. If it is a network printer make sure the network connections are valid.

[413] Can't start printing.
Check to see the printer is connected and on-line. If it is a network printer make sure the network connections are valid.

[414] Can't find file:
The program cannot find the file you specified. Check the path and filename.

[415] Path not found.
You are specifying an invalid path.

[416] CreatePalette: Unable to find color [%s] in database. Using current foreground color.
One of the colors specified in your "msim.ini" file is not recognized.

[801] Unable to write to disk: check if disk is full.
Check to see that you have available hard disk space.

[805] Cannot open file:
The file or directory may be write-protected.

[806] Cannot open directory for backup:
Check to see that the backup directory specified in msim.ini is a valid directory and is not write-protected.

[812] Backup failed: Permission denied to file
Check to see that the backup directory specified in msim.ini is not write-protected.

[814] Backup failed: Cannot write to file
Check to see that the backup directory specified in msim.ini is not write-protected.

[815] Extension can only have up to three characters:
The file extension can have a maximum length of 3 characters.

[816] Filenames can have only up to eight characters:
The file name can be a maximum of 8 characters.

[817] File name contains an invalid character:
The file name must be a valid file name, e.g. it cannot contain a '/' or '\' character.

[818] Blanks are not allowed in file names:
You have specified a filename with a space in it. Remove the space.

[822] Cannot open temporary file
Check the files and buffers settings in your config.sys file and make sure they are set to at least 40.

[1003] Invalid entry in index subsection in library file:
Your symbol library file(".slb") may be corrupt. Refer to Appendix A of the Schematic Capture User's Guide for information on using the Library Expansion and Compression utilities.

[1004] Invalid pin name.
Pin names cannot contain invalid characters such as spaces or commas.

[1011] This entry is already in the list.
The name you are trying to enter is already in the list and cannot be duplicated.

[1012] Warning: duplicate pin number.
You have two pins with the same number, and one needs to be changed.

[1013] Package type is already in the list.
You are trying to add a package type that has already been added.

[1016] Library exceeds the evaluation limit of 20 user symbols.
You are allowed a maximum of 20 symbols in a user-created symbol library in the Evaluation version.

[1018] File initialization error reading package.
Your package library file(".plb") may be corrupt. Refer to Appendix A of the Schematic Capture User's Guide for information on using the Library Expansion Compression utilities.

[1025] This is an AKO attribute and can be overridden, but not deleted.
You need to edit the base part to change this attribute.

[1026] Error loading library. Check if configured twice.
Select Options/Editor Configuration/Library Settings to see if the specified library is listed twice.

[1027] Library not found:
Make sure the specified library resides in a directory specified in Libpath in the Options/Editor Configuration menu.

[1028] Unable to open library.
Check the files and buffers settings in your config.sys file and make sure they are set to at least 40.

[1029] Nested dialog must be closed before you can do this.
You have a Window open behind the visible window that needs to be closed first. Move the top window, and close what is behind it.

[1033] Cannot open file:
Check the files and buffers settings in your config.sys file and make sure they are set to at least 40, or the file may be write-protected.

[1034] Cannot open file for writing.
The file may be write-protected.

[1041] No package AKO definition found:
The package definition is referencing an AKO that doesn't exist.

[1042] Missing package type.
You have not specified a package type. Select Packaging/Edit and enter a package type.

[1044] No such pin.
The pin name in the package definition doesn't match the pin name on the symbol.

[1046] Commas are not allowed in pin numbers.
Remove the comma from your pin number.

[1047] Error during package readin.
Your package library file(".plb") may be corrupt. Refer to Appendix A of the Schematic Capture User's Guide for information on using the Library Expansion and Compression utilities.

[1048] Missing gate type in pin out section.
You have not specified a gate type in your package definition. Select Packaging/Edit and specify a gate type.

[1050] Error during symbol readin. See Current Errors.
Select F10 or Files/Current Errors.

[1051] Cannot read index subsection in library file:
Your symbol library file(".slb") may be corrupt. Refer to Appendix A of the Schematics Capture User's Guide for information on using the Library Expansion and Compression utilities.

[1054] Cannot read version in library file:
Your symbol library file(".slb") may be corrupt. Refer to Appendix A of the Schmatic Capture User's Guide for information on using the Library Expansion and Compression utilities.

[1058] The AKO name cannot be the same as the package name.
Rename the package so it does not have the same

as the AKO.

[1059] Please specify a package name.
You have not specified a package name.

[1061] At least two pin names must be selected for a pin swap.
You have only specified one pin name for a pin swap. Two must be selected.

B.2 Error List(Schematic error list)

[1208] Blanks are not allowed.
Net names and reference designators are not allowed to contain blanks.

[1209] Mismatched brace.
You have a mismatched brace.

[1210] Mismatched overbar character.
To indicate a net name is inverted, it must start and end with the \ character.

[1211] [ ] are not allowed in PSpice names.
A bracket is not allowed in a PSpice net name.

[1212] Spaces are not allowed in symbol or package names.
A space is not a valid character in a symbol or package name.

[2001] Unsupported Back Annotation function.
This function is not supported by automatic back annotation. It must be performed manually.

[2007] Back annotation not done. See Currunt Errors.
Press 〈F10〉 or select File/Current Errors.

[2202] Can't find printer.
Check to see that the printer is connected and on line. If it is a network printer, make sure the network connections are valid.

[2203] Can't find printing.
Check to see that the printer is connected and on line. If it is a network printer, make sure the network connections are valid.

[2204] Out of disk space for printing.
Check your available hard disk space if you are printing to a file.

[2205] Out of memory for printing.
Close some applications then try again.

[2410] Multiple names for net.
You cannot have two nets with the same name.

[2411] Part not annotated.
Select Tools/Annotate/Package and Assign Reference Designators to package your schematic prior to creating a layout netlist.

[2412] Duplicate part name.
You are not allowed to have two parts with the same reference designator.

[2415] Duplicate gate.
You cannot have duplicate gates per reference designator; i.e., you are only allowed to have on U1A.

[2416] Duplicate reference designator.
You cannot have more than one part with the same reference designator.

[2419] No REF or REFDES attribute on the symbol definition.
Each symbol must have a REFDES attribute. This attribute can be added in the Symbol Editor.

[2420] Improper reference designator.
A reference designator is not allowed to contain spaces.

[2421] No package definition found for part.
Select Options/Editor Configuration/Library Settings and make sure that the ".plb" file and the ".slb" file which contain the package and symbol definition for the part that is giving the error are configured.

[2425] Shared pins cannot be bus pins!
You are not allowed to connect a bus to a shared pin. To change a pin from a shared to a non-shared pin, edit the package definition in the Editor.

[2428] No PART or COMPONENT attribute.
Add a PART attribute in the Symbol Editor.

[2436] DSL procedure not found.
You have referenced an invalid DSL procedure. Check to make sure the procedure exists.

[2438] Interfaces in DSL procedure do not match pins.
The signals listed as inputs and outputs in your DSL procedure must have the same names as the pins on the DSL block.

[2439] DSL file not found.
You have referenced an invalid DSL. Make sure the file exists in the directory specifird.

[2441] PLSyn part(s) connected to analog ground. Use LO instead.
A part that has its IMPL attribute set to PLSyn cannot

be connected to analog ground (AGND, EGND or ANALOG_GND). Use LO instead.

[2442] DSL files cannot have the name as the schematic in which they are used.
You must name the DSL file something different than the schematic in which it is used.

[2448] Multiple symbols ignored.
You cannot have two symbols with the same reference designator.

[2457] In Polaris external mode, there must be a layout database specified.
Select Tools/Polaris and specify a layout database.

[2458] In Polaris external mode, schematic and layout file names cannot be the same.
Your layout file name cannot be the same name as your schematic.

[2459] Net has more than one global port: 〈label1〉 and 〈label2〉.
You are only allowed to have one global port on a net.

[2460] Net 〈net〉 has multiple labels assigned to it.
You are only allowed to have one label name per net.

[2461] Global port name 〈portname〉 and label name 〈labelname〉 differ.
The global port name must be the same as the label name for a given net.

[2462] Self-referencing attribute.
An attribute on a symbol cannot be set to itself; i.e., ATTR=ATTR is illegal.

[2463] Self-referencing schematics.
A block cannot be named the same as the schematic in which the block is located.

[2603] Unable to start simulation.
Select Options/Editor Configuration/App Settings and give PSpice a complete path on the PSPICECMD line. If this doesn't work, you must not have enough RAM available to start the application.

[2604] Unable to start Probe.
Select Options/Editor Configuration/App Settings and give PSpice a complete path on the PROBECMD line. If this doesn't work, you must not have enough RAM available to start the application.

[2607] Please define an editor in your configuration file.
The "msim.ini" file located, by default, in your Windows directory, contains a line that specifies which editor will be used. The default is EDITOR=NOTEPAD %f.

[2608] The evaluation version only allwos A size pages.
Only A size pages are available in the evaluation version.

[2609] The evaluation version limits schematics to one page.
Schematics are only allowed to be one page in the evaluation version.

[2610] The schematic is being used by another application.
Exit Schematics and restart.

[2615] PSpice is already running.
You already have a copy of PSpice started. Press 〈Ctrl Esc〉 to bring up a task list, then switch to PSpice.

[2616] Probe is already running.
You already have a copy of Probe started. Select 〈Ctrl Esc〉 to bring up a task list, then switch to Probe.

[2618] The list of libraries has changed. The current scematicwill be reloaded.
You have modified the list of Symbol and/or Package Library files. The scematic will be automatically reloaded.

[2622] No layout editor has been configured.
You have selected Tools/Layout Editor without configuring a layout editor. Select Tools/ Configure Layout Editor, and enter the command to invoke the editor in the layout Editor Command Line box.

[2624] Must save scematic(to name it) before editing a model
You must save your schematic before editing a model since Edit/Model creates a library file of the same name as your schematic.

[2627] Current markers must be placed on a 2, 3 or 4 terminal PSpice device.
You have placed a current marker on an illegal device; e.g., a subcircuit such as an opamp, or an ABM part.

[2628] This type of marker must be placed on a device pin.
You must place the marker on a pin, not a wire.

[2631] Placement not done. Items were about to be placed off the page.
You are not allowed to place components outside the page boundary.

[2632] Warning: marker libraries should not be in configured list. Ignoring.

The "marker.slb" file should not be listed in the list of Symbol Library files (Options/Editor Configuration /Library Settings).

[2636] Schematic not loaded. OPT_PARAM symbol will be updated when scematic is loaded.
This is just a warning. You have selected Update Schematic from the PSpice Optimizer without having the corresponding schematic loaded.

[2641] Unable to start application.
Your files and buffers may not be set to at least 40 in your "config.sys" file, or you may not have enough RAM available to start this application. This error can also occur if you use symbols from "dig_prim.slb" and do not have PLSyn. The "dig_prim.slb" symbols have an attribute called IMPL and it is set by default to PLSYN. If you want to use there symbols and do not have PLSyn, you must set this attribute to blank(IMPL=).

[2642] Unable to start PLogic.
Either your files and buffers are not set to ay least 40 in your "config.sys" file, or you do not have enough RAM available to start this application.

[2643] Could not find an OPT_PARAM symbol. Please place one on the top schematic.
You do not have an OPT_PARAM symbol on your top level schematic, and one is required.

[2808] Cannot open file.
The file or directory may be write-protected.

[2809] Warning: invalid connection(s) occurred during readin.
A symbol changed from the last time this schematic was saved. The new symbol will automatically reconnect. After saving the schematic, this warning will not occur again. You should check your symbol to make sure your connections are correct.

[2823] Unable to find symbol for unknown symbols.
Select Options/Editor Configuration/Library Settings and make sure "special.slb" is configured.

[2824] This label is already in use on the page.
You are not allowed to use a label more than once per schematic.

[2826] This reference designator is being used.
You are not allowed to use a reference designator more than once per schematic.

[2634] Wire not in bus's list of signals.
You labeled a subnet of a bus with a name that is not part of the bus.

[2835] Acceptable bus labels must be A[0-5] or CLK, CLKA, CLKD.
You have used an incorrect bus label format.

[2836] Bus label is defferent width than connected pin or port.
The bus label must be of the same width as the pin or port to which it is connected.

[2839] One or more symbols could not be found. See Current Errors.
You have a symbol on your schematic that is not it any of the configured Symbol library files. To add a Symbol Library file, choose Options/Editor Configuration/Library Settings.

[2842] The restricted version can only be used on one page schematics.
The evaluation version is limited to one page schematics.

[2843] The restricted version can only be used on A size pages.
The evaluation version is limited to A size pages.

[2844] The 50 parts per page limit for the restricted version has been exceeded.
The evaluation version is restricted to 50 symbols per page.

[2845] Marker will be ignored. It must be connected to a wire or a pin.
Marker will be ignored unless they are connected to a wire or a pin.

[2846] Current will be ignored(not on a 2, 3 or 4 terminal PSpice device).
You have placed a current marker on an illrgal device, r.g., a subcircuit such as an opamp, or an ABM part.

[2848] The other side of the marker pair is missing.
When using differential voltage markers, both the + and the - marker must be connected.

[2850] Library not found:
Check Options/Editor Configuration/Library Path, and make sure the referenced library file is in that path. Or, select Analysis/Library and Include Files and ecter a full path to the library file.

[2851] Cannot open temporary file!
Check your buffers in your "config.sys" file, and make sure they are set to at least 40.

[2853] Reconnecting due to possible pin change(s).
A symbol changed from the last time this schematic was saved. The new symbol will automatically reconnect. After saving the schematic, this warning will not occur again. You should check your symbol to make sure your connections are correct.

[2888] Can't find this model/subcircuit name in any lib or include file.
Make sure the model name for which you are searching is in a library file specified in the Analysis/Library and Include Files dilog. This file must either have a complete path to it, or be in the path specified by Options/Editor Configuration/Library Path.

[2889] This part does not have a MODEL attribute.
You are using a base part. Base parts do not have model attributes.

[2890] Labels should not have spaces.
Labels are not allowed to have spaces in them.

[2891] Only pins in the same gate may be swapped.
You cannot swap pins from different gates, e.g., U1A and U2B.

[2896] Errors occurred during conversion. Conversion not done. See Current Errors.
Press 〈F10〉 or select File/Current Errors.

[2898] Error loading library. Check if configured twice or is a marker library.
Select Options/Editor Configuration/Library Settings. Symbol Library files should not be listed twice, and "marker.slb" should not be configured.

[2899] Page has unknown symbols. Replace or delete them prior to saving.
Symbols were used that are not in any of the configured Symbol Library files. Select Options/Editor Configuration/Library Settings to configure new Symbol Library files.

[2901] Part not found.
Part name is not in any of the configured library files. Select Draw/Get New Part/Browse, and select a part from the list. To configure a new library file, select Options/Editor Configuration/ Library Settings and add the library file to the list.

[2903] Duplicate pin name.
You are trying to save a symbol that has more than one pin with the same name. Doubleclick on one of the pins and change the name.

[2905] Multiple opt_param symbols ignored.
You are only allowed to have one OPT_PARAM symbol.

[2906] opt_param symbol ignored. It must be in top schematic.
You do not have an OPT_PARAM symbol on your top-level schematic, and one is required.

[3003] This function is disabled for the evaluation version.
Certain functions, like Import and Export in the Symbol Editor, are disabled for the evaluation version.

[3005] Cannot modify pins or graphics - current symbol is A Kind Of (AKO):
You must modify the base part, not the part that AKOs it.

[3006] This library is at the evaluation limit of 20 user entries.
You are allowed a maximum of 20 symbols in a user-created Symbol Library file.

[3007] Stimulus not found in configured list of stimulus libraries.
You have specified a stimulus that doesn't exist in any of the configured library files. Select Analysis /Library and Include Files to configure a stimulus file.

[3008] Unable to open symbol library.
Check to see that files and buffers are set to at least 40 in your "config.sys" file.

[3208] Cannot read index subsection in library file.
Your Symbol Library file(".slb") may be corrupt. Refer to the appendix in the schematic Capture Users Guide for information on using the Library Expansion and Compression utilities.

[3212] Cannot open file.
Check the files and buffers settings in your "config.sys" file and make sure they are set to at least 40, or the file may be write-protected.

[3225] AKO definition not found.
When copying a symbol from one Symbol Library file to another, and if the part AKOs a base part, you must also copy that base part.

[3226] Library exceeds the evaluation limit of 20 user symbols.
You are allowed a maximum of 20 symbols in a user- created Symbol Library file.

[3228] Error during symbol readin. See Current Errors.
Press 〈F10〉 or select File/Current Errors.

[3264] DSL Procedure not found.
You have referenced an invalid DSL procedure. Check to make sure the procedure exists.

[3265] ERC attribute cannot be don't care or power for DSL pins.
Change the attribute on the pin to Input, Output, or Bidirectional.

[3266] Pin ERC and DSL header do not agree for pin.
The ERC on the pin must match the ERC set for that pin in the DSL editor.

[3267] DSL procedure does not include pin.
You have included a pin in your DSL procedure that is not on your block.

[3270] DSL procedure exceeds Schematics limit. Use a text editor.
Your DSL file is too long for the DSL Model Editor. Use another text editor.

[3271] Missing END statement on DSL procedure.
Your DSL procedure must have an END statement.

[3272] Missing statement on DSL procedure header.
You are missing a closing parenthesis on your DSL procedure header.

[13004] This symbol also appears in a previous library.
Schematics will use the first symbol it finds.

[13010] Specified page dimension(s) exceeds limit of 75inches or 1905mm.
When doing a user-defined page size, do not exceed the specified limits.

[13012] You must specify at least one value to sweep.
You must specify at least one value to sweep when doing an AC, DC, or parametric analysis.

[13021] Enter a library name before choosing ADD or CHANGE.
You must specify a library file name before trying to Add or Change it.

[13022] Library appears more than once.
Select Options/Editor Configuration/Library Settings and make sure the specified library file only appears once.

[13024] This is an AKO attribute and can be overridden, but not deleted.
You must edit the base part to delete this attribute.

[13025] Monte Carlo runs must be between 2 and 1000.
Specify a number between 2 and 1000 for Monte Carlo runs.

[13028] Minimum pin to pin spacing is 10 units.
Minimum pin spacing cannot be less than 10 units or a negative number.

[13033] This attribute is not changeable from the schematic editor.
Use the Symbol Editor or Edit/Model to change the selected attribute.

[13035] Warning: title block symbol does not exist.
You have specified an invalid title block in Editor/Configuration.

[13037] Please enter a grid size greater than 0.
Grid sizes cannot be negative or 0.

[13042] Can not change base model definition, use symbol editor instead.
Use the Symbol Editor to change this model definition by selecting Edit/Model from within the Symbol Editor.

[13044] Package type is already in the list.
This package type has been previously configured.

[13050] Warning: duplicate number.
This can be ignored if you are not going to create a layout netlist, otherwise select Part/Pin List and change one of the pin numbers.

[13051] Nested dialog must be closed before you can do this.
You have a window open behind the visible window that needs to be closed first. Move the top window, and close what is behind it.

[13058] Library Search path must be less than 255 characters.
Your library search path is too long and must be shortened.

[13060] Please specify one or more signals for which to extract parasitics.
Select Tools/Run Polaris/Select Signals to select a signal for which to extract parasitics.

[13062] Warning: this is a system attribute and display of system attribute is disabled.
Double-click on the symbol, and enable Include System Defined Attributes.

[13064] Fractions of a minute are not allowed.
Only integers are allowed for autosave interval.

[13065] Commas are not allowed in pin numbers.
Remove the comma from the pin number by double-clicking on the pin and changing the name.

[13067] DSL files cannot have the same name as the schematic in which they are used.
You must name the DSL file something different than the schematic in which it is used.

[13068] Model definition is too large for editor, lines truncated.
Do not save the changes, Select Cancel, and use an external editor to edit the model definition.

[13071] Gate name not recognized. Edit gate types first.
From the Symbol Editor, select Packaging/Configure Gate Types and configure the desired gate type.

appendix C
PSpice Book List

C.1 English-Written Books

Walter Banzhaf, Computer-Aided Circuit Analysis Using PSpice, Prentice-Hall, 1992, ISBN 0-13-159534-2.

Walter Banzhaf, Computer-Aided Circuit Analysis Using SPICE, Prentice-Hall, ISBN 0-13-162579-9.

Theodore F.Bogart, Jr., Electronic Devices & Circuits, Third edition, Merril, 1993, ISBN 0-02-311701-X.

Boylestad and Nashelsky, Electronic Devices and Circuits Theory, Fifth Edition, Prentice-Hall.

Edward Brumgnach, PSpice for Windows, Delmar Publishers Inc., 1995, TSBN 0-8273-6821-6.

Roger Conant, Engineering Circuit Analysis with PSpice and Probe, McGraw-Hill, 1993, ISBN 0-07-911608-6.

Connelly and Choi, Macromodeling with SPICE, Prentice-Hall, 1992, ISBN 0-13-544941-3.

George Ellis, Practical Control Theory, Academic Press. L. H. Fenical, PSpice A Tutorial, Prentice-Hall, ISBN 0-13-681149-3.

Roy W. Goody, PSpice for Windows - A Circuit Simulation Primer, Prentice Hall, 1995, ISBN 0-02-345022-3.

Marc E. Herniter, Schematic Capture with PSpice, Merrill(Macmillan Publishing Company), 1994, ISBN 0-02-353771-X.

J. David Irwin, Basic Engineering Circuit Analysis, Third Edition, MacMillan Publishing Company.

John Keown, PSpice and Circuit Analysis, Second Edition, Macmillan Publishing Company, 1993, ISBN 0-02-363526-6.

Ron Kjelkowski, Inside SPICE - Overcoming the Obstacles of Circuit Simulation, McGraw-Hill, 1994, ISBN 0-07-911525-X.

Robert Lamey, The Illustrated Guide to PSpice, Delmar Publishers Inc., 1995, ISBN 0-8273-6524-1.

Yim-Shu Lee, Computer-Aided Analysis and Design of Switch-Mode Power Supplies, Marcel Dekker, Inc., 1993, ISBN 0-8247-8803-6.

Dr. F. H. Mitchell, Introduction of Electronics Design, Second Edition, Prentice-Hall, 1992.

Ned Mohan, Power Electronics: Computer Simulation, Analysis, and Education Using PSpice,(book of excercises following the book Power Electronis: Converters, Applications, and Design, by Mohan, Undeland, and Robbins), 1992

Franz Monssen, PSpice with Circuit Analysis, Macmillan Publishing Company, 1993, ISBN 0-675-21376-2.

Jack F. Morris, Basic Circuit Analysis(textbook) and Introduction to PSpice with Student Excise Disk(accompanying manual), Houghton Mifflin, 1991, ISBN 0-395-57107-3 (accompanying manual).

James W. Nilsson, and Susan A. Riedel, Introduction to PSpice: A supplement to ELECTRIC CIRCUITS, Fouth Edition, Addison-Wesley Publishing Company, 1993, ISBN 0-201-51318.

Dr. John O'Mally, Schaum's Outline of Basic Circuit Analysis, Second Edition, McGraw-Hill.

Muhammad H.Rashid, SPICE for Circuits and Electonics Using PSpice, Prentice-Hall, 1990, ISBN 0-13-834672-0.

Roberts and Sedra, Spice for Microelectroni Circuits, Third edition, Saunders Harcourt Brace Jovanovich Ltd., 1992, ISBN 0-03-052617-5.

James J. Tart, Pspice Text/Manual, An Introduction, Computer Programming and Teaching Publishers, ISBN 0-9635788-1-2.

Thomas W. Thorpe, Computerized Circuit Analysis with SPICE, Wiley Interscience, ISBN 0-471-55164-3.

Ein In Tsi, PSpice Circuit Simulation Design, (directiry translated from Chinese).

Paul Tuinenga, SPICE: A Guide to Circuit Simulation and Analysis Using PSpice, Second Edition, Prentice-Hall, 1992, ISBN 0-13-747270-6.

Andrei Vladimirescu, The Spice Book, John Wiley & Sons, Inc., 1994 ISBN 0-471-60926-9.

C.2 German-Written Books

Duyar, Hahnloser, and Traeger, PSpice: Eine Einfuhrung("PSpice: An Introduction"), Teubner Studienskripten, 1992, ISBN 3-519-10143-2.

Duyan, Hahnloser, and Traeger, Design Center : PSpice fur Windows, Teubner Studienskripten, 1994, ISBN 3-519-00146-2.

Dietmar Ehrhardt and Jurgen Schulte, Simulation mit PSpice, Friedrich Vieweg & Sohn Verlagsgesellschaft mbH, 1992, ISBN 3-528-04921-9.

Otto Justus, Dynamisches Verhalten Elektrischer Maschinen, Friedrich Vieweg & Sohn Verlagsgesellschaft mbH, 1991, ISBN 3-528-04917-0.

Haybatolah Khakzar, Albert Mayer, and Reinold Oetinger, Entwurf und Simulation von Halbleitersschaltungen mit SPICE, expert verlag, 1991, ISBN 3-8169-0939-6.

Claus Kuhnel, Schaltungssimulation mit PSpice, Franzis-Verlag GmbH, 1993, ISBN 3-7723-5111-5.

Claus Kuhnel, Schaltungsdesign mit PSpice unter Windows, Franzis-Verlag GmbH, 1994, ISBN 3-7723-7203-1.

Martin Santen, Das Design Center Arbeitsbuch zur Schaltungssimulation(The Design Center, Workbook for Circuit Simulation), HOSCHAR Systemelektronik GmbH, 1993.

Lutz V. Wangenheim, PC-Simulation elekronischer Grundschaltungen, Huthig Buch Verlag GmbH, 1993, ISBN 3-7785-2201-9.

C.3 Japaness-Written Books

Hidehiko, Aoki, Introduction To Functional Circuit Designs in Analog ICs, CQ Publishing, Co., Ltd., 1992, ISBN 4-7898-3291-0.

Michio Okamura, Designing Transistor Circuits by SPICE, CQ Publishing Co., Ltd., 1991, ISBN 4-7898-3292-9.

Michio Okamura, How to Use a SPICE Simulator, CQ Publishing Co., Ltd., 1991, ISBN 4-7898-3295-3. (uses PSpice)

Michio Okamura, Opamp Circuit Designs by SPICE, CQ Publishing Co., Ltd., 1992 ISBN 4-7898-3290-2.

Paul Tuinenga, Japanese translation by Toshi Matsumoto, SPICE : A Guide to Circuit Simulation and Analysis Using PSpice, CQ Publishing Co., Ltd., 1990, ISBN 4-7898-3299-6.

C.4 Korean-Written Books

Kwang Min Park, PSpice Understanding and Application(revised), Dong Kwang, 1992, ISBN 89-85305-02-6.

서영수·김영춘·조문택, PSpice를 이용한 회로해석과 시뮬레이션, 생능, 1994, ISBN 89-7050-086-3.

차균현·박노경·박상봉, PSpice 입문, 기다이, 1991, ISBN 89-7374-050-593560

C.5 Polish-Written Books

Jacek Izydorcyzk, PSpice Komputerowa Symulacja Ukladow Elektroniczynch, Helion, 1993, ISBN 83-85701-07-9.

appendix D
참고자료

1. Muhammad H. Rashid, Spice for Power Electronics and Electric Power.
2. P. Enjeti and A. von Jouanne, A Short Cource on Power Electronics Simulation with PSpice.
3. Ned Mohan, Power Electronic : Computer Simulation Analysis, and Education Using PSpice.
4. The Design Center Manual(Reterence Manual, User's Guide Application Notes Manual, News Letter 등).
5. Andrei Vladimirescu, The Spice Book.
6. L. H. Fenical, PSpice, A Tutorial.
7. David A. Bell, Operational Amplifiers.
8. トランジスタ技術(special : 満生良治), 個別半導体素子 活用法のあべて.
9. 稲葉保, 精選 アナロゲ實用回路集.

E.1 본 책자의 발행취지

최근의 급속한 산업발전과 더불어 전자공학 및 소프트공학의 중요도와 비중이 날로 증가되고 있으며 그에 따른 전문인력의 양성 또한 국가적 차원의 중요한 사안으로 떠오르는 상황이다.

그리고 최근의 회로설계의 경향이 종래의 이론이나 경험적 지식이 중심이 되던 것에서 각종의 EDA(Engineering Design Assitance) TOOL을 활용하여 시뮬레이션, 회로합성, 검증 등을 거쳐 최적 설계를 하는 이른바 본격적인 설계자동화의 환경이 도래하고 있다.

이러한 시점에 전자회로의 기초에서부터 실무에 이르기까지 독자 본인이 각 회로에 대해 직접 시뮬레이션을 수행하면서 전류, 전압, dB 프로브를 여기저기 달아보면서 또 회로의 각종 조건 및 시정수를 바꿔가면서 체험하고 느끼며 소자 및 회로를 자연스럽게 이해할 수 있도록 구성하였다.

끝으로 이러한 작업을 가능하게 해주신 나인플러스IT(주) 및 복두출판사에 진심으로 감사를 드리는 바이다.

E.2 프로그램 다운로드 및 설치방법

□ OrCAD 17.2 평가버전 설치방법

1) 본 교재의 설치편 참조

E.3 HELP LINE

본 책자 및 소프트운영에 있어 질문사항이 있거나 건의사항이 있으실 경우, backdc@nate.com에 E-MAIL로 보내주시거나 페이지 하단의 나인플러스IT(주)에 연락주시면 성의껏 답변하고 개선하겠습니다.

기술지원 및 문의처

나인플러스IT(주)

02)6123-3355 / 051) 758-4841
Homepage : www.npit.co.kr
문의 : EDA 사업팀

◈ 저 자 소 개 ◈

최　　평
- Georgia Institute of Tech. 공학박사.
- 경북대학교 전자·전기 공학부 교수.

목 형 수
- 서울대학교 전기공학과 공학박사.
- 건국대학교 전기공학과 교수.

조 용 범
- Case Western Reserve University 공학박사.
- 건국대학교 전자공학과 교수.

백 동 철
- 경북대학교 전자공학과.
- (주)휴먼정보통신 연구소장

Ver 17.2

PSpice 기초와 활용

3판　1쇄	2022년　9월　5일
저　자	최　평 / 목형수 / 조용범 / 백동철
발행인	송광헌
발행처	복두출판사
주　소	서울특별시 영등포구 경인로 82길 3-4 센터플러스 807호 (우) 07371
전　화	02-2164-2580
FAX	02-2164-2584
등　록	1993. 11. 22. 제 10-902 호

정가 : 26,000원

ISBN : 979-11-6675-182-0　93560

한국과학기술출판협회 회원사